工程应用型高分子材料与工程专业系列教材

高等学校"十二五"规划教材

高分子材料改性

杨明山　郭正虹　编著

化学工业出版社

·北京·

本书全面论述了高分子材料的改性原理、工艺和应用，采用循序渐进的手法让读者理解高分子材料改性的原理和工艺，利用大量的实际应用例子来加深读者对高分子材料改性的理解，并投入应用。对高分子材料改性的设备、工艺和工厂设计进行了较为详细的论述，并按高分子材料种类对现在在国民经济各行业大量应用的高分子材料进行了详细的改性论述，加入了大量的应用实例，使读者阅读后马上能在实际中应用。本书的最大特点是系统性强和实用性强，总结了作者20多年的高分子材料改性经验，加入了作者在研发和产业化中投入实际应用的实用配方和工艺，特别是在家电、汽车、电子等领域的实际应用实例。本书主要适用于高分子材料改性生产厂的工程技术人员以及管理人员，也适用家电、汽车、电子、通信等行业的工程技术、设计人员参考，同时适用于高等学校高分子材料专业高年级学生及老师使用。

图书在版编目（CIP）数据

高分子材料改性/杨明山，郭正虹编著 .—北京：化学工业出版社，2013.6（2024.11重印）
工程应用型高分子材料与工程专业系列教材
高等学校"十二五"规划教材
ISBN 978-7-122-17031-6

Ⅰ.①高… Ⅱ.①杨…②郭… Ⅲ.①高分子材料-改性-高等学校-教材 Ⅳ.①TQ316.6

中国版本图书馆 CIP 数据核字（2013）第 074833 号

责任编辑：杨 菁　　　　　　　　文字编辑：李 玥
责任校对：战河红　　　　　　　　装帧设计：史利平

出版发行：化学工业出版社（北京市东城区青年湖南街 13 号　邮政编码 100011）
印　　装：北京虎彩文化传播有限公司
787mm×1092mm　1/16　印张 21¾　字数 569 千字　2024 年 11 月北京第 1 版第 9 次印刷

购书咨询：010-64518888　　　　　　售后服务：010-64518899
网　　址：http://www.cip.com.cn
凡购买本书，如有缺损质量问题，本社销售中心负责调换。

定　　价：55.00 元

前　言

随着工农业的快速发展，国民经济各行业对材料的需求大大加快，这不仅表现在需求量上，同时也表现在对性能的需求上，即随着各种产品品质的提高，其对所用材料的性能要求也随之提高。因此对材料本身性能提高的研究是科技工作者正在进行大力研究的课题。正是由于对材料研究的力度加大，所以具有崭新性能的新材料层出不穷，发展很快。因此新材料产业是朝阳产业，充满着无限的发展前景和商机，是各国都在大力发展的产业之一。

高分子材料是新材料发展的重要内容，其发展突飞猛进，特别是工程塑料、功能高分子材料等更是以惊人的速度发展。据统计，2010年世界塑料总产量已达2.5亿多吨，近十年总的年均增长率达5.5%。我国高分子材料工业发展速度也很快，2010年塑料制品总产量达到5800多万吨，年均增长率达10%以上。从产品结构看，塑料薄膜（包括塑料农膜）和日用品塑料占我国塑料消费量的一半以上，而这些塑料制品对材料的性能要求不高，技术含量低，附加值低。所以我国目前也正在调整塑料产业结构，向高技术含量、高附加值产品转移。其中，随着汽车、家电、信息通信、交通运输的快速发展，对高性能塑料材料的需求急剧加大。针对这一情况，加大开发、生产高性能塑料新材料是目前我国塑料工业结构调整的重要内容。

高性能高分子新材料的生产主要有两个途径。一是聚合方法，如目前出现的定向聚合、茂金属催化结合、模板聚合、管道聚合等聚合新技术，来合成具有人们所需要的结构及性能的新材料。这种工艺投资较大，研发周期较长，实现工业化生产难度较大，适合大型石化企业的超大规模化生产。二是通过共混、填充、增强、阻燃等改性的方法来改进高分子材料的性能，通过控制不同聚合物的比例、相容性、界面结构等来实现新功能、高性能的新材料的生产。这一方法具有研发周期短、投资少、见效快、容易工业化生产等优点，因此得到了广泛发展，其发展速度之快，已超过了预想，在汽车、家电、通信、计算机、工具等领域需求量很大。

随着科技飞速发展和人民生活水平大幅度提高，消费者、生产者对汽车、家电、计算机、手机等产品质量、功能和外观设计的要求不断提高和多样化，这就要求新材料的功能化和多样化，促使企业不断提高对新材料的研发和应用，以提高产品的竞争力，保障企业快速、高效的发展。改性塑料由于其特有的性能、市场和经济性的适应性与快速反应性，在汽车、家用电器和电子通信等领域大有用武之地，对推动我国汽车、家用电器和电子通信产品的性能提升，提高同国外著名品牌的市场竞争能力，将起到十分重要的作用，具有显著的社会效益和经济效益。

因此，高分子材料改性是制备新材料的重要手段，极大地丰富了高分子材料的种类和功能，扩展了高分子材料的应用范围和领域，极大地推动了高分子材料的发展。

本书全面论述了高分子材料的改性原理、工艺和应用，采用循序渐进的手法让读者理解高分子材料改性的原理和工艺，利用大量的实例来加深读者对高分子材料改性的理解，并投入应用。本书首先从第1章"高分子材料改性基础"入手，讲述了我国及世界高分子材料改性的发展现状和前景，然后对高分子材料改性的原理、设备、工艺和工厂设计进行了较为详细的论述（第2章），使读者在了解基本知识和原理后进入实用性很强的后续章节。第3章到第7章按高分子材料种类对现在在国民经济各行业大量应用的高分子材料进行了详细的改性论述，同时加入了大量的应用实例，使读者阅读后马上能在实际中应用。本书的最大特点是系统性强和实用性强，结合了作者20多年的高分子材料改性经验，加入了作者在研发和产业化中投入实际应用的实用配方和工艺，特别是在家电、汽车、电子等领域的实际应用实例。本书作者在20多年的实践中，积累了丰富的经验，许多高分子材料改性成果已经产业化，并在家电、汽车、电子、通信等行业实际应用，收到了很好的经济和社会效益。

本书第1～4章和第5章的前半部分由北京石油化工学院杨明山教授编著，第5章的后半部分和第6、7章由浙江大学宁波理工学院郭正虹副教授编著，全书由杨明山教授审阅定稿。

在本书的编著过程中，作者的学生孙效雷、刘冰、杨金娟、颜宇宏、李光等给予了极大的帮助，在此表示感谢。由于作者的局限性，书中可能有不当之处，敬请同仁批评指正！

杨明山

2013年6月于北京

目 录

第1章 高分子材料改性基础

1.1 高分子材料改性的目的、意义和发展

随着工农业的快速发展，国民经济各行业对材料的需求大大加快，这不仅表现在需求量上，同时也表现在对性能的需求上，即随着各种产品品质的提高，其对所用材料的性能要求也随之提高。因此对材料本身性能提高的研究是科技工作者在进行大力研究的课题。正是由于对材料研究的力度加大，所以具有崭新性能的新材料层出不穷，发展很快。因此新材料产业是朝阳产业，充满着无限的发展前景和商机，是各国都在大力发展的产业之一。

高分子材料是新材料发展的重要内容，其对于新材料的重要性已被大家认识。因此，高分子新材料的开发与发展都是很快的，特别是工程塑料、功能塑料、精细塑料等更是以惊人的速度发展。据统计，2010年世界塑料总产量已达2.5亿多吨，近十年总的年均增长率达5.5%。其中美国塑料总产量占据世界第一，达7000多万吨，占世界塑料总产量近三分之一，其次是日本。世界几个大的塑料生产国和消费国或地区为美国、日本、德国、韩国、法国、比利时、荷兰、中国（包括台湾省），这些国家的年产量都达到了1000万吨以上。

我国高分子材料工业发展速度也很快。特别是塑料工业自2008年起已连续三年产量超过了4000万吨，2010年塑料制品总产量达到5800多万吨，年均增长率达10%以上，其中农业用塑料约157万吨，各种包装用塑料约642万吨，日用品塑料约645万吨，塑料编制产品712万吨，塑料容器约343万吨，塑料管材约800万吨。从产品结构中可以看出，塑料薄膜（包括塑料农膜）和日用品塑料占我国塑料消费量的一半以上，而这些塑料制品对材料的性能要求不高，技术含量低，附加值低。所以我国目前也正在调整塑料产业结构，向高技术含量、高附加值产品转移。其中，随着汽车、家电、通信、交通运输的快速发展，对高性能塑料材料的需求急剧加大。针对这一情况，加大开发、生产高性能塑料新材料是目前我国塑料工业结构调整的重要内容，同时在企业规模上也要进行整合和重建，以形成具有规模效益的、高性能塑料新材料的生产基地。

就技术角度来讲，高性能塑料新材料的生产主要有两个途径。一是聚合方法，就是在单体聚合的过程中，通过控制不同单体的比例以及添加特种单体来合成具有崭新性能或特种功能的新材料，同时在聚合工艺上进行革新，如目前出现的定向聚合、茂金属催化结合、模板聚合、管道聚合等聚合新技术，来合成具有人们所需要的结构及性能的新材料。这种工艺投资较大，研发周期较长，实现工业化生产难度较大，适合大型石化企业的超大规模化生产。另一种方法是通过共混等改性的方法来改进塑料材料的性能，通过控制不同聚合物的比例、相容性、界面结构等来达到实现新功能、高性能的新材料的生产。这一方法具有研发周期短、投资少、见效快、容易工业化生产等优点，因此得到了广泛发展，其发展速度之快，已超过了预想。这种改性塑料主要是针对汽车、家电、通信、高档工具等的特殊需求而发展的。由于汽车、家电等产品的特殊性及对材料要求的高级化，一般的塑料材料很难满足它们的要求，必须对其改性后才可达到应用设计要求。

据统计，目前国内汽车、家电、通信、高档工具等对各种改性塑料专用料的需求量很大。首先是汽车工业特别是轿车工业对塑料专用料的需求较大。每辆汽车用塑料量约占整个

车身重量的 15%。2010 年我国汽车总产量达 1800 万辆以上，对改性塑料专用料的需求量将达 200 万吨以上；其次是家电，目前在各种家电产品中都使用了塑料专用料，如冰箱、冷柜、洗衣机、空调、电风扇以及众多小家电等，预计对各种塑料的需求量达 300 万吨，其中改性专用料约 100 万吨；第三是通信以及计算机等高端产品，随着通信业的发展，移动电话的用量急剧增加。2010 年手机消费量达 4 亿部，则需塑料专用料达 24 万吨；电脑及笔记本电脑对塑料专用料的需求将达 50 万吨，总计约 74 万吨；第四是各种电动工具对改性塑料专用料的需求约 10 万吨。第五，其它行业对改性塑料的需求量约 30 万吨。

从国际上来看，新材料也是各大公司重要的发展内容之一。如目前世界 500 强企业中，有很多都有自己的材料研发和生产基地，如 GE 公司、三菱公司、东芝公司、三星公司、LG 公司等。要想把企业做成世界 500 强的企业，必须发展新材料这一领域。从世界范围来讲，改性塑料产量达到了 4000 万吨以上，应用于汽车、家电、通信、计算机等领域，对这些产品的品质保证起到了重要作用。

随着科技飞速发展和人民生活水平大幅度提高，消费者、生产者对汽车、家电、计算机、手机等产品质量、功能和外观设计的要求不断提高和多样化，这就要求新材料的功能化和多样化，促使企业不断提高对新材料的研发和应用，以提高产品的竞争力，保障企业快速、高效发展。改性塑料由于其特有的性能、市场和经济性的适应性与快速反应性，在汽车、家用电器和电子通信等领域大有用武之地，对推动我国汽车、家用电器和电子通信产品的性能提升，提高同国外著名品牌的市场竞争能力，将起十分重要的作用，具有显著的社会效益和经济效益。

同时，合成纤维是人民生活不可或缺的材料，广泛应用于服装等领域，2010 年世界总产量达到 5582 万吨，我国总产量超过 3000 万吨，占世界总产量和总消费量的一半以上。随着人们对服装的舒适性（凉爽或保暖、透气或吸汗等）、时装性、颜色多样性等要求越来越高，普通的纤维材料不能满足这些要求，因此就需要对纤维进行改性，特别是各种功能性纤维层出不穷，丰富了纤维材料的种类，扩大了纤维材料的应用范围，不仅为人们带来了穿着的舒适性，还带来了美观和美丽，为人们的生活多彩多姿提供了重要的材料基础。

另外，橡胶是重要的物资，特别是在交通、汽车、航空等领域具有重要的作用，2009年世界橡胶总产量达 2200 万吨，我国约 588 万吨。随着橡胶应用领域和使用条件的扩展，很多橡胶制品要求具有特殊的性能，如高导电、高导热、低滞后、防静电、隔音消声、热辐射屏蔽等。一个特别的例子就是提高轮胎的抗湿滑力、降低轮胎的滚动阻力，从而降低汽车的油耗，并提高汽车的安全性。但由于材料开发与应用脱节，橡胶配方设计人员较难找到方便、适用的特种原材料，这就需要对丁苯橡胶、天然橡胶等橡胶原材料进行接枝、增强等改性，赋予其特定的性能或功能。因此改性橡胶的研发越来越受到重视，使橡胶领域出现了前所未有的"研、产、用"相结合的好现象。

总之，高分子材料改性是制备新材料的重要手段，极大地丰富了高分子材料的种类和功能，扩展了高分子材料的应用范围和领域，因此极大地推动了高分子材料的发展。

1.2　高分子材料的结构与性能

高分子聚合物具有较大的分子量，因此高分子物质（又称为聚合物，polymer）具有许多小分子化合物不能比拟的性质，使其成为现代广泛应用、为人类带来极大好处和便利的新材料。

高分子材料在自然界中是广泛存在的。从人类出现之前已存在的各种各样的动植物，到人类本身，都是由聚合物如蛋白质、多糖（淀粉、纤维素）等为主构成的。而现代高分子材料概念的建立却并不长，是在 1920 年由著名的科学家 Staudinger 首先提出"高分子"这一概念，后来以高分子科学为基础，发展了高分子材料工程，从而为人类造福。今天，随着科学技术的发展，对高分子结构和性能之间的关系已经积累了相当充分的认识，从而为高分子材料的分子设计提供了依据和条件，部分已成为现实，如可以通过分子设计，以共混、复合等物理的方式来实现，其中，塑料改性也是实现高分子材料功能化的一条重要而简便又经济的途径。因此，改性塑料的发展得到了普遍重视。

塑料是高分子材料中最主要的部分，它的产量和用量约占整个高分子材料的 60% 以上。塑料又可分为热塑性塑料和热固性塑料。塑料材料与钢铁、水泥、陶瓷、金属、木材等相比，具有如下特点：①结构复杂而精细，容易实现分子设计，同时容易进行改性而满足不同的、多种多样的要求；②密度小，所制部件和产品质量轻，便于携带和移动，同时要求的驱动动力小，从而实现节能；③成型加工方便而经济，可制备大型部件，也可制备成小型和超小型零件，同时可加工结构复杂的精密部件；④外观漂亮，颜色多样，可装饰性优良，可制成五颜六色、五彩缤纷的产品，深得人们的喜爱；⑤大多数耐溶剂性好，耐酸、耐碱、耐盐、耐油、耐水，不腐烂，不生锈，气密性好，可包装有机溶剂、酸、碱、盐等强腐蚀液体和气体；⑥比强度高，有些工程塑料的比强度高于钢铁；⑦韧性优良，耐穿刺性好；⑧很多具有透明性或半透明性，可用于要求透光的地方。

当然，高分子材料也有局限性，如易燃烧，耐老化性还有待提高，不易分解或降解，易造成白色污染等。这些不足可以通过改性来改善，如通过阻燃性改性，可以制得不燃的塑料产品；通过填充淀粉、碳酸钙等，可以制得可生物降解的塑料，从而消除白色污染。这些就为塑料的改性或高分子材料的改性提供了用武之地。

1.2.1　聚合物的结构

结构是材料的基础，有什么样的结构，就有什么样的性能，因而研究高分子材料的结构具有重要的理论意义和实用价值，一直是材料工作者的研究重点和热点。高分子材料的结构非常复杂，具有多样性和精细性，同时具有多层次性，从大的方面可以分为：一次结构（分子结构、链节结构）、二次结构（链结构）、三次结构（聚集态结构）、高次结构（超分子结构和织态结构）。

聚合物结构的主要特点是：①高分子链是由许多结构单元组成的，每一个结构单元相当于一个小分子，由一种结构单元组成的称为均聚物，由两种或两种以上结构单元组成的称为共聚物。②聚合物呈链状结构（还有支链、网链等），高分子主链一般都有一定的内旋转自由度，使高分子链具有柔性。如果高分子链的结构不能内旋转，则形成刚性链。③聚合物的分子量具有多分散性，分子运动具有多重性，使同一种化学结构的聚合物具有不同的物理性能。④聚合物的凝聚态结构存在晶态与非晶态，其晶态的有序度比小分子低，非晶态的有序度比小分子高。同一种聚合物通过不同的加工工艺，获得不同的凝聚态结构，具有不同的性能。同时，还要研究聚合物的热运动，聚合物的松弛与转变，聚合物的性能，聚合物溶液等，为揭示高分子材料结构与性能的规律提供重要理论基础。

（1）聚合物的一次结构（链节结构）　又称聚合物的近程结构，主要是大分子的结构单元的化学组成、微观结构、键之间的连接方式和空间构型、链节的顺序和大多数链的空间形状。除非化学键受到破坏，一般的这种结构形态不会发生改变。所以，一次结构实质上是结构单元的化学结构（包括化学键和立体化学结构）。结构单元的化学组成决定了链节的结构性能，如杂链耐热性大于碳链，而无机链有无机聚合物性质，耐气候、抗老化、甚至阻燃等等。主链上的取代基不同，对链节上电子排布有影响。取代基的极性、共轭的形成直接影响到分子链的性能。结构单元的连接顺序有取代基的一端称"头"，有"头-头"和"头-尾"连接方式，二烯类单体聚合还有1,4-加成和1,2-加成。结构单元的立体构型有顺式和反式两种构型。一般反式结构位阻作用小，比较容易形成，只有当聚合温度升高时，顺式含量才增加。

在两种以上单体生成的共聚物中，有下列几种情况。①无规共聚：两种结构单元无规则地连接；②交替共聚：两种结构单元有规则地交替出现；③嵌段共聚：每种单体聚合成一定长度的分子链，然后相连成为嵌段共聚物；④接枝共聚：一种单体在另一个单体形成的分子链上接枝形成支链。其性能与均聚物有较大差异。

高分子骨架的几何形状一般是线型的，但有些是交联的，也有梯形的，还有带支链的，一般支链分子不会整齐排列，有梳状、树枝状等等。

（2）聚合物的链结构（二次结构）

① 聚合物的分子量及其分布　聚合物的分子量表示高分子链的长短，它与高分子材料的力学性能和加工性能密切相关，当分子量达到一临界值时，高分子材料才具有适用的机械强度，并随分子量的增大而提高，直至高分子材料的力学强度随分子量的变化变得缓慢，趋于一极限值。而分子量太大，会给高分子材料的加工带来困难。所以聚合物的分子量要适当控制，同时考虑强度和加工两方面的因素。

聚合物的相对分子质量一般在 $10^3 \sim 10^7$ 范围内，并且具有多分散性，聚合物是不同分子量的同系物的混合物，存在着分子量的分布，通常聚合物分子量是以统计平均值表示。分子量分布对高分子材料加工性能亦有影响。拿同样平均分子量的两份试样来说，分子量分布宽的，加工时流动性好，可能是低分子量物质起到"润滑"的作用。但分子量分布宽的不如分布窄的更耐冲击和疲劳。

② 链的内旋转和柔性　组成高分子主链的—C—C—C—是以 σ 键相连接构成的，σ 键是轴对称的，因此 C—C 原子可以在不破坏 σ 键的前提下，相对旋转，称"内旋转"，因而大分子链有很大的柔性。柔性要用统计方法来描述。经常用的数据是链的均方根末端距（链为无规线团时，末端之间的直线距离）。此外，还常用一个"链段"的概念来描述柔性。"链段"是一个假想的段节，链的自旋转只在链段内起作用，长链的运动看成链段之间的运动。显而易见，链段越长，大分子链的"刚性"越大；链段越短，则高分子链的柔性越大；同样的，链段越少，则表现为大分子越"刚硬"，而柔性减小。影响高分子链柔性的主要因素是高分子链的结构：

a. 主链结构。碳链高分子聚合物中，极性最小的碳氢化合物，由于非键合原子间相互作用较小，内旋转位垒和位垒差都较小，高分子链柔性较大。双烯烃聚合物的主链上含有孤立双键，C—C 双键为 π 键，不能旋转，但双键碳原子上所连的原子和取代基较少，使双键邻近的单键的内旋转位垒降低，内旋转更容易。因此这类高分子链柔性更好，可作橡胶使用。聚合物主链含芳杂环，使分子链内旋转困难，这类分子链具有较大的刚性。杂链聚合物，即主链上含有 C—O、C—N、S—O 键，这些单键的内旋转位垒较 C—C 键的低，因此，这些杂链聚合物的分子链都是柔性链。

b. 取代基。高分子链的取代基使主链单键内旋转的位垒增大，柔性降低。取代基的极性愈大，取代基之间的相互作用就愈强，高分子链的内旋转愈困难，柔性愈小。极性取代基在主链上排布的密度愈高，高分子链内旋转愈困难，柔性愈小。如果极性取代基在主链上排布的密度较小，则分子链仍具有较好的柔性。极性取代基在分子链上对称取代，则取代基极性相互抵消，分子链单键内旋转变得容易，柔性较好。非极性取代基由于其空间位阻效应影响高分子链的内旋转。因此，非极性取代基体积愈大，分子链的单键内旋转愈困难，分子链柔性愈小。

c. 分子量。小分子分子量很小，可以内旋转的单键数极少，构象数也少，故小分子没有柔性。聚合物随分子量的增加，主链单键内旋转即使需克服一定的位垒，仍有许多构象，使高分子链柔性随分子量增大而增大。

d. 交联。聚合物的轻度交联，交联点间链段足够长，对高分子聚合物链柔性基本没有影响；随着交联度增加，链段运动能力下降，单键内旋转受到限制，高分子链柔性下降，交联度很高时，高分子链失去柔性。

e. 温度的影响。环境温度的影响是聚合物内旋转表现出柔性的外因。一般说来，温度越高，分子链越柔顺。

高分子链的构象是指由围绕单键旋转而形成的分子中原子的各种空间排列的形态。高分子链由许多 C—C 单键键接而成，这些 C—C 单键是电子云分布轴对称的 σ 键，原子或基团可以绕轴旋转，使电子云分布不断变化，产生许许多多构象。大多数高分子链是无规线团。

（3）聚合物的聚集态结构（三次结构、凝聚态结构）　高分子材料，是由许多高分子链按一定方式聚集而成的，而高分子链是如何排列和堆砌的聚集态结构对高分子材料的性能有很大的影响。了解聚合物的聚集态结构特征、形成条件及其与高分子材料性能之间的关系，对通过控制加工成型条件，以获得具有预定结构和性能的材料是十分重要的，同时也为高分子材料的物理改性和设计提供理论依据。

高分子链之间是依靠分子间作用力（范德华力和氢键）的相互作用而聚集在一起，形成平时为我们所用的高分子材料。这些聚合物的聚集态结构包括晶态结构、非晶态结构、液晶态结构和取向结构，以及更高层次的织态结构。由于聚合物分子量很大，分子链很长，分子间相互作用力也就很大，则在温度升高到能克服分子间相互作用力，使聚合物由液态转变为气态前，聚合物的热运动能量已超过其化学键能，使聚合物分解，所以，聚合物只存在液态和固态，不存在气态。

分子间作用力又称"次价力"，不同于化学键（离子键、共价键、配价键及金属键）的力。化学键力常称主价力。主价力一般较强，力的数量级在 $420\sim840kJ/mol$，而次价力则小得多。次价力通常包括范德华力和氢键力。范德华力又包括取向力、诱导力和色散力。氢键对高分子材料的聚集态结构和性能具有重要和重大的影响，是不可忽视的作用力。对于低分子来说，分子间力与主价力比起来，不足为数，而聚合物中次价力就不能等闲视之了。假如一个结构单元产生的次价力等于一个单体分子的次价力的话，上百个结构单元的次价力就接近链上的主价力了，聚合度成千上万的聚合物，次价力常超过主价力。况且，分子间色散力具有加和性，非极性聚合物中色散力甚至占分子间力的 $80\%\sim100\%$。

因此，聚合物的分子间作用力常常不能用某一种力来简单描述，通常用"内聚能"或"内聚能密度"来描述。内聚能密度低的聚合物，分子间作用力小，分子链不含庞大侧基，链段容易运动，这类聚合物一般作橡胶使用。内聚能密度大的聚合物，如聚丙烯腈、聚酰胺和聚酯等都是含有强极性基团，或分子链间形成氢键，分子间作用力大，分子结构较规整，易结晶，这类聚合物强度高，一般作为纤维使用。内聚能密度中等的聚合物，如聚氯乙烯、聚甲基丙烯酸甲酯和聚苯乙烯等分子或含极性基团取代基，分子间作用力较大，或含体积庞大的侧基，链段运动较困难，这类聚合物一般用作塑料。有的聚合物既可用作塑料，又可用作纤维。

（4）聚合物聚集态结构模型

① 非晶态结构模型　最早人们认为非晶态高聚物就是由高分子链完全无规缠结在一起的"无规线团"，但这样的结构不能解释有些聚合物能瞬间结晶的事实。后来 X 射线衍射实

验和电子显微镜观察都发现非晶态高聚物中都存在局部有序性，即内部存在着几纳米到几十纳米的"小晶粒"，所以一些学者提出了不同的局部有序模型，如"两相结构模型"，认为非晶态高聚物主要包括颗粒与粒间两个区域，颗粒区即由高分子链折叠而成的所谓晶粒，大小在 3～10nm。这种折叠排列较规整，但比晶态的有序区要差很多，并且一个分子可同时组成几个晶粒。粒间区则是完全无规的，其内混有分子量较低的分子及穿过几个颗粒的高分子链的过渡区，大约 1～5nm。这个模型解释了为什么非晶态高聚物密度较完全无规的同系物高，以及高聚物结晶过程相当快的实验事实。

② 聚合物结晶态结构模型　聚合物由于分子链长，对称性差，所以聚合物结晶有两个特点：一是结晶不容易，不规则，结晶度一般不太高；二是结晶不完全，任何晶体均是晶区和非晶区并存。关于聚合物结晶态结构模型很多，其中，有代表性的有以下几个。

缨状胶束模型：该模型以结晶聚合物的 X 射线衍射图上同时出现明显的衍射环和模糊的弥散环，以及测得的晶区尺寸远小于高分子链长度等实验事实为基础，提出在结晶聚合物中，晶区和非晶区相互连接，共同存在，晶区尺寸很小，大小约在 1～100nm，一个分子链可以穿过几个晶区和非晶区；在晶区中，分子链段规则平行排列，通常是无规取向的。而在非晶区中，分子链段是无规排列的。

根据这一模型，晶区和非晶区是不可分的，因此这一模型可供解释结晶性聚合物中晶区和非晶区的共存，并能说明低结晶度聚合物的实验结果。

折叠链模型：电子衍射研究发现，聚合物单晶都具有一般共同的形态，即厚度约为10nm，长、宽达几十微米的薄片晶，并且高分子链的方向垂直于片晶平面。因高分子链的长度可达 100～1000nm，所以大分子链只有反复连续折叠，才能形成晶片。高聚物溶液和熔体冷却而形成的球晶中，基本单元也是具有折叠链结构的、厚度为 10nm 左右的薄晶片。

聚合物的晶体形态有许多种，主要的有单晶、球晶、串晶、纤维晶和伸直链晶体等。它们的形成是依结晶的外部条件（溶液成分、温度、黏度、作用力等）及内部结构不同而不同的，但是它们大部分的最基础结构都是折叠链片晶。

折叠链片晶：高聚物的单晶体一般只能从极稀的聚合物溶液（含量小于 0.1%）中缓慢结晶时而得到，它是具有一定规则的几何外形的薄片状晶体。凡是具有结晶能力的高聚物，在适宜的条件下，都可结晶成单晶体。虽然不同的高聚物其单晶外形不同，但都具有折叠链片晶的结晶，即晶片厚一般为 10nm，与分子量无关，但随结晶温度及热处理条件而变。

球晶：聚合物在没有应力或流动的情况下，由熔体冷却或从浓溶液（＞1%）中结晶，倾向于形成球状晶体，称为球晶。球晶是许多从球心径向生长的晶片形成的多晶聚集体，微束 X 射线衍射图表明，聚合物球晶中分子链通常是垂直于球晶半径方向排列的。球晶生长是以晶核为中心，从初级晶核生长的多层片晶，在结晶缺陷点发生分叉，逐渐向外张开生长，形成新的片晶，它们在生长时发生进一步分叉形成新的片晶，如此反复，最终形成以晶核为中心、三维向外发散的球形对称结构。球晶的直径可以从几纳米，到几十纳米，甚至可达厘米数量级。

球晶的大小对材料的力学性能有着很大的影响。球晶越大，材料的冲击强度越小，越易破裂，材料的透明性越差。如果球晶尺寸小于可见光波长时，光线不发生折射和反射，材料是透明的。所以研究球晶的结构与形成条件等是很重要的。那么要控制球晶的大小可采取下面三种方法：①将高聚物熔体急速冷却，生成较小的球晶；缓慢冷却，则生成较大的球晶；②采用共聚方法，破坏链的均一和规整性，生成较小球晶；③外加成核剂，可获得小的、甚至微小的球晶。

串晶：这种晶体很像串珠，它是由两部分组成，即中心是具有伸直链结构的纤维状晶体

（即中心部分是细长的脊纤维），脊纤维周围间隔地生长着折叠链片晶（也即次级部分是宽板形附晶）。聚合物溶液在搅拌下结晶时可以形成串晶结构，这是一种晶体取向附生现象，是一个晶体在另一个晶体上的取向生长。大分子链沿着流动方向取向形成折叠链结晶。聚合物在从熔体结晶时也能观察到这种串晶结构。

（5）聚合物的取向态结构　高分子链是明显的几何不对称的，在某种外力作用下，分子链、链段和结晶聚合物中的晶粒等取向单元沿着外力作用方向择优排列，称为取向。取向结构和晶态结构中分子排列虽然都具有有序性，但是它们是有明显区别的，取向结构仅是取向单元在特定方向作择优排列，通常各个取向单元的方向不完全相同，只不过在特定方向上占优势，是一维或二维一定程度的有序。而晶态结构中分子链是三维规整有序排列的。取向使聚合物在力学、热学和光学等性能发生很大的变化，如在合成纤维生产中采用高速牵伸工艺使分子链取向而使纤维拉伸强度大幅度提高。

聚合物的取向一般分两大类，即分子取向和晶粒取向。作为非晶性高聚物只有分子取向，而结晶性高聚物既有分子取向，又有晶粒取向。作为线型、支化聚合物，长径比很大，所以很易在特定方向上取向，如溶液、熔体透过小孔挤出纺丝的过程，它在流动中受剪切、挤压力的作用，必定沿挤出方向取向，这就是分子取向。所以所谓的分子取向即指聚合物在外力场作用下朝着一定的方向占优势排列的现象。取向方式：①单轴取向；②双轴取向；③晶粒取向。

（6）聚合物的液晶态结构　液晶态是介于固体晶态和液体态之间的中间态。处于液晶态的物质称为液晶，液晶也就是某些物质在熔融或溶解后所形成的既有液体态物质的流动性，又有晶体态物质的有序性的有序流体。液晶中分子排列的有序程度介于液体中分子的无序排列和晶体中分子的三维有序排列之间。通常，能形成液晶的分子要满足以下条件：①分子中有刚性结构单元，如含有多重键、苯环、芳杂环等刚性基团，这种刚性基团称为液晶基元，是液晶分子有序排列的结构要素；② 分子之间有适当的相互作用以维持分子的有序排列，形成稳定的液晶态，因此液晶分子要含有较强的极性基团、高度可极化基团或氢键等；③分子具有不对称的几何形状，如呈棒状或扁平状等，通常分子的长径比要大于10；④分子中含有一定柔性结构单元，如烷烃链等，这种柔性单元称为柔性间隔，是液晶具有流动性的结构要素。液晶大致分为三种不同的结构类型：近晶型、向列型、胆甾型。

（7）聚合物的织态结构（高次结构）　织态结构是聚合物的高层次结构，是指不同聚合物之间或聚合物与添加剂分子之间的排列和堆砌结构。例如人们平时提到的高分子合金和复合材料的结构同属此类。在高分子材料的开发中，人们为了获得兼具多种优良性能的新材料，大多采取将聚合物共混、共聚、填充、增强等方法将两种或两种以上的不同组分混合，所得的多相混合材料的性能很大程度上决定于微米水平的亚微观相态即织态结构。根据混合组分的不同，聚合物多组分混合体系可分为三大类：①聚合物-增塑剂混合体系，即增塑聚合物；②聚合物-填充剂混合体系，即复合材料，它是连续的聚合物相和不连续的填充剂相构成的材料总称，如炭黑补强橡胶、纤维增强树脂；③聚合物-聚合物混合体系，即聚合物共混物，聚合物共混物是由两种或两种以上的聚合物通过物理共混（包括机械共混、溶液浇铸共混和乳胶共混等）或化学共混（包括溶液接枝、接枝聚合和嵌段共聚等）等方法制得的共混物。它与冶金中的合金有许多相似之处，故被人们形象地称为"高分子合金"。

最常见的共混高分子材料是由一个分散相和一个连续相组成的共混体系，通常根据两相组分情况，把它们分为四类：①分散相软（通常指橡胶），连续相硬（通常指塑料），如橡胶增韧塑料；②分散相硬，连续相软，如热塑性弹性体；③分散相硬，连续相硬，如聚苯乙烯改性聚碳酸酯；④分散相软，连续相软，如天然橡胶和合成橡胶的共混物。

1.2.2　聚合物的分子运动和热转变

（1）聚合物分子运动的特点　聚合物的结构极其复杂，因此，聚合物的分子运动也极其复杂和多样化，有以下几个明显的特征。

① 聚合物运动单元的多重性　高分子聚合物是一个长链分子，既有整个高分子链的运动，即整个分子链质心的相对移动，也存在链段的运动，即链段间质心的相对移动。还可有更小的运动单元（如链节、侧基）的运动，各种运动单元运动所需的能量是不同的，它们的运动在不同的温度条件下发生。聚合物各种运动单元运动与否，直接反映在聚合物宏观力学状态的不同。

② 聚合物分子运动具有时间依赖性　在外界条件作用下，物质从一个平衡状态通过分子运动转变到另一个平衡状态，这种转变不是瞬间完成的，而是需要时间的，称之为松弛过程；聚合物运动时，受到内摩擦力、黏性阻力等因素的影响，在外界刺激下，所发生的相应响应需要一定时间才能表现出来，所以聚合物的运动是一个松弛过程。

③ 聚合物运动的温度依赖性　聚合物的分子运动极大地依赖温度。由于聚合物分子运动单元比小分子大得多，运动所受到的阻力也比小分子大得多，因此，聚合物的分子运动就需要更高的热能，其分子运动的活化能就大得多，所以对温度的依赖性就大得多。

（2）聚合物的力学状态和热转变　任何一种高聚物，当它处于不同的温度下，它都会呈现出不同的力学状态，本质地反映了不同的分子运动情况。

① 非晶态聚合物的力学状态　非晶态聚合物在不同的温度下，有不同的分子运动发生，使聚合物在宏观性能上呈现玻璃态、高弹态和黏流态三种力学状态，以及从玻璃态到高弹态和高弹态到黏流态的两个转变。

在恒定外力作用下，聚合物的形变随温度的变化曲线称为温度-形变曲线，又称热机械曲线，典型的非晶态聚合物的温度-形变曲线如图1-1所示。

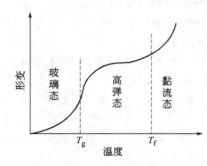

图1-1　非晶态聚合物的
温度-形变曲线

a. 玻璃态　当温度很低时（$T < T_g$），此时聚合物分子运动能量很低，不足以克服分子链单键内旋转所需克服的位垒。整个分子链和链段运动的松弛时间非常大，难以在有限的时间内察觉，处于"冻结"状态，只有小运动单元（链节、侧基等）才能运动，聚合物呈现玻璃态。在外力作用下，聚合物形变很小，形变与外力大小成正比，外力除去，形变立即回复，符合虎克定律，呈现理想固体的虎克弹性，又称普弹性。此时聚合物的力学性能表现得与玻璃相似，故称这种力学状态为玻璃态。

b. 高弹态　随着温度的升高，分子热运动能量逐渐增加，当到达某一温度时，分子的热运动能足以克服内旋转的势垒，可进行链段运动。它可以绕主链中单键内旋转而不断地改变构象，但是整个分子链仍处于被"冻结"的状态。这样在宏观上表现为受力时形变很大（100%～1000%），去掉力后可回复，模量很低，只有 $10^5 \sim 10^7 Pa$，该形变为可逆高弹形变，称为高弹态。高弹态是高聚物特有的力学状态，高弹形变实质就是分子链伸直和卷曲过程的宏观表现。在高弹态时，曲线上出现了平台区。这是由于随着温度的升高，导致分子链段的运动能提高，致使材料的形变力增大，另一方面高弹性恢复力（抗变形力）也增大，两者相互抗衡而相互抵消所产生的结果。

c. 黏流态　当温度继续升高，由于链段的剧烈运动，整个大分子重心发生相对位移（即大分子与大分子之间产生了相对滑移），这时高聚物在外力作用下，呈现黏性流动，这种流动形变是不可逆的，这种具有黏性（或塑性）的力学状态称为黏流态，黏流温度 T_f 随分子量的增大而上升。

② **晶态聚合物的力学状态** 当结晶性高聚物处于晶态时，它通常也是处于晶区、非晶区并存的状态，非晶区部分在不同温度下也会发生两种转变。但只要结晶度大于 40%，材料的整体可形成一个相对连续的晶相，结晶相所承受的应力远大于非晶相，它的温度形变曲线在温度到达其非晶部分的 T_g 时不出现明显的转折。只有升至 T_m 时，由于晶格被破坏了，晶区熔融了，聚合物运动加剧，进入了黏流态，见图 1-2 曲线 M_1。如其分子量很大，导致了 $T_f > T_m$，则晶区熔融后，聚合物仍未呈现黏流，链段却随外力而伸展（卷曲）出现高弹态，直至温度升到了 T_f 以上，方可呈

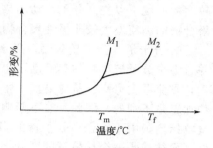

图 1-2　晶态聚合物的温度-形变曲线

现黏流态，如图 1-2 曲线 M_2。后一种情况对成型加工是很不利的，因高温进入高弹态，加工很难进行，再升温又可能导致分解，所以结晶高聚物分子量应控制的低些，只要满足机械强度即可。

③ **玻璃化转变** 玻璃化转变是高分子材料重要的、具有特征性的转变。高聚物在发生玻璃化转变时，除了力学性质如形变、模量等发生变化外，许多其它的物理性质如膨胀系数、折射率、热导率、比热容、比体积、介电常数等均发生很大变化。所以说玻璃化温度是高聚物的一个重要特征，对高聚物材料的力学性能和使用性能影响很大。对于分子量足够大的聚合物，室温高于 T_g 时为橡胶弹性体，具有高弹性，而室温低于 T_g 时则是坚硬的塑料了。因此人们依据玻璃化转变过程中发生突变或不连续变化的物理性质变化都可测出 T_g。对于玻璃化转变的机理有三种理论解释：热力学理论、动力学理论和自由体积理论，前两种理论只能给玻璃化转变以定性的解释，而自由体积理论能给出半定量的解释，所以被人们广为接受。

自由体积理论认为，无论液体或固体，其体积均由两部分组成，一部分是由分子本身占有的体积，称为"占有体积"，另一部分是分子间的空隙，或堆砌不规则造成的缺陷——空穴，称为"自由体积"。自由体积无规地分布于高聚物中，它提供了分子运动的空间，给分子链构象的改变提供了可能性。对于任何聚合物由于温度的下降，自由体积收缩，当收缩到自由体积已没有足够的空间供链段运动时的临界温度就为高聚物的玻璃化温度。到玻璃化温度时，自由体积将收缩到一个最小值，此时高聚物进入玻璃态。这时链段运动"冻结了"，自由体积也冻结了，自由体积在聚合物中的分布也维持恒定。在玻璃化温度以上，随温度升高，除了分子振幅、键长变化引起的膨胀外，还有自由体积本身的膨胀。定义自由体积与总体积之比为自由体积分数，以 f 表示。T_g 时的自由体积分数为一常数，大约为 0.025。即玻璃态时，高聚物中自由体积不再随温度变化，为等自由体积状态。

由于自由体积在 T_g 时为一临界值，故 T_g 上下的范围内，高聚物许多物理参数会随温度变化而产生较大的差异，因而测量时会有转折，利用这一转折就可测出聚合物的玻璃化温度 T_g。

④ **聚合物的黏流温度及其影响因素** 黏流温度是聚合物开始黏性流动的温度，是聚合物成型加工的下限温度，而聚合物的分解温度（T_d）则是聚合物加工的上限温度。黏流温度对于选择最佳加工条件是很重要的，其影响因素有以下几个。

a. 高分子链的柔性。高分子链柔性好，链的单键内旋转容易进行、运动单元链段就短，流动活化能就低，因而，聚合物在较低的温度就能实现黏性流动。反之，若高分子链是刚性

的，分子链的单键内旋转位垒大，内旋转较柔性链困难，链段长，流动的活化能就高，只有在高温下才能实现黏性流动。

b. 聚合物的极性。聚合物的极性愈大，分子间的相互作用力也愈大，则聚合物需要在较高的温度下以提高分子运动的热能才能克服分子间的相互作用而产生黏性流动。所以极性聚合物的黏流温度较非极性聚合物的高。

c. 分子量。分子量愈大，高分子链愈长，整个分子链相对滑动时的内摩擦阻力就愈大。并且整个分子链本身的热运动阻碍着整个分子链在外力作用下的定向运动。所以，分子量愈大，黏流温度愈高。从成型加工角度来看，提高黏流温度就是提高成型加工温度，这对聚合物加工是不利的。因此，在不影响制品质量要求的前提下，适当降低分子量是必要的。还应着重指出，由于聚合物分子量的多分散性，所以实际上非晶态聚合物并没有明确的黏流温度，而往往是一个比较宽的区域，在这个温度区域内均易流动，可以进行加工。因此分子量分布宽的聚合物容易加工。

d. 外力大小和外力作用时间。外力越大，则能更多地抵消高分子链的热运动，提高高分子链沿外力方向的移动能力，使分子链之间的重心有效地发生相对移动，因此使聚合物在较低的温度下即能发生黏性流动。但是外力也不能过分增大，否则会影响制品的质量。延长外力作用时间，有助于高分子链沿外力方向的移动，因此，延长外力作用时间相当于降低聚合物的黏流温度。

聚合物的黏流温度及其影响因素是选择加工温度的一个重要依据，通常所采用的加工温度比黏流温度高，但温度过高，可能会导致聚合物的分解，这是选择加工温度时必须注意的。

1.2.3　聚合物的黏弹性

黏弹性是聚合物材料的另一重要特性，也就是说它既有弹性，又有黏性。因为理想弹性体当受到外力时，平衡形变是瞬时达到的，服从虎克定律，与时间无关。理想黏性体受力后形变随时间线性发展，服从牛顿定律。这两种都是极端的情况，事实上物体的行为都往往介于以上两者之间。高聚物也正是如此，它的形变是与时间有关的。这种力学性质随时间而变化的现象称为力学松弛现象或黏弹性现象。

（1）蠕变　蠕变是指在一定温度下，较小恒定的外力作用下，形变随时间而不断发展的现象。这是由于分子间的黏性阻力使形变和应力不能即刻达到平衡的结果。从分子运动和变化的角度来看，蠕变过程包括下面三种形变。①普弹形变 ε_1：是由于分子链内部键长和键角的变化而引起的形变，这种形变是很小的，也是可以完全恢复的。②高弹形变 ε_2：是高分子链通过链段运动逐渐伸展的过程，形变量要比普弹形变大得多。③分子间没有化学交联的线型高聚物，还会产生分子链或链段间的相对滑移，称为黏性流动（形变）ε_3。

在适当的外力作用下，通常在聚合物的 T_g 附近，可观察到明显的蠕变现象。对于蠕变很小的聚合物，可以作为工程材料，制备成机械零部件或精密部件；对于蠕变较大的材料，则要采取适当的措施来减少蠕变，如加入无机填充剂、增强剂（玻璃纤维、晶须、纳米粒子等），也可以采用交联的方法来减少蠕变，如橡胶的硫化等。

（2）应力松弛　应力松弛就是在恒定温度和形变下，应力随时间的减少而逐渐衰退的现象。应力松弛和蠕变是一个问题的两个方面，都反映了高聚物内部分子的三种运动情况。当高聚物一开始被拉长时，分子处于不平衡的构象，这时就要过渡到平衡构象，也就是链段顺着外力的方向运动以减少或消除内部应力。如果温度很高，远远超过 T_g，链段运动受到的内摩擦很小，如常温下的橡胶，应力很快就松弛掉了，甚至快到几乎觉察不到的地步。如果温度太低，比 T_g 低很多，如常温下的塑料，虽然链段受到很大的应力，但由于内摩擦力很大，阻止了链段的运动，所以应力松弛很慢，也就不容易在短时间内觉察到。只有在 T_g 附近几十摄氏度的温度范围内，应力松弛现象比较明显。

（3）Boltzmann 叠加原理　Boltzmann 叠加原理是高聚物黏弹性的一个简单、但又非常重要的原理。其根本意义是：高聚物的力学松弛是其整个历史上各个松弛过程的线性加和的结果。对于蠕变过程，每个负荷对高聚物的变形的贡献是独立的，总的蠕变是各个负荷引起的蠕变的线性加和；对于应力松弛，每个应变对高聚物的应力松弛的贡献也是独立的，高聚物的总应力等于历史上诸应变引起的应力松弛过程的线性加和。这个原理之所以重要，在于利用这个原理，我们可以根据有限的实验数据，去预测高聚物在很宽范围内的力学性质。

（4）时-温等效原理　从聚合物运动的力学松弛性质已经知道，要使高分子链段具有足够大的活动性，从而使聚合物表现出高弹形变，或者要使整个高分子链移动而显示出黏性流动，都需要一定的时间（用松弛时间来衡量）。温度升高，松弛时间缩短。因此，同一个力学松弛现象，既可在较高温度下在较短的时间内看到，也可以在较低的温度下在较长的时间内观察到。也就是说，升高温度和延长时间对分子运动是等效的，对高聚物的黏弹性也是等效的。利用时间和温度的对应关系，可以将不同温度或频率下测得的高聚物力学性质进行比较和换算，从而得到一些实际上无法直接试验测得的结果。

（5）力学损耗　当应力的变化和形变的变化相一致时，没有滞后现象，每次形变所做的功等于恢复原状时取得的功，没有功的消耗。如果形变的变化落后于应力的变化，发生滞后现象，则每一循环变化中就要消耗功，称为力学损耗，有时也称为内耗。内耗的大小与高聚物本身的结构有关。

1.2.4　高分子材料的力学性能

高分子材料的应用领域十分广泛，从日常生活品到工业制品中的汽车轮胎和外壳、家用电器和各种机械部件等等。其用途如此广泛的一个重要原因是高分子材料与某些非金属和金属材料一样具有一定的力学强度。

（1）聚合物的应力应变特性　聚合物的力学强度是指在外力作用下，聚合物抵抗形变和破坏的能力。外力作用的形式不同，衡量强度的指标也不一样，有拉伸强度、压缩强度、弯曲强度、剪切强度、冲击强度等，而最常使用的是拉伸强度和冲击强度。聚合物拉伸时典型的应力-应变曲线如图 1-3 所示。

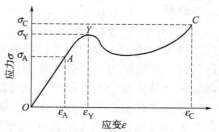

图 1-3　典型的拉伸应力-应变曲线
A—弹性极限；Y—屈服点；C—断裂点

曲线的起始阶段（OA）是直线，应力与应变呈线性关系，符合虎克定律。从直线斜率可计算出材料的拉伸模量或杨氏模量。在这线性区的应变一般仅有百分之几，这种高模量、小形变的弹性行为是由大分子的键长、键角变化的结果。若材料在此情况下发生断裂，属于脆性断裂，断裂时的伸长率，称为断裂伸长率。直线下的面积表示脆性断裂所需要的能量。韧性材料在此时并不发生断裂，而是经过屈服点 Y 以后，发生断裂，即称为韧性断裂。在屈服点 Y 处对应的应力称为屈服强度或屈服应力。屈服点对应的应变称为屈服应变。经过屈服点后材料出现较大的形变，若此时除去外力，形变一般已无法完全回复。同时，材料继续形变所需的应力稍有降低，称此现象为应变软化。其原因一般认为，在外力作用下，聚合物分子的构象发生了变化，变成容易流动的结构，继续形变需要的应力降低，出现应变软化现象。但到一定应变以后，继续形变所需要的应力又增加，称为应变硬化。应变硬化产生是由于高度拉伸时发生结晶化或在拉伸方向分子链发生取向，在拉伸方向的强度提高，这种情况在晶态和非晶态聚合物中均能发生。继续拉伸到 C 点发生断裂，断裂点 C 的应力称为断裂应力，对应的应变称为断裂伸长率。曲线下的面积是发生韧性断裂所需要的能量。

大多数聚合物在适宜的温度和拉伸速率下都可以冷拉并出现局部变细，形成细颈，称为颈缩现象。颈缩现象的产生，可能是局部试样中的有效截面积比较小，受到较高的应力，首先发生屈服，也可能是由于材料性能的缩胀不均，存在薄弱点，造成试样某一部分的屈服应力降低，在较低的应力下屈服。一旦当试样中的一部分已达到屈服点后，形变将继续在这个区域中发生，形成细颈。细颈和非细颈部分截面积分别维持不变，而这个细颈局部区域内形变将继续，非细颈部分逐渐缩短，直至整个试样完全变细，导致应变硬化发生和断裂。

不同的聚合物的拉伸应力-应变曲线是不同的，分别呈现不同的断裂行为（图 1-4）。按应力-应变曲线可分为五种力学性质的高分子材料。

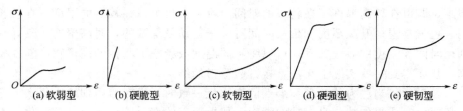

图 1-4　聚合物不同的断裂形式

（2）聚合物的拉伸破坏行为　从分子结构的角度来分析，高聚物之所以有抗外力破坏的能力，也就是说具有一定强度，主要是靠分子内的化学键合力、分子间的范德华力和氢键所提供的。材料之所以被破坏了，也就意味着这些键的断裂和分子间相互作用力的破坏。聚合物有三种破坏情况。

第一种情况，高聚物的断裂必须破坏截面积上所有的分子键。首先要计算出一根键破坏所需要的力。可以从键能的数据来进行估算，一根主价键断裂时所需要的力大约为 3.9×10^{-9} N。如果知道了每平方米所容纳的键的数目，就可算出高聚物的理论强度。理论上，聚合物的断裂强度可达到 2×10^{10} N/m^2 = 2×10^4 MPa，可实际上，聚合物的断裂强度基本上在 $20 \sim 200$ MPa，比理论值低很多。

第二种情况是分子间力的破坏情况，即分子间滑脱的断裂现象。它的形成必须使分子间的氢键、范德华力全部破坏才能达到。经计算，分子间作用力之和比共价键大几十倍，所以断裂完全是由分子间的滑脱是不可能的，其中定有其它的因素及分子破坏形式。

第三种情况也是由分子间力的破坏造成的，是分子垂直于受力方向的断裂，这种断裂是由部分氢键或范德华力的破坏所导致的。这种情况下氢键的分段作用长度为 0.3nm，解离能为 20kJ/mol，拉断一个氢键所需要的力为 1×10^{-10} N，而范德华力的分段作用长度为 0.4nm，解离能为 8kJ/mol，拉断一个范德华键所需的力为 3×10^{-11} N。按第三种情况计算出的强度与实际测得的高度取向的纤维的强度比较接近，属同数量级。

经过计算与比较，结论是高聚物的实际强度都远远低于高聚物的理论强度。分析原因大致如下：第一，在理论计算中假定分子是较规则排列或高度取向的，可实际上任何材料都不可能达到理论假设的那种规整排列及高度取向；第二，材料结构中总会存在各种缺陷，或是裂缝，或是杂质、气泡、空洞，缺陷处应力集中，所以材料容易从此处破坏；第三，材料在运输和使用中经摩擦容易在表面形成划痕，使强度下降。

高聚物材料在加工成型时会产生缺陷，其原因为：①加工时如熔融注射，接近模具的部分先冷却，中间后冷却，所以由于冷却速度导致的温度不同，就使得分子所处的状态不同，解取向的或正在取向的分子在不同的时间冷却在模具内，造成内部结构不均匀，形成内应力，会使聚合物内部产生裂纹、龟裂等缺陷。②在成型时，原料不干燥所造成的。如易水解的杂链化合物不充分干燥，熔融时易水解，产生小分子气化而成气泡，使高聚物产生空洞。杂质也起同样的作用。这些空洞是材料受力后最易断裂的中心质点。

（3）聚合物的冲击韧性　冲击强度是衡量材料韧性的一种强度指标，表征材料抵抗冲击负荷破坏的能力。通常定义试样受冲击载荷而折断时单位面积上消耗的能量。普遍来说，聚合物材料是韧性材料，可以经受强烈的冲击。聚合物材料也有类似于金属材料的断裂行为，即在有缺口存在时，材料可从韧性断裂转变为脆性断裂。其原因是，缺口顶部产生了应力集中，使材料内部产生空穴，容易产生脆性断裂，或者说缺口尖部塑性阻力使其屈服应力提高约为原来的三倍。因此，一些材料在非缺口试验中可能是韧性的，但在缺口试验中却成为脆性的。聚合物材料在受到冲击时，会产生银纹和剪切带，银纹和剪切带也可相互作用，从而吸收能量，使聚合物材料的韧性大大提高。在一定条件下，聚合物在剪切应力作用下发生剪切屈服，使材料内部形成与应力方向呈一定角度的、清晰的剪切带。剪切带的形成和发展要吸收大量的能量，所以材料的韧性大大提高。银纹与剪切带可以相互作用，从而吸收更多的能量。可以是银纹与剪切带相遇后由于在剪切带内分子链是高度取向的，从而使银纹终止，而不至于发展成为裂纹；也可以是在银纹尖端的高应力作用下引发剪切带，也使银纹终止。银纹与剪切带的相互作用的结果，是使材料的韧性大幅度提高。

（4）影响聚合物强度的因素　影响聚合物强度的因素很多，大致可分为两类：一类是聚合物的化学和物理结构；另一类是与外界的条件有关的量，特别是温度和形变速率。

① 聚合物结构的影响　a. 分子量及其分布：随分子量的增加，聚合物强度提高。但当分子量超过一定值，即临界分子量，强度就基本恒定了。当分子量已足够大并超过有效链段的分子量时，强度与分子量基本无关。分子量分布对强度有一定影响，当分布变宽时，特别是小于临界分子量值的低分子量部分增多时，通常使强度降低，但断裂伸长率却有增加趋势。b. 取代基：增加分子链间的作用力，可以提高聚合物的强度，引入极性基团和能形成氢键的基团可增加链间作用力。如果极性基团过密或取代基团过大，不利于分子运动，反会使树脂变脆。c. 交联：适度的交联可以有效地增加分子链间的联系，使分子链不易发生相对滑移，强度增高并提高弹性模量。例如橡胶的硫化，生橡胶经过硫化后，强度大大提高，可以做成各种橡胶制品使用。但增加交联会使断裂伸长率降低，所以过分的交联会使材料变得硬、脆。d. 结晶与取向：结晶能提高聚合物强度。分子链合适的取向可使拉伸强度成倍提高。

② 高分子材料的组成与结构的影响　a. 填料：在聚合物中适当添加填料，可以提高强度。这种填料在塑料中称为增强剂，在橡胶中称为补强剂，如玻璃纤维、炭黑等。b. 共聚与共混：采用共聚与共混是提高高分子材料冲击强度的重要途径。

③ 温度和形变速率　温度和形变速率对聚合物强度有显著影响，提高温度对断裂过程的影响与降低形变速率是等效的。施力时温度较高，分子运动比较容易，材料显得柔韧些。反之温度低，材料显示刚性、发脆。这充分说明对于一种材料来讲，降低温度与提高作用力速度是等效的。

1.3　聚合物加工流变学

流变学是研究物质（材料）的流动与变形的科学，也就是研究材料的流动和变形与造成材料流变的各种因素之间的关系的一门学科。它是介于力学、化学和工程学之间的边缘学科。很久以来，流动与变形是属于两个范畴的概念。流动是液体材料的属性，而变形是固体材料的属性。液体流动时，表现出黏性行为，产生永久变形，形变不可恢复并耗散掉部分能量；而固体变形时表现出弹性行为，其产生的弹性形变在外力撤销时能够恢复，且产生形变时储存能量，形变恢复时还原能量，材料具有弹性记忆效应。通常液体流动时遵从牛顿流动定律，称为牛顿流体；固体变形时遵从胡克定律，称为胡克弹性体。所谓"流变性"实质就是"固-液两相性"共存，是一种"黏弹性"表现，但这种黏弹性在大多数情况下不是简单的线性黏弹性，而是复杂的非线性黏弹性。流变学作为研究物质流动与变形的科学，其目的并不单纯地看重力学行为，而是着重于物质（材料）的力学行为与结构之间的关系，并揭示结构对性能的影响，为实现分子设计提供重要的理论和实践依据。

（1）流变现象

① 高黏度　一般低分子液体的黏度较小，温度确定后黏度基本不随流动状态发生变化，如室温下，水的黏度约为 1mPa・s。1Pa・s＝10P（泊），所以室温下水的黏度为 1cP（厘泊）。而非牛顿液体如聚合物液体的黏度绝对值一般很高。聚合物熔体的零剪切黏度 η_0 均在 $10^2 \sim 10^4$ Pa・s 范围内，为水的黏度的 10^6 倍，可见其熔体黏度之大。

② 剪切变稀　对大多数非牛顿流体，特别是聚合物熔体而言，即使在恒定温度下，其黏度也会随剪切速率（或剪切应力）的变化而变化，大多数呈现"剪切变稀"行为。

在剪切应力作用下，聚合物液体受到切变作用而黏度变小，这就是"剪切变稀"现象。"剪切变稀"效应是聚合物液体最典型的非牛顿流动性质，对高分子材料加工制造具有极为重要的实际意义。在高分子材料成型加工时，随着成型工艺方法的变化及剪切应力或剪切速率（转速或线速度）的不同，材料黏度往往发生 1～3 个数量级的变化，是加工工艺中需要十分关注的问题。千万不要将材料的静止黏度与加工中的流动黏度混为一谈。流动时黏度降低使高分子材料更容易充模成型，节省能耗；同时黏度的变化还伴随着熔体内分子取向和弹性的发展，这也最终影响产品的外观和内在质量。也有一些聚合物液体，如高浓度的聚氯乙烯溶胶，在流动过程中出现黏度随剪切速率的增大而增大的现象，这称为"剪切变稠"效应。

③ Weissenberg 效应（爬杆效应）　与牛顿流体不同，盛在容器中的聚合物液体，当插入其中的圆棒旋转时，没有因惯性作用而甩向容器壁附近，反而环绕在旋转棒附近，出现沿棒向上爬的"爬杆"现象，这种现象称为 Weissenberg 效应。出现这种现象的原因是由于聚合物液体具有弹性。在旋转流动时，具有弹性的大分子链会沿着圆周方向取向和出现拉伸变形，从而产生一种朝向轴心的压力，迫使液体沿棒爬升。

④ 挤出胀大现象　挤出胀大现象又称口型膨胀效应或 Barus 效应，是指聚合物熔体被强迫挤出口模时，挤出物尺寸大于口模尺寸，截面形状也发生变化的现象。牛顿流体不具有这种效应或很弱，而聚合物液体的 Barus 效应很明显。其产生的原因也归结为聚合物液体具有弹性记忆效应所致。熔体在进入口模时，受到强烈的拉伸和剪切形变，其中拉伸形变属于弹性形变。这些形变在口模中只有部分得到回复。如果口模足够长，则 Barus 效应就大为减弱，这是因为在口模中流动的时间越长，就越有时间将弹性形变回复。

⑤ 熔体破裂　试验表明，聚合物熔体从口模挤出时，当挤出速度（或应力）过高，超过某一临界剪切速率，就产生弹性湍流，导致流动不稳定，挤出物表面粗糙。随着挤出速度的进一步加大，可能出现波浪形、鲨鱼皮形、竹节形、螺旋形畸变，最后是完全无规则的挤出物断裂，称为熔体破裂现象。出现熔体破裂的机理还在进行研究，但有一点可以肯定，就是与熔体的弹性行为有关。

⑥ 次级流动　聚合物液体在均匀压力下通过非圆形管道流动时，往往在主要的纯轴向流动上，附加出现局部区域性的环流，称为次级流动。在通过截面有变化的流道时，有时也发生类似的现象。这种反常的次级流动在流道与模具设计中十分重要。

（2）流动的种类

① 牛顿流体　牛顿流体的特点是，在层流区其剪切应力和剪切速率之间呈现正比关系，且为一常数，符合牛顿黏性定律。

② 非牛顿流体　凡是剪切应力和剪切速率之间的关系不服从牛顿黏性定律的流体通称为非牛顿流体。流变学研究的主要对象就是这类非牛顿流体，主要有以下几种。

a. Bingham 塑性体　这种流体的主要流动特征是存在一个屈服应力，只有当外界施加的应力大于屈服应力才可以流动。牙膏、油漆是典型的 Bingham 流体。牙膏的特点是不挤不流，只有外力大到足以克服屈服应力时才开始流动。油漆在涂刷过程中，要求涂刷时黏度要小，停止涂刷时要"站得住"，不出现流挂。因此要求其屈服应力足够大，大到要足以克服重力对流动的影响。

b. 假塑性流体　绝大多数聚合物液体属于假塑性流体。其主要特征是当流动很慢时，剪切黏度保持为常数；而随着剪切速率的增大，剪切黏度大幅度地减少。典型的流动曲线见图 1-5。

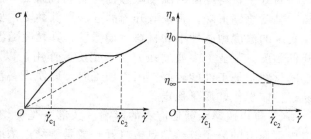

图 1-5　假塑性流体的流动曲线

从图 1-5 可以看出，流动曲线大致可以分为三个区域：当剪切速率 $\dot{\gamma} \to 0$ 时，剪切应力 σ-$\dot{\gamma}$ 呈线性关系，液体流动性质与牛顿型流体相仿，表观黏度 η_a 趋于常数，称为零剪切黏度 η_0，这一区域称为线性流动区，或第一流动区。零剪切黏度是材料的一个重要常数，它与材料的平均分子量、黏流活化能、结构等有关。当剪切速率超过某一临界剪切速率即 $\dot{\gamma} > \dot{\gamma}_{c_1}$ 后，材料流动性质出现非牛顿性，剪切黏度（实际上是表观剪切黏度 η_a）随剪切速率的增大而下降，出现"剪切变稀"行为。这一区域是高分子材料加工的典型区域，也称为假塑性区，或非牛顿流动区、剪切变稀区。当剪切速率非常高，即 $\dot{\gamma} \to \infty$ 时，剪切黏度又会趋于另一个定值 η_∞，称为无穷剪切黏度，这一区域有时称为第二牛顿区。这一区域通常很难达到，因为在此之前流动已变得极不稳定，甚至破坏。

为了描述聚合物液体的流动规律，人们提出了许多半经验方程，简单而实用，在实际研究和生产中经常用到。幂律方程就是最常用的经验方程：$\sigma = K\dot{\gamma}^n$ 或 $\eta_a = K\dot{\gamma}^{n-1}$，式中，$n$ 为流动指数，也称非牛顿指数，n 越小，则非牛顿性越强；K 为流体的稠度。

c. 胀塑性流体　胀塑性流体的主要特征是剪切速率很低时，流动行为基本上为牛顿流体；当剪切速率超过某一临界值后，剪切黏度随剪切速率的增大而增大，呈剪切变稠现象。

（3）关于剪切黏度的深入讨论　剪切黏度是非牛顿流体性质中最重要的函数之一。大量试验事实表明，剪切黏度受众多因素影响。这些因素可归结为：试验条件和生产工艺条件的影响（温度 T、压力 P、剪切速率或剪切应力等）、物料结构及成分的影响（配方组分）、大分子结构参数（平均分子量、分子量分布、长链支化度等）的影响等。

① 温度的影响　温度升高，物料黏度下降；温度对黏度的影响在低剪切速率范围特别明显，尤其对零剪切黏度 η_0 的影响很大；不同温度下的黏度曲线形状相似，只是位置因温

度不同而相对位移。在温度远高于 T_g 和 T_m 时（即 $T > T_g + 100℃$），聚合物熔体的黏度与温度的关系可以用 Arrhenius 方程很好地描述，即：

$$\eta_0(T) = K e^{\frac{E_\eta}{RT}}$$

式中，K 为材料常数；R 为摩尔气体常数，8.13J/(mol·K)，E_η 为黏流活化能，J/mol。

由上式可以看出，温度升高，黏度下降，因为分子热运动加剧，分子间距增大，在分子间有更多的空穴，因而自由体积增大，链段更加易于移动，黏度下降。

黏流活化能 E_η 是描述材料黏-温依赖性的物理量，定义为流动单元用于克服位垒，由原位置跃迁到附近空穴所需的最小能量，它反映了材料流动的难易程度，更重要的是反映了材料黏度随温度的变化的敏感性。

高分子材料黏度的温度敏感性与材料的加工行为有关。黏-温敏感性大的材料，温度升高，黏度急剧下降，宜采取升温的办法降低黏度，如树脂、纤维等材料。从另一方面看，由于黏度的温度敏感性小的材料，如橡胶，其黏度随温度上升变化不大，不宜采取升温的办法降低黏度。工业上多通过强剪切（塑炼）作用，以降低分子量来降低黏度。但黏-温敏感性小的材料，加工性能较好，因为加工时，即使设备温度有所变化，材料流动性也变化不大，易于控制操作，质量稳定。

② 剪切速率和剪切应力的影响　　大部分是剪切变稀。机理可以认为在外力作用下，材料内部原有的分子链缠结点被打开，或是缠结点浓度下降。大分子链处于缠结状态，一是无规线团相互缠结，二是几条大分子链局部形成强烈的物理作用而"交联"。由于分子链的缠结，使分子链运动受阻，材料的黏度很大。研究表明，存在一个临界分子量 M_c，当分子量超过 M_c 后，分子链形成缠结，体系黏度急剧上升。这种缠结没有化学交联点，故称为"拟网状结构"，大分子材料处于橡胶高弹态时具有这种结构，故又称为"类橡胶液体"。一般来讲，大分子链间的缠结因分子热运动产生，也因分子热运动破坏。在一定的外部条件下，缠结点的形成速率和破坏速率相等，处于动态平衡中。一旦外部条件发生改变，就会导致缠结点破坏速率大于形成速率，使体系的平均缠结点密度下降，出现剪切变稀。在新的条件下，经过一段时间，拟网状结构再度达到平衡，使体系的性质包括黏度，呈现出与新结构相适应的数值。可见，体系黏度的变化是由于体系内部拟网状结构的变化而产生的。试验表明，拟网状结构的变化是可逆的。受强力作用时，缠结点破坏，黏度下降；当材料充分静置后，内部结构又会形成，黏度会部分或全部恢复，故聚合物的黏性称为"结构黏性"。

也可以理解在外力作用下，原有的分子链构象发生改变，分子链沿流动方向取向，使材料黏度下降。熔体处于平衡状态时，大分子链的构象也接近于高斯链构象。当体系流动时，由于外力的作用，平衡长链的构象被迫发生改变。同时由于大分子链运动具有松弛特性，被改变的构象还会局部或全部恢复。所以当剪切速率很低时，分子链的构象变化很小，分子链有足够的时间进行松弛，致使其构象分布从宏观上看几乎不发生变化，故体系黏度也基本不变，表现出牛顿流体特点。但是当剪切速率较大时，一方面高分子链的构象发生明显变化，主要是沿流动方向取向；另一方面，流动过程快，体系也没有足够的时间松弛，结果长链大分子偏离平衡构象，取向的大分子对流动阻力明显减小，表现为宏观黏度下降。

③ 分子量的影响

$$\eta_0 = K_1 \overline{M}_w \cdots\cdots\cdots \overline{M}_w < M_c$$

$$\eta_0 = K_2 M_w^{3.4} \cdots\cdots\cdots \overline{M}_w > M_c$$

式中，M_c 为分子链发生"缠结"的临界分子量。

公式表明，当平均分子量小于临界缠结分子量时，材料的零剪切黏度与分子量基本成正比关系，分子间相互作用较弱。一旦分子量大到分子链间发生相互缠结，分子链间的相互作用因缠结而突然增强，一条分子链上受到的应力会传到其它分子链上，则材料黏度将以分子量的 3.4 次方迅速猛增。从纯粹加工的角度来看，降低分子量肯定有利于改善材料的加工流动性。但分子量降低后必然影响材料的强度和弹性，因此需综合考虑。不同的材料，因用途不同，加工方法各异，对分子量的要求不同。

④ 分子量分布的影响　用重均分子量与数均分子量之比表示分子量分布宽度：

$$MWD = \overline{M}_w / \overline{M}_n$$

对分子量分布较窄的聚合物，影响其熔体黏性的主要因素为重均分子量的大小。当分子量分布较宽时，重均分子量不起主导作用，而是介于 $\overline{M}_w$ 和 $\overline{M}_n$ 之间的某种平均分子量的作用较大。在宽分布试样中，其高分子量"尾端"组分对流变性的影响较大。另外由于低分子量组分的流动性好，在试样中起内增塑剂的作用，因此在讨论宽分布试样的流变性时，应特别重视其中特低分子量和特高分子量组分的影响。

⑤ 支化结构的影响　可以肯定地说，聚合物的分子链结构为直链型或支化型对其流动性影响很大，这种影响既来自支链的形态和多寡，也来自支链的长度。由一般来说，短支链（梳型支化）对材料黏度的影响甚微。对高分子材料黏度影响大的是长支链（星型支化）的形态和长度。若支链虽长，但其长度还不足以使支链本身发生缠结，这时分子链的结构往往因支化而显得紧凑（分子量相当时，支化分子链的均方回转半径小于线型分子链的均方回转半径），使分子间距增大，分子间相互作用减弱。与分子量相当的线型聚合物相比，支化聚合物的黏度要低些（$\eta_b < \eta_1$）。若支链相当长，支链分子量 M_b 达到或超过临界缠结分子量的三倍（$M_b \geqslant 3M_z$），支链本身发生缠结，这时支化聚合物的流变性质更加复杂。在高剪切速率下，与分子量相当的线型聚合物相比，支化聚合物黏度较低，但其非牛顿性较强。在低剪切速率下，与分子量相当的线型聚合物相比，支化聚合物的零剪切黏度或者要低些，或者要高些。对于后一种情况，即 $\eta_{0_b} > \eta_{0_1}$，称支化聚合物的零剪切黏度出现反转。长链支化结构引起聚合物熔体黏度降低的原因可归结为：一是分子量相当时，支化结构材料的松弛时间相对较短；二是分子量相当时，支化结构使分子链发生缠结的概率和分子间相互作用减少。以上两点都与支化使分子链结构变得紧凑有关。长链支化还会增加聚合物的黏流活化能。

1.4　高分子材料加工基础

为什么高分子材料的发展如此迅速？其中一个重要的原因就是高分子材料的易加工性。在所有材料中，可以说，高分子材料是最容易加工成型的。聚合物的加工性体现在以下几个方面。

① 聚合物具有可模塑性　聚合物的可模塑性（mouldability）是指材料在温度和压力作用下产生形变并能在模具中成型、固定的能力。除了测定聚合物的流变性能之外，判断聚合物可模塑性的最常用的方法是进行螺旋流动试验。

② 可挤压性　聚合物的可挤压性（extrudability）是指聚合物通过挤压作用下能产生形变并保持形状的能力。通常在固体状态下，聚合物不能挤压成型，只有在黏流态时才可以。在挤压过程中，聚合物熔体受到剪切作用，因此，聚合物熔体的剪切黏度和拉伸黏度是判别聚合物可挤压性的重要依据之一，即聚合物的流变性。

③ 可纺性　可纺性（spinnability）是指聚合物材料通过加工形成连续的固态纤维的能力。

④ 可延性　可延性（stretchability）是指无定形或半结晶固体聚合物在一个或两个方向

上受到压延或拉伸时变形的能力。

⑤ 在成型加工过程中，聚合物会发生一些物理和化学变化，例如在某些条件下，聚合物能够结晶或改变结晶度，能借外力作用产生分子取向，当聚合物分子链中存在薄弱环节或有活性反应基团（活性点）时，还能发生降解或交联反应。

⑥ 加工过程出现的这些物理和化学变化，不仅能引起聚合物出现如力学、光学、热性质以及其它性质的变化，而且对加工过程本身也有影响。这些物理和化学变化有些对制品性质是有利的，有些则是有害的。

1.4.1 加工过程中的结晶

（1）结晶现象 塑料成型、薄膜拉伸及纤维纺丝过程中常出现聚合物结晶现象，但结晶速度慢、结晶具有不完全性和结晶聚合物没有清晰的熔点是大多数聚合物结晶的基本特点。当聚合物熔体或浓溶液冷却时，熔体中的某些有序区域开始形成尺寸很小的晶胚，晶胚长大到某一临界尺寸时转变为初始晶核；然后大分子链通过热运动在晶核上进行重排而生成最初的晶片，在此晶片上生长而形成球晶。

聚合物结晶的不完全性，通常用结晶度表示。一般聚合物的结晶度在 $10\% \sim 60\%$ 范围。结晶受温度的影响较大，由于聚合物要达到完全结晶要很长时间，因此结晶的后期要发生二次结晶。除二次结晶以外，一些加工的制品中还发生一种后结晶现象，这是聚合物加工过程中一部分来不及结晶的区域在加工后发生的继续结晶的过程，它发生在球晶的界面上，并不断形成新的结晶区域。二次结晶和后结晶都会使制品性能和尺寸在使用和储存中发生变化，影响制品正常使用。可对制品进行热处理，这样可增加制品的尺寸稳定性，消除内应力。尼龙等制品常用热处理。

（2）加工过程中影响结晶的因素

① 冷却速度的影响 聚合物从 T_m 以上降低到 T_g 以下的冷却速度，实际上决定了晶核生成和晶体生长的条件，所以聚合物加工过程中能否形成结晶、结晶的程度、晶体的形态和尺寸都与熔体冷却速度有关。当冷却介质温度接近于最大结晶温度时，属于缓慢冷却，冷却速度慢，容易形成大的球晶，性脆，易开裂；当冷却介质温度在 T_g 以下很多时，冷却速度快，属快速冷却，类似"淬火"，制品体积松散，结晶不均匀而导致内应力；另外后结晶大，尺寸变化大；当冷却介质温度在 T_g 以上附近时，属于中等冷却速度，表面较快冷却，而内部冷却慢，有利于结晶完善。

② 熔融温度和熔融时间的影响 聚合物的熔融温度低和熔融时间短，则体系中存在的晶核将引起异相成核作用，故结晶速度快，晶体尺寸小而均匀，并有利于提高制品的力学强度、耐磨性和热变形温度。

③ 应力作用的影响 应力对晶体的结构和形态也有影响。例如在剪切或拉伸应力作用下，熔体中往往生成一长串的纤维状晶体，随应力或应变速率增大，晶体中伸直链含量增多，晶体熔点升高；压力也能影响球晶的大小和形状，低压下易生成大而完整的球晶，高压下则生成小而形状不规则的球晶。

④ 固体杂质、低分子物等的影响 某些固体杂质能促进熔体的结晶，可作为成核剂，如滑石粉、氧化硅等。加入成核剂是聚合物加工的一个重要手段，可提高制品的结晶速度和结晶完整性，从而提高加工性能和制品的性能。

（3）结晶对制品性能的影响 密度增大，拉伸强度提高，弯曲强度提高，耐热性提高；耐化学溶剂性提高；冲击强度下降；收缩率增大，制品尺寸不稳定。

1.4.2 加工过程中聚合物的取向

聚合物在加工过程中均要受到剪切应力和拉伸应力的作用，因此在拉伸应力方向上要产生取向。高分子链是几何上高度不对称的，容易沿外力方向上取向。高分子链一般来说具有一定的柔性，也容易在外力作用下沿外力方向排列。高分子链具有分子运动的多样性，链段、晶粒等均可以在外力作用下取向。因此，聚合物在加工过程中取向是不可避免的。有些填充物也是几何上不对称的，如玻璃纤维、晶须、滑石粉等，因此在流动过程中也要沿流动方向上取向。

在玻璃化温度 T_g 附近，聚合物可以进行高弹拉伸和塑性拉伸。拉伸应力小于聚合物的屈服应力时，产生高弹拉伸，为链段取向，取向度低，取向不稳定。拉伸应力大于聚合物的屈服应力时，可产生塑性取向，整个高分子链的取向不易恢复，取向稳定。

当温度升高到 T_f 以上处于聚合物的黏流态，聚合物的拉伸称为黏流拉伸。由于温度很高，大分子活动能力强，即使应力很小也能引起大分子链的解缠结、滑移和取向。但在很高的温度下解取向发展也很快，有效取向程度低。除非迅速冷却聚合物，否则不能获得有实用性的取向结构。同时，因为熔体黏度低，拉伸过程极不稳定，容易造成液流中断。

结晶聚合物的拉伸取向通常在 T_g 以上适当温度进行。拉伸时所需应力比非晶聚合物大，且应力随结晶度增加而提高。取向过程包含着晶区与非晶区的形变。结晶区的取向发展较快，非晶区的取向发展慢；当非晶区达到中等取向程度时，晶区的取向就已达到最大程度。晶区的取向过程很复杂，取向过程包含结晶的破坏、大分子链段的重排和重结晶以及微晶的取向等，过程中并伴随有相变化发生。由于聚合物熔体冷却时均倾向于生成球晶，所以拉伸过程实际上是球晶的形变过程。

温度升高，有利于取向，也有利于解取向，但它们的发展速度大多数情况下是不一样的。在黏流拉伸时，聚合物的取向能否固定下来，决定于聚合物的松弛时间和冷却速率。在 $T_g \sim T_f$（T_m）之间进行拉伸，称为热拉伸，拉伸应力小，拉伸比大，拉伸速度高。在室温附近进行的拉伸通常称为冷拉伸，由于温度低，聚合物松弛速度慢，大的拉伸比和快的拉伸速度会引起拉伸应力急剧上升，超过极限时容易引起材料断裂。所以冷拉伸通常适用于拉伸比小、取向度小的情况。聚合物拉伸过程的热效应还会引起被拉伸材料温度升高，如要进一步提高取向度就需沿拉伸方向形成一定的温度梯度。拉伸比越大，取向度越高。

取向使聚合物在取向方向上强度增大，使聚合物的 T_g 升高，使聚合物的透明性提高，在取向方向上，线膨胀系数增加。

1.4.3 聚合物在加工过程中的降解

聚合物在加工过程中，要受到高温、强剪切应力等的作用，在这些强的作用下，高分子链要产生断链，因而分子量下降，这就是降解。

（1）自由基连锁降解反应 由热、应力等物理因素引起的降解属于这一类。在热或剪切力的影响下，聚合物的降解常常是无规则地选择进行的，这是因为聚合物中所有化学键的能量都十分接近的关系。在这些物理因素作用下，降解机理也极其相似，通常是通过形成自由基的中间步骤按连锁反应机理进行，包括活性中心的产生、链转移和链减短、链终止几个阶段。

（2）逐步降解 这种降解往往是在加工的高温下，聚合物含有微量水分、酸或碱等杂质进行有选择地降解，降解一般发生在碳-杂链（如 C—N、C—O、C—S、C—Si 等）处，这是因为碳-杂链的键能较小、稳定性差的缘故。降解具有逐步反应的特征，每一步具有独立性，中间产物稳定，断链的机会随分子量增大而增大，所以随着降解反应的逐步进行，聚合物的分子量逐渐减少的同时，其分子量分散性也逐步减小。含有酰胺、酯、缩醛的聚合物容易在高温下发生水解、酯解、酸解、胺解等降解反应。如对 PC 来说，微量水分就可引起显著降解。

主链上含有碳-杂原子键时容易发生降解；主链上含有叔碳原子时，容易降解；主链上含有双键时容易降解；主链上 C—C 键的键能还受到侧链上取代基和原子的影响。极性大和分布规整的取代基能增加主链 C—C 键的强度，提高聚合物的稳定性，而不规整的取代基则降低聚合物的稳定性；主链上不对称的氯原子易与相邻的氢原子作用发生脱氯化氢反应，使聚合物稳定性降低，所以聚氯乙烯甚至在 140℃时就能分解而析出 HCl；主链中有芳环、饱和环和杂环的聚合物以及具有等规立构和结晶结构的聚合物稳定性较好，降解倾向较小。

温度越高，降解越快；在高温下停留时间越长，降解越厉害。加工过程往往有氧气的存在；氧在高温下能使聚合物氧化生成过氧化物结构，过氧化物容易分解产生自由基，从而引发连锁降解反应，称为热氧降解，是聚合物降解的主要历程。

在加工过程中，聚合物要反复受到应力的作用（以剪切应力为主），当剪切应力的能量超过键能时，就引起化学键的断裂，产生降解。剪切作用和热作用一起，对聚合物的降解起强烈的降解促进作用。

微量水分是有些聚合物降解的主要因素，如 PC、尼龙、ABS、聚酯等。因此，加工之前的干燥是必备的工序。

聚合物在加工过程出现降解后，制品外观变坏，内在质量降低，使用寿命缩短。因此加工过程大多数情况下都应设法尽量减少和避免聚合物降解。为此，通常可采用以下措施：

① 严格控制原材料技术指标，尽量去除聚合物中的催化剂残留等杂质；

② 使用前对聚合物进行严格干燥，特别是聚酯、聚醚和聚酰胺等聚合物存放过程容易从空气中吸附水分，用前通常应使水分含量降低到 0.01%～0.05% 以下；

③ 确定合理的加工工艺和加工条件，使聚合物能在不易产生降解的条件下加工成型；

④ 加工设备和模具应有良好的结构，主要应消除设备中与聚合物接触部分可能存在的死角或缝隙，减少过长的流道、改善加热装置、提高温度显示装置的灵敏度和冷却系统的冷却效率；

⑤ 在配方中考虑使用抗氧剂、稳定剂等以加强聚合物对降解的抵抗能力。

有些情况下，可以利用聚合物在加工过程中的降解效应，如橡胶的开炼（塑炼）：降低分子量，提高加工性；聚合物共混物：利用剪切效应产生的自由基，可使两种或多种聚合物产生接枝、共聚等反应，从而提高共混物的性能。

1.4.4　加工过程中的交联

聚合物在加工过程中要产生交联（凝胶），大多数情况下，对聚合物产生性能变劣，主要是产生凝胶以后，流动性下降，与其它组分相容性变差，混合也不均匀，导致制品质量严重下降。在降解的同时，伴随交联反应；热固性树脂（塑料）在成型加工过程中要交联以后才有使用价值。因此热塑性塑料和热固性塑料加工的区别如下。热塑性塑料：加热降低熔体黏度使之产生流动变形，冷却获得形状（物理变化为主）；热固性塑料：①提高流动性，使之在压力下产生流动、变形，并获得形状（物理变化为主）；②使具有活性基团的组分在较高温度下发生交联反应并最终完成硬化（化学变化为主）。

1.5　注塑成型

注塑成型是塑料加工中普遍采用的方法之一。该方法适用于全部热塑性塑料和部分热固性塑料，制成品数量比其它常规的金属成型方法要大得多。由于注塑成型加工不仅产量大，而且适用于多种原料，能够成批、连续地生产，并且具有稳定的尺寸，容易实现生产的自动化和高速化，具有极高的经济效益。注塑成型的基本过程是：颗粒状的高分子材料（以下简称为塑料）经过注塑机螺杆的挤压和加热，成为熔融状态的可以流动的熔体。在螺杆的推动下，塑料熔体通过注塑机喷嘴、模具的主流道、分流道和浇口进入模具型腔，成型出具有一定形状和尺寸的制品。注塑的结果是生产出符合用户要求的塑料制品。

要想取得合格的制品，必须要有设计合理、制造精良的模具，还需要有和该模具配套的先进的注射设备（注塑机）以及合理的加工工艺。因此，人们常将模具、注塑机以及工艺称为注塑过程得以顺利进行的三个基本要素。

对于采用注塑成型加工方法生产塑料制品来说，合理的成型工艺是三个基本要素中最重要的因素。所谓成型工艺，简单说来就是将压力、温度、时间（速度）三大要素组成最合理的搭配。在成型过程中，尤其是精密制品的成型，要想确立一组最佳的成型条件决非易事，因为影响成型条件的因素很多，除制品的形状、模具结构、注塑设备、原材料等之外，电压的波动、环境温度的变化对成型都有一定的影响。

（1）注塑压力　塑料熔体自压力高的区域流向压力低的区域，在注塑过程中，注塑机喷嘴处的压力最高，以克服熔体全程中的流动阻力。其后，压力沿着流动长度往熔体最前端处逐步降低，如果模腔内部排气良好，则熔体前端最后的压力就是大气压。

注塑压力与材料的关系不同以及不同材料显示的流动行为不同，导致所需注塑压力亦不同。熔体黏度是流动性质中影响注塑压力最显著的。一般来说，熔体黏度是温度、剪切速率和注塑压力的函数。这意味着，相同的塑料熔体由于成型工艺的不同可能有不同的黏度，不同材料可能有更宽广的黏度范围。但是，在相同的温度、剪切速率下，不同的材料其黏度并不相同，在满足使用要求的前提下，应当尽可能地选择黏度相对小的材料。

（2）注塑时间　①高速填充：高速填充时剪切速率较高。塑料由于剪切变稀的作用而存在黏度下降的情形，使整体流动阻力降低；局部的黏滞加热影响也会使固化层厚度变薄。因此在流动控制阶段，填充行为往往取决于待填充的体积大小。即在流动控制阶段，由于高速填充，熔体的剪切变稀效果往往很大，而薄壁的冷却作用并不明显，于是速率的效用占了上风。②低速填充：热传导控制低速填充时，剪切速率较低。局部黏度较高，流动阻力较大。由于热塑料补充速率较慢，流动较为缓慢，使传热效应较为明显，热量迅速被冷模壁带走。加上较少量的黏滞加热现象，固化层厚度较厚，又进一步增加壁部较薄处的流动阻力。因此在低速填充时以壁厚处较易填充。

（3）注塑温度　注塑温度必须控制在一定的范围内。温度太低，熔料塑化不良，影响成型件的质量，增加工艺难度；温度太高，原料容易分解。在实际的注塑成型过程中，注塑温度往往比料筒温度高，高出的数值与注塑速率和材料的性能有关，最高可达 30℃。这是由于熔料通过注料口时受到剪切而产生很高的热量造成的。在做模流分析时可以通过两种方式来补偿这种差值：一种是设法测量熔料对空注塑时的温度，另一种是建模时将射嘴也包含进去。

（4）保压　在注塑过程将近结束时，螺杆停止旋转，只是向前推进，此时注塑进入保压阶段。保压过程中注塑机的喷嘴不断向型腔补料，以填充由于制件收缩而空出的容积。如果型腔充满后不进行保压，制件大约会收缩 25%，特别是筋处由于收缩过大而形成收缩痕迹。保压压力一般为充填最大压力的 85% 左右，当然要根据实际情况来，保压时间过长或过短都对成型不利。过长会使得保压不均匀，塑件内部应力增大，塑件容易变形，严重时会发生应力开裂；过短则保压不充分，制件体积收缩严重，表面质量差。

（5）背压　螺杆反转后退储料时所要克服的压力。采用高背压有利于色料的分散和塑料的融化。但却同时延长了螺杆回缩时间，降低了塑料熔融的长度，增加了注塑机的压力，因此背压应该低一些，一般不超过注塑压力的 20%。注塑泡沫塑料时，背压应该比气体形成的压力高，否则螺杆会被推出料筒。有些注塑机可以将背压编程，以补偿熔化期间螺杆长度的缩减，这样会降低输入热量，令温度下降。

（6）冷却与模温控制 模具温度对于成型工艺的影响很大。如果模具温度太低，一方面塑料熔体冷却变快，凝固层厚度增加，熔体黏度也增加，导致成型压力变大，成型相对困难；另一方面，塑料熔体的流动不顺畅，容易出现流动痕迹，制品的轮廓不光滑，同时熔接痕的长度和清晰度都变大，制品外观质量下降。模温对制品的性能也有一定的影响，特别是结晶型塑料制品。模具温度直接影响到结晶型塑料的结晶程度和结晶质量。

1.6 塑料挤出成型

塑料挤出成型又称挤出模塑，是塑料重要的成型方法之一，绝大多数热塑性塑料均可用此法成型。这种成型方法的特点是具有很高的生产率且能生产连续的型材，如管、棒、板、薄膜、丝、电线、电缆以及各种型材，还可用来混合、塑化、造粒和着色等。

挤出成型过程分两个阶段进行。第一阶段将物料加热塑化，使之呈黏流状态并在加压下通过一定形状的口模而成为截面与口模形状相仿的连续体；第二阶段将这种连续体用适当的方法冷却、定型为所需产品。物料的塑化和加压过程一般都是在挤出机内进行。挤出机按其加压方式可分为螺杆式和柱塞式两种。前者的特点是，借助螺杆旋转时螺纹所产生的推动力将物料推向口模。这种挤出机中通过螺杆强烈的剪切作用，促进物料的塑化和均匀分散，同时使挤出过程连续进行，因此可提高挤出制品的质量和产量，它适用于绝大多数热塑性塑料的挤出。塑料挤出成型一般使用单螺杆挤出机。单螺杆挤出机是由传动系统、加料系统、挤压系统、加热系统、冷却系统以及机头、口模等组成。其中挤压系统是最关键的，它由螺杆、料筒及其加热冷却部件组成。

（1）螺杆 一般单螺杆为常规全螺纹螺杆或三段式螺杆（图1-6），即输送段、熔融段（压缩段）、均化段（计量段）。虽然目前已出现许多新型螺杆，其中有四段、五段等，根据挤出原理给予各段以新的职能，但是三段式螺杆仍是最基本的。螺杆的基本参数有：①螺杆的直径 D_s；②螺杆的长度 L 和长径比 L/D_s；③螺杆的螺槽深度 H，即螺纹的外径与其根部半径之差，通常用 H_1、H_2、H_3 分别表示螺杆在加料段、熔融段和均化段的螺槽深度；④螺杆的螺纹升角 ϕ、螺纹头数 i、螺距 S 和螺棱宽度 e；⑤压缩比 ε。

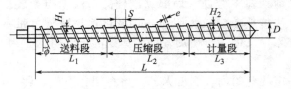

图1-6 常规螺杆的基本结构

H_1—送料段螺槽深度；H_2—计量段螺槽深度；D—螺杆直径；
ϕ—螺旋角；L—螺杆长度；e—螺棱宽度；S—螺距

几种常见的新型螺杆有（详见第3章）：分离型螺杆、屏障型螺杆、销定型螺杆、分配混合型（DIS）螺杆、波状螺杆。

（2）料筒的输送能力 挤出机料筒的加料段内开设有纵向沟槽和靠近加料口的一段料筒内壁做成锥形。一般锥形的长度取（3～5）D（D 为料筒直径）。纵向沟槽的数量与料筒直径的大小有关，料筒直径为45mm时，沟槽数量取4～5条；料筒直径为65mm时，沟槽数量取6～7条；料筒直径为90mm时，沟槽数量取9条；料筒直径为120mm时，沟槽数量取12条；料筒直径为150mm时，沟槽数量取15条等。槽数太多，会导致物料回流使输送量下降。槽的形状有长方形的、三角形的或其它形状的。采用长方形时，对于直径为45mm、65mm的料筒，槽宽（b）取8mm，槽深（h）取3mm；对于料筒直径为90～150mm时，槽宽取 10mm，槽深取 4mm。

（3）加热冷却系统

① 料筒的冷却　料筒冷却方法有风冷和水冷两种。风冷是对每一冷却段配置一个单独的风机。风冷的特点是冷却比较柔和、均匀、干净，但风机占有空间体积大，其冷却效果易受外界气温的影响。一般用于中小型挤出机较为合适。

② 螺杆冷却　螺杆冷却的目的是利于物料的输送，同时防止塑料因过热而分解。通入螺杆中的冷却介质为水或空气。在最新型挤出机上，螺杆的冷却长度是可以调整的。根据各种塑料的不同加工要求，依靠调整伸进螺杆的冷却水管的插入长度来提高机器的适应性。

③ 料斗座的冷却　挤出机工作时，进料口温度过高，易形成"架桥"，进料不畅，严重时不能进料，因此，加料斗座应设置冷却装置并防止挤压部分的热量传到止推轴承和减速箱，保证挤出机的正常工作。冷却介质多采用水。

（4）分流板、过滤网　在料筒和口模连接处设置分流板（又称多孔板）和过滤网，其作用是使物料流由旋转运动变为直线运动，阻止杂质和未塑化物料通过并增加料流背压，使制品更加密实。其中分流板还起支撑过滤网的作用，但在挤出硬聚氯乙烯等黏度大而稳定性差的塑料时，一般不用过滤网。

为使物料通过分流板之后的流速一致，孔眼的分布为中间疏、边缘密，通常孔眼大小是相等的，但也有不相等的。孔的布置方式以同心圆较多，也有呈六角形布置的。一般孔眼直径为 3～7mm，孔眼的总面积为分流板总面积的 30%～50%。分流板的厚度由挤出机的大小及分流板承受的压力而定，常根据经验取料筒直径 20%～30%。孔道应光滑无死角，便于清理物料，孔道进料端要倒出斜角。分流板与螺杆头部应有适当距离，距离过大，易造成物料积存，导致热敏性塑料分解；距离太小料流不稳定，影响制品质量，一般为 $0.1D_s$。

挤出机辅助设备大致可分为以下三类。①挤压前物料处理的设备（如预热、干燥等）：一般用于吸湿性塑料。干燥设备有烘箱或沸腾干燥器等，有的干燥设备直接设置在加料斗上。②挤出物的处理设备：如用作冷却、定型、牵引、卷取、切断和检验设备。③控制生产条件的设备：指各种控制仪表，如温度控制器、电动机启动装置、电流表、螺杆转速表和测定机头压力的装置等。

1.7　几个重要性能的测试

1.7.1　拉伸强度和杨氏模量

（1）拉伸强度　在规定的标准试验条件下，对试样施以轴向拉伸载荷，直至试样断裂过程中试样所承受的最大拉伸应力，称材料的拉伸强度。拉伸强度值按下式计算：

$$\sigma_t = \frac{P}{bd}$$

式中，P 为试样最大拉伸载荷，N；b 为试样宽度，m；d 为试样厚度，m。

（2）拉伸弹性模量　在比例极限内，试样的拉伸应力与相应的应变之比称材料的拉伸弹性模量，又称杨氏模量。拉伸弹性模量按下式计算：

$$E_t = \frac{\sigma}{\varepsilon}$$

式中，σ 为在比例极限以内的试样拉伸应力，MPa；ε 为相应的拉伸（轴向）应变。

（3）断裂伸长率　试样拉伸断裂时，工作部分标距（有效部分）的增量与初始值之比，以百分数表示，称为材料的断裂伸长率。断裂伸长率按下式计算：

$$\varepsilon_r = \frac{L - L_0}{L_0}$$

式中，L_0 为试样标距初始值，mm；L 为试样断裂时标距值，mm。

韧性塑料由于有屈服现象，断裂伸长率可以很大，脆性塑料断裂伸长率很小。因此断裂伸长率可以反映出材料的脆性。塑料拉伸性能按 GB/T 1040—2006《塑料拉伸性能试验方法》测试。

1.7.2　弯曲强度和模量

(1) 弯曲强度　在标准的试验条件下对试样施以静态三点式弯曲载荷，直至试样断裂过程中，试样的最大弯曲应力，即称为材料的弯曲强度。弯曲强度按下式计算：

$$\sigma_f = \frac{3PL}{2bh}$$

式中，P 为试样承受的弯曲载荷，N；L 为试样跨度，m；b 为试样宽度，m；h 为试样厚度，m。

如果以 P 表示试样达到规定挠度值或破坏瞬时的弯曲载荷，则 σ_f 分别代表材料定挠度弯曲应力和弯曲破坏应力。

(2) 弯曲弹性模量　在比例极限内试样的弯曲应力与相应的应变之比称为材料的弯曲弹性模量。弯曲弹性模量按下式计算：

$$E_f = \frac{L^3}{4bh^3} \times \frac{P}{Y}$$

式中，P 为在载荷-挠度曲线的线性部分上选定点的载荷，N；Y 为与载荷相应的挠度，m。

塑料的弯曲性能按 GB/T 9341—2008《塑料弯曲性能试验方法》测试。

1.7.3　冲击强度

(1) 简支梁冲击试验法　使用简支梁冲击试验机，在规定的标准试验条件下对水平放置并两端支承的试样施以冲击力，使试样破裂，以试样单位面积所消耗的功表征材料冲击韧性的一种方法。该方法采用无缺口试样和带缺口试样。无缺口冲击强度和缺口冲击强度分别按以下两式计算：

$$a_n = \frac{A_n}{bd} \quad a_k = \frac{A_k}{bd_k}$$

式中，A_n 为无缺口试样所消耗的功，J；A_k 为带缺口试样所消耗的功，J；b 为试样宽度，m；d 为无缺口试样厚度，m；d_k 为带缺口试样缺口处剩余厚度，m。

(2) 悬臂梁冲击试验方法　使用悬臂梁冲击试验机，在规定的标准试验下，对垂直悬臂夹持的试样施以冲击载荷，以试样单位宽度所消耗的功表征材料韧性的一种方法。该方法只采用带缺口试样。冲击强度按下式计算：

$$a_k = \frac{A_k - E}{b}$$

式中，A_k 为试样破坏所消耗的功，J；E 为抛掷破断试样自由端所消耗的功，J；b 为缺口处试样宽度，m。

以上两冲击试验分别按 GB/T 1043—2008《硬质塑料简支梁冲击试验方法》和 GB 1843—2008《塑料悬臂梁冲击试验方法》进行。

1.7.4　热性能

(1) 玻璃化温度　玻璃化温度用 T_g 表示，是聚合物重要的特征性温度之一。玻璃化温度是无定形聚合物由玻璃态向高弹态的转变温度，或半结晶型聚合物的无定形相由玻璃态向高弹态的转变温度。从分子运动的角度看，玻璃化温度是聚合物分子链的链段能开始运动的温度。一般而言，玻璃化温度是无定形塑料理论上能够工作的温度上限。超过玻璃化温度，塑料就基本丧失了力学性能，许多其它性能也会急剧下降。聚合物在连续受热时，一般会伴随着化学变化导致材料组成和结构的变化，影响材料的工作性能。因此，玻璃化温度并不能代表塑料实际上可以连续工作的最高温度。塑料的玻璃化温度测定可以采用热分析如 DTA、DSC 等方法，亦可用扭摆分析法、温度-变形曲线（热-机械曲线）法。采用温度-变形曲线法时，可按 GB 11998—89《塑料玻璃化温度测定方法　热机械分析法》进行。

（2）熔融温度和流动温度　熔融温度是结晶型聚合物由晶态转变为熔融态的温度，用符号 T_m 表示。由于绝大多数结晶型塑料都是半结晶型的，因此塑料的熔融温度并不是一个尖锐的转变点，而是一个小范围的熔程。对于结晶型塑料，熔融温度是比玻璃化温度更有实际意义，因而也是更重要的温度。许多结晶型塑料，虽然玻璃化温度很低，但由于分子链在结晶过程中的整齐排列和紧密堆砌，可以使材料的强度和刚度大大提高，使这些材料在远高于玻璃化温度下仍具有良好的力学性能，这些塑料的实际工作温度远高于玻璃化转变温度。至于无定形塑料，转变为熔融状态的温度是流动温度，用 T_f 表示。从分子运动观点，T_m 或 T_f 是聚合物分子链整链能够运动，相互滑移的温度。超过了 T_m 或 T_f，塑料成为流体，T_m 或 T_f 是塑料成型加工的温度下限。

结晶型塑料的熔融温度按 GB 4608—84《部分结晶聚合物熔点试验方法》光学法测定，亦可用扭摆分析法测定塑料的熔融温度。

（3）弯曲负载热变形温度　弯曲负载热变形温度简称热变形温度。它是在试验仪上将规定尺寸试样以简支梁方式水平支承，置于热浴装置中，以（12±1）℃/6min 的速率均匀升温，并施以应力为 1.81MPa 或 0.45MPa 的垂直弯曲载荷。当试样挠度达到 0.21mm 时的温度，即为材料的热变形温度，以℃表示。耐热性低的塑料用 0.45MPa 的加载应力，耐热性高的塑料用 1.81MPa 的加载应力，各塑料在同载荷应力下的测试值才具有可比性。引用材料的热变形温度时必须指明载荷应力值。塑料的热变形温度按 GB 1634.1—2004《塑料弯曲负载热变形温度（简称热变形温度）试验方法》测试。

（4）维卡软化点　对规定形状和尺寸的试样水平支承并置于热浴槽中以（5±0.5）℃/6min（称 A 速）或（12±1）℃/6min（称 B 速）的速率均匀升温，并用横截面积 1mm² 的圆形平头压针垂直施加 1000^{+50}_{0}g（称 A 载）或 5000^{+50}_{0}g（称 B 载）的压载荷，当针头压入试样深度 1mm 时的温度，即材料的维卡软化点。试验升温速率若采用 A 速，加载亦用 A 载；若采用 B 速，则用 B 载，这样的试验结果具有可比性。塑料的维卡软化点按 GB 1633—2000《热塑性塑料软化点（维卡）试验方法》测试。该耐热指标仅用于对热塑性塑料耐热性的表征。

（5）脆化温度　塑料的耐寒性用脆化温度表示。所有塑料都会随着温度降低变得愈来愈硬而脆。这是由于聚合物分子链的活动性变得愈来愈小之故。脆化温度是指塑料在冲击载荷作用下变为脆性破坏的温度，一般是把在规定冲击条件下有 50％试样产生脆性破坏的温度确定为脆化温度，用符号 T_b 表示。脆化温度是塑料材料能够正常使用的温度下限，特别是需要利用软质塑料柔韧性的许多产品，低于脆化温度塑料失去了柔韧性，因此其产品不能使用。

1.7.5　老化性能试验

（1）大气自然老化试验　大气自然老化试验是将塑料试样置于曝晒架上，直接在自然气候环境下，经受日光、热能、大气湿度、氧和臭氧、工业污染等多种因素的协同作用的影响，测定其试验前后的性能变化来评价出材料的耐候性。老化试验中试验场地的选定应能代表某一类型气候的最严酷地区，或接近材料实际应用地区，试验场地应空旷平坦，周围无影响试验结果的障碍物。试验架应面对赤道并与地面夹角45℃。当试样主要性能指标已降至实际使用的最低允许值或某一临界保持率以下时，试验方告结束。多数情况下是试样主要性能指标降至初始值50%时终止试验。试验结果的表示可采用如下几种方式：①以试样外观变化程度用文字叙述表示；②用试样老化后某性能变化达规定值所需时间（日、月或年）表示；③以老化系数，即试样老化后性能测试值与初始值之比表示。塑料大气自然老化按 GB 3681—83《塑料自然气候曝晒试验方法》进行。

（2）加速老化试验　由于自然老化过程是一个很缓慢的过程，且在不同地理环境下有很大差别，给塑料耐老化性能的评价带来困难。人们试图用较短的时间对塑料的老化性能作出评价，这就是加速老化试验。加速老化试验可采用模拟日光灯的人工光源，包括碳弧灯、氙弧灯、萤光紫外灯，这些人工光源都会产生比地面的自然日光强得多的光照。采用这些人工光源时，也常常同时采用冷凝器模拟雨降、露水等与日光联合作用对塑料引起的破坏。

① 荧光紫外灯老化试验　该试验所用的特制荧光灯光源产生波长范围在280～350nm之间的紫外线照射，加速对塑料的破坏。试验仪主要组成部分是灯泡、热水盘和试样架。试样温度可以调节，可以从试验仪中定期取出试样，考核试样颜色变化、裂纹、粉化、龟裂情况和性能值变化。

② 碳弧灯老化试验　该试验所采用的碳弧灯光源所发射的光都经过了硼硅玻璃或Corex玻璃（透紫外玻璃），可分别将波长低于275nm或低于255nm的远紫外部分光波滤掉，因此采用这种光源可模拟到达地面的日光。试验仪可以绕安装中心使灯泡旋转，并同时装有周期性喷水装置，模拟日光与雨降、晨露等对塑料的联合破坏作用。

③ 氙弧灯老化试验　氙弧灯老化试验是采用最普遍的人工加速老化试验方法，因为氙弧灯光源所发射的光波最接近照射到地球表面的日光波长分布。试验仪中氙弧灯泡由燃烧器和滤光系统组成，并且装有蒸馏水或去离子水的循环系统。循环水通过氙弧灯泡，可以对燃烧器进行冷却并滤掉波长较大的红外线，以使灯光能谱分布更接近日光。

氙弧灯老化试验按 GB 9344—88《塑料氙灯光源曝露试验方法》进行。

1.7.6　燃烧性能

（1）有限氧指数试验　任何塑料的燃烧都只有在氧存在的条件下才能进行，不同塑料燃烧难易程度的不同，要求发生燃烧时的环境应含有不同浓度的氧气。有限氧指数燃烧试验正是基于这种原理对塑料的燃烧性进行评价。有限氧指数定义为在室温和规定条件下，恰好能维持塑料试样在氮、氧混合气体中平稳燃烧时混合气体中所含氧气的体积分数。有限氧指数愈大，材料的耐燃性愈好。有限氧指数试验是评价塑料燃烧性的最科学方法。与其它燃烧试验方法相比，它是从塑料材料燃烧本质上对燃烧性的表征，而且具有最准确的定量性，试验操作可达到最准确的平衡条件，终点判定最准确，结果最可靠，重现性最好。

该试验的主要装置是氧指数仪，它由燃烧筒（耐热玻璃管）、试样夹、两种气体的测量与控制系统组成。试验要求被试塑料试样在常温下能被下端装夹并直立。将试样放入燃烧筒内，直立地从下端夹在试样夹上。两种气体经测量系统流经混合器后从燃烧筒底部进入，点火器从燃烧调节上口将试样点燃。调节两气体比例使试样恰好能维持平稳燃烧，恰似蜡烛被点燃时的平衡燃烧一样。由于同种塑料的有限氧指数测试值随试样厚度增大会有所增加，因此只有厚度相同试样的试验结果才具有可比性。有限氧指数试验按 GB/T 2406.2—2009《塑料燃烧性能试验方法》中"氧指数法"的规定进行。

（2）烟密度试验　采用较多的一种方法是基于光通过烟雾时透光率减小的原理。将试样置于一定容积的试验箱内，测定在试样燃烧产生烟雾过程中，透过箱内烟雾的平行光速的透光率变化，计算出比光密度，借此测定试样燃烧时的释烟密度。所谓比光密度，是指光束穿过烟雾时因透光率变化，在试样规定面积和光程长度下的相应光密度，最大比光密度即为烟密度。试验中所用试验箱带有耐热玻璃观察窗，整个箱体除底部带有排烟口，上部一侧带有进风口外，其余部分完全封闭。试样装在试样盒内，置于箱内支架上，并暴露在以丙烷与空气混合气体作为火源的火焰作用下。用一个试验装置中光学系统内的光电元件和光源来测定光束通过箱内时因烟雾对光的吸收使透光率减小，记录透光率与时间的关系曲线，直到透光率出现最小值，或试验进行到 20min 时的透光率值（当无最小值出现时）。随后关闭气源并熄灭火源，并迅速用空白试样盒在排除箱内烟雾的情况下继续试验，直至透光率达最大值。根据透光率时间关系曲线，分别用公式计算释烟密度和发烟速度。塑料燃烧时的释烟密度按 GB 8323.2—2008《塑料燃烧性能试验方法烟密度法》测试。

（3）耐炽热性试验　塑料的耐炽热性试验是采用加热到（950±10）℃的碳化硅炽热棒作为点火火源，对塑料试样进行接触加热，从而对塑料的燃烧性能作出评价的一种方法。炽热棒温度可用纯度 99.8% 的银（熔点 955℃）来测量，或通过光学高温计测量。炽热棒和试样都水平装夹。炽热棒可绕水平轴转动。通过调节装置可使二者轴线在同平面且互相垂直，并使炽热棒与试样悬伸一端以 0.3N 压力接触对试样加热。加热 3min 后，撤离炽热棒，观察并记录试样燃烧情况，包括火焰燃烧距离、时间、熔融、卷曲、结炭、滴落和滴落物是否继续燃烧等现象，最终对塑料燃烧性作出评价。试验按 GB 2407—1980《塑料燃烧性能试验方法炽热棒》法进行。该试验对塑料按耐燃性递减顺序评定为Ⅰ、Ⅱ、Ⅲ三个等级。

（4）塑料可燃性的测定（UL94 可燃性试验）　此法用于测定按一定位置放置的塑料被施加火焰后的行为，用以衡量塑料的可燃性。ANSI/UL94、ISO 12992（1995）、ISO 210（1992）、GB 2408—2008 及 GB 4609—1984 都规定了测定塑料可燃性的标准方法。UL94 可燃性测试是由美国保险业研究室开发的，它是广泛使用和经常引用的塑料可燃性测试方法之一，可用来初步评价被测塑料是否适合于某一特定的应用场所。UL94 可燃性试验包括下述 4 个测试方法：①材料分类为 UL94HB 的水平燃烧测定方法；②材料分类为 UL94V-0 级、UL94V-1 级及 UL94V-2 级的垂直燃烧测试方法；③材料分类为 UL94-5V 级的垂直燃烧测试方法；④材料分类为 UL94VT M-0、UL94VT M-1 或 UL94VT M-2 的垂直燃烧测试方法。本章仅对前两种常见的测试方法进行叙述。

① 材料分类为 UL94HB 的水平燃烧试验　此法的测试装置由测试炉、燃烧器、金属丝网等组成。测试是在湿度和温度控制的室内进行。试样大小为 130mm×13mm，应带有光滑的边缘。测试前，从试样末端开始，沿其长度，分别在 25mm 和 100mm 处标上刻度线，再把试样夹在环形夹里。点燃燃烧器，产生 25mm 高的蓝色火焰。从试样的边缘到 6.4mm 处受火焰灼烧 30s，燃烧时不改变燃烧器位置。然后，把试样从燃烧器处移开。若不到 30s 试样就燃烧到 25mm 标记处，则撤去火焰。若撤走火焰后，试样仍继续燃烧，则测定火焰前沿到 25mm 标记处（从试样自由端算起）所需时间，并计算燃烧速率。每个样品应测定 5 个试样，并取最大的燃烧速度或燃烧长度作为材料评定标准。对厚度为 3～13mm 的试样，如燃烧速度不大于 38mm/min；或对厚度小于 3mm 的试样，燃烧速度不大于 76mm/min；或试样燃烧 100mm 前火即熄灭，则该塑料可划归 94HB 级。

② 材料分类为 UL94V-0 级、UL94V-1 级及 UL94V-2 级的垂直燃烧试验　适用于塑料的 UL94 垂直燃烧试验，根据样品燃烧时间、熔滴是否引燃脱脂棉等试验结果，将材料分级，其中 UL94V-2 级为最低阻燃级，UL94V-0 级为最高阻燃级。测定 UL94V-0 级、UL94V-1 级及 UL94V-2 级材料时，系将本生灯置于垂直放置的试样（130mm×13mm）下

端，点火 10s（蓝色火焰高 8.5mm），然后移走火源，记录试样有焰燃烧时间；如试样在移走火源后 30s 内自熄，则重新点燃试样 10s，记录火源移走后试样有焰燃烧和无焰燃烧的续燃时间，同时观察是否产生有焰熔滴和熔滴是否引燃脱脂棉。

中国适用于塑料的垂直燃烧测定方法（GB/T 2408—2008）与 UL94V-0 级、UL94V-1 级及 UL94V-2 级材料测定方法基本相同，将材料分为 UL94FV-0、UL94FV-1 和 UL94FV-2 三级。

1.7.7 熔体流动速率

熔体流动速率是表征热塑性塑料流动性的一个参数。它是指将热塑性塑料试样加入到熔融指数测定仪的料腔中，在规定温度和压力下从仪器下端规定长度和直径的小孔中，10min 流出的熔体质量数，称为该塑料的熔体流动速率，简称熔融指数，用符号 MI 表示，一般用 g/10min 表示，同时注明测试载荷。MI 数值愈大，塑料的流动性愈好。熔融指数是同一品种热塑性塑料不同品级和规格的一个重要区别标志。热塑性塑料熔体流动速率按 GB 3682—2000《热塑性塑料熔体流动速率试验方法》测试。

1.7.8 橡胶门尼黏度

门尼黏度（mooney viscosity）又称转动（门尼）黏度，是用门尼黏度计测定的数值，基本上可以反映合成橡胶的聚合度与分子量。

按照 GB/T 1232.1—2000 标准规定，转动（门尼）黏度以符号 $Z_{1+4}^{100℃}$ 表示。其中，Z 为转动黏度值；1 表示预热时间为 1min；4 表示转动时间为 4min；100℃ 表示试验温度为 100℃。

习惯上常以 $ML_{1+4}^{100℃}$ 或 $MS_{1+4}^{100℃}$ 表示门尼黏度。

其测试原理是在一定的温度、时间和压力下，测量试样对转子转动所产生的剪切阻力，以扭矩大小的不同来表示胶料可塑度的大小。用门尼黏度测试仪测出来的相对值是控制稳定性的一个手段。只要曲线走向、转矩变化不多，那么胶料的稳定性就能保证。

门尼黏度反映橡胶加工性能的好坏和分子量高低及分布范围宽窄。门尼黏度高，胶料不易混炼均匀及挤出加工，其分子量高，分布范围宽，相对硬度较高，物理强度较高，另外相对可填充更多粉料。门尼黏度低，胶料易粘辊，其分子量低，分布范围窄，门尼黏度过低则硫化后制品拉伸强度低。

参 考 文 献

[1] 《塑料工业》编辑部.2010～2011 年世界塑料工业进展.塑料工业，2012，40（3）：1-49.
[2] 骆红静.2010 年合成纤维及原料市场回顾与 2011 年展望.当代石油化工，2011，193（1）：21-27，39.
[3] 许春华.21 世纪我国橡胶工业的进展（一）.橡胶科技市场，2010，（23）：1-8.
[4] 张德庆，张东兴，刘立柱.高分子材料科学导论.哈尔滨：哈尔滨工业大学出版社，1999：1.
[5] 卢江，梁晖.高分子化学.北京：化学工业出版社，2005：12-13.
[6] 张德庆，张东兴，刘立柱.高分子材料科学导论.哈尔滨：哈尔滨工业大学出版社，1999：7.
[7] 张留成，瞿雄伟，丁会利.高分子材料基础.北京：化学工业出版社，2002：160-161.
[8] 张德庆，张东兴，刘立柱.高分子材料科学导论.哈尔滨：哈尔滨工业大学出版社，1999：95-99.
[9] 韩哲文.高分子科学教程.上海：华东理工大学出版社，2001：217.
[10] 董炎明，张海良.高分子科学教程.北京：科学出版社，2004：217-222.
[11] 何曼君等.高分子物理：修订版，上海：复旦大学出版社，2000：224-260.
[12] 何曼君等.高分子物理：修订版，上海：复旦大学出版社，2000：343-360.
[13] 吴其晔.高分子材料流变学.北京：化学工业出版社，2002：132-146.
[14] 王贵恒.高分子材料成型加工原理.北京：化学工业出版社，1982：67-94.
[15] 刘来英.塑料成型工艺.北京：机械工业出版社，2004：121-138.
[16] 黄锐.塑料工程手册：下册.北京：机械工业出版社，2000：835-711.

第 2 章　高分子材料改性原理

2.1　概述

当前我国的塑料工业正在迅速发展，塑料的应用范围也越来越广泛。但是随着我国现代化的高速发展，对塑料制品也提出了各种新的要求。为了满足不同用途的需要，除积极发展新的合成树脂品种外，还应该把现有树脂通过化学方法或物理方法进行改性，以达到预期的目的，这就是塑料改性。一般来说，塑料改性技术要比合成一种新树脂容易得多，尤其物理改性，在一般塑料成型加工工厂都能进行，且容易见效，因此塑料改性工作得到了人们的极大重视。

塑料改性一般可分为化学改性和物理改性。物理改性分为填充改性、增强改性、共混改性等。也有不按化学和物理分类方法，而分为发泡改性、交联改性、拉伸改性、复合改性、共混改性等。填充改性是指在塑料成型加工过程中加入无机或有机填料，不仅能使塑料制品价格大大降低，对塑料制品的推广应用有促进作用，而且更重要的是能显著改善塑料的机械性能、耐摩擦性能、热学性能、耐老化性能等，例如能克服塑料的低强度、不耐高温、低刚性、易碰撞、易蠕变等缺点。共混改性是指通过各种混合方法（如开放式炼塑机、挤出机等）在一种塑料基体中再混入另外一种或几种塑料或弹性体，以此改变塑料性能，有时也称为塑料合金。如 ABS（丙烯腈-丁二烯-苯乙烯共聚物）就是综合了丙烯腈、丁二烯、苯乙烯三者的特性，其微观形态结构类似于合金。化学改性主要有接枝共聚和嵌段共聚，接枝共聚是先将母体树脂溶解在所要接枝的塑料单体中，然后再使要接枝的单体聚合，这时形成的树脂便接枝到母体树脂上。嵌段共聚是指每一种单体单元以一定长度的顺序，在其末端相互联结形成一种新的线性分子。根据单体单元的种类，嵌段共聚物可分为二嵌段、三嵌段、多嵌段共聚物。所谓增强塑料，就是高分子树脂与增强材料相结合，从而大幅度提高材料的机械强度。一些通用塑料经过增强以后，也能作为工程塑料应用。对于某些工程塑料，通过增强，其性能跨进了金属强度范畴，因而大大扩展了热塑性塑料作为结构材料应用于工程领域的深度和广度。

虽然改性能提高塑料材料及制品的某些性能，但也会使塑料原有的一些性能遭到损失。例如加入某些填料会使塑料的绝缘性能、耐腐蚀性下降，失去塑料原有的一些光泽等。这些问题可以根据制品的不同用途，选择合适配方，采取相应措施来克服。

2.2　填充改性

塑料填充改性就是填料与塑料、树脂的复合，一般填料的填充量较大，有时甚至可达几百份（以树脂 100 份计算），因此填料是塑料工业重要的、不可缺少的辅助材料。从总体上讲，世界范围内填料的消耗量要占塑料总量的 10% 左右，可见其消耗量是巨大的。塑料填充改性有如下几方面的优点。①降低成本：一般填料比树脂便宜，因此添加填料可大幅度地降低塑料的成本，具有明显的经济效益，这也是塑料填充改性大行其道的主要原因。②改善塑料的耐热性：一般塑料的耐热性较低，如 ABS，其长期使用温度只有 60℃ 左右；而大部分填料属于无机物质，耐热性较高。因此这些填料添加到塑料中后可以明显地提高塑料的耐热性。如 PP，未填充时，其热变形温度在 110℃ 左右，而填充 30％ 滑石粉后其热变形温度可提高到 130℃ 以上。③改善塑料的刚性：一般塑料的刚性较差，如纯 PP 的弯曲模量在 1000MPa 左右，远不能满足一些部件的使用要求；添加 30％ 滑石粉后，其弯曲模量可达 2000MPa 以上，可见滑石粉对 PP 具有明显的增刚作用。④改善塑料的成型加工性：一些填料可改善塑料的加工性，如硫酸钡、玻璃微珠等，可以提高树脂的流动性，从而可以改善其加工性。⑤提高塑料制品及部件的尺寸稳定性：有些塑料结晶收缩大，导致其制品收缩率大，从模具出来后较易变形，尺寸不稳定；而添加填料后，可大大降低塑料的收缩率，从而提高塑料制品及部件的尺寸稳定性。⑥改善塑料表面硬度：一般塑料硬度较低，表面易划伤，影响外观，从而影响其表面效果和装饰性。无机填料的硬度均比塑料的高，添加无机填料后，可大大提高塑料的表面硬度。⑦提高强度：通用塑料本身的拉伸强度不高，添加无机填料后，在填充量适量的范围内，可以提高塑料的拉伸强度和弯曲强度，从而提高塑料的工程使用性。⑧赋予塑料某些功能，提高塑料的附加值：有些填料可以赋予塑料一些功能，如 PP 添加滑石粉、碳酸钙后，可以改善 PP 的抗静电性能和印刷性能；中空玻璃微珠添加到塑料中后，可以提高塑料的保温性能；金属粒子添加到塑料中后可以提高塑料的导热性能和导电性能。

总之，塑料填充改性具有多方面的优点，得到了广泛的应用，但也要注意填充改性带来的问题，例如，一般冲击强度要降低，密度要加大，表面光泽要下降，颜色饱和度要下降，填充量太大后强度要大大下降。这些缺点要在配方设计时充分考虑。不能一味地加大填充量来降低成本，要考虑到制品的使用性和性能长久保持性。

2.2.1　填料的定义、分类与性质

塑料改性用的填料具有以下特征：①具有一定几何形状的固态物质，可以是无机物，也可以是有机物。②通常它不与所填充的基体树脂发生化学反应，即属于相对惰性的物质。③在填充塑料中的质量分数不低于 5％。

填料有别于塑料加工常用的添加剂，如颜料、热稳定剂、阻燃剂、润滑剂等固体粉末状物质，也有别于其它液态助剂和增塑剂。过去填料的主要作用是"增量"。但随着填充改性技术的发展和对填料认识的加深，结合填充改性给塑料制品性能带来的变化，人们已从单纯追求成本的降低进展到通过填料、尤其是功能性填料来改善塑料制品某些方面的物理、力学性能，或赋予塑料制品全新的功能，填料已成为塑料改性不可缺少的重要原材料之一。

填料的分类方法有多种，一般按氧化物、盐、单质和有机物四大类划分比较准确。填料还可以分为无机填料和有机填料，按填料的作用又可分为普通填料和功能性填料，以及按填料的几何形状分为球形、块状、片状、纤维状等。由于目前使用的填料大多数由天然矿物加工而来，因此有时把填料称为非金属矿物填料。

颗粒是填料存在的形式，填料颗粒的几何形状、粒径大小分布、物理性质、化学性质都将直接影响填充塑料的材料性能。颗粒的形状并不十分规则，不同种填料的几何形状有着显著的差别，对于片状填料，往往采用径厚比的概念，即片状颗粒的平均直径与厚度之比。对于纤维状填料，往往采用长径比的概念，即纤维状颗粒的长度与平均直径之比。对塑料改性使用的填料颗粒的粗细、大小的要求是根据情况而定的。一般来说填料的颗粒粒径越小，如能均匀分散，则填充材料的力学性能越好。但颗粒的粒径越小，要实现其均匀分散就越困难，需要更多的助剂和更好的加工设备，而且颗粒越细所需要的加工费用就越高。因此要根据使用需要选择适当粒径的填料。通常填料的粒径可用它的实际尺寸（μm）来表示，也可以用可通过多少目的筛子的目数来表示。目是英制单位，是指每英寸上圆孔的个数。

填料的物理性质如下。①密度：有真密度和假密度（视密度）。由于填料的颗粒在堆砌时相互间有空隙，不同形状的颗粒粒径大小及分布不同，在质量相同时，堆砌的体积不同，视密度就不同，有时差别还会很大。视密度主要影响填充改性塑料制备时填料的加入操作性。②吸油值：在很多场合填料与增塑剂并用，如果增塑剂被填料所吸附，就会大大降低对树脂的增塑效果，因此填料本身在等量填充时因各自吸油值不同，对体系的影响十分明显。③硬度：填料的硬度越大，对塑料加工设备的磨损就越大，人们不希望使用填料带来的效益被加工设备的磨损抵消。但另一方面，硬度高的填料可以提高其填充的塑料制品的耐磨性。莫氏硬度是材料之间刻痕能力相对比较的度量。人体手指甲的莫氏硬度为 2，它可以在滑石上刻出刻痕，但在方解石上就无能为力。常用填料的莫氏硬度为：石墨 $0.5 \sim 1$、滑石粉 2、高岭土 2、方解石 3、重晶石 3.3、硅灰石 5、石英粉 7。此外，相对研磨的两种材料的硬度之差也与磨损强度大小有关。通常塑料挤出机的螺杆材料为 38CrMoAl 合金钢，经氮化处理，其维氏硬度为 $800 \sim 900$，粉煤灰、玻璃微珠或石英砂的硬度较高，对氮化钢的磨损极为严重，加工几十吨物料以后，其螺杆的氮化层就不存在了（氮化层约 0.4mm 厚）。④电导性：金属是电的良导体，因此金属粉末作为填料使用可影响填充塑料的电性能，但只要填充量不大，树脂基团能包裹每一个金属填料的颗粒，其电性能的变化就不会发生突变，只有当填料用量增加至使金属填料的颗粒达到互相接触的程度时，填充塑料的电性能将会发生突变，体积电阻率显著下降。非金属矿物制成的填料都是电的绝缘体，从理论上说它们不会对塑料基体的电性能带来影响。需要注意的是，由于周围环境的影响，填料的颗粒表面上会凝聚一层水分子，依填料表面性质不同，这层水分子与填料表面结合的形式和强度有所不同。这些填料在分散到树脂基体中以后所表现出的电性能有可能与单独存在时所反映出来的电性能不相同。此外填料在粉碎和研磨过程中，由于价键的断裂，很有可能带上静电，形成相互吸附的聚集体，这在制作细度极高的微细填料时更容易发生。

2.2.2　常用填料

2.2.2.1　碳酸钙与滑石粉

碳酸钙是目前最常用的无机粉状填料，可分为轻质碳酸钙、重质碳酸钙、胶质碳酸钙，一般常用轻质碳酸钙。碳酸钙为无臭、无味的白色粉末，在酸性溶液中或加热至 825℃ 分解为氧化钙和二氧化碳。碳酸钙资源丰富，在一般填料中属于廉价填料。碳酸钙容易制成不同的粒度，碳酸钙填充的塑料抗冲击性能较好。轻质碳酸钙是用化学方法制造的碳酸钙，学名叫沉淀碳酸钙。工业化生产有如下几种方法：第一种是氯化钙和碳酸钠溶液反应；第二种是氢氧化钙和碳酸钠溶液反应；第三种是比较常用的碳化法，即首先用高纯度致密质石灰石和煤按一定比例混配，经高温煅烧产生二氧化碳气体和生石灰，生石灰经过精制再添加水制成石灰乳，然后再通入精制的二氧化碳气体，即产生沉淀碳酸钙。

碳酸钙的粒度随反应条件不同而异。一般反应速度较慢、搅拌速度较小时可得到轻质碳酸钙，反之得到的是胶质碳酸钙。轻质碳酸钙粒径在 $10\mu m$ 以下，其中 $3\mu m$ 以下的约占 80%。粒子呈纺纱锭子状或柱状结晶。轻质碳酸钙是无味、无臭的白色粉末，难溶于水和醇。轻质碳酸钙的部颁标准如下：$CaCO_3 \geqslant 98.2\%$，盐酸不溶物 $\leqslant 0.10\%$，$Fe_2O_3 \leqslant 0.15\%$，水分 $\leqslant 0.30\%$，锰 $\leqslant 0.0045\%$，游离碱（以 CaO 计）$\leqslant 0.10\%$。

重质碳酸钙是只有石灰石经选矿、粉碎、分级、表面处理而成的碳酸钙，也叫三飞粉，是无味、无臭的白色粉末，几乎不溶于水。工业化生产分干式和湿式两种粉碎方法。重质碳酸钙粒子呈不规则块状，粒径也在 $10\mu m$ 以下，其中 $3\mu m$ 以下的约占 50%，因含有杂质呈浅黄色。

活性碳酸钙是经过表面处理的碳酸钙，也称为活性钙或活化钙。碳酸钙经过表面活化处理后可减少碳酸钙颗粒的团聚作用，降低颗粒的表面能，增强与聚合物界面的结合能力。

碳酸钙是价格最低的填料之一，无毒、无刺激性、无气味；白色，折射率与许多增塑剂、树脂相近，对填充塑料的着色干扰极小，不含结晶水，在宽广温度范围内稳定，大约在 $800 \sim 900 ℃$ 发生分解；硬度较低，大量填充对设备的磨损强度也较小；可改善塑料制品的电镀性能、印刷性能；填充塑料（如 PP）时，提高强度、弯曲模量和热变形温度的效果不如滑石粉、石棉，但会使填充 PP 有较好的抗冲击性能。碳酸钙填料也有不足，如受到酸的作用放出 CO_2，并形成可溶性盐类，因而使填料的耐酸性受到影响。

滑石粉是纯白、银白、粉红或淡黄的细粉，不溶于水，化学性质不活泼，性柔软有滑腻感，是典型的板状填料。其晶体属单斜晶系，呈六方形或菱形，常成片状、鳞片状或致密块状集合体。滑石粉化学成分为含水硅酸镁，分子式为 $3MgO \cdot 4SiO_2 \cdot H_2O$。将天然滑石粉碎、研磨、分级即可制成滑石粉。滑石粉的性质随原料滑石的品位及粉碎、分级程度的不同而异。我国滑石粉化学成分如下：SiO_2 58%～62%，MgO_2 8%～31%，烧失量 4.5%～6%，其它杂质 CaO 1.5%、Fe_2O_3 0.04%、Al_2O_3 0.3%左右。

滑石具有层状结构，相邻的两层靠微弱的范德华力结合。在外力作用时，相邻两层之间极易产生滑移或相互脱离。滑石粉的片状结构使得滑石粉填充塑料的某些性能得到较大的改善，具有一定的增强效果。滑石粉可以提高工程塑料的刚度和在高温下抗蠕变的性能。当滑石粉颗粒沿加工时物料流动方向排列时，按最小阻力的原理，其排列基本上都呈片状，由小片连成大片。因而在特定方向上材料刚度得到显著的提高。同时，滑石粉可以显著提高填充材料耐热性，可以赋予填充塑料优良的表面性能，低的成型收缩率，还可起到熔体流动促进剂的作用，使填充塑料更易进行成型加工。

滑石粉的主要特征：密度为 $1.7 \sim 1.8 g/cm^3$，莫氏硬度为 1，是矿物填料中硬度最小的一种，有柔软滑腻感，有白色、灰色、黄色、蓝色、苍绿色、奶白色、浅灰色等，还有类似银或珍珠的颜色；在水中略呈碱性，pH 值为 $9.0 \sim 9.5$；对大多数化学试剂是惰性的，与酸接触不发生分解；在 $380 \sim 500 ℃$ 会失去缔合水（1mol 滑石粉失去 1mol 水），800℃以上则失去结晶水。

2.2.2.2　高岭土

高岭土是黏土中的一种，是一种水合硅酸铝矿物质，分子式可表达为 $Al_2O_3 \cdot 2SiO_2 \cdot 2H_2O$。一般含有 40%～50% SiO_2、30%～40% Al_2O_3、1.2%～1.0% Fe_2O_3，烧失量为 11%～12%，此外还含有微量 Ti、Ca、Mg、K、Na 等金属元素的氧化物。

高岭土的单晶是一种双层水合硅酸铝，一层是二氧化硅，另一层是水合氧化铝，通过化学键的结合而成；两个侧面的不同以及处于边沿处的断裂键的高活性，使得高岭土有强烈的结团倾向，且结团现象随颗粒变小而显著。同时，活性表面却容易与有机硅烷、各种金属盐（如乙烯稳定剂）、极性聚合物、润滑剂等物质起作用，即易于表面处理，使分散容易。天然水合高岭土的密度为 $1.58 g/cm^3$，充分煅烧后的密度为 $1.63 g/cm^3$。天然水合高岭土的莫氏硬度为 2，无腐蚀性，而充分煅烧后的莫氏硬度为 6～8，具有酸性范围的 pH 值，若不进行表面处理抑制其酸性活化点，作为环氧树脂和聚烯烃的填料使用时，会引发副反应。高岭土极易吸潮，使用前必须干燥。高岭土往往与石英、云母、碳、铁、氧化钛及其它黏土矿伴生，经煅烧白度可达 90%以上，最好的可达 95%以上。高岭土具有优良的电绝缘性能，用于塑料填充改性时，可提高塑料的绝缘强度，同时在不显著降低伸长率和冲击强度的情况下，可使热塑性塑料的拉伸强度和模量提高。高岭土对聚丙烯可起到成核剂的作用，有利于提高聚丙烯的刚性和强度。高岭土对红外线的阻隔作用显著，这一特性除用于军事目的外，在农用薄膜中也得到应用，可以增强塑料大棚的保温作用。在高密度聚乙烯中添加 40%的高岭土，则拉伸强度为 21MPa，拉伸弹性模量为 1370MPa，伸长率为 60%，热变形温度为 96℃。有时要用各种化合物对高岭土表面进行亲油性处理，以改善与塑料的亲和性能。如用叠氮硅烷处理高岭土，可提高填充量，改善聚合物的性能。例如，在聚乙烯中，不处理的高岭土的掺入量为 6%～8%，经处理后可达到 20%～40%。在聚丙烯中，不处理的高岭土的掺入量为 6%～8% 时，经处理后则可达到 50%。其它性能也有很大提高，如在聚丙烯中掺入 40% 的用叠氮硅烷处理过的高岭土，拉伸强度由原来的 22.9MPa 增加到 30.4MPa，弯曲强度由原来的 44.7MPa 增加到 58.1MPa，热变形温度由原来的 70℃ 提高到 75℃。高岭土的吸湿性较大，应注意在储存时防止受潮结块，以免影响塑料制品质量。

2.2.2.3　二氧化硅与硅灰石

二氧化硅在地壳中分布最多，占地壳氧化物的 60% 左右，大部分形成硅酸盐矿物岩石，一部分是以石英、硅石、硅砂堆积而成。将这些岩石粉碎、分级、精制或用化学反应合成的二氧化硅都可作为塑料填料。一般天然硅石价廉、粒径较大，而合成出来的二氧化硅价格较高、粒径小，是一种超微粒子填料。

合成二氧化硅可用以下三种方法。①沉淀法：即稀硅酸钠和稀盐酸进行反应→漂洗→过滤→干燥→粉碎→包装→成品。②碳化法：即硅砂和纯碱反应→熔融→溶解→碳化→漂洗→脱水→烘干→粉碎→包装→成品。③燃烧法：四氯化硅与氢气和空气的均匀混合物→反应→压缩→净化→高温水解合成→凝聚→旋风分离→脱酸→包装→成品。这种合成出来的二氧化硅呈白色无定形微细粉状、质轻，其原始粒子在 $0.3\mu m$ 以下，吸潮后聚集成细颗粒，有很高的绝缘性，不溶于水和酸，溶于氢氧化钠及氢氟酸。在高温下不分解，多孔，有吸水性，内表面面积很大，具有类似炭黑的补强作用，所以也把这种合成出来的二氧化硅叫做白炭黑，能提高塑料制品的力学性能，其粒子为三级结构所组成，原始单个粒子为 $0.02\mu m$，聚集态粒子为 $5\mu m$，集合体粒子为 $30\mu m$，比表面积为 $20\sim350m^2/g$，只有当它的比表面积大于 $50m^2/g$ 时才有补强作用。它的补强作用仅次于炭黑，对提高塑料制品的电绝缘性也起一定的作用，并能提高制品的刚硬度，但对设备有一定的磨损。白炭黑的整体结构为无定形态，表面羟基有亲水性，在塑料中有消光作用，在不饱和聚酯、聚氯乙烯糊、环氧树脂中有增黏作用。白炭黑的企业标准是：SiO_2 含量（干基）≥99.5%，游离水（110℃，2h）≤3%；灼烧失重（900℃，2h）≤5%；铬≤0.02%，铁≤0.01%，铵≤0.03%；pH4～6，容重 $0.03\sim0.05g/mL$；吸油值 $1.6\sim1.8mg/g$。白炭黑的另外一个显著特点是：由于粒径很小，比表面积大，表面含有大量的硅醇基（Si—OH），可进行各种表面改性。

天然硅灰石是一种钙质偏硅酸盐矿物，理论上含 SiO 51.7%，其余 48.3% 为CaO。硅灰石属三斜晶系晶体，常沿纵轴延伸成板状、杆状和针状，集合体为放射状、纤维状块体。较纯的硅灰石呈金色和乳白色，具有玻璃光泽。硅灰石具有完整的针状结构，其长径比可达到 20∶1 以上，在显微镜下观察，即使是最微细的晶体也依然保持着针状结构。但在开采、细化过程中，它的长径比很容易降低。目前我国云南昆明超微材料有限公司生产的硅灰石粉其长径比可达 20∶1 以上，最高达 28∶1；白度可达 85%～90%。硅灰石粉最大的应用领域是代替部分玻璃纤维制备增强塑料，因为二者的差价在 6 倍以上。值得注意的是硅灰石粉填充的塑料吸水性显著降低，这个特点可以改进吸水性较强的尼龙制品在潮湿环境下因吸水而导致强度和模量下降的缺点。

2.2.2.4　硫酸钡和玻璃微珠

硫酸钡可分为两种：一种是天然硫酸钡，即重晶石粉，白色或灰色粉末，粒子较粗，粒径一般为 $2\sim5\mu m$，性脆，pH 值 4.5，经粉碎分级而得，硫酸钡含量大于 90%。另一种是合成硫酸钡，也叫沉淀硫酸钡，是无色斜方晶系结晶或无定形白色粉末，几乎不溶于水、乙醇及酸，溶于热的浓硫酸中，干燥时易结块。一般合成硫酸钡有两种方法：第一种方法是芒硝-黑灰法，即重晶石（$BaSO_4$ 85%）与煤粉（固定炭 70%）还原焙烧后，再与硫酸钠反应制得硫酸钡。第二种方法是盐卤综合利用法，即有钡黄卤（$BaCl_2$）与芒硝反应，再经酸煮、洗涤、干燥制得硫酸钡。合成的硫酸钡质量较纯，粒径较小，pH 值为 6.6~8.0，比表面积为 2.2~14m^2/g。硫酸钡为球形粒子，作为塑料填料可使制品表面平滑，且光泽性好，可改善工程塑料的流动性。因硫酸钡密度高，又不影响 X 射线显影，故常用于医疗卫生器械，可提高耐药品性，增加制品密度，减少制品的 X 射线透过率。

玻璃微珠可以从粉煤灰中提取，根据密度大小不同，采用风选或水选进行提取。从粉煤中提取的玻璃微珠占灰重的 20%~70%，其中又分为漂珠，只占粉煤灰的 1%~3%，密度为 0.4~0.8g/cm^3，壳壁较薄（约 2μm），呈半透明或乳白色，耐火度 1650℃，属于一种中空玻璃微珠。沉珠密度为 0.8~1.4g/cm^3，表面光滑晶莹，呈白色或灰白色，两种微珠的性质随着煤的化学成分及其工艺条件不同而有很大变化。玻璃微珠也可用人工方法制作，将微细的玻璃粉末鼓入到高温火焰中，浮游在上面熔融而得，由于其表面张力的缘故，可以制成为光滑的球状。在玻璃原料中加入无机或有机发泡剂，在加热时发泡剂放出气体，膨胀软化，玻璃颗粒熔融，形成中空玻璃球。

玻璃微珠的化学组成为 SiO_2 72%，Na_2O（或 K_2O）14%，CaO 8%，MgO 4%，Al_2O_3 1%，Fe_2O_3 0.1%，其它 0.9%。玻璃微珠作为塑料填料，由于其表面光滑、球状、中空、密度小，所以使得制品的流动性能好，残留应力分布均匀。因此玻璃微珠在尼龙、ABS、聚苯乙烯、聚乙烯、聚丙烯、聚氯乙烯、聚苯醚、环氧树脂等塑料复合材料中获得应用，尤其适用于挤出成型。例如在聚对苯二甲酸丁二酯中添加质量分数为 30% 的玻璃微珠，热变形温度由 55℃ 提高到 85℃，弯曲强度由 90MPa 提高到 105MPa。另外玻璃微珠可提高聚异丁烯的玻璃化温度，空心微珠还可用于泡沫聚丙烯中，实心微珠可改善塑料的弹性模量。

用玻璃微珠做成的塑料复合材料可用于人工合成木材、海洋浮力材料、电气零件的封装材料、高频绝缘体等。在塑料鞋跟、鞋楦等材料中可添加 5%~40% 的玻璃微珠，在塑料板材中可添加 20%~40% 的玻璃微珠。若添加漂珠可降低制品密度，漂珠的粒度可选 40~100目的；若添加沉珠，则可选 120~200 目粒度的。漂珠添加到树脂中后，在混合混炼中，应采用低速、低剪切力，否则漂珠易被碰碎压坏。沉珠添加到树脂中，一般采用普通填料的成型工艺条件即可。由于玻璃微珠呈球体，故在塑炼时流动性能比普通粉状填料的流动性能好些，因此在配方中可适当减少一些润滑剂的用量。

2.2.3 填料表面处理

无机填料无论是盐、氧化物，还是金属填料，都属于极性的物质，当它们分散于极性极小的有机高分子树脂中时，因极性的差别，造成二者相容性不好，从而对填充塑料的加工性能和制品的使用性能带来不良影响。因此对无机填料表面进行处理，通过化学反应或物理方法使其表面极性接近所填充的高分子树脂，改善其相容性是十分必要的。填料表面处理的作用机理基本上有两种类型，一是表面物理作用，包括表面涂覆（或称为包覆）和表面吸附；二是表面化学作用，包括表面取代、水解、聚合和接枝等。前一类填料表面处理与处理剂的结合是分子间作用力，后一类填料表面是通过产生化学反应而与处理剂相结合。一般来说，填料比表面积大，表面官能团反应活性高、密度大，而且选用的表面处理剂与填料表面官能团反应活性高，空间位阻小，表面处理温度适宜，则填料表面处理以化学反应为主，反之以物理作用为主。实际上绝大多数填料表面处理两种机理都同时存在。对一指定的填料来说，若采用表面活性剂、长链有机酸盐、高沸点链烃等为表面处理剂，则主要是通过表面涂覆或表面吸附的物理作用进行处理，若采用偶联剂、长链有机酰氯或氧磷酰氯，金属有机烷氧化合物及环氧化合物等为表面处理剂，则主要通过表面化学作用来进行处理。

填料的表面处理（改性）与很多学科相关，完全可以说，填料表面改性是填料加工工程与表面科学及其它众多学科相关的边缘学科。粒径微细化、表面活性化、晶体结构精细化被认为是未来无机填料发展的三大方向。但是，现今这"三化"的处理工艺是独立设置的，今后将发展"复合"处理工艺，即将粒径微细化（即超细粉碎）、表面活性化（即表面改性）、晶体结构精细化组合进行，在同一工艺设备中达到几种目的。

2.2.3.1　填料表面的干法处理

根据所使用的处理设备和处理过程的不同，填料表面处理方法可分为干法、湿法、气相法和加工过程处理法等四种。

（1）干法处理的原理与过程　干法处理的原理是填料在干态下借助高速混合作用和一定温度下使处理剂均匀地作用于填料颗粒表面，形成一个极薄的表面处理层。干法处理可用于物理作用的表面处理，也可用于化学作用的表面处理，尤其是粉碎或研磨等加工工艺同时进行的干法处理，无论是物理作用，还是化学作用，都获得很好的表面处理效果，显然这种表面处理效果与加工过程中不断新生的高活性填料表面以及填料粒径变小有很大关系，已经成了十分引人注目的一个新的发展趋势。

（2）表面涂覆处理　处理剂可以是液体、溶剂、乳液和低熔点固体形式，其一般处理步骤为：混合均匀后逐渐升温至一定温度，在此温度下高速搅拌 $3\sim5min$ 即可出料。

（3）表面反应处理　干法表面反应处理方法有两类：一是用本身具有与填料表面较大反应性的处理剂，如铝酸酯、钛酸酯等直接与填料表面进行反应处理；二是用两种处理剂先后进行反应处理，即第一处理剂先与填料表面进行反应以后，以化学键形式结合于填料表面上，再用第二处理剂与结合在填料表面的第一处理剂反应。

（4）表面聚合处理　许多填料表面带有可反应的基团，这些基团可与一些可聚合的单体反应，然后这些单体再进行聚合，这样就在填料表面利用化学键包覆了一层聚合物，如此，这样的聚合物再与塑料树脂混合时，就具有较大的混溶性，从而可以改进填料与基体树脂的界面黏合力，大大提高填充改性塑料的力学性能。

填料干法表面聚合处理是一种较新颖的表面处理方法。通常有两种做法，一是先用适当引发剂如过氧化物处理无机填料表面，然后加入单体，高速搅拌并在一定温度下使单体在填料表面进行聚合，获得干态的经表面聚合处理的填料；另一种是将单体与填料在球磨机中研磨，借助研磨的机械力作用和摩擦热使单体在无机填料表面聚合，可获得表面聚合处理的填料。

2.2.3.2　填料表面的湿法处理

填料表面的湿法处理是指填料在湿态，即主要是在水溶液或有机溶液中进行表面处理。填料表面湿法处理的原理是填料在处理剂的水溶液或水乳液中，通过填料表面吸附作用或化学作用而使处理剂分子结合于填料表面，因此处理剂应是溶于水或可乳化分散于水中，既可用于物理作用的表面处理，也可用于化学作用的表面处理。常用的处理剂有脂肪酸盐等表面活性剂、水稳定性的螯合型钛酸酯及硅烷偶联剂和高分子聚电解质等。

（1）吸附法　以活性碳酸钙为例，按轻质碳酸钙原生产工艺流程，在石灰消化后的石灰乳液中，加入计量的表面活性剂，在高速搅拌和 $7\sim15℃$ 下通入二氧化碳至悬浮液 pH 为 7 左右，然后按轻质碳酸钙原生产工艺离心过滤、烘干、研磨和过筛即得活性碳酸钙。将计量的油酸钠加入 $60\sim70℃$ 的氢氧化镁悬浊液中搅拌 30min，过滤后烘干。处理过的氢氧化镁填充于乙烯-丙烯共聚物中，阻燃性可达 UL94V-0 级，与未处理过的氢氧化镁填充体系相比，冲击强度可提高近一倍。

(2) 化学反应法　采用硅烷偶联剂、钛酸酯偶联剂、有机铬偶联剂、水溶性铝酸酯偶联剂以及通过水解反应进行表面处理方法都属于这一类。

(3) 聚合法　例如在碳酸钙的水分散体中，用丙烯酸、醋酸乙烯酯、甲基丙烯酸丁酯等单体进行共聚合，在碳酸钙粒子表面产生聚合物层而获得聚合处理过的碳酸钙填料。将上述方法制成的碳酸钙填料按1：2比例填充PVC树脂，所得到的填充塑料的拉伸强度比未经处理的碳酸钙填充PVC塑料提高了25％以上，甚至高于纯PVC塑料的拉伸强度。

(4) 有机酸处理法　有机酸处理无机填料表面的方法有以下三种。①喷雾法：无机填料经充分脱水干燥后，在捏合或混合机中高速搅拌下，将定量的有机酸以雾状或液滴态缓缓加入反应。温度可控制在室温以上、有机酸的分解温度以下，一般在50～200℃，反应时间为5～30min。为避免有机酸在反应过程中聚合，可加入少量阻聚剂，如对苯二酚、甲氧基对苯二酚、邻苯醌、萘醌等。阻聚剂用量为有机酸的0.5％左右。②溶液法：将定量的有机酸溶于有机溶剂（如甲醇、乙醇、丙酮、甲乙酮、乙酸乙酯等）中，配制成一定浓度的溶液。无机填料经充分脱水干燥后与溶液混合，搅拌反应5～30min，温度为25～50℃，并适量加入阻聚剂，以防止活泼双键遭到破坏。反应结束后，滤去溶剂，干燥后即得表面改性处理后的活性填料。③过浓度法：无机填料经充分脱水干燥后，与过量的有机酸反应。有机酸可用少量甲苯、二甲苯、乙烷、庚烷、四氯化碳等非极性溶剂稀释。反应可用喷雾法或溶液混合法。反应结束后，用极性溶剂，如甲醇、乙醇等清洗、过滤、干燥、精制即得活性填料。

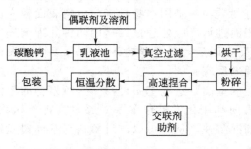

图 2-1　碳酸钙复合偶联处理工艺

(5) 复合偶联处理　图 2-1 为碳酸钙复合偶联处理工艺。该复合偶联体系是以钛酸酯偶联剂为基础，结合其它表面处理剂、交联剂、加工改性剂对碳酸钙粒子表面进行综合表面处理的工艺。

为了使所有碳酸钙粒子表面都能包覆一层偶联剂分子，可以将喷雾或滴加的方法改为乳液浸渍的办法，再经过烘干、粉碎后与交联剂等助剂高速捏合（或混合）、均匀分散。

复合偶联体系中偶联剂及各种助剂分述如下。①偶联剂——钛酸酯：这是填料表面处理主要的偶联剂。②表面活性剂——硬脂酸：单独使用硬脂酸处理碳酸钙，效果并不理想，将硬脂酸与钛酸酯偶联剂混合使用，可以收到良好的协同效果。硬脂酸的加入基本上不影响偶联剂的偶联作用，同时还可以减少偶联剂的用量，从而降低生产成本。③交联剂——马来酰亚胺：复合偶联体系中，采用交联剂可以使无机填料通过交联技术与基体树脂更紧密地结合在一起，进一步提高复合材料的各项力学性能，这是活性碳酸钙或简单的钛酸酯偶联剂表面处理难以达到的。④加工改性剂——M80 树脂：加工改性剂主要是高分子化合物，M80 是 α-甲基苯乙烯的低聚物。加工改性剂可以显著改善树脂的熔体流动性能、热变形性能及制品表面的光泽等，同时对填料表面也进行改性，进一步提高填料与树脂的相容性。

综上所述，碳酸钙复合偶联处理的主要成分是碳酸钙和钛酸酯偶联剂。钛酸酯偶联剂作为一种多效能的助剂发挥了主要作用。在此基础上，再配合交联剂、表面活性剂、加工改性剂等可进一步增强碳酸钙填料的表面活性，增加填料的用量，提高复合材料的性能。

(6) 其它表面改性方法　高能改性：利用紫外线、红外线、电晕放电和等离子体照射等方法进行表面处理，如用 ArC_3H_6 低温等离子体处理后的 $CaCO_3$ 与未经处理的 $CaCO_3$ 相比，可改善 $CaCO_3$ 与 PP（聚丙烯）的界面黏结性。这是因为经低温等离子体处理后的

$CaCO_3$ 粒子表面存在非极性有机层作为界面相，可以降低 $CaCO_3$ 的极性，提高与 PP 的相容性。将这些方法与前述各种表面改性方法并用，效果更好。但是，高能改性方法由于技术复杂，成本较高，在填料表面处理方面用得不多。酸碱处理也是一种表面辅助处理方法，通过酸碱处理可以改善填料表面（或界面）的极性和复合反应活性。

2.2.4　表面处理剂

2.2.4.1　表面处理剂的分类

从物质结构与特性来划分，填料表面处理剂主要有四大类，即表面活性剂、偶联剂、有机高分子聚合物和无机物。所谓表面活性剂，是指极少用量即能显著改变物质表面或界面性质的物质。其分子结构特点是包含两个组分，一个是较长的非极性烃基，称为疏水基；另一个是较短的极性基，称为亲水基，结构是不对称的。由于这种不对称的两亲分子结构特点，因此具有两个基本特征，一是很容易定向排列在物质表面或界面上，从而使表面或界面性质发生显著变化。二是表面活性剂在溶液中以分子状态分散的浓度较低，在通常使用浓度下大部分以胶团（缔合体）状态存在。表面活性剂的表（界）面张力、表面吸附、起（消）泡、润湿、乳化、分散、悬浮、凝聚等界面性质及增容、催化、洗涤等实用性能均与上述两个基本特征有直接或间接关系。表面活性剂按溶于水是否电离分为离子型和非离子型两大类。而离子型又可分为阴离子型、阳离子型和两性离子型。表面活性剂按分子大小可分为小分子表面活性剂和高分子表面活性剂。

偶联剂（coupling agents）的分子结构特点是含有两类性质不同的化学基团，一个是亲无机基团，另一个是亲有机基团，其分子结构可用下式表示：

$$(RO)_x—M—A_y$$

RO 代表易进行水解或交换反应的短链烷氧基。M 代表中心原子，可以是硅、钛、铝、硼等。A 代表与中心原子结合稳定的较长链亲有机基团，如酯酰基（—COR—）、长链烷氧基（RO—）、磷酸酯酰基等。

用偶联剂对填料表面进行处理时，其两类基团分别通过化学反应或物理作用，一端与填料表面结合，另一端与高分子树脂缠结或反应，使表面性质悬殊的无机填料与聚合物两相较好地相容。偶联剂已广泛用于塑料、橡胶、涂料、油墨、黏结剂等方面，用其处理填料、颜料和无机阻燃剂，对塑料填充改性和高分子复合材料的发展起了很大的促进作用。目前偶联剂的主要发展动向是：寻找更高效、更廉价的新型偶联剂，向多功能发展、逐渐形成专用化、系列化品种，解决高填充（填料添加量 60% 以上）条件下的加工与制品力学性能问题。偶联剂主要有硅烷偶联剂、钛酸酯偶联剂及铝酸酯偶联剂。

2.2.4.2　硅烷偶联剂

硅烷偶联剂的基本结构如下：

$$R—SiX_3$$

式中，R 为有机疏水基，如乙烯基、环烷基、氨基、甲基丙烯酸酯、硫酸基等；X 为能水解的烷氧基，如甲氧基、乙氧基及氯等。

当用于填料表面处理时，硅烷偶联剂分子中 X 部分首先在水中水解形成反应性大的多羟基硅醇，然后与填料表面的羟基缩合而牢固结合；而偶联剂的另一端，即有机疏水基 R—，或者与树脂高分子长链缠结，或者发生化学反应。其偶联过程如图 2-2 所示。

硅烷偶联剂一般都要用醇、丙酮或其它混合物作为溶剂配成一定含量（0.5%～1.0%）的溶剂来处理填料。如填料为填料，可直接放入高速搅拌机中在一定温度下加入或喷雾加入定量的硅烷偶联剂溶液；如填料为纤维，可将纤维牵引通过硅烷偶联剂溶液，再在一定温度下烘干。

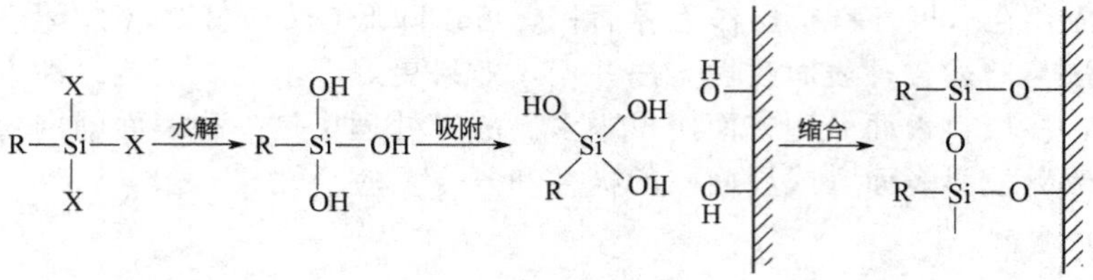

图 2-2　硅烷偶联剂的偶联作用

因为硅烷偶联剂对填料进行表面处理首先要水解成相应的多烃基硅醇，因此要注意以下几点：①添加适量酸碱物质或缓冲剂来调节处理液的 pH 值，以控制水解速度和处理液的稳定时间。②控制会影响缩合、交联的杂质含量或添加适量催化剂，调节缩合或交联反应性。③控制表面处理时间和适宜的烘干温度，保证表面处理反应完全。④对某一指定的填料来说，要注意选择适合的硅烷偶联剂品种来处理。大多数硅烷偶联剂可以处理含二氧化硅或硅酸盐成分多的填料，如白炭黑、石英粉、玻璃纤维等效果好，高岭土、三水合氧化铝次之。⑤同时考虑经硅烷偶联剂处理的填料应用于何种体系的聚合物中，可见表 2-1。

表 2-1　不同硅烷偶联剂适用范围

硅烷偶联剂	R 中所含基团	使用高分子体系
X₃Si—R	环氧基	环氧树脂、不饱和聚酯、酚醛树脂、尼龙、聚氨酯及含羟基的聚合物
	氨基	环氧树脂、聚氨酯
	双键	采用引发剂或交联剂固化的高分子体系
	过氧基或二叠氮基	聚烯烃，如 PP、PE、EPDM、SBS、天然橡胶等

2.2.4.3　钛酸酯偶联剂

钛酸酯偶联剂基本结构可用如下通式表示：

$$\overset{\leftarrow\text{亲无机端}\rightarrow\leftarrow\qquad\text{亲有机端}\qquad\rightarrow}{(RO)_{4-n}\underset{①}{}\text{Ti}\underset{②}{(}O\underset{③}{—}X\underset{④}{—}R'\underset{⑤}{—}Y\underset{⑥}{)}_n}$$

其基本结构包括六个功能部位。

① 易水解的短链烷氧基或对水有一定稳定性的螯合基，可与填料表面的单分子层结合水或羟基的质子（H⁺）作用而结合于无机填料表面。

② 较长链的酰氧基（ —R—C—O— ）或烷氧基（RO—），可与带羧基、酯基、羟基、醚基或烷氧基的聚合物发生反应而使填料与聚合物偶联。

③ 不同类型的烷氧基或酰氧基。该部位的类型不同将显现不同的特性，如表 2-2 所示。

表 2-2　钛酸酯偶联剂中不同功能基及其特性

O—X	特　性	O—X	特　性
 —O—P(OR)(=O)	阻燃性	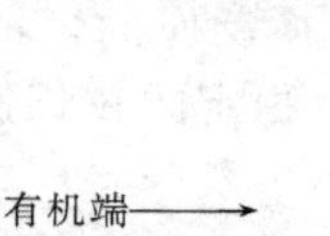 —O—⬡	与酚醛树脂交联
—O—P(OR)(=O)	抗氧、热稳定性	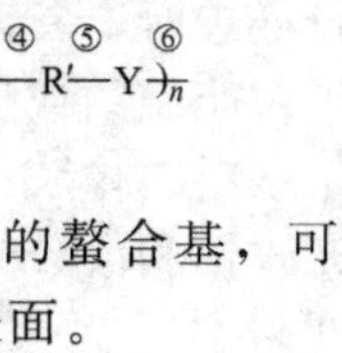	
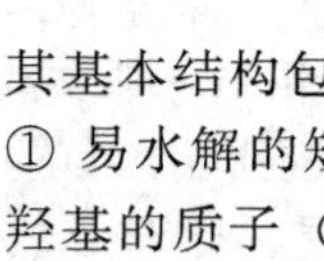 —O—P—P(OH)(OH)(=O)	提高抗冲击性、阻燃性	—O—（环己基 R、R'）	抗氧、热稳定性

④ —R′—为长链，碳原子数为 11~17，尤其长的 —R′—烃基，更易于与聚合物分子发生缠结，分子间范德华力加强，从而与聚合物的结合强度增加。

⑤ 钛酸酯较长链末端，可为双键、氨基、环氧基、羧基或硫基，通过它们与聚合物大分子反应形成化学偶联，尤其适用于热固性填充塑料的填料表面处理。

⑥ 改变 n 值为 1、2 或 3，可以调节偶联剂与填料及聚合物的反应性及各种特性。

交换以上六个功能部位，可以根据应用要求合成出众多不同的钛酸酯偶联剂，但受到空间位阻、结构稳定性、产品色泽及原料成本等诸多因素限制，实际上应用的大约有十几个品种，主要有以下四个类型。

① 单烷氧基型　即分子中只保留一个易水解的短链烷氧基，因此适用于表面不含游离水而只含单分子层吸附水或表面有羟基、羧基的无机填料，如碳酸钙、氢氧化铝、氧化锌、三氧化二锑等，目前应用最多的是三异硬脂酰氧钛酸异丙酯（TTS）：

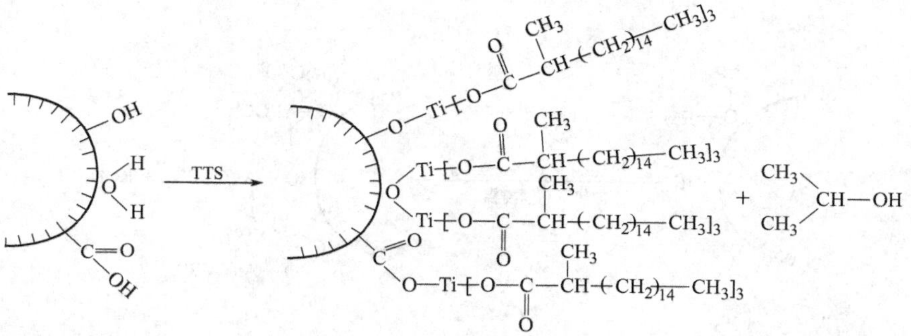

② 单烷氧基焦磷酯基型　即分子中较长链基为焦磷酯基，用于含水量较高的无机填料时，除短链的单烷氧基与填料的羟基、羧基反应之外，游离水会使部分焦磷酯水解成磷酸酯。

③ 螯合型　即分子中短链单烷氧基改为对水有一定稳定性的螯合基团，因此可用于处理高湿度填料，如沉淀白炭黑、陶土、滑石粉、硅铝酸盐、炭黑及玻璃纤维，主要代表品种有螯合 100 型和螯合 200 型，其螯合基分别为氧化乙酰氧基和亚乙二氧基：

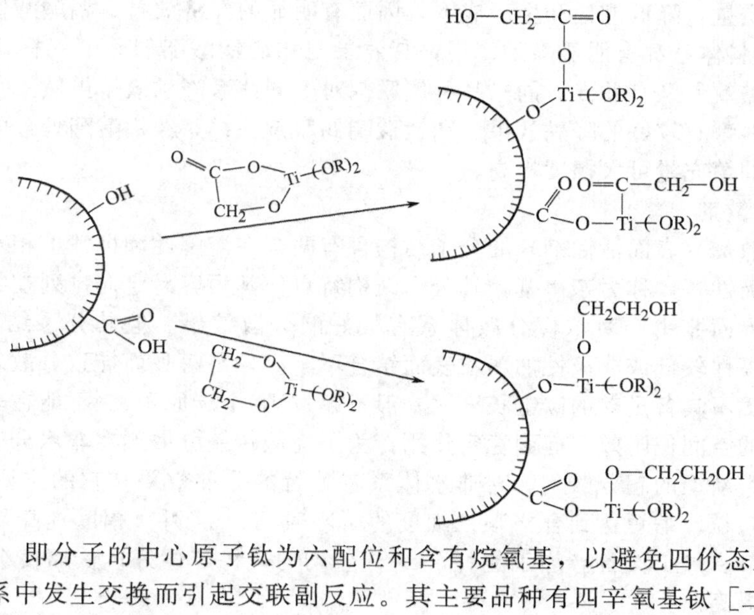

④ 配位型　即分子的中心原子钛为六配位和含有烷氧基，以避免四价态原子易在聚酯、环氧树脂等体系中发生交换而引起交联副反应。其主要品种有四辛氧基钛［二（十三烷基亚

磷酸酯)]（KR-46B）和四辛氧基钛［二（二月桂基亚磷酸酯)]（KR-46）。

2.2.4.4 铝酸酯偶联剂

铝酸酯偶联剂的化学通式、结构及偶联机理为：

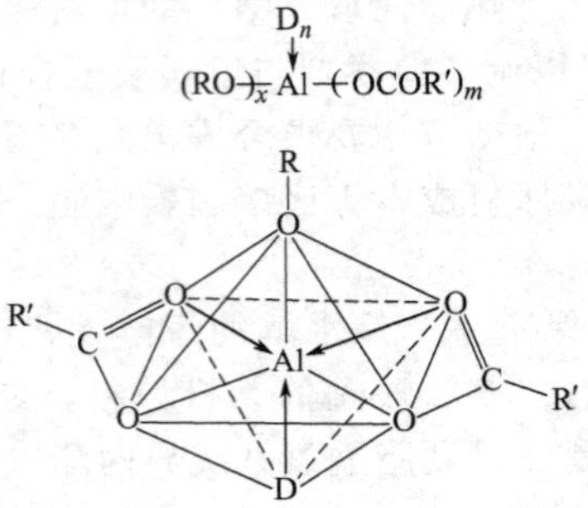

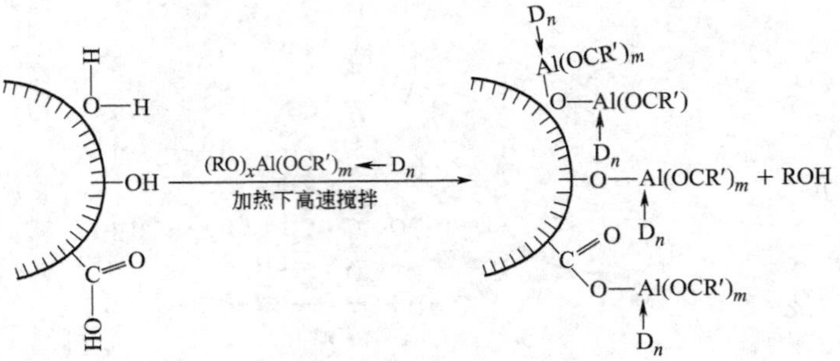

Dn
(RO)x Al(OCOR')m
R
O
O
O
R'
C
Al
C
R'
O
O
D

O—H
OH
HO
C=O
(RO)xAl(OCR')m ← Dn
加热下高速搅拌
Dn
Al(OCR')m
O—Al(OCR')
Dn
O—Al(OCR')m + ROH
Dn
C=O
O—Al(OCR')m
Dn

铝酸酯偶联剂具有与无机填料表面反应活性大、色浅、无毒、味小、热分解温度较高、适用范围广、使用时无须稀释以及包装运输和使用方便等特点。研究中还发现在PVC填充体系中铝酸酯偶联剂有很好的热稳定协同效应和一定的润滑增塑效果。

经铝酸酯偶联剂处理的各种改性填料，其表面因化学或物理化学作用生成一有机长链分子层，因而亲水性变成亲有机性。对照试验表明：吸水率下降，颗粒度变小，吸油量减少，沉降体积增大，因此用于塑料、橡胶或涂料等复合制品中，可改善加工性能，增加填料用量，提高产品质量，降低能耗和生产成本，因而有明显的经济效益。铝酸酯偶联剂对许多无机填料/工程塑料体系都有明显降黏作用，其效果与相应钛酸酯偶联剂一样优异，同时不同品种偶联剂降黏效果又有差异，同一品种偶联剂对不同体系降黏效果虽然不一样，但对各种无机填料、颜料都有较好的降黏效果。和钛酸酯偶联剂一样，经铝酸酯处理的无机填料在树脂分散介质中的填充量可大幅度提高。

2.2.4.5 超分散剂

传统的分散剂（表面活性剂）的分子结构含有两个在溶解性和极性上相对的基团，其一是一个较短的极性基，称为亲水基，其分子结构特点使其很容易定向排列在物质表面或两相界面上，降低界面张力，对水性分散体系有很好的分散效果。但其分子结构存在局限性：①亲水基团在极性较低或非极性的颗粒表面结合不牢靠，易解吸而导致分散后离子的重新絮凝；②亲油基团不具备足够的碳链长度（一般不超过18个碳原子），不能在非水性分散体系中产生足够多的空间位阻效应起到稳定作用。为了克服传统分散剂在非水分散体系中的局限性，开发了一类新型的超分散剂，对非水体系有独特的分散效果，它的主要特点是：a. 快速充分地润湿颗粒，缩短达到合格颗粒细度的研磨时间；b. 可大幅度提高研磨基料中的固体颗粒含量，节省加工设备与加工能耗；c. 分散均匀，稳定性好，从而使分散体系的最终使用性能显著提高。

超分散剂的分子结构分为两部分，其中一部分为锚固基团，常见的有—R_2N、—R_3N^+、—$COOH$、—COO^-、—SO_3H、—SO_4^{2-}、—PO_4^{2-}、多元胺、多元醇及聚醚等，它们可通过离子键、共价键、氢键及范德华力等相互作用紧紧地吸附在固体颗粒表面，防止超分散剂脱附。另一部分为溶剂化链，常见的有聚酯、聚醚、聚烯烃及聚丙烯酸酯等，按极性大小可分为三种：①低极性聚烯烃链；②中等极性的聚酯链或聚丙烯酸酯链等；③强极性的聚醚链。在极性匹配的分散介质中，溶剂化链与分散介质具有良好的相容性，在分散介质中采取比较伸展的构象，在固体颗粒表面形成足够厚度的保护层。

超分散剂作用机理包括锚固机理和溶剂化机理两部分。

① 锚固机理　a. 对具有强极性表面的无机颗粒，如钛白、氧化铁或铅铬酸盐等，超分散剂只需要单个锚固基团，此基团可与颗粒表面的强极性基团以离子对的形式结合起来，形成"单点锚固"。b. 对弱极性表面的有机颗粒，如有机颜料和部分无机颜料，一般是用多个锚固基团的超分散剂，这些锚固基团可以通过偶极力在颗粒表面形成"多点锚固"。c. 对完全非极性或极性很低的有机颜料及部分炭黑，因不具备可供超分散剂锚固的活性基团，故不管使用何种超分散剂，分散效果均不明显。此时需使用表面增效剂，这是一种带有极性基团的颜料衍生物，其分子结构及物理化学性质与分散颜料非常相似，它能通过分子间范德华力紧紧地吸附于有机颜料表面，同时通过其分子结构的极性基团为超分散剂锚固基团的吸附提供化学位，通过这种"协同作用"，超分散剂就能对有机颜料产生非常有效的润湿和稳定作用。

② 溶剂化机理　超分散剂的另一部分为溶剂化聚合链，聚合链的长短是影响超分散剂分散性能的一个重要因素。聚合链长度过短时，立体上效应不明显，不能产生足够的空间位阻；如果过长，将对介质亲和力过高，不仅会导致超分散剂从粒子表面解吸，而且还会引起在粒子表面过长的链发生反折叠现象，从而压缩了立体障碍的位阻或者造成与相邻的缠结作用，最终发生粒子的再聚集或絮凝。

按照溶剂化链的单元结构，超分散剂可以大致分为以下四种类型。

a. 聚酯型超分散剂　聚酯型超分散剂的溶剂化链一般通过羟基酸缩聚或内酯化合物开环反应制得，其端基类型及分子量可通过外加单元羧酸或单元醇来控制。工业上较易得到且适合上述聚合反应的羟基酸及内酯化合物非常少见，较为实用的只有 12-羟基硬脂酸及 ε-己内酯两种。在羟基酸及内酯化合物的聚合过程中，用脂肪酸或树脂作封端剂，可以得到端羧基聚酯。该聚酯在某些情况下可直接用作超分散剂（如用于金属氧化物粉末在芳烃溶剂中的分散），也可以通过一定的化学反应与锚固基团相连。例如，端羧基聚酯可以和多元胺及醇胺类物质反应生成以 —$\overset{\text{O}}{\overset{\|}{\text{C}}}$—NH— 或 —$\overset{\text{O}}{\overset{\|}{\text{C}}}$—O— 为桥基、以胺为锚固基团的超分散剂。该超分散剂还可以与矿物酸、有机羧酸及颜料磺化衍生物反应，将锚固基团转变为胺盐。也可以和硫酸二甲酯、硫酸二乙酯等烷基化试剂反应将锚固基团转变为季铵盐。合适的多元胺或醇胺类物质的例子有多乙烯多胺、N,N-二甲基氨基丙胺、十八氨基丙胺、二乙基乙醇胺等。

端羟基聚酯可以通过端羧基聚酯与环氧化物的反应制得，也可以以单元醇为调聚剂，经羟基酸缩聚或内酯化合物开环反应制得。端羟基聚酯与锚固基团之间的连接一般以多异氰酸酯为中介物质。如果多异氰酸酯的官能团数为 m，则它可与等物质的量的端羟基聚酯反应后，会在溶剂化链末端形成 $m-1$ 个—NCO 基团。—NCO 本身可以用作锚固基团，也可以与氨气、双氰酸胺及 2-硫基-1,4-二酸等物质反应，将锚固基团分别转变成脲基、氰基和羧基。

b. 聚醚型超分散剂　聚醚型超分散剂的溶剂化链主要是环氧乙烷、环氧丙烷、四氢呋喃等物质的均聚物与共聚物，其中主要包括环氧乙烷与环氧丙烷的共聚物。这类超分散剂的合成可以用锚固基团为起始剂，在加热、加压及催化剂存在的条件下，通过环醚物质的开环反应制得。例如，用二乙基乙醇胺作起始剂时，得到的下列结构的超分散剂对无机颜料在醇、醚等强极性介质中的分散具有非常好的效果。

$$\begin{matrix} H_5C_2 \\ H_5C_2 \end{matrix} \Big\rangle N-C_2H_4O\text{--}(C_2H_4O)_{10}\text{--}(C_3H_7O)_{20}H$$

c. 聚丙烯酸酯型超分散剂　丙烯酸酯单体的选择范围非常广泛，其溶剂化链的极性与溶解度参数可以通过改变共聚单体的投料比方便地进行调节，因此适用范围较广。为了得到单官能团化的溶剂化链，一般选用疏基酸、疏基醇等物质作为链转移剂。溶剂化链的分子量可以通过改变引发剂与链转移剂的用量来进行控制。得到的端羧基或端羟基聚丙烯酸酯，其后续反应过程与聚酯型溶剂化链完全相同。

d. 聚烯烃类超分散剂　端基聚异丁烯是其最为重要的代表。该类超分散剂在烃类介质中具有优异的分散效果，有时可使分散体系中固体颗粒的体积分数达到 65％以上，而分散体仍然保持适中的操作黏度。

2.2.5　填充改性塑料的力学性能

提高填充改性塑料的力学性能是对塑料进行填充改性的主要目的之一。这方面的研究非常活跃，总结出了不少的基本规律。

(1) 刚性　填充改性塑料的弹性模量 E_c 与各组成的体积分数 ϕ、填充材料的弹性模量 E_f、树脂基体的弹性模量 E_m 的关系如下式所示：

$$E_c = E_m\phi_m + E_f\phi_f$$

该式称为复合法则。式中，ϕ_m、ϕ_f 分别表示填充改性塑料中树脂基体、填充材料的体积分数。应用复合法则估算填充改性塑料的弹性模量很简单，但在很多情况下只能是一种很粗略的近似。因为复合法则没有考虑界面状态、填充材料的形态、尺寸、分散状态、尺寸的分散性、整体结构的不均一性、温度等因素。

(2) 影响填充改性塑料模量的几个因素

① 填充材料粒度大小及分布　填充材料粒径越小，填充改性塑料弹性模量越大。其原因在于：a. 填充材料粒径减小，比表面积增大，如果树脂基体与填充材料粒子界面黏结强度比较高，粒子比表面积增大也就增加了界面区的比例，增加了对树脂基体一些运动单元如链段等重排运动的约束；b. 随着粒径减小，填充材料堆砌分数 ϕ_p 减小，使模量增大；c. 填充改性塑料成型加工成制品时，多数情况下制品都具有富树脂的"皮层"，这种"皮层"的存在会使弯曲弹性模量降低，"皮层"的厚度与粒子粒径大小有关，粒径越大，"皮层"越厚。填充材料粒子粒径大小不一，尤其当粒径之比为 7∶1 时，小粒子可以填充在大粒子与大粒子的缝隙之间，使堆砌体积分数 ϕ_p 增大，在相同填充量时，填充改性塑料的弹性模量值较低。

② "皮层效应"　填充改性塑料制品的富树脂的"皮层"对弹性模量的影响相当明显，尤其是薄制品，比不考虑"皮层"时要降低 10％～20％。制件厚度越大，填充材料粒径越小，"皮层效应"越小。

③ 界面黏结强度　如果界面黏结特别不好，如填充材料与树脂基体间既无强的相互作用力，又无热收缩压应力作用的情况，在外力作用下，填充材料粒子两极处易产生空穴，粒子在空穴中可以进行相对运动，有点像泡沫塑料，实测的弹性模量就比计算的偏低。而且，随着填充材料体积分数的增加，填充改性塑料的弹性模量不是升高，而是在相应的纯基体树脂的基础上逐渐降低。

④ 温度　当测试温度低于树脂基体的玻璃化温度或熔点时，随测试温度的降低，填充改性塑料的模量往往明显下降。出现这种现象的原因在于，填充材料和树脂基体膨胀系数不同，随着温度的降低，在界面区产生的收缩应力增大。这种收缩应力，对填充材料粒子是压应力，对界面区的树脂中产生拉应力，这就导致了界面区的树脂模量下降，也就使填充改性塑料的模量下降。

⑤ 被弹性体包覆的刚性粒子　如果填充改性塑料中有相当数量的刚性粒子表面包覆了一层弹性体，填充改性塑料的弹性模量的实测值将比按上述公式计算的低。因为刚性粒子表面包覆的弹性体层厚度超过一定值时，这种刚性粒子呈现弹性体的力学行为，不仅不起增加树脂基体弹性模量的作用，反而会降低模量。而且，刚性粒子在弹性体包覆层内部，还使弹性体相的体积分数增大，更使树脂基体的模量降低。

（3）拉伸强度与断裂伸长率　一般来讲，用无机刚性粒子制得的填充改性塑料的拉伸强度和断裂伸长率比相应的纯基体树脂的低。因为拉伸强度、断裂伸长率是塑料或填充改性塑料在相当大应变情况下的拉伸应力-应变行为，如果拉伸条件合适时，纯基体树脂可能在各种取向单元（链段、高分子链、微晶等）充分取向后才断裂，这种断裂不仅断裂伸长率很大，由于断裂时可能要破坏许多化学键，故拉伸强度较大。若填充材料与树脂基体界面黏结良好，一方面会影响（约束）一些取向单元的取向，另一方面易产生第一类微观应力集中，进而引发小银纹（裂纹），产生应力集中效应，使断裂强度降低，断裂伸长率下降，但幅度不大。若填充材料与树脂基体界面黏结不好，在拉伸力作用下，易产生界面脱黏，一方面产生应力集中效应，另一方面，即使树脂基体中各类取向单元均充分取向了，因填充材料不承载，材料实际受力面积明显减小了，最终导致断裂强度下降较大。对于断裂伸长率，如果界面脱黏造成的应力集中效应不大，由于界面处空化，使断裂伸长率等于或大于相应纯基体树脂的。另外，在以上分析中还应考虑到填充改性塑料中残余热收缩应力的影响。若热收缩应力不太大，有利于界面区中树脂基体在拉伸作用下屈服产生大形变，会对拉伸强度、断裂伸长率有利；若热收缩应力过大，使界面区中树脂基体已产生微裂纹，或受到拉伸力作用时很易引发裂纹，对拉伸强度、断裂伸长率有不利影响。

对于界面黏结良好的填充改性塑料，断裂伸长率可用下式估算：

$$\varepsilon_c \approx \varepsilon_m (1 - \phi_f^{1/3})$$

式中，ε_c、ε_m 分别为填充改性塑料、相应纯基体树脂的断裂伸长率。

在考虑填充改性塑料界面对拉伸性能的影响时，要考虑界面区的组成和结构，如界面黏结强度、界面有无柔韧层或刚硬层等。如果界面黏结强度比较小，树脂基体的模量比较高，在拉伸力作用下易发生界面脱黏，并易引发微裂纹，其屈服行为与填充材料的表面积有关，提出了如下关系式：

$$\sigma_{yc} = \sigma_{ym}[1 - (\phi_f / \phi_p)^{2/3}]$$

式中，σ_{yc}、σ_{ym} 分别为填充改性塑料和相应的纯基体树脂的拉伸屈服应力。

如果填充材料粒子不发生附聚，粒子与树脂基体有良好的界面黏结，粒子尺寸小，拉伸强度高。因为粒子尺寸越小，粒子的比表面积越大。在填充材料体积分数相同的情况下，界面面积越大，填充材料的补强作用越大；另一方面，若粒子尺寸大，粒子周围一些区域产生应力集中效应。但也不是说粒子的尺寸越小越好。因为粒子不仅承受一部分外力作用，而且还应具有终止银纹（裂纹）、阻挡银纹（裂纹）扩展的作用，如果粒子尺寸太小，会被增长着的银纹（裂纹）"吞没"，起不了终止、阻挡银纹（裂纹）扩展的作用，就不会显示太好的增强效果。因此不同粒径的填充材料进行合理级配制得的填充改性塑料，拉伸强度、冲击强度会有显著提高。

填充材料的形态往往会对填充改性塑料不同的力学性能显示出不同的影响趋势。采用高纵横比的填充材料，如云母等，可以得到较高的模量和强度；采用低纵横比的填充材料，如CaCO₃等，在高含量的情况下，呈现较高的冲击强度。采用上述两种类型的填充材料进行复配，这时粒状填充材料无取向，针状填充材料会呈一定取向状态的取向，能产生形态配合增强效应。

（4）填充改性塑料的热性能　聚合物的热膨胀系数一般都比无机填充材料的大得多。用热膨胀系数小的无机填充材料填充改性热膨胀系数大的塑料时，由于组分间热膨胀系数不匹配，会产生以下几个重要效应：其一，当从加工成型温度或固化温度冷却时，树脂基体大的收缩将使填充材料受到挤压作用。其二，填充材料表面附近的树脂基体可能受到切线方向很大的拉力，填充改性塑料的模量可能要比预计值小；如果树脂基体受到的这种收缩应力过大，可能会使树脂基体产生裂纹，导致填充改性塑料强度下降。其三，可以使成型收缩率降低，制品尺寸稳定性提高。其四，对于长径比大的填充材料，在填充改性塑料或制品中常常呈一定形式、一定程度取向的复合结构，这就产生了沿取向方向和垂直于取向方向热膨胀系数的各向异性，随温度变化有可能出现"挠曲"现象，制品的尺寸稳定性反而因此变差。

塑料的热导率与金属材料和无机非金属材料的相比比较小。用金属或无机非金属材料对塑料填充改性，制得的填充改性塑料一般来讲热导率都不同程度的提高。这至少有两点重要意义：其一，热塑性塑料成型加工成制品，所用的成型方法中几乎都有加热熔融和冷却固化过程，无机填充材料填充改性塑料，可使这两个过程的速度加快，就可提高成型速度；其二，利用热导率极大的填充材料与塑料复合，可以制备出具有良好导热性的填充改性塑料制品。

对于耐热性，用无机填充材料对塑料进行填充改性，可以使塑料的热变形温度有不同程度的提高。结晶型基体树脂的耐热性提高幅度大，而无定形基体树脂的耐热性提高幅度较小。

2.3　共混改性

聚合物共混物（polymer blend）是指两种或两种以上均聚物或共聚物的混合物，尤以塑料共混为主。塑料虽然具有很多优良的性能，但与金属材料比存在很多缺点，一些对综合性能要求高的领域，单一的塑料难以满足要求。因此，共混改性塑料的目的如下：①提高塑料的综合性能。②提高塑料的力学性能，如强度、低温韧性等。③提高塑料的耐热性。大多数塑料的热变形温度都不高，对于一些在一定温度下工作的部件来讲，通用塑料就难以胜任。④提高加工性能，如PPO的成型加工性较差，加入PS改性后其加工流动性大为改善。⑤降低吸水性，提高制品尺寸稳定性。如聚酰胺的吸水性较大，引起制品的尺寸变化。⑥提高塑料的耐燃烧性。大多数塑料属于易燃材料，用于电气、电子设备的安全性较低，通过阻燃化改性，使材料的安全性有所提高。⑦降低材料的成本。塑料尤其是工程塑料的价格较高，用低价格通用塑料与工程塑料共混改性，既降低了材料的成本，又改善了工程塑料的加工性。⑧实现塑料的功能化，提高其使用性能，如塑料的导电性小，对一些需要防静电、需要导电的用途，可以与导电聚合物共混，以得到具有抗静电功能、导电功能和电磁屏蔽功能的塑料材料，满足电子、家电、通信、军事等的要求。

ABS树脂是作为聚苯乙烯的共混改性材料而著称的，这种新型材料坚而韧，克服了聚苯乙烯突出的弱点——性脆。此外，ABS树脂耐腐蚀性好、易于加工成型，可用以制备机械零件，是最重要的工程塑料之一。因此，ABS树脂引起了人们极大的兴趣和关注，从此开拓了聚合物共混改性这一新的聚合物科学领域。1975 年美国杜邦（DuPont）公司开发了超高韧聚酰胺 Zytel-ST，这是在聚酰胺中加入少量聚烯烃或橡胶而制成的共混物，冲击强度比聚酰胺有大幅度提高。这一发现十分重要。现在已知，其它工程塑料如聚碳酸酯（PC）、聚酯、聚甲醛（POM）等，加入少量聚烯烃或橡胶也可大幅度提高冲击强度。

总之，通过共混改性，可以提高塑料的综合性能，在投资相对低的情况下增加塑料的品种，扩大塑料的用途，降低塑料的成本，实现塑料的高性能化、精细化、功能化、专用化和系列化，促进塑料产业以及高分子材料产业的发展，同时也促进了汽车、电子、电气、家电、通信、军事、航空航天等高技术工业的发展。

2.3.1　聚合物共混理论及改性技术的发展

（1）增韧理论的发展　20 世纪 50～70 年代在聚合物领域先后出现了微裂纹理论、多重银纹理论、剪切屈服理论和银纹-剪切屈服理论。这些理论的基本思想是：银纹的产生消耗了大量的能量，橡胶粒子和剪切带的存在则阻碍和终止了银纹的发展，使得材料的韧性增加。20 世纪 80 年代，A. F. Yee 提出了空穴化理论，Souheng Wu 提出了逾渗理论和多个模型定量地描述弹性体增韧 PA66 过程，并提出基体厚度、粒子间距等概念，成为当今世界一个重要理论。此外，日本的 Kuranchi 在 1984 年还提出了非弹性体增韧理论，首次提出了有机刚性粒子增韧塑料的新概念，并用"冷拉概念"解释共混物韧性提高的原因。1991 年，我国学者李东明等发现了无机粒子对塑料的增韧作用，提出了无机粒子增韧机理。

（2）聚合物共混相容化理论的发展　聚合物共混相容性理论是在统计热力学的基础上发展起来的。Hildebrand 首先提出溶解度参数的概念，经过很多科学家的研究得到各种聚合物的溶解度参数，这些参数被用来作为预测聚合物相容性的判据之一。后来有人在研究共混体系相容化基础上提出了共混物界面层理论。这个理论认为两种聚合物共混体中，存在两种聚合物共存区，两个共存区就是两相的界面层，界面层的厚度在一定程度上反映出相容性大小。

（3）共混改性技术及其发展　随着汽车、电子、通信等相关行业的发展，改性塑料的应用不断增长，其应用领域不断扩展，市场需求日益增长，促进了塑料改性技术的发展，主要表现为以下几个方面。

① 高分子合金相容化技术　开发出不同合金体系的相容性，实现了共混高分子合金的实用化。各种共聚物、接枝聚合物的问世，有效地解决共混体系中不同聚合物间的相容性问题，促进了共混合金的发展。

② 液晶改性技术的应用　液晶聚合物的出现及其特有的性能为聚合物改性理论与实践增添了新的内容。液晶聚合物具有优良的物理、化学和力学性能，如高温下强度高、弹性模量高、热变形温度高、线膨胀系数极小、阻燃性优异等。利用这种高性能液晶聚合物作为增强剂与 PA 共混，能制造高强度改性 PA。这种技术称为"原位复合"技术，液晶聚合物与PA 熔融共混挤出流动中易取向，形成微纤分散在 PA 基体，从而起到增强作用，这种技术改变了传统的填充增强的方式。

③ 互穿网络（IPN）技术的应用　如预先在 PA 等树脂中分别加入含乙烯的硅氧烷及催化剂，在两种聚合物共混挤出过程中，两种硅氧烷在催化剂作用下进行交联反应，在 PA 中形成共结晶网络，与硅氧烷的交联网络形成相互缠结的结构。这种半互穿网络结构，使 PA 的吸水性降低，具有优良的尺寸稳定性和滑动性。

④ 动态硫化与热塑性弹性体技术　所谓动态硫化就是将弹性体与热塑性树脂进行熔融共混，在双螺杆挤出机中熔融共混的同时，弹性体被"就地硫化"。实际上，硫化过程就是交联过程，它是通过弹性体在螺杆高速剪切应力和交联剂的作用下发生一定程度的交联，并

分散在载体树脂中。交联的弹性微粒主要提供共混体的弹性，树脂则提供熔融温度下的塑性流动性，即热塑性，这种技术制造的弹性体/树脂共混物称为热塑性弹性体。热塑性弹性体的制备中，往往是交联反应和接枝反应同时进行，即在动态交联过程中，加入接枝单体与载体树脂、弹性体同时发生接枝反应，这样制备的热塑性弹性体，既具有一定的交联度，又具有一定的极性。

⑤ 接枝反应技术的发展　应用双螺杆挤出反应技术，将带有官能团的单体与聚合物在熔融挤出过程中进行接枝反应，使一些不具极性的聚合物大分子链上引入了具有一定化学反应活性的官能团，使之变成极性聚合物，从而增强了一些非极性聚合物与极性聚合物间的相容性。

⑥ 分子复合技术的发展　将聚对苯二甲酸对苯二胺（PPTA）加入己内酰胺或己二酸己二胺盐中，进行聚合，PPTA 以微纤的形式分散在基体中，并产生一定的取向。加入量在 5％时，复合材料的强度与聚酰胺比增加 2 倍之多，这种达到分子水平的分散技术是制备高强度复合材料的重要途径。

2.3.2　聚合物-聚合物相容性

聚合物-聚合物之间的相容性是塑料共混改性的基础，它决定了聚合物共混物或塑料合金的基本性能。聚合物相容性的判别基础是混合热力学原理。根据热力学第二定律，两种液体等温混合时，应遵循下列关系：

$$\Delta G_m = \Delta H_m - T\Delta S_m$$

式中，ΔH_m 为摩尔混合自由焓；ΔG_m 为摩尔混合能；ΔS_m 为摩尔混合熵；T 为热力学温度。当 $\Delta G_m < 0$ 时，两种液体可自发混合，即两液体具有互溶性。对于聚合体系，常常根据聚合物溶解度参数 δ 和 Flory-Huggins 相互作用参数 $\chi_{1,2}$ 来判断。

（1）溶解度参数　混合焓 ΔH_m 是由于同一聚合物结构单元间的作用能与该聚合物结构单元和另一聚合物结构单元之间作用能的不同而产生的，按 Hildebrand 的推导：

$$\Delta H_m = \frac{N_1 V_1 \times N_2 V_2}{N_1 V_1 + N_2 V_2}\left[\left(\frac{\Delta E_1}{V_1}\right)^{1/2} - \left(\frac{\Delta E_2}{V_2}\right)^{1/2}\right]^2$$

式中，N_1、N_2 为组分 1 和组分 2 的物质的量，mol；V_1、V_2 为组分 1 和组分 2 的摩尔体积；ΔE_1、ΔE_2 为组分 1 和组分 2 的内聚能；$\frac{\Delta E_1}{V_1}$、$\frac{\Delta E_2}{V_2}$ 为组分 1 和组分 2 的内聚能密度。

$\left(\frac{\Delta E}{V}\right)^{1/2}$ 称为溶解度参数，用 δ 表示，$\left(\frac{\Delta E_1}{V_1}\right)^{1/2}$、$\left(\frac{\Delta E_2}{V_2}\right)^{1/2}$ 分别为组分 1 和组分 2 的溶解度参数 δ_1 和 δ_2。δ_1 与 δ_2 的差愈小，溶解过程吸热愈小，愈有利于溶解，因此，可根据溶解度参数预测有机化合物之间的相容性。化学上相似的两种分子，在多数情况下，将具有相近的溶解度参数，表现为相互混溶。对于两种聚合物混合的情况，要比低分子混合复杂得多，一般而言，用 δ_1 与 δ_2 还不能完全判断两聚合物互容。因此，采用三维溶解度参数判断。假定液体的蒸发能为色散力 d、偶极力 p 和氢键力 h 三种力的贡献，则有：

$$E = E_d + E_p + E_h \qquad \frac{E}{V} = \frac{E_d}{V} + \frac{E_p}{V} + \frac{E_h}{V} \qquad \delta^2 = \delta_d^2 + \delta_p^2 + \delta_h^2$$

式中，$\delta_d = \left(\frac{\Delta E_d}{V}\right)^{1/2}$；$\delta_p = \left(\frac{\Delta E_p}{V}\right)^{1/2}$；$\delta_h = \left(\frac{\Delta E_h}{V}\right)^{1/2}$。

δ_d、δ_p、δ_h 分别反映色散力 d、偶极力 p 和氢键力 h 的大小。对于大多数聚合物-聚合物体系，δ_p、δ_h 就能足够准确地表达其相容性，表 2-3 列出了一些聚合物的溶解度参数。

表 2-3　溶解度参数试验值和影响总溶解度参数各组分值

聚合物	实验值/$(J/m^3)^{1/2}$	各组分值/$(J/m^3)^{1/2}$		
		色散力 δ_d	偶极力 δ_p	氢键力 δ_h
聚乙烯	7.7～8.4			
聚丙烯	8.2～9.2			
聚异丁烯	7.8～8.1	8	1	3.5
聚苯乙烯	8.5～9.3	8.6	3.0	2.0
聚氯乙烯	9.4～10.8	9.4	4.5	3.5
聚溴乙烯	9.5			
聚偏二氯乙烯	9.9～12.2			
聚四氟乙烯	6.2			
聚三氟乙烯	7.2～7.9			
聚乙烯醇	12.6～14.2			
聚醋酸乙烯酯	9.3～11.0	9.3	5.0	4.0
聚丙酸乙烯酯	8.8			
聚丙烯酸甲酯	9.7～10.4			
聚丙烯酸乙酯	9.2～9.4	9.2	5.3	2.1
聚丙烯酸丙酯	9.0			
聚丙烯酸丁酯	8.8～9.1			
聚丙烯酸异丁酯	8.7～11.0			
聚甲基丙烯酸甲酯	9.1～12.8	9.2	5.0	4.2
聚甲基丙烯酸乙酯	8.9～11.4	9.2	5.3	2.1
聚甲基丙烯酸丁酯	8.7～9.0			
聚甲基丙烯酸异丁酯	8.2～10.5			
聚甲基丙烯酸叔丁酯	8.3			
聚甲基丙烯酸苄酯	9.8～10.0			
聚甲基丙烯酸的乙氧基乙醇酯	9.0～9.9			
聚丙烯腈	12.5～5.4			
聚甲基丙烯腈	10.7			
聚丁二烯	8.1～8.6	8.8	2.5	1.2
聚异丙烯	7.9～10.0	8.5	1.5	1.5
聚氯丙烯	8.2～9.2			
聚甲醛	10.2～11.0			
聚氧化四亚甲基	8.3～8.6			
聚氧化丙烯	7.5～0.9			
聚环氧氯丙烷	9.4			
聚亚乙基硫醚	9.0～9.1			
聚苯亚乙烯硫醚	9.3			
聚对苯二甲酸乙二醇酯	9.7～10.7			
聚 8-氨基庚烷	12.7			
聚己二酸己二胺	13.6			
聚二甲基硅氧烷	7.3～7.6			
二醋酸纤维素酯	10.9～11.4			
乙基纤维素	10.3			
硝酸纤维素(含 N11.83%)	10.5～14.9			
聚乙烯醇丁醛	11	8.5	4.3	5.5
酚醛树脂	11.3	9.0	4.0	5.5

　　(2) Flory-Huggins 作用参数$\chi_{1,2}$　　Flory-Huggins 等从热力学概念研究聚合物之间混合热力学问题，用无量纲参数来表征溶剂与大分子链段相互作用对混合焓的贡献：

$$\Delta H_m = RT\chi_{1,2}\, n_1 V_2$$

式中，$\chi_{1,2}$ 称为 Flory-Huggins 作用参数。

根据热力学第二定律：

$$\Delta G_{\mathrm{m}} = RT(n_1 \ln V_1 + n_2 \ln V_2 + \chi_{1,2} n_1 V_2)$$

从上式可知，使聚合物能溶于溶剂则 $\chi_{1,2}$ 应很小或为负值。

将 Folry-Huggins 理论用于两种聚合物的共混研究中，对于聚合物 1 和聚合物 2，其混合能 ΔG_{m} 如下式所示：

$$\Delta G_{\mathrm{m}} = \frac{RTV}{V_{\mathrm{r}}}\left(\frac{V_1}{\chi_1}\ln V_1 + \frac{V_2}{\chi_2}\ln V_2 + \chi_{1,2} V_1 V_2\right)$$

式中　V——混合物的总体积；

V_{r}——参比体积，通常被取为尽可能接近聚合物最小重复单元的摩尔体积；

V_1、V_2——混合物中两种聚合物的体积分数；

χ_1、χ_2——以参比体积 V 为基准的两种聚合物的聚合度；

$\chi_{1,2}$——两种聚合物的作用参数，即 Flory-Huggins 作用参数。

从上式可知，只有当 $\chi_{1,2}$ 很小或为负值时，两聚合物才能实现完全相容。

（3）研究聚合物相容性的方法　研究聚合物之间相容性的方法很多，以热力学为基础的溶解度参数 δ 及聚合物相互作用参数 $\chi_{1,2}$ 作为基本判据；以显微镜观察共混物形态结构来判断相容性；等等。玻璃化温度（T_{g}）法是通过测定共混物的 T_{g}，判断共混物之间的相容性。当两个聚合物完全不相容时，测得共混物的 T_{g} 为两个，分别为两聚合物的 T_{g}；若两种聚合物部分相容时，构成共混物的两聚合物之间具有一定程度的分子级混合，相互之间有一定程度的扩散，界面层有不可忽略的作用，此时共混物仍有两个 T_{g}，但这两个 T_{g} 并不是两聚合物原来的 T_{g}。两个 T_{g} 相互靠近，靠近的程度取决于分子级混合的程度，分子级混合程度越大，两个 T_{g} 就靠得越近。因此，由共混物的 T_{g} 不仅可推断组分之间的混溶性，还可提供形态结构方面的信息。所以，测定共混物 T_{g} 是研究共混体系各组分相容性的重要的方法。测定 T_{g} 有很多方法，如体积膨胀法、动态力学法、热分析法、介电松弛法、热-光分析法等。

（4）相容性原则　对于聚合物共混物的组成设计，即选用什么组分、分子量大小、组分比例等都对相容性有不同程度的影响。这里总结聚合物相容性几个基本原则。

① 溶解度参数相近原则　聚合物相容规律为 $|\delta_1 - \delta_2| < 0.5$，分子量越大其差值应越小。但溶解度参数相近原则仅适用于非极性组分体系。

② 极性相近原则　即体系中组分之间的极性越相近，则相容性就越好。

③ 结构相近原则　体系中各组分的结构相似，则相容性就好。所谓结构相近，是指各组分的分子链中含有相同或相近的结构单元，如 PA6 与 PA66 分子链中都含有 —CH_2—、—NH—、—CO—NH—，故有较好的相容性。

④ 结晶能力相近原则　当共混体系为结晶聚合物时，多组分的结晶能力即结晶难易程度与最大结晶相近时，其相容性就好。而晶态/非晶态、晶态/晶态体系的相容性较差，只有在混晶时才会相容，如 PVC/PA、PE/PA 体系。两种非晶态体系相容性较好，如 PS/PPO 等。

⑤ 表面张力 γ 相近原则　体系中各组分的表面张力越接近，其相容性越好。共混物在熔融时，与乳状液相似，其稳定性及分散度受两相表面张力的控制。γ 越相近，两相间的浸润、接触与扩散就越好，界面的结合也越好。

⑥ 黏度相近原则　体系中各组分的黏度相近，有利于组分间的浸润与扩散，形成稳定

的互溶区，所以相容性就好。

2.3.3　聚合物共混物的形态结构

结构决定性能，有什么样的结构，就有什么样的性能。因此结构研究具有重要的基础意义和实用价值。弄清了结构的来源以及相应结构的性能，我们就可以有针对性地去制备具有特定结构的材料，从而制备出具有我们所需要性能的理想材料，这是分子设计的范畴。通过分子设计，可以合成或制备出具有特定结构从而具有特定性能的物质或材料。

（1）非结晶（性）聚合物/非结晶（性）聚合物体系

① 单相连续结构　一个组分（往往是树脂基体）是连续相，另一个组分是分散相。连续相也可看作分散介质。分散相的各个小区域称为相畴。根据分散相相畴的形状、大小、内部的结构以及其形态结构特征又可分为如下三种类型：其一，分散相形状不规则，呈颗粒状。其二，分散相颗粒较规则，一般为球形，颗粒内部不包含或只包含极少量的连续相成分。其三，分散相为香肠状（胞状）结构。这种形态结构的特点是：分散相颗粒内包容了相当多的连续相成分构成的更新的颗粒，其截面形状类似于香肠，所以称为香肠状结构。就分散相颗粒而言，分散相成分则为连续相，包容构成更小颗粒的连续相成分则为分散相。也可以把分散相颗粒当作胞，胞壁由分散相成分构成，分割包容是由连续相成分构成的更小颗粒，因此也称为胞状结构或蜂窝状结构。

② 两相互锁或交错结构　每个组分都有一定的连续性，但都没形成贯穿三维空间的连续相。典型的例子是两种嵌段含量相近的嵌段共聚物的形态结构。一些共混改性塑料如 PS/PMMA（聚甲基丙烯酸甲酯）、PS/PB 等，在相逆转的组成范围内也常形成两相互锁或交错的形态结构。

③ 相互贯穿的两相形态结构　两种组分都形成三维空间连续的形态结构。典型的例子是互穿网络聚合物（IPN）。互穿网络聚合物间不是分子级相互贯穿，而是分子微小聚集体相互贯穿。两组分的相容性和交联度越大，相互贯穿网络共混物两相结构的相畴就越小。

（2）结晶（性）聚合物/非结晶（性）聚合物体系　这一类共混改性塑料比较多，如弹性体增韧 PP，弹性体增韧 HDPE、PC/PE、PC/PP、PS/PP，弹性体增韧 PET，弹性体增韧尼龙等。其形态结构既包括相态结构，又包括结晶（性）聚合物组分的结晶形态。从相态结构讲，也可以分为单相连续、两相互锁和相互贯穿的两相连续的相态。从结晶形态讲，其形态结构有如下类型：①晶粒分散于非晶介质中，结晶（性）聚合物形不成结构比较完整的球晶，只能形成细小的晶粒［图 2-3(a)］；②球晶分散于非晶介质中［图 2-3(b)］；③球晶几乎充满整个共混体系（连续相），非晶成分分散于球晶之间和球晶中［图 2-3(c)］；④非晶态成分形成较大相畴分散于球晶中和穿插于球晶中［图 2-3(d)］。

另外因为结晶（性）聚合物未能结晶，形成非晶（性）/非晶（性）共混体系（均相或非均相）；或者非晶（性）聚合物产生结晶，体系转化为结晶（性）/结晶（性）聚合物共混体系（也可能含有一种或两种聚合物的非晶区）。

（3）结晶（性）聚合物/结晶（性）聚合物体系　对于由两种结晶（性）聚合物制得的共混改性塑料的形态结构，研究比较多的是结晶形态。其结晶形态有如下类型：①非结晶的结晶（性）聚合物共混物。两种结晶（性）聚合物均未形成结晶聚合物，实际上是形成了非结晶（性）/非结晶（性）共混体系。两种组分各自形成微小聚集体，相互分散。相容性好时，各自聚集体相畴尺寸小些，相互分散均匀性好些；相容性差时，各自聚集体相畴尺寸大些，相互分散均匀性差些。例如 PET/PBT 熔融共混，因为发生酯交换形成了无规嵌段共聚物，均丧失了结晶能力，就形成了非晶（性）/非晶（性）共混体系的这种结构特征。②分别结晶的聚合物共混物。两种聚合物分别结晶。根据晶区、非晶区的相对数量、分散形式以及

(a) 晶粒分散于非晶介质中

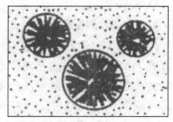

(b) 球晶分散于非晶介质中

(c) 非晶成分分散于球晶之间和球晶中

(d) 非晶态成分形成较大相畴分散于球晶中和穿插于球晶中

图 2-3　结晶（性）/非结晶（性）聚合物共混物形态结构

结晶形态的特征，还可分为以下几种：a. 两种聚合物分别形成小晶粒，分散于非晶介质中。b. 一种聚合物形成球晶，另一种聚合物形成小晶粒，分散于非晶介质中。c. 两种聚合物分别结晶形成球晶，晶区充满整个共混物，非晶成分分散于球晶中。这种类型的共混改性塑料比较普遍。如 PP/UHMWPE（超高分子量 PE）、PPS（聚苯硫醚）/PA、PA/PP、PET/PP等。③共晶的聚合物共混物：两种聚合物形成共晶。根据共晶的形态，又可分为两种：a. 共同形成球晶。如果结晶度相当大，球晶就充满整个共混物，非晶成分分散于球晶中。b. 共同形成串晶。这种共晶现象也称为附晶（又称附生晶、外延结晶），是一种结晶物质在另一种结晶物质上取向生长。

2.3.4　共混改性的界面层

（1）界面层的形成　共混改性塑料两相间界面层的形成可分为两个步骤：第一步是两相之间相互接触，第二步是两种聚合物大分子链段之间相互扩散。两种聚合物接触时相互扩散的速度与聚合物大分子的活动性相关。若两种聚合物大分子活动性相近，两种聚合物大分子链段就以相近的速度相互扩散；若两种聚合物大分子活动性相差悬殊，则发生单向扩散。

（2）界面层厚度　界面层（区）的厚度取决于两种聚合物大分子相互扩散的程度。而大分子相互扩散程度与两种聚合物的相容性、大分子链段的大小、分子量大小及相分离的条件等因素有关。所以，界面层的厚度也就与这些因素有关。

如果两种聚合物间有一定相容性，在合适的工艺条件下进行共混，形成的界面层厚度一般为几个纳米至几十个纳米。这种类型的二元共混改性塑料中实际上存在三种区域结构：两种聚合物各自的相和界面层。在一般的共混改性塑料中，界面层区域占有相当大的比例，界面层可达到总体积的 20%。

对于一定的共混改性塑料，要使其呈现出优异的力学性能，就应具有一最佳的界面层比例。界面层比例大小直接与界面层的厚度和两相接触的面积有关，也就是取决于共混改性塑料的热力学因素和动力学因素。两组分间的相互作用能越大，界面层越厚；动力学因素是指在共混时增大剪切应力、剪切速率，进而提高两相间相互分散的程度，减小相畴尺寸，增加接触面积，增强两组分大分子链段相互扩散的能力。

（3）界面层中组分间相互作用力　界面层中两组分间的相互作用力有两种基本类型：第一类是两组分间化学键连接，如接枝共聚共混物和嵌段共聚物；第二类是两组分间仅靠次价力（如范德华力、氢键）结合。由于范德华力是普遍存在的，所以接枝共聚共混物、嵌段共聚物界面层中组分间除了化学键连接外，还有范德华力结合。对于一般的热-机械共混改性塑料体系，若加入增容剂，在热-机械共混过程中组分间可能有化学反应发生，这样，界面层中组分间除了次价力结合外，也会有化学键连接。根据润湿-接触理论，两组分间结合强度主要取决于界面张力。界面张力越小，结合强度越大。界面张力与温度有关。根据扩散理论，两组分间的结合强度主要取决于两组分间的相容性，相容性越好，结合强度越大。

根据润湿-接触理论，两组分间结合强度主要取决于界面张力。界面张力越小，结合强度越大。表 2-4 给出了一些聚合物共混体系的界面张力。可以看出，界面张力与温度有关。

表 2-4　一些聚合物共混体系的界面张力

聚合物共混体系	界面张力 $\gamma/(\times 10^{-5} \text{N/cm})$		
	100℃	140℃	180℃
PE 系列			
PE/PP	—	1.1	—
L-PE/PS[①]	6.7	5.9	5.1
B-PE/PCP[②]	4.0	3.7	3.4
L-PE/PVAC	12.4	11.3	10.2
B-PE/EVA[25%（质量分数）VA]	1.6	1.4	1.2
L-PE/PMMA	10.4	9.7	9.0
L-PE/PnBMA[③]	5.9	5.3	4.7
B-PE/PiBMA[④]	4.7	4.3	3.9
B-PE/PtBMA[⑤]	5.2	4.8	4.4
B-PE/PEO	10.3	9.7	9.1
B-PE/PTMO	4.5	4.2	3.9
B-PE/PDMS	5.2	5.1	5.0
PP 系列			
PP/PS	—	5.1	—
PP/PDMS	3.0	2.9	2.8
PIB（聚丁二烯）系列			
PIB/PVAC	8.3	7.5	6.7
PIB/PDMS	4.4	4.2	4.0
PS 系列			
PS/PCP	0.6	0.5	0.4
PS/PVAc	3.9	3.7	3.5
PS/PMMA	2.2	1.6	1.1
PS/PEVAc[38.7%（质量分数）VAc][⑥]	—	5.6	—
PS/PDMS	6.1	6.1	6.1
PCP（聚氯丁烯）系列			
PCP/PnBMA	1.8	1.6	1.4
PCP/PDMS	6.7	6.5	6.3
PVAc（聚乙酸乙烯酯）系列			
PVAc/PnBMA	4.6	4.2	3.8
PVAc/PDMS	7.7	7.4	7.1
PVAc/PTMO	4.9	4.6	4.3
PVAc/PEVAc[25%（质量分数）VAc]	6.0	5.8	5.6
PMMA（聚甲基丙烯酸甲酯）系列			
PMMA/PnBMA	2.4	2.0	1.5
PMMA/PtBMA	2.5	2.3	2.1

聚合物共混体系	界面张力 $\gamma/(\times 10^{-5}\mathrm{N/cm})$		
	100℃	140℃	180℃
PDMS(聚二甲基硅氧烷)系列			
PDMS/PnBMA	3.9	3.8	3.6
PDMS/PtBMA	3.4	3.3	3.2
PDMS/PEO	10.2	9.9	9.6
PDMS/PTMO	6.3	6.3	6.2
PEO(聚氧化乙烯)系列			
PEO/PEVAc[25%(质量分数)VAc]	6.0	5.9	5.6
PEO/PEMO	4.1	3.9	3.7
PEMO(聚氧化四亚甲基或聚四氢呋喃)系列			
PEMO/PEVAc[25%(质量分数)VAc]	1.3	1.2	1.1

　①L-PE（线型聚乙烯）；②B-PE（支化聚乙烯）；③PnBMA（聚甲基丙烯酸正丁酯）；④PiBMA（聚甲基丙烯酸异丁酯）；⑤PtBMA（聚甲基丙烯酸叔丁酯）；⑥PEVAc（聚乙烯-乙酸乙烯酯共聚物）。

　　对于相容性差的两种聚合物共混，不仅界面层厚度薄，组分间的结合强度也小，共混物的性能也比较差，尤其是力学性能，会比纯基体树脂的还低。为增加界面层的厚度，增强组分间的结合强度，制得具有优异性能的共混改性塑料，常采用增容技术。

2.3.5　共混改性的增容

　　实际上，绝大多数的聚合物-聚合物共混体系是热力学非相容体系或者是半相容体系。也就是说，一般来讲，聚合物-聚合物共混体系的相容性不好。为了获得良好的物理机械性能，必须提高聚合物-聚合物的相容性。增容是常用的手段。

　　(1) 增容作用的类型　从增容的机理来看，增容作用分为以下两类。①非反应型增容：常用嵌段共聚物、接枝共聚物等作为增容剂，一段组分与共混物中一种组分相容，另一段组分与共混物中另一种组分相容。根据增容剂的微相分离行为的差别，所用的增容剂分为微相分离型增容剂和均相型增容剂，前者以嵌段共聚物和接枝共聚物为代表，后者包括无规共聚物、官能化聚合物和均聚物。②反应型增容：有外加反应型增容剂增容，以及组分间直接反应增容。

　　(2) 增容作用的物理本质　增容作用的物理本质，概括起来有三个方面：①降低共混组分间界面张力，促进分散度的提高；②提高相结构的稳定性，从而使共混改性塑料的性能稳定；③改善组分间的界面黏结，有利于外场作用在组分间传递，提高共混改性塑料的性能。为了使增容剂充分发挥作用，希望增容剂聚集于界面区。实际上，增容剂在共混体系中的分布情况与许多因素有关。除了相容性外，还与增容剂的加入量、加入方式，共混设备、工艺条件等因素有关。

　　(3) 增容剂的类型

　　① 嵌段共聚物用作相容剂　从理论上讲，嵌段共聚物可以任意组合成多种共聚物，利用不同结构的单体共聚，其中一单体能与一种聚合物反应，另一单体与其它组分有很好的相容性或反应活性。当嵌段共聚物浓度达到某一值时，嵌段共聚物使共混物界面饱和，继续增加嵌段共聚物浓度时，多余的嵌段共聚物将在某一均聚物相区内形成胶束，这一浓度被称为临界胶束浓度 （CMC）。当增容剂浓度达到 ϕ_{CMC} 后，再增加增容剂的含量，界面张力不再继续降低。在保持两嵌段共聚物总分子量不变时，两嵌段组分体积分数的不同将影响嵌段共聚物对共混物的增容作用。增容剂与共混物组分间能产生特殊相互作用，如氢键等，将有利于

提高增容效果。例如 PS-*b*-PVP 分别增容 PS/PVPh（聚 4-乙烯基苯酚）、PS/PVBA（聚 4-乙烯苯甲酸）、PS/PVP 三种共混物时，PS-*b*-PVP 在 PS/PVPh、PS/PVBA 两种共混体系中的界面剩余量明显高于 PS/PVP 共混体系。在前两种共混体系中，其界面几乎完全被嵌段共聚物占据，分子链充分伸展。其原因正是在于嵌段共聚物中 PVP 段与 PVPh、PVBA 的分子间能形成强的氢键结合。在相同的嵌段共聚物组成和总分子量情况下，三嵌段共聚物的增容作用比二嵌段共聚物的强。

② 接枝共聚物　由于接枝共聚物合成较容易，接枝共聚物作为增容剂更为方便。其分子链（最好是主链）的一端分布在相界面上时，增容效果较好。如 PC/PC-*g*-PMMA/PMMA 共混体系，PC 链上连接的支链数目越多，接枝共聚物的增容效果越差。这主要是由接枝的支链数不同使接枝共聚物在界面上分布时的空间位阻不同造成的。

有一类特殊的接枝共聚物，其主链上不但带有支链，同时含有可反应的官能团，其典型的例子是马来酸酐（MAH）的接枝共聚物（PP-MAH）-*g*-PEO。这种接枝共聚物用作增容剂时，极性部分增容有三种情况：第一，如果共混物中极性组分不含可与 MAH 易反应的基团，但与 PEO 支链的相容性很好时，极性部分起增容作用的主要是 PEO 支链；第二，如果共混物中极性组分含可与 MAH 易反应的基团，但与 PEO 支链的相容性不好，此时起主要增容作用的是 MAH 官能团；第三，如果共混物中极性组分既有与 MAH 易反应的基团，又与 PEO 支链相容，此时 MAH 官能团和 PEO 支链均起增容作用。这一接枝共聚物对 PP/TPU（热塑性聚氨酯）具有较好的增容效果。

③ 反应型增容剂　反应型增容作用是在高聚物混合过程中"就地"产生的。参与共混的组分中至少有两种组分是带有反应型基团的高聚物。反应型增容的体系应具有以下特点：a. 共混物应具有足够的分散度；b. 两种组分所带官能团间的反应速率应足够大。

反应型增容的反应有 4 种类型：a. 链劈裂反应，所产生的产物是嵌段共聚物或无规共聚物；b. 一种聚合物的端基官能团与另一种聚合物主链上的官能团反应，生成接枝共聚物；c. 两种聚合物主链上的官能团相互反应，生成接枝共聚物或交替共聚物；d. 两种聚合物间彼此形成离子键。经常利用的化学反应有：酸酐与伯氨基反应，环氧基与羧基、羟基、酸酐、胺反应，噁唑啉与羧基反应，分子链间形成盐的反应等。

（4）增容机理　不相容高聚物共混物的界面区域内高分子链段不能彼此向对方扩散渗透，使界面层很薄，界面强度很差。增容剂的加入能明显提高共混物界面强度，最终表现为共混物的力学强度大幅度提高。玻璃态高聚物断裂时，首先引发银纹，银纹发展成破坏性的裂纹，导致高聚物的断裂。银纹发展成裂纹的过程为：①银纹处微纤束断裂；②均聚物中银纹微纤束中桥联链解缠结；③界面区非银纹化处桥联链拔出；④上述①和②两种机理同时起作用；⑤上述①和③两种机理同时起作用。加有增容剂的共混物的断裂，取决于增容剂在界面区域的浓度及界面断裂机理。增容剂在界面区域的面链密度（Σ）及构造对界面以何种机理断裂起着决定性作用。对于增容剂聚合度很大的情况，界面区域断裂机理由增容剂在界面区的分子链剪切断裂机理转向银纹断裂机理。当界面区域增容剂的 Σ 小于临界值 Σ^* 时，界面断裂机理为增容剂在界面区中分子链的剪切断裂，相应地界面断裂能很低；当 $\Sigma > \Sigma^*$ 时，界面断裂能增大，界面断裂机理为银纹化断裂。

当增容剂分子中某一组分的聚合度较小时，特别是小于其链缠结分子量时，可能有两种情况：①界面区域饱和时增容剂的 Σ 较小，从而链拔出应力小于银纹化应力，界面断裂机理为链拔出机理；②界面区域饱和时增容剂的 Σ 较大，链拔出应力大于银纹化应力，此时界面断裂机理由链拔出转变为银纹化。

对于 A-*b*-B-*b*-C 三嵌段共聚物，若中间嵌段为弹性体，即使 B 的含量只有百分之几，对

A 聚合物和 C 聚合物的增容效果远低于二元嵌段共聚物 A-b-C 的增容效果。

2.3.6 增韧理论

塑料共混改性的一个重要内容是提高一种塑料的韧性，使其满足使用场合和环境对材料韧性的要求。比较成熟的是橡胶（弹性体）增韧塑料技术，但近几年也发展了非弹性体增韧技术，如无机刚性粒子增韧塑料等。

（1）弹性体增韧机理 弹性体直接吸收能量，当试样受到冲击时会产生微裂纹，这时橡胶颗粒跨越裂纹两岸，裂纹要发展就必须拉伸橡胶，橡胶形变过程中要吸收大量能量，从而提高了塑料的冲击强度。

（2）屈服理论 橡胶增韧塑料高冲击强度主要来源于基体树脂发生了很大的屈服形变，基体树脂产生很大屈服形变的原因，是橡胶的热膨胀系数和泊松比均大于塑料的，在成型过程中冷却阶段的热收缩和形变过程中的横向收缩对周围基体产生张应力，使基体树脂的自由体积增加，降低其玻璃化温度，易于产生塑性形变而提高韧性。另一方面是橡胶粒子的应力集中效应引起的。

（3）裂纹核心理论 橡胶颗粒充作应力集中点，产生了大量小裂纹而不是少量大裂纹，扩展众多的小裂纹比扩展少数大裂纹需要较多的能量。同时，大量小裂纹的应力场相互干扰，减弱了裂纹发展的前沿应力，从而会减缓裂纹发展并导致裂纹的终止。

（4）多重银纹理论 由于增韧塑料中橡胶粒子数目极多，大量的应力集中物引发大量银纹，由此可以耗散大量能量。橡胶粒子还是银纹终止剂，小粒子不能终止银纹。

（5）银纹-剪切带理论 是业内普遍接受的一个重要理论。大量实验表明，聚合物形变机理包括两个过程：一是剪切形变过程，二是银纹化过程。剪切过程包括弥散性的剪切屈服形变和形成局部剪切带两种情况。剪切形变只是物体形状的改变，分子间的内聚能和物体的密度基本不变。银纹化过程则使物体的密度大大下降。一方面，银纹体中有空洞，说明银纹化造成了材料一定的损伤，是次宏观断裂破坏的先兆；另一方面，银纹在形成、生长过程中消耗了大量能量，约束了裂纹的扩展，使材料的韧性提高，是聚合物增韧的力学机制之一。所以，正确认识银纹化现象，是认识高分子材料变形和断裂过程的核心，是进行共混改性塑料，尤其是增韧塑料设计的关键之一。银纹的一般特征如下。

① 银纹是在拉伸力场中产生的，银纹面总是与拉伸力方向垂直；在压力场中不会产生银纹；Argon 的研究发现，在纯剪切力场中银纹也能扩展。

② 银纹在玻璃态、结晶态聚合物中都能产生、发展。

③ 银纹能在聚合物表面、内部单独引发、生长，也可在裂纹端部形成。在裂纹端部形成的银纹，是裂纹端部塑性屈服的一种形式。

④ 在单一应力作用下引发的银纹，称为应力银纹。在短时大应力作用下可以引发银纹，在长期应力作用下，即蠕变过程中也能引发银纹，在交变应力作用下也可引发银纹。受应力和溶剂联合作用引发的银纹，称为应力-溶剂银纹。溶剂能加速银纹的引发和生长。

⑤ 银纹的外形与裂纹相似，但与裂纹的结果明显不同：裂纹体中是空的，而银纹是由银纹质和空洞组成的。空洞的体积分数大约 $50\% \sim 70\%$。银纹质是取向的聚合物和/或聚合物微小聚集体组成的微纤，直径和间距约为几纳米到几十纳米，其大小与聚合物的结构、环境温度、施力速度、应力大小等因素有关；银纹主微纤与主应力方向呈某一角度取向排列，横系的存在使银纹微纤也构成连续相，与空洞连续相交织在一起成为一个复杂的网络结构；横系结构使得银纹有一定横向承载能力，银纹微纤之间可以相互传递应力；这种结构的形成是由于强度较高的缠结链段被同时转入两相邻银纹微纤的结果。

银纹引发的原因是聚合物中以及表面存在应力集中物，拉伸应力作用下产生应力集中效应。首先在局部应力集中处产生塑性剪切变形，由于聚合物应变软化的特性，局部塑性变形量迅速增大，在塑性变形区内逐渐积累足够的横向应力分量。这是因为沿拉伸应力方向伸长时，聚合物材料必然在横向方向收缩，就产生抵抗这种收缩倾向的等效于作用在横向的应力场。当横向张力增大到某一临界值时，局部塑性变形区内聚合物中被引发微空洞；随后，微空洞间的聚合物和/或聚合物微小聚集体继续伸长变形，微空洞长大并彼此复合，最终形成银纹中椭圆空洞。银纹体形成时所消耗的能量称为银纹生成能，包括消耗的 4 种形式的能量：生成银纹时的塑性功、黏弹功、形成空洞的表面功及化学键的断裂能。

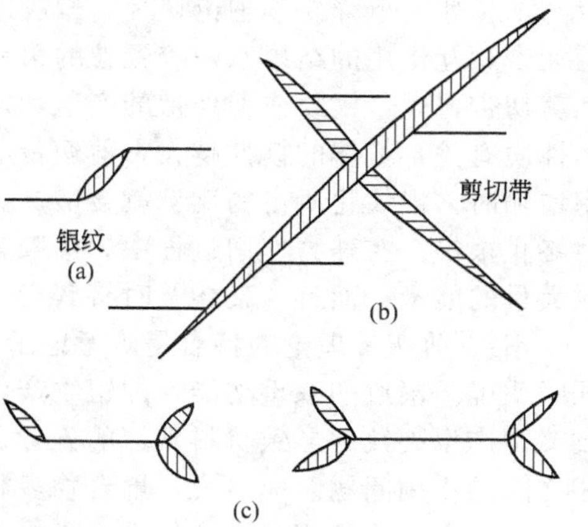

图 2-4　银纹终止原因

（a）剪切带在银纹尖端之间增长；（b）银纹被剪切带终止；（c）银纹为其自身所产生的剪切带终止

银纹终止的具体原因有多种，如银纹发展遇到了剪切带，或银纹端部引发剪切带，或银纹的支化，以及其它使银纹端部应力集中因子减小的因素，如图 2-4 所示。

剪切带具有精细的结构，其厚度约 $1\mu m$，宽度约 $5\sim50\mu m$；由大量不规则的线簇构成，每一条线簇的厚度约 $0.1\mu m$，如图 2-5 所示。剪切带内分子链或聚合物的微小聚集体有很大程度的取向，取向方向为切应力和拉伸应力合力的方向。剪切带的产生只是引起试样形状改变，聚合物的内聚能以及密度基本上不受影响。剪切带与拉伸力方向间的夹角都接近 $45°$，但由于大形变时试样产生各向异性，试样的体积也可能发生微小的变化，所以与拉伸力方向间的夹角往往与 $45°$ 有偏差。单轴拉伸力作用聚合物试样不能产生剪切带，单轴压缩力作用下也可能产生剪切带，局部大形变处不是出现

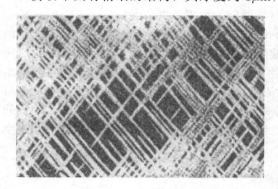

图 2-5　PET 试样的剪切带

细颈，而是鼓凸。拉伸和压缩作用产生的剪切带与应力方向间的夹角会不同。如 PVC，压缩时剪切带与压缩力方向间夹角为 $46°$，拉伸时夹角为 $55°$。取向单元取向情况也会有差别：拉伸时，取向单元取向方向与拉伸力方向间夹角较小；压缩时，取向单元方向与压力轴向间夹角较大。

剪切带的产生和剪切带的尖锐程度，除与聚合物的结构密切相关外，还与温度、形变速率有关。如温度过低时，剪切屈服应力过高，试样不能产生剪切屈服，而是横截面处引发银纹，并迅速发展成裂纹，试样呈脆性断裂；温度过高，整个试样容易发生均匀的塑性形变，只能产生弥散型的剪切形变而不会产生剪切带。加大形变速度的影响与降低温度是等效的。

银纹与剪切带之间的相互作用：在很多情况下，在应力作用下，聚合物会同时产生剪切带与银纹，二者相互作用，成为影响聚合物形变乃至破坏的重要因素。聚合物形变过程中，剪切带和银纹两种机理同时存在，相互作用时，使聚合物从脆性破坏转变为韧性破坏。

银纹与剪切带的相互作用可能存在三种方式：一是银纹遇上已存在的剪切带而得以与其合伙终止，这是由于剪切带内大分子高度取向限制了银纹的发展；二是在应力高度集中的银纹尖端引发新的剪切带，新产生的剪切带反过来又终止银纹的发展；三是剪切带使银纹的引

发与增长速率下降。该理论认为，橡胶增韧的主要原因是银纹和剪切带的大量产生和银纹与剪切带相互作用的结果。橡胶颗粒的第一个重要作用就是充当应力集中中心，诱发大量银纹和剪切带，大量银纹或剪切带的产生和发展需要消耗大量能量。银纹和剪切带所占比例与基体性质有关，基体的韧性越大，剪切带所占的比例越高；同时，也与形变速率有关，形变速率增加时，银纹化所占的比例就会增加。橡胶颗粒第二个重要作用就是控制银纹的发展，及时终止银纹。在外力作用过程中，橡胶颗粒产生形变，不仅产生大量的小银纹或剪切带，吸收大量的能量，而且，又能及时将其产生的银纹终止而不致发展成破坏性的裂纹。

银纹-剪切带理论的特点是既考虑了橡胶颗粒的作用，又肯定了树脂连续相性能的影响，同时明确了银纹的双重功能，即银纹产生和发展消耗大量的能量，可提高材料的破裂能；银纹又是产生裂纹并导致材料破坏的先导。但这一理论的缺陷是忽视了基体连续相与橡胶分散相之间的作用问题。应该说，聚合物多相体系的界面性质对材料性能有很大的影响。

（6）空穴化理论 空穴化理论是指在低温或高速形变过程中，在三维应力作用下，发生橡胶粒子内部或橡胶粒子与基体界面层的空穴化现象。该理论认为：橡胶改性的塑料在外力作用下，分散相橡胶颗粒由于应力集中，导致橡胶与基体的界面和自身产生空洞，橡胶颗粒一旦被空化，橡胶周围的静水张应力被释放，空洞之间薄的基体韧带的应力状态，从三维变为一维，并将平面应变转化为平面应力，而这种新的应力状态有利于剪切带的形成。因此，空穴化本身不能构成材料的脆韧转变，它只是导致材料应力状态的转变，从而引发剪切屈服，阻止裂纹进一步扩展，消耗大量能量，使材料的韧性得以提高。

（7）Wu's 逾渗增韧模型 美国杜邦公司 SouhengWu 博士提出了临界粒子间距判据的概念，对热塑性聚合物基体进行了科学分类并建立了脆韧转变的逾渗模型，将增韧理论由定性分析推向定量的高度。该理论认为共混物韧性与基体的链结构间存在一定的联系，并给出了基体链结构参数——链缠结密度 γ_e 和链的特征比 C_∞ 间的定量关系式，指出聚合物的基本断裂行为是银纹与屈服存在竞争。γ_e 较小及 C_∞ 较大时，基体易于以银纹方式断裂，韧性较低；γ_e 较大及 C_∞ 较小的基体以屈服方式断裂，韧性较高。基体链结构参数——链缠结密度 γ_e 和链的特征比 C_∞ 间的定量关系式：

$$\gamma_e = \rho_a / (3M_\gamma C_\infty^2)$$

式中　M_γ——统计单元的平均相对分子量；

　　　ρ_a——非晶区的密度。

Flory 给出了 γ_e、C_∞ 两个参数的定义如下：

$$\gamma_e = \rho_a / M_e$$

式中　M_e——缠结点间的分子量。

$$C_\infty = \lim_{h \to \infty} \frac{R_0^2}{nh^2}$$

式中　R_0^2——无扰链均方末端距；

　　　n——统计单元数；

　　　h^2——统计单元数均方长度。

nh^2 为自由联结链的均方末端距，因此，C_∞ 可表征真正无扰链的柔顺性。

Kramer 给出了银纹应力 σ_y 与 γ_e 的关系：

$$\sigma_y \propto \gamma_e^{1/2}$$

Kambour 则给出了归一化屈服应力 $\{\sigma_y\}$ 的表达式：

$$\{\delta_y\} = \sigma_y / [\sigma_z (T_g - T)]$$

式中　δ_y——归一化屈服应力；

σ_y——屈服应力；

σ_z——内聚能密度；

T_g——玻璃化温度；

T——测试温度。

Souheng Wu 进一步给出：

$$\frac{\sigma_z}{\{\delta_y\}} \propto \frac{\gamma_e^{\frac{1}{2}}}{C_\infty}$$

Wu's 逾渗增韧理论科学地将热塑性聚合物基体划分为两大类：脆性基体（银纹断裂为主）和准韧性体（剪切屈服为主）。$\gamma_e < -0.15\mathrm{mmol/cm^3}$，$C_\infty >$ 约 7.5 时银纹为主，为脆性基体。部分聚合物基体的链参数列于表 2-5。

表 2-5　一些聚合物基体的链参数

聚合物	C_∞	$\gamma_e/(\mathrm{mmol/cm^3})$	聚合物	C_∞	$\gamma_e/(\mathrm{mmol/cm^3})$
PS	23.8	0.0093	POM	7.5	0.490
SAN	10.6	0.00931	PA66	6.1	0.537
PMMA	8.2	0.127	PE	6.8	0.613
PVC	7.6	0.252	PC	2.4	0.672
PPO	3.2	0.295	PET	4.2	0.815
PA6	6.2	0.435			

从表 2-5 可以看出，增韧 PA6、PA66 均属于剪切屈服为主要能量耗散形式，表现出较好的韧性。因此只有当体系中橡胶粒子间距小于临界值时才有增韧作用。相反，如果橡胶颗粒间距远大于临界值时，则材料表现为脆性。τ_c 是决定共混物能否出现脆韧转变的特征参数，它适用所有增韧共混体系。其理由如下：当橡胶粒子相距很远时，一个粒子周围的应力场对其它粒子影响很小，基体的应力场是这些孤立的粒子的应力场的简单加和，基体塑性变形的能力很小时，表现为脆性。当粒子间距很小时，基体总应力场是橡胶颗粒应力场相互作用的叠加，这样，使基体应力场的强度大为增强，产生塑性变形的幅度增加，表现为韧性。

（8）刚性粒子增韧机理　刚性粒子分为有机刚性粒子和无机刚性粒子。有机刚性粒子增韧聚合物的增韧机理有两种："冷拉"机理和"空洞化"机理。"冷拉"机理：Kurauchi 等在研究 PC/ABS、PC/AS 共混物的力学性能时首先提出了脆性塑料粒子可以提高韧性塑料基体拉伸冲击强度的概念，并用"冷拉"机理给予了解释：拉伸前，ABS、AS 都是以球形微粒状分散在 PC 基体中，粒径大约为 $2\mu m$ 和 $1\mu m$；拉伸后，PC/ABS、PC/AS 共混物中都没产生银纹，但分散相的球形微粒都发生了伸长变形，变形幅度大于 100%，基体 PC 也发生了同样大小的形变。刚性粒子形变过程中发生大变形的原因在于：在拉伸时，基体树脂发生形变，分散相粒子的极区受到拉应力，赤道区受到压应力，脆性粒子屈服并与基体产生同样大小的形变，吸收相当多的能量，使共混物的韧性提高。

界面是两相间应力传递的基础，所以界面黏结好坏直接影响刚性粒子的冷拉。如 PA6/AS 共混物，不具有增韧效果，其原因在于其界面的黏结力小于屈服应力。拉伸时，在分散相 AS 粒子的两极首先发生脱黏，破坏了原有的三维应力场，无法达到使 AS 屈服冷拉的要求。在 PA6/AS 共混物中添加增容剂 SMA [poly-(styrene-co-maleicanhydride)]，提高了界面黏结强度，消除了分散相粒子两极脱黏的现象，使共混物的韧性显著提高。以上分析表明：冷拉增韧机理只能在拉伸时出现，因为要在分散相粒子极区形成压应力，共混物界面黏结必须很强，因为要在极区避免界面脱黏。

"空洞化"机理是 Yee 等在研究 PC/PE 共混物增韧机理时发现的，认为裂尖损伤区内分散相粒子承受三维强力，微粒 CPE，直径约 $0.3\mu m$，从界面脱黏，形成空洞化损伤，同时使基体 PC 易于产生剪切屈服，共混物得到增韧。朱晓光等使 LDPE 分散相的直径减小到 $1\mu m$ 以下，在缺口产生的损伤区内也有空洞化损伤产生，共混物因此得到增韧。

　　20 世纪 90 年代初发展了无机刚性粒子增韧理论。无机粒子在基体中的分散状态有三种情况：①无机粒子无规分散或聚集成团后单独分散；②无机粒子如同刚性链分散在基体中；③无机粒子均匀而单独地分散在基体中。为达到理想的增韧效果，要尽可能地使粒子均匀分散。拉伸时，基体对粒子的作用是在两极表现为拉应力，在赤道位置为压应力，由于力的相互作用，粒子赤道附近的 PP 基体也受到来自粒子的反作用力，三个轴向应力的协同作用有利于基体的屈服，而使韧性提高。如果界面黏结得不太牢，在大的拉应力作用下，基体和填料粒子会在两极首先产生界面脱黏，形成空穴，而赤道区域的压应力以及拉应力，会使局部区域产生剪切屈服。界面脱黏及基体剪切屈服都要消耗很多能量，使复合材料表现出高韧性。无机刚性粒子增韧塑料的研究虽然刚刚起步，但随着无机粒子微细化技术和粒子表面处理技术的发展，特别是近年来纳米无机粒子的出现，无机刚性粒子增韧增强塑料的研究非常活跃。

2.4　增强改性

2.4.1　热塑性增强材料的性能特点

　　热塑性玻璃纤维增强塑料（FRTP）的性能特点，概括起来大致有以下几点。

　　（1）比强度高　按单位质量来计算强度，称作比强度。增强塑料的比强度是优于一般金属材料的。虽然玻璃纤维的密度较有机纤维为大，但比一般金属为低，和铝相当，其值约为 $1.25\sim1.9g/cm^3$（碳纤维密度为 $1.85g/cm^3$）。高分子树脂的密度一般为 $0.9\sim1.4g/cm^3$（聚四氟乙烯密度为 $1.1\sim1.3g/cm^3$）。由于在高分子树脂中添加了玻璃纤维，因而增强塑料的密度一般都增大。但即使如此，FRTP 的密度在 $1.1\sim1.6g/cm^3$，只有钢铁的 $\frac{1}{5}\sim\frac{1}{6}$。而它所增加的机械强度却很显著，因而可以较小的单位质量获得很高的机械强度，是一类轻质高强的新型工程结构材料。它在飞机、火箭、导弹以及其它要求减轻重量的运载工具方面的应用，有着极为重要的意义。

　　（2）良好的热性能　一般未增强的热塑性塑料，其热变形温度是较低的，只能在 $50\sim100℃$ 以下使用。但增强塑料的热变形温度则显著提高，因而可在 $100℃$ 以上甚至 $150\sim200℃$ 进行长期工作。例如尼龙 6 未增强前其热变形温度在 $50℃$ 左右，而增强后可达 $120℃$。

　　（3）良好的电绝缘性能　由于玻璃纤维是良好的电绝缘体，所以 FRTP 的电绝缘性由本体高分子树脂所决定。一般来说，FRTP 是一种优良的电气绝缘材料，可作电机、电器、仪表中的绝缘零件。FRTP 制品在高频作用下仍能保持良好的介电性能，不受电磁作用，不反射无线电电波，微波透过性良好，因而在国防上也受到重视。

　　（4）良好的耐化学腐蚀性能　除氢氟酸等强腐蚀性介质外，玻璃纤维的耐化学腐蚀性能是优良的。FRTP 的耐化学腐蚀性能一般取决于本体高分子树脂。但在 FRTP 中也可改变增强材料品种，例如将玻璃纤维改用碳纤维、硼纤维或石棉纤维等等，则强度和耐腐蚀性能也随之而有所不同。

2.4.2　增强材料

　　增强塑料由高分子树脂和增强材料两大部分组成。在工程上主要应用的增强材料是玻璃纤维及其制品。

2.4.2.1　玻璃纤维

（1）**玻璃纤维的生产、分类**　玻璃纤维具有一系列优越性能，作为增强材料的增强效果十分显著。它产量大、价格低廉，因而就目前来说，比起其它增强材料，它的使用量占绝对优势。玻璃是一种非晶体，若将其加热，则可由固态玻璃逐渐变成液态玻璃，没有固定的熔点。它是在一个比较宽的温度范围内变化，这个温度区域称为玻璃的软化区域。

将玻璃加热熔融并拉成丝，即为玻璃纤维。我们通常所说的和普通应用的玻璃纤维，是指硅酸盐类玻璃纤维。它的化学成分比较复杂。可因玻璃纤维的不同生产方式以及不同组分划分玻璃纤维的种类。此种分类方法系按玻璃中碱金属氧化物（一般指 K_2O、Na_2O）的含量多少来划分。由于配方中碱金属氧化物含量可随意调节，因而此百分比无一定严格的数值。

① 无碱玻璃纤维　其碱金属氧化物含量小于 1%，此种玻璃纤维相当于 E 玻璃纤维。它有优良的化学稳定性、电绝缘性和力学性能。主要用于增强塑料、电器绝缘材料、橡胶增强材料等。

② 中碱玻璃纤维　其碱金属氧化物含量为 8%～12%。此种玻璃纤维相当于 C 玻璃纤维。由于含碱量较高，耐水性就较差，不适宜用作电绝缘材料。但它的化学稳定性较好，尤其是耐酸性能比 E 玻璃纤维好。虽然机械强度不如 E 玻璃纤维，但由于来源较 E 玻璃纤维丰富，而且价格便宜，所以对于机械强度要求不高的一般增强塑料结构件，可用这种玻璃纤维。

③ 高碱玻璃纤维　其碱金属氧化物含量为 14%～15%。此种玻璃纤维相当于 A 玻璃纤维。它的机械强度、化学稳定性、电绝缘性能都较差。主要用于保温、防水、防潮材料。

④ 特种成分玻璃纤维　由于在配方中添加了特种氧化物，因而赋予玻璃纤维各种特殊性能。如高强度玻璃（S-玻璃）纤维、高弹性模量玻璃（M-玻璃）纤维、耐高温玻璃纤维、低介电常数玻璃纤维、抗红外线玻璃纤维、光学玻璃纤维、导电玻璃纤维等等。

玻璃纤维的直径越细则强度越高，扭曲性也越好，主要原因是纤维直径越细，其表面裂纹较少而且小，因此抗拉强度随着纤维直径的减小而急剧上升。增强塑料常用的玻璃纤维直径是 6～15μm，属于高中级玻璃纤维类型，此种玻璃纤维拉伸强度一般在 1000～3000MPa 之间，因而增强塑料有很高的机械强度。对于超级玻璃纤维，由于产量低，成本高，不宜采用。它一般作高级绝缘基材。从强度及成本角度考虑，今后中级玻璃纤维作为增强材料将占主导地位。

（2）**按纤维长度分类**　①连续玻璃纤维：主要是用漏板法拉制的长纤维。②定长玻璃纤维：主要是用吹拉法制成长度为 300～500mm 的纤维，用于制毛纱或毡片。③玻璃棉：主要用离心喷吹法、火焰喷吹法制成长度为 150mm 以下、类似棉絮的纤维，主要用作保温吸声材料。

（3）**长玻璃纤维制品的品种和规格**　由坩埚拉制的长玻璃纤维，可制成两类制品，即加捻玻璃纤维制品和无捻玻璃纤维制品。加捻玻璃纤维制品：自坩埚下来的玻璃纤维，经石蜡乳化型浸润剂黏结成原纱后，通过加捻合股而成为有捻玻璃纤维纱、绳。或再将纱织成布或带等有捻玻璃纤维制品。无捻玻璃纤维制品：自坩埚下来的玻璃纤维，经强化型浸润剂黏结成原纱后，不经加捻而成为无捻粗纱，或者切成短切纤维，加工成为玻璃纤维席或毡。将无捻粗纱纺织，则就成为无捻粗纱织物，如无捻粗纱平纹布等。无碱无捻玻璃纤维制品主要用来增强塑料。

2.4.2.2 碳纤维与石棉纤维

最近几年，高强度、高弹性模量的新型碳纤维的出现特别引人注目，它已进入商品化生产。在热固性增强塑料中，碳纤维已有相当规模的应用，尤其是在宇宙、航空方面，发展甚为迅速。碳纤维与玻璃纤维比较，它的特点是弹性模量很高，在湿态条件下的力学性能保持率良好，它热导率大、有导电性、蠕变小、耐磨性好。碳纤维纵向导热好而横向导热差，这是由于碳纤维的高度结晶定向所致，利用这个性质，碳纤维最适宜制作火箭喷管的磨蚀材料。碳纤维与玻璃纤维性能比较见表 2-6。

表 2-6 碳纤维与玻璃纤维性能比较

名 称	碳 纤 维	E 玻璃纤维
弹性模量/MPa	210000	74000
拉伸强度/MPa	3500	2100
伸长率/%	1.2	4.8
热传导率/[kcal/(m·h·℃)]	7.4	0.84
纤维平均直径/μm	7.5	9~13
密度/(g/cm³)	1.8	2.54
线膨胀系数/×10^{-8}K^{-1}		
纵向	1.0	2.9
横向	17.0	7.2
比热容/[kcal/(kg·℃)]	0.17	0.19

碳纤维及其复合材料具有高比强度、高比模量、耐高温、耐腐蚀、耐疲劳、抗蠕变、导电、传热和热膨胀系数小等一系列优异性能，它们既作为结构材料承载负荷，又可作为功能材料发挥作用，目前几乎没有什么材料具有这样多方面的特性。因此，碳纤维及其复合材料近年来发展十分迅速。

为制取碳纤维，人们研究了各种有机纤维，例如纤维素纤维、木质素纤维，以及由聚丙烯腈 (PAN)、酚醛、聚酯、聚酰胺、聚乙烯醇 (PVA)、聚氯乙烯 (PVC)、聚对亚苯基、聚苯并咪唑、聚二噁唑等树脂制成的合成纤维的炭化。同样，将沥青纺丝形成的沥青纤维经不熔化炭化后也同样可制得碳纤维。从炭收率、生产技术的难易以及成本等多种因素综合考虑，实际上仅由纤维素纤维、聚丙烯腈纤维和沥青纤维制得的碳纤维已实现了工业化。要从纤维素纤维得到高性能碳纤维，必须在高温条件下进行复杂的应力石墨化，从而使成本大大提高。目前世界上生产和销售的碳纤维绝大部分都是聚丙烯氰基碳纤维。尽管通用级沥青基碳纤维在日本已有近 20 年的生产史，高性能沥青基碳纤维在美国实现工业化也已 10 多年，然而沥青基碳纤维的真正发展还是在 20 世纪 80 年代后期。

美国在 B-737 机的扰流板、方向舵上的结构材料试用碳纤维增强塑料 (CFRP)，后来又在升降舵、辅助翼及小型机的主承力结构材料上试用。日、美、意三国共同开发了波音767，该机使用了占结构总量 3%、约 1530kg 的 CFRP，使飞机减重 560kg。它们主要用在升降舵、扰流板、起落架舱门等即使破损也不影响飞机起降的部位。文体用品利用 CFRP 是从钓鱼竿和高尔夫球棒开始的，它们已有近 20 年的历史。目前除这两项外，CFRP 还在高尔夫球棒棒头、网球拍、羽毛球拍、乒乓球拍、滑雪板、弓箭、棒球棒、自行车赛车、小艇、乐器及音响设备等方面得到广泛应用。用 CFRP 制的钓鱼竿不但重量轻、刚度大，而且振动衰减迅速，其性能得到提高，渔竿的重心点和竿的平衡度可自由设计。近年来用超高强或超高模碳纤维制得的高级渔竿不到 300g，但长度可达 12m。高尔夫球杆也是如此，在设计杆的挠曲度、扭转或式样上可有效利用碳纤维的特性。伴随竿重的减轻，球飞行距离可提高。由 CFRP 制的棒头可从力学上进行最佳设计，从而扩大最佳击球点，CFRP 的高反作用力可使飞行距离进一步提高。目前赛车、赛艇和竞赛自行车都已用 CFRP 制造。1988 年汉城奥运会上美国队使用的 30 辆自行车全是碳纤维复合材料制造，车轮不用辐条式而用轮盘式，每辆车仅重 6kg。

石棉纤维是一种天然的多结晶质无机纤维，适宜于作热塑性增强材料的是一种温石棉，它是一种水和氧化镁硅酸盐类化合物，近似化学式为：$3MgO \cdot 2SiO_2 \cdot 2H_2O$。它的化学组成随产地的不同而有所变化。温石棉的单纤维是管状的，内部具有毛细管结构。其内径为 $0.01\mu m$，外径约为 $0.03\mu m$，当十万根石棉纤维集成一束时，其直径约为 $20\mu m$。它的拉伸强度约为 3800MPa，弹性模量 210000MPa（玻璃纤维拉伸强度 3500MPa，弹性模量 74000MPa）。与玻璃纤维增强塑料相比，石棉纤维增强塑料制品变形小，阻燃性增加，对成型机磨损减小，并且价格低廉。但制品电气性能、着色性变差。

2.4.2.3　碳纳米管

1991 年，日本 NEC 公司基础研究实验室的电子显微镜专家 Iijima 在高分辨率投射电子显微镜下检验石墨电弧设备中产生的球状碳分子时，意外发现了由管状的同轴纳米管组成的碳分子，这就是今天被广泛关注的碳纳米管。从石墨、金刚石到富勒碳，再到碳纳米管，晶体碳的结构日趋完美。在碳纳米管发现之前，在晶形碳的同素异形体中，石墨是二维的（面），金刚石是三维的（体），C60 是零维的（点）。人们自然会联想到，是不是还存在一维的晶形碳呢？自 1991 年 Iijima 发现了碳纳米管后，这个问题最终有了答案。

（1）结构　采用高分辨率电镜技术对碳纳米管的结构观察证明，多层纳米管一般由几个到几十个单臂碳纳米管同轴构成，管间距为 0.34nm 左右，这相当于石墨的 {002} 面间距，碳纳米管的直径为零点几纳米至几十纳米，每个单壁管侧面由碳原子六边形组成，一般为几十纳米至微米级，两端由碳原子的五边形封顶。单壁碳纳米管可能存在三种类型的结构，分为单臂纳米管、锯齿形纳米管和手性形纳米管，这些类型的碳纳米管的形成取决于碳原子的六角点阵二维石墨片是如何"卷起来"形成圆桶形的。碳纳米管的结构如图 2-6 所示。

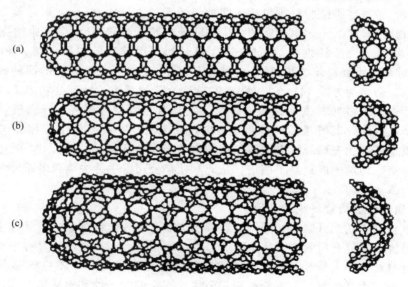

图 2-6　三种类型的碳纳米管

(a) 单臂纳米管；(b) 锯齿形纳米管；(c) 手性纳米管

（2）碳纳米管的制备　碳纳米管的制备方法很多，除了用碳棒做电极进行直流电弧放电法外，碳氢化合物的热解法也同样可获得大量碳纳米管。通过乙炔在 Co 或 Fe 等催化剂粒子上热解长出几十纳米长的碳纳米管，有的为线圈形。在充氧及稀释剂的低压腔中燃烧乙炔、苯或乙烯等也获得了碳纳米管，多壁碳纳米管的生长不需要催化剂，单壁碳纳米管仅仅在催化剂的作用下才能生长，但有催化剂的情况下也可能生长多壁碳纳米管。有人在电弧放电阳极碳棒尖端置入 Fe 或 Co 催化剂，获得了单壁碳纳米管。

（3）特性和应用　碳纳米管具有独特的电学性质，这是由于电子的量子限域所致，电子只能在单层石墨片中沿纳米管的轴向运动，径向运动受限制，因此，它们的波矢是轴向的，只需要无限小的能量就能将一个电子激发到一个空的激发态，具有金属性。因此，多数碳纳米管是良好的电导体，与工程塑料复合后，可赋予工程塑料抗静电性和导电性。碳纳米管具有与金刚石相同的热导性和独特的力学性质，其拉伸强度比钢的高 100 倍，延伸率达百分之几，并具有好的可弯曲形。这些十分优良的力学性能使它们有潜在的应用前景。例如，它们可用作工程塑料的增强剂，大大提高工程塑料的力学性能。

2.4.2.4　有机聚合物纤维

有机聚合物纤维包括芳纶（芳香族聚酰胺）和聚对苯二甲酸乙二醇酯（PET）纤维。芳纶通常以短切和经表面处理的两种形式存在。用芳纶制造的复合材料特别适用于制备部件要求高阻尼的情况。由于这些纤维的压缩强度较低，因此在复合时极易磨损（缩短）；所以芳纶纤维复合材料的力学性能优势并不明显，尤其是在考虑其成本时更是如此。芳纶纤维不像玻璃纤维或碳纤维那样呈直棒状，而是呈卷曲状或扭曲状。这个特点使得芳纶复合材料中的芳纶纤维在加工过程中不完全沿流动方向取向，因而在各向性能分布上更加均匀。

PET 短切纤维束可以用来与玻璃纤维混合以提高脆性树脂基体的抗冲击强度。PET 纤维虽然也不能提供复合材料的力学强度或硬度，但是相对其它玻璃纤维增强成分而言，它的成本较低；而且，PET 纤维对模具表面的磨蚀作用也比玻璃纤维低。

凯夫拉（Kevlar）纤维由美国杜邦公司于 1972 年开始工业化生产，是芳香族聚酰胺（Aramid）纤维的一个品种。与一般聚酰胺的区别即在聚合物主链上大部分为脂（肪）族和环脂（肪）族。芳香族聚酰胺纤维包括美国杜邦的凯拉夫（Kevlar）（聚对苯二酰对苯二胺纤维）、诺梅克斯（Nomex）（聚间苯二甲酰间苯二胺纤维）、日本帝人康纳克斯（Conex）（聚间苯二甲酰间苯二胺纤维）、Technora（聚对苯二甲酰对苯二胺纤维）和荷兰阿克苏 Twaron（聚对苯二甲酰对苯二胺纤维）。我国于 20 世纪 80 年代初研制的两种纤维与凯拉夫纤维结构一致，命名为芳纶 1414 和芳纶 14，总称为芳纶纤维。杜邦公司 S. L. Kwolek 合成一系列取代芳香族聚酰胺并发明凯拉夫纤维，它具有超刚硬分子链、超高模量。经许多实验，用湿法纺出纤维，其纤维拉伸模量达 50GPa（353cN/dtex）以上，比玻璃纤维高二倍半，在相同质量下，比玻璃纤维更刚硬。1970 年杜邦公司 Blades 发明干喷-湿纺工艺，纤维强力提高了两倍，纺丝速度提高了四倍。从此，杜邦公司着手芳香族聚酰胺纤维工业化，之后商业命名为凯夫拉。

2.4.2.5　金属纤维、陶瓷纤维和晶须

金属纤维包括不锈钢纤维、铝纤维、镀镍的玻璃纤维或碳纤维。这类纤维主要用在要求防静电或电磁屏蔽的复合材料中，不太适合作为增强成分，而且在加工过程中很容易发生卷曲。但在复合材料中加入低含量的金属纤维（通常为 5%～10%），不仅能够获得令人满意的电磁屏蔽性能，力学性能也基本能够满足要求，而它们的韧性和模量通常都低于传统的碳纤维或玻璃纤维增强复合材料。与碳纤维相比，金属纤维用于电磁屏蔽的优势在于降到每单位表面电阻率构成成本较低。目前，不锈钢纤维是使用最广泛的金属纤维。

陶瓷纤维包括氧化铝纤维、硼纤维、碳化硅纤维、硅铝纤维以及其它金属氧化物纤维。与玻璃纤维和其它纤维相比，陶瓷纤维增强复合材料的物理性能更好一些，尤其是高温下的

压缩强度和性能稳定性。陶瓷纤维有两个显著缺陷：成本高（约为 4.4～1100 美元/kg）和固有脆性大（复合过程中会导致纤维长度的明显磨损）。氧化铝纤维和石棉纤维很相似，可以添加在航空所用的氟聚合物和热固性树脂中，也可以用作制造化学加工设备中的部件，还可用于制造制动部件的衬面。

　　晶须是在人为控制的情况下以单晶形式生长成的针状纤维。普通材料中含有许多颗粒界面、空洞、位错和结构不完整性等缺陷，而晶须的直径极小，不含这些结构缺陷，具有接近完整的结构，所以，机械强度基本上等于相邻原子间价键力，力学性能很好，可用于制备具有优良物理力学性能的复合材料。过去主要的研究工作都放在 $\gamma\text{-}Al_2O_3$ 晶须（蓝宝石）和碳化硅（SiC）晶须上，它们兼有玻璃纤维和硼纤维的突出性能，例如，具有玻璃纤维的高伸长率（3％～4％）和硼纤维的高弹性模量 $[(4\sim7)\times10^5\,MPa]$。但碳化硅晶须的价格高达 300 万～500 万元/吨，是一般工业与民用部门很难接受的，目前仅用于空间技术、尖端武器和深海技术等领域。因此为了降低晶须的成本，必须开发一种全新的晶须制备工艺。如果晶须在聚合物熔体中能很好地润湿和取向，工程塑料的拉伸强度往往能够提高 10～20 倍。另外晶须在温度升高时，显示出比最好的通用高强合金少得多的强度损失，这一点对受力、高温下的工程塑料部件大有裨益。

　　硫酸钙晶须是无水硫酸钙的纤维状单晶体，其尺寸稳定，平均长径比约 80:1，价格为 SiC 晶须的百分之一，具有耐高温、抗化学腐蚀、韧性好、强度高、易进行表面处理、和橡胶塑料等有机材料亲和力强等优点，目前得到了较大的发展，在工程塑料领域应用正逐渐推广。表 2-7 列出几种晶须的物理机械性能。

表 2-7　一些晶须的物理机械性能

材　料	密度/(g/cm³)	熔点/℃	拉伸强度/MPa	弹性模量/MPa
氧化铝	3.9	2082	13790～27580	482650～1034250
氮化铝	3.3	2199	13790～20685	344750
氧化铍	1.8	2549	13790～19306	689500
碳化硼	2.5	2449	6895	448175
石墨	2.25	3593	20685	979090
氧化镁	3.6	2799	24133	310275
碳化硅（α 型）	3.15	3593	6895～34475	482650
碳化硅（β 型）	3.15	2799	6895～34475	551600～827400
氮化硅	3.2	2316	3448～10343	379225
钛酸钾	7.20	1899	6867	274680
铬	8.92	1300～1350	8927	240345
铜	7.83		2943	123606
铁	8.98		13047	199143
镍			3826	212877

2.4.3　玻璃纤维的表面处理

　　玻璃纤维有许多优点，但不可否认，它也存在着很多弱点。例如，纤维表面光滑、有吸附水膜、与高分子树脂黏合力很差；另外它还有性脆、不耐磨、僵硬、伸长率小等缺点。所以它的纺织品不柔软、布面不易平整、手拉后易发生形变、脱边等现象，在许多方面的应用受到了限制。玻璃纤维用于增强塑料时，必须进行表面处理，才能充分体现和发挥玻璃纤维本身的优越性。因而玻璃纤维的表面处理技术，是发展玻璃纤维工业的关键。

　　对于热塑性增强塑料制品来说，玻璃纤维长度比较短，所以玻璃纤维与高分子树脂的黏结性能尤其显得重要。如何提高玻璃纤维与树脂的黏结力，亦即树脂与纤维界面的抗拉应力，这就涉及玻璃纤维的表面处理研究。

当玻璃表面处于不平衡状态时，有强烈吸附极性分子的趋向。而大气中的水汽，就是最容易遇到的极性分子（根据共价键理论，在水分子中，由于氧的电负性大，共同电子对偏向于氧原子，使氧原子显负电性而氢原子显正电性，所以 O—H 键是有极性的）。因而在玻璃纤维表面就牢固地吸附着一层水分子，厚约为水分子的一百倍。并且湿度愈大，吸附层就愈厚。玻璃纤维愈细，表面积愈大，则吸附的水量也就愈多。吸附过程异常迅速，在相对湿度为 60%～70% 时，仅需 2～3s 就得到吸附平衡。这种吸附力很强，大约在 500℃ 和负压的情况下才能把这层水膜除去。这层水膜的存在会严重地影响玻璃纤维与高分子树脂的黏结强度。此外，吸附水还会渗入到玻璃纤维表面的微裂痕中，使玻璃水解成庞大的硅酸胶体，从而降低玻璃纤维的强度。另外，玻璃纤维中含碱量愈高，水解性就愈强，强度降低也愈大。由于玻璃纤维表面的光滑性，本来就不易与其它材料黏合，再加上这层水膜，黏结力就更差了。所以如何避免这层水膜的形成就是表面处理的目的之一。

设：纤维的拉伸屈服应力为 σ_f，树脂与纤维界面的抗拉应力（黏结力）为 τ，则在纤维方向上的抗拉应力服从如下关系：

$$\tau\pi d\frac{L_c}{2}=\sigma_f\frac{\pi d^2}{4}$$

所以

$$L_c=\frac{\sigma_f}{2\tau}d$$

式中　L_c——纤维增强塑料中纤维的临界长度。

若增强塑料中纤维的长度 $L<L_c$，则增强塑料的应力 σ 服从 Kelly-Tyson 公式：

$$\sigma=\frac{\tau L}{d}V_f+V_m\sigma_m$$

式中　V_f——纤维在增强塑料中所占容积；

　　　V_m——树脂在增强塑料中所占容积；

　　　σ_m——树脂的拉伸强度。

若增强塑料中纤维的长度 $L>L_c$，则有：

$$\sigma=V_f\left(1-\frac{L_c}{2L}\right)\sigma_f+V_m\sigma_m$$

对于连续纤维，则有：

$$\sigma=V_f\sigma_f+V_m\sigma_m$$

由此可以看出，若要提高纤维增强热塑性塑料的拉伸强度 σ，就需要增大 V_f、L、σ_f 的数值，而对于纤维直径 d，则要求越小越好。但是对于 V_f 来说，玻璃纤维含量的增加，一方面会增加增强塑料的密度，另一方面增强塑料的制备将变得困难，所以通常将玻璃纤维的含量控制在 40% 以下；对于玻璃纤维长度来说，也不宜过长，过长了会带来成型性能的降低，以及纤维在增强塑料中的分散性不良，所以玻璃纤维也有一定的长度界限，在热塑性增强塑料中的纤维理想长度为 $5L_c$。而对于玻璃纤维的直径 d，考虑到制造技术、产量、价格，目前一般取 7～9μm（最近趋向 10～13μm）。因此最为有效的手段就是提高玻璃纤维与树脂的黏结力，亦即树脂与纤维界面的抗拉应力。这就涉及玻璃纤维的表面处理，以使玻璃纤维与树脂有更高的黏结强度。

表面处理就是在光洁的玻璃纤维表面涂上一层均匀的表面处理剂（或称中间黏合剂、偶联剂）。表面处理方法有以下三种。①热-化学处理法：即先将玻璃纤维的石蜡乳化型浸润剂烧去，然后再用表面处理剂（主要用于有捻制品）。②前处理法：即将表面处理剂加入到玻璃纤维浸润剂配方之中，在拉丝作业中处理（主要用于无捻粗纱及其纺织制品）。③迁移法：

即将表面处理剂掺和到树脂中使用。

常用的偶联剂品种有很多，最常用的是硅烷偶联剂，其结构、偶联机理、特性已在前述中介绍，这里不再赘述。其它偶联剂还有甲基丙烯酸氯化络合物（Volan），其偶联作用是先水解，使配合物中的氯原子被羟基取代，并与吸水的玻璃纤维表面的硅羟基形成氢键，然后干燥脱水，在配合物之间以及配合物与玻璃纤维之间发生醚化反应，生成共价键结合，见图 2-7。虽然这种界面作用是化学键结合，但由于醚化反应的概率以及各种缺陷和结构的非对称性，其间不可能形成完全的化学键结合，还存在次价键和物理吸附的现象。

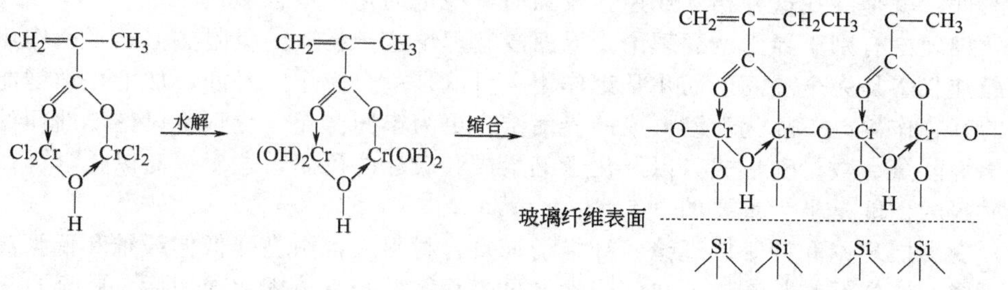

图 2-7　Volan 偶联剂的反应过程

目前已有的偶联剂已达百余种，上市销售的商品也有 50 余种，而且性能和改性效果均不断提高，如改性氨基硅烷、过氧基硅烷以及新型非硅烷类偶联剂等，使纤维增强复合材料的界面多样化。但从界面作用的特征上来看，该界面层在理论上可以认为是由两个比较明确的界面区域或称界面层构成，即纤维-偶联剂界面和偶联剂-树脂界面。前者必定是一种化学键连接；而后者，当偶联剂自身链较长时，则可能是化学键合和相互扩散纠缠的组合作用。通过改变界面区域的结构，即调节偶联剂的组成和结构以及改进成型工艺过程，不仅可以提高纤维与树脂基体的界面黏结力，而且可以设计出理想的界面层。

2.4.4　聚合物-纤维材料的界面

聚合物-纤维材料的界面形成通常可分为两个阶段。第一个阶段是基体与增强材料的接触与浸润过程。由于增强纤维对基体的各种基团或基体中各组分的吸附能力不同，且吸附总是首先发生在能降低纤维表面能的那些物质上，尤其是那些能较多地降低纤维表面能的物质。这样就导致了界面和界面附近区域的聚合物结构与基体聚合物的不同。加上纤维表面结构的不均匀性，也会使界面层的结构不仅在界面的厚度方向上，而且在界面层方向上产生不均匀性。第二阶段是基体聚合物与纤维表面处理剂的反应和作用。

2.4.4.1　界面黏结理论

（1）界面浸润理论　界面浸润理论是基于液态树脂对纤维表面的浸润亲和，即物理和化学吸附作用，但更多地偏向于实用加工中获得较好浸润性的液态基体和固化成型后的良好黏结。显然，基体在液态时不能对纤维表面形成有效地浸润，而在接触面间留下空隙，将导致界面的缺陷和应力集中，使界面的黏结强度下降。反之，良好的浸润或完全浸润，则界面的黏结强度大大提高，甚至优于基体本身内聚强度。最大黏着功在数值上直接与固体的临界表面张力 γ 相关。浸润理论给出了浸润性表征指标及其影响因素。实用中，干净的具有较强物理、化学吸附作用的纤维表面和较好的流动性、较小固化收缩量的液态基体是获得优良浸润作用和提高纤维复合材料界面黏结性的关键。

（2）化学键理论　化学键理论认为复合材料的纤维基体界面是由化学键作用完成其黏结或吸附的，这种作用的基础是界面层中的化学键接形式。最典型的是玻璃纤维与基体间的偶联剂。偶联剂是涂覆在玻璃纤维表面的一层物质，具有双官能团特征。其中一部分官能团能与玻璃纤维表面分子形成化学共价键结合，而另一部分又能与基体树脂形成化学键连接，由此将两者牢固地结合在一起，偶联剂在这里起着化学媒介作用。例如，将甲基三氯硅烷、二甲基二氯硅烷、乙基三氯硅烷和丙烯基烷氧基及二烯丙基烷氧基硅烷使用于不饱和聚酯/玻璃体系中，结果表明饱和基硅烷制品的黏结强度明显地差于含不饱和基硅烷产品的强度。用不饱和基硅烷的表面处理，显然有助于改善树脂/玻璃间的黏结作用。其原因就是更易形成化学键连接。在没有偶联剂作用时，如果基体与纤维间也能形成化学反应的吸附过程，在纤维基体界面间产生有效的化学键连接，同样也能将两物质紧密地结合在一起。许多表面活化处理和改性，就是寻找这种相互作用力较强而又稳定的化学结合形式。

化学键理论有别于界面浸润理论。界面浸润理论基于物质的吸附热力学平衡作用，界面浸润的最佳状态是完全浸润。而化学键作用本身就是一个完全的浸润，加上化学键能远高于分子间的其它作用能，故化学键形成的界面结合更为牢固。化学键理论讨论界面间的化学作用、化学键能量、数量和形式，以及化学键生成和破坏的机制，这对提高以化学键作用为主的复合材料的性能是极为重要的。

（3）变形层理论和抑制层理论　纤维增强复合材料大都由高强低伸纤维和低强高伸性基体复合而成，这样纤维与基体的热膨胀性差异就很大。当基体固化成型后，就会在界面产生残余应力，损伤界面，从而导致复合材料性能的下降。另外，在外力作用下，复合后界面会因此而产生应力集中现象，导致界面缺陷和微裂纹的发展，使复合材料性能迅速衰减。变形层理论认为，如果纤维表面处理后，能在纤维表面覆上一层塑性层，再经基体复合成后，这层塑性层即界面就会使收缩内应力发生松弛，以减少界面中的应力集中现象。变形层理论很难解释玻璃纤维经偶联剂处理后仍不能满足界面应力松弛的现象。故在此基础上，又出现柔性层理论。该理论认为偶联剂是可以导致柔性层界面的生成，但柔性层的厚度与偶联剂在界面区的数量多少有关。这一理论在解释碳纤维或石墨纤维复合材料界面时更为适宜。

抑制层理论认为，表面处理剂是界面的一个部分，它的力学性质，尤其是模量应介于纤维与基体之间，这样可以起到均匀传递应力、减缓界面应力集中的作用。此界面过渡层的密度应随纤维表面到基体表面距离的不同而逐渐变化，似乎形成一在极薄的界面区域中的密度梯度区，以起均匀和缓冲作用。

其实，界面在变形过程中尽管在局部会发生物理、化学结合的破坏，但在微观上，纤维基体间的相对滑移，仍会在新的位置不断形成新的结合形式，或在外力消失后又回复到原位完成再黏结的过程，由此松弛和缓解界面的应力松弛。变形层理论和抑制层理论虽能解释界面发生的一些破坏和疲劳现象，且引入了界面的多相层概念和各层内的结构不均一说法，但却不能明确地阐明变形层和抑制层产生的过程、结构和内在特征。

（4）扩散层理论　扩散层理论认为黏结是由化学键和分子扩散的共同作用，并在一定厚度的界面层中相互穿插的网络连接。化学键理论原基于双官能团的偶联剂与纤维和聚合物基体的化学作用，它是发生在纯粹高分子材料间的，但无法解释基体高分子聚合物有向纤维表面的扩散过程和作用。事实上，很多学者认为大分子也能像低分子物质一样，在相互接触的两物质间互相渗透、扩散和转移，只是聚合物的扩散往往更多是像错综、纠缠渗入的网状结构。其中官能团完成化学键接、长链分子本身相互纠缠和对微观空隙的渗入。

2.4.4.2　界面效应及界面相互作用

界面效应是指复合材料在受物理、化学作用时所产生的响应和所呈现的特征。纤维增强复合材料的组成不同（如采用不同的增强纤维和基体），成型方式不同（如用不同的复合方式和复合工艺），以及使用状态不同（如静态或动态受力和变形）都可使复合材料的界面产生各种不同的效应。其本质应该说是界面层的结构所导致，而这些效应正是复合材料区别于其它物质或单一组分材料的最主要的特征。

① 分割效应　分割效应是指一形似连续体的复合材料被界面分割成许多区域，而且界面本身亦非一个几何面，而是一个区域，一个很薄的区域。这些区域的分布、大小、分离的程度与排列形式都对整体性质发生影响。

② 非连续效应　非连续特征在广义上是普遍存在于纤维复合材料的纤维增强体、树脂基体和界面这 3 个基本构成要素中。纤维可能是分散的短纤维，或纤维本身纵向的间断或缺陷，基体在某些区域的独立性，以及在界面区的非连续，都是纤维复合材料的非连续的表现。尤其界面的非连续性，其中包括缺陷、结构相不同以及本身的间断等。这种结构上非连续，必然导致材料的性质的不连续，如热学性质、力学性质、光学性质、电磁学性质以及形态尺寸的稳定性等的不连续特征。

③ 能量吸收和散射效应　由于复合材料最典型的区域是界面区，界面区的结构特征不同、形态和排列不同，其对光波、声波、力学冲击波和热弹性恢复能量在界面上的作用，会产生有别于纤维或基体本身作用的吸收和散射，这种特有的能量损耗方式以及能量损失大小是界面性状的反映，如透光性、抗冲击性、隔热性、耐疲劳性、介电损耗等都会不同。

④ 感应效应　是指在受力作用下，如在应力、应变或应力、应变的变化过程中，复合材料界面上所产生的感应效应。如强的弹性、弱的热膨胀性、抗冲击性的变化、耐热性的变化、折光性和介电损耗的变化等。这些感应均是受力条件下界面结构转变和应力集中所产生的响应结果，这些现象是界面研究中非常有趣的现象。

除此之外，界面两侧材料的浸润性、相容性、扩散性和本身的表面结构也都会对界面效应发生影响。有以下几种作用：a. 在相互扩散后由分子缠结形成的结合；b. 化学键形成的结合；c. 由静电引力形成的结合；d. 分子端部的阳离子群受另一表面阴离子群吸引导致聚合物在表面的取向结合（含氢键作用）；e. 当液态聚合物浸润一个粗糙表面后所形成的机械锁结。

2.5　阻燃改性

众所周知，大部分高分子材料都是易燃材料，因此，在电气、电子、电器、汽车、车辆、航空等行业的应用中，有必要进行阻燃化改性，使之成为难燃材料，保证使用的安全性。

就目前实际应用的情况看，高分子材料的阻燃改性有两种方式，一种是添加阻燃材料，与聚合物基体树脂共混，制造出阻燃高分子复合材料；另一种办法是采用具有阻燃元素的反应性单体与高分子进行共聚反应，制成阻燃高分子材料。从阻燃剂成分的不同可分为含卤、含氮、含磷、无机阻燃剂。阻燃剂之所以具有阻燃作用，是因其在聚合物的燃烧过程中，能够阻止或抑制其物理的变化或氧化反应的速度。

2.5.1　聚合物燃烧过程与燃烧反应

燃烧是可燃物与氧化剂的一种快速氧化反应，通常伴随着放热、发光现象，生成气态与凝聚态产物。聚合物在燃烧过程中同时伴有聚合物在凝聚相的热氧降解、分解产物在固相及气相中扩散、与空气混合形成氧化反应物及气相链式燃烧反应。

聚合物的性质如比热容、热导率、分解温度、分解热、燃点、闪点和燃烧热等因素对燃烧有很大影响。聚合物热裂解产物的燃烧反应是按自由基反应进行的。

（1）链引发反应

$$RH \left\{ \begin{array}{l} \longrightarrow RH' \\ \longrightarrow R + H' \end{array} \right.$$

（2）链增长反应

$$R \cdot + O_2 \longrightarrow ROO \cdot$$
$$RH + ROO \cdot \longrightarrow ROOH + R \cdot$$

（3）链支化反应

$$ROOH \longrightarrow RO \cdot + OH \cdot$$
$$2ROOH \longrightarrow ROO \cdot + RO \cdot + H_2O$$

（4）链终止反应

$$2R \cdot \longrightarrow R-R$$
$$R \cdot + OH \cdot \longrightarrow ROH$$
$$2ROO \cdot \longrightarrow ROOR + O_2$$

从聚合物燃烧反应可看出，要抑制或减少其燃烧反应的发生，有效的办法是捕捉燃烧中产生的自由基 H· 和 OH·。

2.5.2　卤-锑系阻燃剂的阻燃机理

卤-锑体系是以含卤有机化合物为主要成分，Sb_2O_3 为协效型的复合阻燃体系。这类阻燃剂的阻燃作用主要是气相阻燃，也兼具一定的凝聚相阻燃作用。

含卤阻燃剂在燃烧过程中分解成 HX，而 HX 能与聚合物燃烧产生的 H·、O·、OH· 等高活性自由基反应，生成活性较低的卤素自由基，从而减缓或终止燃烧，其反应如下：

$$HX + H \cdot \longrightarrow H_2 + X \cdot$$
$$HX + O \cdot \longrightarrow H_2O + X \cdot$$
$$HX + HO \cdot \longrightarrow H_2O + X \cdot$$

因 HX 的密度较空气密度大，除发生上述反应外，还能稀释空气中的氧气和覆盖于材料表面，可降低燃烧速度。上述反应中产生的水能吸收燃烧热而被蒸发，水蒸发能起到隔氧作用。

阻燃体系中的 Sb_2O_3 本身不具阻燃作用，但在燃烧过程中，能与 HX 反应生成三卤化锑或卤氧化锑。其反应过程如下：

$$Sb_2O_3 + HX(g) \longrightarrow SbX_3(g) + H_2O$$
$$Sb_2O_3(s) + HX(g) \xrightarrow{250℃} SbOX(s) + H_2O$$
$$Sb_2OX(s) \xrightarrow{250\sim280℃} Sb_4O_5X_2(s) + SbX_3(g)$$
$$Sb_4O_5X_2(s) \xrightarrow{400\sim480℃} Sb_3O_4X(s) + SbX_3(g)$$
$$Sb_3O_4X(s) \xrightarrow{470\sim560℃} Sb_2O_3(s) + SbX_3(g)$$

从上述反应可以看出 Sb_2O_3 的协同作用可以表现为以下方面：

① SbX_3 蒸气的密度大，能长时间停留在燃烧物表面附近，有稀释空气和覆盖作用。

② 卤氧化锑的分解过程是一个吸热过程，能有效地降低聚合物表面温度。

③ SbX_3 能与气相中的自由基反应，从而减少反应放热量而使火焰猝灭。

$$SbX_3 \longrightarrow X \cdot + SbX_2 \cdot$$
$$SbX_3 + CH_3 \cdot \longrightarrow CH_3X + SbX_2 \cdot$$

$$SbX_2 \cdot + H \cdot \longrightarrow SbX \cdot + HX$$

$$SbX_2 \cdot + CH_3 \cdot \longrightarrow CH_3X \cdot + SbX \cdot$$

$$SbX \cdot + H \cdot \longrightarrow Sb + HX$$

$$SbX \cdot + CH_3 \cdot \longrightarrow CH_3X + Sb$$

④ 上述反应中生成的 Sb 可与气相中 O·、H·反应生成 SbO·和水等产物，有助于终止燃烧。

$$Sb + O \cdot + M \longrightarrow SbO \cdot + M$$

$$SbO \cdot + H \cdot + M \longrightarrow SbO \cdot + H_2 + M$$

$$SbO \cdot + H \cdot \longrightarrow SbOH$$

$$SbOH + HO \cdot \longrightarrow SbO \cdot + H_2O$$

2.5.3　磷系、氮系阻燃剂的阻燃机理

有机磷系阻燃剂在燃烧时，会分解生成磷酸的非燃性液态膜，当进一步燃烧时，磷酸可脱水生成偏磷酸；偏磷酸又进一步生成聚偏磷酸。由于聚偏磷酸是强脱水剂，使聚合物脱水而炭化，在聚合物表面形成炭膜能阻隔空气和热，从而发挥阻燃作用。磷酸受热聚合，生成聚偏磷酸对聚合物（如纤维素）的脱水成炭具有很强的催化作用。研究表明，有机磷热分解形成的气态产物中含有 PO·，它与 H·、OH·反应从而抑制燃烧链式反应。因此，有机磷系阻燃剂有凝聚相和气相阻燃作用，但更多的是成炭作用。

氮系阻燃剂主要是含氮化合物。近年来，国内外都在寻求无毒阻燃剂取代毒性大的卤系阻燃剂，已经商品化的有三聚氰胺及其盐类，如氰尿酸盐等。这类阻燃剂在受热条件下吸热，分解生成不燃气体，以稀释可燃物、降低可燃物表面温度及隔氧作用，而减小燃烧速度。如氰尿酸盐在燃烧时发生下列分解反应：

$$\xrightarrow{\triangle} NH_3 + H_2NCH + H_2 + NO_2 + NO + CO_2$$

2.5.4　膨胀阻燃及无卤阻燃阻燃机理

膨胀型阻燃剂主要通过形成多孔泡沫炭层而在凝聚相起阻燃作用，此炭层是经历以下几步形成的：①在较低温度（具体温度取决于酸源和其它组分的性质）下由酸源放出能酯化多元醇和可作为脱水剂的无机酸；②在稍高于释放酸的温度下，发生酯化反应，而体系中的胺则可作为酯化的催化剂；③体系在酯化前或酯化过程中熔化；④反应产生的水蒸气和由气源产生的不燃性气体使熔融体系膨胀发泡。同时，多元醇和酯脱水炭化，形成无机物及炭残余物，且体系进一步膨胀发泡；⑤反应接近完成时，体系胶化和固化，最后形成多孔泡沫炭层。

膨胀型阻燃剂也可能具有气相阻燃作用，因为磷-氮-碳体系遇热可能产生 NO 及 NH₃，而它们也能使自由基化合而导致燃烧链反应终止。另外，自由基也可能碰撞在组成泡沫体的微粒上而互相化合成稳定的分子，致使链反应中断。

目前，对膨胀型阻燃剂的阻燃机理尚不十分明了。有人根据聚磷酸铵聚亚乙基和甲醛系统（一种新型的膨胀型阻燃剂）受热时气体释出的情况，提出该系统中的聚磷酸铵可能是按如下反应式反应：

$$\text{〜O—P—O〜} \xrightarrow{-2NH_3} \text{〜O—P—O〜} \xrightarrow{-H_2O} \text{〜O—P—O〜}$$

　　而上述反应所释放的氨可阻止聚磷酸彻底降解为 P_2O_5，在反应的第二阶段可进一步脱水：

$$\text{〜O—P—O〜} \xrightarrow{-H_2O} \text{〜O—P—O〜}$$

　　某些卤系阻燃剂，主要是多溴二苯醚及其阻燃的高聚物，在高温裂解及燃烧时，产生有毒的多溴代二苯并呋喃（PBDF）及多溴代二苯并二噁烷（PBDD）。基于人类对环境保护的要求，应当开发和使用"绿色"产品，以保证实现国民经济可持续发展战略。因此，阻燃材料的无卤化在全球的呼声甚高，一些跨国的阻燃高分子材料供应商也开始向市场提供无卤阻燃工程塑料，在欧洲，由于二噁英问题使卤系阻燃剂及其阻燃高聚物未能获得绿色环保标志。所以，目前有些欧洲国家对卤系阻燃剂的使用加以限制，力图促进阻燃材料的无卤化进程。不过也有人认为，溴系阻燃剂及其阻燃的高聚物产生 PBDF 及 PBDD 的特定环境甚少，产生的量也十分有限，且并非所有的溴系阻燃剂都会产生这两种毒物，同时溴系阻燃剂的一些可贵的优点则不会轻易为用户所放弃，所以卤系阻燃剂及其阻燃的高聚物仍在采用。从长远发展来看，阻燃高分子材料应向低毒、低烟、无卤化的方向发展。因此，至少有一部分卤系阻燃材料会被用户审慎对待使用，但阻燃材料的无卤化进程也不会很快。

2.5.5　高分子材料的抑烟技术

　　聚合物燃烧要产生大量的烟雾，有的聚合物燃烧产生的烟雾是极其有毒的。当聚合物中加入阻燃剂，尤其是含卤素的阻燃剂和氧化锑时，燃烧时会产生更多的烟雾和有毒气体。显然，这些毒气会污染环境，并对人的生命安全构成直接的严重危害；而烟雾则直接影响人们的可视距离和能见度。在发生火灾时，会使人们迷失逃生的方向。聚乙烯、聚丙烯等，经充分燃烧，并不产生黑烟；而不完全燃烧，则产生浓厚的黑烟；这是由于它们受热分解不完全，主链断裂而生成的低分子烃，含有较多碳原子；这些碳原子释放出来形成炭微粒，分散在烟雾中，形成黑色烟雾。聚酰胺（尼龙）类聚合物受热分解、燃烧，产生 CO、CO_2、低级烃和环己酮。

　　聚合物的抑烟越来越受到人们的关注，尤其是像聚氯乙烯这样的聚合物的抑烟，已成为阻燃科技领域中的热点。对于像 PVC 这样的聚合物抑烟的重要性，已超过阻燃。对更多的其它聚合物，抑烟已和阻燃相提并论。目前抑制聚合物燃烧时产生的烟雾的主要方法是向其中添加抑烟剂。一般说，凡是能捕捉烟雾并阻止或抑制聚合物热分解产生烟雾的物质，均可称为抑烟剂。后者更倾向于使用物理方法，使聚合物降温、隔热；实质上就是抑制聚合物的热分解，起到减少烟雾的作用。至于捕捉聚合物燃烧后产生的烟尘，各种抑烟剂的作用又有不同。最近，用少量纳米材料对聚合物进行抑烟，其实质就是通过纳米微粒巨大的比表面积和宏观量子隧道效应去吸附烟尘，达到消烟的目的。

抑烟剂分为无机类和有机类。前者有 $CaCO_3$、$Al(OH)_3$、$Mg(OH)_2$、硼酸锌、MoO_3、八钼酸铵以及含硅化合物和一些含镁、铝、硅的矿物，后者有有机类二茂铁和一些有机酸的盐类。$CaCO_3$ 的抑烟作用原理，在于它可以和烟雾中的卤化氢反应（捕捉），使之生成稳定的 $CaCl_2$，其反应式为：

$$CaCO_3 + 2HCl \longrightarrow CaCl_2 + H_2O + CO_2$$

由于上述反应属固-气非均相反应，只能在 $CaCO_3$ 固体颗粒表面进行，所以 $CaCO_3$ 颗粒的粒径大小就成为抑烟效果的重大因素。只有微小颗粒，在同质量时，才具有大得多的比表面积。根据上述抑烟原理，凡在燃烧时产生卤化氢的聚合物，如氯乙烯、氯磺化聚乙烯、氯丁橡胶等，都可以用 $CaCO_3$ 作为抑烟剂。当填充量很大时，就势必影响聚合物材料的力学性能；现在已用填充纳米级 $CaCO_3$ 的方法去进行抑烟，填充量仅为 10% 左右，就会产生理想的效果。

$Al(OH)_3$、$Mg(OH)_2$ 的抑烟，主要是它们受热分解反应是一个强烈的吸热反应：前者吸热量为 19.67kJ/kg，后者为 44.8kJ/mol。这么大的吸热量，会大大降低聚合物的温度，减缓其热分解。另外，放热的水变成水蒸气，也可以冲淡可燃气体，冲淡烟雾，起到阻燃、消烟双重作用。$Al(OH)_3$ 也可以与含卤化合物受热分解放出的卤化氢反应（捕捉卤化氢），反应式如下：

$$Al(OH)_3 + 3HCl \longrightarrow AlCl_3 + 3H_2O$$

从而减少了烟雾中的有毒气体卤化氢的量。$Mg(OH)_2$ 的阻燃、抑烟机理与 $Al(OH)_3$ 的相似，但 $Mg(OH)_2$ 的热稳定性比 $Al(OH)_3$ 要高得多，其分解温度为 340～350℃，而 $Al(OH)_3$ 为 240～250℃；所以，$Mg(OH)_2$ 更适合一些加工温度高的聚合物，如聚丙烯等。近几年来，对 $Mg(OH)_2$ 用于聚合物的阻燃消烟研究得很多，这些研究集中在如何改善其在聚合物中的分散性和相容性 [$Mg(OH)_2$ 在聚合物中的相容性比 $Al(OH)_3$ 差]，如何改善结晶性，如何改善粒径分布和改善其凝聚性等方面。

有机消烟中，常用的是二茂铁及一些有机酸的盐类，它们最适宜做 PVC 的消烟剂，加入量为 1.5 份/100 份 PVC 或略多一些。二茂铁的阻燃机制是 PVC 在 200～300℃受热后脱 HCl；在此过程中，二茂铁迅速转化为 α-Fe_2O_3 而存在于 PVC 的炭化层中。α-Fe_2O_3 能迅速引起炭化层的灼烧，催化氧化炭化层分解，放出 CO、CO_2，从而减少了石墨结构的形成数量。$FeCl_2$ 和 $FeCl_3$ 是在 α-Fe_2O_3 生成前的中间产物，它们可以改善 PVC 的裂解机制，使之容易生成轻质焦油，减少了炭黑的形成。另外，二茂铁受热后，还会挥发形成氧化铁细雾；在高温下，这是一种氧化力极强的物质，即出现所谓"化学炽热相"；它改变了 PVC 的热裂解机制和进程，促进 PVC 完全燃烧，形成 CO、CO_2，减少炭黑的形成。

2.5.6 成炭及防熔滴技术

成炭技术是聚合物阻燃化的重要方法和途径之一。在阻燃剂的阻燃机理中，红磷、微胶囊化红磷（以下简称"微红"）、磷酸酯、卤化磷酸酯等含磷阻燃剂在空气中受热后，均先氧化生成 P_2O_5，继而生成磷酸、偏磷酸、聚偏磷酸，它们可使一些含氧聚合物如环氧树脂、聚氨酯、不饱和聚酯等成炭正离子的脱水模式，脱水成炭。炭质层是不易燃的，它覆盖、围绕聚合物，隔绝空气中氧和火焰，起到阻燃作用。其它含硼阻燃剂如硼酸锌等以及一些可吸收电子的物质（路易斯酸类）如 Sb_2O_3、$FeCl_3$ 等，也基本上是按上述模式通过促进聚合物脱水而成炭，达到阻燃功效。在膨胀阻燃技术中也谈到膨胀阻燃剂也是通过上述类似的反应历程脱水成炭，不过它是在可产生磷酸等物质的膨胀催化剂和喷气剂、成炭剂的联合作用下生成致密的多孔泡沫炭层的；它们又比一般脱水成炭的阻燃功效要高一些。

第二个使聚合物成炭、继而实现阻燃化的途径是接枝和交联成炭。聚乙烯、聚丙烯、聚氯乙烯等皆可通过辐射交联或化学交联达到成炭效果；而聚苯乙烯则可通过化学交联，进行 Friedel-Crafts 反应而炭化。ABS 树脂则可通过接枝形成共聚物，继而实现炭化。表 2-8 列出了主要塑料基体聚合物的成炭率和氧指数。

表 2-8　主要塑料基体聚合物的成炭率和氧指数

聚合物名称	成炭率/%[①]	氧指数	(C/CO)/%[②]
聚甲醛	0.0	15	
聚丙烯	0.0	17	
聚甲基丙烯甲酯	0.0	17	
聚苯乙烯	0.0	18	
聚乙烯醇	0.0	22	
聚对苯二甲酸丁二酯	3.0	23	
聚氯乙烯	23.0	45	96.2
聚碳酸酯	24.9	37	
聚苯醚	29.0	31	
聚酰亚胺	49.0	41	
聚糖醇	49.2	31	90.5
聚苯并咪唑	54.4	41	50.5
酚醛树脂	57.5	35	76.4

① 在氮气流下于 700~800℃炭化，所剩残渣固体占原重的百分数。
② 炭层中碳质量与聚合物中含碳量之比。

大多数聚合物的自成炭性和成炭速率都不高，所以，要加一些成炭剂或炭促进剂去促使这些聚合物成炭，这就是聚合物成炭化的第三个途径。在聚烯烃（成炭性很低的典型）阻燃配方示例中，有一些配方加入季戊四醇等成炭剂，就是这个目的。

有人认为使炭化后的炭质层紧密固化形成网络结构是解决聚合物熔滴的关键问题，传统的防滴落是硅酸盐类如滑石粉、硅酸钙等，它们的防熔滴作用几乎全部是物理方面的，即增加熔体内的填充物，减少其流动性；而这些传统的防熔滴滴落物往往要加入量较大才会起作用，这对聚合物的物理机械性能会产生较大的不利影响，因而限制了它们的应用。

目前的防熔滴滴落是从两方面入手：第一，选择一些聚合物，加入交联剂，使它能产生交联固化结构，形成紧密的炭层，阻止聚合物的熔体滴落，如阻燃 PP 配方中加入交联剂 TAIC（三烯丙基异氰脲酸酯）和过氧化二异丙苯 DCP，就是使聚丙烯产生交联固化结构，从而防止 PP 熔融滴落的。第二，就是向阻燃体系加入成炭剂，或聚合物防滴落剂，如聚四氟乙烯（PTFE）等。

2.6　高分子材料的化学改性

化学改性包括嵌段和接枝共聚、交联、互穿聚合物网络等，是一个门类繁多的博大体系。聚合物本身就是一种化学合成材料，因而也就易于通过化学的方法进行改性。化学改性的产生甚至比共混还要早，橡胶的交联就是一种早期的化学改性方法。

2.6.1　接枝与嵌段共聚改性

接枝和嵌段共聚的方法在聚合物改性中应用颇广。嵌段共聚物的成功范例之一是热塑性弹性体，它使人们获得了既能像塑料一样加工成型又具有橡胶弹性体的新型材料。

接枝共聚是高分子化学改性的主要方法之一。所谓接枝共聚物成分（主干和主链聚合物）存在下，使一定的单体聚合，在主干聚合物上将分支聚合物通过化学键结合上一种分枝的反应。接枝共聚物通常是在反应性的大分子存在下，将单体进行自由基离子加成或开环聚合得到。其结构特征如下式所示：

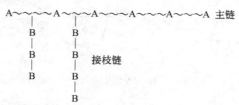

上式中包括主链聚合物"A"和接枝在上面的许多支链和接枝链的化学性质，以及将它们联结起来的方式可以有很大的变化范围。在接枝共聚过程中，通常有三种聚合物混合物：未接枝原聚合物、已接枝的聚合物及单体的自聚合或混合单体的共聚物。因此，在接枝共聚中需要考虑接枝效率的问题，接枝效率可以用下式表示：

$$接枝效率 = \frac{已接枝单体质量}{已接枝单体质量 + 接枝单体均聚物质量} \times 100\%$$

接枝效率的高低与接枝共聚物的性能有关。

利用辐射可使聚合物产生自由基型的接枝点与单体进行共聚。辐射接枝有直接辐射和预辐射法两种。直接辐射法是将聚合物和单体在辐射前混合在一起，共同进行辐射。常用的辐射源为紫外线，主链聚合物是那些容易受紫外线激发产生自由基的结构接枝共聚产物。加入光敏剂如二苯甲酮可提高接枝效率，但在形成接枝共聚物的同时也生成均聚物。预辐射是先辐射均聚物，使之产生捕集型自由基，再用乙烯型单体继续对已辐射过的聚合物进行处理，得到接枝共聚物。预辐射法所用的辐射源为高能量 γ 射线。预辐射法产生的接枝点较少，但是其接枝效率较高，在该体系中，很少产生预聚物。

嵌段共聚指的是聚合物主链上至少具有两种以上单体聚合而成的一末端相连的长序列（联段）组合嵌段共聚物。嵌段共聚的链段序列结构有三种基本形式：

A_m—B_n　二嵌段共聚物

A_m—B_n—A_m 或 A_m—B_n—C_n　三嵌段共聚物

—$($$A_m$—$B_n$$)_n$　多嵌段共聚物

此外，还有不常见的放射型嵌段共聚物，它是由单个或多个二嵌段从中心向外放射，形成星型大分子结构：

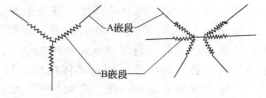

2.6.2　互穿聚合物网络

互穿聚合物网络（IPN）可以看作是一种用化学方法完成的共混。在 IPN 中，两种聚合物相互贯穿，形成两相连续的网络结构。制备 IPN 的方法主要有三种：分步聚合法（SIPN）、同步聚合法（SIN）及乳液聚合法（LIPN）。分步聚合法是先将单体（1）聚合形成具有一定交联度的聚合物（Ⅰ），然后将它置于单体（2）中充分溶胀，并加入单体（2）的引发剂、交联剂等，在适当的工艺条件下，使单体（2）聚合形成交联聚合网络（Ⅱ）。由于单体（2）均匀分布于聚合物网络（1）中，在聚合物网络（2）形成的同时，必然与聚合物（1）有一定程度的互穿。虽然聚合物（Ⅰ）与聚合物（Ⅱ）分子链间无化学键形成，但它的确是一种永久的缠结。图 2-8 所示为 IPN 的形成。

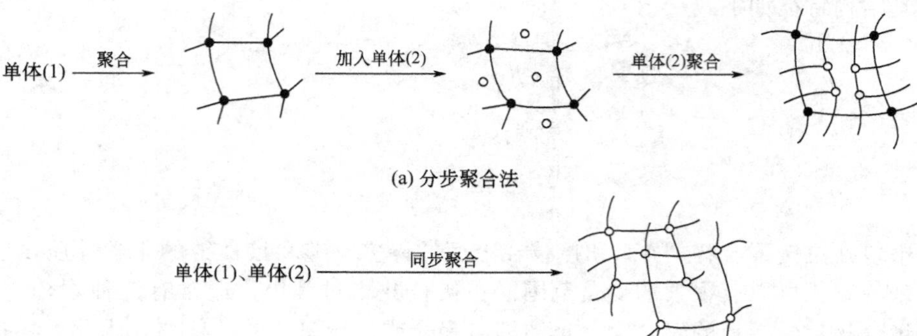

(a) 分步聚合法

(b) 同步聚合法

图 2-8　IPN 形成

同步聚合法较分步聚合法简便，它是将单体（1）和单体（2）同时加入反应器中，在两种单体的催化剂、引发剂、交联剂的存在下，在一定的反应条件下（如高速搅拌、加热等），是两种单体进行聚合反应，形成交联互穿网络。用此法制备 IPN，工艺上比较方便，但要求两种单体的聚合反应物不相互干扰，而且具有大致相同的聚合温度和聚合速率。如环氧树脂/聚丙烯酸正丁酯 IPN 体系，环氧树脂反应由逐步聚合反应得到，聚丙烯酸正丁酯是由自由基加聚反应得到的，两者互不影响，在 130℃ 左右，两者分别进行聚合、交联，最终形成 IPN。

2.6.3　等离子改性

① 利用非聚合性气体（无机气体），如 Ar、H_2、O_2、N_2、空气等的等离子体进行表面反应。参加表面反应的有激发态原子、分子、自由基和离子以及光子等，通过表面反应有可能在聚合物表面引入特定的官能团，产生表面刻蚀，形成交联结构层或自由基。

② 利用有机气体单体进行等离子体聚合。等离子体聚合是指在有机物蒸气中生成等离子体，所形成的气相自由基吸附到固体表面形成表面自由基，再与气相单体或等离子体中形成的单体衍生物在表面发生聚合反应，从而可以形成高分子量的聚合物薄膜。

③ 等离子体引发聚合或表面接枝。首先用非聚合气体对高分子材料表面进行等离子体处理，使表面形成活性自由基［这一点已被许多实验所证实，表面自由基可用电子顺磁共振（ESR）测定］，然后利用活性自由基引发功能性单体使之在表面聚合或接枝到表面。等离子体引发表面接枝通常有三种方法：①表面经等离子体处理后，接触气化了的单体进行接枝聚合，即气相法。此法由于单体浓度低，与材料表面活性点接触机会少，接枝率低。②材料表面经等离子体处理后，不与空气接触，直接进入液态单体内进行接枝聚合，即脱气液相法。此法可提高接枝率，但同时产生均聚物而影响效果。③材料表面经等离子体处理后，接触大气，形成过氧化物，再进入溶液单体内，过氧化物受热分解成活性自由基，即常压液相法。另外，等离子体接枝聚合还可以采用同时照射法，即先使单体吸附于材料表面，再暴露于等离子体中，在处理过程中进行接枝。

2.6.4　表面化学改性

2.6.4.1　碱洗含氟聚合物

含氟聚合物如氟化乙烯-丙烯共聚物（FEP）和聚四氟乙烯（PTFE）等，它们具有优良的化学稳定性、耐热性、电性能以及抗水汽的穿透性，在化学、电子工业和医用器件等领域应用广泛，但是它们的润湿性和黏合性差，使应用受到限制。为此，需要对它们进行改性处理。用化学改性法处理时，其方法为：液氨中的钠-氨络合物或钠-萘络合物/THF 溶液处理含氟高聚物。具体步骤为：1∶1（mol）的钠∶萘/THF 溶液中浸泡 1～5min，密封，使聚合物表面变黑（深度约 1μm），取出用丙酮洗，除去过量的有机物，继而用蒸馏水洗净。经上述化学改性处理的聚合物表面的湿润性、黏合性都有显著提高。例如，上述处理后的 Teflon 与环氧黏结剂粘接时，拉伸强度可达 7.7～14MPa，材料的本体结构无变化，材料的体电阻、面电阻和介电损耗等均无变化。需要指出的是该方法尚存在以下不足：①处理材料表面变黑，影响有色导线的着色；②面电阻在高湿下略有下降；③处理后的表面在阳光、加热下黏结性能降低。

2.6.4.2　酸洗聚烯烃、ABS 和其它聚合物

工业中用铬酸洗液作为 PE、PP 等聚烯烃和 ABS 等在镀金属前的清洗液，也可以用来处理聚苯醚、PEO、PS、聚醚等。所用的铬酸配方为：$K_2Cr_2O_7$∶H_2O∶浓 H_2SO_4（$d=1.84$）＝4.4∶7.1∶88.5（质量比）或 CrO_3∶H_2SO_4∶H_3PO_4 等。铬酸清洗液主要是清除无定形或胶态区。在清洗过的表面上可能形成极复杂的树根状空穴，具体形状与被清洗表面的结晶形态有关。某些表面还可能氧化。此法处理后的聚合物表面的润湿性和黏合性均大大提高，其原因可能是聚合物表面形成的复杂几何形状起主要作用，而表面引入的极性基团的作用不如前者。酸洗过程中，铬酸的作用如下：

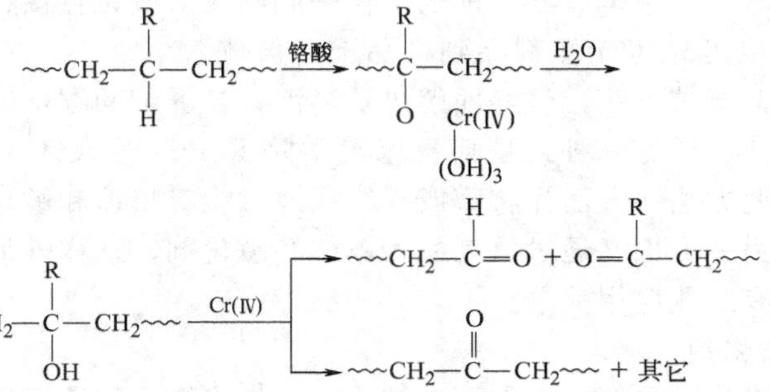

在 ABS 表面，铬酸主要腐蚀丁二烯橡胶粒子，在表面产生许多空穴，造成大量的机械固着点，有利于喷镀金属。

2.6.5　光接枝聚合改性

光接枝聚合具有突出的特点，既能获得不同于本体性能的表面特性，又可保持本体性能。在 20 世纪 50 年代末 60 年代初，应用较多的是射线或电子束高能辐射，在纤维素、羊毛、橡胶等材料的表面接上一层烯类单体的均聚物。由于高能辐射能穿透被接枝物，因而接枝层的厚度可以从很薄的表面层进入本体的较厚的深度，这样本体性能会受到影响。紫外线因其较低的工业成本以及选择性使得紫外线接枝受到重视。选择性是指众多聚烯烃材料不吸收长波紫外线（300～400nm），因此在引发剂引发反应时不会影响本体性能。紫外线应用于聚合物表面改性最早追溯到 1883 年，当纤维素曝露于紫外线和可见光时，能观察到发生了化学变化。有关用紫外线进行接枝聚合改性聚合物表面的工作始于 1957 年 Oster 的报道。但直到近些年，才涌现出大量的有关表面接枝改性文献。其应用领域也已从最初的简单表面改性发展到表面高性能化、表面功能化、接枝成型方法等高新技术领域，显示了这种方法在聚合物表面改性方面的重要性和广阔应用前景。

2.6.5.1　表面光接枝的化学原理

生成表面接枝聚合物的首要条件是生成表面引发中心——表面自由基。对于一些含光敏基（如羰基），特别是侧链含光敏基的聚合物，当紫外线照射其表面时，会发生 Norrish I 型反应，产生表面自由基：

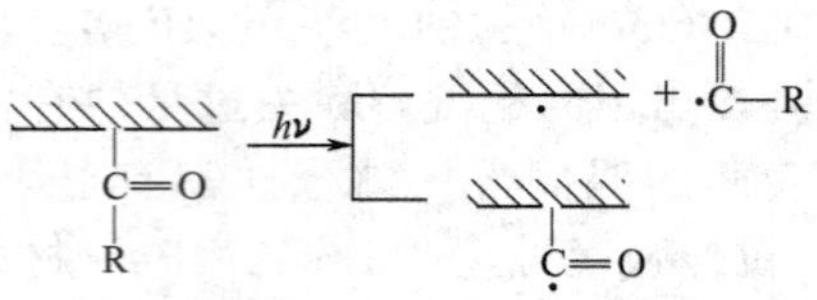

这些自由基能引发乙烯基单体聚合，可同时生成接枝共聚物和均聚物：

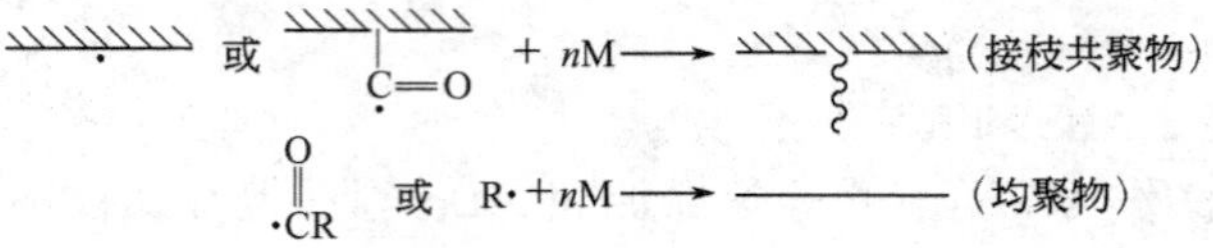

2.6.5.2 接枝方法

利用紫外线把单体接枝到聚合物表面的方法可分为液相接枝和气相接枝两类：①气相法。聚合物和反应溶液放在充有惰性气氛的密闭容器中，加热使溶液蒸发，从而在弥漫着溶剂、单体和引发剂的气氛中进行光反应。该体系的优点是：a. 单体和光敏剂以蒸气形式存在，自屏蔽效应小；b. 样品表面的单体浓度极低，故接枝效率高。缺点是反应慢，辐射时间长。②液相法。把光敏剂、单体或其它助剂配在一起制成溶液，直接将聚合物样品置于溶液中进行光接枝聚合，也可先将光敏剂涂到样品上，再放入溶液中。1977 年，Tazke 等发明了一种特殊的液相表面接枝方法，较好地解决了溶液的自屏蔽问题，缺点是均聚物难以避免，难以实现连续化作业。还有一种是瑞典皇家工学院 Randy 等人针对条状薄膜和纤维开发的一种连续液相法。此方法一方面先将膜或纤维预浸过含有单体和敏化剂的溶液，让敏化剂附着在聚合物表面；另一方面又通过氮气鼓入单体和敏化剂，这样既加快了反应速度，又提高了反应效率，可望有工业应用前景。

2.6.5.3 添加或不加敏化剂

从是否添加敏化剂来分可分两类：①不加敏化剂。先将聚合物表面氧化使生成一层过氧化物，随后在不加敏化剂的情况下再利用紫外线照射，利用过氧化物分解出的自由基和单体加成聚合，将希望的单体接枝到聚合物表面。中国科学院化学研究所的胡兴洲等利用此方法把光稳定剂甲基丙烯酸酯（MTMP）接枝到经表面热氧化后的聚丙烯（PP）和聚乙烯（PE）膜上，改善了膜的稳定性。②添加敏化剂。敏化剂既可以预先经处理引入到聚合物表面，也可在光照的同时发挥作用。制备含敏化剂的聚合物的方法，一种是把聚合物放入充满敏化剂蒸气的容器中，可通过温度来调节吸收的含量，用抽提后称重的方法来测量被吸附的敏化剂的含量。另一种方法是把敏化剂溶在某种易挥发的溶剂中，将聚合物放入该溶液中浸泡，而后取出干燥。为使敏化剂能很好地附着在聚合物表面，可在敏化剂的溶液中加入某些聚合物，如醋酸乙烯酯等，然后再将覆有敏化剂的聚合物放在单体溶液中进行光接枝反应。当单体被接枝到聚合物表面后，使通过化学键与聚合物表面连接，而不仅是附着在表面上，所以在反应完毕后，还需证实单体是以何种方式与聚合物表面连接。可采用能溶解单体及均聚物的溶剂抽提接枝后的聚合物，如果是通过化学键结合，接枝物则不会被溶剂抽提掉。实验结果证明接枝物是通过化学键与聚合物结合的，而非物理附着。

材料的表面特性是材料最重要的特性之一。随着高分子材料工业的发展，对高分子材料不仅要求其内在性能要好，而且对表面性能的要求也越来越高。诸如印刷、黏合、涂装、染色、电镀、防雾，都要求高分子材料有适当的表面性能。因此，表面改性已成为包括化学、电学、光学、热学和力学等在内的、涵盖诸多学科的科学领域，成为聚合物改性中不可缺少的一个组成部分。

参 考 文 献

[1]　杨明山，李林楷等．塑料改性工艺、配方与应用．北京：化学工业出版社，2006.
[2]　邓如生．共混改性工程塑料．北京：化学工业出版社，2003：1-27.
[3]　王经武．塑料改性技术．北京：化学工业出版社，2004：6-21，74-98.
[4]　刘英俊，刘伯元．塑料填充改性．北京：中国轻工业出版社，1998.
[5]　武兆强，冯开才，刘振兴．现代塑料加工应用，2001，13（5）：45-49.
[6]　贺福，王茂章．碳纤维及其复合材料．北京：科学出版社，1997：1-21.
[7]　张立德，牟季美．纳米材料和纳米结构，北京：科学出版社，2001：28-34.
[8]　【美】Roger F Jones．短纤维增强手册．詹茂盛等译．北京：化学工业出版社，2002：7-9.
[9]　葛世成．塑料阻燃实用技术．北京：化学工业出版社，2003：237-247.

第 3 章　高分子材料改性工艺与设备

聚合物改性的基本过程就是将各种改性剂和基体树脂混合分散均匀，因此聚合物混合与混炼的工艺与设备是制备高性能改性高分子材料及制品的重要因素。因为高分子材料改性过程中使用的原料组分越来越多，添加剂越来越多，而且有的组分添加量很多（如填料等），而有的组分添加量又很少（如光稳定剂等），因此各组分良好的混合与分散是极其关键的工艺。

3.1　混合与混炼的基本概念

3.1.1　分布混合与分散混合

混合是在整个系统的全部体积内，各组分在其基本单元没有本质变化的情况下重新进行的细化和分布。按照 Brodkey 的混合理论，混合涉及扩散的三种基本运动形式：分子扩散（molecular diffusion）、涡旋扩散（eddy diffusion，也称湍流运动）和体积扩散（bulk diffusion，也称对流运动）。分子扩散在气体和低黏度液体中占支配地位，但在聚合物加工中由于熔体黏度很高，熔体与熔体间分子扩散极慢，无实际意义。而涡旋扩散需要熔体有较高的流速，势必需要对聚合物施加高的剪切速率，易使聚合物分解。体积扩散在聚合物加工中占支配地位。按混合形式可将混合分为分布混合和分散混合两种，如图 3-1 所示。

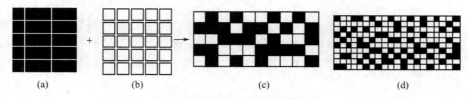

图 3-1　分布混合与分散混合

(a)＋(b)→(c) 分布混合；(a)＋(b)→(d) 分散混合

在分散混合中，粒子既有粒度的减小，也有位置的变化；而分布混合只是增进空间排列的无规程度，但没有减小其结构单元尺寸。在实际混合过程中，分散混合和分布混合往往同时发生。

3.1.2　混合三要素

按照日本学者山岗岸泰的分类，将黏性流体的混合要素分为压缩、剪切和置换。整个混合分散过程是由这三要素反复地进行才完成的，如图 3-2 所示。

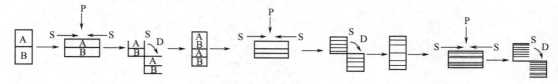

图 3-2　混合三要素

P—压缩；S—剪切；D—置换

剪切的作用就是把高黏度粒子或凝聚体打散并分散于分散介质中，在高黏度粒子的分散过程中剪切是最重要的。

置换包含分流和合并。分流是指在流体的流道中设置突起状或隔板状的剪切片，利用这些器壁，使流体分成流束。对流体进行分流后，分流束在进行相对位置交换（置换）后又重新合并。在进行分流时，若分流用的剪切片数为 1，则分流数为 2；剪切片数为 n 时，分流数为 $(n+1)$。如果把分流用的剪切片设置成串联，其串联节数为 m，则分流数为 $N=(n+1)^m$。在体系剪应力一定的前提下，物料的混乱熵随剪切次数的增加而提高。混乱熵同时与界面重取向效应有密切关系，随着界面被反复拉伸与折叠，流体的表观黏度会相应下降，混乱熵增大，物料被分散得更加充分、均匀，这种现象也称为"剪切稀化"。

在常规螺杆挤出机中，由于螺槽由加料段到计量段其深度是由深变浅的，因而对松散的固体料进行了压缩，这有利于固体输送，有利于传热熔融，也有利于物料受到剪切作用。若物料在承受剪切前先经压缩，使物料的密度提高，则剪切时剪切压力作用增大，可以提高剪切效率，而且当物料被压缩时，物料内部会发生流动，产生压缩引起的流动剪切。由于大多数聚合物物料在成型时的流动都具有很高的黏度，加之成型时的流速都不允许过高，故可将它们的流动视为层流状态。熔融物料以切变方式的流动可以看作许多层彼此相邻的薄液层沿外力作用的方向进行相对滑移。根据聚合物流变学理论，在物料的分子结构和加工温度都已既定的前提下，直接影响填料颗粒分布的主要因素之一就是最大结合间隙。最大结合间隙是指两颗粒之间所能发生物理吸附的最大间距，间距大于最大结合间隙的两个粒子将不发生软团聚。随着剪切应力的增加，物料的最大结合间隙将减小。加工段啮合程度越好，剪切间隙越小，物料的最大结合间隙也越小，从而越有利于颗粒软团聚的打开。

3.2　聚合物改性通用设备

3.2.1　初混设备

这里所说的初混设备，是指物料在非熔融状态下进行混合所用的设备。初混设备很多，下面仅介绍几种常见的典型初混设备。

（1）转鼓式混合机　转鼓式混合机的混合室两端与驱动轴相连接。当驱动轴转动时，混合室内的物料即在垂直平面内回转，初始时位于混合室底部的物料由于物料间的黏结作用以及物料与侧壁间的摩擦力而随鼓升起。又由于离心力的作用，物料趋于靠近壁面，使物料间以及物料与室壁间的作用力增大。当物料上升到一定高度时，在重力作用下落到底部，接着又升起，如此循环往复，使物料在竖直方向反复重叠、换位，从而达到分布混合的目的，见图 3-3。

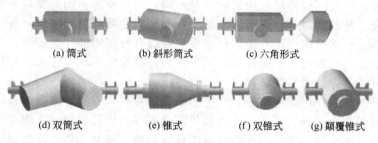

(a) 筒式　　(b) 斜形筒式　　(c) 六角形式

(d) 双筒式　　(e) 锥式　　(f) 双锥式　　(g) 颠覆锥式

图 3-3　转鼓式混合机

（2）双锥混合机　双锥混合机是使用最广泛的滚筒类混合设备，它的混合室是由一段圆柱形筒与两个截圆锥（或一段棱柱与两个棱锥）连接而成，混合室与驱动轴相连接，当传动装置带动驱动轴转动时，混合室随之旋转，室内的物料形成了如同转鼓式混合机内的上、下翻转运动，同时由于混合室的锥形结构，迫使物料在上、下运动过程中产生轴向移动，于是产生了纵、横两向的分布混合。应当注意，对于结构对称式的双锥混合机，当对顶的两锥位于垂直平面内时，在重力作用下，物料将从锥顶落向回转中心平面，而旋转运动产生的离心力又使物料趋向于向锥顶运动，如两者的作用相平衡时，物料将处于实际上的停滞状态。为避免上述情况发生，一方面可采用调整锥筒旋转速度的方法，另一方面可在锥筒内设置折流板，还可将两个对顶锥设计成不对称的。双锥混合机主要用于固态物料的分布混合，也可用于固态物料与少量液态物料的混合。如果在锥筒内装有折流板，可使物料团块破碎，因而具有一定的分散能力，如图 3-4 所示。

（3）螺带混合机 转子呈螺带状的混合机称为螺带混合机。根据螺带的个数或旋向将螺带混合机分为单螺带混合机和多螺带混合机；根据螺带的安装位置可分为卧式螺带混合机、立式螺带混合机和斜式螺带混合机。卧式单螺带混合机是最简单的螺带混合机。当螺带旋转时，螺带推力棱面带动与其接触的物料沿螺旋方向移动。由于物料之间的相互摩擦作用，使得物料上、下翻滚，同时部分物料也沿着螺旋方向滑移，这样就形成了螺带推力棱面一侧部分物料发生螺旋状的轴向移动，而螺带上部与四周的物料又补充到螺带推力面的背侧（拖曳侧），于是发生了螺带中心处物料与四周物料的位置更换。随着螺带的旋转，推力棱面一侧的物料渐渐堆积，物料的轴向移动现象减弱，仅发生上、下翻转运动，所以卧式单螺带混合机主要是靠物料的上下运动达到径向分布混合的。在轴线方向，物料的分布作用很弱，因而混合效果并不理想。如图 3-5 所示。

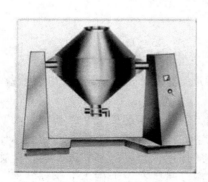

图 3-4 双锥混合机

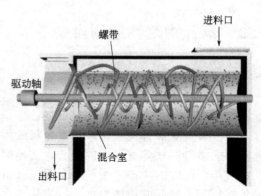

图 3-5 卧式双螺带混合机

双螺带混合机的两根螺带的螺旋方向是相反的，当螺带转轴旋转时，两根螺带同时搅动物料上、下翻转，由于两根螺带外缘回转半径不同，对物料的搅动速度便不相同，显然有利于径向分布混合。与此同时，外螺带将物料从右端推向左端，而内螺带（外缘回转半径小的螺带）又将物料从左端推向右端，使物料形成了在混合室轴向的往复运动，产生了轴向的分布混合。双螺带混合机对物料的搅动作用较为强烈，因而除了具有分布作用外，尚有部分分散作用，例如可使部分物料结块破碎。

螺带混合机的混合作用较为柔和，产生的摩擦热很少，一般不需冷却，除了作为一般混合设备外，还可作为冷却混合设备，即将经热混合器混合后的热料排入螺带混合机内，一边经螺带再混合，一边冷却，使排出的物料温度较低，便于存储，用于冷却混合。

（4）Z 形捏合机 Z 形捏合机又称双臂捏合机或 Sigma 桨叶捏合机，是广泛用于塑料和橡胶等高分子材料的混合设备。Z 形捏合机主要由转子、混合室及驱动装置组成。转子装在混合室内。转子类型很多。混合室是一个 W 形或鞍形底部的钢槽，上部有盖和加料口，下部一般设有排料口。钢槽呈夹套式，可通入加热冷却介质。有的高精度混合室还设有真空装置，可在混合过程中排出水分与挥发物。转子在混合室内的安装形式有两种，一种为相切式安装，一种为相交式安装。相切式安装时，两转子外缘运动迹线是相切的，相交式安装时，两转子外缘运动迹线是相交的。相切式安装时，转子可以同向旋转，也可异向旋转，转子间速比为 1.5：1、2：1 或 3：1。相交式安装的转子因外缘运动迹线相交

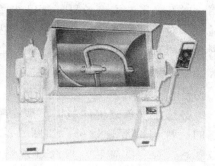

图 3-6　Z 形捏合机

，只能同速旋转。相交式安装的转子其外缘与混合室壁间隙很小，一般在 1mm 左右。在这样小的间隙中，物料将受到强烈剪切、挤压。这一作用一方面可以增加混合（或捏合）效果，同时可以有效地除掉混合室壁上的滞料，有自洁作用。一般认为，转子相切式安装由于有两个剪切分散区域，更适用于以分散混合为主的混合过程。转子相交式安装有一个剪切区域，但分布作用强烈，更适用于以分布混合为主的混合过程。Z 形捏合机如图 3-6 所示。

（5）高速混合机　高速混合机是使用极为广泛的塑料混合设备，可用于混色、制取母料、配料及共混材料的预混。普通高速混合机由混合室（又称混合锅）、叶轮、折流板、回转盖、排料装置及传动装置等组成。混合室呈圆筒形，是由内层、加热冷却夹套、绝热层和外套组成。内层具有很高的耐磨性和光洁程度。上部与回转盖连接，下部有排料口，为了排除混合室内的水分与挥发物，有的还装有抽真空装置。叶轮是高速混合机的主要部件，与驱动轴相连，可在混合室内高速旋转。高速混合机的叶轮形式很多。折流板断面呈流线形，悬挂在回转盖上，可根据混合室内物料的多少调节其悬挂高度。折流板内部为空腔，装有热电偶，测试物料温度。混合室下部有排料口，位于物料旋转并被抛起时经过的地方。排料口接有气动排料阀门，可以迅速开启阀门排料，如图 3-7 所示。

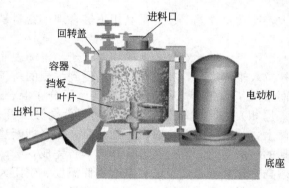

图 3-7　高速混合机

（图中标注：进料口、回转盖、容器、挡板、叶片、出料口、电动机、底座）

当高速混合机工作时，高速旋转的叶轮借助表面与物料的摩擦力和侧面对物料的推力使物料沿叶轮切向运动。同时，由于离心力的作用，物料被抛向混合室内壁，并且沿壁面上升，当升到一定高度后，由于重力作用，又落回到叶轮中心，接着又被抛起。这种上升运动与切向运动的结合，使物料实际上处于连续的螺旋状上、下运动状态。由于叶轮转速很高，物料运动速度也很快，快速运动着的粒子间相互碰撞、摩擦，使得团块破碎，物料温度相应升高，同时迅速地进行着交叉混合，这些作用促进了组分的均匀分布和对液态添加剂的吸收。混合室内的折流板进一步搅乱了物料流态，使物料形成无规运动，并在折流板附近形成很强的涡旋。对于高位安装的叶轮，物料在叶轮上、下都形成了连续交叉流动，因而混合更快。混合结束后，夹套内通冷却介质，冷却后的物料在叶轮作用下由排料口排出。高速混合机混合速度非常之快，这对于那些热敏性的或不宜经受过长"热历程"的物料是十分有利的。就一般配料而言，使用高速混合机是有效的和经济的。物料填充率也是影响混合质量的一个因素，填充率小时，物料流动空间大，有利于混合，但由于填充量小而影响产量；填充

率大时，又影响混合效果，所以选择适当的填充率是必要的，一般填充率在 0.5～0.7 较为适宜。对于高位式叶轮，填充率可达 0.9。高速混合机是一种高强度、高效率的混合设备，混合时间短，一般是几分钟，很适合中、小批量的混合。

3.2.2　间歇式熔融混合设备

3.2.2.1　开炼机

开炼机又称双辊炼塑机，是一种通过两根转动的辊筒将物料混合或使物料达到规定的状态的一种间歇混合设备，如图 3-8 所示。经过配料、捏合的物料，再经过开炼机的混合与塑化，可以制成半制成品。开炼机是一种最早出现的混炼设备。开炼机的优点如下：①开炼机工作时，经取样可以直接观察到物料在混合过程中的变化，从而能及时调整操作工艺及配方，达到预定的混合目的，特别是对那些其物性尚不完全清楚的物料，用开炼机比用其它混炼方法更有利于探索最适宜的工艺操作条件。②在开炼机上可随时观察到热固性材料的固化程度。③开炼机结构简单、混炼强度高、价格低廉。

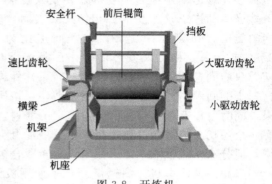

图 3-8　开炼机

开炼机的缺点如下：①工人的劳动强度大，劳动条件差；②能量利用不够合理，物料易发生氧化。

开炼机工作时，两个辊筒相向回转，且速度不等。堆放在辊筒上的物料由于与辊筒表面的摩擦和黏附作用以及物料之间的粘接力而被拉入辊隙之内，在辊隙内物料受到强烈的挤压与剪切，这种剪切使物料产生大的形变，从而增加了各组分之间的界面，产生了分布混合。该剪切也使物料受到大的应力，当应力大于（固相）物料的结合应力时，物料就会分散开。通过辊隙时，料层变薄且包在温度较高的辊筒上，加上承受剪切时产生的热量，物料即渐趋熔融或软化。此过程反复进行，直至达到预期的熔融塑化和混合状态，塑炼即告完成，随即可出片造粒或为其它设备供料。影响开炼机熔融塑化和混合质量的因素有辊筒温度、辊距大小、辊筒速度、物料在辊隙上方的堆放量以及使物料沿滚筒轴线方向的分布和换位等。

（1）辊筒温度　辊筒温度是一个重要的操作变量。辊筒温度的设定与被混合物料的性质（如软化温度或熔点、流变特性、临界剪切速率、各种组分的性质和比例）和混合的目的、混合物的性能要求有关。一般加工热塑性塑料时，辊筒温度常在 130～180℃，而加工热固性塑料，辊筒温度一般在 70～130℃。对于分布混合，辊筒温度可稍高；对于分散混合，辊筒温度可稍低。此外，为了方便操作，总是希望物料包在前辊筒上（操作者一侧），所以前辊温度应稍高。但前后辊筒温度的大小也因物料种类及堆料的多少而异。对于热塑性塑料，前后辊筒温差在 3～5℃；对热固性塑料，前后辊筒温度可达 20～30℃。未加填料的物料易于包辊，两辊温度差可小些；添加填料的物料较难包辊，温度差应稍大些。当然包辊与否不仅仅由温度决定，它与辊筒速度、同一辊筒表面的温度分布、滚筒表面是否有污物、辊隙大小等诸多因素有关。

（2）辊隙（两辊筒间的间隙）　小的辊隙将产生大的剪切力和挤压力。辊隙的大小应根据物料的形状、特性、最终目的和操作过程通过调距装置来调定。一般在开始工作时辊隙应稍大，以便使物料迅速进入辊隙，当物料包覆在一个辊筒上且软化后再调小辊隙。加入的若为块状料（如橡胶或回收塑料），初始辊隙应大些；若为粉料或粒料，初始辊隙应小些。由于辊隙对剪切应力影响很大，故调整应十分慎重。小型开炼机的辊隙可用手调，大型开炼机则采用电动调解，自动化程度高的开炼机采用液压调节。由于开炼机是间歇工作的，物料在一个辊筒上包辊之后，在两辊隙上方仍有一定数量的堆积物料。随着辊筒的旋转，这些堆积的物料不断进入辊隙，如不改变辊隙的大小，必定出现新的堆积物料，堆积的物料太多时，一部分物料便不能进入辊隙，而只能在两辊上部转动，这一现象不仅使混合周期加长，而且使同一批物料不能经受相同的混炼历程而影响混合物的均匀性。如果堆积料太少，又会引起操作过程的不稳定。所以确定恰当的物料堆积量是很重要的。只有当摩擦角大于或等于接触角时，物料才能被拉入辊隙。

（3）辊筒速度　　辊筒速度是开炼机的又一个重要操作变量。为了增大混合效果，两辊筒的速度一般是不同的，即两者具有一定的速比。辊筒速比的大小影响剪切速率的大小。当速比＞1 时，增大辊筒线速度才可能有效地提高剪切速率。速比一般为 （1.2～1.3）∶1，最大可至 2∶1。为了便于操作，一般后辊为快速辊，前辊为慢速辊。较大的辊筒速度可以增大剪切速率，但加快辊速会导致驱动功率增加，物料温度上升，且影响物料有效地进入辊隙，故辊筒速度的增加也有一定的范围。

（4）提高混合的措施　　由于在沿辊筒轴线方向相邻物料之间很少发生混合，也就是主要在越过辊隙方向有剪切作用，而在辊筒轴线方向无剪切，也无物料运动，这是单向剪切，很少有对流。这对物料在大范围内的混合是不利的。为了克服这一缺点，增加混合效果，可用交叉切割法，定时地改变物料的运动方向。如可在塑炼中对包辊物料实行切割和翻滚，使物料经受交叉叠合辊压，重新分布，改变受剪切的方向，实现界面的无规分布，从而使沿每条流线上各组分的平均浓度与整个系统的平均浓度相一致。纵横切割或交叉切割（俗称打三角包）是开炼机不可缺少的一步，尤其是将固体填料混到热塑性塑料中时，更是非常必要的。

3.2.2.2　密炼机

密炼机是在开炼机基础上发展起来的一种高强度间隙混合设备。由于密炼机的混炼室是密闭的，在混合过程中物料不会外泄，因此，避免了物料中的添加剂在混合过程中的氧化与挥发，并且可以加入液态添加剂。密炼机的密闭混合有效地改善了工作环境，降低了工人的劳动强度，缩短了生产周期，为自动控制技术的应用提供了条件。最早的密炼机是 1916 年Banbury（本伯里）发明的，又称为 Banbury 密炼机或椭圆形转子密炼机。1934 年，英国的Franis Shaw 公司研制出 Shaw 密炼机，也称圆筒形转子密炼机。密炼机最早用于橡胶的混炼和塑炼，继而又在塑料混合中得到了广泛的应用。

密炼机的混炼室是一个断面为∞形的封闭空腔，内装一对转子，转子两端有密封装置，用来防止物料从转子转轴处漏出。混炼室上部有加料及压料装置。加料装置由一个斗形加料口和翻板门组成。压料装置由上顶栓和气缸组成，上顶栓与活塞杆及活塞相连接。卸料装置设在混炼室下部，由下顶栓、下顶栓开闭装置及锁紧装置组成。翻板门的开闭、上顶栓的提起与压下均由气动系统操纵，下顶栓的开启与闭合以及锁紧装置的动作由液压系统操纵。密炼机在工作时，混炼室壁、转子、上顶栓及下顶栓均须加热或冷却，因而配置有加热冷却系统。加热介质一般是蒸汽，冷却介质是水。为了防止在混炼过程中转子发生轴向移动或重新调整转子轴向位置，当转子轴承采用滑动轴承时，一般设有轴向调整装置。当采用滚动轴承时，转子轴向力由轴承承受，转子与混炼室壁间的间隙一经调定，不必再设定轴向调整装置。密炼机工作时，翻板门开启，物料由加料口加入，翻板门关闭，上顶栓在气压驱动下将物料压入混炼室，在工作过程中，上顶栓始终压住物料。混合完毕后，下顶栓开启，物料由排料口排出。排出的物料一般加入排料挤出机，可进行造粒或直接挤成片材。转子是密炼机的核心部件，转子结构是决定混炼性能的关键因素之一。传统的 Banbury 转子是两棱椭圆形转子，它的工作部分在任一断面均呈椭圆形，转子表面有两条螺旋凸棱，凸棱由转子工作部分两端向中心延伸，一条左旋，一条右旋。两条凸棱一长一短，螺旋角也不相同。转子中心有空腔，可通入加热或冷却介质，如图 3-9 所示。

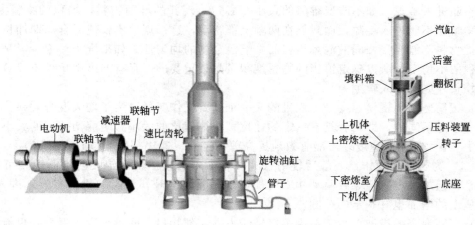

图 3-9　密炼机

为了增大混合能力和生产效率，发展了多棱转子，如三棱及四棱转子。目前，在上述转子的基础上，又研究出了许多新型转子，如在凸棱上开有周向沟槽的转子，在转子工作表面装有销钉的转子。这些新型转子在减少能耗、提高混炼质量、降低混合温度等方面均有突出优点。

3.2.2.3　Banbury 密炼机的混合原理

（1）基本密炼过程　加入到密炼机中的各种物料在转子作用下进行强烈混合，其中大的团块被破碎，逐步细化（并与其它组分混合），达到符合质量要求的特定体积或粒度。这一过程称为分散过程。在混合过程中，粉状与液体添加剂附着在聚合物表面，直到被聚合物包覆。这一过程称为浸润或混入过程。混合物中各组分在混炼室中迅速进行位置更换，形成各组分均匀分布状态，这一过程称为分布过程。混合中，由于剪切、挤压作用，聚合物逐步软化或塑化，达到一定可流动性的过程称为炼塑过程。

（2）Banbury 密炼机的剪应力　Banbury 密炼机对物料的剪切作用主要发生在转子工作表面与混炼室壁的间隙之间。由于转子表面呈椭圆形，转子外表面与混合室壁的间隙呈楔形，最大剪切区域是转子凸棱顶部与室壁的间隙，其功能类似开炼机中的辊距区域，但密炼机的这一区域的剪切强度要比开炼机辊隙中的强度大得多。因为开炼机的两个辊筒相向回转，虽然具有一定速比，但物料通过两辊辊隙时的速度梯度比物料通过密炼机静止室壁与高速旋转转子凸棱间的间隙时的速度梯度要小得多。最大剪应力与转子结构与操作条件均有关系。

（3）Banbury 密炼机的推挤与卷折作用　Banhury 密炼机对物料的推挤发生在两个方向，一个在旋转方向，一个在转子的轴向。Banhury 密炼机的转子断面呈椭圆形，其工作表面与混炼室壁间的间隙是楔形的，在凸棱推进一侧与背侧形成了两个压力不同的区域，推进一侧为高压区，背侧为低压区。在高压区内，物料受到转子的强烈推挤，发生连续形变，实现了分布与炼塑。在低压区，由于从间隙流过来的物料扰乱了该处物料的固有状态，形成了有利于分布混合的紊乱流动状态。这种高、低压区的推挤发生在旋转方向，称为旋向推挤。由于转子表面有一对旋向相反的螺旋凸棱，当转子转动时，物料在凸棱作用下将产生循环式的轴向往复运动。一般转子的两条螺旋凸棱的螺旋角分别为 45°和 30°。因此，两棱对物料的推力大小是不同的，在不同区域的推动作用也有变化。这种转子的轴向推挤作用对分布混合有重要贡献。

两个转子的相向旋转又形成了对物料的卷折作用。当两转子以一定速比转动时，某一转子高压区的物料在凸棱推挤下将进入另一个转子的低压区，形成混炼室左、右区域物料的交叉流动和卷折变形。为了避免两转子高压区在物料交换处同时出现，两转子的转动位置应能调整，方法为选择适当的速比，如取速比为3：2时，就可较多出现适合的物料交换位置。

3.2.2.4　密炼机的操作条件对混合质量的影响

（1）转子速度与速比　转速高时，有利于剪切分散，并可缩短混炼时间，因而目前转速有提高的趋势。但过高的转速又会导致物料迅速升温，黏度降低，使剪切力下降，同时也给设备带来了强度、密封、冷却等问题。不适当的高转速可能使物料焦烧而降解。对于小型密炼机，转子速度为50～150r/min；对于中型和大型密炼机，转子速度多为20～60r/min。为了适应不同物料和不同混炼顺序的需要，转子速度应为可调的，如采用双速、多速或无级调速。两个转子之间的速比可增进转子的卷折、推挤效果。转子的速比分为名义速比和实际速比。名义速比是指由速比齿轮决定的速比，实际速比是指由两转子工作表面上各点因回转半径不同而形成的不断变化的速比。经验的名义速比一般为1.07：1或1.12：1。

（2）填充率　密炼机操作时的填充率是指投料时物料体积与混炼室有效容积的比值。如果一次投料量太小，即填充率太小时，一方面使生产能力降低，另一方面由于混炼室内物料松散，不能形成足够的物料流动阻力，因而减弱了转子对物料的剪切和挤压作用，不利于分散与塑化。当填充率太高时，物料塞满混炼室，而无流动的余地，同样不利于混合，甚至使机械系统发生故障。填充率一般取0.5～0.8。如欲增大填充率，可在操作或转子结构上进行相应调整。如采用新型转子，增大上顶栓压力或转子速度，在工艺上可采用两段混合法。第一段为母料制备阶段（此时填充率可小一些），第二段用母料与原料混合。两段混合可使总填充量提高25%，而不会影响最终混合质量。

（3）上顶栓压力　密炼机工作时，上顶栓一直压在物料上。足够的上顶栓压力可使混炼室内部的物料密实，减少物料在转子表面和混炼室壁上的滑移，使物料有效地经受剪切与挤压作用。所以上顶栓压力不能太小，一般为0.1～0.6MPa，高的可达1.0MPa。

（4）加料次序　多组分物料混合时，不同组分的加入次序对最终混合质量有一定影响，这是因为组分间的相互作用与组分的性质和状态有关。在混合时将各组分同时加入，称为一次加料；在混合时各组分依一定次序加入，称为分段加料。

（5）温度控制　温度控制方法主要是在混炼室壁（夹套）及转子内配置加热冷却系统。传统的方法有通冷水冷却，或采用温水循环冷却。采用温水冷却的好处在于：在混炼开始时，具有一定温度的混炼室壁和转子表面可有效地增加其与物料表面的摩擦力，防止物料在表面打滑，促进剪切分散。在混合过程中，当物料温度升高时，如采用冷水急冷，可能使物料黏度很快增高，导致剪应力增大，温度升高。温水冷却则可以避免使物料黏度快速增高，同时又可带走部分热量。

3.3　混炼型单螺杆挤出机

单螺杆挤出机是聚合物加工工业中最重要的一类挤出机，其特点是结构简单、成本低、易于制造、性能/价格比高。它不但可用于挤出制品的生产，而且也广泛应用于聚合物的共混改性。一台普通的单螺杆挤出机一般由下列三部分组成。①挤压系统：它主要由螺杆和料筒组成，是挤出机的关键部分；②传动系统：其作用是驱动螺杆，保证螺杆在工作过程中所需要的扭矩和转速；③加热冷却系统：它保证塑料和挤压系统在加工过程中的温度控制要求。

3.3.1　单螺杆挤出机的螺杆结构

常规单螺杆挤出机螺杆一般分为三段，即具有较深螺槽且槽深不变的加料段，螺槽深度沿着出料方向由深变浅的压缩段（熔融段），以及具有较浅螺槽且槽深不变的计量段（均化段）。螺杆的尾部为一圆柱体，大小应该按照国家标准选定，尾部用一个或几个键槽或花键与传动装置相连。螺杆直径的单位为毫米（mm），直径标准系列为 30、45、65、90、120、150、200。挤出机在工作状态时，螺杆可能承受很高的扭矩负载，尤其在加料段，螺杆的槽深较深，螺杆的截面积较小，有时螺杆内部还需通冷却水冷却，进一步减小了加料段的截面积。因此螺杆为了要承受很高的负载，必须采用高强度的材料。国内常采用 38CrMoAl 制造螺杆，表面氮化处理增强其耐磨和耐腐蚀性。

螺杆直径大小以及结构形式的确定，主要根据生产产品的产量、规格、被加工料的种类和各种结构螺杆的特性来决定。普通单螺杆挤出机的螺杆是属于从加料段至均化段为全螺纹的螺杆。其螺纹升程和螺槽深度的变化可分为三种形式，即等距变深螺杆、等深变距螺杆和变距变深螺杆。

对常规单螺杆挤出机，一方面，由于螺杆槽深较深，难以提供很高的剪切速率，因而也难以提供大的剪切应变；另一方面，熔体在螺槽中向前输送时，很难不断地调整界面取向使之与剪切方向处于最佳角度（45°或 135°），因而也难以获得大的界面增长，对混合不利。此外，为了获得混合均匀的混合物，希望挤出机不但能提供良好的横向混合（即垂直于料流方向截面上的混合，是由横流引起的混合），而且能提供良好的纵向混合（料流方向的混合）。常规单螺杆挤出机的径向混合效果差，物料在挤出机中的停留时间分布函数分布窄，也不能实现良好的纵向混合。分散混合混合效果主要取决于剪切应力的大小，而要提高剪切应力，必须提高剪切速率。对于常规单螺杆挤出机提高剪切速率的方法有两个，一是减小熔体输送区的螺槽深度，二是提高螺杆转速。但实际上单螺杆挤出机熔体输送段的槽深不可能很小，所以难以提供高剪切；螺杆的转速也不能太高，特别是对于那些对剪切敏感的物料，过高的螺杆转速易引起物料的降解。因此普通的单螺杆挤出机很难获得满意的混合分散效果，为了提高单螺杆挤出机的混炼效果，通常可适当增大螺杆的长径比，但过大的长径比会给制造带来困难。所以一般通过采用新型螺杆来提高剪切速率、延长混炼作用时间和加强对混合物料的分割和扰动，从而提高混合分散效果。

新型螺杆的种类很多，有些结构的新型螺杆是为了提高塑化能力和塑化质量，有的则是为了提高均化质量和混合质量。常见的几种新型螺杆（元件）按其结构和工作原理可分为：分离型螺杆、分流型螺杆、屏障型螺杆、静态混合器、组合螺杆等。

3.3.2　分离型螺杆的结构与混合特点

分离型螺杆的加料段和均化段与普通螺杆结构相似，不同之处是在加料段的末端设置一条起屏障作用的附加螺纹（简称副螺纹，也称屏障螺纹），其外径小于主螺纹，副螺纹始端与主螺纹相交。由于副螺纹的升程与主螺纹不同，在固体物料熔融结束之处或者是相当于普通螺杆熔融段末端与主螺纹相交。副螺纹后缘与主螺纹推进面所构成的液相槽宽度从窄变宽，直通至螺杆头部。副螺纹推进面与主螺纹后缘构成的固相槽宽度从宽变窄，固相槽与加料段螺槽相通，在分离段（熔融段）末端结束。固相槽与液相槽的螺槽深度都从加料段末端的螺槽深度 H_1 逐渐变化到均化段螺槽深度 H_3。副螺纹与料筒内壁形成的径向间隙 δ_1 大于主螺纹与料筒内壁的间隙 δ，但只能让熔料通过，而一般未熔固体颗粒不能通过。这种螺杆被称为 BM 型螺杆。Barr 分离型螺杆与 BM 型螺杆的原理类似，只是其附加螺纹所形成的固相和液相螺槽宽度不变，而固相槽深度逐渐变浅，液相槽深度则逐渐变深至均化段起始处再突变至均化段槽深。Barr 螺杆的优点是能保持固体床与料筒的接触面积不变，有利于热传导。它的机械加工也要比 BM 型螺杆容易。BM 螺杆和 Barr 螺杆的附加螺纹一般由螺杆全长的 1/3 处开始，在螺杆全长的 2/3 处结束。BM 螺杆、Barr 螺杆比常规螺杆有更高的建压能力，这对混合有利。如图 3-10 所示。

图 3-10　Barr 分离型螺杆

分离型螺杆与普通螺杆相比，可提高转速，从而提高生产能力，同时也可获得较大的剪切速率，有利于混合。设备单位产量的能耗也有所下降，螺杆对机头压力变化的适应性较强。

3.3.3　屏障螺杆的结构与特点

屏障型螺杆是由分离型螺杆变化而来的，它在普通螺杆的某一位置设置屏障段（也称 Maddock 元件，图 3-11），以使残余固相彻底熔融和均化。由于在多数情况下，屏障段都设置在靠近螺杆的头部，因此常称为屏障头。将屏障段设置在计量段某一位置，它的混合效果一定比将屏障段设置在螺杆末端好，因为在前者情况下，仍有一定计量段长度用于继续混合。

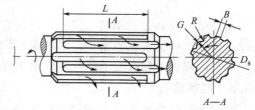

图 3-11　Maddock 元件

当物料从熔融段进入均化段，含有未熔融固体颗粒的熔融料流到达屏障型混炼段后，被分成若干股料流进入混炼段的进料槽，熔融料和粒径小于屏障段的固态小颗粒料越过屏障棱进入出料槽。塑化不良的小颗粒在屏障间隙处受到剪切作用，大量的机械能转变为热能，使小颗粒熔融。此外，由于物料在进、出料槽中一方面作轴向运动，又由于螺杆的旋转作用作圆周运动，两种运动使物料在进、出料槽中作涡状环流运动。这种涡状环流运动促进了在进料槽中的熔料与塑化不良的固体料的热交换，有利于固体的熔融，也有利于熔料进一步的混合均化。料流进入屏障段后，被许多条进料槽分成若干股小料流越过屏障间隙进入出料槽之后又汇合在一起，加上在进、出料槽中的环流运动，物料在屏障段得到了进一步的混合作用。

对于长径比 $L/D=20\sim25$ 的螺杆，Maddock 元件可以放在由螺杆末端算起大约 $(2\sim7)D$ 或 1/3 螺杆全长处。如果为了促进熔融塑化和均化，放在螺杆末端或 $X/W=0.3$ 处即可得到良好效果。Maddock 可以是直槽的，也可以是斜槽的，后者有一定拖曳流动能力，阻力较小。

3.3.4　销钉型螺杆

销钉型螺杆是在普通螺杆的熔融段或均化段一定位置上设置一些销钉（按一定方式排列），如图 3-12(a) 所示。当熔融的物料流经销钉时，销钉将含有固体料或未彻底熔融的料流分成许多股细小的料流。这些细小的料流在两排销钉之间比较宽阔的位置上又汇合在一起，经过第二排销钉时又被分成许多股细小的料流，然后又汇合。经过这样的过程越多，料流中固体料就有可能被分成更多细小的被熔体包围的碎块，大大增加了与熔体的接触面积，加快了熔融速度。同时，小股料流通过销钉之间时也受到螺杆旋转作用，因此被熔料包围的小碎块在流动过程中的方向和位置不断变化，使物料中不同组分能够很好地被分散和混合，其原理如图 3-12(b) 所示。

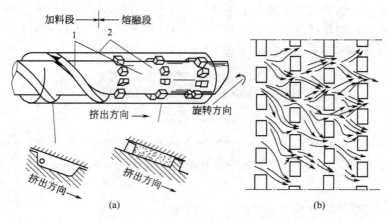

图 3-12　销钉对料流的分流情况

1—熔料；2—固体床

按照销钉的数量、形状、尺寸和排列方式的差异，螺杆的工作特性不同。由于这种销钉螺杆的销钉没有设置在螺槽中，熔料在该段的总流动方向不受螺棱的限制，而且销钉的数量比较多，因此熔料的混合效果比在螺槽中设置销钉的销钉螺杆好。

3.3.5　波状螺杆

波状螺杆就是在常规全螺纹螺杆上用一波状段代替某一全螺纹段。波状段的螺槽深度是按一定规律周期性地变化，即由浅变深再由深变浅地重复几个循环。一般把螺槽最浅处称为波峰，螺槽最深处则被称为波谷。这种波状段可以是单波，也可以是双波。单波是指螺槽深度的变化是在同一条螺槽中进行的，而双波是将一条螺槽分为两部分，这两部分的深度按各自的规律周期地变化，但两者之间也有一定的相位关系。双波又分为带附加螺纹（它与料筒的间隙要比主螺纹与料筒的间隙大）和没有附加螺纹两种情况，如图 3-13 所示，这三种形式的波状螺杆在生产实践中均有应用。

一般波状段设置在计量段。对于普通螺杆，由于其计量段螺槽较浅，已熔融的物料还要在较长时间内承受较高的剪切作用，因此料温不断上升，甚至有可能导致分解，所以螺杆的转速和产量都无法提高。对于波状螺杆，当熔融料在波形螺杆上流动时，每当料流流到波峰处，由于螺槽较浅，剪切作用加剧，内部发热增多，促进了塑料的熔融塑化。但在这一段承受剪切的时间并不长，熔料由波峰迅速流向波谷，由于波谷处螺槽较深，截面积增大，剪切作用减弱，熔料在此阶段停留时间较长，主要完成机械混合和热量扩散的作用，料温不会上升。如此经过几个循环，加速了固体床的破碎，促进了物料的熔融和均化，达到了在高速下实现高挤出量的目的，并能使熔料不致过热分解，混合效果也得到提高。

由于物料在螺槽较深处停留时间较长，受到剪切作用较小，而在螺槽较浅处受到剪切作用虽强烈，但停留时间短，因此物料的温升不大，可以实现低温挤出。波状螺杆与屏障型螺杆、分离型螺杆比较，最大的特点是在整个螺杆上没有死角，不易造成塑料的分解。所以波状螺杆可以实现高速生产，而不会导致过热分解，混合性能较好。如果加工物料中混入了金属杂质或其它硬质颗粒（这在回收料中极易出现），它们无法通过屏障或分离型螺杆的间隙，从而易造成螺杆或料筒的磨损。而波状螺杆不存在这一问题。

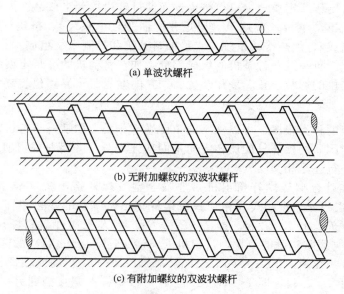

(a) 单波状螺杆

(b) 无附加螺纹的双波状螺杆

(c) 有附加螺纹的双波状螺杆

图 3-13　几种典型的波状螺杆

波状螺杆的产量高，塑化质量好，混炼性能好，适应性强，它不但可用于挤出机也可用于注射机作注射螺杆，可加工大多数热塑性塑料。与常规螺杆相比，双波螺杆的产量明显高于常规螺杆。由于单、双波螺杆都能获得比常规螺杆温度均匀的熔体，可减少热敏性物料的降解。波状螺杆具有综合的混合能力（能进行非分散混合及分散混合），故可用于混合工艺。

3.3.6　组合型螺杆

组合型螺杆不是一个整体，它是由各种不同职能的螺杆元件（如输送元件、混炼元件、压缩元件、剪切元件等）组成的。改变这些元件的种类、数目和组合顺序，可以得到各种特性的螺杆，以适应不同物料和不同制品的加工要求。它可以用于特定物料和特定产品的加工，通过理论分析和实验，就可以找出最佳工作条件，在一定程度上解决了"通用"和"专用"之间的矛盾。

3.4　混炼型双螺杆挤出机

双螺杆挤出机在聚合物加工、改性中已经得到了越来越广泛的应用，是目前工程塑料改性最主要的设备。随着制备技术的提高，已出现新一代高速大扭矩双螺杆挤出机，螺杆转速高达 $600\sim1200\text{r/min}$。与美、德、意、英、日等发达国家相比，双螺杆挤出机在我国开始应用较晚，只是到了 20 世纪 80 年代初才开始较多地由国外引进。随着对双螺杆挤出机认识的加深，在 20 世纪 80 年代中期，双螺杆挤出机在我国的应用范围和使用量逐渐扩大。通过引进国外技术，我国有的厂家开始生产制造双螺杆挤出机。到 20 世纪 90 年代初，我国双螺杆挤出的设计制造发展很快，形成双螺杆挤出机制造热，国产双螺杆挤出机已基本能满足国内一般生产的需求。

3.4.1　结构

就整体而言，作为挤出机组，双螺杆挤出机组和单螺杆挤出机组均由主机和辅机两大部分组成。

（1）主机　它和单螺杆挤出机类似，其作用主要是将聚合物（及各种添加剂）熔融、混合、塑化、定量、定压、定温地由口模挤出进而通过辅机得到半成品（如颗粒）或制品。它由传动部分（包括驱动电机、减速箱、扭矩分配器和轴承包等）、挤压部分（主要由螺杆、机筒和排气装置组成）、加热冷却系统、定量加料系统和控制系统组成。

（2）辅机　包括机头及各种辅机的组成部分，如挤管辅机的冷却定型装置、牵引装置和切割装置、造粒辅机的切粒装置、冷却装置、颗粒的输送、干燥和包装装置等。

3.4.2　分类

双螺杆挤出机的种类很多，可以从不同角度进行分类，如啮合与否，两根螺杆在啮合区螺槽是开放还是封闭，两根螺杆的旋转方向是同向还是异向，螺杆是圆柱形的还是锥形的，或两螺杆轴线是平行还是相交等。

（1）啮合与非啮合型双螺杆挤出机　非啮合型双螺杆挤出机（non-itermeshing twin-screw extruder）也叫外径接触式或相切式双螺杆挤出机。它的两根螺杆轴线分开的距离 I 至少等于两根螺杆外半径 R_i 之和。即 $I \geqslant R_1 \geqslant R_2$。有人把这种双螺杆挤出机叫作 double extruder，以表示与通常称呼的双螺杆挤出机（twin screw extruder）的区别。

啮合型双螺杆挤出机（intermeshing twin screw extruder）的两根螺杆轴线间的距离小于两根螺杆外半径 R_i 之和，即 $I < R_1 + R_2$。因一根螺杆的螺棱插到另一根螺杆的螺槽中，故叫啮合型。根据啮合程度的不同，又分全啮合型和部分啮合型或不完全啮合型。所谓全啮合型是指在一根螺杆的螺棱顶部与另一根螺杆的螺槽根部之间不留任何间隙（指几何设计上，非制造装配上），即 $I = R_0 + R_i$（式中 R_0 为螺杆根部半径）。所谓部分啮合型或不完全啮合型，是指一根螺杆的螺棱顶部与另一根螺杆的螺槽根部之间在几何上留有间隙（或通道）。

（2）开放与封闭型双螺杆挤出机　开放和封闭是指啮合区螺槽的情况，即指在两根螺杆啮合区的螺槽中，物料是否有沿着螺槽或横过螺槽的可能通道（该通道不包括螺棱顶部和机筒壁之间的间隙或在两螺杆螺棱之间由于加工误差所带来的间隙）。据此可以分为纵向开放或封闭、横向开放或封闭等几种情况。如果一物料自入口（加料口）到出口（螺杆末端）有通道，物料可由一根螺杆流到另一根螺杆（即沿着螺槽有流动），则叫纵向开放；反之，则叫纵向封闭。纵向封闭意味着两根螺杆上各自形成若干个相互不通的腔室，一根螺杆的螺槽完全被另一根螺杆的螺棱所堵死。在两根螺杆的啮合区，若横过螺棱物料有通道，即物料可以从同一根螺杆的一个螺槽流向相邻的另一个螺槽，或一根螺杆的一个螺槽中的物料可流到另一根螺杆的相邻两个螺槽中，叫横向开放，否则叫横向封闭。横向开放与纵向开放并不是孤立的，两者有联系。不难想象，如果横向开放，那么必然纵向也开放。

（3）同向和异向旋转双螺杆挤出机　同向旋转双螺杆挤出机的两根螺杆的旋转方向相同，从螺杆外形看，同向旋转的两根螺杆完全相同，螺纹方向一致。异向旋转双螺杆挤出机两根螺杆旋转方向相反，这可有向内旋转和向外旋转两种情况。目前向内旋转的情况较少，因物料自加料口加入后，在两根螺杆的推动下，物料会首先进入啮合区的两根螺杆的径向间隙之间，并在上方形成料堆，从而减少了可以利用的螺槽自由空间，影响接受来自加料器物料的能力，不利于将螺槽尽快充满和使物料向前输送，加料性能不好，还易形成架桥。同时，进入两螺杆径向间隙的物料有一种将两根螺杆分开的力，把螺杆压向机筒壁，从而加快了螺杆和机筒的磨损。向外旋转则无上述缺点，物料在两根螺杆的带动下，很快向两边分开，充满螺槽，且很快与热机筒接触，吸收热量有助于将物料加热、熔融。从外形上看，异向旋转的两根螺杆螺纹方向相反，一为右旋，一为左旋，两者对称。如图 3-14 所示。

（4）平行和锥形双螺杆挤出机　按两螺杆轴线的平行与否可将双螺杆分为平行双螺杆和锥形双螺杆挤出机。对于锥形双螺杆，其螺纹分布在锥面上，两螺杆轴线成一交角，一般情况下它作异向旋转。

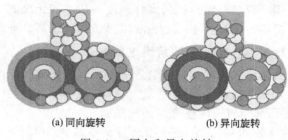

(a) 同向旋转　　　　　　　(b) 异向旋转

图 3-14　同向和异向旋转

　　由于在塑料改性中绝大部分使用的是啮合型同向平行双螺杆挤出机，所以下面重点介绍啮合型同向平行双螺杆挤出机。

3.4.3　啮合型同向旋转双螺杆挤出机输送机理

　　理论上，啮合同向旋转双螺杆挤出机可以设计成在啮合区横向封闭，但纵向不能完全封闭，必须有一定程度的开放，否则两根螺杆装不到一起。换言之，必须将螺槽宽度设计得大于螺棱宽度，在纵向留下一定的通道。通道的大小由使用目的而定。纵向开放得越大，正位移输送能力丧失得越多。将螺棱宽度对沿螺槽方向流动物料的阻碍并使其流线在轴线方向移动距离的大小作为正位移作用的判断，流线在轴向位移量越大，正位移作用越大，因而图3-15(a) 的正位移能力大于图 3-15(b) 的。由于螺棱顶部有一定宽度，物料在此处受阻，不能进入另一根螺杆，因而形成环流 ［图 3-15(c)］，这部分受阻的物料有助于物料的正向输送。由于目前流行的啮合型同向双螺杆的螺棱宽度都设计得比螺槽宽度窄得多 ［如图 3-15(b) 中］，因此一般认为啮合同向双螺杆挤出机既具有一定的正位移输送能力，也有摩擦、黏性拖曳输送能力。

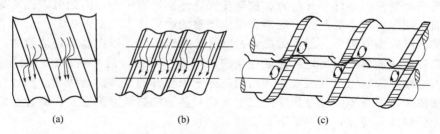

(a)　　　　　　　　(b)　　　　　　　　(c)

图 3-15　同向双螺杆的正位移作用

3.4.4　双螺杆挤出机的主要技术参数

　　(1) 螺杆直径　螺杆直径系指螺杆外径，用 D 表示，单位 mm。像单螺杆挤出机一样，双螺杆挤出机的螺杆直径是一个重要技术参数，它的大小在一定程度上表示出双螺杆挤出机生产能力的大小。螺杆直径越大，生产能力越大。

　　(2) 螺杆长径比　螺杆长径比系指螺杆上有螺纹部分的长度（即螺杆有效长度）与螺杆直径之比，用 L/D 表示，其中 L 即为螺杆有效长度，D 表示螺杆直径。对啮合同向积木式双螺杆挤出机来说，由于其螺杆长径比可以变化，因而在产品样本上的长径比应当指最大可能的长径比。螺杆长径比是一个重要技术性能参数，在一定意义上它表示出双螺杆挤出机能完成特定生产任务和功能的能力（和螺杆转速、加料量一起），也能表示出生产能力的大小。但应当指出，长径比这个概念已没有在单螺杆挤出机中那么重要，除了适于特定的任务外，已不是长径比越长生产能力越高了（双螺杆挤出机的生产能力更多地决定于螺杆直径、螺杆转速、螺杆构型和加料量）。

（3）螺杆的转速范围　双螺杆挤出机的螺杆速度一般都能无级调节，其螺杆有一个最低转速和最高转速，目前最高转速可达 1000r/min 以上。转速越高，剪切力越大，产量越大。

3.4.5　啮合型同向旋转双螺杆挤出机的挤出过程

啮合型同向双螺杆挤出机的两根螺杆啮合到一起后，将形成三个间隙，再加上螺棱顶部与机筒内壁之间的间隙，一共有四个间隙。

① 螺棱间隙：螺棱顶部与机筒内壁之间的间隙。

② 径向间隙（也称压延间隙）：它是一根螺杆的螺纹顶面与另一根螺杆螺槽底部（根径）之间的间隙。因该间隙如同压延机辊筒之间的间隙，故也称压延间隙。

③ 四面体间隙：它是由于在有的情况下，螺棱侧壁不垂直于螺槽底面，而成一个夹角造成的。它位于两根螺杆相邻螺棱侧面之间，近似为四面体故叫四面体间隙。如果是矩形螺纹，两螺杆啮合在一起则不会形成所谓的四面体间隙。四面体间隙在接近通过两根螺杆轴线的平面时窄而长，在啮合区终了处（靠近机筒内壁处）则短而宽。

④ 侧间隙：两根螺杆螺棱侧面间的间隙。

由于螺槽纵向开放，故由加料口到机头，两根螺杆中有一通道。当物料由加料口加到一根螺杆上后，在摩擦拖曳下将沿着这根螺杆的螺槽向前输送至下方楔形区，在这里物料受到一定压缩。如果螺棱比螺槽窄，则另一根螺杆的螺棱不会把物料前进的道路堵死。因两根螺杆在楔形区有一大小相等、方向相反的速度梯度，故物料不可能进入啮合区绕同一根螺杆继续前进，而是被另一根螺杆托起并在机筒表面的摩擦拖曳下沿另一根螺杆的螺槽向前输送。当物料前进到上方楔形区时，又重复此过程，只是已在轴线方向移动了一定距离。因此，从宏观看来，物料是绕两根螺杆沿着螺旋∞形通道前进，一直到达口模。同向旋转双螺杆中，在绕两根螺杆的∞形通道上的任何点没有汇集物料的趋势。同向双螺杆两螺杆之间没有压延效应，因而没有使两根螺杆分开的力。物料使螺杆浮在机筒中心，因此可以在两螺杆之间及螺杆和机筒之间保持较小的间隙，也不会发生严重的磨损。

同向旋转啮合型双螺杆一般都做成紧密啮合且共轭型的，以提高其自洁能力。在侧间隙中，一根螺杆螺棱的侧面以恒定的速度在切向扫过另一根螺杆的侧面；在所谓压延间隙中，一根螺杆的螺棱顶部以恒定的速度在切向扫过另一根螺杆的根部。这两种"扫过"运动，防止了物料滞留和黏附在侧间隙及压延间隙中。这对热敏性物料尤为重要，而且使物料的颜色均匀和快速变换成为可能，不会留下残余物。

由于啮合螺杆之间存在着几个间隙，物料受轴向压力梯度和切向压力梯度作用，就要在这些间隙中产生流动。螺棱顶部与机筒内壁间隙中的流动主要是由压力项和拖曳项构成。四面体间隙中的流动主要受切向压力梯度的影响。四面体间隙对同向旋转双螺杆至关重要，在切向压力梯度作用下，物料由一根螺杆的螺槽经过四面体间隙流到另一根螺杆的螺槽中。由于一根螺杆的螺棱顶部和另一根螺杆的螺槽根部以相反的速度方向相互滑过，因而无压延效应，这意味着熔体受到恒定的剪切速率，熔体中的粒子受到均匀的剪切应力。

如果将螺槽区和啮合区联合起来分析，情况就是：处于一根螺杆螺槽底部的受到低剪切应力的料层在啮合区被另一根螺杆的螺棱刮下而汇集在这根螺杆的高剪切区（机筒壁区）；反之，处于机筒壁区受到高剪切应力的料层，在啮合区被带到另一根螺杆的螺槽底部。物料每通过一次啮合区就发生一次交换和重新排列，加上同向双螺杆中没有显著的低剪切应力区，就使得均匀塑化和良好混合成为可能。

在加料量小于最大理论产量的条件下，加料量的增加使反向压力流减小，从而减少了螺槽中物料受的平均剪切应力，因此物料所受剪切作用较小。螺杆转速对螺槽中物料受的平均剪应力影响显著，平均剪应力随螺杆转速的提高而明显提高。大导程螺杆螺槽中物料受到的平均剪应力大于小导程螺杆。双头和三头螺纹螺槽中物料受到的平均剪应力相差不大，而单头螺纹中物料受的平均剪应力远小于前两者。

3.4.6　螺杆元件

啮合型同向旋转双螺杆挤出机的螺杆通常采用组合式结构，即将螺杆根据其不同的功能分成不同的功能段，并相对应地设计出不同的螺杆元件，装配时根据不同的生产工艺，对其进行组合，并装配在芯棒上，构成一根螺杆。

3.4.6.1　螺纹元件

（1）正向螺纹元件　正向螺纹元件主要用于物料的输送。正向螺纹元件螺槽的形状可以是矩形，也可以是其它形状，目前多采用螺旋形的螺槽形状。

（2）反向螺纹元件　反向螺纹元件的形状与正向螺纹元件的形状类似，只是螺槽的螺旋方向相反。由于反螺纹向相反方向输送物料，正螺纹向挤出方向输送物料，因此物料在反螺纹段入口前方建立起高压，以克服反螺纹中的反向流动所产生的阻力，使物料通过反螺纹的缝隙而向前输送。在挤出机中有时根据挤出工艺的需要，要在螺杆轴向的不同位置或相当短的距离内形成不同的压力区（压差有时大到几个兆帕），这时就可利用反螺纹元件来实现此目的。例如在螺杆轴向某一位置加入液体添加剂或发泡剂，加入位置必须处于低压区，此时在加入区前设置反螺纹元件形成高压起密封作用，防止液体添加剂或发泡剂向反向流动，而在反螺纹元件后则形成低压区利于添加剂或发泡剂的加入。在排气口前设置反螺纹元件，可在排气区前形成高压，而在排气区突然降压以利于排气。

（3）反向螺纹中的压力降　反向螺纹元件本身无正向输送能力，是阻力元件，压力降大，应在其前方设置正螺纹输送元件，才能克服其阻力，将物料向口模方向输送。加入一段反螺纹元件就会出现一个压力峰值，加入两段反螺纹元件就会出现两个压力峰值；以此类推，可根据需要设置多个反螺纹元件。螺纹元件如图 3-16 所示。

图 3-16　啮合型同向旋转双螺杆挤出机螺纹元件

3.4.6.2　捏合盘元件

捏合元件具有优异的混合、熔融性能，在双螺杆挤出机中应用比较广泛。捏合盘也可以做成单个的，然后装到轴上组成组合块，此时可调节捏合盘间的错列角，如图 3-17 所示。捏合盘的剪切强度取决于它有几个突起（即是类偏心圆、菱形还是曲边三角形）、形状、尺寸精度及其与机筒（以及另一盘）之间的间隙，也取决于各捏合盘之间的错列角。对于类偏心圆盘状捏合盘，使用组合时，应把偏心安排在同一方向，使得在一对捏合盘间有一种连续扫过的关系。对于菱形捏合盘，应使一个盘的菱顶沿另一个捏合盘较长的曲线边移动。对于曲边三角形捏合盘，应使一个盘的顶角顶部扫过另一个捏合盘的一条曲边。无论哪一种捏合盘装到机筒中后，一对捏合盘的轮廓线与机筒内表面就形成了轴线方向沟通的若干空间，这些空间会对物料进行分流。螺杆每转一转，这些空间要改变其形状和大小，对类偏心圆盘来说，还要改变空间的数目。

无论哪种捏合盘，当它转动时，在它们所形成的空间中的物料要经受压缩、拉伸、剪切和捏合，这些作用的强度取决于螺杆的回转速度、捏合盘的几何形状的精确程度以及物料由

图 3-17 啮合型同向旋转双螺杆挤出机捏合盘

一个捏合盘流向另一个捏合盘的走向。

由于捏合盘成组使用（一般有 3～5 个盘串在一起），故每组捏合盘各盘之间的相对位置和精确关系至关重要。对于类偏心盘，其偏心角度应沿轴线连续变化，由此而产生的整个形状很像大螺距单螺杆那样的螺旋，可通过增加螺旋角而实现混合。但有一个差别，就是捏合盘的棱面比螺纹的厚。如果捏合盘错列而形成的螺旋方向与正向螺纹元件相同，则物料逐步向前输送时受到阻碍较小，相反，物料的运动则会受阻，从而产生高压和高剪切。菱形捏合盘组合后可形成两条螺槽；三曲边形捏合盘，其形成的螺槽不明显，严格讲，它可形成三条螺槽。

类偏心圆捏合盘和单头螺纹元件联合使用，一般用来混合比较难以混合的物料，如环氧树脂、聚酯、聚丙烯酸涂覆粉料等。菱形捏合盘与双头螺纹元件联合使用时因其产生的剪切不十分强烈，因此适用于对剪切敏感的物料，如玻璃纤维增强塑料。三曲边形捏合盘，因其形成的剪切较强烈，故与三头螺纹元件（螺槽较浅）联合使用时，可用来对那些能承受高剪切的物料进行混合。装有捏合盘的同向双螺杆挤出机的通用性比较强，可适用于多种混合工艺，如填充、共混、增强、制作色母料、对聚烯烃进行脱挥发分等。若用来对 PVC 进行混合，只能在低速下工作（但这是不经济的），否则会因剪切强烈使物料产生分解和建立过高的压力。

3.4.6.3 啮合盘的混合作用

（1）啮合盘的分布混合作用 当物料流经捏合盘组合块由一个捏合盘流入下一个捏合盘时，要被分流。这是因为，一对捏合盘与机筒之间要形成若干个被隔开的凹形槽，其个数因捏合盘凸起数（或头数）不同而不同，可用下式表示：

$$i = 2m - 1$$

式中，m 为凸起数，对曲边三角形 $m=3$，对椭圆 $m=2$，对类偏心圆 $m=1$。因而当一股料流流入一对捏合盘后就被分成 i 股。如果用同流量的大小来表明捏合盘的分布混合能力，则

$$Q_{回} = Q_{1回} + Q_{2回}$$

即将回流分为周向回流 $Q_{1回}$ 和轴向回流 $Q_{2回}$，前者为啮合盘凸起和机筒内壁间隙 δ 中的回流量，它有利于周向分布混合，后者为与输送方向相反的回流量，它加宽了物料的停留时间，有利于轴向分布混合。

影响周向回流量的参数有幂律指数、捏合盘凸起数、捏合盘凸起与机筒之间的间隙、捏合盘的错列角。捏合盘凸起数越多，回流越大；间隙越大，回流越大。在凸起数和螺杆转速一定的情况下，$Q_{1回}$ 与错列角 λ 的关系比较复杂。捏合盘间错列角是形成轴向分布混合的基础，是控制轴向分布混合的重要参量。当 $36.4° < \lambda < 90°$ 时，轴向回流最大，因而轴向分布混合最佳。

（2）啮合盘的分散混合作用 捏合盘有良好的分布混合功能，也有良好的分散混合作用。主要是因为它有能提供高剪切的剪切区。剪切区包括啮合区和捏合盘的曲边与机筒内壁组成的区域。τ_{max} 大，表示分散混合能力越强。在一定的 λ 范围内，τ_{max} 随着螺杆转速增大而增大，分散混合能力提高。图 3-18 表示了剪切速率、剪切应力与啮合盘参数之间的关系。

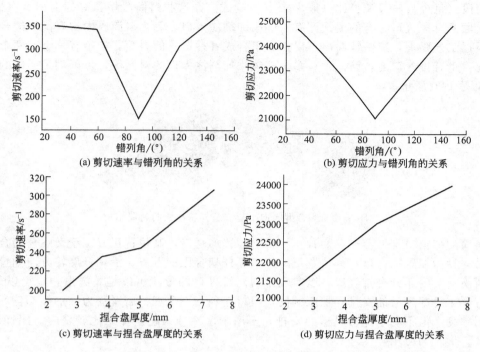

图 3-18　剪切速率、剪切应力与啮合盘参数之间的关系

3.4.6.4　齿形元件和转子形元件

齿形元件是由一个或一系列带齿的盘组成，见图 3-19。齿形元件混合性能好，在非啮合区，齿可进行分流，增加混合料的界面，有利于分布混合；在啮合区，由于一根螺杆上的齿形元件伸入到另一根螺杆上的两排齿形元件的齿之间，从而将由齿间流出的料流垂直切割，这也有利于混合料的分布混合。如果两排齿形元件间的间隙很小，螺杆旋转时会产生很大的剪切速率，有利于分散混合。

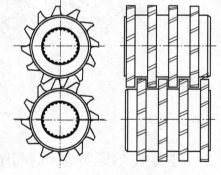

图 3-19　齿形捏合元件

如果齿形元件的齿为直齿，则物料要靠齿形元件前后的压力降才能通过齿形元件，因此齿形元件前应建立一定的压力；若齿形元件为斜齿，且与正向螺纹元件的螺旋方向相同，则斜齿对物料有一定的拖曳作用，可减小压力能的消耗。在实际使用过程中，上述元件可根据加工工艺和混合要求，选择不同数量和不同类型的螺杆元件与料筒元件配合起来，组合成所需要的双螺杆挤出机的挤压系统。

转子形混合元件由两对螺旋方向相反的螺棱构成，其形状像密炼机的转子。物料在该螺杆元件的作用下，往返运动，强化了分散混合效果，降低了熔体温度在轴线方向的温差，有利于物料的混合。

齿形元件具有低的机械能输入而实现高的分布混合，可应用于带状组分的混入、添加剂、催化剂的混入、纤维组分的混入和熔体温度均化。

3.4.7　啮合型同向平行双螺杆挤出机的料筒结构

啮合型同向平行双螺杆挤出机的料筒一般多采用组合式结构，整个料筒由长度相等的若干料筒段（每个料筒段长径比一般为 4∶1）构成。在这些料筒段中，有的上面开有进料口，有的上面开有排气口，有的上面开有液体添加剂注入口。每个料筒段内均有高耐磨合金钢衬套。根据工艺要求，这些料筒段可以任意组合成各种形式的料筒，如带有一个或两个加料口的料筒，带有排气口的料筒，带有多个液体添加剂注入口的料筒等，可以满足不同的工艺要求，如图 3-20 所示。

图 3-20　啮合型同向平行双螺杆挤出机的料筒结构

　　料筒的加料口常见形式有两种。一种是对置加料口，其位置正好位于两螺杆啮合区的上方；另一种为偏置加料口，其位置正好位于螺杆啮合区的上方，沿螺杆旋转方向偏置一段距离。料筒上有的还开有排气口，以实现排气。排气口的形状可以是长方形，也可以是圆形。前者有利于冷却风道的安排，加工方便，但材料利用不合理；后者受力、加热都较均匀，材料利用率高，但不利于冷却风道的安排，多用于水冷却系统，加工比较费时。图 3-21 是不同排气口形式的应用。

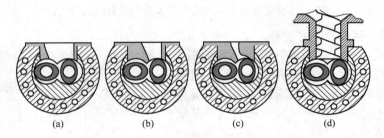

图 3-21　不同排气口形式的应用
适用于：（a）低黏度熔体；（b）粘壁型高黏度熔体；
（c）不粘壁型高黏度熔体；（d）用于发泡熔体的双螺杆保持装置

3.5　往复式单螺杆混炼挤出机

　　随着汽车、家电、通信、军事等工业的飞速发展，对塑料专用料的性能要求越来越高。在塑料改性行业中占主要地位的单、双螺杆挤出机许多方面的性能已经不能满足共混、填充、增强、增韧等改性的要求。而往复式单螺杆混炼挤出机恰好具有剪切均匀、高分散、高填充、拉伸熔体等特点，综合了单、双螺杆挤出机的优点，加上一整套的螺纹组合元件及配套设备，使其应用更广泛，在一部机器上可以做到混料、混炼、塑化、分散、剪切、拉伸、脱气、造粒，使得熔体在机器中流动的界面面积远远大于一般的剪切流动，同时熔体温度控制精确。因此用往复式单螺杆挤出机生产一些高技术含量、高附加值的产品逐渐成为一种趋势。

　　往复式单螺杆混炼挤出机与普通单螺杆挤出机的不同之处在于这种挤出机机筒是剖分的，机筒上设置有多排功能不同的销钉，螺杆作旋转和轴向往复复合运动，螺杆每旋转一周，同时完成一次轴向往复位移。为了使销钉和螺棱不产生干涉，螺棱必须是中断的，而且为了保证物料受到充分的剪切，螺棱与销钉之间的最小间隙必须适中，这种独特的结构使中断螺棱中的物料在销钉的剪切、分散作用下，塑化和混合更充分，因此往复式单螺杆挤出机不仅可以生产环氧模塑料、粉末涂料、工程塑料、电线电缆料、软硬 PVC、热固性塑料、色母料，而且还适合于食品加工、反应型混炼及特殊混炼，尤其在加工混炼质量要求高、对剪切和热敏性的物料时，更能显示出压力低、剪切低、温升低和混炼质量高的优势。

3.5.1　工作原理

往复式单螺杆混炼挤出机，在螺杆芯轴上设计有独特的积木式螺块，在一个螺距内断开三次，称为混炼螺块，对应这些空隙，在机筒内衬套上，排列有三排混炼销钉，螺杆在径向旋转过程中，同时做轴向的往复运动。每转动一周，轴向运动一次。由于这种特殊的运动方式，以及混炼螺块和销钉的作用，物料不仅在混炼销钉和不规则梯形混炼块之间被剪切，而且被往复输送，物料的逆流运动给径向混合加上了非常有用的轴向混合运动，熔体不断地被切断、翻转、捏合和拉伸，有规律地打断简单的层状剪切混合。由于在径向和轴向上的同时混炼，增强了混炼效果，保证了最佳的分散混合和分布混合，因此均化时间短。另外，混炼销钉和螺块的相互啮合，也提高了机筒的自清洁能力。通过适当的螺块组合，可保证稳定的工作压力和温度，防止物料在机筒内产生降解。由于捏合元件的螺纹是中断的，所以作用在聚合物上的压力很小，不产生明显的温升。而单、双螺杆挤出机是在高剪切和高径向压力下对薄层聚合物进行剪切，必然使熔体产生大的温升，影响物料低温挤出的原则。同其它机器相比，在直径相同的条件下，其长径比较短，扭矩在较短的距离上传递，因此螺杆扭转变形小。

对分布性混合来讲，往复式销钉螺杆挤出机综合了静态混合器和两辊开炼机的"切割和再折叠的作用"。捏合螺纹元件的螺棱在每一个导程内间断三次，机筒上则相应地布置三排销钉，每个螺槽中的物料被间断的螺纹分到两个螺槽中，然后一部分重新联合，一部分再进一步分割。在每个 L/D 中的每个螺槽内的物料要经受 4 次分割，如果把捏合销钉也包括进去，它们不仅能在一个螺槽中提供附加的切割，也可以在每一中断螺棱处横过流线，从而使混合过程变得更复杂，所以每一 L/D 内物料被分割成的条纹数为：

$N_{s2} = 2^8$　（考虑螺棱和捏合销钉，但未考虑捏合销钉横过螺槽作用）

如果考虑捏合销钉横过螺槽作用，则在一个 L/D 内物料被分割成的数目为：

$$N_{s3} = 2^{12}$$

则在 4 个 L/D 内料流将被分割的次数为：

$$N_{s4} = 2^{48} = 2.8 \times 10^{14}$$

由此可知，为什么往复式销钉螺杆挤出机能够在非常短的螺杆长径比内实现大量液体或熔体的有效混合。对于大多数物料的分布混合操作，在 $L/D \leqslant 4$ 的情况下即可实现良好混合。

对分散性混合来讲，将粒子破碎一般有两种途径：①提供很大的局部应力，当局部应力大于分散体系的屈服应力时粒子即可破碎，这是绝大多数混炼设备所采用的分散混合方式。这些混炼设备一般提供高的剪切区，物料经过高剪切区时，要经受很大的剪切应变，大的剪切应变有利于固相粒子的破碎，从而达到分散混合的目的。但这种分散混合方式不可避免地会产生非常大的剪切速率，可能使物料的局部温升过大，进而导致那些热敏性物料的分解，不利于产品质量的稳定。②采用柔性剪切的方式对物料进行分散混合。这种方式通过多次对物料实施强度不大的拉伸、剪切和折绕，使其疲劳断裂，从而达到粒子的破碎和分散混合的目的。显然这种分散混合方式不易使物料产生过大的温升，对加工那些热敏性物料是十分有

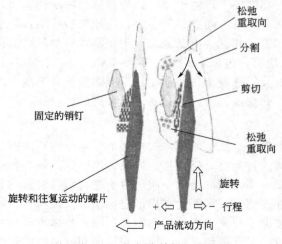

利的。这种通过柔性剪切方式对物料进行分散混合是往复式销钉螺杆挤出机所特有的。

往复式混炼单螺杆挤出机工作原理与常规单螺杆挤出机的区别在于其螺杆在旋转的同时，还按一定的规律作轴向往复运动，这就使物料在螺杆和机筒中的运动轨迹大为复杂。机筒上的销钉如同一个个强制搅拌器，它起到对螺棱的清扫、对物料的输送并进行分布和分散混合作用。捏合销钉和螺杆根径形成的剪切区类似于双螺杆挤出机的压延间隙，这个间隙可以根据加工工艺的需要给予适当调整。随着螺棱的移动，这个间隙存在着一个最大值和最小值，如图 3-22 所示。

图 3-22　往复式单螺杆混炼
挤出机的剪切原理

当移动螺棱接近最小间隙时，物料被捏合销钉挡住，并在较小的压力下被拉伸、切割和剪切，物料在被挤出的过程中频繁地经过销钉与螺棱侧壁间的间隙，不断地被拉伸、剪切和破碎，达到混合目的。

3.5.2　结构

① 主机机筒、螺杆　主机机筒、螺杆均采用积木式装配，机筒由多组开孔和闭孔筒体组成，剖分式的筒体，可快速方便地打开，便于清洗、检修。螺杆由套在芯轴上的各种混炼螺块和输送螺块组成，可根据物料品种不同、工艺要求的不同灵活组成理想形式，如图3-23所示。

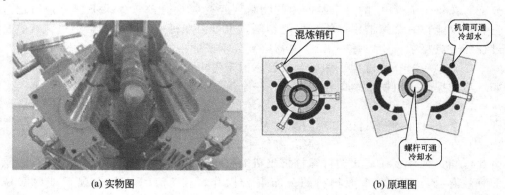

(a) 实物图　　　　　　　　　　　　　　　　(b) 原理图

图 3-23　往复式单螺杆混炼挤出机的结构

机筒内衬套上安装有三排销钉，销钉分为六种型号，实心长销钉用来固定内衬套，增强混炼效果；空心长销钉作用是固定、混炼、安装测温头、注射液体助剂；平头长销钉固定内衬套；平头短销钉用来堵塞备用孔，实心销钉起混炼作用，短实心销钉对进料口物料进行破碎。随着螺杆的往复运动，销钉与每个螺块的相对运动轨迹呈∞曲线，当捏合销钉通过螺纹间隙时产生轴向物料交换，销钉在螺杆回转一圈的过程中，与螺棱侧边的相对运动产生了对物料的剪切，对螺杆和机筒在轴向和径向进行了清理。这就是往复式混炼挤出机彻底混合、捏合和自洁作用的基础。如图 3-24 所示。

② 齿轮箱和摇摆箱　实现螺杆在做旋转运动的同时，进行轴向的往复运动，螺杆每转一周，往复运动一次，螺纹中断三次，从而产生强烈的混炼效果。其混合作用是在轴向而不是在径向，且发生在螺纹和销钉之间。螺槽内全部物料受到均匀的剪应力，而不是一薄层的物料受到剪切。

(a) 混炼捏合销钉

(b) 熔体输送齿轮

图 3-24　往复式混炼挤出机的销钉与齿轮

③ 螺纹元件　积木式地排列在芯轴上，可根据不同的要求进行排列组合，螺杆是中空的，可通冷却水进行冷却，更好地控制混炼时的温度。而且机筒内表面都被螺纹元件横扫，没有物流死角，具有很好的自洁能力，以及较高的输送效率和稳定均匀的物料停留时间等。往复式单螺杆混炼挤出机的螺杆结构如图3-25所示。

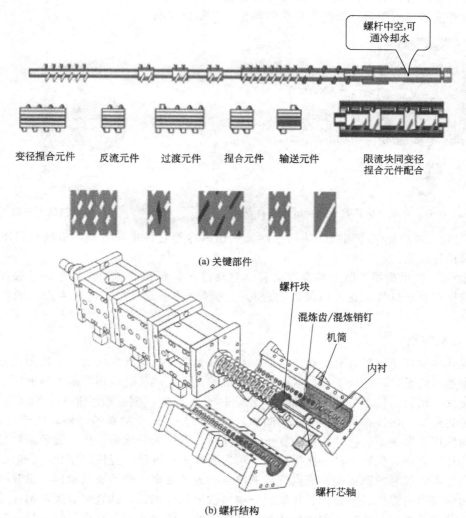

图 3-25　往复式单螺杆混炼挤出机的螺杆结构

④ 熔体泵　作用是将来自挤出机的高温聚合物熔体增压后流量稳定地送入挤出模头。无论挤出机内压力如何变化，流量如何波动，熔体泵能够始终供给模头一定量的物料。熔体

泵同成型模头连接,将混炼改性与成型加工合二为一,减少了造粒环节,意味着减少一次投资,降低生产成本,缩短生产周期,节省了能源,省略了熔体二次加工塑化的热历程,其先进性和经济性是不言而喻的。熔体泵上装有一组压力传感器,可以准确地测出其压力变化,有利于工艺的调整。

⑤ 计量　有多种喂料方式,如体积计量、动态失重计量等等,以满足不同产品的需要。系统配有强制加料螺杆,侧向双螺杆喂料,防止物料在加料口堆积,以保证各组分物料同时按比例进料,解决了由于预混料而造成的环境污染问题。同时可配置液体加料装置,如图3-26 所示。

⑥ 加热与冷却　筒体采用电加热水冷却(或油加热油冷却),配有二级压力传感器和RKC 智能型控温装置,双向 PID 调节。深入机筒内的熔体温度传感器可真实地反映各区熔体的实际温度(图 3-27)。另外,有一只多点温度巡检仪,所以控温准确,误差小。带有机械、电器连锁装置,具有机械和电器双重过载保护,可有效地保护设备及人身安全。设备控制柜上设有模拟显示图板,机组各部位转动情况显示直观明确。

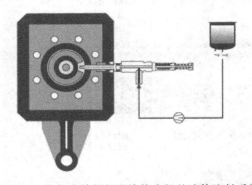　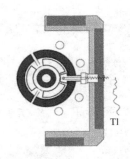

图 3-26　往复式单螺杆混炼挤出机的液体注料系统　　　图 3-27　热电偶直接插入挤出机内

⑦ 切粒　可拉丝水冷切粒、热切水冷、热切风冷等几种切粒方式,根据材料不同及用户的要求进行配置。

⑧ 排气　主机机筒上装有抽真空装置、自动排气装置和强制加料料斗,上加料、侧向加料上均设有自动排气装置,以保证彻底排除物料中的水分及加工过程中产生的各种挥发气体。

3.5.3　性能特点

往复式单螺杆挤出机具有剪切、取向、切割、折叠、拉伸五大功能。独特的往复式单螺杆和多齿形机筒设计,综合了单、双螺杆挤出机的优点,产品的应用有很大的灵活性,可变的螺纹元件和销钉,使其应用范围非常广泛,适合各种塑料制品改性造粒。同其它机器相比,长径比最短,熔体在机筒中停留时间短,而且可控,减少物料的降解,由于其高分散、均剪切的作用,在保证物料性能的前提下,对颜料、助剂的需求量最少,能源消耗最低。系统特有的往复运动,使物料在一次生产中,可完善地进行混料、混炼、塑化、分散、均化和脱气的全过程,优异的混炼能力提供优异的混合、分散效率,产品质量稳定、重复性好,适当的剪切和准确的温控、较小的长径比保证物料被温和地加工。抽真空装置可彻底地脱除产品中的水分以及加工过程中产生的气体和一些挥发性气体,这一点对半导体、导电材料和电缆料特别重要。产品控温准确,温差小。通过销钉测得的是熔体的真实温度、温度曲线均匀,工艺参数稳定、可靠。特别适用于一些热敏材料、剪切敏感材料的加工。剖分式机筒、积木式螺杆组合,无须更改硬件,即可适用许多配方,快速更换品种;无死角,方便拆装清洗，可迅速、简便、安全地进行检修全部零部件，使得维修周期很短，维护成本低，设备可靠耐用。由于机筒压力很低，因此内摩擦很小，设备工作时平稳、噪声低。

3.5.4　应用

往复式单螺杆混炼挤出机是一种新型的塑料混炼加工设备，广泛应用于各种塑料的填充、共混、增强、交联、接枝以及色母粒、功能母料、阻燃母料、导电材料、降解母料等塑料专用料的生产。制备高浓度色母粒时，对颜料、助剂直接计量，无须预先处理，既可获得具有良好分散效果的色母粒，颜料用量减少，降低生产成本，改善生产环境。生产各种玻璃纤维增强产品，玻璃纤维加入量可达 50%。特别适用于各种电缆护套料、绝缘料、交联料、半导体、屏蔽料、导电材料的生产和硬质、软质 PVC 产品以及其它热敏材料，以及热塑性弹性体、热熔胶的生产。用往复式单螺杆混炼挤出机生产黑色母料，炭黑含量高达 50%，而且对原材料没有特殊的要求，不需预处理。例如：选用炭黑 N330 制成的黑色母料应用在吹膜上，不需加偶联剂，聚乙烯蜡用量减少，仍能达到均匀分布分散的效果。制备短玻璃纤维增强聚烯烃时，玻璃纤维加入量可达 50%，而且混炼效果好于双螺杆（因为双螺杆剪切强度较大，玻璃纤维的平均有效长度短）。

往复式单螺杆混炼挤出机特别适用于各种填充改性，由于配置有两个强制加料料斗，可将大量的填料分两部分分别加入，不需要预混料。而且可以避免大量填料同基料一同加入而引起的扭矩增大、填充困难。因此可以生产一些填充量大、难填充的产品。特殊的螺杆结构和运动形式又能将其很好的分散，如 PE 填充轻质碳酸钙时，填充量可达 200%。用往复式单螺杆挤出机生产无机阻燃材料时，氢氧化镁、氢氧化铝的填充量达 60%～70%，阻燃效果优异。

通过往复式单螺杆挤出机的销钉可以测到熔体的真实温度，完全可以做到精确控温，这也是双螺杆无法做到的，这对热固性复合材料的制备极其有利，因此往复式单螺杆挤出机开创了热固性复合材料制备新工艺，加速了热固性树脂复合材料的研究、发展和应用。

往复式单螺杆混炼挤出机也是一种高效节能的塑料挤出混炼设备，跟其它同产量挤出机相比，节省能源 1/4 左右，在塑料改性领域中的应用越来越广泛，为塑料工业的发展做出了大的贡献。

3.6　行星式挤出机

行星式挤出机是把螺杆固定在挤出机的中心处，四周再配以数支呈 45° 的小螺杆而形成行星式挤出机。行星式挤出机因为在各螺杆的空间内以低温的方式运转，因而具有最佳的混炼及分散的效果，其结构如图 3-28 所示。

行星式挤出机结合了滚转及挤出的动作，经由齿状行星式挤出系统的齿合动作，主轴一个滚转即足以挤出熔融的塑料原料，并且能达到最理想的塑化，均质化以及分散性的效果。和其它挤出机的比较，在熔融原料方面增加了 5 倍的接触面。行星式主轴有如"漂浮"在熔融原料中一般，在挤出机的出口处被一止动环所挡住。改变推入环的内部直径，可改变熔融料滞留的时间，从而提高分散及塑化效果。由于行星式挤出机内部具有更大的接触面，因此有最佳的热交换效果，减少熔融后的原料的滞留时间，因而可以大量地减少添加剂的成本，使稳定剂及润滑剂的用量降到最低的程度。由于所有齿状零件持续地啮合，使换料时不至于产生积料的情况，具有自清洁功能。

行星式挤出机最重要的优点有：①提高塑化效果；②由于持续性的啮合产生不断更新的界面，使熔融的原料能达到热均化；③缩短原料滞留的时间；④具有更佳的分散性；⑤脱气效果更佳；⑥适用范围更广。

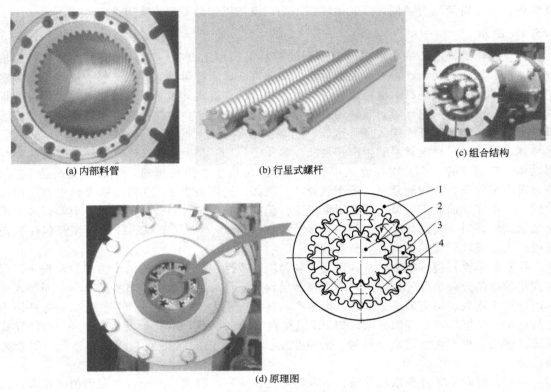

(a) 内部料管　　　　　　　(b) 行星式螺杆　　　　　　(c) 组合结构

(d) 原理图

图 3-28　行星式挤出机的结构

1—料管内牙系统，固定式；2—主螺杆附牙，主动式旋转；3—行星式螺杆附牙，被动式旋转；4—熔融的原料

3.7　连续转子（FCM）混炼机

　　间歇混炼机中的密炼机是一种混合性能优异的混炼设备，但它工作不连续是一大缺点。为了使其转变为连续工作，又保持密炼机的优异混合性能，研制出了 FCM 连续混炼机，如图 3-29 所示。

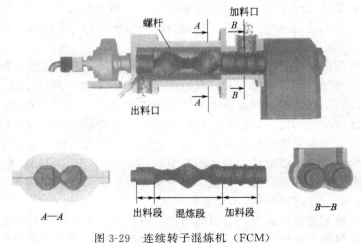

图 3-29　连续转子混炼机（FCM）

　　由于 FCM 的可控因素多，故其通用性较好，可在很宽的范围内完成混合任务，用来对填充聚合物、未填充聚合物、增塑聚合物、未增塑聚合物、热塑性塑料、橡胶掺混料、母料等进行混合，也可用于含有挥发物的聚烯烃或合成橡胶的混合，特别适用于热敏性塑料的共混、填充和增强。其缺点主要是不能自洁，清理麻烦。

3.8　高分子材料改性工艺流程

3.8.1　常用工艺流程

　　塑料改性的工艺流程总体上如图 3-30 所示。

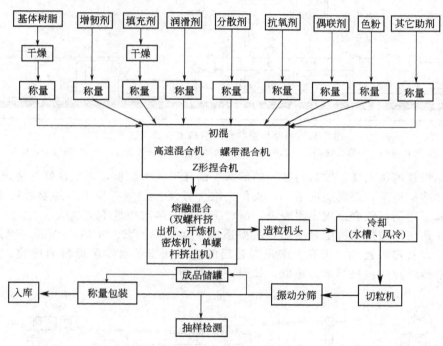

图 3-30　塑料改性工艺流程

　　多路计量喂料双阶挤出造粒的工艺流程是将各种原材料分别经过称量、预混后，按照要求，分别通过计量加料机加入双螺杆配混料挤出机，或连续混炼机的不同加料口进行混合，然后熔融的物料进入热喂料单螺杆挤出机挤出造粒，如图 3-31 所示。

3.8.2　切粒方法的选择

　　常见切粒方法的应用范围与生产能力见表 3-1 所示。

表 3-1　切粒方法

切粒方法		粒子的状态	应用范围	生产能力/(kg/h)
模面热切粒	水下热切粒	腰鼓形或球形	聚烯烃、PS	3000
	水雾热切粒		聚烯烃、工程热塑性塑料	700
	水环热切粒		热塑性塑料(尼龙、PE 除外)	2000
	风冷热切粒		热塑性塑料、工程热塑性塑料	700
冷切粒	平板冷切粒	方形	PVC	3000
	牵条冷切粒	圆柱形	PVC、聚烯烃、尼龙、PE、PC	7000

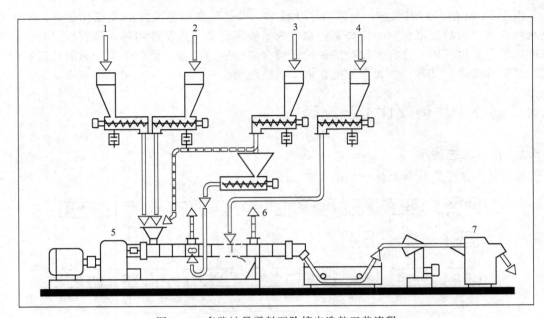

图 3-31　多路计量喂料双阶挤出造粒工艺流程
1—聚合物 1；2—聚合物 2；3—助剂 1；4—助剂 2；5—双螺杆挤出机；6—排气；7—切粒机

风冷热切粒的优点是：①塑料粒子的形状为圆柱形或腰鼓形，形状良好。②设备所消耗的功率低，结构简单，刀具磨损量小，操作、维护方便。③塑料粒子不需要进行干燥处理。其缺点是粒子之间可能会出现黏附现象，所加工物料的熔融指数不宜过低。

水冷拉条切粒与挤出机配合使用，主要适用于对 PA、PE、ABS、PVC、PP、PS 等物料的造粒，以及塑料共混、填充、增强混合后的造粒和非吸水性色母料的造粒，由造粒机头、冷却水槽、冷切粒机等部分组成，如图 3-32 所示。

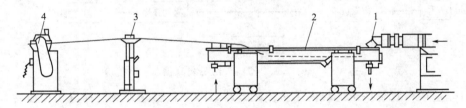

图 3-32　水冷拉条切粒系统
1—造粒机头；2—冷却水槽；3—吹风干燥机；4—冷切粒机

牵条冷切粒具有设备结构简单、操作维护方便、颗粒形状整齐、美观、适应范围广等优点，其主要缺点是功率消耗较大、刀具磨损较严重、不适用于对物料的绝缘性要求较高的场合、不适用于对含水性要求较低以及吸湿性高的物料、产量低。

水下切粒设备通常与挤出机配合使用，主要适用于对 PE、PP、PS、PVC 等物料的造粒。水下切粒设备由水下切粒机头、温水循环系统、分离系统、筛分系统等部分组成，如图 3-33 所示。

水下切粒具有如下优点：①颗粒外形美观、均匀，不易黏结。②产量高。③切下的颗粒可以由水输送到任何地方，操作无噪声。④密闭操作，颗粒质量好，无灰尘、杂物混入。其缺点有：①附属设备（如温水循环系统、颗粒脱水干燥系统等）庞大、复杂。②由于机头与温水接触，运行过程中，为了保持机头的温度，需要消耗大量的热量。③旋转切刀与多孔模

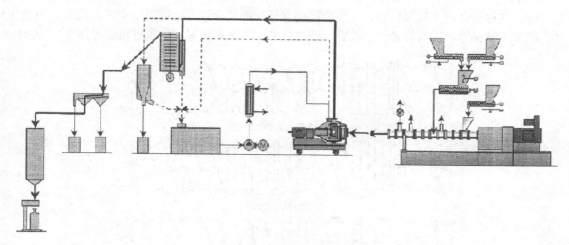

图 3-33　水下切粒系统

板表面的间隙较小，对操作条件要求高，操作不当会引起模的堵塞。

水环切粒适用于 EVA 热溶胶、TPU 弹性体、电缆料等物料的造粒，由水环切粒机头、温水循环系统、分离系统、筛分系统等部分组成。主要优点有：①颗粒外形美观、均匀，不易黏结。②产量高。③切下的颗粒可以由水输送到任何地方，操作无噪声。④密闭操作，颗粒质量好，无灰尘、杂物混入。主要缺点是附属设备（如温水循环系统、颗粒脱水干燥系统等）庞大、复杂。

3.8.3　螺杆元件的组合

整根螺杆按照其功能，可以分为加料段、压缩段、熔融塑化段、排气段、混炼段和熔体泵送段等。不同的螺杆段，采用不同的螺杆元件。

（1）加料段　该段位置对应于料筒的加料口，为了能够顺利地加入不同的物料，如粒料、低松密度粉料、含纤维填充组分的混合料等，这段螺杆元件通常采用大螺距的正向输送螺纹元件。

（2）压缩段　该段螺杆通常采用螺距阶跃式或渐变式变化的螺杆元件或螺距不变、螺棱厚度改变的螺杆元件，达到使物料压缩、密实的目的。

（3）熔融塑化段　该段螺杆通常设置捏合盘元件、反向螺纹元件等，以提供较强的剪切作用，提高熔体温度，以利于物料的熔融与塑化。但是，为了避免该段产生过大的轴向温度梯度，具体组合时应该将捏合盘元件与正向输送螺纹元件相间排列。

（4）下游加料口处的螺纹段　对应于下游加料口的上方，应该设置反向螺纹元件或捏合盘元件，将熔体封住；对应于下游加料口的螺杆段，则应该采用大螺距的正向螺纹输送元件，使熔体在此处的充满度降低，以利于下游物料的加入。

（5）排气段　为了在排气口的前方建立起较高的熔体压力，以利于排气，在靠近排气口的上游，应该设置能使熔体密封的元件，如反向螺纹元件或捏合盘。在对应于排气口的螺杆段，常采用大导程的正向螺纹输送元件，以降低此处螺槽中的物料的充满度，以利于提高排气效果。

（6）熔体泵送段　该段一般采用小螺距或单头螺纹的正向螺纹输送元件，熔体充满长度较短，防止排气口冒料。

（7）混合段　该段螺杆主要是采用捏合盘元件和齿形元件，有时也可以采用转子混合元件，以提高对物料的混合能力。

（8）典型混合加工的螺杆组合　捏合同向双螺杆的组合技术，需要根据工艺需要，通过生产实践来不断探索，以取得最佳的混合、塑化效果。几种典型加工的螺杆组合见图 3-34 所示。

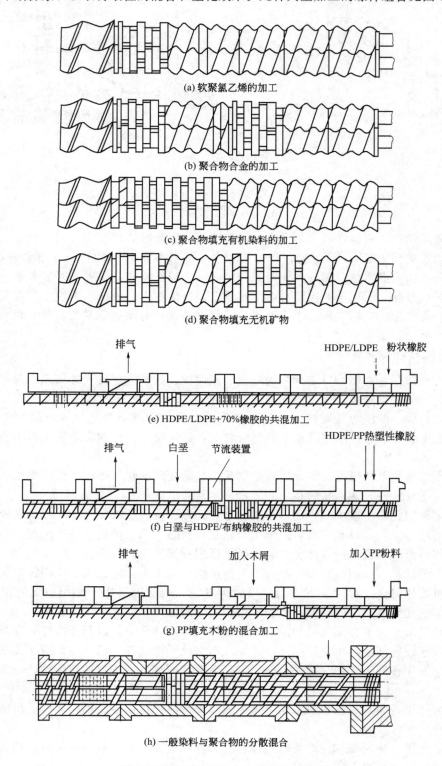

(a) 软聚氯乙烯的加工

(b) 聚合物合金的加工

(c) 聚合物填充有机染料的加工

(d) 聚合物填充无机矿物

(e) HDPE/LDPE+70%橡胶的共混加工

(f) 白垩与HDPE/布纳橡胶的共混加工

(g) PP填充木粉的混合加工

(h) 一般染料与聚合物的分散混合

图 3-34　几种混合工艺的螺杆组合形式

3.8.4　玻璃纤维增强塑料制备工艺流程

玻璃纤维增强作用的好坏，与它在聚合物混合料或制品中的长度、分散状态或分布均匀性、取向以及被聚合物润湿性有关。玻璃纤维在制品或混合料中长度太短，只起填料作用，不起增强作用；太长，会影响玻璃纤维在混合料或制品中的分散性、成型性能和制品的使用性能。一般认为，增强热塑性塑料中玻璃纤维的理想长度应为其临界长度的 5 倍。所谓临界长度，是指对于给定直径的纤维增强热塑性塑料中玻璃纤维承受的应力达到其冲击断裂时的应力值所必需的最低长度。因为在玻璃纤维增强塑料中，玻璃纤维只有达到一定长度才能传递应力，起到增强材料的作用，而低于临界长度时只起填料作用。一般说来，玻璃纤维增强塑料中的玻璃纤维平均长度在 0.1~1.0mm 为好，这既能保证良好的制品性能，又能使玻璃纤维具有良好的分散性。

影响玻璃纤维在制品中的平均长度的因素很多，如塑料和玻璃纤维的种类、玻璃纤维加入量及其表面处理、混合设备和工艺等。玻璃纤维分散性好的标志是：玻璃纤维以单丝而不是以原纱存在于制品中；制品任意单位体积内的玻璃纤维含量大致相等；制品中玻璃纤维长度分布范围大致相同。分散性不但影响制品的外观，而且影响制品的性能。影响分散性的因素有：合适的玻璃纤维（单丝直径及支数）及浸润剂、玻璃纤维含量（粒料中玻璃纤维含量越大，制品中玻璃纤维分散性越差）、合理的造粒工艺和合理的注射工艺。

啮合型同向双螺杆挤出机以其优异的混合性能、方便而灵活的积木式结构、高的生产能力、自动化操作而在玻璃纤维增强粒料的生产中得到广泛应用。其中以下几个问题特别重要：玻璃纤维的加入、螺杆构型的设计、混合工艺（操作条件）的选择。

（1）玻璃纤维的加入　玻璃纤维有长纤维和短切纤维之分，将它们加入到双螺杆挤出机时，可采用不同的方法。短切纤维一般用计量加料装置加入，但并不是所有计量加料装置都能用来加入玻璃纤维，特别是当短切玻璃纤维长度大于 6mm 时。可以采用振动计量加料装置，将聚合物和短切纤维的预混物由加料口一起加入，否则会造成纤维和树脂的分离。通过调节振动速度来控制加入量，但难以精确。为提高加入量，可采用侧加料装置由侧加料口加入。在双螺杆挤出机上多采用长纤维（亦叫粗纱），它比较容易加入，不需要特别的加料装置，只要把架挂起来的粗纱卷的纱条引入双螺杆的加料口，将粗纱绕到螺杆上，纱条会自动由粗纱卷上放开，被旋转的螺杆自动地拉到机筒中（图 3-35），加入量可以控制，知道粗纱单位长度的质量、股数和螺杆转速后，就可知道玻璃纤维的加入量，因为玻璃纤维加入量和螺杆转速成正比。

（2）玻璃纤维加入的部位　一般情况下，聚合物是在第一（主）加料口加入，待其熔融塑化后，再将玻璃纤维在下游加料口加入，即采用后续加料。这是因为，如果把玻璃纤维和固态聚合物都由第一加料口加入，会造成在固体输送过程中玻璃纤维过度折断，螺杆和机筒内表面也因与玻璃纤维直接接触而造成严重磨损。采用后续加料，因玻璃纤维是加到已熔融的聚合物中，熔体与纤维混合后，把纤维包起来，起到润滑保护作用，减少了纤维的过度折断和螺杆、机筒的磨损，而且有利于玻璃纤维在熔体中的分散和分布。加入玻璃纤维时，要控制聚合物和玻璃纤维的温度，确保聚合物黏度变化最小，为的是避免聚合物在玻璃纤维上冷硬，引起额外的玻璃纤维折断。方法是将聚合物加热到正常水平以上，或将玻璃纤维加热后再加入。

（3）制备玻璃纤维增强塑料的螺杆构型和机筒配置　适于制备玻璃纤维塑料的双螺杆构型设计和机筒配置的总目标是：防止基体树脂降解，螺杆构型应能将每根纤维均匀分布于基体树脂中，把纤维束分散开；在确保粘接性良好的条件下，使每根纤维都被聚合物熔体所润湿，将纤维切短到合适的长度，使混合物达到最高的增强效果；把挤出过程中产生的挥发物

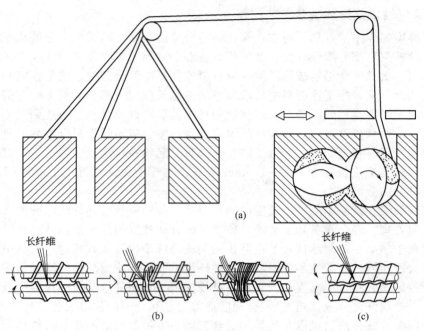

图 3-35 长纤维加入双螺杆挤出机中的工艺过程

（a）、（c）加入同向双螺杆挤出机；（b）加入非啮合异向双螺杆挤出机

排除干净；尽量减少对螺杆、机筒的磨损。最佳螺杆构型和机筒配置取决于所用聚合物的性质、纤维类型、相容剂和纤维添加量。螺杆构型和机筒配置应考虑以下几点。

① 玻璃纤维加入处的螺杆构型。纤维加入处的螺槽应采用大导程，使聚合物在此处为半充满状态，以留出空间容纳加入的玻璃纤维。为避免玻璃纤维加入口被聚合物熔体堵死，短切玻璃纤维用反螺纹元件导入，长玻璃纤维可用至少一对捏合盘元件导入。

② 玻璃纤维的切断和分散。玻璃纤维加入口下游的螺杆构型设计应主要着眼于有利于玻璃纤维长度的变化和均化。长纤维是无头的，加入螺杆后必须切成一定长度并与熔体很好混合，混合段应当由分布混合元件组成，或是薄捏合盘，或是齿形混合元件。长纤维加入后，被位于加料口下游的捏合盘元件切成一定长度。其平均长度取决于聚合物和玻璃纤维的比例，也取决于剪切、混合元件的选择。至少应安装一组捏合盘元件。黏度高的聚合物或加有高玻璃纤维含量［＞40％（质量分数）］的螺杆构型比低黏度聚合物或玻璃纤维含量低的螺杆构型提供的剪切要柔和一些。对于短切纤维，不需要像长纤维那样强的剪切，而主要是靠熔体将纤维润湿和分散开来，故混合段可由薄的捏合盘组成的捏合块或在螺棱上开槽的螺纹元件或齿形盘元件组成。适于玻璃纤维增强的螺杆元件一般是二头的，因为它们的剪切比较柔和，对玻璃纤维不会造成过度的折断。

（4）排气段的设置　因为有的玻璃纤维是经过预处理的，如长纤维中的加捻纤维是经石蜡乳化型浸渍剂处理的，而无捻纤维是经强化剂处理的。在一定温度下，在玻璃纤维与熔体混合后，玻璃纤维上的浸渍剂和强化剂在挤出过程中受高温后会变成挥发组分，需设排气段予以排出。排气段应位于纤维加入口的下游。为使排气有效，在排气段上游接近排气口处，应设置密封性螺杆元件，以防止真空泵作用下粒子被抽出，如反向螺纹元件或反向捏合块。反向螺纹元件或反向捏合块上游应采用小导程的建压螺纹元件。排气口对着的排气段的螺杆区应采用大导程的螺纹元件，使含有玻璃纤维的熔体半充满螺槽，有较大的自由空间，使物料有表面更新的机会，以利排气。

（5）螺杆的最后区段（均化和建压段）　为使混合物挤出口模造粒，应采用小导程正向输送螺纹元件，以建立挤出压力。在排气口和螺杆最后区段之间，有时要设置齿形盘元件，对纤维进行均化，保证玻璃纤维均匀分布。

（6）聚合物的熔融塑化　聚合物的熔融塑化以及与聚合物一起自第一加料口加入的其它助剂（如阻燃剂、颜料、稳定剂等）的混合，是第一加料口和排气区之间的螺杆区段的主要任务。为促进熔融和混合，这一段的螺杆构型除应有下向螺纹元件（减导程）进行输送外，还应当采用捏合块、反向螺纹元件等熔融塑化元件和齿形盘等均化混合元件。

用于玻璃纤维增强塑料的典型工艺及螺杆构型见图 3-36、图 3-37。由图 3-36、图 3-37 可见，整根螺杆自第一加料口向下游依次分为预热和固体输送、熔融塑化、排气、玻璃纤维加入、玻璃纤维混合、脱挥计量、压力建立等区段。在熔融段采用由不同厚度捏合盘组成的捏合块，在玻璃纤维入口和排气口之间的螺杆区采用了两个由薄捏合盘组成的捏合块，对纤维进行均化、混合、排气，下游到出料端，皆采用正向螺纹元件，对物料进行计量和建立压力。在短纤维增强尼龙工艺中，采用侧加料口加入玻璃纤维，在螺杆出料端采用了小导程螺纹元件和齿形元件。

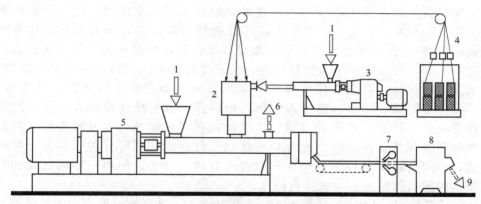

图 3-36　长玻璃纤维增强工程塑料工艺流程

1—聚合物；2—玻璃纤维加料器；3—喂料挤出机；4—卷绕玻璃纤维；
5—双螺杆挤出机；6—排气；7—气刀；8—切粒机；9—送包装

3.8.5　双螺杆挤出机填充改性工艺流程

填充改性就是在塑料成型加工过程中加入无机填料或有机填料，使塑料制品的原料成本降低，达到增量的目的；同时使塑料制品的性能有明显的改变，改善加工性能。

填充塑料主要由树脂、填料、偶联剂或其它表面处理剂构成。根据不同需要，有时还要加入增塑剂、增韧剂、稳定剂、润滑剂、分散剂、改性剂、着色剂等。填料是填充塑料中不可缺少的成分。它所占的比例取决于其本身的形态和物理化学性质，更取决于填充塑料材料或制品的使用要求。通常填料在填充塑料中的质量分数由百分之几到百分之十几，有时甚至达百分之几十。

通常是聚合物和填料由一个加料口加入，这种方法可以利用有利于分散混合的最大螺杆长度，聚合物和填料可承受高剪切。但可能出现以下问题：①填料会引起螺杆和机筒的磨损（因为它们直接与螺杆、机筒表面接触）。②细粉状填料会将聚合物颗粒与热的机筒表面隔离开来，妨碍热的导入，它们在聚合物颗粒间如同润滑剂，会降低物料间的摩擦，减少摩擦热

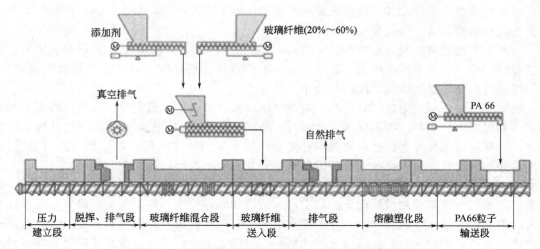

图 3-37　短玻璃纤维增强尼龙 66 工艺流程及螺杆组合

的产生，从而使物料的熔融速率降低。③如果填料加入量很大，它可能与聚合物分离而形成纯填料包（以炭黑最为典型），例如将粉状填料和颗粒状聚合物一起加入，填料可能在正向捏合块处在很大的压力下被压缩，形成所谓二次结块，稍后又必须将它们破碎成所希望的小粒径结块（对薄膜或纤维级色母料或稳定剂母料而言，避免原位结块的形成是关键）。④细粉状填料由第一加料口加入时，很容易把空气夹带进去，对挤出过程非常不利。机筒除一个主加料口外，其下游有两个排气口，一个是对空排气口，另一个是真空排气口。填充改性的螺杆构型可以分为加料段、熔融段、对空排气段、混合段、真空排气段、均化和建压排料段。加料段、对空排气段、真空排气段均由正向大导程螺纹元件构成；熔融段由捏合块组成，在其结束处，靠近对空排气口前方采用一段反向螺纹元件；混合段由捏合块和螺纹元件组成，它可分为三部分，两端由捏合块组成，中间由螺纹元件组成；在其靠近真空排气口前，采用一反向螺纹元件；均化、建压排料段由螺纹元件和齿形盘组成。

　　若采用分开加料，即由第一加料口加入聚合物，待聚合物熔融，在下游的侧加料口用侧加料器将粉状填料加入机筒，这会将空气与粉状填料分开，并将空气排出，聚合物熔体与填料混合，填料被润湿，在下游真空排气口处将湿气、挥发组分排出，在出料段，物料建立起压力，进入造粒机头。采用这种二次（或分开）加料方法，会大大改善混合质量，提高挤出效率，减小物料对机筒、螺杆的磨损，降低比能输入，实现挤出过程的优化。填料的加入位置，最好是在聚合物刚刚熔融，具有较高黏度处，若在聚合物黏度已变低的地方加入，则经物料传递的应力太低，不能有效地将结块破碎；在下游加料口将填料加入，可以采用强制加料，在垂直方向由上方加料口或在水平方向由侧加料口加入，如图 3-38 所示。

　　分开加料与一次加料不同，分开加料的机筒配置了侧加料口，其对空排气口位于侧加料口上游。螺杆构型与一次加料也有不同，侧加料口对着的螺杆段亦采用大导程正向螺纹元件，以容纳加入的填料；混合段的前半段则引入了齿形元件，且齿形元件与螺纹元件相间安装，其作用是进行分布混合。混合段的后半段与一次加料的螺杆构型类似，其后的真空排气段及均化、建压排料段与一次加料的螺杆构型一样。

　　在用双螺杆挤出机进行填充改性中，填料中夹带的空气是影响填料加入和混合质量的关键问题之一。因此，必须排除低松密度粉状填料中夹带的空气，否则当将填料加到熔体中

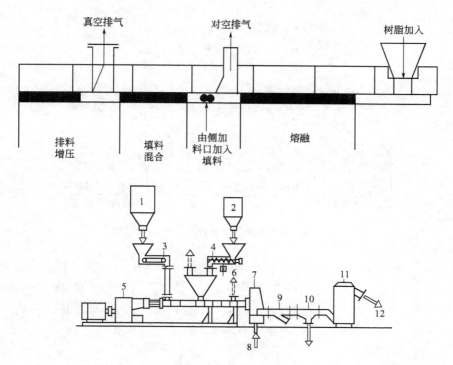

图 3-38　填料分开加入工艺流程

1—聚合物料仓；2—填料仓；3—称重皮带加料器；4—失重加料器；5—ZSK 双螺杆挤出机；
6—脱挥发分；7—偏置切粒机；8—水入口；9—残留水分流器；
10—水预分离器；11—粒子干燥机；12—去袋装机

时，夹带的气体以及某些释放出的挥发物，有沿螺杆向加料口回流的可能，从而引起填料在加料口流态化，这会限制物料向加料口的加入量，影响生产能力，也限制了中性或反向螺杆元件的应用，因为这些元件会将夹带的空气推回填料的加入口。解决这个问题有以下六种方法：①对于简单的已预混过的物料，在它们加入双螺杆之前，使用填塞式加料器将物料压密实以排出夹带的气体；②在加料口上方尽可能低的位置设置加料装置可能缓解这个问题，因为这样可以限制填料中夹带的气体量；③在填料加入口的上游或下游设置一排气口，为夹带的气体提供排出的通道；④加入的物料应垂直地在尽可能短的距离内加到螺杆向下旋转的一侧，而避免直接加到上啮合区；⑤在螺杆构型设计上应使空气沿螺槽向下游走，到达排气段时排出，而不让它们向加料口回流；⑥采用侧加料装置，侧加料装置的螺杆直径越大，填料流态化的趋势越小。在侧加料口的上游可设置一辅助排气口，将气体对空排出，避免带入熔体内，这是一种非常有效的方法。

图 3-39 是典型的 PP 填充改性的螺杆组合和工艺流程，图 3-40 是填充和增强同时进行的螺杆组合和工艺流程。

3.8.6　聚合物共混工艺流程

在聚合物共混物和聚合物合金的制备过程中，熔融和混合是同时发生的。在熔融区，产生了施加到聚合物上最强的剪应力，而使聚合物得以分散。所以双螺杆的熔融区在决定聚合物合金的微观结构中起了非常重要的作用，因而在进行用于聚合物共混物和聚合物合金制备的双螺杆构型设计时，熔融和混合区段的构型设计最为重要。另外，物料如何加入（是一次加入，还是两次加入）也是很重要的。因而螺杆构型设计应把这两个问题联合考虑。

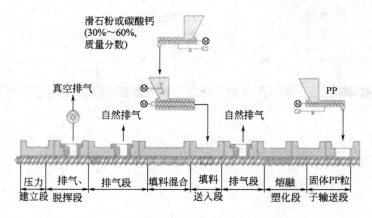

图 3-39　PP 填充改性螺杆组合和工艺流程

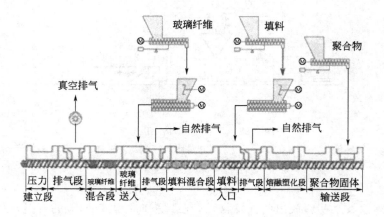

图 3-40　填充和增强同时进行的螺杆组合和工艺流程

　　对于物料皆由一个加料口加入的工艺，螺杆的熔融/混合段可以采用一个或两个由中等厚度的捏合盘组成的正向捏合块，其后跟着由厚捏合盘组成的中性捏合块，在整个熔融/混合区末再加上一个或两个反向捏合块，其作用是产生阻力，用来保持该段的高充满度，以使物料的停留时间最长，使上游中性和正向捏合块元件中的分散混合更有效。其轴向长度取决于所需流动阻力的大小。如果在下游没有流动阻力元件，正向和中性捏合块中大多数物料很容易在厚捏合盘高剪切速率部分的通道中流出，因而粒子破裂的可能性很小。这是因为中性捏合块没有输送作用，且没有反向捏合块或其它阻力装置来阻滞物料向下游流动，物料必然不会100％地被充满；但设置适当的流动阻力（如由反向捏合块提供）后，中性捏合块中会100％充满物料。中性捏合块本身没有输送作用，物料是靠中性捏合块上游元件建立的压力来克服中性捏合块中的压力降和反向捏合块引起的反向拖曳流的联合作用才通过中性捏合块的。

　　为了使两种聚合物间的黏度差别的影响减至最小，可将基体聚合物分别由两个加料口加入，则螺杆需要在上游和下游设置两个混合区。如果需要附加的分散混合，可将类似于上游的熔融/混合段的螺杆构型用于下游。而当下游的混合段只需要在熔融之后提供分布混合时，则可采用混合作用不太强烈的螺杆构型。在第一种情况下，假定60％～70％的树脂是在下游加料口加入（它们的作用如"热穴"），则设置两个混合段比较合适。第一混合段提供分散混合，用于将加入的基体树脂熔融，并对第二相提供进一步的分散；

第二混合段提供分布混合，确保得到均匀的制品。这两个区段的相对长度或混合强度取决于被加工的聚合物体系。在第二种情况下，只需要熔融和分布，捏合块元件的最短轴向长度是用来对已开始的熔融过程产生足够的分散混合。只要熔体还是连续相，采用齿形元件来提供强力分布混合可实现熔融的平衡。分布混合使物料再取向，产生新的界面而又不使能量过度输入。因为分布混合元件产生界面比捏合块更有效。应当注意的是，为增加物料经历高剪切区的概率，必须增加混合段捏合块的数目，但这有可能使能量输入增加，而使聚合物过热，结果会使挤出物中既有过热的聚合物，又有未熔融的聚合物。图 3-41 是典型的聚合物共混工艺流程及螺杆组合。

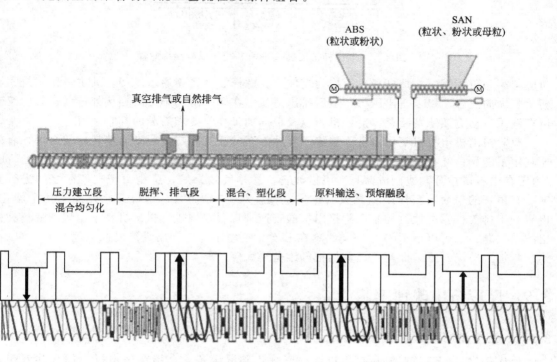

图 3-41　聚合物共混合机的工艺流程及螺杆组合

3.8.7　双螺杆挤出机和单螺杆挤出机组成的双阶挤出机组

　　为了解决在一根螺杆上多功能区的相互牵制，提出了双阶挤出机的概念，即把一台挤出机的各功能区分开来，分别放到两台挤出机上完成，把两台挤出机串联在一起，一起完成整个挤出过程。第一台挤出机称为第一阶，主要完成塑化、混合，第二台挤出机称为第二阶，主要是均化、建压，在两台挤出机相接处进行排气。双阶挤出机可以呈直角排列，也可以呈一线排列。第一阶挤出机可以是双螺杆挤出机、单螺杆挤出机或其它形式的连续混炼机（如 FCM，Buss Kneander）。第二阶挤出机一般为单螺杆挤出机，也可以是双螺杆挤出机。图 3-42 为双阶挤出机的组成、排列示意。

　　双阶挤出机组特别适用于热敏性塑料的加工和改性，如 PVC 混炼造粒的挤出系统，两台挤出机呈一线排列，第一阶为啮合同向双螺杆挤出机，第二阶为单螺杆挤出机。双螺杆挤出机的螺杆和机筒均为积木式；其末端不装机头。根据生产物料的要求，其长径比一般在 16~24 范围内变化，螺杆转速可高达 300r/min。通常各段机筒上不再设后续加料口，主加料口配置一路或多路计量加料装置。其主要作用是塑化（半塑化）、均化、分散物料、为第二阶供料。第二阶为单螺杆挤出机，螺杆直径较大，长径比 4~10，螺杆转速较低，生产能

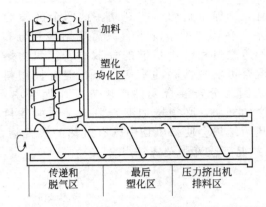

图 3-42　双螺杆挤出机-单螺杆挤出机双阶混炼配置

力应与第一阶相匹配。螺杆和机筒均为整体式。螺杆芯部还需通水冷却。其主要作用是完成塑化和纵向混合，稳定挤出压力，最后挤出造粒。在第一阶和第二阶相接处排气。其后续辅机有液压自动更换滤网装置、造粒机，以及根据加工物料要求需配的其它装置。

　　双阶挤出机组有以下优点：①消除了各功能区的相互影响，使动力消耗比较合理，有效地利用了能量；②在第一阶挤出机中出现的塑化、混合不均匀现象，当物料进入第二阶时（由于在出料口被分割或刮成薄片）可以改善；③排气效果好，这是由于在两阶之间进行排气，有很好的表面更新作用和充分的排气空间，对 PVC 而言，物料在此处尚未完全塑化，更有利于排气；④可通过控制双阶挤出机的转速来克服常规排气挤出机易于出现的喂料和挤出波动问题；⑤可以使 RPVC 一类物料在一次完整操作中生产出最终制品（型材），可以在第二阶加入玻璃纤维，而避免高剪切把纤维剪得太碎。

3.9　反应挤出改性工艺

3.9.1　反应挤出改性的原理和概念

　　反应挤出（REX）是利用挤出机这一连续化共混设备，直接在挤出机中加入共混聚合物、引发剂和其它助剂，而制备聚合物共混物的一种新方法。若在机头处安装成型口模和定型装置，则可实现共混改性与制品成型一体化操作。这一技术原料选择余地大，脱挥、造粒工艺简单，又无三废污染，因此特别适用于工业化生产。反应挤出技术最早出现于 1966 年英国人的一项专利，他们用单螺杆挤出机反应挤出得到降解 PP；1968 年，Gouinlick 等利用反应挤出制取聚酯；1969 年，Iilling 用反应挤出将己内酰胺合成 PA6；1971 年，Kowalski 研究了反应挤出 PP 降解与 O_2 的关系；此后，大量专利不断涌现。20 世纪 70 年代末 80 年代初人们开始用反应挤出技术进行聚合物共混改性。1983 年，Hobbs 利用双螺杆挤出机共混 PA66/PE（用 PE-g-MAH 作增容剂）；1986 年，Hohlfeld 用酸基官能化 PE 和噁唑啉官能化的 PS 作为增容剂与 PE/PS 共挤出；1987 年，Jalbert 申请了 MAH（马来酸酐）接枝 PPE 作为增容剂在单螺杆挤出机中反应共混改性 PA66/PPE 的专利；1988 年 Pratt 等用 GMA（甲基丙烯酸缩水甘油酯）官能化聚烯烃改善聚酯抗冲性；1989 年，Weiss 用丁烯二酸官能化聚苯醚与环氧基团官能化的 EPDM 交联形成增容共混物。特别是进入 20 世纪 90 年代，该技术进入一个全新时期。

　　反应挤出技术具有如下的优点：①可连续大规模进行生产，生产效率高，反应原料形态可以多样化，对原料有较大的选择余地；②产品转型快，一条生产线就可以进行小批量、多品种产品的生产；③易于实现自动化，可方便准确地进行物料温度控制，物料停留反应时间控制和剪切强度控制；④未反应单体和副产物在机器内熔化状态下可以很容易地除去，节省能源和物耗；⑤不使用溶剂，没有三废污染问题；⑥要求的生产厂房面积小，工业生产投资少，操作人数少，劳动条件和生产环境好，产品的成本低，且技术含量高，利润高；⑦在控制产品化学结构的同时还可以控制材料的微观形态结构；⑧反应物料除了直混外，还有一定的背混能力，物料始终处于传质传热的动态过程，螺杆使熔融物形成薄层，并且不断更新表面，这样有利于热交换、物质传递，从而能迅速精确地完成预定的变化，或很方便地除去熔体中的杂质；⑨螺杆具有自清洁能力，使物料停留时间短，产品质量好。

3.9.2　反应挤出技术实施要点

3.9.2.1　反应挤出设备

反应挤出设备主要是双螺杆挤出机和单螺杆挤出机，其中以同相啮合型双螺杆挤出机为主，用于反应挤出的挤出机要求机筒的不同区段能添加不同反应物并配备排气系统。

双螺杆挤出机具有混炼效果好、物料在料筒内停留时间分布窄及挤出量大、能量消耗少等优点，因而成为反应挤出的主要设备。其脱挥发分段位置和长度是双螺杆挤出机的关键所在。一般可将机筒分为 5～6 个区段。典型双螺杆挤出机工艺参数为转速≤400r/min，螺杆直径 20～30mm，$L/D=30$，物料平均停留时间 1～12min，其中挤出温度和螺杆转速是反应挤出的重要工艺条件。

单螺杆挤出机混炼效果及容量虽不及双螺杆挤出机，但其设备价格低，投资小，适于小型工厂生产，在我国应用广泛。尤其以改良的新型螺杆效果最好，如屏障型螺杆、销钉型螺杆、分布螺杆及配置静态混合器的单螺杆挤出机。普通单螺杆挤出机的混合是拖曳流和压力流作用的结果。在简单剪切混炼机中，界面面积的增长与所施加的应变成比例，随着剪切的进行，界面越来越朝着剪切应变方向分布，其伸长与应变大小呈线性关系。如果能够使界面相对于已有的剪切方向重新取向，就可使得混合相对于应变成倍提高。例如挤出机螺槽中的混炼销钉所引起的紊流虽不理想，但产生了明显的再取向，从而使得界面面积成倍地增加，混合效果明显提高。

双螺杆挤出机的混合性能优于单螺杆挤出机。对于非啮合的（一般为异向旋转）双螺杆挤出机，由于机筒上的两个孔是相通的，因而两个机筒孔里的物料相互串流而具有非常优异的分布混合特性。当物料随着螺杆的旋转通过两螺杆相切处时，发生重新取向，而且物料由剪切取向区向其它区的流动也会发生重新取向。这种靠界面（或剪切）的不断重新取向而实现的混合，其效率是指数函数关系，且与应变速率无关，因而即使在低的螺杆转速下也可获得良好的分散混合。为了提高混合性能，双螺杆挤出机一般都设置了混合元件。

螺杆挤出机作为反应器具有如下优势：①加料（固体、熔体、液体）容易；②良好的分散和分布混合性；③温度和压力范围广；④可控制整个停留时间分布；⑤可分级反应挤出；⑥未反应的单体和副产品可排出；⑦可实现连续加工，可小容积连续加工；⑧不用溶剂或稀释液，节能和低公害；⑨黏性熔体容易排出；⑩对原料、制品等有较大的选择余地，在控制化学结构的同时，还可以控制微观组织结构，使聚合物具有新的性能。

3.9.2.2　配料技术

（1）共混聚合物组分　一般共混物中一相本身必须带反应性官能团，如 PA、PBT、PET，另一相是化学惰性的，不与带反应性官能团聚合物反应，如 PP、PE、PS 等，但该相聚合物必须经增容剂官能化，这些高聚物在混炼过程中必须稳定、不降解、不变色。官能化高聚物同带反应性官能团高聚物间反应必须迅速（约几秒至十几分钟）且不可逆，反应放热少。

　　（2）反应性增容剂　　反应挤出用增容剂不同于非反应性增容剂，它能与共混组分形成新的化学键，属于一种强迫性增容，含有与共混组分反应的官能团，如 PP-*g*-MAH、EVA-*co*-GMA、SAN-*co*-MA、PCL-*co*-S-*co*-GMA、PS-*co*-MA-*co*-GMA、EPDM-*co*-MAH 等。

　　（3）引发剂及交联剂　　因反应挤出物在机筒内停留时间短，需要使用高效引发剂。引发剂必须满足以下条件：①分解过程中不产生小分子气体；②加工温度范围内半衰期为 0.2～2min；③熔点低，易与反应单体混合。通常采用的引发剂类型有：过氧化二异丙苯（DCP）、过氧化二叔丁烷（DTBP）、1,3-二叔丁基过氧化异丙苯、叔丁基过氧化氢、异丙苯过氧化氢。交联剂一般带有多官能团，与共混物中一相反应，在相界面就地生成接枝或交联产物，在共混物相间起"桥联"作用，从而提高相间黏结力，改善共混物性能。如将 TAIC（三烯丙基异氰尿酸酯）加入到 PS/PE 共混体系，结果表明，用 TAIC 处理的共混体系放热少，相态分布均匀。将 TMPTA（三羟甲基丙基丙烯酸酯）应用于 PP/EPDM/PE 共混体系，使微相畴尺寸减小，球晶尺寸减小，缺口冲击强度和硬度显著提高。

3.9.3　反应挤出在塑料改性中完成的反应类型

3.9.3.1　接枝反应

　　在挤出机反应器中发生的接枝包括熔融聚合物或多种能够在聚合物主链上生成接枝链的单体的反应，只有自由基引发的接枝反应才适合于反应挤出，有时也会使用空气或电离辐射来引发接枝反应。接枝单体为硅烷（SI）、丙烯酸（酯）及类似物、苯乙烯（St）及类似物、苯乙烯-丙烯腈、马来酸酐（MAH）、富马酸（FA）和类似的化合物；聚合物基体可以是聚烯烃（PO）类、PVC、PS、ABS 及其它树脂；引发剂用过氧化物，如过氧化二异丙苯（DCP）等。利用反应挤出制备接枝聚合物已非常普遍，产生了较大的经济效益，同时为不相容聚合物之间的共混提供了制备高效增容剂的简便方法。

3.9.3.2　链间共聚物的形成

　　可以定义为两种或两种以上的聚合物形成共聚物的反应。在反应挤出反应器中，可通过链断裂-再结合的反应过程形成无规或嵌段共聚物，或者一种聚合物的反应性基团与另一种聚合物的反应性基团结合，生成嵌段或接枝共聚物，或者通过共价交联或离子交联的方式形成链间共聚物。聚酯、聚酰胺、聚亚苯基醚（PPE）、PO 等都可以作为这类反应的聚合物基体，有时可以加入其它单体进行共挤出。DuPont 公司用单螺杆挤出机在 280℃下反应挤出制得尼龙 66 与乙烯-甲基丙烯酸共聚物的共混物，这是尼龙与 PO 形成链间共聚物的开始。在这种共混物中存在着直径小于 5μm、以微粒形式分布的 PO 分散相，其吹塑成型制品具有良好的防渗性。该公司还发表了将尼龙与各种官能化乙烯共聚物反应挤出制备具有高冲击强度的尼龙共聚物。聚酯、聚酰胺都可以作为聚合物之一在一定条件下发生酯交换反应，反应温度高，一般在 250～300℃。GE 公司将酐官能团封端的 PPE 与尼龙共挤出生成了 PPE-尼龙共聚物，用作 PPE-尼龙共混体系的增容剂。该公司还利用反应挤出制备出了 PC/PA 的相容化共混物。

　　在反应挤出中，一般参与反应的两种聚合物，其中一种聚合物带有亲核的末端基，如羧基、氨基和羟基，而另一种聚合物带有亲电官能团，如环酐、环氧化物、噁唑啉及异氰酸酯和碳化二亚胺。

3.9.3.3　偶联/交联反应

　　包括单个的聚合物大分子与缩合剂、多官能团偶联剂或交联剂的反应，通过链的增长或支化来提高分子量或者通过交联增加熔体黏度等。具有能与缩合剂、偶联剂或交联剂发生反应的端基或侧链的聚合物进行这样的反应，如尼龙或 PET 等，亚磷酸酯等可以作为缩合剂，而含有环酐、环氧化合物、噁唑啉、碳化二亚胺和异氰酸酯等的多官能团化合物可作为偶联剂。

在挤出机中的偶联/交联反应中，最为突出的是动态硫化制备热塑性弹性体（TPE）。在传统的双辊设备上完成的动态硫化均可以在双螺杆挤出机上完成，而且可以连续化生产，操作方便。PE 与过氧化物在 Brabender 转子反应器中可以熔融反应进行交联。在已发表的专利中较为多见的为动态硫化法制备 EPDM/PP 共混物。将 EPDM、PP、ZnO 和 HSt 或其它交联剂按一定比例组成的共混物于 $180\sim190℃$、$100r/min$ 条件下熔融挤出，然后加入促进剂混炼挤出，可以制得具有优良物理性能的 EPDM/PP 的共混物。利用反应挤出技术可制得 PO 类（包括 PP、PE 及 PP/PE）TPE，其表面具有极性特征，并可进一步研制成可涂装的复合型 PO 类 TPE，从而取代了过去一度使用的价格昂贵的黏附性促进剂。其它的热塑性树脂（PVC、PS、ABS、SAN、PMMA、PBT、尼龙、PC 等）都可以与橡胶类聚合物动态硫化，制得性能优异的 TPE，使 TPE 进入高性能化和高功能化领域。

3.9.3.4 可控降解

在反应挤出反应器中，聚合物的可控降解通常涉及分子量的降低，以满足某些特殊的产品性能。PP 和其它的 PO 类聚合物均可以实现可控降解，如用反应挤出方法在过氧化物存在下使 PP 在双螺杆挤出机中在 $230℃$、转速 $10r/min$、物料停留时间约为 $1min$ 的操作条件下发生降解，最终产物的分子量大大下降。将 PP 在空气存在下进行挤出得到了流变性可控的 PP 产物，并用特制的单螺杆挤出机，升高或降低挤出机温度，分别制得黏度较低或较高的材料。熔体黏度较低、分子量分布窄、分子量小的 PP 可用于满足高速纺丝、薄膜挤出、薄壁注射制品的要求。反应挤出技术可用于降低纤维生产中使用的 PET 的特性黏度。除聚酯外，聚酰胺也可以进行可控降解。

3.9.3.5 聚合物的官能化和官能团改性

反应挤出可用于将各种各样的官能团引入聚合物大分子或使已存在于聚合物大分子上的官能团发生改性，如 PO 类的卤化、引入氢过氧化物基团、在聚酯上进行羧酸端基封闭以改善聚酯的热稳定性、侧链上的羧基或酯基热脱水环化、羧酸的中和、不稳定末端基的破坏、稳定剂在聚合物大分子上的结合、在 PVC 大分子上的置换反应等。

利用反应性挤出可以将含有官能团的单体，如马来酸（MA）、MAH、丙烯酸（AA）等接枝到聚合物分子链上，从而达到聚合物改性的目的。用于反应挤出接枝的聚合物应具有较高的稳定性，以免受热时分解。

3.9.4 反应挤出就地增容

反应挤出用于聚合物共混就地增容，可使聚合物在反应挤出过程中部分大分子链打断重组，形成少量的嵌段或接枝共聚物，促进了组分间的相容性，达到提高材料性能的目的。

（1）反应挤出工艺参数对共混物性能的影响

① 进料速度（Q）及螺杆转速　Q 增加，物料在机筒内停留时间减少，因而，通过自由基反应官能化的聚合物接枝率减少，通过界面相互作用形成共聚物量减少，最终导致聚合物共混物的冲击强度下降、断裂伸长率下降；若 Q 减少，情况相反。螺杆转速增加，物料在机筒内的停留时间减少，共混物的冲击强度和断裂伸长率下降；螺杆转速减小，导致剪切力减小，故物料剪切降解下降，物料的停留时间增加，最终交联度增加，物料黏度增加。

② 比流量（Q/N）及长径比（L/D）　用 Q/N 衡量双螺杆挤出机螺杆每旋转一次能挤出的物料量，其值变化主要影响物料在机筒内停留时间和物料共混强度。L/D 增加，物料在机筒内的停留时间增加，有利于物料充分混合，共混物性能也随之增强。

③ 挤出温度与螺杆转速配比　挤出温度高，引发剂分解快，接枝反应快，螺杆转速可相应提高；反之，则相反。温度过高，引发剂分解产生气泡，使物料变色；温度过低，易产

生熔体破裂。

　　④ 脱挥发段位置的影响　用一步法就地增容不相容聚合物共混物，脱挥发段位置十分重要。将脱挥发段设计在固体输送段和熔化段间，适当增加脱挥发段长度，残留单体能在混入带官能团聚合物（如 PBT）之前排除，共混材料冲击强度和断裂伸长率比未排除残留单体的共混物高 15～20 倍。

　　（2）分散相与连续相的黏度比　对未增容聚合物共混物，分散相与连续相黏度比增加，分散相颗粒尺寸增加；黏度比的改变对反应挤出增容聚合物共混物影响较小，因增容后，两相界面张力小，界面黏结力增加对相态分布作用远大于黏度比变化的影响。

　　（3）共混组分与增容剂亲和力对分散相颗粒尺寸的影响　当与增容剂亲和力大的聚合物组分为连续相时，采用两步法共混改性的分散相数均直径比一步法的小；当与增容剂亲和力小的聚合物组分为连续相时，一步法改性的分散相数均直径比两步法的小。

　　（4）反应性增容剂及交联剂性能、用量对共混效果的影响　多数高聚物是不相容的，加入增容剂可改变其相容性。不同增容剂对同种共混体系的增容效果不同。分别用 AA、MA、GMA 反应增容 PP/PBT，结果表明，GMA 的增容效果最好，最佳 GMA 浓度和最佳工艺条件下，共混物物料的断裂伸长率及冲击强度是未增容体系的 15～20 倍。因 AA-g-PP 与 PBT 以氢键相互作用，作用力相对较弱；MA-g-PP 与 PBT 的—OH 反应是可逆的，温度升高，反应向生成 MA-g-PP 方向进行；GMA-g-PP 与 PBT 的—COOH 反应，也可逆，但随温度升高，反应向生成产物方向进行。

　　最佳的增容剂浓度使共混体系达到最理想的效果，高于这一浓度，增容效果反而不好。增容聚烯烃/聚酰胺的最佳增容剂含量为 5%（质量分数）；当含量＞5%（质量分数）时，分散相颗粒尺寸和扭矩都无明显变化。对某些共混体系如 PO/PA，增容剂浓度过高会产生絮凝现象。适量多官能团交联剂添加于共混体系中，促进相间黏结作用，阻碍因过氧化物引发剂存在而引起的链裂解，提高共混物组分的交联效率，使共混体系的力学性能和熔体流动性能都有很大程度的改善。

　　（5）引发剂对反应挤出共混效果的影响　引发剂浓度对反应挤出共混改性效果有较大影响，当 DCP 浓度较低时接枝反应占主导地位；反之，交联反应占主导地位，如 HDPE 易产生自交联反应，导致熔体破裂，挤出过程无法正常进行。

　　（6）加料方式对反应挤出共混效果的影响　聚合物加入挤出机的方式有两种：①将聚合物和助剂及另一带官能团聚合物同时加入第一进料口；②将聚合物和助剂加入第一进料口，带官能团聚合物加入第二进料口。结果表明，第①种所得聚合物共混物性能不及第②种。如 PP 70%/PBT 30%共混物，第②种方式的冲击强度是第①种方式的 6 倍。因在第①种方式中 PBT 的存在稀释了 GMA 和 PP 的浓度，使 GMA 与 PP 反应变慢，效率降低，而且 GMA 与 PBT 有副反应发生，该副反应快于 PP-g-GMA（因 PBT 流动性好）。

3.10　高分子材料改性工厂设计

　　塑料改性的工厂设计比一般化工厂设计要简单得多，因为塑料改性基本上没有废水、废气等污染物的排放或排放很少，另外易燃易爆挥发物也较少，因此在工厂设计时可相应地考虑少一些。塑料改性工厂所使用的动力主要是电，所以工厂设计时一定要考虑变压器的容量以及电路的承载负荷。因为双螺杆挤出机以及高速混合机都是功率较大的机器，还有加热功率，因此一条中等规模的生产线所需要的电力总功率大约为 120kW。另外，水路和气（压缩空气）要考虑好。冷却主要是水冷和风冷，因此不需要蒸汽。在南方如广东等地全年不结冰的地区可以不要锅炉。但在北方地区，车间还必须有采暖设备。一方面是工人工作时取暖的需要，另一方面是水路以及设备冷却管路的需要。要不然在寒冷的冬天，如果停机几天的话，很容易冻坏水管和设备。

一般来讲，塑料改性工厂大致可考虑如下方面。

(1) 产量　首先要确定产量，然后才能确定大致的厂房面积。如果考虑先开始小产量的生产，看发展情况以后再扩大生产的话，可在设计时留出一定的发展空间。

(2) 品种　是小品种（产量少，牌号多）还是大品种（产量大，牌号少）。如果是大品种，可考虑选购螺杆直径较大的设备，如 $\phi90mm$、$\phi120mm$ 等双螺杆挤出机组；而如果是小品种则可考虑小设备，如 $\phi65mm$、$\phi50mm$ 等双螺杆挤出机组；如果大品种和小品种均有，则可购一台大设备，多台中等设备和中小设备，这样最经济，也可灵活安排生产，在生产牌号较多时，非常有利。因为不必在一台设备上频繁更换物料，这样生产效率提高，物料损失大大减少，经济效益可观。

(3) 塑料种类　生产 PVC 改性料和生产聚烯烃改性料所用的设备大不一样，要根据所加工的塑料来选择设备。一般塑料改性厂要生产多品种、多种类的改性料，因此在设备选择上一定要多选用那些通用性较强的设备。

(4) 辅助设备　不能忽略辅助设备，在许多时候不是主机而是辅助设备影响了正常生产和质量的波动。特别是干燥设备，一定要仔细选择。因为许多问题可能是水分引起的。如 PC 的改性，由于 PC 在高温（260℃左右）下加工微量水分就可引起分解，致使 PC 改性料的性能大大下降，这就要求在加工 PC 前一定要对 PC 彻底充分干燥，要使其含水量小于 0.03%，不然就达不到理想的改性效果。这样干燥设备就显得极为重要，一是干燥能力要强，二是干燥产能也要高，要不然干燥时间太长，跟不上挤出机的挤出速度，影响正常生产。另外干燥时间太长，PC 在较高温度下（一般干燥 PC 的温度为 105~110℃）暴露在空气中太久，也会引起降解。因此，辅助设备的选择在设计时就要考虑充分，并与主机生产能力配套。

(5) 水、电、气（压缩空气）管路铺设要到位　在设计时，将机器位置确定后，一定要将水、电、气管线铺设到机器及其辅机所在位置，最好将这些管线埋设在地下，这样不至于显得凌乱和交叉影响；如果不能埋在地下，应该以钢管护套，不能用塑料管护套，因为在车间地面要经常穿行设备、货物运送、人员往来等，塑料管时间长了会损坏，这样影响内部的水、电、气正常输运。

(6) 高速混合机机房要单独隔离　现在大多数塑料改性厂均使用高速混合机，因为高速混合机要经常混合滑石粉、碳酸钙、颜料等粉状填料，易粉尘飞扬，如不隔开将影响整个车间的环境。单独隔开后，可以加强局部除尘和通风，容易保持车间的环境，经济性较好。

(7) 原料转运和输送问题　一方面是原辅料的运送问题，一方面是产成品和半产品的输运问题。特别是原辅料的输运，要考虑采用重力式输送或皮带输送。如果在设计时考虑这一问题，可以建二层车间或搭设平台，依靠自上而下的重力输送是最方便和最经济的。如果不能建二层车间或搭建平台，就要设立皮带输送或风力输送。在产量较大时单纯依靠工人的体力搬运是不合适的。

(8) 检测设备要配套　要单独建立检测室。检测是质量的保证，在建立塑料改性料工厂时一定要将小型实验设备和检测仪器纳入整盘计划。小型实验设备主要是用于开发新品以及产品配方和产品颜色调整。因为改性料品种繁多，特别是颜色繁多，需要根据不同的用户配制颜色，而且颜色直接关系到用户产品的外观。用户对颜色要求是很苛刻的，如许多用户要求颜色偏差值（$\Delta\delta$）小于 0.5，这是一个相当严格的要求。所以要经常对颜色进行调整。如果没有小型实验设备，那么颜色的调整将很费事、费时、费力和费料，造成很大的浪费。主要的小型实验设备及常规检测仪器包括以下几项。

① 小型高速混合机：一般为 10L 或 5L，一台。

② 分析天平：最好是电子天平，精度要求 0.001g。

③ 小型真空干燥箱：一台。

④ 小型双螺杆挤出机机组：一般为 φ25mm、φ30mm 或 φ35mm 双螺杆挤出机组，一套。

⑤ 注射机：用于注射样条，100t 锁模力即可，一台。

⑥ 样条模具：包括拉伸样条、弯曲样条、冲击样条、热变形温度测试样条、燃烧样条、色板、收缩率圆片、电性能测试样条等，各种样条尺寸应符合国家标准或 ISO 标准；如果产品经常出口，还要有 ASTM（美国材料试验学会）标准样条模具。

⑦ 电子拉力机：可测试拉伸性能（拉伸强度和断裂伸长率）、弯曲性能（弯曲强度和弯曲模量）。

⑧ 悬臂梁（Izod）冲击实验仪：测试悬臂梁冲击强度。

⑨ 简支梁（Charpy）冲击实验仪：测试简支梁冲击强度。

⑩ 热变形温度测试仪：测试热变形温度（HDT）和维卡软化点。

⑪ 配色仪：可选用手提式简易配色仪，也可选用带计算机处理系统的配色仪。条件许可的话，最好是选用后者，因为计算机配色可大大减少配色误差和配色工作量。

⑫ 熔融指数（MI）测定仪：测试改性料的熔融指数，表征改性料的流动性。往往用户要求的表观指标就是熔融指数。

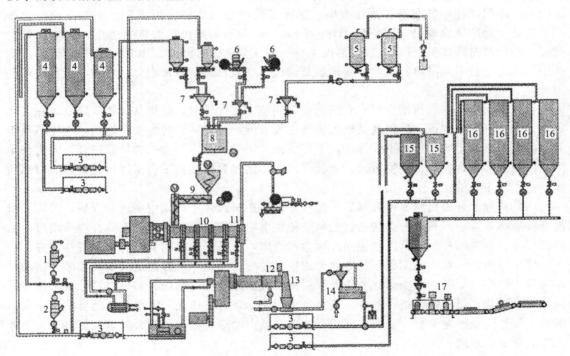

图 3-43 典型的现代化塑料改性工厂设计

1—树脂原料供应站；2—填料供应站；3—鼓风机；4—树脂、填料储罐；5—液体原料储罐；

6—助剂储罐；7—自动计量和称重；8—高速混合机；9—螺杆喂料机；10—双螺杆挤出机；

11—真空排气机；12—单螺杆卸料机；13—切粒机；14—粒子冷却分筛；15—中间储槽；

16—装袋储槽；17—装袋机

⑬ 马弗炉：测试玻璃纤维含量和无机填充剂含量。

⑭ 氧指数（OI）仪：测试改性料的氧指数，以表征改性料的燃烧性能。一般 OI＜25％表示材料易燃，OI＝25％～30％表示材料阻燃，OI＞30％则表示材料具有自熄性（离开火焰自动熄灭）。

⑮ 垂直、水平燃烧测定仪：测试材料的阻燃性能，可测试出材料的阻燃性符合 UL94标准的哪一级，如 UL94V-0 级、V1 级、V2 级等，UL94V-0 级是阻燃性最高的一级。但要注明测试样条的厚度，一般为 3.2mm、1.6mm 或更薄的 0.8mm。测试样条的厚度越小，表明可测试的阻燃性越高。例如，1.6mm 厚的 UL94V-0 级就比 3.2mm 厚的 UL94V-0 级的阻燃性高。

⑯ 高阻计：测试改性料的体积电阻率和表面电阻率，可表征材料的抗静电性能和电性能。例如，体积电阻率＜$10^9 \Omega \cdot cm$ 则表示该材料具有一定的抗静电性能。

目前现代化的改性料生产厂包含了许多方面，特别是考虑了原辅料和半成品、产成品的输送问题，是一个系统工程。图 3-43、图 3-44 是现代化塑料改性料生产厂的设计。

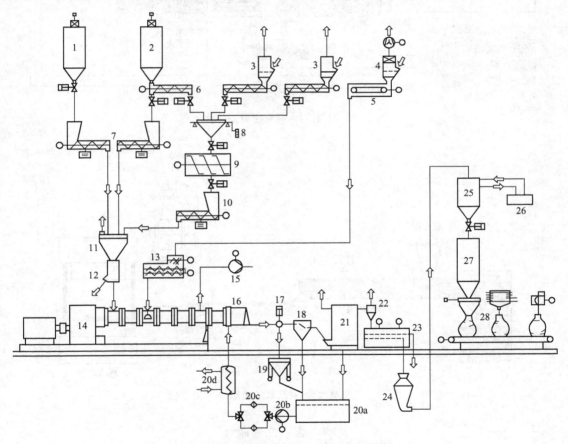

图 3-44　现代化塑料改性工厂流程设计

1—聚合物 A 储罐；2—聚合物 B 储罐；3—助剂计量喂料；4—短纤维储槽；5—重力式计量喂料机；6—聚合物 B 作为预混合时的计量喂料机；7—失重式称重系统；8—料斗；9—预混合用不连续螺带混合机；10—预混合物的称重系统；11—料斗；12—金属分离器；13—双螺杆侧向喂料机；14—双螺杆挤出机；15—真空排气系统；16—水环式切粒机；17—旁路水环；18—水预分离器；19—粒子储罐；20—粒-水循环系统；21—粒子干燥；22—空气分离器；22—振动筛；24—输送器；25—干燥储罐；26—干燥机；27—装袋储罐；28—装袋机

　　由于塑料改性后主要用于制造家电、汽车等塑料部件，因此还要进行注射或挤出成型。一般的塑料改性厂不具备塑料部件的成型加工能力或不进行塑料部件的加工，这样就必须将改性料运到塑料制品加工厂进行加工，如此一来就增加了运输成本和塑料再熔融的能量消耗。因此现在提倡改性料生产和塑料部件成型同时进行，即将改性后的塑料熔体不冷却切粒直接送入注射机注射成型制品，这样可大大节约能源和运输成本，是理想的塑料改性和成型加工一体化流程，如图 3-45、图 3-46 所示。

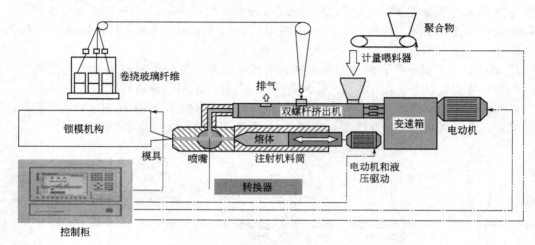

图 3-45　塑料改性-制品注射一体化流程

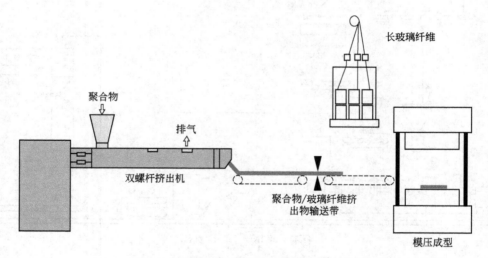

图 3-46　塑料改性-制品模压成型一体化流程

参　考　文　献

[1]　耿孝正. 塑料混合及连续混合设备. 北京：中国轻工业出版社，2008.

[2]　耿孝正. 双螺杆挤出机及其应用. 北京：中国轻工业出版社，2003.

[3]　Barrera M A，Vega J F，Martinez-Salazar J. Three-dimensional modelling of flow curves in co-rotating twin-screw extruder elements. Journal of Materials Processing Technology，2008，197（1-3）：221-224.

[4]　牟文杰. 新型往复式混炼螺杆设计. 工程塑料应用，2004，32（12）：56-58.

[5]　武停启，江波，许澍华. 往复销钉螺杆挤出机混合机理概述. 中国塑料，2002，16（9）：7-10.

[6]　Goharpey F，Foudazi R，Nazockdast H，Katbab A A. Determination of twin-screw extruder operational conditions for

the preparation of thermoplastic vulcanizates on the basis of batch-mixer results. Journal of Applied Polymer Science，2008，107（6）：3840-3847.

[7] 王春芬，许澍华，江波，武停启，徐义宏. 往复式销钉螺杆挤出机的设计与动态模拟. 塑料工业，2002，30（4）：29-32.

[8] 章雪明，孔祥明. 玻璃纤维增强热固性酚醛模塑料连续化生产新工艺装备. 绝缘材料，2002.（2）：40-41，39.

[9] 杨明山，李林楷. 塑料改性工艺、配方与应用. 北京：化学工业出版社，2006.

第4章　通用塑料的高性能化、精细化和功能化改性

4.1　概述

随着工业、农业、建筑、包装、电气、汽车、电子信息、邮电通信、航空、军工等行业的高速发展，对高分子材料从数量、质量、品种和功能方面都提出了更高的要求，这必将带动高分子材料产业的跨越式发展。目前我国石化企业投产的聚乙烯、聚丙烯、聚氯乙烯、聚苯乙烯树脂和 ABS 等均为未改性大品种通用树脂，无法适应相关产业对合成高分子材料的结构性、功能性、经济性和环保性的综合要求，为此在"十二五"应优先发展合成高分子材料的高性能化、精细化和功能化，提高附加值，满足多样性需求，实现合成高分子材料产业的跨越式发展。从分子设计的角度，对通用塑料进行高性能化，能有效地解决以上问题。分子设计是根据人们对某一材料性能的要求，去推测其可能的物理化学结构，然后有目的地进行合成和制备研究。分子设计加强了理论对实践的指导作用，缩短了从研究到应用的周期，带有非常强的目的性。利用共聚、接枝、嵌段、共混、填充、增强等物理化学反应，对 PE、PP、PVC 进行高性能化是目前世界研究的重点，这里面包含了大量的分子设计。如 PE 树脂因为其分子链是非极性链，很难与极性材料复合。但是通过分子设计，在其分子主链上接枝极性分子链，可以提高极性，改善与极性材料的复合。聚乙烯接枝聚甲基丙烯酸甲酯（PE-g-PMMA）与尼龙、铝箔、玻璃纤维等的界面结合力有明显的改善。通过分子设计，进行 PP 的共聚改性可以改进 PP 的抗冲击性（尤其是低温抗冲击性）、热稳定性和韧性，扩展 PP 的应用领域。采用乙烯、苯乙烯单体和丙烯单体进行交替共聚或在 PP 主链上进行交替共聚或无规共聚，均可以提高 PP 的性能。另外，丙烯与环烯的共聚物已经取得了一定的进展，已成功合成了丙烯/环烯共聚物，该产品透明性好，耐热性、拉伸强度等性能均已经达到工程塑料等级。另外，对通用塑料的共混、填充、增强等改性手段也可以提高通用塑料的综合性能，使通用塑料高性能化、精细化和功能化。

4.2　聚丙烯的高性能化、精细化和功能化

聚丙烯（PP）是目前产量及用量仅次于聚乙烯（PE）的第二大塑料品种，2004 年全球 PP 生产能力已突破 4000 万吨。自 1957 年 PP 实现工业化以来，PP 已成为通用热塑性塑料中历史最短、发展和增长最快的塑料品种，其应用领域也日益广泛，成为目前国民经济发展中不可或缺的材料。由于 PP 具有优良的综合性能和相对低廉的价格，同时又容易进行改性，因此，PP 改性新材料层出不穷，在汽车、家电、工具设备、电子、建筑、计算机等行业上的用量日益扩大，引起了研究和开发的热情，对 PP 改性工艺、配方等技术发展起到了巨大的推动作用。

我国大型 PP 生产装置以引进为主，由于受到多方面的制约，许多牌号目前还难以生产，同时装置规模较小，规模效益与国外大公司还有差距。但这些难以阻止我国 PP 工业的发展。2006 年我国 PP 产量已达到 350 万吨，需求量突破 500 万吨，成为继美国和日本之后

的第三大消费国。目前我国 PP 行业的现状是：各类小规模的生产装置多，生产通用料的装置多，生产专用料的装置少，牌号不全，新技术新产品少。这些都制约了我国 PP 工业的发展。

PP 具有优良的物理机械性能和优良的加工性，这是其快速发展的原因。但 PP 也有许多缺点，如耐老化性差、韧性还有待提高、强度不高、透明性不好、易燃、成型收缩率大、制品易翘曲等，这些缺陷限制了 PP 在汽车、家电等行业中的应用，因此必须进行改性。对 PP 的改性主要集中在以下几个方面。①共聚：采用共聚技术，改进 PP 的韧性、流动性等；②接枝：采用接枝改性制备具有极性的 PP，从而提高 PP 的印刷性、与无机填料的黏结性、与极性聚合物的混合能力、改善抗静电性等；③共混：与其它聚合物共混制备聚合物合金，从而提高 PP 的综合性能；④填充：与碳酸钙、滑石粉等无机粒子混合，提高 PP 的耐热性和刚性，降低成本等；⑤增强：与玻璃纤维、晶须等增强剂进行复合，提高 PP 的强度、刚性和耐热性；⑥阻燃：采用添加阻燃剂的方法，制备阻燃性 PP 材料，满足家电、汽车等对材料的阻燃要求；⑦透明化：采用添加成核剂等方法，制备高透明的 PP 新材料，可用于透明包装等领域；⑧抗老化：采用添加抗氧剂等方法，改进 PP 的耐老化性，可用于户外产品。

以上可以看出，PP 的改性非常广泛，改性手段也较多，改性品种多，可制备满足各行各业不同要求的专用料。所以，PP 的改性正迅速发展，成为改性塑料中最大的品种和应用最广泛的新材料。

4.2.1　聚丙烯的化学改性

4.2.1.1　聚丙烯的接枝改性

马来酸酐（MAH）接枝聚烯烃是典型的例子。为满足使用要求，扩大应用范围，常常对 PP 进行共混、填充、增强等改性。但由于 PP 是一非极性聚合物，它与极性无机填料和一些极性工程塑料（如尼龙等）的相容性差，因此影响了其复合物的性能。MAH 接枝 PP 正是为了解决这一问题而发展的。在 PP 大分子链上接枝 MAH，赋予了 PP 极性，而对 PP 的原有性能改变极少。通过加入该接枝共聚物，可大大改善无机填料和极性高聚物与 PP 的相容性，能够制备出综合性能优异的复合材料。因此 PP 接枝改性的研究一直方兴未艾。常用的接枝方法如下。①溶液接枝 PP：溶液接枝所用的溶剂可以是甲苯、二甲苯或苯，在 100～140℃下待 PP 完全溶解后，加入接枝单体，采用自由基、氧化或辐射等手段引发接枝反应。溶液法的优点是反应温度较低，反应温和，PP 的降解程度低，接枝率高。但缺点是溶剂的使用量大，回收困难，该法在工业生产中已逐渐被淘汰。②悬浮接枝：悬浮法接枝 PP 是在不使用或只使用少量有机溶剂的条件下，将 PP 粉末、薄膜或纤维与接枝单体一起在水相中引发反应的方法。该法不但继承了溶液法反应温度低、PP 降解程度低、反应易控制等优点，而且没有溶剂回收的问题，有利于保护环境。③熔融接枝：该法是目前广泛使用的接枝方法，它是在 PP 熔融状态下加入单体与引发剂，从而发生接枝反应。一般是在单、双螺杆挤出机等加工设备上进行的。由于加工温度一般要在 180℃以上，故要求单体的沸点要高，马来酸酐、丙烯酸及其酯类可用于该法。由于该法直接在加工设备上接枝 PP，不需溶剂，工序简单，可以大批量连续生产。但缺点是反应温度高，PP 降解严重，对材料性能的负面影响较为严重。用熔融法可制备聚丙烯接枝甲基丙烯酸缩水甘油酯（GMA），其它单体如丙烯酸（AA）、甲基丙烯酸 β-羟乙酯（HEMA）、丙烯酰胺、马来酸二丁酯（DBM）等均可以用熔融法接枝 PP。近年来第二单体在熔融接枝 PP 时所起的作用正逐渐受到重视和研究。第二单体的加入可以提高接枝率并能抑制 PP 的降解。例如，对 GMA/St（苯乙烯）双单体熔融接枝 PP 的机理进行了详细的分析，认为共单体 St 的加入可以在提高接枝率的情况下同时有效抑制 PP 降解，这是因为 PP 在自由基的作用下脱除 α-氢后，形成 PP 大分子自由基，该自由基不稳定，可能发生断链反应，由于 St 的反应活性高于 GMA，St 会先接到 PP 上，形成较为稳定的苯乙烯基大分子自由基，这样 PP 链断裂的倾向就会被极大地抑制，苯乙烯基大分子自由基与 GMA 的反应速率要远大于 GMA 与 PP 大分子自由基的反应速率，因此可以提高接枝率。对 MAH/St 双单体熔融接枝 PP 进行的研究也得出了相似的结论，第二单体（St）的存在既可以提高 MAH 的接枝率，也可降低 PP 的降解。④固相接枝：固相接枝是一种能广泛应用于各种聚合物接枝改性的较好方法，该法一般是在 N₂ 保护下将 PP 固体与适量的单体混合，在 100～120℃下用引发剂引发接枝聚合。固体 PP 可以是薄膜、纤维和粉末，但通常所指的固体接枝主要是针对粉末 PP。固相接枝与其它接枝方法相比有许多显著的优点：反应在较低温度（100～120℃）下进行、粉末 PP 几乎不降解、不使用溶剂或仅使用少量溶剂作为界面活性剂、溶剂被 PP 表面吸收后不用回收；反应结束后，通过升温和通 N₂ 等方法，可除去未反应的引发剂和单体；反应时间短，接枝率高且设备简单。以 BPO 为引发剂，使用固相接枝法将 MAH 接枝到粉末 PP 上，同时使用固相法合成 PP-g-GMA 接枝物，其产物接枝率为 4%～6%（质量分数），适量邻苯二甲酸二烯丙酯（DAP）和异氰脲酸三烯丙酯（TAIC）的加入，可进一步抑制 PP 降解，也可提高接枝率。

4.2.1.2 聚丙烯的氯化

氯化聚丙烯（CPP）为聚丙烯的氯化改性产品，外观为白色或微黄色固体。分子内含 Cl 基团，并因氯含量的不同，分为高氯化聚丙烯和低氯化聚丙烯两大类。CPP 熔点为 80～160℃，一般在 120℃左右，分解温度为 190℃。溶于醇和脂肪烃以外的其它溶剂，具有较好的耐磨性、耐老化性和耐酸性。同时赋予 PP 以极性，可大幅度改善 PP 的印刷性，主要用于聚烯烃的印刷油墨，也可对 PP 进行改性。目前国外生产氯化聚丙烯采用工艺先进的水相悬浮法技术。从目前的消费情况看，各国 CPP 消费情况虽然不同，但大体上是涂料、黏合剂占 40%，油墨载色剂占 40%，其它占 20%。中国 CPP 的开发研制工作始于 20 世纪 80 年代初。随着中国市场经济的不断发展，从 1999 年开始，中国氯化聚丙烯的需求有了大幅度增长，特别是在油墨、涂料等方面，平均每年的需求量以 20% 的幅度递增，但仍不能满足市场的需要，需大量进口，尤其是油墨行业所需的氯化聚丙烯几乎全部依赖进口，市场潜力很大。不同氯化度的 CPP 的熔点会随氯含量增加而迅速降低。在氯含量为 30%（质量分数）时熔点最低。均相反应或非均相反应的 CPP 具有不同的最低熔点，即使含氯量相同，最低熔点也不同。氯化等规聚丙烯和氯化无规聚丙烯的熔化情况不同，随无规物的增加，熔点相应提高。低氯化度 CPP 的氯化度为 20%～40%，主要用于黏合剂、油墨和载色剂等，如将 CPP 用于聚丙烯薄膜热密封的顶涂层、双向拉伸等规聚丙烯干层与纸的黏合剂等。将双向拉伸等规聚丙烯薄膜层压在已经印刷的纸上，可大大提高印刷品的耐用性、防水性和色泽亮度，可用于书籍封面、广告品、包装品等。

CPP 的黏结性优于聚丙烯，可用于聚丙烯管材等的密封，用于聚丙烯膜涂层，特别可用于注塑制品如内部装饰材料、汽车内部装饰涂层、建筑和民用设备的涂料等，使用寿命长，经久耐用。高氯化度的 CPP 其氯化度为 63%～67%，用于替代氯化橡胶。CPP 的氯化度愈高，溶解性愈好。对于均相反应的 CPP 和非均相反应的 CPP，当氯化度相当时，前者比后者更易溶解。高氯化度的 CPP 也用于油墨、涂料、油漆等的黏合剂等，也可作为塑料和橡胶的阻燃剂。CPP 具有优良的耐油、耐热、耐化学品和耐辐射性。在用氨处理后，具有半导体特性，用三聚氰胺改性后应用更加广泛。CPP 在电子电气业中可用于黏结炭粉、制造碳电极，还可用于聚合催化剂、耐特压助剂、配制切削液和医药栓剂、纤维纺织品的柔软改性剂等。

根据氯化反应的具体工艺不同，CPP 分为固相氯化法、悬浮水相氯化法及溶液氯化法。目前工业上普遍采用的为均相溶液氯化法，常用的溶剂有四氯化碳、氯苯及四氯乙烷等，使 PP 溶解，然后进行氯化，使用偶氮二异丁腈（AIBN）为引发剂。悬浮氯化法比溶剂法所用溶剂少，从而减小了溶剂回收难度和环境污染问题，有一定的竞争优势，目前已有工业化产品。固相氯化法是将粉末状态的 PP 在沸腾床中氯化，氯化过程中不需加入溶剂，从而减少了环境污染，降低了生产成本。

4.2.1.3　聚丙烯的交联改性

随着现代工业的发展，对聚丙烯的耐热性、耐久性和耐药品性能提出了更高的要求。要提高聚丙烯树脂本身的耐热性、耐久性和耐药品性，交联是比较有效的途径之一。

（1）辐射交联　当官能团单体存在时，低剂量辐照可使 PP 主链上生成一些长支链，改性得到的 PP 在单轴拉伸时存在应变硬化效应，从而制得高熔体强度 PP。增塑剂和抗氧剂的加入以及 PP 辐照前、后的热处理对辐照 PP 熔体强度的提高均有不同程度的促进作用。聚丙烯由于其分子结构的特点，它的交联比其它聚烯烃如聚乙烯要困难得多。聚丙烯的大分子自由基优先起分解反应。辐射交联是在光或各种高能射线的作用下进行的，比较常用的是 Co^{60} 产生的 γ 射线。交联和降解反应同时发生，因此交联效率是相当低的。对于无规聚丙烯，γ 射线辐射后，其降解和交联反应的比是 0.4，全同聚丙烯为 0.8。受辐射后无规聚丙烯本征黏度的变化表明聚丙烯分子链的断裂速率在辐射刚开始时很高，随剂量的增加而减少，交联速率则是开始低，随剂量的增加而升高。这是由于形成不饱和端基的裂解反应和受激分子与大分子自由基形成交联的竞争反应的结果。辐射剂量小时降解占优势，增大剂量时交联占优势。聚丙烯的辐射降解是一个自动氧化过程。γ 辐射引发的自由基都要消耗一定数量的氧，从而使分子链连锁断裂，首先产生烷基自由基，烷基自由基经过一定时间后可以转化为多烯自由基。研究还表明，在聚丙烯的非晶区自由基的活动性较大，容易与氧作用而活性消失。

（2）化学交联　以前的化学交联大多是在 PP 中加入少量过氧化物引发，但后来发现仅加入过氧化物会引起 PP 降解。为了防止大分子链的无规断裂，使交联反应处于优先地位，提高交联效率，必须添加合适的助交联剂。具有多官能团的单体能促进聚丙烯的化学交联。常用的单体是马来酸二丙烯酯（DAM）和四甲基丙烯酸季戊四醇（PETM），引发剂通常选用过氧化苯甲酰，烷烃类过氧化物分解产生的自由基对引发聚丙烯的交联似乎是无效的，而那些带有苯环的过氧化物分解产生的自由基对聚丙烯交联才是有效的。用过氧化异丙苯作引发剂交联全同立构聚丙烯时，DAM 和 PETM 对提高凝胶含量有不同的贡献。PETM 中双键反应活性较大，在过氧化物作用下容易自身加成。

在少量过氧化物存在下，用带有烯类双键的三官能团的有机硅烷与 PP 在挤出机中熔融共混完成接枝反应。然后，在水的作用下硅烷水解成硅醇，经缩合脱水而交联。这种方法最早是由 Dow Corning 公司发展起来用于聚乙烯交联的，日本三菱油化公司经过多年研究，把这一技术用于聚丙烯的交联获得了成功。技术的关键是在接枝反应时必须严格控制各种因素，抑制聚丙烯的降解。交联产品的耐热性、耐药品性能大大提高。例如，在 DCP 存在下以二月桂酸二丁基锡作催化剂，用乙烯基三甲氧基硅烷温水交联 PP。不同过氧化物对 PP 的交联反应有不同的影响。要使 PP 交联，自由基浓度不能低于一定值。当有机硅存在时，PP 大分子自由基可以打开硅烷分子上的双键，从而使 PP 分子链稳定。在二步法化学交联中，第一步接枝反应很重要，影响因素很多；第二步交联反应很容易发生。生成的自由基可以通过转移反应而使自由基消失，从而形成稳定的接枝点。接枝在聚丙烯上的—$Si(OR)_2$ 在催化剂的作用下易于水解，生成硅醇，硅醇脱水生成交联结构，从而把聚丙烯的分子链连接在一起，使聚丙烯变成交联网状结构。

4.2.2　聚丙烯的共混改性

聚丙烯亟待克服的缺点为：成型收缩率较大、低温易脆裂、耐磨性不足、热变形温度低、耐光性差、不易染色等。通过共混对聚丙烯改性可获得显著成效。例如聚丙烯与乙丙共聚物、聚异丁烯、聚丁二烯等共混均可改善其低温脆性，提高冲击强度；与尼龙共混可增加韧性、耐磨性、耐热性、染色性；与乙烯-醋酸乙烯共聚物共混可在提高冲击强度的同时，改进加工性、印刷性、耐应力开裂性。聚丙烯的共混改性普遍采用机械共混法，具有操作简单、投资低、生产效率高、可连续生产等优点。

4.2.2.1　聚丙烯与聚乙烯的共混

以塑料作为增韧材料对 PP 进行改性研究较早，其中较成功的例子有 PP/PE 体系。PP 为结晶性聚合物，其生成的球晶较大，这是 PP 易于产生裂纹、冲击性能较低的主要原因。若能使 PP 的晶体细微化，则可使冲击性能得到提高。PP 与 PE 共混体系中，PP 与 PE 都是结晶性聚合物，它们之间没有形成共晶，而是各自结晶。但 PP 晶体与 PE 晶体之间发生相互制约作用，这种制约作用可破坏 PP 的球晶结构，PP 球晶被 PE 分割成晶片，使 PP 不能生成球晶，随着 PE 用量增大，这种分割越来越显著，PP 晶体则进一步被细化。PP 晶体尺寸变小，冲击强度得到提高。通过研究 PP/LLDPE 的共混体系，得出了如下规律。

(1) PE 种类对共混体系冲击性能的影响　不同类型的 PE 都可以改善 PP 的室温冲击强度，但差异十分明显。对于 PP/HDPE 共混物，当 HDPE 含量低于 60%（质量分数）时，共混物强度基本不变；当 HDPE 含量高于 60%（质量分数）时，共混物的冲击强度才有所增加。对于 PP/LDPE 共混物，也只有当 LDPE 含量高于 60%（质量分数）时，其冲击强度才有较大幅度的提高。而对于 PP/LLDPE 共混物，当 LLDPE 含量大于 40%（质量分数）时，其冲击强度就有明显提高；当 LLDPE 含量达到 70%（质量分数）时，共混物冲击强度为 $37.5kJ/m^2$，可达到纯 PP 冲击强度的 20 倍，是同样用量的 PP/HDPE 和 PP/LDPE 共混物的 10 倍和 4 倍。低温（$-18℃$）下，三种 PE 对 PP 韧性的改善变化趋势与常温时一致，还是 LLDPE 对 PP 的增韧效果最好。当 PP/LLDPE 质量比为 30/70 时，共混体系的冲击强度为 $23.2kJ/m^2$，是纯 PP 的 20 倍，而在同样条件下，PP/HDPE、PP/LDPE 共混体系的冲击强度仅为 $5kJ/m^2$ 左右。这进一步说明在达到相同冲击强度时，LLDPE 的用量最少，即意味着可以更多地保持 PP 的刚性；而在相同用量时，LLDPE 改性的 PP 的冲击强度最好，这又使材料获得了更优异的韧性。

(2) 混炼方式对增韧效果的影响　采用双螺杆挤出机混炼的试样冲击强度最高，直接注射方式所得的试样冲击性能最差。由于注射机螺杆的有效长度小于挤出机，剪切混炼作用小，效果当然很差。在不同混炼方式下，材料的冲击性能表现出的规律一致，即 LLDPE 质量分数从 40% 开始，随着 LLDPE 用量增加，其冲击强度大幅度上升；表明混炼方式对共混体系冲击性能有影响，但影响不大。

(3) PP/LLDPE 共混体系的结构　当 LLDPE 含量小于 50%（质量分数）时，共混体系冲击断面光滑平整，呈典型的脆断特征；当 LLDPE 含量超过 50%（质量分数）时，材料断面表现为韧性断裂特征，出现丝状体，断面凹凸不平，有撕扯痕迹，且两相界面趋于模糊，此时，材料的屈服强度迅速上升；而当 LLDPE 含量增加至 70%（质量分数）时，可以清楚地看到 PP 相互交织成网，因此，材料在宏观上具有很高的冲击强度。纯 PP 球晶的尺寸很大，球晶之间的界面清晰，所以 PP 的冲击性能极差。相比之下，LLDPE 的晶体非常细小，晶体之间的界面也十分模糊，所以其冲击性能很好。PP 和 LLDPE 结晶形态的差异是因为两者的结晶速率不同引起的：PP 的结晶速率较慢（3.3×10^2 nm/s），晶体生长较大，晶体间的连接少，故晶间界面分明；而 LLDPE 的结晶速率非常快（8.3×10^2 nm/s），晶体细小，晶体间的连接也较多，因而晶间界面模糊不清。当 LLDPE 加入 PP 后，可以明显观察到 PP 球晶尺寸的减小，晶体间界面变得模糊，有利于改善材料的冲击性能。LLDPE 用量增加，PP 球晶进一步减小，当 LLDPE 含量达到 70%（质量分数）时，PP 晶体已经被分割成碎晶，晶体间界面完全消失，与 LLDPE 混杂在一起，难以分辨，因此，共混体系的冲击强度很高，不易被冲断。这说明，LLDPE 的加入细化了 PP 的球晶，增加了晶体间的连接，这是共混材料韧性改善的又一重要原因。

（4）LLDPE 用量对共混体系性能的影响　随 LLDPE 用量增加，共混体系的屈服应力下降，而断裂伸长率逐渐增加，并呈良好的线性关系。随着 LLDPE 用量的增加，共混材料的维卡软化点下降。当 LLDPE 含量为 40%～60%（质量分数）时，共混材料的维卡软化点仍接近 120℃。随着 LLDPE 用量的增加，材料的冲击强度增加，而拉伸屈服强度、拉伸模量、维卡软化点降低。在以 LLDPE 为主的体系中，当材料受到冲击作用时，除 LLDPE 相消耗大量能量，提高材料韧性外，还由于 LLDPE 对 PP 球晶的插入、分割和细化，使 PP 晶体尺寸减小，晶体间连接增多，从而提高了材料的冲击强度。PP/LLDPE 共混体系中，当 LLDPE 含量为 40%～70%（质量分数）时，共混物逐渐形成互穿网络结构具有刚而韧的特性。

4.2.2.2　聚丙烯与聚苯乙烯的共混

与 PP 相比，PS 具有较高的硬度及低的收缩率，印刷性优良。但是 PS 耐环境应力开裂性、韧性和耐溶剂性较差。为了获得综合性能优良的材料，人们对 PP、PS 进行共混改性研究，试图得到一种集 PP、PS 两者优良性能于一体的复合材料。PP/PS 是典型的不相容体系，因此解决 PP/PS 之间的相容性和界面黏结性，是制备性能优良的 PP/PS 合金的关键。

由于两种树脂是完全不相容体系，共混物相分离严重、性能差。PP/PS 在挤出机熔融混炼时易产生 PP 与 PS 的接枝反应，该接枝物又能起到相容剂的作用。当 PS 的含量达 10%（质量分数）时，接枝效果最好。在相容化共混体系中，由于存在相间黏附和两相间界面张力减小，阻止了分散相的聚集作用，使分散相得以稳定，相间黏附力可以通过几种作用机理获得。最常用也是最有效的方法是将两种不相容性均聚物的嵌段或接枝共聚物加到这两种不相容的聚合物共混物中。当嵌段或接枝聚合物在两不相容界面上存在时，它能起到乳化剂作用，降低界面张力。SB（苯乙烯-丁二烯共聚物）、SBS（苯乙烯-丁二烯-苯乙烯三嵌段共聚物）、SEBS（苯乙烯-氢化丁二烯-苯乙烯三嵌段共聚物）、SEPS（苯乙烯-乙烯-丙烯-苯乙烯嵌段共聚物）、PP-g-PS（聚丙烯与苯乙烯接枝共聚物）、PE-g-PS（聚乙烯与苯乙烯接枝共聚物）、PP-b-PS（聚苯乙烯与等规聚丙烯嵌段共聚物）、PP-g-AVM（聚丙烯与单官能团芳香乙烯基单体接枝共聚物）、PP-g-MAH（聚丙烯与马来酸或马来酸酐接枝共聚物）等均可作为 PP/PS 的相容剂。

以加氢 SIS（苯乙烯-异戊二烯-苯乙烯三嵌段共聚物）为相容剂，添加量为 3%（质量分数），制得的 PP/PS（质量比 19/78）共混物具有优良的柔韧性、强度高、可塑性好、抗冲击、耐溶剂等特点。采用 SEPS 嵌段共聚物作为相容剂，共混物的缺口冲击强度、屈服强度和伸长率以及杨氏模量不仅与 PP/PS 的配比有关，还与 SEPS 的添加量有关。随着 SEPS 含量的增加，PP 相的 T_g 增大，T_g 最大变化发生在 PP/PS 质量比例为 25/75 时。SBS 对 PP/PS 也具有增容效果。SBS 能影响 PP 连续相的结晶过程，随 SBS 含量的增加屈服强度、杨氏模量下降，屈服伸长率和冲击强度增大。当三类相容剂（SBS、SEBS、SEPS）的含量分别为 2.5%、5.0%、10.0%（质量分数）时，SEM 分析表明，随相容剂含量的增加，PS 相的尺寸逐渐减小，两相界面黏结良好，共混体系的缺口冲击强度、拉伸断裂伸长率均提高，但杨氏模量呈下降趋势。增容效果与相容剂的化学结构及分子量等有关。SEPS 的增容效果明显优于 SBS 和 SEBS，由于其在两相界面的黏结作用和相容作用，使得共混物的拉伸强度、断裂伸长率随着相容剂含量的增加而增大，与其它嵌段共聚物相容剂相比，在增加共混物冲击强度的同时并没有降低共混物的刚性。PS/PP/SEBS（质量比 75/25/10）组成的共混物冲击强度为 14kJ/m²，热变形温度为 84℃，弯曲强度达 35MPa，弯曲模量达 1400MPa，且具有优良的耐卤代烃、耐色拉油及其它油脂的性能，可用于制备冰箱内部构件。经 SBS 增容后，PP/PS 合金的冲击强度明显高于未用 SBS 增容的合金，两相界面间有增容剂的作用，降低了相间的界面张力，增加了相间黏合。当材料受到外力时，这种良好的界面结构可以起到应力分散作用，避免在界面区域发生应力集中，从而提高了材料的抗冲击性能。只要加入少量的 SBS（2.5%，质量分数）就可使 PP/PS 合金的冲击强度由 4.5kJ/m² 提高到 18.74kJ/m²。由此可见，SBS 的加入对合金冲击性能的改善有很大贡献。PP 接枝马来酸酐（PP-g-MAH，MPP）也可作为 PP/PS 的相容剂，其加工方法简便易行，增容效果良好。

利用反应挤出技术可实现 PO 与 PS 的就地增容作用。在催化剂 AlCl₃ 和苯乙烯单体存在下，用单螺杆挤出机，PP/PS 在挤出过程中能形成 PP-g-PS。它在混合物基体中起到了增容的作用。这一低成本的自增容技术的成功开发，将使废 PP、PS 混合料的回收利用成本大幅降低。DOW 化学公司首先报道了 RPS（含有噁唑啉侧基的反应性 PS）后，近年来国内外有一系列关于 RPS 与其它改性共聚物（CPE、MPE）反应性共混的研究文献发表。用 RPS 对 PP/PS 进行改性制备高性能合金时有报道。如将二元混合的 RPS/MPP 作为 PS/PP 合金相容剂，当 RPS/MPP/PP/PS 挤出时，RPS 的侧基与 MPP 的酸酐基就会就地发生反应，生成 PP-g-PS，此聚合物可就地增容 PP/PS 合金，形成了独特的双重"海岛"复合结构，即 PP 为连续相，PS 为分散相，同时 PS 分散相中又包含着 PP 小颗粒，形成复合粒子，此时合金的各项性能最好。

4.2.2.3　聚丙烯/聚氯乙烯共混改性

以前人们总认为 PP 和 PVC 是不能共混的，因而这方面的研究报道很少。但是，随着高分子材料科学的发展，人们认识到相容性相差较大的聚合物经特定的共混技术可制得性能优异的共混物，并能够突出各自的特性，因此受到人们的高度重视。

PP 和 PVC 是两种极性不同的树脂，其共混物之间界面张力大，界面之间黏合力较小，因此必须使用相容剂。MPP 能作为 PP/PVC 共混物的相容剂，并能改进共混物的物理机械性能和加工性能，也是回收废旧 PP 和 PVC 混合的有效相容剂。当双螺杆挤出机的熔体温度控制在 180～185℃时，PP/PVC 共混物能挤出造粒，性能良好。

超支化聚合物（HBP）是一类高度支化的具有 3 维准球状立体构造的大分子，由于具有低熔体黏度、良好的溶解性以及大量末端活性基团等一系列独特的物理化学特性，可以用来增加 PP/PVC 共混体系的相容性。PP 接枝马来酸酐中马来酸酐的羧基与超支化聚（酰胺酯）的末端羟基反应，得到了聚丙烯接枝超支化聚（酰胺酯）（PP-HBP），用 PP-HBP 增容 PP/PVC 共混体系以提高共混物的力学性能和相容性，结果见表 4-1。

表 4-1　PP-HBP 用量对 PP/PVC 共混力学性能影响

样品编号	PP/PVC/PP-HBP 质量比	拉伸强度/MPa	冲击强度/(kJ/m²)
A	70/30/0	21.25	3.47
B	70/30/2	22.33	3.94
C	70/30/5	25.40	4.45
D	70/30/10	23.30	3.40
E	70/30/20	23.04	3.24

由表 4-1 可见，在 PP/PVC 共混物中加入 PP-HBP，拉伸强度增加。PP-HBP 达到 5 份时，拉伸强度出现一个最大值，较未加 PP-HBP 相容剂时的拉伸强度提高 18.0%。这表明 PP-HBP 的加入确实起到了共混物相容剂的作用，少量的 PP-HBP 就能较显著地改善共混物的相容性，提高共混物的力学性能。由于 HBP 中的酰胺基和酯基与 PVC 链段上的次甲基氢原子相互作用形成弱氢键，使样品 B 和 C 的拉伸强度增加。但是 PP-HBP 用量超过 5 份后，拉伸强度反而下降，这是由于 PP-HBP 中的 HBP 本身力学性能较差，因此使拉伸强度在达到最大值后开始下降。在 PP/PVC 中加入 PP-HBP，缺口冲击强度变化不大，但同样是在加入 5 份 PP-HBP 时出现了最大值。未加入 PP-HBP 的 PP/PVC 共混体系中，PVC 分散相颗粒大且不均匀，两相界面接触面积比较小。这表明 PP 和 PVC 之间的相容性差，界面结合非常弱，PVC 很难均匀分散在 PP 基体中，分散相尺寸较大。加入 2 份 PP-HBP 的 PP/PVC 共混体系中，PVC 分散相的尺寸减小，颗粒数目也相应增加，说明 PP 和 PVC 之间相容性有一定增强，拉伸强度也相应增大。加入 5 份 PP-HBP 的 PP/PVC 共混体系中观察到 PVC 颗粒进一步减小，数量增加，出现了部分层状形态结构，表明了界面黏结强度进一步改善。加入 10 份 PP-HBP 的 PP/PVC 共混体系中，PVC 分散相颗粒的尺寸明显减小，同时部分层状形态结构消失，并且较均匀地分散在 PP 基体中，显示了良好的界面状态，表明 PP-HBP 可以有效地改善 PP/PVC 的相容性。

在 PP/PVC/PP-g-(St-co-MMA)（质量比 80/20/6）共混物中加入 1 份 HBP 时，就可以很好地改善共混体系的相容性，使共混物拉伸强度达到最大值，同时使熔体表观黏度达到较小值。这表明在共混体系中加入 HBP，协同增容效应能够提高共混体系的力学性能。

4.2.2.4　聚丙烯与 POE 的共混改性

POE 分子结构的特殊性赋予其优异的力学性能、流变性能和耐紫外线性能。此外，它还具有与聚烯烃亲和性好、低温韧性好、性能价格比高等优点，因而被广泛应用于塑料改性，这种新材料的出现引起了全世界塑料和橡胶工业界的强烈关注，也为聚合物的改性和加工应用带来了一个全新的手段。作为弹性体，POE 中辛烯单体含量通常大于 20%。其中聚乙烯段结晶区（树脂相）起物理交联点的作用，一定量辛烯的引入削弱了聚乙烯链段的结晶，形成了呈现橡胶弹性的无定形区（橡胶相）。与传统聚合方法制备的聚合物相比，一方面它有很窄的分子量和短链分布，因而具有优异的物理机械性能，如高弹性、高强度、高伸长率和良好的低温性能。又由于其分子链是饱和的，所含叔碳原子相对较少，因而又具有优异的耐热老化和抗紫外线性能。窄的分子量分布使材料在注射和挤出加工过程中不易产生翘曲。另一方面，有控制地在聚合物骨架上嵌入乙烯长链支化结构，从而改善聚合物加工时的流变性能，又可使材料的透明度提高。通过对聚合物分子结构的精确设计与控制，可合成出一系列具有不同密度、不同熔融指数、不同硬度等的 POE 材料，为塑料的改性提供了丰富的材料。

POE 与传统的弹性体材料相比有诸多优势。比如，与三元乙丙橡胶（EPDM）相比，它具有熔接线强度极佳、分散性好、等量添加下冲击强度高等优点，与丁苯橡胶（SBR）相比，它具有耐候性好、透明性高、韧性好、挠曲性好等特点；与软聚氯乙烯（PVC）相比，它具有无需特殊改性设备、对设施腐蚀小、热成型良好、质量轻、低温脆性好和经济性好等优点。

POE 对 PP 增韧效果显著，使其成为近年来比 EPDM、SBS、BR 等更具发展潜力的增韧剂。现在，PP/POE 体系已在空调室外机壳、汽车仪表盘等部件上得到了普遍应用。研究结果表明，POE 增韧 PP 比 EPDM 容易得到更小的分散相粒径和更窄的粒径分布。分散的 POE 微粒作为大量的应力集中点，当受到强大外力冲击时它可在 PP 中引发银纹和剪切带，随着银纹在其周围支化，进而吸收大量的冲击能；同时在大量银纹之间应力场相互干扰，降低了银纹端的应力，阻碍了银纹的进一步扩展，因而使材料的韧性大幅度提高。POE 的增韧效果大于 EPDM。POE 增韧 PP 与 EPDM 截然不同，POE 在 PP/POE 体系中以片状或条状等不规则的形状分布于 PP 中，这有利于在剪切屈服时吸收更多的能量，使 PP 的韧性得到大幅度提高。POE 可在体系任意黏度比下出现成纤现象，成纤使分散相表现纤维特性，可大大提高共混物的弯曲强度和缺口冲击强度。无论是普通 PP、共聚 PP、还是高流动性 PP，POE 的增韧效果都优于 EPDM，且在低温下 POE 对高流动性 PP 仍具有良好的增韧效果。而 EPDM 增韧 PP 时，低温下 PP 显脆性。当 PP 为 48%～57%（质量分数），共聚 PP 为 30%～35%（质量分数），POE 为 13%～17%（质量分数）时，再配以适量抗氧剂、热稳定剂，共混物的缺口冲击强度可达 500～600J/m，弯曲强度可达 26～29MPa，且产品在低温状态下仍能保持较高的韧性。共聚 PP 在 PP/POE 共混体系中起到相容剂的作用，可增强 PP 与 POE 的界面黏结力。总之，无论是均聚 PP、共聚 PP 还是高流动性 PP，无论是常温还是低温冲击强度，POE 的增韧效果都优于 EPDM 或乙丙橡胶（EPM）。这是由于 POE 中长支链的引入大大提高了其在 PP 母体中的分散性，从而有利于形成较理想的相形态，使冲击韧性提高。

4.2.2.5 聚丙烯与乙丙橡胶的共混及其热塑性弹性体

为改善聚丙烯的冲击性能、低温脆性，可在其中掺入一定量的乙-丙共聚物（EPR），即制取 PP/EPR 共混物。但此种共混物的耐热性及耐老化性能有所下降。另一种常用作聚丙烯改性的是含有二烯烃成分的乙烯-丙烯-二烯烃三元共聚物（EPDM），PP/EPDM 的耐老化性能超过 PP/EPR 共混物。等规聚丙烯和 EPR 以及 EPDM 一般是不相容的，因此它们的共混物具有多相的形态结构。在相同的共混工艺条件下，组成比及不同聚合物组分的熔融黏度差决定着此种共混物的形态。当 PP 与 EPR 以及 EPDM 具有相近的熔融黏度时，所制得的共混物形态结构较均匀；当各组分熔融黏度不同，若 EPR 黏度低于 PP，则 EPR 可以被很好地分散。相反，若 EPR 黏度高于 PP，则 EPR 的相畴粗大，且基本呈球形，共混物性能不好。在 PP/EPR 共混质量比例为 60/40～40/60 时会出现相转变，此时两组分均为连续相。

EPDM 是较早用于增韧 PP 的橡胶，对提高 PP 的韧性具有较好的效果。茂金属催化聚合所得的三元乙丙橡胶（mEPDM）和传统 Ziegler-Natta 催化剂聚合所得的三元乙丙橡胶（EPDM）对 PP 具有不同的增韧效果。与 EPDM 共混物相比，PP/mEPDM 共混物的脆韧转变区间远小于 PP/EPDM 共混物，其增韧剂的临界质量分数小，断裂伸长率高。随增韧剂质量分数的增加，mEPDM/PP 和 PP/EPDM 共混物的拉伸强度、弹性模量和维卡软化点均单调下降，但后者的下降幅度更大。电镜分析和结晶行为研究表明，PP/mEPDM 的相容性优于 PP/EPDM。

EPDM 是传统的橡胶，而 PP 是传统的塑料，这两者通过共混和动态硫化，则可制备出性能优异的热塑性弹性体（TPE，TPV），这是橡塑并用的典型例子。动态硫化是制备 TPE 的一种新方法，由于这种方法制得的 TPE 具有良好的性能，甚至在某些性能上优于嵌段共聚型 TPE，并不需要合成新聚合物，而只需将现有聚合物进行共混，因此节约了开发新聚合物品种时的巨额资金投入。制备动态硫化 TPV 的关键技术在于共混体系相畴大小、形态结构和橡胶相粒径的控制方法和手段。EPDM/PP 中 EPDM 的交联程度是影响相形态的一个重要因素。只有当共混体系中 EPDM 有适宜的交联程度，EPDM 易被剪切成微米级颗粒时才能制得性能较佳、具有传统橡胶特征的 EPDM/PPTPV。制备动态硫化法 PP/EPDM TPV 的影响因素有以下几个方面。

① **树脂组分特征的影响**　在橡胶表面能相近的条件下，选择熔融指数（MI）小，即分子量大且结晶度高的 PP 树脂作为基体组分，制备的 TPV 由于基体本身的拉伸强度高、断裂伸长率大、橡胶分散相粒径小，因而 TPV 的综合性能好。随着 PPMI 的增大，TPV 的耐溶胀性、耐压缩性下降。

② **橡胶相组分特征的影响**　橡胶相 EPDM 的交联速率增加，则交联效应增大，共混物中橡胶相平均粒径减小，交联密度增大，TPV 的耐压缩性、耐溶胀性将会提高，且体系微观相态较均匀，具有较好的加工形态稳定性。但 EPDM 的交联速率过高，橡胶相在反应挤出后期易发生硫化返原，使交联密度减小，导致制品的力学性能不佳。所以应选择交联速率适宜的橡胶相。由于橡胶相粒径小，交联密度高，因而其拉伸强度大，断裂伸长率、永久变形低，制品性能好。

③ **橡塑比的影响**　随橡塑比减小，即 PP 含量增加，EPDM/PP 体系中 EPDM 交联度下降。这是因为一方面 PP 对硫黄及助剂有稀释作用，另一方面在高温过程中极少量硫黄挥发损失，这两种效应随 PP 含量的增大变得较为显著。因此要使 EPDM/PP 中的 EPDM 具有适宜的交联程度，应使硫黄及助剂的用量稍有增加以弥补上述两种效应。随着 EPDM 含量增加，共混物的硬度、拉伸强度、弯曲强度、撕裂强度、300％定伸应力、永久变形、耐溶胀性、加工流动性减小，弹性、耐压缩性、黏度、冲击强度增大，而断裂伸长率随 EPDM 橡胶含量的增加而降低。当共混物中 EPDM 含量超过一定值时，拉伸强度又逐渐下降。EPDM 含量为 30％～40％（质量分数）的共混物冲击强度最佳。

④ **硫化体系的影响**　EPDM/PP TPV 一般可用酚醛树脂、硫黄、过氧化物等三种硫化体系硫化。对这三种不同硫化体系制备的 EPDM/PP 共混型 TPV 性能研究表明，三种硫化体系的 TPE 形态结构各异，物理性能、流变性及加工性能相差较大。酚醛树脂硫化体系的 TPV 中 EPDM 交联度较高，具有较好的力学性能和加工流变性；硫黄体系制备的 TPE 具有较高强度和较好弹性，但加工性能一般；过氧化物硫化体系制备的 TPV 力学性能和加工性能均较差，但耐热性好，在高温下具有优异的耐蠕变性。另外，可采用过氧化物-硫黄混合硫化体系对 EPDM/PP 共混进行动态交联，其中过氧化物起交联橡胶和降解 PP 的双重作用，少量的硫黄即可很好地控制 PP 降解反应的发生，有助于抑制 PP 的降解程度。

⑤ **引发剂用量的影响**　引发剂 DCP 用量为 1.2％～1.5％（质量分数）时，EPDM 正好完全交联，EPDM 的分散粒径和分散度达到最佳，所制得的 TPV 耐冲击强度达到最大，增韧效果明显，而且加工流动性最好。

⑥ **投料顺序的影响**　分批投料方式使投料达到精细化，开始硫化时 PP 与 EPDM 两相状态更均匀、更有利于形成理想的微观结构。同时部分抑制了 PP 降解，从而保证了动态硫化 EPDM/PP 的冲击韧性高于非硫化 EPDM/PP，它比同时投料法更能达到提高韧性和加工流动性的目的。

⑦ **共混工艺的影响**　母料法即先用少量（40％）PP 与全部 EPDM 进行动态硫化，制成母料，然后再将母料与其余（60％）PP 共混挤出，由于其中 EPDM 经过了两次熔融挤出，所受剪切作用约 2 倍于一步法。故母料法中 EPDM 交联充分，交联 EPDM 颗粒粒径小而均匀，在 PP 基质中分布也均匀，消除 EPDM 长链柔性分子缠结的能力大于一步法，能有效地抑制 PP 的降解，从而使增韧效果更加明显。

⑧ **共混条件的影响**　共混剪切速率、动态硫化时间、共混温度、混炼时间等共混工艺条件均对 TPV 性能有影响。在剪切速率为 $471s^{-1}$ 时，TPV 的拉伸强度、断裂伸长率达到最大。动态硫化过程中，橡胶、树脂同时受到转子的剪切作用，存在橡胶粒子的交联与破碎过程、树脂相高分子链的断裂过程。EPDM 粒子粒径越小，分布越均匀，粒子交联度越高，

其力学强度越高，加工流动性和形态稳定性越好；若共混剪切速率太高，则树脂相高分子链的断裂程度加剧，分子量严重下降，掩盖了橡胶粒子的交联与破碎过程，TPV 的拉伸强度、断裂伸长率迅速降低。随着硫化时间的增加，共混物的拉伸强度和断裂伸长率都经历了从上升到下降的过程。硬度和压缩永久变形随硫化时间的增加分别呈上升和下降趋势。动态硫化时间短（5min）时，橡胶相受高温剪切作用时间短，橡胶相被剪切次数少，橡胶粒径大，交联密度低，TPV 性能较差，挤出物表面很粗糙。动态硫化时间长（15min），虽然橡胶相粒径小，交联密度高，挤出物表面比较光滑，但树脂相由于长时间的高温剪切作用，分子链断裂程度加大，分子量减小，TPV 的性能下降很快。只有当动态硫化时间约为 10min 时，橡胶相粒径及交联密度都已达到最适宜的程度，且树脂相分子量较大，制得的 TPV 才具有较好的性能，挤出物表面也较光滑。提高共混温度，EPDM 交联度明显降低，有利于改善 TPV 的加工流动性。当共混温度在 165～170℃ 时，EPDM 与 PP 黏度相近，EPDM 充分分散，EPDM 分子链形成的交联网状结构较为完善，交联度较高，加工稳定性较好。

⑨ 结构与性能　动态硫化作用是在共混物的共混过程中完成的，橡胶组分包括硫化体系、配合剂等一起加入共混物中。在共混过程中，橡胶组分与硫化体系配合剂在一定温度和时间的作用下产生了动态硫化反应，生成了一定硫化程度的硫化橡胶。硫化橡胶在共混时经过机械剪切作用，被分散成微小的颗粒，分散于塑料组分之中，形成了热塑性的共混弹性体。此时橡胶组分构成了共混体系中的分散相态，塑料组分构成了连续相态。橡胶经过静态硫化（即橡胶先行轻微硫化）再与塑料共混制成的共混物中，橡胶组分具有较大颗粒（最小也达到 5.4μm）；而采用动态硫化的共混物，在动态硫化的同时，橡胶受机械剪切作用被剪切成微小颗粒，粒径只有 1～1.5μm，甚至更小。这种微小的硫化胶颗粒分散于塑料组分之中，可使共混物的拉伸强度高达 25MPa，断裂伸长率达到 500% 以上。而静态硫化共混物的拉伸强度只有 8.0MPa，断裂伸长率也只有 150%。

4.2.3　聚丙烯的填充改性

填充改性就是在塑料成型加工过程中加入无机填料或有机填料，使塑料制品的原料成本降低达到增量目的，或使塑料制品的性能有明显改变，即在牺牲某些性能的同时，使人们所希望的另一些性能得到明显的提高。填充改性 PP 具有如下特点。①降低成本：无机填料（如碳酸钙、滑石粉等）价格在 1000 元/吨，大大低于 PP 的价格，从而可大幅度地降低填充 PP 的成本，具有优异的经济效益。②提高耐热性：现在各种产品对塑料制件的耐热性要求越来越高，普通 PP 难以满足其要求，因此需要提高 PP 的耐热性，而添加无机填料是提高 PP 耐热性的有效途径。如添加滑石粉的 PP，其热变形温度可达 130℃。③提高刚性：PP 在许多场合下使用，其刚性还嫌不足。一般 PP 的弯曲模量在 1000MPa 左右，通过添加无机填料，其弯曲模量可达 2000～3000MPa，具有明显的增刚作用。如果要进一步提高刚性，就需要使用增强性填料，如硅灰石、玻璃纤维等。④降低成型收缩率，提高尺寸稳定性：PP 是结晶性聚合物，在成型加工过程中收缩率较大（收缩率在 1.5%～2.0%），容易造成尺寸不合要求。另外，PP 容易出现后结晶，从而造成 PP 制件的翘曲和开裂。要降低成型收缩率和提高尺寸稳定性，添加无机填料是有效的手段，如添加 30%（质量分数）滑石粉的 PP，其成型收缩率可以降低到 1% 左右。⑤增加某些功能：通过添加无机填料可以赋予 PP 以某些功能，例如，大量填充碳酸钙可以制备可降解的 PP 塑料；添加硫酸钡可以大幅度地增加 PP 的密度，赋予木制音箱效果，还对 X 射线等辐射具有屏蔽作用；填充滑石粉可以提高 PP 的抗静电性；等等。

总之，由于具有以上特点和优势，填充 PP 的发展很快，也开发最早，得到了普遍应用，是 PP 改性的最重要技术之一。

4.2.3.1　填充材料与填充效果

填充材料种类繁多，按形状分为球形、立方体形、矩形、薄片形和纤维形；按化学成分分为无机填料和有机填料。无机填料包括玻璃、炭黑、碳酸钙、金属氧化物、金属粉末、二氧化硅、硅酸盐等，有机填料包括纤维素和塑料等。通常应用的填料为无机填料。

早期研究主要集中在云母和滑石粉填充改性 PP 上，以后逐渐扩充到其它填料的填充改性 PP。例如，碳酸钙价格低廉、来源丰富、无毒、无刺激性气味、白度好而折射率低、易于着色、粒度分布均匀、能增进塑料色泽、改进染色性；另外碳酸钙是球形结构且硬度低，所以对加工机械无磨损。加入表面处理后的滑石粉可使聚丙烯的性能大大改善。云母为鳞片状，具有玻璃般光泽，有卓越的耐候性、耐化学药品性、耐热性和低的热传导效率、电绝缘性和无毒性，可吸收紫外线。石棉具有耐热、耐化学腐蚀性和良好的电性能，而且不加速 PP 的热老化。陶土又称高岭土，是一种天然的水合硅酸铝矿物，有优良的电绝缘性，可作成核剂，可提高制品的透明度。钛白粉的化学成分为二氧化钛，有金红石型和锐钛型，金红石型是最稳定的结晶形态，结构致密、硬度、耐候性和抗粉化性等优于锐钛型，对大气中的各种化学物质稳定，耐热性好。钛白粉加入以后不仅可提高产品白度，还可减少紫外线的破坏作用，可提高聚丙烯的光老化性能。玻璃微珠是一种表面光滑的微小玻璃球，具有光滑的球形外表，各向同性且无尖锐边角，质量均匀。添加到树脂时黏度变化较小，磨耗小、表面状态好，有滚珠轴承的作用，可改进塑料的细部成型性、改进接缝性，改善体系的加工流动性。玻璃微珠的膨胀系数小，且分散性好，可有效防止塑料制品的变形。炭黑有炉黑、槽黑、热裂黑、乙炔黑和灯黑，可提高制品的耐光老化性，降低制品的表面电阻，可起抗静电作用，也可起着色剂的作用。其它填充材料包括木粉和超细橡胶粒子、废纸等。

滑石粉填充聚丙烯分为两类，一类是填充量为 30%～40%（质量分数），对聚丙烯改性以后可提高热变形温度和弯曲模量；另一类是填充量为 10%～20%（质量分数），可提高聚丙烯的表面光洁程度。采用活性滑石粉填充改性 PP 可大大提高材料的刚性，使 PP 球晶变小，尺寸稳定性好，提高弹性模量和抗冲击性，减少收缩性。由于滑石粉填料特性和平面结构对聚丙烯的晶形排列有很大影响，稍微增加一点滑石粉的量，就会改变聚丙烯的晶形状态。聚丙烯的晶形改变是引起宏观性能变化的主要原因。碳酸钙填充改性聚丙烯以后，刚性、流动性、耐热性、韧性得到提高。碳酸钙的添加量过低或过高都不能得到满意效果，添加量超 50%（质量分数）时，拉伸强度等降低较多，添加量低于 10%（质量分数）时，不能明显地提高聚丙烯的机械性能。一般来说，碳酸钙的填充量在 20%～40%（质量分数）时比较好。用杉木粉填充改性 PP，在拉伸强度略有下降而其冲击强度与弯曲强度有一定程度提高的情况下，PP 的断裂伸长率大大提高。木粉改性聚丙烯时，长径比大的木粉除起到填充作用外，还可提高 PP 的力学性能（如拉伸强度和弯曲强度）。对木粉进行加热、除湿、除气预处理有利于改善复合材料的加工性能及力学性能。绢英粉填充改性 PP 时，1500 目的增韧效果较好，对其进行微波辐照处理可提高与 PP 基体的界面黏结，显著提高 PP 的耐紫外老化性能。采用 10%～20%（质量分数）的炭黑对聚丙烯进行改性可达到导电的功能。当炭黑添加量不超过 20%（质量分数）时，可使聚丙烯力学强度、抗冲击性都增强。炭黑使聚丙烯的结晶速率发生变化，结果导致熔融温度、超分子晶形结构等发生变化，从而引起机械性能和导电性能发生变化。硅灰石为针状结构，在填充 PP 时起异相成核作用，使 PP 在较高温度下成核，结晶过程缩短，结晶速率加快，晶粒变小，分布变窄，结晶度增加。硅灰石填充 PP 大大提高了复合材料的模量。

随着新技术的发展，聚丙烯填充材料也发展很快，主要向以下几个方面发展。①向纳米复合化发展：纳米技术是 20 世纪 80 年代后期发展起来的新技术，现已在很多领域得到应用。近年来，纳米碳酸钙也相继研制出来，它对聚丙烯的结晶有明显的异相成核作用，提高了材料的结晶完善性和热变形温度，对材料的力学性能也有明显改善，低温和常温冲击性能都得到改善。②向复合填充化发展：同时加入几种不同的填料对 PP 进行改性效果很好。在聚丙烯中加入不同含量的空心微珠和碳酸钙晶须，复合材料的冲击性能、拉伸性能和弯曲性能都得到提高，同时改善了 PP 的热性能和加工性能。复合填充可产生协同作用。如将一定量的碳酸钙和滑石粉同时填充于 PP 中，可产生协同效应，无机填料在 PP 中分散更均匀，其弯曲强度及常温缺口冲击强度均提高，热变形温度也提高。③向表面改性化发展：经偶联剂处理的填料填充 PP 可使体系的冲击强度、刚性和热变形温度有明显的提高，制品的尺寸稳定性好、耐热性好、手感好、成本低。如采用钛酸酯偶联剂处理的碳酸钙以 70%（质量分数）填充改性聚丙烯，可使聚丙烯的冲击强度提高 7.5 倍，同时它的熔融流动性没有受到不利的影响。加入铝酸酯或烷基羧酸盐偶联剂改性碳酸钙，可以和碳酸钙发生物理化学作用，使偶联剂被牢固地键接在碳酸钙表面，从而改善碳酸钙与 PP 间的相容性，冲击韧性大幅度提高。

4.2.3.2　碳酸钙与滑石粉填充改性聚丙烯

碳酸钙是最常用的无机填料，具有来源丰富、价格低廉、易于使用、表面易于处理、颜色易调、对设备磨损小等优点，在 PP 改性中应用广泛。根据制备方法及表面处理情况，碳酸钙可分为重质碳酸钙、轻质碳酸钙、胶质碳酸钙以及活性碳酸钙等。活性碳酸钙是在制备碳酸钙的同时，将脂肪酸及其盐类包覆在碳酸钙粒子表面而制备的。也有将碳酸钙用偶联剂等进行表面处理，制成活性碳酸钙。活性碳酸钙与聚合物有较好的界面结合，有助于改善填充体系的力学性能，同时填充聚丙烯的流变性能也得到有效改善。在制备无机矿物质填充聚丙烯时，加入一定量的极性单体接枝聚丙烯，有利于改善无机矿物质填料与聚丙烯间的相互作用，可以显著改善填充材料的力学性能。目前常用的接枝单体有丙烯酸、马来酸及马来酸酐、丙烯酸环氧酯、顺丁烯二酸酐等，采用的接枝方法主要有溶液法、熔融法、固相接枝技术、原位反应接枝技术和力化学反应熔融接枝技术。在与 PP 复合时，可以直接使用，不用再进一步对碳酸钙进行活化处理。近年来，超细碳酸钙也相继研制出来，超细碳酸钙表面积大，增加了和聚丙烯间的接触面和作用力，因此有利于填充量的提高和性能的改进。

将不同粒径的填料进行级配，然后再填充到 PP 中，可收到显著的改性效果。如将粒径分别为 325 目和 1500 目的 $CaCO_3$ 粒子按照不同比例进行级配混合，并以 30%（质量分数）的比例填充到 PP 中，可以有效地降低填充体系的黏度，提高填料的最大堆积密度，减小填料颗粒间相互碰撞，可使材料的拉伸和冲击性能得到提高。合理的粒径级配填充可有效地促进 PP 的 β-晶的生成和结晶重排的发生，从而改善力学性能。级配填充后 PP 的 β-晶含量要高于未级配填充的 β-晶含量。另外，级配填充使 PP 结晶峰变宽，这是由于在结晶过程中同时发生了结晶体的重排所致。在异相成核的过程中，由于结晶速率过快，往往容易造成较多的晶体缺陷，而结晶体的重排则可以使由于异相成核引起的结晶速率过快所造成的晶体缺陷得以修复，并使得结晶体的排列更为紧密有序。因此，经过一定的粒径级配填充后，PP 在结晶过程中，发生结晶重排，有利于 PP 晶格缺陷的减少和晶体排列有序度的提高，有利于力学性能的提高。同时，如果考虑到当小粒径填料比例较多时，由于总的填充量不变，必将使受力点增加，形成应力的相对分散，在一定程度上降低了单个应力点所受的应力，也有利于材料力学性能的提高。

滑石粉是一种廉价的填料。研究滑石粉填充改性 PP 发现，在滑石粉适宜的含量范围内，可提高其弹性模量和抗冲击性，减少收缩性。滑石粉对 PP 具有成核剂的作用，改善 PP 的结晶完善性，从而提高力学性能。用滑石粉填充 PP，除了断裂伸长率稍有下降外，弯曲强度和缺口冲击强度大大提高，降低成型收缩率。滑石粉对 PP 的刚性和耐热性提高作用较大，因此需要高刚性、高耐热的 PP 时经常采用滑石粉填充 PP。滑石粉填充 PP 的尺寸稳定性好于碳酸钙填充 PP，因此用途更为广泛，在汽车、家电等领域得到了大量应用。

4.2.4　聚丙烯的阻燃改性

PP 是易燃烧材料，纯 PP 的氧指数只有 18% 左右。随着人们对防火认识的加深，在各种设备、仪器、建筑等部件上，均要求使用阻燃材料。因此 PP 的阻燃必不可少。

4.2.4.1　含卤阻燃聚丙烯

PP 是最重要的工业高聚物之一，但它易燃，氧指数仅 17.0%～18.0%，成炭率低，燃烧时产生熔滴，所以不能满足很多应用场合的要求。目前使 PP 阻燃的方法还是加入添加型阻燃剂。常用于阻燃 PP 的卤系阻燃剂有双（六氯环戊二烯）环辛烷（DCRP）、十溴二苯醚（DBDPO）、双（四溴邻苯二甲酰亚胺）乙烷（BTBPIE）、双（五溴苯基）乙烷（BPBPE）、双（二溴降冰片基二碳酰亚胺）乙烷（BDBNCE）、经热稳定化的六溴环十二烷（HBCD）、三（二溴丙烷）异氰脲酸酯（TBC）、三（二溴苯基）磷酸酯（TDBPPE）、氯化石蜡（CP）及溴化石蜡（BP）等。一般的氯化石蜡由于热稳定性欠佳而不能用于阻燃 PP，但热稳定性高的、树脂状的氯化石蜡-70（软化点约 160℃）可用于制造 UL94V-2 级及 V-0 级阻燃PP，这种阻燃 PP 的成本比某些含溴阻燃 PP 的成本要低。卤系阻燃剂对各类 PP（如模塑制品、薄膜、纤维、泡沫体、线缆包覆层等）都适用。当采用这类阻燃剂阻燃 PP 时，几乎无例外地以三氧化二锑为协效剂（每 3 份溴阻燃剂至少加入 1 份三氧化二锑）。其它可采用的协效剂还有硼酸锌、偏硼酸钡、氧化锌、氧化钼、八钼酸铵、聚磷酸铵和锡酸锌，它们能减少阻燃 PP 燃烧时的生烟量，但也使阻燃效率下降，所以只能部分取代三氧化二锑。

为了改善阻燃 PP 的某些性能和降低成本，有时也在阻燃 PP 中加入无机填料，如碳酸钙、炭黑、陶土、滑石粉、硅粉等，但它们有时会干扰卤系阻燃剂的效能。例如，对以卤系阻燃剂阻燃的 PP，微粒硅石对 PP 的氧指数及 UL94 阻燃等级有很大的副作用，其原因可能是由于 PP 在热裂或燃烧时形成了极稳定的溴化硅，干扰了溴阻燃剂的气相阻燃功能。另外由于微粒硅石具有很大的比表面积而阻碍熔滴，使热量不易导走。在阻燃 PP 中加入滑石粉，虽然可在很大程度上消除熔滴而使材料通过 UL94V-0 级，但 PP 的氧指数则明显下降。

在 PP 加工过程中，添加型阻燃剂一般不熔化。为了使阻燃材料获得最佳的物理机械性能及阻燃性能，阻燃剂必须均匀分散于整个基材中，所以阻燃剂应早于增塑剂和其它加工助剂加入混合机中，同时应采用高效混炼设备（例如双螺杆挤出机），并维持尽可能低的加工温度。另外，阻燃剂的预分散也有助于它们在基材中均匀分布。由于熔融 PP 的黏度低，故加工时的剪切应力小，很难使填料型阻燃剂在 PP 中分散良好。如果先将阻燃剂与载体混配成含阻燃剂 50%～60%（质量分数）的母粒，然后再用此母粒阻燃 PP，则比较适宜。这种阻燃母粒可采用聚烯烃或其混合物为载体。

对于 UL94V-2 级阻燃 PP，添加 4%（质量分数）溴系阻燃剂（如 BDBNCE 或 OBE）及 2%（质量分数）的三氧化二锑即可满足要求，此时阻燃 PP 的物理机械性能与纯 PP 相差无几，且仍具有鲜艳的光泽，但加热时仍熔化和滴落，抗冲击强度有所下降。由于 PP 的熔融区窄，燃烧时滴落严重，为使 PP 通过 UL94V-0 级，需要添加总量达 40%（质量分数）的阻燃剂［如 20%（质量分数）左右的 DBDPO，6%（质量分数）的三氧化二锑及 15%（质量分数）左右的无机填料］，否则不能消除熔滴。但这样高的阻燃剂含量使阻燃 PP 丧失了原有的韧性和其它一些优良性能。过多的添加量也降低了材料的伸长率，流动性能恶化，材料的密度也随之增大，致使单位体积材料的成本提高。可采用 0.5%～3.0%（质量分数）

的钛酸酯偶联剂对阻燃剂进行处理，改善阻燃 PP 的柔韧性。采用 PP 共聚物或添加少量冲击改性剂（如 POE、乙丙橡胶）可改善阻燃 PP 的冲击强度。

4.2.4.2 无卤阻燃聚丙烯

卤系阻燃剂与锑化合物的协效系统在燃烧或热裂解（甚至高温加工）时形成有毒化合物、腐蚀性气体和烟尘。出于环境保护的要求，阻燃剂无卤化的呼声日益高涨，无卤阻燃 PP 也日益崭露头角。

已用于和可用于无卤阻燃 PP 的阻燃剂中，最看好和最具有工程应用前景的是膨胀型阻燃剂（IFR）。含有 IFR 的 PP 燃烧和热裂时，通过在凝聚相中发生的成炭机理而发挥阻燃作用，且某些聚合物的氧指数与其燃烧时的成炭量存在良好的相关性。近年来，已开发了一系列的适用于 PP 的磷-氮系混合型 IFR。混合 IFR 中的各组分单独使用时，对 PP 的阻燃效能不佳，但当它们共同使用时，对 PP 的阻燃性由于成炭率提高而明显改善。还有一种以膨胀型石墨及其它协效剂组成的 IFR，也正在受到重视。此外，近年还合成了一些集三源（酸源、炭源和发泡源）于同一分子内的单体 IFR，并正研究它们在 PP 中的应用。以 IFR 阻燃的 PP，当用量为 20%～30%（质量分数）时，LOI（极限氧指数）可达到 30% 以上，能通过 UL94V-0 级，不产生滴落，不易渗出，燃烧或热裂时产生的烟和有毒气体较卤-锑阻燃系统大为减少。但 IFR 的应用也受到一定的限制，主要是它们的热稳定性还不能完全满足需要，吸湿性较大，添加量也较高等。

另一类用于阻燃 PP 的无卤阻燃剂是氢氧化铝（ATH）和氢氧化镁 $[Mg(OH)_2]$，它们已在阻燃 PP 工业上获得应用。这两种无机阻燃剂无毒、不挥发、不产生腐蚀性气体，且抑烟，但添加量很大，这就对 PP 的物理机械性能和熔融流动性能产生很不利的影响。此外，ATH 的分解温度仍较低，只适用于可在较低温度下加工的阻燃 PP 制品。采用一些特殊的技术（如表面处理），可提高 ATH 的耐热性及在 PP 中的分散性，可成功地制得以 ATH 阻燃的 PP。

以无卤的硅系阻燃剂阻燃 PP 时，阻燃剂可通过类似于互穿聚合物网络（IPN）部分交联机理而部分结合进入 PP 结构中，不易迁移，可获得持久的阻燃性。

微胶囊化的红磷及其以 PP 为载体的母粒，也可用做 PP 的无卤阻燃剂，而且常与 ATH 及 $Mg(OH)_2$ 协同使用。但红磷对含氧聚合物（如 PC、PET 等）的阻燃效果更好，对 PP 的阻燃效果要差一些。

聚磷酸铵（APP）是混合 IFR 的主要组分，常与其它协效剂共用组成 IFR，这类协效剂多是气源和炭源，如季戊四醇（PETOL）、三聚氰胺（MA）、三羟乙基异三聚氰酸酯（THEIC）等。以 IFR 阻燃 PP 时，先将 PP 与 IFR 在混炼机上（双螺杆挤出机、双辊开炼机、密炼机等）于熔融态下混合，温度可为 160～200℃，混炼机转速约为 40r/min，混炼时间为 4～12min。随后将混合试样于 170～230℃下注塑成型。

4.2.4.3 膨胀型石墨及协效剂阻燃的聚丙烯

膨胀型石墨（EG）系在硫酸中氧化石墨制得的，为黑色片状物，当其被迅速加热至 300℃ 以上时，可沿结晶结构的 C 轴方向膨胀数百倍。它是近年新发展的一种无机阻燃剂，其膨胀机理尚未充分了解。元素分析表明，膨胀型石墨含有 2%～3%（质量分数）的硫酸及与硫酸相关的物质，具有层状结构，当其被氧化时，阴离子可插入层与层之间。在膨胀型石墨中，硫酸系以硫酸根阴离子存在，而此阴离子正好与带正电荷的反离子作用形成稳定的层状化合物。膨胀型石墨本身的阻燃性能不佳，但当它与其它协效剂并用时，阻燃效能可大大提高（甚至可优于溴系阻燃剂），并能用于阻燃多种高聚物（包括分子中不含氧的高聚物），且不易起霜。可用做膨胀型石墨阻燃协效剂的有：①磷化合物，如红磷、聚磷酸铵

（APP）、三聚氰胺磷酸盐（MPP）、磷酸胍（GP）；②金属氧化物，如三氧化二锑、氧化镁、硼酸锌（$2ZnO \cdot 3B_2O_3 \cdot 3H_2O$，$4ZnO \cdot 6B_2O_3 \cdot 7H_2O$）、八钼酸铵（$NH_4Mo_8O_{26}$）等。以膨胀型石墨及其协效剂阻燃 PP 及其它高聚物时，其阻燃效率与石墨的膨胀能力有关，因而与片状石墨的尺寸有关。尺寸较大的石墨片的阻燃效果优于尺寸较小的。因此，宜采用尺寸较大的膨胀型石墨片为阻燃剂。在膨胀型石墨与基体高聚物共混时，不宜使石墨片破碎。为了检验这一点，曾采用双螺杆挤出机以两种方法制备含膨胀型石墨及聚磷酸铵的 PP 阻燃母粒。一种是将 PP、膨胀型石墨及聚磷酸铵的混合物通过漏斗加入挤出机中（直接法），另一种是将膨胀型石墨通过侧式加料器加入挤出机中（侧式加料法）。将所得阻燃 PP 母粒用热甲苯萃取出 PP，分离出膨胀型石墨片，再测定其尺寸，以观察其尺寸变化情况。同时，将制得的阻燃 PP 母粒与 PP 混配，再制得试样，并测定阻燃性能。上述测定结果表明，采用直接法时，石墨片被破碎，所得材料阻燃性能较差，而采用侧式加料法时则情况相反。所以，用双螺杆挤出机加工含膨胀型石墨的高聚物时，为了防止石墨片被破碎，以采用侧式加料法为宜。

4.2.4.4 氢氧化铝及氢氧化镁阻燃聚丙烯

为了成功地采用氢氧化铝（ATH）阻燃 PP，通常需要对 ATH 进行适当的表面处理，以改善阻燃 PP 的流变性能，提高 ATH 与 PP 的相容性，有利于阻燃剂在聚合物中均匀分散。对以 ATH 阻燃的 PP，宜采用双螺杆挤出机混炼。对于注塑 PP，采用 ATH 阻燃比采用 $Mg(OH)_2$ 更好，前者可赋予 PP 更高的物理机械性能和阻燃性能，且色泽良好，价格低廉。近年来，ATH 和 $Mg(OH)_2$ 作为 PP 的阻燃剂，在降低环境危害和材料安全处理方面更能满足有关法规的规定和要求，同时也使阻燃 PP 更易于再生应用。当用经表面处理的、平均粒径为 $1\mu m$ 的 ATH 阻燃注塑 PP 时，当 ATH 的含量较低时，ATH 对材料 LOI 的影响甚小，只有当 ATH 含量在 45%～70%（质量分数）范围内时，PP 的 LOI 才能较大幅度增高。这说明，低含量的单一 ATH 对 PP 的阻燃作用不大，此时需与其它协效剂并用才能奏效。实际上，近年发表的很多文献，都涉及 ATH 的阻燃协效剂。当 PP 中的 ATH 含量较高时，ATH 对材料不带缺口的抗冲强度比带缺口者影响更大，即前者随 ATH 含量增加而下降得更快。当 PP 中 ATH 由 40%（质量分数）增至 70%（质量分数）时，材料带缺口冲击强度相当恒定，但不带缺口冲击强度仍直线下降。当 PP 中的 ATH 含量低于 10%（质量分数）时，材料的拉伸强度随 ATH 含量增加而略有下降，但再在一定范围内增加 ATH 用量，拉伸强度稳步上升。阻燃 PP 伸长率最初随 PP 中 ATH 含量的增加而下降，但当 ATH 含量增至 40%（质量分数）后，再增加 ATH 含量对伸长率的影响甚微。

冲击强度是 PP 最重要的机械性能之一，当在 PP 中加入 ATH 以提高聚合物的阻燃性时，材料的冲击强度明显下降，且其变化程度又与所用 ATH 的比表面积有关。当 PP 中 ATH 含量为 60%（质量分数）时，采用比表面积为 $7m^2/g$ 左右、经表面处理的 ATH（平均粒径约 $1\mu m$），可使 PP 的冲击强度（带缺口的及不带缺口的）达最高值。对 PP 中采用的其它填料（如硫酸钙、滑石粉），其粒径对 PP 冲击强度的影响规律也相吻合。关于阻燃 PP 的拉伸强度，为使其达到最大值，宜采用比表面积约为 $10m^2/g$ 的 ATH。

以 $Mg(OH)_2$ 阻燃 PP 时，为使材料达到 UL94V-0 级（3.2mm），其用量要达 60%～70%（质量分数）。不过，如以 $Mg(OH)_2$ 抑烟则用量可低一些，含 40%（质量分数）$Mg(OH)_2$ 的 PP 的烟密度仅为纯 PP 的约 1/3。当 PP 中 $Mg(OH)_2$ 含量达 65%（质量分数）时，其拉伸强度、冲击强度和伸长率均显著变劣。对 $Mg(OH)_2$ 进行表面改性可改善高填充量时的加工性能及机械性能。为使 $Mg(OH)_2$ 含量较高的 PP 获得满意的机械性能及阻燃性能，必须使 $Mg(OH)_2$ 在 PP 中均匀分散。为此，宜采用双螺杆挤出机和合理的 $Mg(OH)_2$

加料方式，例如，可将全部 PP 及所需量的 60% 的 Mg(OH)$_2$ 先加入混炼机中，再第二次加入余下的 40% 的 Mg(OH)$_2$，可使 Mg(OH)$_2$ 分散均匀。

4.2.5　聚丙烯的抗老化性改性

　　PP 是易于老化的树脂，由于许多产品在户外使用，因此对 PP 的抗老化性改性需求很大。聚丙烯在无氧的条件下具有很好的稳定性，但由于聚丙烯结构中存在叔碳原子，在造粒加工、储存和使用过程中，受热、氧、光的作用易老化降解，甚至失去优良的综合物理机械性能和使用价值，这也是聚丙烯抗氧化和耐老化性比聚乙烯差的原因。为了抑制和延缓聚丙烯的氧化降解，保持聚丙烯的分子量不变，通常在聚合反应之后，分离、干燥和储存之前就必须进行稳定化处理，在造粒阶段加入抗氧剂是提高聚丙烯抗氧性的简便而有效的途径。

　　聚丙烯的氧化老化过程按自由基连锁反应机理进行。为了达到保护聚合物免受氧化或延迟氧化效应，必须破坏聚合物自动氧化循环。在氧化循环中有两大类有害的中间产物，一类是自由基（P·、POO·、PO·、HO·），另一类是氢过氧化物（POOH）。相应地，与两类中间产物发生相互反应的化合物也分为两类：自由基俘获剂（也称为链终止型主抗氧剂）和氢过氧化物分解剂（也称为辅助抗氧剂）。主抗氧剂的功能是俘获自由基，使其不再参与氧化循环；辅助抗氧剂的作用是分解氢过氧化物，使其成为无害的产物。

　　传统链终止型抗氧剂主要有受阻苯酚和芳香族仲胺。这类自由基俘获剂主要作用于以氧原子为中心的自由基，如烷基过氧化物自由基（POO·）、烷氧自由基（PO·）和羟基自由基（HO·），但以前者为主，因为烷氧自由基和羟基自由基寿命短且活性高，它们很快从聚合物链上抽提一个氢原子，形成烷基自由基。而在富氧条件下，烷基自由基又很快转变成烷基过氧化物的自由基。

　　在稀氧条件下（如在大型挤出机内）烷基自由基变得很重要，而传统的链终止型抗氧剂不能胜任俘获烷基自由基的任务。近年来开发出一种完全新型抗氧剂，其机理基于所谓"拉-推效应"。这类化合物的特点，是能够俘获两个大分子自由基，第一步是作为氢供体，第二步是通过与大分子自由基结合。显然，第一步后形成的自由基必须比大分子自由基要稳定，才能完成第二步。理论上，以下三个因素决定该自由基的稳定性：立体阻碍、电子共振结构及吸电子和给电子取代基。苯并呋喃酮即能满足上述条件：

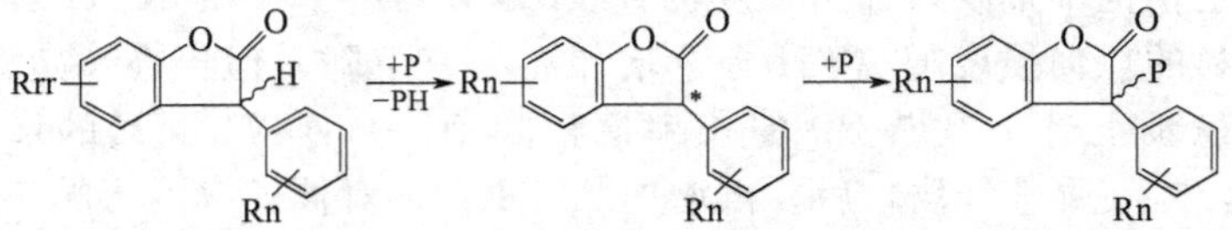

　　作为一类全新型抗氧剂，苯并呋喃酮可以弥补传统抗氧剂的不足，特别是在稀氧条件下俘获烷基自由基。与其它抗氧剂并用具有优异的协同效应，可大大提高性能-价格比。

　　辅助抗氧剂也称为预防性抗氧剂，因为它可以分解氢过氧化物而不生成自由基，因此可以防止产生链支化。有时需要区分当量型或催化型氢过氧化物分解剂。亚磷酸酯是当量型氢过氧化物分解剂最典型的代表，它将氢过氧化物还原成相应的醇，而其自身则转化成磷酸酯。此外，亚磷酸酯与过氧化自由基和烷氧自由基原则上也可反应。受阻芳香族亚磷酸酯也可以用作主抗氧剂。

　　有机硫化物是第二类重要的辅助抗氧剂，可将两分子氢过氧化物转变成醇。含硫有机酸是氢过氧化物分解剂。值得指出的是，二硫代氨基甲酸酯和二硫代磷酸酯也是非常有效的催化型氢过氧化物分解剂，但它们很少用于热塑性塑料的稳定化。

　　当不同抗氧剂结合使用时，通常可观察到协同效应或对抗效应。协同效应是指二者结合的作用大大超过分别单独应用的效果（不是简单的线性加和）；对抗效应是指二者结合作用效果差于分别单独使用的效果；若分别单独使用效果之和与结合使用效果一致，则称为加和效应。协同效应的一个常见的例子是硫代二丙酸月桂醇酯（DLTDP）或硫代二丙酸硬脂酸酯（DSTDP）与受阻酚并用作为某些塑料的长效热稳定剂。另一个具有重要工业意义的实例是受阻酚与亚磷酸酯或磷酸酯并用作为聚烯烃加工稳定剂。

目前用于聚丙烯的有代表性的光稳定剂类型主要有受阻胺（HALS）和紫外线吸收剂，例如 2-(2′-羟基苯基)苯并三唑、2-羟基-4-烷氧基二苯甲酮等。紫外线吸收剂只适于厚制品。由于环保的原因，含镍光稳定剂已逐渐不再使用。低分子量 HALS 与高分子量 HALS 结合使用，通常可得到协同效应。这样复配的光稳定剂既具有低分子 HALS 的优点（例如运动性好），又具有高分子量 HALS 的抗迁移和抗抽提性能好的优点。此外，高分子量 HALS 的热氧化稳定性也是一个优点。

只有在受阻胺与受阻酚的最佳组合时才能很好抑制该类材料在苛刻加工过程中所生成的氢过氧化物，从而才能有效地提高耐候性。由受阻胺型光稳定剂与热稳定剂、金属离子螯合剂、光热稳定化协效剂等多组分复合而成的复合光稳定剂 BW26911，将其与常规光稳定剂和传统抗氧剂组成的稳定化体系进行对比，结果表明，在相同添加量的情况下，BW26911 的光稳定效果远远优于常规的受阻胺稳定剂（622、944 等）。用于均聚 PP 时，BW26911 与常规 1010/168 或 1076/168 抗氧剂体系配合都显示出明显的抗热氧老化协同效果；而在共聚 PP 中，BW26911 与 1010/168 抗氧剂体系的协同效果则更为突出。BW26911 在加速光老化试验中表现出优异的抗光氧老化作用。因此 BW26911 为一高效光稳定剂，其光稳定性能明显优于常规光稳定剂。

HALS 产品中功能结构单元四甲基哌啶（TMP）受光电子激发被氧化成氮氧自由基 TMPO·，它可有效捕捉聚合物降解链反应中的自由基 R·而生成 TMPOR，进而清除过氧化自由基 ROO·，生成惰性的 ROOR，抑制了聚合物降解老化的链反应。BW26911 除具有上述受阻胺化合物的通用机能外，还因为 BW26911 含有多种不同结构的受阻胺成分，可以分别在高聚物降解的不同阶段充分发挥其最大功效。

4.3　聚乙烯的高性能化、精细化和功能化

PE 是一类由多种工艺方法生产的、具有多种结构和特性的大宗系列品种，是以乙烯为主要组分的热塑性树脂。以生产工艺、树脂的结构和特性进行分类，习惯上主要分为低密度聚乙烯（LDPE）、高密度聚乙烯（HDPE）和线型低密度聚乙烯（LLDPE）三大类。LDPE 是用高压法工艺经自由基引发聚合生产的，具有长支链分子结构，典型密度为 $0.910 \sim 0.925 \mathrm{g/cm^3}$。相反，HDPE 是用低压法工艺催化聚合生产的，密度为 $0.940 \sim 0.965 \mathrm{g/cm^3}$，没有长支链。LLDPE 的密度为 $0.910 \sim 0.940 \mathrm{g/cm^3}$，没有或很少长支链，但有很多短支链。

PE 是一种部分结晶的固体，它的性能与其中所含的结晶相与无定形相的相对含量——结晶度有很大关系。最小的结晶单元是层晶，呈平面状，由垂直于晶面反复折叠，长为 $5 \sim 15 \mathrm{nm}$ 的分子链所组成。有少量来自一个层晶、穿过无定形区进入另一个层晶的分子链把层晶相互连接起来。这种在层晶间起连接作用的分子称为系带分子（tie-molecule），由许多层晶逐步形成大得多的球晶，球晶间通过无定形区相连接。结晶相为材料提供刚性和高的软化温度，而无定形相在使用温度下比较柔软，为材料提供柔性和高冲击强度。球晶尺寸对某些性能具有重要影响。

尽管 PE 有不少优点，但是也存在某些弱点，因而限制了它的应用领域。一是 PE 的拉伸强度低，二是强度和刚性差，使它不能作为绝大多数的结构材料使用，三是软化温度低，

使用温度不能高于90℃，不能进入与沸水接触、杀菌和食品加工等市场。所有这些弱点归根到底是同一个原因，即高度支化阻止其生成大而完整的微晶。在聚合过程中生成的支链使熔体冷却时几乎不生成微晶，只有在支化点之间可能生成结晶的线性链段。支化度越高，可能结晶的链长越短，因而微晶小，结晶度低。聚乙烯晶区模量比无定形区模量高两个数量级，所以结晶对刚性和拉伸强度有显著影响。

4.3.1　聚乙烯的化学改性

乙烯可以与其它单体进行共聚，例如，乙烯/丙烯、乙烯/1-丁烯、乙烯/1-己烯、乙烯/4-甲基-1-戊烯、乙烯/1-辛烯等二元共聚物，甚至三元共聚物。在发达国家共聚物约占LDPE商品的15%～20%，主要是与乙酸乙烯酯（VA）和丙烯酸/酯类的共聚物。含VA的乙烯/乙酸乙烯酯共聚物（EVA）是吨位最大的LDPE共聚物。乙烯也可与丙烯酸甲酯（MA）、丙烯酸乙酯（EA）和丙烯酸丁酯（BA）共聚分别得到相应的乙烯/丙烯酸酯共聚物EMA、EEA和EBA。也可与丙烯酸共聚得到乙烯/丙烯酸共聚物EEA，如用钠、锌或其它阳离子化合物与EEA等酸性共聚物反应，则可得离子聚合物（ionnmer）。最近乙烯通过茂金属催化剂同其它烯类单体进行共聚的开发研究很多，成果也大量涌现，有些已工业化，如POE（聚烯烃弹性体）等。

4.3.1.1　茂金属聚烯烃弹性体

（1）茂金属聚烯烃弹性体特性　茂金属聚烯烃弹性体（POE）是Dow化学公司于1994年采用限定几何构型催化剂技术（CGCT）（也称为In-site技术）推出的乙烯/辛烯共聚物。作为弹性体，POE中辛烯单体的含量通常大于20%（质量分数）。目前该产品由DuPont-Dow Elastomers公司生产经营，生产能力为18万吨。POE是采用溶液法聚合工艺生产的，聚合温度为80～150℃，聚合压力为1.0～4.9MPa。聚乙烯结晶区（树脂相）起物理交联点的作用，一定量辛烯的引入削弱了聚乙烯结晶区，形成了呈现橡胶弹性的无定形区（橡胶相）。与传统聚合方法制备的聚合物相比，一方面它有很窄的分子量分布和短支链分布，因而具有优异的物理机械性能（如高弹性、高强度、高伸长率）和良好的低温性能。又由于其分子链是饱和的，所含叔碳原子相对较少，因而具有优异的耐热老化和抗紫外线性能。窄的分子量分布使材料在注射和挤出加工过程中不易产生挠曲。另一方面，CGCT技术还可有控制地在聚合物线型短链支化结构中引入长支链，从而改善了聚合物的加工流变性能，还可使材料的透明度提高。通过对聚合物分子结构的精确设计与控制，可合成出一系列密度、门尼黏度、熔融指数、拉伸强度、硬度不同的POE材料。

（2）应用　①聚丙烯的抗冲击改性剂：POE用作PP的抗冲击改性剂，比传统使用的三元乙丙橡胶（EPDM）有明显的优势。首先，粒状的POE易与粒状的PP混合，省去了块状乙丙橡胶繁杂的造粒或预混工序；其次，POE与PP有更好的混合分散效果，与EPDM相比共聚物的相态更为细微化，因而使抗冲击性得以提高；第三，采用一般橡胶作为PP的抗冲击改性剂，在提高冲击强度的同时使产品屈服强度降低，而使用POE弹性体在增韧的同时尚保持较高的屈服强度及良好的加工流动性。②热塑性弹性体材料：由于POE有较高的强度和伸长率，而且有很好的耐老化性能，对于某些耐热等级要求不高、永久变形要求不严的产品可直接用POE加工成制品，大大提高生产效率，材料还可重复使用。为了降低原材料成本，提高材料某些性能（如撕裂强度、硬度等），也可在POE树脂中添加一定量的增强剂及加工助剂等。③电线电缆护套：未经交联的POE材料耐温等级较低（不高于80℃），而且永久变形大，难以满足受力状态下工程上的应用要求。POE可通过用过氧化物、辐射或硅烷来交联。与EPDM相比，交联时没有二烯烃存在，使聚合物的热稳定性、热老化性、耐候性和柔软性提高，复合时加入一定量的增强剂及加工助剂，以利于综合性能的改善。随着交联剂加入量的增加，材料的永久变形减小；但随着网络结构的形成，使力学性能降低。在交联型 POE 中加入 40 份 N330 炭黑后，材料的撕裂强度和拉伸强度成倍增加，伸长率和永久变形减小。POE 的耐热性、耐老化性明显优于 EPDM，而且耐压缩永久变形性较好，100％定伸强度及硬度高于 EPDM，耐溶剂性略优于或接近于 EPDM，流动性和力学性能的平衡性能优于 EPDM。

（3）POE 的结构　辛烯含量较高（大于 20％），密度较低，分子量分布非常窄，有一定的结晶度。其结构中结晶的 PE 存在于无定形共聚单体侧链中，结晶的 PE 链节作为物理交联点承受载荷，非晶态的乙烯和辛烯长链提供弹性，这种特殊的形态结构使得 POE 具有特殊的性能和广泛的用途，它既可用作橡胶，又可用作热塑性塑料，还可用作塑料的抗冲击改性剂。POE 作为塑料的新型抗冲击改性剂在多种塑料的增韧改性中得到了较好的应用，它不仅可以增韧与其具有一定相容性的聚烯烃塑料，而且还可增韧与其不相容的尼龙、聚酯等其它工程塑料。与增韧剂 EPDM、EPR、SBS、EVA 等材料相比，POE 具有以下一些特点：①呈自由流动颗粒状态，比 EPDM 和 EPR 处理更容易，与其它聚合物的混合更快速、更方便。②加工性与力学性能平衡性优良。一般来说，弹性体的门尼黏度低，加工性好，而力学性能差。常用弹性体门尼黏度通常在 20～90，而 POE 的门尼黏度范围在 5～35，但力学性能却和高门尼黏度值的材料相媲美。③可以利用过氧化物、硅烷和辐射方法交联形成交联POE，交联 POE 的热老化及紫外线气候老化性能优于 EPDM 和 EPR。④热压缩永久变形比EPDM 小。⑤未交联的 POE 的密度比 EVA 和 SBS 低 10％～20％，光学性能、热稳定性及抗干裂性优于 EVA。⑥在热塑性聚烯烃中所产生的硬度与韧性平衡性优于 EPDM。⑦对紫外线的稳定性优于 EPDM 和 EPR。目前，美国 Du Pont-Dow Elastomers 公司生产的 POE有 10 多种牌号，其中可用作塑料抗冲击改性剂的有 EG8100、EG8150、EGG8180、EGG8200、EG8452、EG8842 等。

（4）POE 的功能化　POE 的功能化主要是将极性单体接枝到 POE 上，生成 POE 接枝共聚物，使非极性的 POE 极性化。接枝所用的单体为不饱和羧酸及其衍生物或不饱和环氧化合物，如马来酸酐（MAH）、丙烯酸、甲基丙烯酸、甲基丙烯酸缩水甘油酯等，从而可提高与极性聚合物的相容性。PA6/POE-g-MAH 共混物的表观黏度高于纯 PA6，且随着MAH 接枝率的增加，共混物表观黏度增大；组成比为 80/20 时，共混物的亚微观相态为两相共连续结构，POE 分散均匀，两相界面模糊，相畴尺寸小，共混物的冲击强度是纯 PA6的 12 倍。这是由于在熔融共混过程中，POE 上的马来酸酐与 PA6 发生反应，提高了共混物中两相界面的相容性，增加了界面黏合力。在 PA6/POE-g-MAH 共混体系中加入少量的环氧树脂增容剂，共混物的抗冲击性能进一步提高，使共混物在更低的 POE-g-MAH 含量下发生脆-韧转变。POE-g-MAH 还是尼龙/聚烯烃合金、尼龙/PPO 合金的相容剂和增韧剂。POE-g-MAH 可明显提高 PA66 与 PP 的相容性，随 POE-g-MAH 含量上升，分散相粒子大小减小，且两相界面结构向均质结构变化，共混物冲击强度提高，POE-g-MAH 含量为 9％（质量分数）时，缺口冲击强度达到最大值。POE-g-MAH 对 PPO/PA6/弹性体多相共混物具有增韧作用，随着 POE-g-MAH 用量的增加，体系的缺口冲击强度提高。

POE-g-MAH 的制备主要采用熔融接枝法，POE 与 MAH 接枝反应的同时还伴随着交联副反应，产生凝胶，影响 MAH 的接枝率。选择合适的引发剂，合理控制反应温度、反应时间、单体与引发剂用量比以及添加防交联剂等，可有效地控制凝胶反应，获得高接枝率共聚物。在熔融接枝法制备 POE-g-MAH 的工艺中，接枝率和凝胶含量随着引发剂用量和反应时间的增加、反应温度的升高而增加；接枝率随着 MAH 用量的增加呈先上升后下降的趋势。加入助交联剂亚磷酸酯有助于抑制副反应，降低产物的凝胶含量。在 POE 中加入半结晶聚烯烃（PO），与马来酸酐进行接枝反应，制得马来酸酐接枝 POE/半结晶 PO 核-壳增韧剂，这种方法不仅可以改进制备 POE 接枝聚合物时的挤出和造粒性能，同时可更好地提高 POE-g-MAH 在 PA6 中的增韧作用，减少 POE-g-MAH 的用量，降低成本。

4.3.1.2 聚乙烯的氯化

PE 在室温下不溶于普通溶剂。但当温度高于 60℃时，视其结晶程度如何，PE 会溶解于氯化脂烃和氯化芳烃溶剂中，最常用的溶剂是四氯化碳。当温度接近于它的沸点（76℃）时，它是 LDPE 的一种相当有效的溶剂。高结晶度聚乙烯的氯化，需要更高的温度（80～110℃）和压力。CPE 的溶解度是随氯含量而变化的。在氯含量增加到 30%以前时，CPE 的溶解度不断升高。当氯含量为 50%～60%时，不能再溶解。当氯含量更高时，又变得能溶解于四氯化碳。

氯化可用间歇法或用连续法进行，以连续氯化法制得的产品较为均匀。比较有效而经济的方法是在水悬浮液中进行氯化。在进行氯化时，悬浮液中 PE 的含量为 3%～20%，它可悬浮于水、6～8mol/L HCl 水溶液、浓硫酸或 0.8%～2% CaCl$_2$ 水溶液中。在这种情况下，能保证悬浮液在反应过程中具有抗附聚和防止起沫的能力。反应液中还加有 2%（质量分数）以下的表面活性剂［如月桂基硫酸钠、氯化烷基硫酸钠、C$_{16}$～C$_{18}$酸皂、乙二醇的低酯，聚（亚甲基醚）烷酯以及乙二醇胺低聚物等］。为了防止静电荷的积聚，要在反应物中掺加季铵盐，例如氯化二甲基月桂基苄基胺。

PE 的固相氯化是最近发展起来的氯化方法。在进行固相氯化时，需要在粉状 PE 中掺入能阻止静电荷产生的添加剂。这种添加剂通常用的是季铵盐，例如氯化十二烷基三甲基胺和氯化十八烷基三甲基胺、十二（烷）基三乙醇胺的硫酸酯、二甲基苯基月桂基氯、二甲基苯基十二（烷）基氯化铵。反应可以在宽的温度范围内，即在 -30～+30℃、65～90℃ 或 90～140℃进行。反应过程可分两步来完成：第一步在低于聚合物软化点（110℃以下）的温度下进行，第二步在更高的温度（110～140℃）下进行。随反应的时间长短，成品中的氯含量可以在 4%～65%范围内变化。

以 CPE 来改性硬质聚氯乙烯（RPVC、UPVC），可以制得品种范围宽广的软性、半软性和刚性 PVC 塑料。这些塑料适用于制造薄膜、板材、电线和电缆的包覆层、注塑和模压制品等。掺加氯化聚乙烯可降低配合料的成本，改善其物理机械性能和电性能，以及提高其耐燃性。用 CPE 作为高分子增塑剂来提高 RPVC 的冲击强度和弹性具有特别重要的意义。在 ABS 塑料中即使掺加少量的 CPE 就可使耐热氧化降解性能显著提高，机械性能显著改善。含有 ABS、CPE、PVC 以及 0.3～20 质量份的有机锡稳定剂的混合料，可用于制造透明板材、硬质薄膜、管材、建筑材料和电气制品等。

用于再生塑料的改性是 CPE 的一个新的应用领域。在废旧塑料中，所含的聚合物组分主要是 PE 和 PVC。添加 CPE 可以使这两种聚合物的相容性得到改善。经过 CPE 改性的再生塑料具有令人满意的性能，材料的断裂伸长率和拉伸强度都得到显著提高。

4.3.1.3 聚乙烯的接枝改性

PE 可进行接枝改性，从而引入极性基团或反应性功能官能团，使 PE 得以精细化和功能化。PE、MAH 和 DCP 在溶液中发生反应，MAH 以化学键连接到 PE 分子链上，接枝率达 0.5MAH/100PE。MAH 熔融接枝 PE 属于自由基型聚合反应，同样有链引发、链转移、链终止等基元反应。甲基丙烯酸缩水甘油酯（GMA）分子中含有强活性的环氧基团，可以与某些极性聚合物的官能团发生反应，且比马来酸酐毒性小、腐蚀性较小，因此近年来 GMA 接枝物用作增容剂的研究受到了广泛关注。例如，将 HDPE、GMA 单体、St 单体、DCP 和其它助剂按一定配比预先混合均匀，在塑化仪中进行熔融混合接枝，制得接枝物。

接枝反应温度为 180℃，转速为 30r/min，经测定接枝率为 1.58%。

在挤出机中存在着自由基时，在熔融状态下进行的丙烯酸（AA）接枝到 HDPE 和 PP 上的接枝共聚反应生成了含有聚丙烯酸支链的接枝共聚物，同时也伴随着产生了聚丙烯酸均聚物。用相同的方法，将 AA 接枝到具有弹性的 EPR 上的接枝共聚反应则生成了聚丙烯酸接枝弹性体。反应产物即 HDPE-g-AA、PP-g-AA 和 EPR-g-AA 都是含有羧基的聚合物，这些聚合物均不能通过 AA 与乙烯、丙烯或者乙烯-丙烯混合物的共聚而制得，因为极性的羧酸单体会与用于这些烃类高聚物制备中的金属催化剂反应，阻止了各单体自身的聚合反应。在过氧化物引发的 MAH 与 LDPE、HDPE、LLDPE、EVA、EEA 等的反应中，会发生交联反应。当加入对 MAH 聚合有抑制作用的 DMF、并分成几部分加入到熔融 LDPE 中时，产物中的 MAH 侧基数量便减少，但避免了交联产物的产生。

4.3.1.4　聚乙烯的交联改性

PE 由于其结构特点，不能承受较高的使用温度，加之机械强度较低，限制了它在许多领域的应用。为了改善 PE 的耐热和力学性能，行之有效的方法是对其进行交联改性。PE 经交联后，其冲击强度、耐热性能和耐化学品性能得到提高，同时也可提高其耐蠕变性能、耐磨性能、耐环境应力开裂性能等。交联产物中还可加入较高量的填料，材料的性能不会有明显的降低。因此，交联聚乙烯在电线电缆、热水管、热收缩套管及阻燃、导电等功能材料方面的应用日益广泛。目前 PE 的交联主要有三种方法：过氧化物交联法、辐射交联法和硅烷交联法。辐射交联生产工艺简单，化学纯度高，但设备投资巨大，有辐射污染，交联度不易控制，因而不易推广。过氧化物交联由于生产时要求苛刻的条件控制，带来了工艺上的困难，加工温度稍高就会导致过氧化物迅速分解，使 PE 过早交联，制品表面粗糙，甚至不能进一步成型。硅烷法交联技术是首先让 PE 通过接枝或共聚使其分子链上带有一定数量的硅氧烷基团，然后在制品成型后进行水解交联，该工艺有其独特的优势，获得了广泛应用。

（1）聚乙烯的硅烷交联　硅烷交联聚乙烯是以 PE 为基础树脂，由硅烷为桥键材料，在聚合物大分子链间形成化学共价键以取代原先的范德华力，使分子构成三维立体网络。硅烷交联聚乙烯的制备包含接枝和交联两个阶段。在接枝阶段，过氧化物引发剂受热分解形成初级自由基，初级自由基夺取聚乙烯大分子链上的 H 原子形成聚乙烯大分子自由基，该自由基与乙烯基三烷氧基硅烷 CH₂＝CH—Si(OR)₃ 中的乙烯基进行加成反应，形成聚乙烯接枝硅烷活性大分子。该活性大分子通过夺取聚乙烯中的 H 原子实现链转移得到聚乙烯接枝硅烷产物（接枝料 A）。在交联阶段，聚乙烯接枝硅烷产物在有机锡类催化剂的作用下水解生成硅醇，硅醇通过脱水或脱醇形成聚乙烯硅烷交联产物。

硅烷接枝交联聚乙烯主要有"两步法"和"一步法"两种生产工艺。"两步法"来源于道康宁公司的 Sioplase 技术。第一步是硅烷接枝聚乙烯粒料和催化母料的混炼挤出制备，第二步是接枝聚乙烯粒料和催化母料与 PE 一起挤出成型，制品在热水或低压蒸汽下进行交联。"一步法"起源于 Monosil 技术，它是通过特制的精密计量系统，将原料一次性进入专门设计的反应挤出机中，一步完成接枝和成型的工艺。这两种工艺各有特点。"两步法"在成型过程中防止了过早产生交联，物料流动性较好，易于加工。另外，可根据需要在接枝料和催化母料共混时加入其它助剂，改善和提高性能。其缺点在于操作周期长、接枝原料存放期短、批量间质量不均以及设备庞大、操作及原料成本高等。"一步法"成型工艺简单，设备少，生产较为经济。其缺点在于接枝和成型过程中产生一定的交联物，使物料的流动性下降，给成型生产带来一定困难。

硅烷温水交联聚乙烯工艺中的主要缺点是交联反应速率较慢。采用酯类过氧化物（如叔丁基过氧异壬基酯）作引发剂和用金属氧化物（如 ZnO、SnO₂ 等）作缩合催化剂，交联速率快，且可省去温水或蒸汽交联工艺。用二丁基锡的聚合物作为水解缩合催化剂来代替目前常用的二丁基锡二月桂酸酯，可提高催化活性；交联均匀，产品性能较好。

影响硅烷接枝交联聚乙烯的因素主要有以下几点。

① 基础树脂　烯烃的均聚物和共聚物都可被不饱和硅烷接枝交联。不同聚乙烯因其结构不同，接枝前后熔体流动速率下降的程度是不同的。具体生产中，单独的一种树脂很难满足综合性能要求，通常采用几种树脂共混的办法来调节树脂的基本特性，以希望达到预期的聚乙烯交联制品。另外，硅烷接枝对聚合物的含水量有严格要求。硅烷遇到聚合物中的水分会发生水解并产生预交联，将严重影响产品的质量。所以聚合物在使用前要进行干燥处理。

② 引发剂　硅烷接枝交联聚乙烯常用的引发剂为 DCP，其分解温度及半衰期都能满足聚乙烯树脂与有机硅单体熔融接枝反应条件。当其它条件一定的情况下，随着 DCP 用量的增加，聚乙烯接枝效率有所变化。DCP 的用量一般为 0.05～0.5 份。

③ 交联剂　一般采用乙烯基不饱和硅烷作为交联剂，包括乙烯基三甲氧基硅烷和乙烯基三乙氧基硅烷。交联剂用量一般为 0.5～4 份。

④ 抗氧剂　抗氧剂若在接枝之前加入，会对硅烷接枝反应产生明显影响，尤其是自由基的捕获剂类型的抗氧剂，因为它们会捕获聚乙烯自由基，抑制接枝反应。所以接枝过程中抗氧剂的添加要慎重，应选择合适的抗氧剂。常用的抗氧剂有抗氧剂 330、168、1010、RD 及其它芳香胺类稳定剂，也可采用复配抗氧剂。一般抗氧剂含量不大于 1 份。

⑤ 交联催化剂　最常用的催化剂是二月桂酸二丁锡酯（DBDTL），其用量为 0.02～0.15 份。加入交联催化剂一般有两种形式，一种是直接加入到聚乙烯料中或者以母料形式加入；另一种是在制品的外表面涂上一层催化剂。第一种方法使用居多。

⑥ 阻聚剂　在硅烷接枝和交联过程中不可避免地发生很多副反应，这些副反应对交联聚乙烯的加工和储存不利，所以应尽量减少这类反应的发生。为了降低这些副反应，采取的途径是在接枝过程中加入复配阻聚剂。

⑦ 接枝/交联工艺　影响聚乙烯硅烷接枝的主要工艺因素是挤出温度和挤出速度。接枝反应的速率主要取决于接枝引发剂的分解速率，而接枝引发剂的分解速率又强烈地依赖于挤出温度。随着温度升高，引发剂的半衰期降低，提高挤出温度有利于提高接枝反应速率。但挤出温度过高，硅烷单体挥发，降低了接枝率。聚乙烯硅烷接枝反应温度一般控制在 190～210℃。挤出机转速决定物料在挤出机中停留的时间（反应时间）和混合效果。停留时间太短，过氧化物分解不完全，降低接枝率，残留过氧化物会直接影响接枝料的长期稳定性以及制品的成型性和外观。停留时间过长，挤出物料的黏度增加而影响加工性能。一般来说，工艺上要求聚乙烯在挤出机中的平均停留时间应控制在引发剂分解半衰期的 5～10 倍。喂料速度不仅对滞留时间有一定影响，而且喂料速度不同，螺槽的填充程度不同，因而影响螺杆对物料的混合和剪切作用。喂料过快，挤出的物料出料不均匀，表面不光滑，呈竹节状，工艺性能差。喂料太慢，经济性不合算。

当交联剂和催化剂选定后，交联速率主要由水分在聚乙烯制品中的扩散速率决定，所以必须考虑制品的厚度、水温及时间。在满足需要的情况下，应充分考虑经济性。

硅烷接枝 PE 的典型配方和工艺如下。①接枝料的基本配方：5000S 55 份，7006A 20 份，载体树脂 25 份，复配交联剂 2 份，酚类抗氧剂 0.1 份，酰胺类阻聚剂 0.12 份，硅烷类阻聚剂 0.04 份。②催化料的基本配方：5000S 85 份，载体树脂 15 份，二月桂酸二丁锡 1 份，磷酸酯类抗氧剂 0.3 份，酚类抗氧剂 0.3 份。③交联料的配方组成：接枝料 95 份，二月桂酸二丁锡催化料 5 份。以双螺杆挤出机为反应器，最佳的接枝和交联工艺如下。a. 原料在 80℃下热处理 2h；b. 非反应段接枝温度 130～190℃，反应段接枝温度 200℃，挤出机主机转速、喂料转速分别为 140r/min、20r/min；c. 在 80℃下交联 8h。

（2）聚乙烯的高能辐照交联　随着 PE 辐射交联技术的不断发展，辐射交联聚乙烯现已成功地应用于电线电缆、热收缩管等材料的工业化生产。在辐射交联过程中，聚合物自由基是通过高能射线照射（γ 射线、电子束以及中子束等）所产生的。γ 射线一般是由 ^{60}Co 同位素辐射源产生的。在工业上，常用大型电子加速器产生的电子束来使聚合物发生交联。辐射交联主要是使用高能射线打断聚乙烯中 C—H 键和 C—C 键所产生的自由基来引发交联。PE 是一种典型的可辐射交联聚合物。但如何加速辐射交联、抑制副反应、降低达到所需凝胶含量时的辐照剂量（也就是聚乙烯的敏化辐射问题）已成为当前研究的重点。解决 PE 敏化辐射问题的一般方法是在 PE 中加入增敏剂和敏化剂（也有人将增敏剂和敏化剂统称为敏化剂或增感剂），或者改变辐照气氛（如在乙炔、四氟乙烯气氛中）。增敏剂一般为多官能团单体，可增大交联反应的比例，提高交联反应。敏化剂一般为活泼小分子。常用的增敏剂有二甲基丙烯酸四甘醇酯（TEGDM）、三甲基丙烯酸三羟基丙酯（TMPTM）等。常用的敏化剂有 $SiCl_2$、CCl_4、NaF 以及炭黑等。如在 LDPE 中混入 3 份 TMPTM 和氰尿酸三烯丙酯（TAC）对辐射交联有明显的促进作用，可使初始凝胶剂量从纯 PE 的 33.0kGy 分别降到 21.5kGy 和 25.4kGy。将 6% 的异氰尿酸三烯丙酯（TAIC）添加到 LDPE 中，可以使交联反应大大提高。将用于热化学交联的过氧化物引入辐射交联体系，为 PE 的敏化辐射交联开辟了一条新路。在 LDPE 中掺入少量的 DCP 可以明显地促进 PE 的辐射交联。目前 PE 辐射交联技术在工业上主要用于生产 PE 管材，尤其是热收缩管。

用辐射交联法生产的交联聚乙烯具有以下优点：交联与挤塑分开进行，产品质量容易控制，生产效率高，废品率低；交联过程中不需要另外的自由基引发剂（如过氧化物等），保持了材料的洁净性，提高了材料的电气性能；特别适合于化学交联法难以生产的小截面、薄壁绝缘电缆。但是辐射交联也存在一些缺点，如对厚的材料进行交联时需要提高电子束的加速电压；对于像电线电缆这样的圆形物体的交联需将其旋转或使用几束电子束，以使辐照均匀；一次性投资费用相当可观；操作和维护技术复杂，且运行中安全防护问题也比较苛刻等。

（3）聚乙烯的过氧化物交联　过氧化物交联具有适应性强、交联制品性能好等优点，因而获得了工业应用。过氧化物交联与辐射交联不同之处在于：①其交联过程必须有交联剂，即过氧化物存在；②交联反应必须在一定温度下进行。当交联剂是单纯过氧化物时，其反应过程如下：过氧化物受热分解生成自由基，自由基进攻 PE 大分子链，夺取分子链上的氢原子，生成 PE 大分子链自由基；PE 大分子链自由基具有高度反应活性，当两个 PE 分子链自由基相遇时，便相互结合，形成高分子链间的化学键而交联。过氧化物交联所用的交联剂为有机过氧化物，常用的品种主要有 DCP、BPO 等。用过氧化物交联 PE 时，挤出温度必须保持很低，一旦挤出温度高于过氧化物的分解温度，早期的交联可能导致出现焦化，影响制品的质量甚至损坏设备，该温度极限严格限制着可交联聚乙烯的挤出速度，而且在挤出制品时，要有专用的挤出机和高压连续交联管道，这就限制了该技术在中、小企业的应用。

由于过氧化物交联在应用上的限制，导致人们对它的研究不如辐射交联和硅烷交联多。近年来，人们在用过氧化物交联 PE 时发现，采用交联剂与助交联剂并用效果会更好。助交联剂可提高交联度，降低降解概率，并可适当降低交联剂的用量。助交联剂为分子中含有硫、肟、C—C 类结构的单体或聚合物，常用的品种有肟类、甲基丙烯酸甲酯类。PE 过氧化物交联近年来的一个主要发展方向是将极性单体接枝到聚乙烯链上，这些极性单体包括马来酸酐、丙烯酸、丙烯酰胺、丙烯酸酯等。接枝后的聚乙烯与金属、填料或其它聚合物（如尼龙）之间的相容性得到了改善。

（4）聚乙烯的紫外线交联　紫外线也能使聚乙烯发生交联。紫外线交联是通过光引发剂吸收紫外线能量后转变为激发态，然后在聚乙烯链上夺氢产生自由基而引发聚乙烯交联的。聚乙烯的紫外线交联虽然始于 20 世纪 50 年代，但 20 世纪 80 年代以前一直未能在工业应用上取得突破性进展。20 世纪 80 年代以后，在聚乙烯的紫外线交联研究方面取得了一些突破性进展，如：①选用高功率高压汞灯代替低压汞灯，不仅提高了光强，而且使其发射波长范围适合于所用的光引发剂的吸收；②采用熔融态进行交联，一方面使紫外线容易穿透聚乙烯厚样品，另一方面由于温度的提高增加了待交联的大分子自由基的运动性，从而加快了反应速率，提高了交联的均匀性；③采用多官能团交联剂与光引发剂配合的高效引发体系，使交联过程在最初引发阶段的短时间内完成，不仅提高了交联引发速率，而且将交联的深度由 0.3mm 提高到 3mm 以上。在光引发剂和交联剂存在的条件下，光照 10s 左右即可使 2mm 厚 PE 的凝胶含量达 70% 以上，满足了工业化生产的要求。紫外线交联技术有其独特的优点，在技术原理上它类似于高能电子束辐射法，但是它采用低能的紫外线作为辐射源，设备易得，投资费用低，操作简单，防护容易。因此，聚乙烯的紫外线交联技术越来越受到人们的重视，特别在发展交联电线以及各种低压交联电缆方面具有较大的市场竞争力，为聚乙烯交联技术开辟出一条新路。

4.3.2　聚乙烯的填充改性

4.3.2.1　聚乙烯与碳酸钙的填充改性

目前提高填充复合体系性能的主要途径是改变填料的表面性能，使其和树脂具有较好的相容性。改善填料表面性能的方法很多，如采用低分子偶联剂、表面活性剂等。然而由于偶联剂与聚合物和填料之间是非化学键结合，所以易在加工过程中脱落而失去偶合作用。且这类改性方法往往使填充体系的某些性能下降。而填料表面聚合改性是提高填料与基体树脂黏合性的有效手段。

将 $CaCO_3$ 干燥后，在电子静电加速器下进行高能辐照，使其表面产生活性点，然后加入乙烯基单体进行反应，活性点与乙烯基单体反应在 $CaCO_3$ 表面形成一层有机膜。随单体反应量的增加，与液体石蜡的接触角下降，吸油率明显上升。这表明 $CaCO_3$ 的亲油性得到显著改善，而且改性后的 $CaCO_3$ 变得更加疏松，这有利于填料粒子在聚合物中的良好分散。同时改性单体的加入对粒径影响较小，说明不会引起填料的聚积。改性 $CaCO_3$ 填充体系的强度和韧性均较未改性体系有明显提高。这归因于形成的有机膜使 $CaCO_3$ 填料表面由无机性变为有机性，从而改善了它和有机树脂基体的相容性，使填充体系具有较好的物理、机械性能和加工流变性能。

通过熔融接枝的方法制备的高分子型界面相容剂 HDPE-g-MAH 对 HDPE/$CaCO_3$ 填充体系具有明显的增容效果，有效提高了 HDPE/$CaCO_3$ 两相间的界面黏结，使材料实现强韧化。当体系中加入 DPE-g-MAH 后，冲击性能发生较大的变化。HDPE-g-MAH 作为界面改性物质，在体系中主要发挥了三个作用：其一是偶联作用，即 HDPE-g-MAH 是带有极性的高分子材料，其极性基团"羧端基"可以和无机填料表面富含的"羟端基"产生较强的相互作用，其非极性的柔性链又可以和基体树脂发生链缠结，由此改善了两相间的表面性质，提高了相界面黏结，促进了 $CaCO_3$ 的分散。其二是界面层作用，HDPE-g-MAH 可形成弹性界面层，与无机填料实现良好"嫁接"，从而能够传递应力，诱发基体屈服，阻止裂纹的进一步扩展。其三是协调作用，HDPE-g-MAH 与基体树脂的主链结构虽然相同，但引入极性基团后，其熔体黏度、结晶性能、力学性能均发生了一定程度的变化，如结晶度降低、韧性提高、屈服强度增大等。接枝聚乙烯大分子链上的马来酸酐基团在熔融填充过程中与 CaCO₃ 填料表面形成了一定的化学结合，改善了树脂与填料之间的界面亲和性，起到了增容作用。

HDPE 填充 CaCO₃ 以后，由于 CaCO₃ 表面能比较高，内摩擦阻力大，在熔体流动时会产生较大的阻力，因而填充体系的熔体黏度增加，流动性下降。向填充体系中加入 HDPE-g-MAH 作为相容剂后，随着 HDPE-g-MAH 的加入，它与 CaCO₃ 填料表面形成的化学结合随之增加，由此产生的填料与树脂的相互作用也增加，这些都会造成熔融状态下大分子的流动阻力增大，熔体流动速率下降。

4.3.2.2　聚乙烯与滑石粉的填充改性

滑石粉是常用的填料，在 HDPE 中大量使用。但未改性的滑石粉对 PE 的机械性能有不好的影响，因此对滑石粉机械改性是必要的。环氧化天然橡胶胶乳 ENRL-25 和钛酸酯偶联剂 NDZ-201 可作为滑石粉的改性剂。结果表明，用其改性的滑石粉可改善复合材料的力学性能；ENRL-25 对滑石粉的改性效果优于 NDZ-201。滑石粉与改性剂的最佳质量比例为：ENRL-25 为 7.5％，NDZ-201 为 1.5％。当 ENRL-25 改性滑石粉填充 LDPE 的比例达到 10％时，复合材料的力学性能仍优于纯 LDPE，且以填充比例为 5％左右时最好。加入 DCP 虽不能明显改善 ENRL-25 改性滑石粉/LDPE 体系的力学性能，但可显著改善未改性滑石粉/LDPE复合材料的力学性能。

偶联剂的种类、用量以及填料的料径和填充量对滑石粉填充 LDPE 材料流变性具有影响。加入滑石粉填料后，体系的表观黏度随剪切速率的增加而减小，仍为非牛顿假塑性流体。在低剪切速率下，黏度降低平缓；在高剪切速率下，黏度降低迅速。这说明在高剪切速率下体系的非牛顿性更加明显。随着填料含量的增加，黏度增大的幅度也增加。这是因为滑石粉是不可形变的固体颗粒，其流动性很差，它的加入增加了体系的黏性，消耗了体系的能量，降低了流动性；同时由于颗粒间距离减小，相互作用力加大，且更容易凝聚在一起，因此使得填料在树脂中的分散更困难，颗粒与颗粒间、颗粒与树脂间的摩擦力增大，对聚合物熔体流动的阻碍作用也明显增大，导致体系黏度迅速增加。另外，填料含量高时，随着剪切速率的增加，表观黏度下降幅度增大，这是由于随着剪切速率的增加，填料含量高的样品中填料取向率比含量低的样品取向率高，致使黏度下降迅速。选用 Al-Ti 复合偶联剂和钛酸酯偶联剂（用量均为滑石粉质量的 1％），制得的填充材料的黏度随着偶联剂的加入而降低。这是由于偶联剂减弱了填料粒子之间的作用，而且在熔融加工过程中，预处理时物理吸附在填料表面上的偶联剂可能会扩散到基体中起到内增塑剂的作用，这有利于熔体黏度的降低。在相同的剪切速率下，Al-Ti 复合偶联剂的效果大于钛酸酯偶联剂，这是因为 Al-Ti 复合偶联剂一方面能与滑石粉表面的羟基形成氢键，另一方面两类中心原子均能与填料表面结合，这样就形成了 U 形排列，即类似于环形吸附。一方面环形吸附有利于空间稳定，另一方面锚固官能团的数目多，体积大，与填料颗粒表面的吸附作用更强，形成的覆盖层更完整，使得黏度下降更显著。

滑石粉是一种由层状硅酸盐晶体组成的矿物，晶体表面有较多羟基存在，用钛酸酯偶联剂进行表面偶联，可增加无机相与有机相之间的相容性；同时，滑石粉晶体片层之间存在一定量的阳离子，可采用有机镓离子通过离子交换，初步撑开片层，通过机械加工使聚合物熔融插层，制备聚合物插层复合体系。随有机滑石粉含量提高，与基体黏度数据相比，在同温度与切变速率下，体系黏度越来越高。另外，随滑石粉含量进一步提高，黏度曲线末端出现了一些不规则变化，这可能是因为随着滑石粉含量提高，体系中未被聚合物基体熔融插层的滑石粉比例上升，分散不均匀，尺度变化大，与基体相容性变差所致。滑石粉在体系中呈片层状分布，尺寸很小，分布均匀，与基体结合良好，使体系总体黏度变化不大，这种特性对复合材料的成型意义非常重大。

4.3.2.3　聚乙烯与高岭土的填充改性

煅烧煤系高岭土具有阻隔波长为 $7\sim25\mu m$ 的红外线辐射的作用，应用这一原理可制成保温型农用塑料大棚膜。添加 5％～10％ 的煅烧煤系高岭土，在保持 PE 大棚膜良好力学性能的同时，可将红外线阻隔率提高一倍以上，从而实现保温功能。

地球上接受到的来自太阳的光其波长 98％集中在 $0.3\sim3.0\mu m$ 范围内，分为紫外线（$0.3\sim0.4\mu m$）、可见光（$0.4\sim0.7\mu m$）和红外线（$0.7\mu m$ 以上）三大部分，其中白天供农作物进行光合作用的可见光是太阳光转化为地球上的热能的主要形式。夜晚从地球表面向大气层散发热量的主要形式即能量的 90％是以 $7\sim25\mu m$ 的红外线辐射的，其波长为 $11\sim13\mu m$。普通的不含红外线阻隔剂的聚乙烯薄膜对红外线的阻隔能力很差，不足 25％，因此虽然在白天太阳光透过棚膜，将能量留在棚内转化成热能，使棚内温度升高，但在夜间由于棚膜对红外线阻隔性差，大部分热量会以辐射形式散失到棚外。为此只能增加棚膜的厚度，而这种方法对提高保温性有限。唯一的办法是将对红外线有阻隔作用的物质添加到塑料薄膜中，使其红外线辐射到棚膜上时不能穿透过去，又重新反射回棚内，达到塑料大棚保温的效果。高岭土具有阻隔红外线的功能，在农膜中可作为红外线阻隔剂使用。煅烧煤系高岭土添加到聚乙烯塑料中后，填充体系的力学性能优于同等条件下的滑石粉或碳酸钙填充体系。使用 1250 目的煅烧高岭土，在 PE 薄膜中填充量达 5％（质量分数）时，薄膜力学性能仍能达到国家农膜标准的要求，但从最佳技术经济效果出发，填充量应达到 10％（质量分数）以上才更理想。加有 10％煅烧高岭土的 PE 薄膜，可见光透过率为 58％，比基体 PE 薄膜低约89％，这意味着白天照射在棚膜上的阳光进入棚内的部分有可能减少。但太阳总辐射的能量分为直接辐射和散射辐射两部分，直接辐射中红、橙光较多，散射辐射中蓝、紫光较多，而在早晨或傍晚散射辐射的比例相对增大，直接辐射相对减弱，这对于具有漫散辐射特性的填充聚乙烯薄膜来讲，恰好可增加散射光的透过率，从而可在早晨和傍晚、或阴雨天气，提高塑料大棚中光的照度，有利于农作物光合作用。此外在阳光直射塑料大棚时，由于薄膜中填料颗粒的存在，雾度增大，使直射光发生折射和反射，到达棚内时光线的方向发生变化，成为散射光，也对棚内不同位置的农作物得到更多的光照。另外煅烧高岭土的比表面积为 $7\sim9m^2/g$，而且呈片状，极易吸潮，因此必须要有相应的表面处理工艺及设备进行脱水、粉碎、烘干，否则填充效果不会很理想。

4.3.3　聚乙烯的共混改性

PE 综合性能优良，来源丰富，成本低，使其在众多塑料中独占鳌头。为了进一步拓宽其应用领域，PE 的下述缺点有待改进。①软化点低：HDPE 的熔点约为 130℃，LDPE 熔点仅稍高于 100℃，因此聚乙烯的使用温度通常低于 100℃，若承受载荷，使用温度则更低。②强度不高：聚乙烯拉伸强度一般小于 30MPa，大大低于尼龙 6、尼龙 66、聚甲醛、聚碳酸酯等工程塑料。③耐大气老化性能差：聚乙烯在日光照射下极易为紫外线破坏，影响使用寿命。④对烃类溶剂和燃料油阻隔性不足。⑤某些品种（如 LLDPE、UHMWPE）的加工性差。⑥易应力开裂、不易染色。共混改性是克服 PE 上述缺点的主要措施之一。

4.3.3.1　不同聚乙烯的共混改性

LDPE 较柔软，但因强度及气密性较差不适宜制取各种容器和齿轮、轴承等零部件。另一方面 HDPE 硬度大，缺乏柔韧性，不宜制取薄膜等软制品。将两种密度聚乙烯共混可制得软硬适中的聚乙烯材料，从而适应更广泛的用途。表 4-2 给出两种不同密度的聚乙烯共混后的性能与组成的关系。由表 4-2 可知，两种密度不同的聚乙烯按各种比例共混后可得到一系列具有中间性能的共混物，这些共混物的性能（如密度、结晶度、硬度、软化点等）的变化很有规律，符合根据原料共混比所计算出的线性加和值。

表 4-2　HDPE/LDPE 共混物的物理性能

HDPE/LDPE	密度/(g/cm³)	结晶度/%	邵尔硬度	熔体指数/(g/10min)	软化点/℃	拉伸强度/MPa	断裂伸长率/%	热变形温度/℃
0/100	0.920	48	49～51	1.86	106.5	0.13	734	30.9
10/90	0.923	50	53～55	3.24	109.2	0.12	400	34.6
20/80	0.926	52	52～55	5.94	109.4	0.13	275	34.6
30/70	0.929	54	53～56	10.58	110	0.14	100	52.7
40/60	0.931	55	56～57	17.06	115	0.15	75	57.7
50/50	0.933	57	55～57	33.00	115.6	0.17	25	56.1
60/40	0.937	59	58～59	60.0	115.6	0.17	10	57.7
70/30	0.934	64	59～61	76	118.3	0.16	10	60
80/20	0.937	63	61～62	144	118.8	0.15	10	61.1
90/10	0.950	69	62～64	255	119.4	0.14	10	65.5
100/0	0.952	70	63～65	467	121.1	0.13	10	

LDPE 中掺入 HDPE 后增加了密度，降低了药品渗透性，也降低了透气性和透汽性。此外，上述共混聚乙烯的刚性较好（刚性对于生产包装薄膜、容器是必须具备的性质）。由于刚性和强度的提高，包装薄膜的厚度可减少一半，因而成本下降。高、低密度聚乙烯共混薄膜的透光性与共混比例有关外，还与原料组分的分子量分布有关。含 HDPE 的共混聚乙烯薄膜以及原料组分分子量分布越窄，共混聚乙烯薄膜的透光性越好。但是，共混聚乙烯薄膜中含 HDPE 的比例不能过大，否则会对薄膜的撕裂强度和热封性能造成不利的影响。

不同密度的聚乙烯共混可使熔化区加宽，而当熔融物料冷却时，又可以延缓结晶，这种特性可使发泡过程更易进行，对于聚乙烯泡沫塑料的制备很有价值。根据不同密度聚乙烯的共混比例，就能够获得多种性能的泡沫塑料。LDPE 加入量越多，泡沫塑料就越柔软。LDPE 与 LLDPE 并用的共混物中，随 LLDPE 的比例增加，薄膜拉伸强度、断裂伸长率、直角撕裂强度都有较大提高。这是因为共混后两种组分（LDPE、LLDPE）达到了充分混合，形成了优势互补，从而使共混物的力学性能大幅度地提高，当 LLDPE 达到 75%（质量分数）时其性能最好。考虑到太高比例的 LLDPE 会给加工工艺带来不便，因此 LLDPE 的含量不宜超过 75%（质量分数）。

4.3.3.2　聚乙烯与 EVA 的共混

HDPE/EVA 共混体系是不相容的，但在共混组成中含有少量（<10%）的 EVA，力学性能下降很少，而加工性能得到改善，具有一定的实用价值。HDPE/EVA 共混物的晶胞参数基本不变，与共混组成无关，表明 EVA 没有进入 HDPE 晶格。EVA 中随 HDPE 含量增加，拉伸强度和断裂伸长率下降，当 HDPE 含量为 25%（质量分数）时为最低点，此时 EVA 为连续相，HDPE 为分散相。在 HDPE 含量为 23%～50% 时，共混物相态发生了变化，各自都不能形成连续相，因此出现反常，这进一步说明了 HDPE/EVA 共混体系是不相容的。HDPE 含量大于 50%（质量分数）时，HDPE 形成连续相，EVA 为分散相。HDPE 中加入少量 EVA（<10%，质量分数）基本不影响力学性能，可改善 HDPE 的加工性能和抗应力开裂性能。

EVA 的加入可显著改善 LLDPE 泡沫塑料的性能。如选用北京有机化工厂生产的 EVA14/12、EVA18/3、EVA28/25 和上海化工研究院生产的 EVA30/30，分别进行实验，结果列于表 4-3。

表 4-3　不同型号 EVA 改性 HDPE 的泡沫塑料性能（LLDPE/EVA＝80/20）

性能	EVA14/2	EVA18/3	EVA28/25	EVA30/30	纯 LLDPE
邵尔硬度	33	32	29	22	35
表观密度/(g/cm³)	0.162	0.16	0.137	0.112	0.147
拉伸强度/MPa	1.46	1.40	1.32	1.01	1.23
断裂伸长率/%	163	155	170	200	150

从表 4-3 的数据中可以看出，EVA 中的 VA 含量和 EVA 的熔融指数（MFI）都对泡沫塑料的性能有较大的影响。若 VA 含量不变，随 EVA 的 MFI 增加，EVA 的分子量减小，熔体黏度及拉伸强度都会降低。熔体黏度只有在恰当的范围内才能获得良好的发泡和稳定的泡孔结构。LLDPE 的化学发泡是以加入交联剂来调节熔体黏度的，在各种助剂和模压发泡的工艺条件不变的情况下，不同 MFI 的 EVA 就会使得共混体系的熔体黏度发生改变。随着 EVA 的 MFI 的数值增加，相当于向共混体系中加入的低分子物质含量在增加，这样就导致共混体系的熔体黏度降低，在发气量及交联剂量相同的条件下，有利于泡孔的膨胀，表观密度、拉伸强度、硬度都随之降低。EVA 的 MFI 不变，随 VA 含量的增加，导致共混体系的熔体黏度降低，在发气量及交联剂量相同的条件下，有利于泡孔的膨胀，故表观密度降低、拉伸强度、硬度都随之降低，但柔韧性、断裂伸长率提高。

4.3.3.3　聚乙烯与尼龙的共混改性

HDPE 具有来源丰富、价格便宜、加工方便等特点，并且具有优异的耐冲击、耐腐蚀等性能，由其吹塑的容器则广泛用于包装日用品及工业化学品。然而，HDPE 对碳氢化合物和有机溶剂的阻隔性差，限制了它在包装容器领域取代玻璃和金属容器的应用（如包装农药、油漆稀释剂、工业清洁剂以及各种燃油等）。同时，渗漏必然造成环境污染、不安全和危及健康。提高阻隔性能的方法包括对 HDPE 瓶的内表面进行氟化或磺化、多层挤出以及层状共混吹塑等。由于涉及环境以及投资大的问题，内表面进行氟化或磺化技术现在仍得不到普及。对于多层挤出吹塑加工，由于对设备要求严格以及不适应形状复杂产品的吹塑，应用上也受到限制。与多层挤出吹塑加工技术和内表面进行氟化或磺化处理技术不同的是，层状共混技术是通过在基体 HDPE 中形成含有间断的、交叉分布的少量阻隔树脂的层状结构来达到提高容器阻隔性能的目的，具有加工容易、投资少的优点。PA 是一种具有对碳氢化合物和有机溶剂有高阻隔性的树脂，因此只含少量 PA 的 HDPE/PA 层状共混物可具有 HDPE 和 PA 的综合性能和优良的阻隔性能，其吹塑的容器可以广泛用于包装农药、油漆稀释剂、工业清洁剂以及各种燃油等，具有巨大的社会和经济效益。

PA6 熔体强度低，难以直接吹塑成型，与 HDPE 可进行层状共混。层状共混技术最早是美国杜邦公司于 1983 年首次公布的，由于层状共混复合法工艺相对简单，而且对环境没有污染，生产过程中的回收料可以重复使用，复合物的阻隔性能优异，已经成为世界材料领域的研究热点，无论是学术界还是产业界都在积极地对这一新兴功能材料进行研究与开发。层状共混技术是通过选择具有合适黏弹比的共混组分，并改善两相间的热力学不相容性，采用恰当的加工设备和相应的成型加工工艺条件，来实现阻隔性树脂在 HDPE 基体树脂中形成层状分布。

制备阻隔性 HDPE/PA6 共混合金的温度控制极其重要，因为温度会影响到两相黏度比（λ）。一般认为 λ 在 0.5～1.5 范围内较为适宜。λ 越接近 1，液滴就越容易发生形变及破碎，越易形成层状结构。在共混体系和其它成型条件同样的条件下，温度的改变会使分散相和连续相的黏度发生变化，λ 也发生变化，则分散相的形变能力也随之变化。在保证 PA6 能充分熔融的条件下，适当低的均化段温度和高的模口温度有利于层状结构的形成。

影响微滴形变的另一主要因素是剪切场，而剪切场主要表现在螺杆转动带来的剪切混合过程，因此合适的螺杆转速也是形成层状共混的重要工艺条件。随着螺杆转速的增加，层状结构会由于剪切强度的增大而被拉断，最后趋于消失。螺杆的剪切作用不仅使共混物熔融、混合，而且控制分散相进入层化区之前的尺寸，要获得分散相的层状形态，就要求在熔融区保持低的剪切速率，以确保大体积的分散相在层化区充分被双轴拉伸。因此，较低的螺杆转速有利于形成层状结构。

由于分散相 PA6 在基体树脂 HDPE 中形成了层状分布，层与层之间形成了曲折的通道，大大延长了溶剂分子的渗透时间，其共混吹塑瓶的渗透率显著下降（测试结果见表 4-4）。从表 4-4 可以看出，阻隔瓶对常见的烃类溶剂的阻隔性能较纯 HDPE 中空吹塑瓶有了大幅度的提高。

表 4-4　250mL 吹塑瓶在室温条件下放置 28 天的渗透率

溶剂	HDPE 瓶渗透率/%	HDPE/PA6 阻隔瓶渗透率/%
苯	27.8	0.70
甲苯	20.2	0.45
二甲苯	14.8	0.26

将超声波引入到 PA6/HDPE（80/20）共混体系的挤出过程中具有较好的效果。超声波的引入提高了共混物的力学性能，且对共混体系的形态以及两组分的结晶性能均有影响，能大幅度降低聚合物的熔体黏度，有效改善了聚合物的加工性能和挤出物的表观质量，有效改善 PA/PE 体系的相容性，从而使 PA6 的层状分布更好，阻隔性更好。

4.3.3.4　聚乙烯与氯化聚乙烯的共混改性

PE 本身易燃，一般是在 PE 制品中加入氢氧化铝等无机物和氯化石蜡等有机低分子阻燃剂使其阻燃，但这种方法容易造成材料性能的下降，甚至达不到使用要求。CPE 是 PE 经氯化改性得到的聚合物，与聚乙烯共混后可引入氯原子，达到阻燃的目的。CPE 的品种较多，可分为 CPE 弹性体、高氯化度聚乙烯、低氯化度聚乙烯。氯含量不同，性能不同，特别是阻燃效果也不一样。为了考察不同氯含量的 CPE 与 PE 的共混物性能，可采用同一种 HDPE 和氯化方法，制备不同氯含量的 CPE。随 CPE 氯含量的增加，共混体系的拉伸强度和断裂伸长率增加，到一定的氯含量后，又都呈现下降的趋势。低氯含量的 CPE，分子链上含有 PE 和 CPE 的结构，与 PE 的相容性较好。随氯化程度的提高，由于极性基团氯的引入，CPE 的溶解度参数增加，与 PE 的相容性变差，共混物的性能下降。CPE 的氯含量在 20% 左右时共混物表现出较好的性能。但用氯含量为 20% 的 CPE 与 PE 共混，要达到阻燃的目的，就需添加大量的 CPE，造成材料成本增加。因此选用氯含量为 30% 的 CPE 比较合适。CPE 的加入，除断裂伸长率、拉伸强度随 CPE 含量的增加出现一极小值外，其它性能都呈单调下降的趋势。随 CPE 用量的增加，共混物的加工性能变好。当 CPE 的用量在 20 质量份左右时，共混物呈现较好的综合性能。

PE 和 CPE 的相容性与 CPE 的结构有关。CPE 的制备方法不同，氯原子在 PE 分子链上的分布也不同，尽管氯含量相同，但结构发生变化，因此与 PE 的相容性不同。采用同一种 PE 原料，在较低温度下氯化到预定氯含量的一步氯化法和在较低温度下氯化到一定氯含量、再在更高温度下氯化到预定氯含量的二步氯化法，制备相同氯含量的 CPE，然后与 PE 共混。一步氯化法制备的 CPE 中残余结晶度高，产物的弹性差，与 PE 共混时，仅添加少量即可明显提高聚乙烯与油墨的黏结力。聚乙烯的熔点在 110℃ 左右，低温氯化，氯只能进入链的无定形部分，高温时氯化物中残余的结晶被破坏，晶区中分子链上也加入了氯原子。CPE 阻燃 PE 时，若同时加入二氧化二锑，则阻燃改性的效果更显著。CPE 还可改善 HDPE 的耐环境应力开裂性（ESCR）。ESCR 表示材料在某些介质存在下和在低于其极限强度条件下，抵抗开裂和破坏的能力。HDPE 是对环境应力开裂极为敏感的材料，在实际应用中，其制品实际寿命因而大为缩短。纯 HDPE 的 ESCR 性能很差，当加入 5%（质量分数）的 CPE 后即可使 HDPE 的耐环境应力开裂性大大提高。

4.3.3.5　聚乙烯与弹性体的共混改性

　　HDPE 柔韧性欠佳，与橡胶类物质（热塑性强性体、聚异丁烯、天然橡胶、丁苯橡胶等）共混可显著提高其柔韧性，有些情况下还可改善其加工性能。HDPE 与 TPE 的共混近年来非常引人注目。目前最重要的 TPE 是 SBS。根据其所含两种单体的比例和嵌段的长短，SBS 的软硬程度可以大幅度地变化。SBS 即为双相体系，中间嵌段部分为软弹性体相，两端为硬苯乙烯相。HDPE 中掺入 SBS 形成了三相体系，它具有 HDPE 所无法达到的卓越的柔软性，具有很好的冲击性能和拉伸性能，且软化点高于 100℃。此种共混物加工性能优良，相畴大小分布均匀，不仅能有效地提高薄膜 CO_2/O_2 透气比（这点对水果、蔬菜保鲜很重要），而且有利于薄膜各项力学性能尤其是冲击性能的提高。原因不仅在于 SBS 本身具有比 HDPE 更好的透气和透湿性，还在于 SBS 的加入降低了 HDPE 的结晶度和取向度，均有利于提高透气和透湿性。另一种重要的 TPE 是 SIS。掺有 SIS 的 HDPE 延伸率明显提高，当含有 10%（质量分数）的 SIS 时，即使在 -25℃ 仍具有延伸性，而 HDPE 在此条件下已脆化，失去了延伸性。HDPE 与 SIS 共混后，横向延伸性能也有显著改善。含 10%（质量分数）SIS 的 HDPE，其横向延伸率在 -15℃ 时为 50.80%，10℃ 时高达 600%。所以用此种共混物生产的薄膜，横向延伸率为聚乙烯的 4～5 倍，因而具有各相同性的性能。此种共混物的熔体流动性优于 HDPE，当 SIS 含量由 3%（质量分数）变至 10%（质量分数）时，其 MFR 比 HDPE 增加 14%～37%。SIS 也用来与 LDPE 共混，LDPE/SIS 共混物可以在低温模具中注射成型，因而大大缩短了生产周期，提高了生产效率。

　　将 HDPE 与丁基橡胶（IIR）进行共混，得到了冲击强度较 HDPE 大幅度提高的共混物。纯 HDPE 试样的冲击强度为 331J/m，含 5%IIR 共混物的冲击强度达到 545J/m。IIR 含量较低的共混体系中，HDPE 的结晶度基本不变，萃取试验表明，IIR 不能从共混物中完全抽出。此外，对此共混物熔体流变性和结晶过程的研究发现，HDPE 和 IIR 在熔体时发生分相，溶于 HDPE 熔体中的 IIR 量约为 1%，IIR 链段穿入基本完整的 HDPE 片晶中，由于 IIR 分子量很高，只要有很少量的 IIR 链段被 PE 包住就可使相当数量的 IIR 与 HDPE 牢固结合，这可能是产生显著增韧效果的原因之一。另外 HDPE/SIS（95/5）共混物的力学性能和耐环境应力开裂性均得到明显改善。

4.3.4　聚乙烯的阻燃改性

4.3.4.1　聚乙烯燃烧及阻燃机理

　　聚乙烯是一种质轻无毒、具有优良的电绝缘性能和耐化学腐蚀性能的热塑性材料，其价格低廉，成型加工容易，广泛应用于电气、化工、食品、机械等行业，其中应用于电线电缆行业尤为广泛。而聚乙烯有耐燃性差的缺点，其制作的电缆有时在高温、发热、放电等条件下，很容易燃烧而引起火灾。因此，聚乙烯阻燃问题逐渐成为科研工作的重点之一。近年来，环保呼声日益增高，在获得综合性能优良的 PE 材料的同时，也要充分考虑到对环境的影响。PE 的燃烧氧指数较低（仅为 17.4%），燃烧时低烟，有熔滴，火焰上黄下蓝，有石蜡气味。普通 PE 中存在着部分的支链和交联，在没有氧存在下的高温裂解是无规则断裂，产生的挥发物是一种从 C_2 到 $C_6 \sim C_{10}$ 烃的混合物。研究表明，PE 在空气中燃烧时产生活性很大的 HO·、H· 和 O·，这些自由基促进了燃烧。所以，对 PE 的阻燃可通过以下途径实现：①终止自由基链反应，捕获传递燃烧链式反应的活性自由基（卤系阻燃剂即是这种机理）。②吸收热分解产生的热量，降低体系温度（氢氧化铝、氢氧化镁及硼酸类无机阻燃剂是典型代表）。③稀释可燃性物质的浓度和氧气浓度，使之降到着火极限以下，起到气相阻燃效果（氮系阻燃剂就是这种原理）。④促进聚合物成炭，减少可燃性气体的生成，在材料表面形成一层膨松、多孔的均质炭层，起到隔热、隔氧、抑烟、防止熔滴的作用，达到阻燃的目的（这就是膨胀阻燃剂的主要阻燃机理）。

卤系阻燃剂是目前世界上产量最大的有机阻燃剂之一，以其添加量少、阻燃效果显著而在阻燃领域中具有重要地位。目前国内主要采用的有机卤化物（以十溴、六溴为代表）与 Sb_2O_3 复配使用对 PE 进行阻燃，该类阻燃体系在燃烧分解时能捕捉 PE 降解反应生成的自由基，从而延缓或终止燃烧的链式反应，同时释放出一种难燃的气体（HX）。这种气体密度大，可以覆盖在材料表面，起到阻隔表面可燃气体的作用，抑制材料的燃烧。普遍认为，卤化物和 Sb_2O_3 能产生协效反应，它们在燃烧时能在较宽的温度范围内生成 SbX_3，能有效捕捉材料反应时产生的自由基，所以能明显地提高阻燃效果。但单独使用溴锑复合体系阻燃 PE 在抑制滴落方面较差。由于其在燃烧时发烟量大，产生大量腐蚀性气体和有毒气体，给灭火、逃离和恢复工作带来很大困难。因此，降低阻燃材料燃烧时产生的烟量及有毒气体是重点研究方向。

4.3.4.2　十溴二苯乙烷协同三氧化二锑阻燃聚乙烯

目前阻燃剂中使用最多的是溴类阻燃剂，该类阻燃剂添加量相对较少，相容性较好，阻燃效果明显。其中十溴二苯醚（DBDPO）使用最为广泛，它的溴含量高，热稳定性好，且与三氧化二锑相配合能产生协效反应，燃烧时能在较宽的温度范围内（245～565℃）生成卤化锑，能有效地捕捉材料燃烧反应时产生的自由基，所以能明显提高基体的阻燃效果。但由于它在抑制滴落方面较差，同时在高温燃烧时生成多溴代二苯并二噁烷（PBDD）和多溴代二苯并呋喃（PBDF）等致癌性有毒物质，从而遭到一些国家的抵制。为使溴类阻燃剂在阻燃技术中得到更好的应用与发展，美国雅宝公司在 20 世纪 90 年代率先开发了与 DBDPO 的分子量、热稳定性和溴含量相当的十溴二苯乙烷（DBDPE），它不属于多溴二苯醚，因此不会产生以上 2 种有毒物质，并且抑制滴落性能比较好，成为近来阻燃剂发展的一大亮点，可代替 DBDPO 在阻燃材料中得到广泛的应用。

HRR（热释放速率）是描述材料火灾危害程度最重要的参数，HRR 越大，造成的火灾越严重。加入 DBDPE/Sb_2O_3 阻燃剂后，材料的耐点燃时间相差不大，而热释放速率明显减小。EHC 是指燃烧过程中每单位质量的分解挥发物中可燃烧部分燃烧释放的热量，它反映了可燃性挥发气体在气相火焰中的燃烧程度。加阻燃剂的 PE 其 EHC 值比未加阻燃剂的小，说明阻燃体系对可燃性气体在气相中的燃烧有阻燃作用。高温下 Sb_2O_3 与卤化氢反应还生成三卤化锑或卤氧化锑，卤氧化锑可在很宽的温度范围继续分解为三卤化锑，三卤化锑是比卤化氢更为有效的火焰抑制剂，因此起到了阻燃的效果。纯 PE 和添加 20%（质量分数）阻燃剂的 PE，它们的 EHC 曲线大致相同，但后者总的有效燃烧热降低很多，在材料热分解开始后，放热速率趋于平稳，说明在加入阻燃剂后虽然没有明显地改变 PE 的燃烧模式和燃烧机理，但在聚合物分解开始阶段由于阻燃剂对 PE 的热分解具有阻碍作用，使 PE 的放热速率降低。

随着 DBDPE/Sb_2O_3 复合阻燃剂用量的增加，PE 氧指数由纯 PE 的 19% 增加到 28%，阻燃性能得到很大的提高。DBDPE 在阻燃性能上与 DBDPO 差别不大，DBDPE/Sb_2O_3 复合阻燃剂的协同反应能够较好抑制滴落现象，并且在燃烧时发烟量较少。材料的缺口冲击强度和拉伸强度随着 DBDPE/Sb$_2$O$_3$ 复合阻燃剂用量的增加有一定的下降，而材料的弯曲强度和硬度则随着阻燃剂用量的增加而增加。在 DBDPE/Sb$_2$O$_3$ 复合阻燃剂的加入量较少时，对熔体流动性影响不大，但当复合阻燃剂的添加量到 16％（质量分数）以上时，PE 的 MFR 明显地下降。

4.3.4.3　聚乙烯的无机阻燃剂阻燃

无机阻燃剂是一种无卤阻燃剂，具有安全性高、抑烟、无毒、价廉等优点，在聚乙烯的阻燃化中具有重要地位，主要有氢氧化铝、氢氧化镁、硼酸锌等。氢氧化铝与氢氧化镁具有热稳定性好、无毒、不挥发、不产生腐蚀性气体、发烟量小、不产生二次污染等优点。但添加量大，用量约为卤系阻燃剂的几倍。大量无机阻燃剂的加入使材料的力学性能大大降低，且燃烧时仍有滴落现象。另外，大多数无机阻燃剂具有一定的酸性或碱性，表面有亲水基团，有极性，容易吸附水分。而 PE 为非极性分子，大分子链上缺乏极性基团，因此与无机阻燃剂的相容性差，填充体系界面难以形成良好的结合及牢固的黏结。因此需要对阻燃剂及树脂基体进行改性处理。通常硅烷偶联剂、钛酸酯偶联剂、脂肪酸盐等助剂可以改善阻燃材料的机械性能。偶联剂的作用是为了增加无机阻燃剂与聚合物的相容性，脂肪酸盐的加入则是防止使用时发生凝结。经表面处理的 Mg(OH)$_2$ 填充到 LLDPE 中，其复合体系的分散性、力学性能、流动性均优于未处理的 LLDPE/Mg(OH)$_2$ 体系，改善了材料的力学性能，对阻燃性能影响不大。当不用偶联剂进行表面处理时，氢氧化镁的引入使材料的冲击强度、拉伸强度及断裂伸长率大幅度下降，表明氢氧化镁与 LLDPE 的黏结状况不好，存在大量缺陷。偶联剂的用量有一最佳值，用量太少，Mg(OH)$_2$ 颗粒表面不能被偶联剂完全包覆，改性效果较差；而用量太多，多余的偶联剂也会降低无机填料与树脂间的黏结力，导致复合材料性能下降，使材料的成本提高。因此在实际应用中应根据要求寻找合适的用量。

无机阻燃剂的颗粒形态（粒径大小与粒径分布）是影响阻燃材料性能的重要因素。颗粒越小，比表面积越大，与基体结合的界面就越大。对粒径分布来说，分布越窄越好。粒径分布越宽，颗粒大小差异越大，材料的力学性能越差。经机械粉碎后的水镁石粒径可达到 5～6μm 的小颗粒，但也有 20μm 甚至更大的粒子存在。纳米氢氧化镁的粒子大小较均匀，粒径在几十个纳米的范围内，比普通氢氧化镁能更好地提高 LDPE 的氧指数，用量也减少，从而有利于防止由于添加量过多引起的加工性能及力学性能的降低。原因可能是纳米粒子粒径小，比表面积大，与高聚物的接触面大，表面存在更多的化学活性点，从物理及化学两个方面均比微米级有利于与高聚物的结合。另外，纳米氢氧化镁是用化学方法制备的，它的纯度高于天然氢氧化镁，这也是其阻燃性能高的原因。

硼类阻燃剂是一种多功能的阻燃助剂，主要包括硼酸锌、硼酸铵、偏硼酸钡等。其中，硼酸锌（化学组成为 2ZnO·3B$_2$O$_3$·5H$_2$O）产量和消耗量最大，应用也最为普遍。它在火焰作用下形成玻璃态的包覆层，随后在高温下（290℃）脱水，起到吸热降温的作用。同时它能促进炭化和抑烟，从而发挥阻燃作用。硼酸锌常作为阻燃增效剂与其它阻燃剂并用。

4.3.4.4　磷系阻燃剂对聚乙烯的阻燃作用

含磷化合物是阻燃剂中重要的一类。含磷无机阻燃剂因其热稳定性好、不挥发、不产生腐蚀性气体、效果持久、毒性低等优点而获得了广泛的应用。红磷作为阻燃剂与传统的阻燃剂（如卤化物/Sb$_2$O$_3$）相比发烟量小、低毒、应用范围广，能单独使用，也可与其它阻燃剂共同使用。其用量少，阻燃效果好，耐久性好。但是红磷不能直接使用于聚乙烯中，因为它易吸湿受潮，易氧化，与树脂相容性差，长期与空气接触会放出剧毒的磷化氢气体，污染环境，干燥的红磷粉尘有爆炸的危险。鉴于上述问题，对红磷表面微胶囊化处理是一种切实可行的办法。红磷含量 8%（质量分数）可使 HDPE 的阻燃级别达到 UL94V-0 级。在 LDPE 中添加 70%（质量分数）的 ATH 时的氧指数是 24，在添加 8%（质量分数）的红磷时其氧指数就可达到 27，进一步增加红磷的用量，氧指数可达 30 以上。工业产品的红磷含磷量接近 100%，高于其它含磷阻燃剂，加入少量即有阻燃效果，这样对聚合物的物理机械性能的影响较小。

红磷的阻燃作用原理是由于在燃烧时树脂中的红磷先被氧化成氧化物，再水解成磷酸、亚磷酸及次磷酸等，其中磷酸是主要产物，其它组分约占 0.04%。磷酸失水后形成多磷酸，这一玻璃状物质与炭渣混合物覆盖于聚合物表面，抑制了燃烧。所以红磷是凝聚相阻燃机理。

其它磷系阻燃剂如无机磷系的磷酸二氢铵、磷酸氢二铵、磷酸铵、聚磷酸铵、有机磷系的非卤磷酸酯等都可用于聚乙烯阻燃。其中聚磷酸铵及磷酸酯极为常用。聚磷酸铵在聚乙烯中的作用效果较好，但是目前成本偏高。有机磷阻燃剂的阻燃机理与无机磷相同，但是它对材料的机械物理性能影响要小，与高聚物的相容性要好，且渗出性小。但是有机磷阻燃剂的缺点是流动性强、发烟量大、易于水解、热稳定性差和毒性较大。

4.3.4.5　膨胀型阻燃剂

膨胀型阻燃剂（intumescent flame retardant，IFR）具有以下特点：①高阻燃性，无熔融滴落行为，对长时间或重复暴露在火焰中有极好的抵抗性；②无卤、无锑；③低烟、无毒、无腐蚀性气体产生。IFR 基本上克服了传统阻燃技术中存在的缺点，被誉为阻燃技术的一次革命。膨胀型阻燃剂是由三部分组成，即碳源、酸源、发泡源。酸源一般指无机酸或能在燃烧加热时原位生成酸的盐类，如磷酸、硫酸及磷酸酯等物质。碳源一般指多碳的多元醇化合物，如季戊四醇、乙二醇等。发泡源指含氮的多碳化合物，如尿素、双氰胺、聚酰胺、三聚氰胺等。其作用机理主要为：在高温下磷酸使季戊四醇酯化生成季戊四醇磷酸酯、季戊四醇磷酸二酯以及其它一些磷酸酯和磷酸酯的多聚体等，在高温下熔融得到高熔点化合物，同时发泡源分解产生气体，生成边界膜，膜溶胀后生成泡沫结构。随着温度升高，熔融物质黏度增高，进一步使泡沫稳定，生成并形成交联结构，泡沫急剧膨胀到原来体积的 50～100 倍，在强热下变成刚性的膨胀炭化物质。生成的刚性膨胀碳化物构成防火层，阻止温度进一步提高，达到阻燃效果。直接将 P_2O_5/多元醇/甲酚甲醛树脂与 PE 在 200℃氮气环境下共混 20min，使其原位生成磷酸酯，阻燃效果良好，氧指数可达 29.5%。

膨胀型阻燃剂——聚磷酸铵和季戊四醇（APP/PER）体系对 LDPE 进行阻燃，通过热失重分析（TGA）研究了成炭促进剂 Zeolite（ZEO）对 APP/PER 和 LDPE 的催化成炭作用以及影响 LDPE/APP/PER 材料阻燃性能的各种因素，得到了使材料阻燃性能达到最好时的 APP/PER/ZEO 之间的最佳配比。实验结果表明，将 APP、PER 与 ZEO 联用有较好的阻燃协效作用，添加 APP/PER/ZEO 膨胀型阻燃剂体系可使阻燃 PE 材料的氧指数达到 29.3%。解决目前膨胀型无卤阻燃聚乙烯材料开发上存在问题的关键是要最大限度地提高膨胀炭层的质量。为了改善成炭质量，在阻燃剂中加入成炭促进剂 ZEO，以达到既提高 IFR/PE 材料的阻燃性能，同时又降低 APP/PER 在 PE 中的添加量。ZEO 是一类晶体硅铝酸盐，它的物质结构是以 Si 氧化物和 Al 氧化物为主体，Si、Al 之间通过氧桥连接而成晶体结构。它们不仅孔结构均匀、比表面积大，而且表面极性很高。这些结构性质决定了 ZEO 不仅具有良好的吸附作用，而且具有一定的催化活性。根据 ZEO 质子酸催化理论，APP 与 PER 在 210℃下形成环状磷酸酯等一系列化学反应，ZEO 催化 APP/PER 成炭。ZEO 可以催化 APP 与 PER 脱 H_2O、NH_3 之前的氢转移反应和 APP 与 PER 脱除 H_2O、NH_3 形成环状磷酸酯的反应，使 APP/PER 体系的成炭量增加。

　　最佳的膨胀阻燃配方制成的材料燃烧后形成的膨胀炭层泡孔呈球形，分布比较均匀，平均直径约为 $100\mu m$，孔壁厚度约为 $10\mu m$，内部层次清晰，结构规整，堆积密实，是理想膨胀炭层的结构。因此为了提高在 PE 中的阻燃效果，添加高效的协同阻燃成分，增加阻燃中的残余炭量，提高炭层质量是常常使用的方法。

4.4　聚氯乙烯的高性能化、精细化和功能化

　　聚氯乙烯（PVC）是由氯乙烯单体聚合而成的高分子化合物，由于在高分子主链上引入氯原子，使其高分子结构不同于 PE，并且有一系列独特的性能。其主要的物化数据如下。①外观为白色粉末，分子量为 36870～93760，相对密度为 $1.35\sim1.45 g/cm^3$（随组分不同而变化），表观密度为 $0.40\sim0.65 g/cm^3$，热容为 $1.045\sim1.463 J/(g\cdot℃)$（0～100℃），颗粒直径为 $60\sim150\mu m$，折射率为 $n_D^{20}=1.544$。②热性能：PVC 的软化点为 75～85℃，黏流温度为 175℃左右；当温度高于 100℃时 PVC 开始降解并放出氯化氢，温度越高降解越严重，且伴随一系列的颜色变化（黄→黑）。③燃烧性能：在火焰上能燃烧并降解，放出氯化氢、一氧化碳和苯等，但离开火焰即自熄。④力学性能：UPVC 是一种硬而强的材料，而SPVC 则属于软而韧的材料。PVC 的拉伸强度范围为 35～63MPa，UPVC 的拉伸模量范围为 2500～4200MPa。拉伸模量的大小与 PVC 树脂的分子量及配合料的类型和用量有关。PVC 的弯曲性能与树脂的分子量有关，例如：$K=69$ 时，弯曲强度为 86.87MPa，弯曲模量为 3134.36MPa；$K=72$ 时，弯曲强度为 79.30MPa，弯曲模量为 2995.77MPa。在 PVC中加入增强剂（如短切玻璃纤维），弯曲强度可达到 107～138MPa。未经增韧的 UPVC 冲击韧性较差，且具有较大的缺口敏感性。⑤电性能：PVC 具有较高的密度、耐电击穿和耐老化性能，可作 10000V 以下的低压电缆和电缆护套。⑥吸水性：PVC 的吸水率低，硬质PVC 长期浸入水中，吸水率小于 0.5%；浸水 24h，吸水率为 0.05%。选用适当增塑剂的软PVC，吸水率不大于 0.5%。PVC 还具有很低的透雾、透气和透水汽率。⑦老化性：受光照及氧的作用下，PVC 树脂逐渐分解（即老化），PVC 材料表面与空气中氧起作用，加速热及紫外线对高聚物的降解，分解出氯化氢，形成碳基（—C=O）。

　　PVC 树脂是合成材料中产量最大的品种之一，国内生产企业有 60 多家，年产量 500 多万吨，广泛应用于轻工、建材、农业、日常生活、包装、电力、公用事业等部门，发达国家PVC 的消费比例大致为建筑材料 65%～70%、包装用品 8%、电子电气 7%、家具和装饰用品 5%、一般消费品约占 4%。PVC 的应用方向大体分为两类：一是硬质和半硬质制品，有板材、管材、门窗、膜片及代替钢材和木材的建筑材料等；二是软制品类，有电线、电缆、薄膜、薄片、铺地材料、人造革及密封材料等。

　　PVC 树脂显然具有良好的综合性能和多种用途，但也存在着以下一些缺陷。①热稳定性较差：PVC 的熔融温度约为 210℃，但在 100℃就开始分解放出氯化氢，当温度高于150℃时分解更加迅速，因此加工时必须首先设法提高其热稳定性能。②UPVC 呈脆性：其常温下的悬臂梁冲击强度（缺口）值仅 $2.2 kJ/m^2$，受冲击时极易脆裂而不能用作结构材料。低温下 PVC 制品变得更脆，无法使用，一般 PVC 的使用温度下限为 -15℃，软 PVC 的使用温度下限为 -30℃。③耐热性较差：PVC 硬制品的维卡软化温度通常低于 80℃，应用受到限制；当温度高于 90℃，PVC 易软化，在应力作用下容易发生黏性流动，失去形状保持能力。④硬质 PVC 由于不加或只加有少量增塑剂，熔体表观黏度很高，流动性较差，加工较困难。⑤PVC 的增塑作用不稳定：软质 PVC 常采用小分子增塑剂，它们在制品的加工和使用过程中会发生溶出、挥发、迁移，不但污染环境，而且使制品变硬变脆而失去使用价

值。⑥PVC 分子链含有强极性 C—Cl 键，是极性聚合物，当 PVC 用于生产医疗制品时，亲水性和生物相容性差，影响其使用。

PVC 改性的目的就是为了改善或克服上述缺点或赋予新的性能，进一步拓宽 PVC 的应用范围，满足各种制品对材料性能的特殊需求。PVC 改性技术多种多样，某些改性手段（如改变聚合方法、共聚改性等）往往只能在 PVC 树脂生产厂才能进行，其应用受到一定的限制。而另一些改性方法（如共混、填充等）由于所需设备和生产工艺均较简单，在普通的塑料制品生产厂也能进行，因而应用广泛。

4.4.1　聚氯乙烯的共聚改性

4.4.1.1　氯乙烯的无规共聚改性

（1）氯乙烯-醋酸乙烯共聚物　氯乙烯与醋酸乙烯共聚是氯乙烯共聚物中历史最早、使用最广泛的一种，在 PVC 工业中占有重要地位，生产技术成熟，具有无味、无臭、无毒、良好的韧性、柔软性、热可塑性、易粘接于金属表面等特点，常温下化学稳定性好、耐酸、碱和油，对水蒸气的透过率和吸水率低，可溶于酮或酯类化合物。一般共聚物中醋酸乙烯含量为 3%～40%。含 10%～15%醋酸乙烯酯的低分子量树脂是氯乙烯-醋酸乙烯酯共聚物最重要的一类，这种树脂广泛用于制造唱片和地板砖；具有类似的化学组成和分子量的其它共聚物则制成溶液，用于作防护涂料。醋酸乙烯酯含量低于 10%的共聚物通常用于制成薄膜和片材，改善了加工性能。

（2）氯乙烯-丙烯酸酯共聚物　氯乙烯-丙烯酸酯共聚物大多采用乳液聚合的方法制备。由于氯乙烯与丙烯酸甲酯共聚时的竞聚率分别为 $r_1=0.08$ 与 $r_2=9.0$，两者相差较大，因此要获得化学组成均一的共聚物有一定困难。此时可根据单体的消耗速率逐步向反应系统中补加丙烯酸酯单体。由于聚丙烯酸酯的玻璃化温度随醇的碳链长度增加而明显下降，所以丙烯酸高碳烷基酯比丙烯酸甲酯具有较大的增塑效应。而氯乙烯与丙烯酸高碳烷基酯的共聚物则比丙烯酸甲酯共聚物具有较低的熔体黏度和较低的软化温度。另外，可加入各种第三组分（包括偏氯乙烯、苯甲酸乙烯酯、异丁烯、癸二酸单乙烯酯、苯乙烯、马来酸二烷基酯、富马酸酯、丙烯腈、二乙烯基苯、丙烯酸、醋酸乙烯酯以及丙烯酸羟基烷基酯等）合成三元共聚物以减小材料的发黏性。在共聚单体含量相同时，氯乙烯-丙烯酸酯共聚物与氯乙烯-醋酸乙烯共聚物具有完全相似的性能。这种共聚物的内增塑作用与氯乙烯-醋酸乙烯酯共聚物相当，热稳定性较好，可用于制造硬质和软质制品，改进加工性、耐冲击性和耐寒性等，还可用于涂料、黏结剂等。

（3）氯乙烯-偏氯乙烯共聚物　氯乙烯（VC）-偏氯乙烯（VDC）共聚物可采用悬浮法或乳液法进行制造，根据共聚物中 VC 和 VDC 的比例关系，可以把 VC-VDC 悬浮共聚树脂分为三类：第一类是少量 VDC（<20%）与 VC 的共聚物，其性能接近于 PVC，加工性能较好；第二类是 VDC 含量在 30%～55%的共聚物，它在加工温度下具有很高的流动性，同时在氯代烃、酯及其它有机化合物中有很好的溶解性，因此可用作油漆和涂料；第三类是大量 VDC（75%～90%）与少量 VC 的共聚物，属 VC 改性的 PVDC 树脂，具有优良阻透性能，产品主要用于生产薄膜和纤维。在以上三类 VC-VDC 共聚物中，第三类树脂是品种较多、产量较大的商品化品种。以 VDC 为主单体，称为 VDC-VC 共聚物更为合适。乳液法 VC-VDC 共聚物中 VDC 含量通常小于 60%，产品主要用作涂料和胶黏剂。

（4）氯乙烯-乙烯共聚物与氯乙烯-丙烯共聚物　将乙烯、丙烯等烯烃单体与氯乙烯单体共聚合，可制得流动性、热稳定性、抗冲击性、透明性、耐热性等优异的共聚树脂。聚合度为 800 的氯乙烯-乙烯共聚树脂比聚合度为 700 的 PVC 的流动性好，氯乙烯-丙烯共聚树脂比 PVC 的成型温度低 5～15℃。氯乙烯和丙烯或乙烯的共聚树脂热稳定性比 PVC 和氯乙烯-

醋酸乙烯（VAC）共聚树脂为高，熔融黏度低，混炼时阻力小，易于塑化，摩擦热少，因此热稳定性好。氯乙烯-丙烯共聚树脂既可改进加工性能，又可使冲击强度提高，易于进行各种成型加工，可得透明性好的制品。但氯乙烯和乙烯或丙烯共聚树脂的软化温度比 PVC 稍有降低。

4.4.1.2　氯乙烯的接枝共聚改性

氯乙烯的接枝共聚主要是指以其它聚合物为主链，与氯乙烯单体的接枝共聚。其作用主要有二：一是改进硬质 PVC 的抗冲性能，二是改进软质 PVC 的增塑稳定性。前者包括乙烯-乙酸乙烯酯共聚物（EVA）、CPE、聚丙烯酸酯（ACR）、EPR 等与氯乙烯的接枝共聚。后者包括热塑性聚氨酯（TPU）等与氯乙烯的接枝共聚。VC 接枝共聚可以采用悬浮、乳液、溶液等聚合方法。根据 VC 与基体聚合物的溶解（溶胀）特性及两者配比，悬浮接枝共聚又可分为悬浮溶解接枝、悬浮溶胀接枝和乳液法等。其中，悬浮溶胀和乳液法是 VC 接枝共聚的最主要方法。

乙烯-醋酸乙烯酯共聚物与氯乙烯接枝共聚物（EVA-g-VC）是产量最大的接枝共聚改性 PVC 品种，也是产量仅次于氯醋共聚物的共聚改性 PVC，其产量约占所有 PVC 接枝树脂产量的 2/3。根据 EVA 含量的高低，EVA-g-VC 共聚物可分为两大类：EVA 含量在 6%～10% 的为硬质抗冲型，EVA 含量在 30%～60% 时为软质增塑型。EVA-g-VC 共聚物可采用悬浮聚合和乳液聚合方法生产，尤以悬浮聚合为主。EVA-g-VC 共聚物的性能主要决定于 EVA 含量、PVC/EVA 组成比、接枝率、PVC 分子量和相态结构等。此类接枝共聚物作为硬质塑料使用时，可以改进抗冲击性、低温脆性、耐候性和加工性等。接枝聚合物中 EVA 含量增加时，拉伸强度降低，冲击强度增加，而伸长率在一定的 EVA 含量范围内（如含量 6% 以内）是增加的。为了保持 UPVC 的刚性而提高抗冲击性，EVA 的含量应适当，一般为 5%～10%。接枝聚合物的聚合度增大时，拉伸强度稍有增加，冲击强度提高，但过大时，则在加工中会引起热稳定性差和塑化成型困难等问题。此外，醋酸乙烯含量不同的共聚物熔融指数是不同的。共聚物中醋酸乙烯含量在 45% 左右时具有最大的冲击强度，醋酸乙烯含量大时透明性好。醋酸乙烯含量一定而采用熔融指数不同的 EVA 时，冲击强度随熔融指数的增加而降低。EVA-g-VC 共聚物的用途较为广泛，既可以单独使用，也可作为 PVC 的抗冲击改性剂使用。EVA 含量较低（6%～10%）的硬质抗冲型产品主要用于挤出成型建材、上下水管、排污管、电缆护套、窗框、面板、板条、家具、注塑管件、室外标牌、配电盘、电器外壳等，压延成型高透明包装片材，或再加工成包装容器。EVA-g-VC 共聚树脂与 PVC 共混，能在比普通 PVC 加工温度低 5～10℃成型，制备具有高抗冲击性能的 PVC 制品。

丙烯酸酯类聚合物（ACR）是常用的 PVC 改性剂之一，ACR-g-VC 共聚树脂是以 ACR 为主链、PVC 为支链的聚合物，但体系中同时存在未参加接枝反应的 ACR 和 VC 均聚物。因此实际上是 ACR 与 VC 的接枝物、ACR 和 VC 均聚物的共混物。与 PVC 均聚物和 PVC/ACR 共混物相比，ACR-g-VC 共聚物具有许多性能优点，例如，接枝共聚物的流变性能比纯 PVC 好、塑化时间短、熔融温度低，有利于加工和提高制品质量；接枝共聚物的冲击强度不仅远大于均聚 PVC，而且在 ACR 含量相同的条件下，优于 PVC/ACR 共混物，随着共聚物中 ACR 含量的增加，冲击强度提高；ACR-g-VC 共聚物的拉伸强度略低于均聚 PVC，断裂伸长率则较大；ACR-g-VC 共聚树脂的耐候性较好。ACR-g-VC 共聚物可用于生产抗冲性能要求较高的 PVC 硬制品。同时，由于 ACR-g-VC 共聚物中不含双键，其耐候性优异，故特别适宜制造户外使用的制品，如壁板、门窗框、雨水槽、输送管和导线管等。

PE、PP 和 PVC 同属通用塑料。两者的相容性较差，直接共混改性困难。PE 接枝 VC

形成的接枝物具有相容剂的作用，能提高两者的相容性，可得到高抗冲击性的材料。PE-*g*-VC 共聚物如以 PVC 为主要组分，则为硬质或半硬质产品，具有较好的韧性及良好的拉伸性能、较低的加工温度和良好的流动性。少量 VC 在 PE 上接枝后得到的产物具有类似 PE 的特性，但接上了极性的 PVC 分子链后，可提高 PE 的着色性和油墨附着性。采用 VC 与 PP 接枝共聚可得到性能较优的产品。PP-*g*-VC 可采用通用 PP 树脂（即高等规度 PP）或无规 PP，以后者居多。无规 PP（简称 APP）是丙烯聚合的副产物（主产物为等规 PP），APP 的含量为等规 PP 的 5％～7％。APP 可溶于己烷、庚烷等溶剂而从等规 PP 中分离出来，平均分子量及其在烃类溶剂中的不溶物含量是影响 APP 在 VC 中溶解性和接枝共聚物性能的重要因素。APP 的分子量通常较低（介于几千到几万之间），烃类溶剂不溶物含量一般在 10％。

4.4.1.3　聚氯乙烯的交联反应

PVC 是热敏性材料，存在耐热性差、抗老化性及抗变形性、耐磨性、耐电击穿性及机械强度差等缺点，严重制约了 PVC 的进一步应用。采用交联方法可以克服这些缺点，提高 PVC 产品档次。PVC 交联方法有过氧化物交联、辐射交联、硅烷交联、二巯基-三嗪化合物交联、共聚/接枝导入易交联基团交联等方法。过氧化物交联 PVC 由于加热时发生脱氯化氢反应和交联反应两种化学反应，产生一种凝胶状的不溶物，交联反应速率慢，凝胶含量低，很难得到有实用价值的材料。硅烷交联虽不易造成聚合物的分解和断链，但化学反应复杂，加工条件苛刻。二巯基-三嗪化合物交联 PVC、共聚接枝导入易交联基团交联都要经过复杂的化学反应，影响条件多。辐射交联交联效率高，工艺条件易于控制，加之挤出工序和交联工序分开的特点，使得辐射交联方法得到广泛应用。在 PVC 中加入多官能团不饱和单体敏化 PVC 的辐射交联，可提高交联效率，降低主链断裂，控制聚合物在辐射过程中降解。加入的多官能团不饱和单体主要有三羟甲基丙烷三甲基丙烯酸酯（TMPTMA）、三羟甲基丙烷三丙烯酸酯（TMPTA）、三烯丙基异腈脲酸酯（TAIC）、三烯丙基腈醇酯（TEGDM）、二丙烯酸四甘醇酯（TEGDA）、二缩三丙二醇二丙烯酸酯（TPGDA）、二丙二醇二丙烯酸酯（DPGDA）等。一般认为交联机理是自由基交联反应，自由基来自 PVC 链上的 C—Cl 和 C—H 键的断裂，以及多官能团单体产生的自由基。影响 PVC 辐射交联的因素包括：增塑剂类型和用量、基体树脂的聚合度、交联敏化剂的类型、辐射剂量、加工助剂的类型和用量、填充剂的类型和用量等。

4.4.2　聚氯乙烯的共混改性

由于 PVC 树脂分子链中有大量的极性键 C—Cl 键，分子之间存在着较大作用力，因此 PVC 树脂比较坚硬，显示脆性。另外，分子中的 C—Cl 键在受热时，特别是在成型加工时，容易脱去 HCl 分子，在大分子链中引入不饱和键，这就大大影响了树脂的耐老化性能。20 世纪中期以后，人们利用物理共混的方法对 PVC 树脂进行了大量的改性研究。聚合物共混是一种简便而有效的改性方法，将两种或两种以上不同的高聚物共混，可以制备兼有这些高聚物性质的共混物。

PVC 树脂共混合金的制备通常采用熔体混合法。熔体混合法是在高温剪切作用下将两种或两种以上的高分子树脂体系或高聚物树脂与无机物质混合在一起，这一过程不仅有简单物理意义上的组分之间的重新分布与分散，还伴有各组分高分子链中化学链的断裂与重新组合，最终形成的共混体系往往由于两种树脂的协同效应和化学反应而具有十分优异的性能。PVC 树脂由于具有一定的极性，因此与很多极性聚合物相容性很好，如丁腈橡胶、MBS、ABS 及 CPE 等。PVC 与非极性聚合物的相容性不好，共混时可以利用加入增容剂的方法来实现。

4.4.2.1 PVC/ABS 共混体系

PVC 与 ABS 共混是在 PVC 直接与橡胶共混难以兼顾相容性和力学性能的基础上发展起来的。以 ABS 作为 PVC 冲击改性剂，不仅可以大幅度地提高 PVC 的冲击韧性，而且还可以较好地改善 PVC 的加工流动性。近几年，随着电视机、汽车等产量的不断增加，电视机壳以及汽车等机械设备用 ABS 工程塑料的需求量越来越大，PVC/ABS 塑料合金的研制对于改善 ABS 的耐燃性，缓解 ABS 原料紧张、降低生产成本具有重要的意义。

ABS 是丙烯腈、丁二烯与苯乙烯的共聚物，其结构与 MBS 一样存在着刚性链段和柔性橡胶链段。从分子结构上分析，ABS 分子链中含有大量的丙烯腈链段，与 PVC 分子间具有较强的作用力，二者溶解度参数相近，能形成良好的相容体系。PVC/ABS 体系中随着 PVC 含量的增大，PVC 分子向 ABS 分子的 SAN 链段逐渐渗透而形成连续相，丁二烯链段则分散成微观意义上的橡胶粒子，形成明显的"海-岛"两相结构，两相间界面模糊，存在着厚的界面层，说明两相间有良好的相容性。当材料受到外力冲击时，由于 PVC 为脆性材料且在共混物中为分散相，会在两相界面诱发银纹，吸收冲击能。银纹间的相互干扰，又导致银纹的终止。随着共混物中 ABS 比例的增加，即橡胶相的增多有利于银纹的引发并与树脂相产生大量的剪切带，因而可以吸收较高的冲击能，使材料具有较强的冲击韧性。但当 PVC 量超过 ABS 量太多时，由于橡胶增韧作用的减少或丧失，PVC 的脆性占主导地位，PVC/ABS 合金的冲击强度随着 ABS 含量的减少而降低。

PVC/ABS 共混物冲击强度的高低与所选基体的种类、用量比例以及加工工艺条件等有关。其中，ABS 中不同的橡胶含量对共混物冲击强度的影响最大，用含胶量高的 ABS 共混时，PVC/ABS 共混物的冲击强度出现协同作用，冲击强度较高；而选用橡胶含量低的 ABS 时，共混物的冲击强度低。ABS 的用量范围一般在 8%～40%（质量分数），此时冲击强度随 ABS 用量的增大而增大；进一步增加 ABS 用量时，冲击韧性反而逐渐降低。该体系在 PVC 与 ABS 质量比为 70/30 时，悬臂梁冲击强度达 377.4J/m，与 PVC 基体的 43.1J/m 相比，提高了将近 10 倍。

ABS 在某种程度上还能起到加工助剂的作用，改善了 PVC 的加工性能。ABS 加入到 PVC 中，在共混成型时，由于摩擦热较大，凝胶化时间提前，易于获得均匀的熔融物，因此加速了共混物的熔化和降低了挤出时的出模膨胀，增加了熔体的强度，使加工过程更加稳定。

4.4.2.2 PVC/ACR 共混体系

ACR 通常为将甲基丙烯酸甲酯接枝于烷基丙烯酸酯弹性体上而得到的高聚物。ACR 抗冲击改性剂属于核壳结构共聚物。ACR 乳胶粒的核组成主要有聚丁二烯和聚丙烯酸丁酯（PBA）两种成分。乳胶粒核的组成不同用途不同。当采用聚丁二烯作为乳胶粒核的主要成分时，乳胶粒的壳层是通过 MMA 单体在聚丁二烯乳胶粒表面的接枝聚合反应而形成的；而当采用丙烯酸丁酯聚合物为核组分时则首先进行主体为 BA（混合物）的种子聚合，然后再分段进行主要组成为 MMA 的壳层单体的聚合反应，最终制得具有核/壳结构的弹性体增韧剂。例如在美国 Rohm & Haas 公司的专利文献中，采用多阶段乳液聚合技术，合成以 BA/MMA 共聚物为主体，并具有内软外硬及交联内层的核/壳结构聚丙烯酸酯类增韧剂；Rohm & Haas 公司报道的另一种不同组分的核壳结构增韧剂则是由聚丁二烯、丙烯酸（丁）酯及苯乙烯组成的，称为 MBS。

ACR 具有较高的冲击强度、拉伸强度、模量、热变形温度及耐候性，利用 ACR 增韧 PVC 可获得具有良好冲击性能的共混体系。目前对 ACR 增韧改性的机理有着几种不同的理论解释，一般认为：① 弹性体粒子在应力作用下引发大量的银纹或剪切带，从而吸收能量，同时弹性体粒子及剪切带均可终止银纹，防止扩展成裂纹；② 弹性体通过自身破裂、延伸或形成孔穴作用来吸收能量，离散型的核/壳结构的聚合物就可以通过桥连裂纹来防止裂纹的增长，高延伸性可使界面不易完全断裂，孔穴作用导致应力集中而引发剪切带。

影响 ACR 核/壳结构乳胶粒对硬质 PVC 增韧改性效果的主要因素包括以下三点。

① ACR 乳胶粒的粒径　根据银纹剪切带理论，在两相共混体系中，分散相弹性体颗粒大小要有一最佳尺寸范围。尺寸太小起不到终止银纹的作用，尺寸太大时虽能有效终止银纹，但与连续相的接触面积下降，诱导银纹数量减少，抗冲击强度下降。对乳胶粒尺寸会影响 PVC 的增韧改性已得到共识，但对乳胶粒的最佳尺寸范围却说法不一。实验结果表明，乳胶粒直径在 $0.06 \sim 1.2 \mu m$ 范围内，对 PVC 的增韧改性效果随 ACR 乳胶粒直径的增大而增加。

② 乳胶粒的核/壳结构的组成　为了使增韧粒子能均匀稳定地分散在 PVC 连续相中，粒子表面的壳层聚合物要有足够高的玻璃化温度，否则在共混过程中增韧剂粒子会因表面发黏而相互聚集，影响增韧效果；另外，还要求乳胶粒的壳层与连续相 PVC 基体有一定的相容性，从而在 PVC/ACR 界面处形成良好的结合。因此，用于 PVC 增韧改性的乳胶粒都设计成外硬内软的核/壳结构，并普遍选择玻璃化温度达 105℃、与 PVC 相容性较好的 PM-MA 作为壳层组分。核/壳组成比是影响 ACR 弹性体对 RPVC 增韧改性性能的一个重要参数。一方面，核组分 PBA 含量低时，改性剂主要由硬组分构成，使得银纹引发、支化及终止速率降低，不能获得理想的增韧改性效果。另一方面，核太大时，硬壳又不能将其完全包裹，从而不能形成完整的核/壳结构，破乳时由于核层粒子裸露而容易发生团聚，这样一来，会使改性剂无法均匀地分散在 PVC 树脂中，也同样达不到理想的增韧效果。合适的核/壳组成比例要视具体核层和壳层的单体组成而定。

③ ACR 的用量　ACR 的用量同样存在着一个最佳范围，一般在 6～8 质量份，可显示明显的增韧效果。考虑到成本和材料的综合性能，一般用量在 5%～10% 范围以内，在这个范围内，既可以获得较好的抗冲击性能，又基本上不影响 PVC 的其它性能。

PVC/ACR 共混物具有良好的耐候性、较好的抗冲击性、透明性、制品的光泽性以及耐燃性，主要用于包装材料、户外使用的建材和仪表外壳等。

4.4.2.3　PVC/CPE 共混体系

PVC/CPE 共混物的抗冲击强度（特别是对无缺口冲击强度）较高，且共混物的耐燃性较好。CPE 与 PVC 的相容性大小是与 CPE 中氯的含量和氯原子在 PE 主链上的分布情况有关。含氯量小于 36% 的 CPE 由于分子中含有较多的未氯化链段，结晶度较高，与 PVC 的相容性较差，界面黏结作用也不好；含氯量大于 42% 的 CPE 分子链很僵硬，材料本身弹性较差，对 PVC 改性效果也不好。作为 PVC 冲击改性剂常用的 CPE 的含氯量一般为 35% 左右。

利用含氯量为 36% 的 CPE 增韧改性 PVC 树脂时，当 CPE 含量在 10～15 质量份时，体系的缺口冲击强度由纯 PVC 树脂的 $4kJ/m^2$ 迅速增加到 $15kJ/m^2$ 以上，体系的断裂伸长率也有一定程度的提高。由于柔性分子链的引入，体系的耐寒性也有所改善。但是，CPE 在提高 PVC 韧性的同时，降低了 PVC 本身的模量、强度、耐热性及加工性能。

刚性聚合物（PMMA、SAN 等）对 PVC/CPE 共混体系力学性能有好的影响。在研究中发现，PMMA 刚性粒子能显著提高 PVC/CPE 共混体系的韧性，加入 PMMA 刚性粒子的共混体系的两相间的相容性和分散性得到改善，促进了 CPE 网络结构的形成和微细均匀化。当体系受到冲击时，PMMA 刚性粒子周围产生很大的静压应力场，使 PMMA 粒子发生脆韧转变而吸收大量的塑性变形能，提高了共混体系的冲击性能。同时由于 PMMA 本身具有较高的强度，与基体有较好的黏结性，对 PVC/CPE 共混体系有一定的增强作用。在 PVC、CPE 质量比为 100：15 的共混体系中，当 PMMA 的用量为 1.5～4.5 质量份时，冲击强度由 20kJ/m² 提高为 98kJ/m²，而且拉伸强度、断裂伸长率也有所提高。

4.4.2.4 PVC 与 EPDM、EVA、MBS、NBR 的共混体系

EPDM 是乙烯-丙烯-二烯烃的三元共聚物，在常温下呈柔软的橡胶态。EPDM 为非极性高聚物，因此在与 PVC 进行共混改性时，两者之间的相容性极差。因此，要制备具有一定实用价值的 PVC/EPDM 共混物，必须首先选择适当的相容剂。在共混物中加入某些有一定分子极性的聚合物（如 CPE、EVA、NBR 等）、或加入某些特定的偶联剂（如硫醇类化合物）、或加入某些接枝共聚物（如 EPDM-g-MMA）、在聚合物中适当引入共交联结构（如加入少量 DCP 作为 EPDM 和 PVC 的共交联剂）等均能在一定程度上提高 EPDM 与 PVC 的相容性，从而改善共混物的性能。在 PVC/EPDM 共混体系中加入 10 份 CPE 时，获得了明显的增容改性效果。硫醇类偶联剂可有效提高 PVC/EPDM 体系的相容性，加入这种偶联剂后可使 PVC/EPDM 共混物的冲击强度比简单共混物提高 10 倍左右。

EVA 是一种优良的耐冲击和耐候性 PVC 改性剂，与 PVC 共混后可使 PVC 的冲击强度明显提高。EVA 中不含对氧化敏感的 C＝C 键，所以抗老化性能较好。此外，EVA 用量少、改性效果明显，是 PVC 的一种优良的冲击和耐候改性剂。当 EVA 用量为 7.0%～7.5%（质量分数）时，共混物的悬臂梁缺口冲击强度达最大值（约 500J/m）。EVA 的熔体流动指数、共混工艺条件等对共混物的性能也有一定的影响。EVA 增韧 PVC 的机理是以剪切带为主（约占 90%），同时还存在一定的银纹化（约 10%），此外，适当数量孔穴化也是材料增韧的一个有利因素。当 EVA 含量为 7.5%（质量分数）时，EVA 成为连续网络结构，体系冲击强度最大，这种连续网络结构有利于基体 PVC 在外力作用下诱发更多剪切带，对材料的增韧作用更大。随着共混物中 EVA 含量的增加，体系的冲击性能、加工性能和热、光稳定性增加，而模量、强度和热变形温度则下降。

MBS 树脂是将甲基丙烯酸甲酯与苯乙烯的共聚物接枝于聚丁二烯或丁苯橡胶上得到的一类高聚物。在高聚物分子链上，苯乙烯为刚性链段，聚丁二烯或丁苯橡胶为柔性链段，二者的协同效应赋予 MBS 分子很好的柔韧性。MBS 树脂相 MS 与 PVC 树脂相容性好，能形成均匀的连续相，而其中的橡胶粒子则分散在这一连续相中。MBS 不但赋予 PVC 较好的抗冲击强度和透明性，同时也改进了它的加工性，主要用于制造硬质薄膜、板材、瓶子、透明管材、仪表外壳等。MBS 中的橡胶粒径大小对增韧效果影响较大。粒径大时将诱发非破坏性的裂纹，吸收能量和阻止材料的开裂；但粒径过大时将使材料表面粗糙、降低有限橡胶量的分布面积，结果使冲击强度下降。当 PVC/MBS 配比相同时，冲击强度随 MBS 中丁二烯（B）含量的增多而增大。MBS 制备的接枝方式和 S/M 比对共混物冲击强度也有影响，以先接 S 后接 M 为好，S/M 的比例以 66.7/33.3 为宜。MBS 的用量在 10%～20%（质量分数）范围内，其缺口冲击强度最高。如高于此值，由于 MBS 外层是 M，所以共混物基本上表现为 PMMA 的性能。但由于 PMMA 的冲击强度低于 PVC 均聚物，故表现出脆性破坏。

丁腈橡胶（NBR）是 PVC 最早商品化的增韧改性剂。NBR 分子中含有大量的极性键，表现出较强的极性。NBR 与 PVC 共混时，当丙烯腈（AN）含量在 8%（质量分数）以下时，NBR 以分散相存在；而 AN 含量达到 15%～30%（质量分数）时，则以网状形式分散；AN 含量为 40%（质量分数）以上时则完全相容。

通过机械共混法分别将 NBR-29、NBR-40 与 PVC 树脂共混，讨论了丁腈橡胶中 CN 基团含量对共混体系改性效果的影响。通过对两种共混体系缺口冲击试验的对比，PVC/NBR-29 体系的冲击性能明显优于 PVC/NBR-40 共混体系。经动态力学分析，PVC/NBR-29 体系

的力学谱图上有 2 个损耗峰，分别对应于两组分的玻璃化温度，为部分相容的两相体系，两相之间的界面层是 NBR 增韧 PVC 的内在原因。而后者两相间由于存在着较强的分子间作用力，两相间相容性太好，其动态力学谱图上只有一个宽的损耗峰，为均匀的相容体系，因此增韧效果不明显。

用交联包覆法制备的粉末丁腈橡胶（PNBR）与 PVC 共混，结果发现，PNBR 对 PVC 有显著的增韧作用，当其用量为 10 质量份，共混物的简支梁缺口冲击强度高达 $71kJ/m^2$。PNBR 大分子的交联结构与包覆剂的存在对共混物的冲击强度影响不大。共混物的脆-韧转变发生在 PNBR 用量为 7.5～10 质量份，发生脆-韧转变后其冲击断面呈"勾丝"结构，其增韧机理为典型的剪切屈服机理。

4.4.2.5　PVC/PP 共混体系

从 1984 年来，国内外出现了以非弹性体增韧的新方法，这种方法不但可以使材料的冲击性能提高，而且也可以使材料的模量、强度和耐热性提高，并改善加工性能。PP 是最重要的通用塑料之一，具有密度小、易加工成型、成本低廉等优点，使得 PP 与 PVC 的共混改性具有诱人的前景。然而，由于 PP 为非极性结晶型聚合物，难以与极性的 PVC 相容，这给 PVC/PP 共混物的制备带来了一定的困难。

向 PVC/PP 体系中加入 CPE 或 ACR 弹性体作为增容剂来提高 PP 与 PVC 之间的相容性，从而增加界面黏结强度。由 DSC 分析发现，PVC/PP 有 2 个独立的峰，在加入增容剂后，PVC 组分对应的峰变得平缓，这说明 CPE 对 PVC/PP 共混体系有一定增容作用，共混合金的冲击强度随 PP 用量先增加后下降，其间有一峰值，加入增容剂后，冲击强度峰值大幅度提高。

可采用 PP-*g*-MMA 作为增容剂对 PVC/PP 共混体系进行增容改性，结果表明：加入 0.5 份增容剂，体系的屈服强度可由 36.4MPa 增加到 42.4MPa，断裂伸长率增加了 10 倍，增容效果显著。随着接枝物接枝度的增大，在接枝物接枝率为 2.5% 时屈服强度达到最大值。增容剂为 1 质量份时，共混体系的冲击强度由 $3kJ/m^2$ 增加到 $6kJ/m^2$；随着接枝率由 3.5% 增加到 25.7%，共混体系的抗冲击强度先增加又降低，在接枝率为 8% 时达到最佳。红外光谱表明，PVC/PP/CPE/PP-*g*-MMA 共混体系中的确存在较强的相互作用，PP-*g*-MMA 的确对 PVC/PP 共混体系具有很好的增容作用。

4.4.3　聚氯乙烯的填充改性

填充改性是塑料改性的重要手段之一，在 PVC 中加入各种填料（碳酸钙、滑石粉、硅灰石、云母以及纤维等）可以降低成本，提高材料刚性、硬度、耐热性，提高制品的尺寸稳定性和耐蠕变性等，还可以赋予材料特殊的功能。但 PVC 与填料极性差异大，相容性不好，填料在树脂中不易均匀分散，界面黏结力低，使材料的拉伸强度、冲击强度、断裂伸长率会降低。20 世纪 80 年代以来，无机刚性粒子增韧理论和界面诱导理论的出现和发展，改变了只有添加弹性体才能提高材料韧性的传统观念，使无机刚性粒子增韧 PVC 得到了极大发展。

4.4.3.1　PVC/碳酸钙、滑石粉填充体系

碳酸钙作为 PVC 的填料，是所有填料中用量最大、使用最普遍的。碳酸钙具有价格低廉、无毒、无刺激性、无气味、色白、折射率低、易于着色、柔软（莫氏硬度为 3）、原材料供应充足等优势，而且还是 PVC 次级稳定作用中的酸性接受体，还可以减少制品的收缩率，因此对碳酸钙填充 PVC 的研究很多。作为 PVC 塑料中使用的碳酸钙，种类较多。从总体来讲，分轻质碳酸钙和重质碳酸钙；从表面活化剂来划分，有硬脂酸活化碳酸钙和钛酸酯偶联剂活化碳酸钙。钛酸酯偶联处理的碳酸钙和硬脂酸活化的碳酸钙，与没有进行表面处理的碳酸钙相比，其拉伸强度、弯曲强度、冲击强度都明显高于未活化的碳酸钙。

采用纳米 CaCO₃ 粉体与纳米 CaCO₃ 母料（为纳米 CaCO₃ 分散在少量的 CPE 中）分别对 UPVC 型材进行填充，以制备高性能化的 UPVC 型材。研究结果表明，当 CaCO₃ 粉体或母料的填充量为 5 质量份左右时，UPVC 的冲击强度和拉伸强度均有一定程度的提高，改性效果优于轻质碳酸钙（如表 4-5 所示），但当纳米 CaCO₃ 填充量超过 8 质量份时，材料的性能反而有所下降，且直接填充纳米 CaCO₃ 粉体的效果优于纳米 CaCO₃ 填充母粒。

表 4-5　填充不同 CaCO₃ 的 UPVC 型材性能

试　样	扭矩/%	冲击强度/(kJ/m²)	屈服强度/MPa	拉伸强度/MPa	断裂伸长率/%
轻质 CaCO₃	72	69.84	38.54	47.16	156
纳米 CaCO₃	68	75.78	37.85	50.80	183

刚性粒子填充塑料的性能主要取决于两个因素，一是无机粒子的平均粒径；二是无机粒子的表面活性。分别比较了轻质 CaCO₃（120 目）、普通活性 CaCO₃（320 目）、超细活性 CaCO₃（5000 目）以及用钛酸酯类偶联剂处理过的 CaCO₃ 粒子对体系的增韧效果。分析发现，当 CaCO₃ 粒径较大时，共混体系的冲击强度随碳酸钙用量增大反而下降；经过表面处理的 CaCO₃ 改性体系的冲击性能优于 CaCO₃ 未处理改性体系；粒径细化以后，随着 CaCO₃ 用量增加，体系的冲击强度存在最大值，如 5000 目 CaCO₃ 用量为 10 质量份时，体系的冲击强度由 $15kJ/m^2$ 增至 $27kJ/m^2$。在纳米 CaCO₃ 用量为 10%（质量分数）时，体系的冲击强度比 PVC 基体树脂提高了 3 倍，拉伸强度出现最大值（58MPa），比基体树脂提高了 11MPa，具有增强增韧效果。而微米级 CaCO₃ 粒子体系虽然冲击性能有一定程度的提高，但其拉伸强度却没有明显变化。无机纳米粒子的分散程度对共混体系的性能有很大影响。纳米粒子增多后，在体系中的分散困难，易产生粒子团聚现象，容易引起体系的应力集中，同时当体系受到外力作用时，团聚粒子易产生相互滑移，使体系性能变差。均匀分散的纳米粒子在基体中呈点阵分布，粒子与基体界面间无明显间隙，基体在冲击方向存在一定的网丝状结构。当纳米粒子用量增大时，冲击断口中呈团状聚集态，表明与基体的黏合较差，增韧效果反而变差。

因此碳酸钙的颗粒越细，对 PVC 的机械性能越有利；经过表面处理的碳酸钙可以减少制品弯曲折叠时的白化现象，并能赋予制品较好的光泽及光滑的表面。

用滑石粉填充 PVC 塑料，可提高刚性，改善其尺寸稳定性，防止其高温蠕变，并使其具有润滑性，还可减少对成型机械和模具的磨损。因滑石粉的折射率（1.577）与 PVC 相近，故可用于半透明 PVC 制品中。在 PVC 悬浮聚合过程中加入适当细度的滑石粉 20～30 质量份，其拉伸强度和冲击强度均比常规填充（塑料加工时加入滑石粉）的硬质 PVC 要高，具有极大的实用价值。

经 PMMA 接枝包覆的滑石粉和经 PMMA-*co*-PBA 接枝包覆的滑石粉对 PVC 的填充效果较好，包覆高分子后的滑石粉复合粒子对 PVC 进行改性，其拉伸强度、冲击强度均较普通滑石粉填充体系有明显的提高，是比较好的处理方法。

4.4.3.2　PVC/粉煤灰填充体系

粉煤灰是从燃煤电厂烟道气里回收的灰色粉末，粒径为 $1～500\mu m$，主要由 SiO₂、Al₂O₃、Fe₂O₃、CaO、MgO 及残余炭组成，密度为 $2.0～2.4g/cm^3$，熔点 1250～1450℃，比表面积为 $3.6745m^3/g$，pH=6。根据煤种及烟气处理方式的不同，粉煤灰的组成及物理形态不同。我国火力发电厂年排粉煤灰已达 1.6 亿吨，排灰用水达 10 多亿吨，储灰占地达 50 多万亩，严重污染环境，浪费资源。如何充分合理利用粉煤灰已是当前面临的重大课题。粉煤灰作为塑料填料，其中含有圆而光滑的玻璃微珠，颗粒间聚集力很小，加工时易分散到树脂中且分布均匀，可根据需要风选、水选出来，密度小于水的珠体为"浮珠"，粒大壁薄，强度较低，可填充热固树脂；另一类密度大于水的称为"沉珠"，粒径较小，壁厚，强度高，不易被压碎，常作为热塑性塑料的填充材料。这些结构特点使粉煤灰填充塑料的加工流变性得到明显改善，一定组分的粉煤灰在塑料中具有"滚珠效应"。粉煤灰中的球形颗粒可以避免不规则形状或者尖角所造成的应力集中，可以提高制品的冲击性能。填充 PVC 时可以与 PVC 分子形成物理交联，表面的 Si—O、Na—O 键与 PVC 分子有良好的亲和性，二者之间有物理吸附和部分化学作用，从而提高力学性能。

用热压方法制备了不同粉煤灰粒度及含量的 PVC 复合材料，在环-块摩擦磨损试验机上评价了复合材料同淬火 45＃钢在干摩擦条件下对摩时的摩擦磨损性能。结果表明：填充粉煤灰能显著提高 PVC 的硬度及耐磨性能，使磨损率降低 100 倍以上；当粉煤灰填充量低于40％（质量分数）时，随着填充量增加，复合材料的硬度增大；而当粉煤灰填充量超过40％（质量分数）时复合材料的硬度降低；随着粉煤灰粒度减小，复合材料的硬度增加，磨损率降低；在试验条件下，以粒度为 0.061mm 的粉煤灰按 40％（质量分数）制备的 PVC 复合材料的硬度最高，磨损率最低。在 PVC 中填充粉煤灰有利于在摩擦偶件表面形成转移膜，粉煤灰含量为 40％（质量分数）的填充 PVC 复合材料在偶件表面形成的转移膜最为均匀致密，相应的磨损率最低。

4.4.4　聚氯乙烯的阻燃改性

PVC 本身具有自熄性，但在加工和使用时往往加入大量的增塑剂，大大提高了 PVC 制品的可燃性，且制品燃烧时还会产生大量的烟雾，使人难以辨别方向和路径而造成救援和逃离火场的困难。据统计，火灾中死亡人数的 80％是因燃烧时产生的有毒气体窒息而死的。因此，对 PVC 的阻燃与抑烟引起人们极大的关注。对 PVC 的阻燃改性设计，除了考虑赋予其优良的阻燃性能和基本不影响材料的力学性能与加工性能外，还应考虑到低烟、低毒问题。

4.4.4.1　PVC 的发烟特性和抑烟机理

通过大量高聚物的发烟量测定，发现多数情况下脂肪族高聚物比芳香族高聚物发烟量小。这主要与高聚物分子的碳氢比值有关。由于 C 和 H 燃烧生成 CO_2 和 H_2O 的反应速率相同，因此在反应中有多余的碳析出，产生黑烟。除苯外，高聚物热解生成高 C/H 比的乙炔也极易导致黑烟的生成。可见高聚物及其热解产物的碳氢比是影响生烟量的一个重要因素。此外，烯烃结构的高聚物发烟量也较多。这是由于烯烃链可以通过环化、缩聚生成石墨化碳粒。PVC 在燃烧过程中脱除 HCl 后生成共轭双键不饱和烃，接着碳链断裂成低分子产物或自由基等，分子发生重排，环化形成苯环，聚合成稠环芳香族结构的树脂，最后变为焦炭和石墨化碳粒。其热解成分包括 HCl、多烯、苯、芳香族物质、低分子烯烃和烷烃等，有足够数量的中间产物参与热解可形成黑烟。此外，增塑剂燃烧后也产生大量烟雾。由此分析可知，PVC 热解产物的环化成苯是其燃烧发烟的重要原因之一。

塑料的阻燃抑烟是以降低材料着火性、减慢火焰传播速度和抑制发烟量为目的的。材料燃烧时，除其化学性质外，燃烧条件的变化对起烟过程亦有重大影响。在外部条件（燃烧时供氧量）相同的情况下，形成热解的特征是起烟的决定因素。根据对 PVC 热解过程的分析可知，抑制 PVC 发烟的最根本的方法是要设法控制 PVC 的热解产物，使这些键的碎片不参与成环或聚合，从而不生成像苯、乙炔、稠环芳香族化合物等碳氢比高的中间产物。此外设法使 PVC 燃烧产物中有更多的碳转入凝聚相，从而减少其挥发性产物也是降低其发烟量的重要措施。

对 PVC 消烟途径主要有两种：一是使烟尘微粒氧化成为气体 CO 和 CO_2，例如二茂铁及其衍生物就属于这类消烟剂；二是抑制 PVC 热分解产生苯及其衍生物，从而促进残余碳的形成，如过渡金属氧化物类。许多金属氧化物、金属氢化物、硼酸盐等无机阻燃剂都显示出良好的抑烟效果。

4.4.4.2　PVC 阻燃消烟体系

阻燃剂种类较多，按其结构可分为有机型和无机型两大类。有机型阻燃剂的特点是添加量小，对制品物理机械性能影响小，价格高，有的有毒，抑烟作用小；无机型阻燃剂的特点是稳定性较高，不易挥发，低毒，消烟作用尤为突出。选择阻燃体系中抑烟剂时应考虑其阻燃与抑烟双重作用。目前国内外正大力研究高功能复合抑烟剂，并取得了可喜进展。

对于 PVC 体系，同时具有阻燃抑烟双重效果的阻燃剂主要有：金属氧化物、锌系化合物、铁系化合物、铜系化合物、钼系化合物和复合物等。所有这些阻燃抑烟剂均以掺混的形式加入 PVC 体系中，为外添型阻燃抑烟剂。外添型阻燃抑烟剂使用方便、工艺简单，但添加量大、稳定性差（如铁系阻燃抑烟剂易迁移和挥发）。另一类是将阻燃抑烟剂键合于 PVC 大分子上，使体系具有良好的加工性能、使用性能和较高的稳定性。但键合型阻燃抑烟产品尚未见报道。

$Al(OH)_3$ 和 $Mg(OH)_2$ 能显著地降低 PVC 的燃烧性能和发烟量，同时大大降低阻燃剂的填充量。超微细水合氧化铝（ATH）对硬 PVC 塑料物理机械性能、阻燃性能、消烟性能具有较大的影响。能用于 PVC 阻燃抑烟的锌系化合物主要为硼酸锌（$2ZnO \cdot 3B_2O_3 \cdot 3.5H_2O$）。作用于 PVC 体系的硼酸锌与三氧化二锑相比，具有如下优点：①具有高的脱水温度；②是能完全反应的物质；③具有阻燃、抑烟和抑制余辉等多种功能；④色浅；⑤能提高体系的电性能；⑥低毒；⑦在提高体系的阻燃抑烟性能的同时，还可使体系的断裂强度、断裂伸长率和缺口冲击强度得到明显提高。硼酸锌在 PVC 燃烧中的行为模式为：在体系的燃烧过程中，硼酸锌发生分解，产生的三氧化二硼形成一层玻璃状物质覆盖在聚合物表面，起到抑制余辉的作用。而分解产生的锌化合物，存在于凝聚相中，催化 PVC 脱 HCl 并促进其交联，提高成炭量、降低成烟量、阻止燃烧继续进行。铁的许多有机或无机化合物均为 PVC 良好的阻燃抑烟剂，主要包括：FeOOH、二茂铁、Fe_2O_3、$FeCl_3$ 及 $FeCl_2$ 等。这类阻燃抑烟剂的主要特点如下：①能显著提高该体系的氧指数，降低烟密度，提高成炭量；②能提高体系的热稳定性，降低体系的最大热释放速率，提高机械强度，改善加工性能，但对结晶性能有不良影响；③气相和液相两相反应；④挥发性强；⑤色重。

无论哪种形式的铁系化合物，在与 PVC 脱出的 HCl 反应后，首先均生成第一步反应中心作用物 $FeCl_3$；继续反应生成第二步反应中心作用物 Fe_2O_3，成烟结束后均变为 $\alpha\text{-}Fe_2O_3$。研究结果表明，铁系化合物具有炭化效应，对高聚物具有优异的阻燃消烟作用，铁系化合物燃烧时生成 $FeCl_3$，对促进炭化起了重要作用。

用作 PVC 阻燃抑烟体系的铜系化合物主要有：Cu、CuO、Cu_2O 和 $Cu(COOH)_2$ 等，这类阻燃抑烟剂的主要特点为：①十分有效地抑制了烟的生成和提高体系的阻燃性能；②使体系脱 HCl 以及交联反应均提早发生，并且成炭量大大增加；③使热解气相产物中芳香族产物比例减少，脂肪族产物比例增加；④典型的凝聚相反应；⑤体系热解过程中，中心作用物为 Cu^+。

用作 PVC 阻燃抑烟体系的钼系化合物主要有氧化钼（MoO_3）、钼酸镍、钼酸锌、钼酸钙、八钼酸铵等，其中研究最多的是氧化钼。氧化钼主要特点如下：①能有效地提高体系的阻燃性能并抑制烟的生成；②其气相反应不重要，阻燃抑烟主要是按照凝聚相反应与异相反应机理进行；③对残炭的氧化作用对于烟密度的降低很重要。MoO_3 和八钼酸铵主要用于

PVC 的抑烟，将这两种抑烟剂加入硬 PVC 中，当用量为 0.5%～5.0% 时，材料生烟量降低 30%～80%，OI 提高了 3～10 个单位。对用作电缆包覆材料的软 PVC，加入 2% 的 MoO_3 或八钼酸铵，材料生烟量可减少 70%～80%，LOI 可提高约 3 个单位。

钼化合物/Sn_2O_3、硼酸锌/Sn_2O_3、硼酸锌/Sn_2O_3/$Al(OH)_3$、Cu_2O/MoO_3/三聚氰胺-β-八钼酸盐/草酸铜、硼酸锌/氢氧化铝、$FeOOH$/Sb_2O_3/ZnO、ZnO/MgO、ZnO/CaO 及硼酸锌/八钼酸铵/锡酸锌复合物对 PVC 具有更好的阻燃、抑烟和消烟效果。镁-锌复合物是一种新的阻燃和抑烟剂，适用于 PVC。对于典型的含有锡稳定剂的硬质、半硬质和软质 PVC（邻苯二甲酸二辛酯为增塑剂），镁-锌复合物均具有良好的抑烟效果。这种抑烟剂可使 PVC 的生烟量降低约 30%（明燃）或 50%（阴燃），且含量以 4%（质量分数）为最佳。

除上述几类典型的阻燃抑烟剂外，还有许多其它物质可用作 PVC 的阻燃抑烟，如碳酸盐、沸石、磷酸盐和草酸盐等。钙系化合物具有优异的消烟及吸收 HCl 的性能，特别适合于 PVC 的阻燃与消烟。如铝酸钙（$3CaO \cdot Al_2O_3 \cdot 6H_2O$）、硬硅钙石（$6CaO \cdot 6SiC_2 \cdot H_2O$）等，其成本约为 ATH 的一半，而阻燃性与 ATH 相当，消烟性能则优于 ATH。

阻燃消烟技术已越来越受到人们的普遍重视。实践表明，采用单一组分消烟效果不佳，而选用高功能复合阻燃抑烟剂是消烟阻燃技术的方向。

4.4.5　聚氯乙烯的发泡改性

PVC 发泡制品种类繁多，主要包括硬质发泡材料和软质发泡材料（如鞋底材料、人造革等）两大类。微孔塑料是一种泡孔直径在 $1～10\mu m$、泡孔密度 $1×10^9～1×10^{12}$ 个/cm^3 的新型泡沫材料。与未发泡的塑料相比，微孔塑料的密度可降低 5%～95%。PVC 经过微孔发泡后，不仅能降低密度、节约成本，而且还有许多优异的物理机械性能，如质轻、冲击强度高、韧性高、隔热隔声性能好、电导率等优越的性能。硬质 PVC 低发泡异型材是 20 世纪 70 年代初发展起来的，其中硬质 PVC 发泡异型材是以塑代木的理想材料，易于采用机械方法加工，与木材相似，可采用所有的木工加工方法（如钉、钻、刨、铆、粘），并可焊接，目前已越来越受到人们的重视。硬质 PVC 微发泡材料的应用范围很广，包括发泡板（如发泡踏脚板、发泡壁带、墙壁和棚顶镶板、屋顶彩瓦等）、发泡管材（如电缆线护管、公路铁路的排水管、建筑下水管、农用灌溉管、工业防护管等）、发泡异型材（如窗帘轨、滚动百叶窗框型材、门窗异型材、阳台嵌板型材、室内外地板等），等等。

PVC 微孔塑料的成型方法有以下几种。

① 间歇成型法　PVC 微孔塑料制备最早采用的是间歇法，又称两步法，其主要加工步骤分为两步：a. 在室温和等静压条件（一般为 5～7MPa）下，将聚合物试件浸泡在 CO_2 或 N_2 等惰性气体中，经过一段时间（一般在 24h 以上）后形成过饱和状态；b. 将聚合物试件从等静压容器中取出，快速降低压力或提高温度，使 CO_2 或 N_2 等惰性气体在聚合物中的溶解度迅速降低，从而在含有饱和气体的聚合物中诱导出极大的热动力学不稳定性，激发气泡的成核和长大。

间歇生产过程中泡孔结构（包括形状、大小和均一性）的影响因素有溶解的气体量、饱和压力、饱和温度、饱和时间以及发泡温度和发泡时间等。间歇法相关工艺参数通常如下：饱和压力 5.51MPa、饱和温度 25℃、饱和时间 48h、发泡温度 70～130℃、发泡时间 1～30s、发泡剂种类 CO_2。从间歇法的成型过程可以看出其主要优点有成核速率高和泡孔易于控制。由于是在固态下溶入气体得到聚合物/气体均相体系，再从高压容器移到低压环境中，因此能在瞬间就产生极大的过饱和度，所以成核速率非常高，这是其它方法所不可比拟的。由于在玻璃化温度附近聚合物的黏度高于熔体状态，气泡长大很慢，故可以通过控制加热时间很方便地控制泡孔的尺寸和大小。间歇法为微孔塑料发泡成型的理论研究提供了一种有用的方法。但是间歇法最大的缺点是生产周期长、产量低，限制了微孔塑料的工业化生产。

② 连续挤出成型法　可用于聚合物/气体均相体系的形成、成核、泡孔长大和定型。聚合物粒料或粉料从料斗口进入塑料挤出机中，CO_2 或 N_2 从塑料挤出机熔融段中部注入聚合物熔体中，形成较大的初始气泡，经过螺杆的高速混合、剪切后，初始气泡拉伸破裂成很多小的气泡，加快了气体扩散进入聚合物熔体的速度。要实现微孔塑料的连续挤出生产，必须要考虑以下 3 个设计参数：聚合物塑化装置、高气体扩散装置和迅速引发热力学不稳定的方法。

微孔塑料连续挤出生产的关键步骤之一是以工业化生产速率形成聚合物/气体均相体系。因此，聚合物/气体均相体系的形成必须在数分钟甚至几十秒内完成。这就需要采取一些特殊措施来加速聚合物/气体均相体系的形成。为了达到这一目的，常用的方式是采用一些具有高混合、高剪切作用的螺杆如销钉螺杆或者增加静态混合器，在螺杆上不规则的混炼元件及静态混合器的作用下促进进一步的混合。硬质 PVC 微孔发泡材料一般有三种挤出发泡工艺。a. 自由发泡（free-foaming）：自由发泡是熔体一离开口模就不受限制地自由膨胀，经过一小段时间后，再进入尺寸更大的定型装置。自由发泡使挤出物的截面上全部形成泡孔，通过冷却使表面泡孔的增长受到一定限制，最后形成连续密度的、表面硬度适中的、平滑的制品。这种方法的优点是工艺简单，适合于生产厚度为 2～6mm、几何形状简单、表面无光泽的制品（如管材、片材和几何形状简单的型材等）。b. 内部发泡法 [inward-foaming，又称结皮发泡法或称塞卢卡法（Celuka 法）]：采用一个特殊的、内有型芯的口模，使塑化的物料分流，定型装置与口模相连，其外轮廓与口模相同。当物料被送入口模前的定型套中时，含有发泡剂的熔体一离开口模就进入冷却定型套中，在整个表面上经历快速冷却，从而阻止表层泡孔的形成和挤出物截面上的任何胀大，从而在表面冷却形成皮层；同时，口模内的型芯使其在半成品中产生的空腔被其余熔体形成的泡沫物所填充，即在内部发泡。通过控制冷却强度，可获得表层厚度在 0.1～10mm、制品壁厚大于 6mm 的制品。该法可生产具有复杂断面形状的异型材，制品具有表面光滑、硬度高、芯部区域密度低的特点。另外，将该方法与方法 a. 相结合，可得到一面结皮、而另一面为自由状态的产品。c. 共挤出法（co-extrusion）：通过一个组合机头，采用两台挤出机分别挤出不发泡的表层和发泡的芯层，可根据需要调整两层塑料的品种或配方，使制品达到标准所要求的密度和尺寸。国内生产的芯层发泡管大部分就是采用这种工艺生产的。

以上三种加工方法虽然在配方组成、机头结构、加工工艺等方面各有特点，但如何在挤出过程中控制熔体的发泡行为和获得满意的泡孔结构则是挤出发泡过程中共同的核心问题。

4.5　通用塑料高性能化、精细化和功能化实例及应用

4.5.1　耐超低温无毒 SPVC 冰箱门封条

（1）配方　冰箱门封条用的 SPVC 配方见表 4-6。

表 4-6　冰箱门封条用的 SPVC 配方

序　号	材料名称	规　格	生产厂家	配方/质量份	
				普通型	耐超低温型
1	PVC	SG-5	北京化工二厂	100	100
2	邻苯二甲酸二辛酯(DOP)	工业级	齐鲁石化公司	40	30

续表

序　号	材料名称	规　格	生产厂家	配方/质量份	
				普通型	耐超低温型
3	偏苯三酸三辛酯(TOTM)	工业级	山东道平化工公司	15	5
4	环氧化大豆油	工业级	山东青州市建邦化工有限公司	20	20
5	癸二酸二辛酯(DOS)	工业级	山东道平化工公司		10
6	粉末丁腈橡胶	CHEMIGUM P83	法国伊立欧公司(原goodyear公司特殊化学品部)		10
7	氯化聚乙烯	CPE 135A	潍坊化工厂	10	
8	硬脂酸钙	工业级	淄博塑料助剂厂	1	1
9	硬脂酸锌	工业级	淄博塑料助剂厂	1	0.5
10	硬脂酸钡	工业级	淄博塑料助剂厂	1	0.5
11	轻质碳酸钙	1000 目	云南超微材料公司	30	30
12	润滑剂	OPE 蜡	德国科莱恩公司	0.2	0.2
13	润滑剂	石蜡		1	1
14	稳定剂	环保型固体钙锌稳定剂 LHO-1	青岛普兰特助剂有限公司	3	3

（2）制备工艺　　采用高速-低速混合机组进行 PVC 的捏合。捏合工艺条件：热混100℃、5～10min，冷混40℃、10～20min。采用单螺杆挤出机进行造粒，螺杆直径φ65mm，长径比 28：1，风冷模面切粒，风送到储料罐，冷却，包装。

造粒温度（℃）：1 区　2 区　3 区　4 区　5 区　连接区　机头
　　　　　　　　144　146　148　156　154　149　　　159

主机转速：1113r/min

主机电流：21A

采用单螺杆挤出机进行冰箱门封条的挤条，工艺参数如下。

螺杆温度（℃）：　前段　中段　后段　连接段　机头
　　　　　　　　　133　144　150　142　　137

螺杆转速：30r/min

主机电流：15～17A

牵引速度：350～400r/min

挤条情况：外观好，工艺稳定

（3）Haake 流变测试　　测试结果见表 4-7。

表 4-7　Haake 流变测试结果

配　方	塑化时间/min	最高扭矩(150℃,60g,33r/min)/N·m	平衡扭矩(150℃,60g,33r/min)/N·m	塑化情况
普通型	3	7.2	5.9	好,外观光滑,光亮
耐超低温型	2.8	8.1	4.6	好,外观光滑,有光亮

从表 4-7 中可看出，两个配方的冰箱门封条料塑化时间快，塑化效果好，外观光亮，制备出来的冰箱门封条满足冰箱生产企业的要求。

配方特点：采用低分子量的悬浮法 PVC 树脂为基体，保证塑化质量，提高流动性。采用多种增塑剂复配，可达到最好的增塑效果。主增塑剂选用 DOP，具有增塑效果好、综合性能好的特点，辅助增塑剂选用环氧化大豆油，它是一种使用最广泛的聚氯乙烯无毒增塑剂并具有稳定剂的作用，与 PVC 相容性好，挥发性低，迁移性小，具有优良的热稳定性和光稳定性，耐水性和耐油性亦佳，可赋予制品良好的机械强度、耐候性及电性能，且无毒性，是国际认可的用于食品包装材料的助剂。环氧化大豆油与金属热稳定剂并用有显著的协同效应，可最大限度地增大稳定效果，这时金属皂类的用量可减少到原来单独使用所需总量的三分之一。因为环氧化大豆油与 PVC 的相容性跟 DOP 相当，且其增塑效率优于 DOP，因此能减少制品中总增塑剂的用量，这不仅降低了成本，同时提高了产品的技术指标，例如，低温抗冲击强度和焊接性等。TOTM 是一种耐热和耐久主增塑剂，增塑效率和加工性能与邻苯二甲酸酯类增塑剂相近，相容性、塑化性能、低温性能、耐迁移性、耐水抽出、热稳定性较好。DOS 为优良的耐寒性增塑剂，增塑效率高，挥发性低，既具有优良的耐寒性，又有较好的耐热性、耐光性和电绝缘性，与邻苯二甲酸酯类并用可大大提高 PVC 的耐寒性。稳定体系采用无毒的硬脂酸盐类，可与食品接触。使用 CPE 和 P83 可提高冰箱门封条的低温弹性，使 SPVC 冰箱门封条在低温下长期使用仍具有优异的弹性，从而达到门封目的。特别是粉末丁腈橡胶 CHEMIGUM P83 具有最好的低温弹性，它是法国伊立欧公司（原 good-year 公司特殊化学品部）产品，是一种优质流动性粉状丁二烯-丙烯腈聚合物，以 PVC 作为隔离剂，丙烯腈含量 33%。粉末丁腈用在 PVC 改性方面，可提供橡胶性能（高弹性、橡胶手感等），增加产品性能（耐磨、耐屈挠、良好的压缩永久变形和恢复性能），增强产品耐候性（含耐热老化性、耐低温脆性、耐低温屈挠性），防止增塑剂析出、迁移（耐油、耐溶剂），提供好的加工性及熔融稳定性，提高熔体黏度的稳定性（可使制品表面纹理清晰、光滑、尺寸稳定，而且能提高制品成型速度），能扩大加工范围和提高生产率。所以 P83 的加入可使 SPVC 用于超低温场合（如低温冰柜等）。采用 OPE 蜡和石蜡联合使用，可使 PVC 具有内外润滑平衡性，促进塑化质量。

（4）工艺特点 由于 SPVC 中要加入大量的增塑剂，所以混合时加料顺序较为重要。在高速混合时，先加入 PVC 树脂和稳定剂，然后加入增塑剂，并低速搅拌，以使增塑剂能被 PVC 树脂良好吸收，从而达到最佳的增塑效果。然后再加入润滑剂和填充剂，P83 要最后加入。高速混合后要立即放入低速混合机中冷却混合，一方面使混合物温度下降，另一方面可使增塑剂进一步吸收。从低速混合机中放出的料，温度不能高于 40℃。混合效果可用简单的手捏法检测。用手使劲捏一把混合料，然后松手，混合料不成团表明混合效果较好，另外手上感觉不到有油腻，说明增塑剂吸收好。也可采用一张柔软的白纸包住混合料，用手使劲捏一下，松开后白纸上没有油迹，表明混合效果较好。由于 SPVC 的加工性好于 UP-VC，所以使用单螺杆挤出机即可进行造粒和挤出成型。造粒用的单螺杆挤出机最好长径比大一些（28:1 以上），在螺杆中后部可增加一些销钉等加强混炼的元件，以使 SPVC 各组分混合均匀。

4.5.2 新型高刚超韧 UPVC 门窗异型材

塑钢门窗的优点如下。①保温节能：节约能源是全球性的问题，也是我国的一项重要的基本国策，因此目前我国大力推广塑钢门窗。②隔声性好：目前城市噪声已受到广大市民的强烈反感，采用塑钢门窗可减缓城市噪声污染。③密封性好：防尘、防水。④加工容易：可加工成各种形状的门窗。⑤表观好：洁白如玉，质感特好。但塑钢门窗也存在一些缺点，主要有以下几项。① 耐热性还有待提高：因为夏季最高温度越来越高，加上太阳直射，某些地区夏季最高温度时，门窗表面可达 60℃以上，这已接近 UPVC 的软化温度，在外力作用下，易产生变形。②刚性有待提高：UPVC 型材的弯曲弹性模量在 2000MPa 左右，这一刚性不能满足日益苛刻的要求。刚性不足易产生变形，对塑钢门窗的使用带来很大的坏处，例如，开关不便、密封性变坏、耐热性变坏、外观变坏等。③抗风压性有待提高：抗风压性实际上与型材的强度、刚性、壁厚等有关，强度高、刚性大、壁厚大，则抗风压性提高（此外也与型材结构有关）。因此从材料本身来讲，提高强度和刚性是全面提高塑钢门窗抗风压性能的有效途径。④硬度低，表面易划伤，静电高，易脏，易粘灰尘，不易清洁。

传统塑钢门窗的基本配方如下。①PVC：5 型树脂，K 值 68 左右；②钛白粉：金红石型，如 Du Pont R902、R960，德国 Kranos 2220 等；③抗冲改性剂：CPE、ACR 等，可提高冲击强度，但使拉伸强度、弯曲强度、刚性、耐热性、硬度大大下降；④稳定剂：铅盐（有机铅、复合铅等）、稀土稳定剂、有机锡稳定剂等；⑤填料：碳酸钙（有轻质碳酸钙、重质碳酸钙，重质碳酸钙在 1000 目左右，轻质在 325 目左右）。使用碳酸钙可增加刚性，减少成型收缩率，降低成本，但降低冲击强度。添加量多时，除冲击强度大大下降外，也使拉伸强度、弯曲强度大大下降；⑥润滑剂：内外润滑体系（如高级脂肪酸及其酯等）。

目前使用的 UPVC 门窗异型材配方的根本缺点是刚性和韧性不能兼顾。要增加刚性，就必须减少增韧剂的用量和加大碳酸钙的用量，而这时冲击强度要大大下降；与此相反，要增加冲击强度，就要多加增韧剂，而这时强度、刚性、耐热性、硬度就要大大下降。

采用纳米无机粒子可对 UPVC 实现同时增韧增强。而要体现纳米效应的关键是使纳米无机粒子以纳米状态分散于高分子基体中，即无机纳米粒子的粒径在 100nm 以下分散于塑料基体中。要使纳米粒子在高分子基体中达到纳米分散不是容易的事情，而这正是材料研究者目前面临的重大问题。由于纳米粒子尺寸特别小，表面积非常大，表面能非常高，故很容易团聚，不易形成单个纳米粒子分散体系。因此要使纳米粒子以纳米状态分散在塑料基体中，必须使用特殊方法。常用的方法如下。①Sol-gel 法：采用溶胶-凝胶法制备纳米无机粒子-有机高分子复合材料，但局限性大，工艺复杂，成本高，不易推广。②插层法：先将层状无机土（如蒙脱土）阳离子化，然后将单体分散于层状无机土的层与层之间，引发聚合，使无机土的层与层之间达到纳米级。中国科学院化学研究所在此方面进行了大量研究，并已取得一定的成果，如纳米尼龙等。③熔融共混法：对纳米粒子进行偶联处理或活化处理，然后加入到高分子材料中，利用双螺杆挤出机等高效混合分散设备进行混合。许多试验表明，这一方法不易使纳米无机粒子达到纳米分散。

采用无机纳米粒子存在下的原位聚合，合成含有纳米粒子的具有核-壳结构的纳米复合粒子是新近发展的方法，该方法所制备的纳米刚性冲击改性剂具有三层结构，即纳米核层-中间层-壳层，最外层的壳主要由 MMA 及其它丙烯酸酯类的聚合物或共聚物组成，与 PVC 的相容性好，从而保证了纳米粒子在 PVC 中的纳米分散；中间层为丙烯酸丁酯聚合物，并部分交联形成弹性体，可大大提高 PVC 的韧性。将制备的纳米刚性冲击改性剂在 PVC 型材上进行使用，达到了同时增韧增强的效果，大幅度提高冲击强度（特别是低温冲击强度），同时也提高了弯曲强度、模量、硬度和耐热性，解决了强度、刚性和韧性不能兼顾的问题。具体实验结果见表对 4-8 所示。

表 4-8　纳米刚性冲击改性剂对 UPVC 的增韧增强效果

性　　能		纳米型材	普通型材
拉伸强度/MPa		60	35
弯曲强度/MPa		85	66
弯曲弹性模量/MPa		2800	1980
维卡软化点/℃		95	85
简支梁冲击强度/(kJ/m²)	常温	88	56
	−20℃	20	8
洛氏硬度		90	70

由表 4-8 可以看出，利用纳米刚性冲击改性剂可以大幅度地提高 UPVC 门窗异型材的性能，具有增强增韧的效果，这说明纳米刚性冲击改性剂能以纳米状态分散在 PVC 基体中，从而体现纳米效应。

采用传统的弹性体（如 CPE）增韧 UPVC 时，其增韧机理是银纹-剪切带机理，而无机纳米粒子增韧机理是冷拉机理，纳米粒子的存在使材料发生脆-韧转变点提前。图 4-1 是二者低温冲击断面的 SEM 图像。

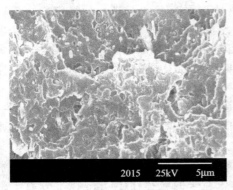 

　　　　　(a) CPE增韧体系　　　　　　　　　　　　　(b) 纳米刚性改性剂增韧体系

图 4-1　传统 CPE 和纳米刚性冲击改性剂改性 UPVC 的 SEM

从图 4-1 可以看出，传统 CPE 增韧的 UPVC 体系，其冲击断面的 SEM 呈现典型的韧性断裂特征，说明达到了增韧效果。在纳米刚性冲击改性剂对 UPVC 改性后，其冲击断面出现超大变形的拉丝结构，并出现了网化效应（见图 4-1），这种超大变形的网化结构吸收了大量能量，从而使其冲击韧性大幅度提高，使其断裂行为发展为超韧性断裂，冲击强度比 CPE 增韧体系大得多，增韧效果十分显著。在提高冲击韧性的同时，也使拉伸强度、弯曲强度、耐热性、硬度、刚性得到很大的提高。

4.5.3　高光效（光转换膜）农业大棚膜

实践已经证明，棚地膜的应用是农业科技发展的最重要标志之一。至今农用塑料薄膜得到了全面发展。但就我国目前的农膜技术来讲，仍存在着不少问题。其中之一就是"功能性"农膜的品种较少且应用面窄。而在日本等国，功能农膜层出不穷，为农业的增产、效益的提高及农膜高附加值的实现提供了坚实的基础，应用效果十分显著。因而开发特种、新型、功能性农膜是目前亟待解决的问题。所谓"高光效膜"就是在 PE 大棚膜内添加特殊的化学光转换材料和保温材料，使太阳光中的紫外线转换成对植物生长发育有利的红外线或近红外线，从而促进作物的光合作用和新陈代谢过程，提高棚内温度，增加保温效果，达到作物增产早熟的效果。

（1）原材料　①低密度聚乙烯（LDPE），1F7B，MI 为 7g/min，北京燕山石化公司产；②线型低密度聚乙烯（LLDPE），FG-20 型，MI 为 1.0g/10min，密度 0.918g/cm³，沙特阿拉伯产；③防老剂，GW-540，太原溶剂厂产；④光转换剂，中国科学院电子研究所产；⑤保温剂，无机磷酸化合物和氧化物。

（2）设备　①造粒机组，单螺杆挤出机 SJ65/28，螺杆直径 φ65mm，长径比 28，双压缩排气式，佳木斯塑机厂产；②高速混合机，SH-600 型，广东汕头塑机厂产；③吹膜机组，SJ-63-30，山东塑机厂产（仿日本普拉克公司产品）。

（3）工艺流程　工艺流程见图 4-2。

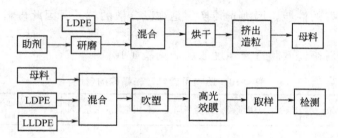

图 4-2　高光效膜制备工艺流程

（4）工艺条件

① 造粒：螺杆转速 126/min。温度：一区 120℃，二区 140℃，三区 160℃，过渡区 162℃，机头 155℃。

② 吹膜：螺旋式机头，双风口风环冷却，模口直径 350mm，模口间隙 1.2mm。机筒温度：一区 115℃，二区 130℃，三区 150℃，法兰 145℃，下模 150℃，上模 148℃。吹胀比 2.72，螺杆转速 65r/min，牵引速度 7m/min。

（5）性能测试　总透光强度和最大透光强度时的波长采用美国 212 型分光光度计，光源：白炽灯，波长范围 380～780nm。

（6）配方特点　由于实际应用的需要，棚膜要求材料具有质轻、透光性优良、强度高、耐老化性好等特性，而且由于用量大，要求材料来源丰富，价格低廉。从目前世界各国棚膜的使用情况来看，棚膜材料主要为 LDPE、PVC，还有部分 EVA 共聚物。LDPE 与 LLDPE 共混材料及少量尼龙、聚碳酸酯、PET 等。LDPE 的特点在于密度小，同样质量的棚膜覆盖面积大，且耐低温，透光性好，加工工艺简单，棚膜折径幅宽可达 8m。PVC 则强度高、保温性优良，棚内昼夜温差小，有益于作物生长，但其加工工艺复杂，耐低温性和耐老化性不及 LDPE。随着聚烯烃工业的发展，PE 树脂产量的提高，各国棚膜材料以 LDPE 为主的趋势日益明显，同时 LLDPE 与 LDPE 共混材料也得到了广泛应用，我国也是如此，所以选用 LDPE 和 LLDPE 作为主体材料。光转换剂是本产品的关键助剂，该产品具有把紫外线转换成红外线的功能。通过分光光度计测试，中国科学院电子研究所的产品能满足要求。由于 PE 保温性相对较差，而且为了降低单位面积的投资，必须减薄棚膜，从而给保温问题提出了更高的要求。选用磷酸氢化物和无机氧化物作为保温剂具有较好的保温效果，该类保温剂主要在膜内形成红外线屏蔽层从而防止大棚内热量以长波红外线的形式散失，达到保温效果。抗老化剂选用 GW-540，化学名称为三（1,2,2,6,6-五甲基哌啶基）亚磷酸酯，为受阻胺类光稳定剂，光稳定效率为一般紫外线吸收剂的 2～4 倍，特别适用于 PE，同时还兼有良好的抗热氧老化性能，且毒性低。另外光转换剂本身亦具有一定的紫外线吸收剂的防护作用，因此本产品综合使用具有优良的耐老化性能。

（7）配方与工艺讨论　合适的配方和工艺是高光效膜成功的关键，为此首先根据透光强度来考察光转换剂对薄膜性能的影响，结果见表 4-9。

表 4-9　不同制备工艺的试验结果

工艺	外观	拉伸强度（纵/横）/MPa	断裂伸长率（纵/横）/%	直角撕裂强度（纵/横）/（N/cm）
直接混合法	有颗粒状，手感粗糙	12.0/10.5	288/257	490/415
母料法	无颗粒状，手感光滑	17.0/13.3	385/367	923/789

从表 4-9 可以看出，采用母料工艺（即现把助剂制成母料，然后再与 LDPE 混合）制备

的高光效膜具有更好的性能，因为光转换剂是难以分散的粒子，因此母料法可以增加其分散效果。

各种助剂用量对高光效膜透光强度的影响见表 4-10。

表 4-10　助剂用量对透光强度的影响

序　号	厚度/mm	光转换剂用量/%	保温剂用量/%	防老剂用量/%	总透光强度 (×10⁵)	最大透光强度时的波长/nm
1	0.1	0	0	0	3.458	558
2	0.1	0	0	0.3	3.316	557
3	0.1	0.1	0.4	0.3	3.534	566
4	0.05	0.05	0.4	0.3	4.217	567
5	0.05	0.10	0.4	0.3	4.789	578
6	0.05	0.15	0.4	0.3	6.044	595

从表 4-10 可以看出，光转换剂及其用量对透光性能有较大影响。同一厚度下总透光强度随光转换剂用量的增加而增加，同时最大透光强度时的波长基本相同，但加入光转换剂的 4 号、5 号、6 号配方其最大透光强度时的波长增大，特别是 6 号配方增大幅度较大。因此光转换剂起到了光转换效果，并随着其用量增加而光转换效果增大。但由于光转换剂价格昂贵，因此不能加入太多，所以选择最佳添加量为 0.15%～0.25%（质量分数）。上述 6 个配方的物理机械性能测试结果见表 4-11。

表 4-11　各配方的物理机械性能

序　号	拉伸强度(纵/横)/MPa	断裂伸长率(纵/横)/%	直角撕裂强度(纵/横)/(N/cm)
1	21.1/21.4	425/403	807/947
2	15.0/14.3	233/237	810/745
3	14.4/13.7	310/323	790/754
4	14.2/12.8	289/303	805/797
5	14.5/13.7	315/320	804/815
6	15.1/14.2	325/313	815/795

从表 4-11 可以看出，加入各种助剂后，其力学性能略有下降，特别是断裂伸长率有些偏低。因此对配方进行了改进（加入 LLDPE），结果如表 4-12 所示。

表 4-12　改进配方及其性能

LDPE/质量份	LLDPE/质量份	光转换剂/%	拉伸强度 (纵/横)/MPa	断裂伸长率 (纵/横)/%	直角撕裂强度 (纵/横)/(N/cm)
60	40	0.25	31.75/34.44	503/409	1667.9/1429.8

从表 4-12 可以看出，加入 LLDPE 后，力学性能大幅度提高，从而可以减少膜厚（从 0.1mm 减至 0.06mm），大大节省了棚膜单位面积的投资。主要原因是由于 LLDPE 具有优异的抗撕裂性能和抗穿刺性能，且其强度和耐环境应力开裂性均优于 LDPE，同时价格也比 LDPE 低，所以全面改善了薄膜的性能。

（8）应用效果　采用改进的配方共生产了 4000kg，在大同及太原进行田间覆盖。采用高光效膜与普通膜对比试验法考察了高光效膜的应用效果。试验作物为豆角、甘蓝、西葫芦、黄瓜，试验面积各 0.7 亩$\left(1 \text{ 亩} = \frac{1}{15} \text{hm}^2\right)$。太原地区由山西省农业科学院蔬菜研究所进行，大同地区由大同市农业技术推广站进行。增产情况（与普通膜相比，下同）如下。太原地区：豆角 4.0%，甘蓝 14%，西葫芦 17.1%。大同地区：黄瓜 14.2%。每亩用膜量减少

$20\sim30kg$，亩投资减少 110 元左右，增值率 18.1%，综合增值率 37.5%。并可使蔬菜提前上市，延长蔬菜供应时间。高光效膜的日间增温和夜间保温效果十分明显，与普通膜相比，日均气温高出 1.4℃，最低棚温高出 1.6℃，通常离地面 30cm 处的空间日均气温在 25℃ 左右，棚内温度比棚外高 22%；光照强度比普通膜提高 2000lx。高光效膜在 6~7 级大风下无损坏，抗风能力优于普通膜，老化性能良好。因此本文所述的高光效膜具有良好的社会效益和显著的经济效益，是一种增产、增值、抗老化、高光效的功能性棚膜。

4.5.4　纳米 SiO_{2-x} 填充 LDPE 复合保温大棚膜

随着农业高技术的发展，对农用棚膜的性能提出了更高的要求。人们希望农膜在高性能和多功能化方面有更进一步的发展，为农业的优质高产提供更优良的条件。纳米复合材料由于具有很多意想不到的协同性质而吸引了许多研究者的关注。从复合材料的观点出发，若粒子刚硬且与基体树脂结合良好，刚性粒子能起到增韧增强作用。因此利用纳米无机粒子这一特性，可提高棚膜的强度、韧性、耐穿刺性及抗风性等。由于无机纳米粒子的尺寸小，不阻碍可见光的传播，所以无机纳米材料与农膜基材复合后不影响农膜的透光性。并且无机纳米材料有一定的结晶成核作用，能促进聚合物晶粒细化，进而提高农膜的透光性。无机组分的引入也为棚膜保温性能的进一步提高提供了切入点，如可选用具有隔热功能的无机纳米材料，并利用无机纳米材料高比表面积的特性，将抗老化和防雾滴助剂负载于纳米材料表面上，既可达到提高这些助剂的使用效率，同时也改善了这些小分子助剂的抗迁移性问题，从而使农膜的保温性能得以改善，防雾滴有效期得以延长。

由于纳米 SiO_{2-x} 粒子可以起到阻隔紫外线的作用，又具有强的红外线反射特性，有利于增强棚膜的保温性能，防止紫外线对作物的伤害。基于以上考虑，提出了以纳米 SiO_{2-x} 粒子填充 LDPE 制备功能棚膜的设想，通过纳米粒子与塑料基体共混等途径制得纳米复合材料，具有良好的增强、增韧效果，改善材料的防雾滴和防老化性能。

(1) 原料与设备　纳米 SiO_{2-x}（MNIP-0210），舟山明日纳米材料有限公司生产，平均粒径 $10\mu m$，非结晶，分布窄，比表面积为 $640m^2/g$，纯度 >99.9%。LDPE（117B，2F0.4 A）为北京燕山石化生产；EVA（14/0.7）为北京有机化工厂生产；聚乙二醇、硅烷偶联剂为市购产品。高速混合机（GH-10L）为北京塑料机械厂制造，双螺杆挤出机（TE-30）为南京橡塑机械厂制造，吹膜机为大连东方橡塑厂制造，注射机为梧州注塑机厂制造。

(2) 薄膜及注射样条制备　配方 1：球磨 6h 后用双螺杆挤出造粒，制得母粒 A；母粒 A 与 LDPE（2F0.4A）按 1∶9 混合后注射样条和吹膜。配方 2：在高速混合机中高速混合 3min 后在双螺杆挤出机中造粒，制得母粒 B。母粒 B 与 LDPE（2F0.4A）按 1∶9 混合后注射样条和吹膜。配方如表 4-13 所示。

表 4-13　棚膜配方

组　分	配方 1	配方 2
EVA(14/0.7)	930	1000
纳米 SiO_{2-x}	150(MNIP 0210)	150(MNIP 02A)
聚氧乙烯醚 PEO($M_w=900000$)	100	100
硅烷偶联剂	3	2
乙醇	30	15
聚乙二醇	50	30

(3) 性能测试　注射样条低温 -18℃ 冷冻 30h 后冲击断裂，用 SEM 电镜观察其断面。

薄膜红外线吸收和透过用红外光谱仪进行测试，在 $4000\sim200cm^{-1}$ 范围内摄谱。紫外线吸收和透射测试用 U-3010 Spectrophotometer 紫外光谱仪进行，在 $190\sim1100nm$ 范围内摄谱。

（4）结果　1#试样中无机纳米粒子的分散相尺寸在 $100\sim200nm$，纳米粒子有轻微团聚现象，说明球磨对纳米粒子的分散作用。2#试样中无机纳米粒子的分散相尺寸在 $200\sim300nm$，在基体中的分散不均匀，分散效果劣于 1#。1#样品中无机粒子与基体的相界面模糊，说明粒子与基体有较强的相容性，而 2#样品中无机粒子与基材明显分相，进一步说明球磨对纳米粒子的分散具有好的作用。对纳米粒子表面进行处理可增强纳米粒子与树脂的界面黏结性，从而提高复合材料的各项性能。力学性能测试结果见表 4-14。从表 4-14 可以看出，1#、2#和纯 LDPE 的薄膜力学性能差别不大，各项指标都大大超过国标要求值，与商品薄膜力学性能相近。但 1#、2#配方的拉伸强度、直角撕裂强度较纯 LDPE 薄膜都有所降低，原因在于纳米无机粒子还没有达到纳米分散状态。但 1#的断裂伸长率和低温冲击强度较好，表明纳米粒子分散要好。

表 4-14　薄膜力学性能

样　号	拉伸强度/MPa		断裂伸长率/%		直角断裂强度/(N/cm)	
	纵向	横向	纵向	横向	纵向	横向
1#	27.4	23.0	537.5	911.25	101.4	99.60
2#	24.3	21.5	422.5	751.25	107.7	92.27
LDPE	28.6	23.7	455.0	802.50	111.1	110.50
市售薄膜	23.6	24.2	833.1	1031.20	95.6	78.40
国际	≥14	≥14	≥350	≥350	≥60	≥60

表 4-15　注射样条的力学性能

样号	拉伸强度/MPa	断裂伸长率/%	低温缺口冲击强度(18℃,悬梁臂)/(kJ/m³)
1#	21.25	66.3	50.93
2#	20.28	59.7	46.76
LDPE	22.47	52.3	40.13

由表 4-15 也可以看出，1#配方的力学性能最好，进一步说明了纳米粒子分散最好。

$7\sim14\mu m$ 的红外线吸收和透过率对农膜的保温性起决定性作用。由表 4-16 可以看出，1#的红外线透过率（$7\sim14\mu m$）最低，说明 1#薄膜的保温性能最好。因此纳米 SiO_{2-x} 粒子的加入可大幅度提离棚膜的红外阻隔效果。

表 4-16　薄膜的红外线吸收、透过性能测试

样品	红外线吸收率/%			红外线透过率/%		
	$2.5\sim7\mu m$	$7\sim14\mu m$	$16\sim50\mu m$	$2.5\sim7\mu m$	$7\sim14\mu m$	$16\sim50\mu m$
1#	30	40	30	50	40	50
2#	28	35	25	53	45	53
LDPE	29	33	30	55	50	55

薄膜的紫外线吸收性能见表 4-17 所示。从表 4-17 中可以看出，1#、2#和 LDPE 膜的可见光透过率相近，但 1#、2#薄膜的紫外线屏蔽能力明显优于 LDPE 膜，说明纳米 SiO_{2-x} 的加入确实对紫外线有屏蔽作用，可以防止紫外线对作物的伤害。

综上所述，添加无机纳米 SiO_{2-x} 后，可提高棚膜的保温性能和对紫外线的屏蔽作用，从而提高棚内温度，减少紫外线对农作物的伤害，提高农作物的品质。

表 4-17　薄膜紫外、可见光性能测试

样号	厚度	紫外线透过率/%	可见光平均透过率/%
1#	0.073	33	68
2#	0.072	38	65
LDPE	0.069	58	72

4.5.5　汽车用塑料燃油箱

汽车燃油箱是汽车部件中重要的机能件和安全件之一。传统的燃油箱是用金属制作的，由于金属加工的特殊性，成型较困难，且焊接缝处的强度也低，生产合格率较低，在使用中经常出问题。近年来，为了减轻汽车的质量以及降低成本，已从金属材料转化到塑料材料。塑料燃油箱可以较好地解决金属燃油箱出现的问题，这是由于以下原因造成的：①塑料的成型加工性好，易规模化生产，简化制造工艺，改进了安全工作状况。②塑料有极好的耐化学腐蚀性，抵御水、污物及其它介质的侵蚀，免去维修的麻烦。③塑料相对密度仅为金属的1/8~1/7，所以与同体积的金属燃油箱相比较其重量可大大降低，从而有利于减轻车重，提高车速，节省燃料（据资料统计，车重每减轻 1kg，则 1L 汽油可使汽车多行驶 0.1km）。④塑料燃油箱形状设计自由度大，空间利用率高，可以加工成各种复杂形状，有利于充分利用车体的空间，从而可以增加燃油的载重量，提高汽车的续航力（例如 PASSAT 塑料燃油箱重 3.5kg，容量 51L，安全系数 7L，同金属燃油箱相比容量大 6L，质量轻 1.5kg）。⑤塑料燃油箱有较好的热绝缘性，在车辆着火时汽油、柴油不会很快升温，可延迟爆炸，使乘员在意外事故中增加生存的希望。⑥塑料燃油箱耐久性能优异，具有优异的长期稳定性，从而可使燃油箱的使用寿命达 20 年之久。⑦耐冲击、强度好，当遇到碰撞时，塑料燃油箱在−40~60℃的情况下仍具有优良的抗冲击性能及其它机械性能。常温下无论是单层或多层结构的塑料燃油箱，即使从 8m 甚至 10m 高处坠落到水泥地面上，也不易损坏。而金属燃油箱仅在 4m 高处落下就会破损。可见塑料燃油箱抗冲击性能是金属燃油箱的 2~4 倍。⑧燃油渗漏量小，按 ECE Regl. No. 34 标准要求，在 40℃±2℃的环境中放置 56 天，最大平均燃油渗漏损失量为 20g/24h。由于燃油渗漏量小，排放到大气中的燃油蒸发污染物少，有利于减小环境污染。多层复合结构的塑料燃油箱的燃油渗漏量更小，其最大平均燃油渗漏损失量小于 2g/24h，完全能满足美国 Shed 标准的要求。

目前，塑料燃油箱的成型工艺概括起来有以下几种。

（1）回转成型　轻的金属模可安装在回转成型机的机架上进行三维方向旋转，塑料粉加入热模具内，当旋转时，塑料粉不断熔融粘贴在热模具内壁，待完全塑化达到要求厚度后，往模具夹套内注入冷水进行冷却，然后脱模得制品。该法不足之处是很难保证转角处和狭窄断面处壁厚的均匀性。

（2）阳离子聚合（单体浇铸）　阳离子聚合法是用己内酰胺单体注入受热回转模具内，阳离子聚合，冷却脱模，其优点是模具造价低，易于喷漆。由于此法只限于浇铸尼龙，不能完全满足汽车燃油箱要求的条件，故通常不采用此法。

（3）注塑　由于脱模受到限制，采用注塑生产燃油箱需分成两半件，然后再用黏合剂或热熔焊接将两半件黏合成整体。黏合强度往往随材料品种不同而有强弱。另外注塑模具要承受高压（60~130MPa）注射，模具结构复杂，制造费用昂贵。注塑的优点在于获得的成品壁厚易于控制，非常均匀，可在注塑模具内装配所需要的嵌件，将燃油箱箱体与附属零部件注射组熔成一体。

（4）真空吸塑成型　将塑料板材加热，用真空吸塑成型制成燃油箱两半件，然后再用黏合剂或热熔焊接将两半件黏合成一整体。它与注塑不同处是：前者不能制成形状结构复杂的箱体，而且无法在成型时装配各种嵌件。模具多为铝合金材料，强度要求相对低，结构简单，因而造价也低。缺点是存在黏合问题。

（5）中空吹塑　中空吹塑成型是制造燃油箱最佳成型方法，目前塑料燃油箱主要采用此法。中空吹塑成型时，物料连续加热熔融挤出，通过模芯模套由上往下挤出形成型坯，用两半（哈夫）模具将型坯夹紧，然后往型坯内鼓气、吹胀、贴于模腔内成型，经冷却脱模得成品。该方法既可以大规模生产，又简化了生产工序，也不存在粘接问题，应用广泛。

由于燃油箱属于汽车的结构件、功能件，又是汽车中的重要安全部件之一，因此燃油箱的材质应具有耐寒、耐热、耐蠕变、耐应力开裂、耐大气老化、耐溶剂及化学药品等性能，而抗冲击、抗渗漏、阻燃、防爆等特性又尤为重要。因此塑料燃油箱的材料通常采用高分子量聚乙烯（HMWHDPE）作为基材，辅以粘接和阻隔材料（尼龙或乙烯-乙烯醇共聚物，EVOH）。用于塑料燃油箱材料大体有两种类型：一种是分子量为 50 万～80 万的 HM-WHDPE，经吹塑成型成单层结构的塑料燃油箱，其内壁进行不同方法的表面处理，以进一步提高抗燃油的渗漏性。另一种是以 HMWHDPE 为基材辅以阻隔材料或粘接材料，吹塑成型成单层及多层结构的塑料燃油箱。对塑料燃油箱内壁进行处理方法有 3 种。第一种是环氧喷涂法，此种方法较为落后，效果也差。第二种是磺化（SO_3 气体）处理法，该法工艺成熟，广泛使用。第三种是氟化处理法，该方法是在吹塑成型过程中，同时向油箱内部吹入含有 1% 氟的氮气，使其油箱内层形成防燃油渗透的含氟层。经氟化处理后，油箱的汽油渗透量降低效果较为显著，可由 16g/24h 降至 0.5g/24h。上述三种方法中的后两种方法均会造成公害。日本已禁止采用氟化法，原因是易造成二次污染，危害人体健康，而且设备投资大、气源困难、工艺复杂、难度大、成本较高。

制作单层塑料燃油箱的阻隔性聚合物合金材料是 HDPE/PA/相容剂体系。在此体系中，PA 层状分散于 HDPE 中。随 PA 含量的增加和 PA 分散相的层化，HDPE/PA 共混物的阻隔性明显提高（其阻隔烃化合物气体性能比一般 HDPE 高 20 倍），且拉伸强度和抗冲击强度等性能也明显增高。PA 添加量一般为 5%～18%（质量分数），与 HDPE 掺和后直接吹塑，这种成型工艺使得油箱壁形成不连续的防渗透层来达到阻隔燃油渗漏的目的。层状分散形态的形成技术是制造塑料燃油箱的关键技术之一。为获得理想的阻隔形态，必须保证在加工温度下 PA 熔体黏度大于 HDPE。为此，要选择恰当的加工温度。为了使 PA 相延展成为层片，挤出成型时的螺杆剪切速率应控制在 20～50s^{-1} 范围内。单层塑料燃油箱的第二种阻隔性聚合物合金材料是杜邦公司研制成功的新型阻隔功能聚合物合金材料，商品名称为 SE-LAR RB-M，它以 5%～7% 的 EVOH 代替尼龙与 HDPE 混合而制成的，EVOH 呈盘状分散于 HDPE 中，使燃油箱形成不连续的防渗透层而起到阻隔汽油渗漏的作用，其阻隔性能比 PA 更好，无污染、安全、成本最低，并可使燃油箱的热变形温度和尺寸稳定性得到提高，是一种理想的阻隔材料，对甲醇具有最理想的阻隔性能，可用于以甲醇作为燃料的燃油箱。

利用多层共挤出吹塑成型多层复合的塑料燃油箱，它由 3 种材质形成 3 层、5 层或 6 层复合的中空吹塑产品。3 层复合塑料燃油箱的组成为：PA（内层）/黏结层/HDPE（外层），5 层复合塑料燃油箱的组成为：HDPE（内层）/黏结层/PA/黏结层/HDPE（外层），6 层复合塑料燃油箱的组成为：HDPE（内层）/黏结层/阻隔层（PA 或 EVOH）/黏结层/回收料层/着色 HDPE（外层），各层的厚度比为：46（内层）∶2.5（黏结层）∶3（阻隔层）∶2.5（黏结层）∶40（回收料层）∶6（着色 HDPE 外层）。多层复合结构的塑料燃油箱中，阻隔层为 PA 和 EVOH。黏结层用的黏结剂（如日本三井化学公司的 Admer GT-4、L-2100

等）对阻隔材料和 HDPE 要有强的黏结力、良好的黏结耐久性能和加工性能。HDPE 作为内层和外层，起成型、赋予强度等作用。多层复合塑料燃油箱成型工艺较复杂，要求专用的多层中空吹塑成型设备。但成品质量优良，特别是抗燃油渗透性能优异，其燃油渗漏量可降至≤0.2g/24h（对汽油）和≤0.7～1.2g/24h（对汽油-甲醇、汽油-乙醇燃料）。

4.5.6 电力电缆包覆层——交联聚乙烯

电力电缆护套正向交联 PE 方向不断发展。目前，国际上从 1kV 低压电缆、6～35kV 中低压电缆至 110kV 高压电缆的护套都倾向使用交联 PE。交联 PE 生产技术主要分三大类：辐射交联（主要生产电器装备用电缆）、硅烷交联（用硅烷作为交联剂，在催化剂作用下使 PE 交联）、化学交联（以 LDPE 为基料，通过有机过氧化物引发交联，可用于高温、高压、高频等条件下使用的线缆，并可制造 6～35kV、33～110kV 中高压电缆、航空电缆、控制电缆等，其生产技术主要由美国 GE 公司发明并推广应用）。

低压电缆护套主要用硅烷交联 PE 材料，国内已有产品。中压电缆（10kV 级）用的可交联 PE 材料国内还不能完全自给，年用量大约为 20～30kt。高压电缆用可交联 PE 材料全部进口，年用量大约为 3～10kt。此外，我国目前内半导电屏蔽料的需求约为 5kt，外半导电屏蔽料的需求为 10kt，这些都需要进口。硅烷交联 PE 的主要技术如下。

（1）原材料选择

a. 载体树脂：低密度聚乙烯（LDPE），Q200（2F2B），上海金山石化公司塑料厂。

b. 接枝剂：乙烯基三乙氧基硅烷（A151），含 Si 量 14.5%～15.5%，哈尔滨化工研究所。

c. 引发剂：过氧化二异丙苯（DCP），含水量 50%，工业级，上海高桥化工厂。

d. 催化剂：二月桂酸二丁基锡（DBTL），含 Sn 量 17%～19%，工业级，北京化工三厂。

e. 抗氧剂：2,6-二叔丁基-4-甲基苯酚（264），工业级。

（2）主要设备 SHL-57 双螺杆挤出机，南京橡塑机械厂；SHR-200 高速混合机，张家港二轻机械厂。

（3）制备工艺 采用二步法交联工艺制备 1kV 交联 PE 电力电缆绝缘料的工艺路线如下：

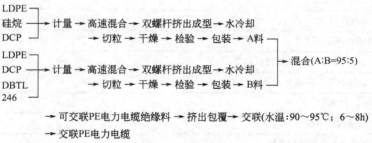

（4）配方讨论 DCP 作为接枝引发剂，用量过大，会引起 PE 在接枝反应中先期交联，并在双螺杆挤出成形时产生强烈的臭味。因此 DCP 的用量应严加控制，一般为 0.1%～0.2%。抗氧剂 264 的加入是为了防止熔体中 PE 的降解，其用量一般为 0.5%～0.7%。在 DCP 含量一定的情况下，加入不同量的交联剂 A151 对 PE 的力学性能、热性能、耐环境应力开裂性能均有影响。随着 A151 加入量的增加，PE 交联体系的拉伸强度提高，而断裂伸长率则会下降，这是因为 PE 在交联剂 A151 的作用下发生了交联，形成凝胶结构，使得分子链之间的相对运动困难，提高了分子链的刚性，使拉伸强度提高，断裂伸长率降低。

A151 使 PE 交联后可以有效地提高 PE 的耐热性和耐环境应力开裂性能。A151 的一般用量为 2.5%～3%。催化剂 DBTL 可加速硅烷的水解、缩聚和交联反应,用量一般为 0.05%。

(5) 性能　一般硅烷交联 PE 的性能见表 4-18。

表 4-18　1kV 硅烷交联 PE 绝缘料性能

序号	检测项目	单位	标准要求	检测数据
1	体积电阻率(20℃)	Ω·m	$\geqslant 1\times 10^{14}$	3.1×10^{15}
2	介电强度	MV/m	$\geqslant 30$	36
3	拉伸强度	MPa	$\geqslant 13.5$	15.4
4	断裂伸长率	%	$\geqslant 300$	420
5	热老化(135℃×168h) 　拉伸强度变化率 　断裂强度变化率		±20 ±20	5 −5
6	热延伸试验(试验温度 200℃±3℃,载荷时间 15min,机械压力 0.2MPa) 　载荷下最大伸长率 　冷却后最大永久伸长率	% %	≤80 ≤5	52 0
7	低温脆化温度(−76℃)		通过	通过

4.5.7　空调室外机壳——耐候 PP

空调室外机壳一般采用镀锌钢板外涂防腐蚀涂料制备,质量重、成型加工复杂、喷涂工艺不好掌握,而且一旦有防腐涂料脱落,就会造成大面积锈蚀。因此近年国外已大量采用耐候 PP 作为室外机壳。我国也对空调室外机壳用 PP 材料进行了开发,已在海尔等空调机上进行应用。

(1) 配方　空调室外机壳的配方及性能见表 4-19。

表 4-19　空调室外机壳用耐候聚丙烯的配方、工艺及性能

序号	原材料名称	用量/kg
1	PP K8303(燕山石化)	8
2	PP K7726(燕山石化)	56
3	PP T30S(齐鲁石化)	16
4	SBS YH-792(岳阳石化)	10
5	硫酸钡(1250 目,云南超微新材料公司)	8
6	铝酸酯偶联剂(河北辛集化工公司)	0.75
7	光稳定剂 944(瑞士汽巴公司)	0.08
8	1010(北京加成助剂研究所)	0.1
9	DLTP(北京加成助剂研究所)	0.2
10	CaSt(淄博塑料助剂厂)	0.08
11	钛白粉 R902(美国杜邦公司)	0.8
12	光稳定剂 GW-480(北京加成助剂研究所)	0.08
13	镉红(湘潭化工研究院)	0.0045
14	镉黄(湘潭化工研究院)	0.0095
15	炭黑 C311(上海焦化)	0.0022

续表

工艺条件	1. 原料干燥:硫酸钡在 110℃下干燥 4h 2. 混合工艺:先将硫酸钡高速混合 1min,然后加入铝酸酯,低速混合 3min,再将剩余组分加入高速混合机中高速混合 1min,出料 3. 挤出工艺:主机转速 340r/min,频率 16Hz,双螺杆挤出机各区温度分别为 210℃、215℃、215℃、220℃、215℃				
性能	拉伸强度/MPa	25.6	悬臂梁缺口冲击强度/(J/m)	82	
	断裂伸长率/%	370	简支梁缺口冲击强度/(kJ/m²)	14.4	
	弯曲强度/MPa	36.5	维卡软化点/℃	140	
	弯曲模量/MPa	1800	成型收缩率/%	1.18	
	熔融指数/(g/10min)			12.5	

（2）老化性能测试　老化性能测试结果见表 4-20 和表 4-21。

表 4-20　紫外线冷凝测试结果（70℃）

紫外线照射时间/h	0	1200	2000	2000h 性能保持率/%	外观变化
弯曲强度/MPa	36.5	38.6	36.9	101	无变化
缺口冲击强度/(kJ/m²)	14.4	14.4	14.1	97.9	无变化
拉伸强度/MPa	25.6	27.3	30.2	118	无变化
断裂伸长率/%	370	314	307	83	无变化

表 4-21　氙灯老化试验测试结果（63℃）

紫外线照射时间/h	0	1500	2000	2000h 性能保持率/%	外观变化
弯曲强度/MPa	36.5	40.7	37.9	104	无变化
缺口冲击强度/(kJ/m²)	14.4	14.2	13.9	96.5	无变化
拉伸强度/MPa	25.6	26.2	27.2	106	无变化
断裂伸长率/%	370	323	315	85	无变化

（3）配方特点　采用多种 PP 复配,从而可调整产品的 MI,适宜于快速注射成型,工艺性优良。通过添加少量硫酸钡,进一步提高材料的流动性,同时降低成本,另外硫酸钡对 PP 的耐候性具有一定的增强作用。耐候体系主要采用 GW-944、GW-480 和 UV-326 的复配,保证了材料的长期耐候性。经氙灯加速老化试验计算,本产品的老化寿命在 15 年以上,可满足空调机对材料的要求。

4.5.8　汽车保险杠专用料——高刚超韧 PP

（1）配方　见表 4-22 所示。

表 4-22　超韧 PP/POE 汽车保险杠新材料配方

序号	原材料名称	用量/kg	序号	原材料名称	用量/kg
1	PP K7726(燕山石化)	329.34	5	1010	1.2
2	PP 8303(燕山石化)	119.76	6	DLTP	2.4
3	PP 2401(燕山石化)	89.82	7	ZnSt	2.4
4	POE 8150(DuPont-Dow)	255.69	8	炭黑	0.5

（2）制备工艺　首先将各组分称量，放入高速混合机中低速搅拌 1min，然后高速搅拌 1min，出料，放入 TE-60（南京科亚公司产）双螺杆挤出机中，混合造粒即得成品。双螺杆造粒工艺条件如下。采用中等偏强剪切的螺杆组合；各段温度为：第一段 180℃，第二段 195℃，第三段 210℃，第四段 220℃，第五段 235℃，第六段 235℃，机头 230℃；螺杆转速 350r/min。

（3）性能　如表 4-23 所示。

表 4-23　超韧 PP/POE 汽车保险杠新材料性能

性能	测试方法	数值
拉伸强度/MPa	GB/T 1040—79	17
断裂伸长率/%	GB/T 1040—79	500
弯曲强度/MPa	GB 9341—88	18
弯曲模量/MPa	GB 9341—88	700
悬臂梁缺口冲击强度/(J/m) 　常温 　−40℃	GB 1843—80	750 320
热变形温度(1.82MPa)/℃	GB 1633—79	102
成型收缩率/%		1.5
MI(2.16kg,230℃)/(g/10min)	GB 3682—83	2

（4）注射加工工艺　温度 190～210℃；压力 30～60 MPa；注射速度为中-快；背压 0.6MPa；螺杆转速 20～70r/min；模具温度 40～60℃；排气口深度 0.0038～0.0076mm。

（5）配方特点　采用共聚 PP 和均聚 PP 混合使用，可以保证材料的刚性和韧性的平衡，采用高流动性 PP 和低流动性 PP 混合使用，可以保证材料的流动性在适宜注射加工的范围内，同时具有高的韧性。采用 POE 进行增韧，增韧效果显著，材料的常温韧性、低温韧性都非常高，保证汽车在严寒地区使用。

4.5.9　超耐候性 PP/POE 汽车保险杠新材料

汽车保险杠长期在户外使用，对材料的老化性能要求很高。过去由于使用黑色或灰色的保险杠，添加的炭黑在一定程度上减缓了材料的老化，但不能完全达到防老化的目的，因此对 PP 保险杠材料还应该进行进一步的防老化处理。虽然纯 PP 仅含单键，本身不吸收紫外线，但由于 PP 含有不饱和结构缺陷、合成和加工过程中残留的微量氢过氧化物、稠环化合物等光敏杂质会吸收紫外线而导致光降解，这对材料的老化性能不利。通过添加光稳定剂和抗氧剂，以其协同效应来提高 PP 耐候性，这种方法较为简单可行，是目前最实际、应用最广的方法，国内外已开发了大量光稳定剂和抗氧剂。但要想使各种添加剂发挥较好的抗老化效果，它们的配比就有一个最佳配比。

（1）配方　超耐候 PP/POE 汽车保险杠新材料见表 4-24 所示。

表 4-24　超耐候 PP/POE 汽车保险杠新材料配方

序号	原材料名称	用量/kg
1	PP K7726(燕山石化)	329.34
2	PP 8303(燕山石化)	119.76
3	PP 2401(燕山石化)	89.82
4	POE 8150(Du Pont-Dow)	255.69

续表

序号	原材料名称	用量/kg
5	超细滑石粉(2500 目,云南超微新材料公司)	110.26
6	铝酸酯偶联剂(河北辛集化工公司)	1.0
7	POE-*g*-MAH(海尔科化公司)	30
8	1010	1.2
9	DLTP	2.4
10	ZnSt	2.4
11	炭黑	0.8
12	受阻胺稳定剂 944(瑞士汽巴公司)	0.2
13	紫外线吸收剂 UV327(瑞士汽巴公司)	0.1
14	光稳定剂 770(瑞士汽巴公司)	0.1

(2) 制备工艺　首先将各组分称量，放入高速混合机中低速搅拌 1min，然后高速搅拌 1min，出料，放入 TE-60（南京科亚公司产）双螺杆挤出机中，混合造粒即得成品。双螺杆造粒工艺条件如下。采用强剪切螺杆组合；各段温度为：第一段 180℃，第二段 195℃，第三段 210℃，第四段 220℃，第五段 235℃，第六段 235℃，机头 230℃；螺杆转速 350r/min。

(3) 性能　超耐候 PP/POE 汽车保险杠新材料性能见表 4-25。

表 4-25　超耐候 PP/POE 汽车保险杠新材料性能

性能	测试方法	数值
拉伸强度/MPa	GB/T 1040—79	18
断裂伸长率/%	GB/T 1040—79	420
弯曲强度/MPa	GB 9341—88	22
弯曲模量/MPa	GB 9341—88	960
悬臂梁缺口冲击强度/(J/m)	GB 1843—80	
常温		550
−40℃		160
成型收缩率/%		1.3
热变形温度(1.82MPa)/℃	GB 1633—79	118
MI(2.16kg,230℃)/(g/10min)	GB 3682—83	1.5
老化后性能[1]	GB/T 16422.3—1997	
老化后悬臂梁缺口冲击强度/(J/m)		515
老化后拉伸强度/MPa		17.2

[1] 紫外线加速老化，温度 70℃，紫外线波长 300nm，不淋水，实验时间 168h。

(4) 注射加工工艺　温度 190～210℃；压力 30～60 MPa；注射速度为中-快；背压 0.6MPa；螺杆转速 20～70r/min；模具温度 40～60℃；排气口深度 0.0038～0.0076mm。

(5) 配方特点　采用受阻胺类光稳定剂和紫外线吸收剂并用，具有优异的协同效应，再加之酚类抗氧剂的作用，大大提高了材料的耐老化性能，而且价格昂贵的 944、770、UV327 等添加量极少，使材料的价格不至于增加太多，从而保持高的性能/价格比，提高市场竞争力。

4.5.10　汽车仪表板专用料——增强耐热 PP

采用橡胶增韧和矿物填充方法研制出增强耐热 PP 专用料，较好地实现了高韧性和高模量的统一。

（1）配方　汽车仪表板专用料——增加耐热 PP 配方见表 4-26。

表 4-26　汽车仪表板专用料——增强耐热 PP 配方

序号	原材料名称	用量/kg	序号	原材料名称	用量/kg
1	PP K7726(燕山石化)	329.34	6	1010	1.2
2	PP 8303(燕山石化)	119.76	7	DLTP	2.4
3	PP 2401(燕山石化)	89.82	8	ZnSt	2.4
4	PP-g-MAH(海尔科化公司)	59.88	9	滑石粉 1250 目(云南超微材料公司)	239.52
5	POE 8150(Du Pont-Dow 公司)	155.69			

（2）性能　汽车仪表板专用料——增强耐热 PP 性能见表 4-27。

表 4-27　汽车仪表板专用料——增强耐热 PP 性能

性能	测试方法	数值
拉伸强度/MPa	GB/T 1040—79	25
断裂伸长率/%	GB/T 1040—79	120
弯曲强度/MPa	GB 9341—88	27
弯曲模量/MPa	GB 9341—88	1400
悬臂梁缺口冲击强度/(J/m)	GB 1843—80	150
热变形温度(1.82MPa)/℃	GB 1633—79	128
MI(2.16kg,230℃)/(g/10min)	GB 3682—83	2

（3）注射加工工艺　温度 210～240℃；压力 50～80 MPa；注射速度为中-快；背压 0.7MPa；螺杆转速 20～70r/min；模具温度 40～60℃；排气口深度 0.0038～0.0076mm。

（4）配方特点　采用共聚 PP 和均聚 PP 混合使用，可以保证材料的刚性和韧性的平衡；采用高流动性 PP 和低流动性 PP 混合使用，可以保证材料的流动性在适宜注射加工的范围内，同时具有高的韧性。采用 POE 进行增韧，增韧效果显著，材料的常温韧性、低温韧性都非常高，保证汽车在严寒地区使用。采用微细的滑石粉对 PP 进行改性，可大大提高材料的刚性和耐热性，使韧性和刚性达到平衡，并使材料的价格不至于增加太多，从而保持高的性能/价格比，提高市场竞争力。采用 PP-g-MAH 增加滑石粉与 PP 的界面黏结强度，从而提高材料的综合性能。

参　考　文　献

[1]　杨明山，李林楷等. 塑料改性工艺、配方与应用. 北京：化学工业出版社，2006.
[2]　王萍. 聚丙烯研究进展. 上海化工，2005，30（3）：25-28.
[3]　赵敏等. 改性聚丙烯新材料. 北京：化学工业出版社，2002：76-80.
[4]　肖士镜，余赋生. 烯烃配位聚合催化剂及聚烯烃. 北京：北京工业大学出版社，2002：355-357.
[5]　Thirtha V，Lehman R，Nosker T. Effect of additives on the composition dependent glass transition variation in PS/PP blends. Journal of Applied Polymer Science，2008，107（6）：3987-3992.
[6]　徐鼐，史铁钧，吴德峰，周亚斌，任强. 聚丙烯的接枝改性及其进展. 现代塑料加工应用，2002，14（5）：57-60.
[7]　刁建志，巴信武，丁海涛，李春子. PP/PVC/HBP 共混体系研究. 现代塑料加工应用，2005，17（3）：18-20.

[8] Seino M, Kotaki M. Effect of filler addition on flammability of flame-retardant PP. Annual Technical Conference - ANTEC. Conference Proceedings, 2007, 3: 1865-1868.

[9] 刁建志, 巴信武, 王素娟, 丁海涛. 超支化聚（酰胺-酯）对聚丙烯/聚氯乙烯/苯乙烯-甲基丙烯酸甲酯共聚物接枝聚丙烯共混体系的增容作用. 中国塑料, 2004, 18 (10): 14-17.

[10] 毛立新, 高翔, 李森, 金日光. 茂金属聚烯烃弹性体增韧聚丙烯的研究. 北京化工大学学报, 2003, 30 (1): 24-28.

[11] Prakashan K, Gupta A K, Maiti, S N. Effect of compatibilizer on micromehanical deformations and morphology of dispersion in PP/PDMS blend. Journal of Applied Polymer Science, 2007, 105 (5): 2858-2867.

[12] 李铁, 田明, 隋军, 张涛, 张立群. PP/EPDM 共混合金的结构与性能研究. 中国塑料, 2005, 19 (1): 39-43.

[13] 张启霞, 范宏, 卜志扬, 李伯耿. 三元乙丙橡胶共混改性聚丙烯. 合成橡胶工业, 2004, 27 (3): 161-164.

[14] 张玲艳, 吕鑫, 张萍, 赵树高. 共混工艺对 EPDM/PP 性能的影响. 现代塑料加工应用, 2004, 16 (6): 25-26.

[15] 欧育湘, 陈宇, 王筱梅. 阻燃高分子材料. 北京: 国防工业出版社, 2001.

[16] Hafezi M, Khorasani S N, Ziaei F, Azim H R. Chemical resistance and swelling behavior of NBR/PVC blend cured by sulfur and electron beam. Journal of Polymer Engineering, 2007, 27 (3): 165-182.

[17] 洪定一. 聚丙烯——原理、工艺与技术. 北京: 中国石化出版社, 2002.

[18] 王东, 高俊刚, 李书润. 聚丙烯/纳米复合材料的紫外老化研究. 合成材料老化与应用, 2005, 34 (1): 4-7.

[19] 黄葆同, 陈伟. 茂金属催化剂及其烯烃聚合物. 北京: 化学工业出版社, 2000.

[20] 赵梓年, 马珩. HDPE-g-GMA 对 PA6/UHMWPE 共混物性能的影响. 工程塑料应用, 2004, 32 (11): 10-13.

[21] Balika W, Pinter G, Lang R W. Systematic investigations of fatigue crack growth behavior of a PE-HD pipe grade in through-thickness direction. Journal of Applied Polymer Science, 2007, 103 (3): 1745-1758.

[22] 涂春潮, 齐署华, 周文英, 武鹏, 张翔宇. 辐射交联热收缩聚乙烯的研究进展. 现代塑料加工应用, 2005, 17 (5): 58-61.

[23] 李志君, 符新, 赵艳芳, 汪志芬. 滑石粉的 2 种改性方法与滑石粉/LDPE 复合材料的力学性能. 热带农业科学, 2004, 24 (4): 29-33.

[24] Araujo E M, Barbosa R, Oliveira A D, Morais C R S, De Melo T J A, Souza A G. Thermal and mechanical properties of PE/organoclay nanocomposites. Journal of Thermal Analysis and Calorimetry, 2007, 87, (3): 811-814.

[25] 史铁钧, 何涛, 吴德峰. 改性滑石粉填充聚丙烯/高密度聚乙烯复合体系的流变性能. 高分子材料科学与工程, 2004, 20 (1): 125-128.

[26] 刘英俊. 塑料大棚膜用无机保温剂——煅烧煤系高岭土作用原理及使用要求. 中国非金属矿工业导刊, 2002, (5): 13-17.

[27] 邓剑如, 盛亚俊. HDPE/PA6 层状共混阻隔材料的研制. 湖南大学学报: 自然科学版, 2005, 32 (5): 79-82.

[28] 王传洋. 剪切与拉伸流场中 HDPE/PA6 混合物形态演变研究. 苏州大学学报: 工科版, 2005, 25 (4): 19-21.

[29] 梁梅, 李姜, 郭少云, 林影. 超声波对 PA6/HDPE 共混体系结构和性能的影响. 高分子材料科学与工程, 2004, 20 (2): 126-129.

[30] 左建东, 李荣勋, 冯绍华, 邵世璧, 刘光烨. 十溴二苯乙烷协同三氧化二锑阻燃 PE 研究. 现代塑料加工应用, 2004, 16 (3): 32-34.

[31] 刘海峰, 王建国, 黄银辉, 王建新. DPDBO/Sb_2O_3/DMDPB 在 LDPE 阻燃处理中的应用. 化工生产与技术, 2004, 11 (2): 7-10.

[32] 李永泉, 乔辉. $Mg(OH)_2$ 的结构形态对 LDPE 阻燃性能的影响. 北京化工大学学报, 2003, 30 (3): 48-50.

[33] 王艳君, 王玉来, 曹同玉. 丙烯酸酯共聚物改性聚氯乙烯（PVC）. 天津理工学院学报, 2004, 20 (3): 105-108.

[34] 何洋, 梁国正, 於秋霞, 任鹏刚, 宫兆合. PVC 的共混增韧改性. 高分子材料科学与工程, 2004, 20 (6): 6-10.

[35] 王士财. 改性石油树脂增容 PVC/HDPE 共混体系的研究. 石油化工高等学校学报, 2004, 17 (4): 30-33.

[36] 张秀斌, 姚慧. HIPS-g-PMMA 的合成及其在 HIPS/PVC 共混体系中的增容作用. 塑料工业, 2004, 32 (8): 8-11.

[37] 乔巍巍, 王国英. ABS/PVC/CPE 共混体系的力学性能. 塑料工业, 2004, 32 (6): 20-21.

[38] 许盛光. CPVC/PVC/ACR 三元共混材料的研究. 聚氯乙烯, 2005, (7): 22-23.

[39] 马红霞, 余万能, 何晓东, 李耀仓. PVC 改性体系中无机填充剂与偶联剂的应用发展. 聚氯乙烯, 2005, (4): 7-9, 15.

[40] 李学锋, 彭少贤, 闫晗, 孙勇. UPVC/纳米 $CaCO_3$ 复合型材的研究. 塑料科技, 2005, (4): 12-15.

[41] Fillot Louise-Anne, Hajji P, Gauthier C, Masenelli-Varlot K. Thermomechanical history effects on rigid PVC micro-

structure and impact properties. Journal of Applied Polymer Science，2007，104（3）：2009-2017.

[42] 左建华. 滑石粉有机高分子化改性及在 PVC 中应用. 现代塑料加工应用，2005，17（1）：8-11.

[43] 黄彦林，赵恒勤，吴东印，李英堂，赵连泽，周一民，杨宇. 白云质凹凸棒石黏土综合开发应用研究. 非金属矿，2005，28（2）：17-19.

[44] 薛平，贾明印，王哲，丁筠. PVC/木粉复合材料挤出发泡成型的研究. 工程塑料应用，2004，32（12）：66-70.

[45] Matuana L M, Faruk O. Rigid PVC-based nanocomposites produced through a novel melt-blending approach. Annual Technical Conference - ANTEC, Conference Proceedings，2007，2：1238-1242.

[46] 湛丹，周南桥，朱文利，孔磊. PVC 微孔塑料的研究进展. 塑料，2005，34（2）：36-40.

[47] 丁宏明，刘莉，李荣勋，黄兆阁，刘光烨. PVC 微发泡仿木结皮板材生产技术. 塑料科技，2004，（6）：35-38.

第 5 章　工程塑料改性及应用

5.1　概述

5.2　ABS 的改性

5.2.1　ABS 的发展

ABS 树脂是在聚苯乙烯树脂改性的基础上发展起来的。早在 ABS 树脂出现以前，美国橡胶公司和聚苯乙烯的生产者已对用丁苯橡胶和丁腈橡胶改善聚苯乙烯的脆性进行了多方面的研究工作，并制得了抗冲击聚苯乙烯。在此基础上，开发了用共混法制备 ABS 树脂的工艺。1947 年，美国橡胶公司首先用共混法工艺实现了 ABS 树脂的工业生产。1948 年，该公司公布了第一项 ABS 树脂专利（美国专利 2439202）。该专利产品是用丁腈橡胶和丙烯腈-苯乙烯共聚物（SAN）共混制得的。这就是最早出现的共混型 ABS 树脂，其商品名为"Kralstic"，主要用作板材和管材。该方法工艺简单，但产品耐老化性能较差，加工困难。

1954 年，美国 Berg-Warner 公司的 Marbon 分公司将丙烯腈和苯乙烯在聚丁二烯胶乳中进行接枝聚合，制得了接枝型 ABS 树脂，并首先实现了工业化生产，商品名为"Cyclolac"。其热流动性和低温抗冲击性均较共混型 ABS 树脂优越得多，而且可用于注塑成型。乳液接枝聚合法 ABS 生产技术的开发，为 ABS 树脂工业的迅速发展奠定了基础。之后，德国、法国、英国和日本纷纷引进 ABS 生产技术，相继建厂。并在引进技术的基础上各自开发 ABS 生产技术，进而实现工业化生产。

20 世纪 70 年代是 ABS 树脂生产技术的大发展时期，先后开发成功了多种生产工艺。1977 年，日本东丽公司开发成功乳液-本体法 ABS 生产技术。1980 年和 1984 年，美国 Dow 化学公司和日本三井东压公司分别开发成功本体法 ABS 生产技术；近年来，乳液接枝-本体 SAN 掺混法 ABS 工艺得到大发展。乳液接枝-SAN 掺混工艺已经成为当前最有工业实用价值的 ABS 生产技术。

乳液接枝法具有较大的可调节性、质量均一、低成本，当前仍被一些国家（主要是发展中国家）采用，然而该工艺甚为复杂，对环境污染严重。因此无污染物（乳化剂）、低三废生成的连续本体法 ABS 工艺逐渐得到青睐。近几年，国内本体 ABS 生产也有较快发展。中国石化高桥石化分公司采用美国道化学公司连续本体法生产技术在漕泾建设 200kt/a 的 ABS 装置，已于 2007 年 1 月投产，这是过去十多年来世界新建的首套连续本体法 ABS 装置，也是目前世界最大的连续本体 ABS 生产装置。该装置拥有 3 条生产线，每条能力为 75kt/a。辽宁华锦化工集团公司（原盘锦乙烯）也选用道化学连续本体技术新建了 140kt/a 的 ABS 装置。从长远来看，这将一定程度上缓解国内对进口产品的依赖性。中国石油吉林石化公司则引进了日本三井东亚公司连续本体法 ABS 生产工艺。上海华谊本体聚合技术开发公司经多年的技术攻关、项目建设、联动试车并成功试生产出本体法 ABS 产品，填补了国内空白，形成了自主知识产权的工业生产技术。中化国际（控股）股份有限公司亦在消化引进技术的基础上，自主开发了连续本体法生产工艺，简化生产流程，减少三废污染，节省投资。几种

ABS 树脂制备工艺优劣比较见表 5-1 和表 5-2。

表 5-1　三种接枝-掺混法 ABS 生产工艺比较

项目		乳液接枝聚合法	乳液接枝掺混法			连续本体聚合法	本体-悬浮聚合法	乳液-悬浮聚合法	乳液-本体聚合法	乳液接枝和本体-悬浮联用法
			乳液 SAN	悬浮 SAN	本体 SAN					
工业生产现状		有工业装置	有工业装置	有工业装置	有工业装置	有工业装置	有专利	有专利	有工业装置	有专利
技术指标	能耗	—	100	92.2	86.7	81	—	—	82.9	—
	成本	—	100	97.5	87.8	82.5	—	—	82.9	—
	投资	中等	较高	较高	中等	低	较低	中等	较高	高
工艺	反应控制	较容易	容易	容易	容易	困难	较困难	严格	复杂	较复杂
	设备	聚合简单	聚合简单	聚合简单,后处理需 2 套流程设备	聚合简单,后处理需 2 套流程设备	简单	简单	较简单	设备多、复杂	需 2 套不同流程设备
	换热	容易	容易	容易	较容易	困难	较困难	较容易	较容易	—
	后处理	复杂	复杂	复杂	复杂	简单	较简单	较简单	简单	复杂
品种和质量		品种可调,产品中杂质较多	品种灵活,产品中杂质较多	品种灵活,产品含一定量杂质	品种灵活,产品中杂质少	品种少,产品纯净		—	品种少,产品中杂质较少	品种多,产品中有杂质
环保		差	差	较差	中	好	一般	较差	中	差
发展趋势		淘汰	无进一步发展趋势	一段时期内仍有发展	发展中的主要方法	前景广阔,但不太成熟,有待进一步发展	不会成为主要生产方法	—	有待进一步完善和发展	有广泛应用可能性

表 5-2　乳液接枝-本体 SAN 掺混法和连续本体法技术对比

项目	乳液接枝-本体 SAN 掺混法	连续本体法
技术先进性	先进、成熟	先进、较成熟
原料来源	3 种主要原料来源广泛	原料顺丁橡胶(丁苯橡胶)来源局限性较大
应用情况	世界上大部分 ABS 生产厂家采用,应用前景光明	目前只有少数厂家应用,随着产品范围的进一步拓宽,将有一定的应用空间
产品特点	ABS 产品品种丰富、产品质量高、市场应用广泛,覆盖了挤出、阻燃、耐热、电镀、注塑等各个领域	产品以低光泽牌号为主,胶含量低,适用于消光性制件或对抗冲击性要求不高的产品,应用领域相对较窄,不能生产高附加值产品
工艺、设备特点	生产工艺简单、生产灵活性高,便于操作,易于大规模生产	生产流程短、设备复杂、操作弹性差,目前单线最大生产能力为 7 万吨/a,不易于大规模生产
投资	较低	低
产品综合能耗	较低	低
单位产品生产成本	低	较低

　　至 2010 年全球 ABS 的消费量为 650 万吨,总产能约 870 万吨/a,约 75% 用于注塑成型,25% 用于挤出成型。ABS 最大制造商是奇美和 LG。新的产能主要建在中国和中东地区。西方生产商从生产多品级产品转向生产少数通用品级,以应对远东低价格产品的竞争。世界上最大的 10 家 ABS 树脂生产公司依次是中国台湾奇美实业公司(175 万吨/年)、韩国 LG 化学公司(105 万吨/年)、Ineos 公司(65 万吨/年)、德国 Bayer 公司(60 万吨/年)、

韩国三星公司（50 万吨/年）、日本 Techno 聚合物公司（30 万吨/年）、沙特阿拉伯 SABIC 公司，（35 万吨/年）。2010 年，中国内地年消费量达到近 400 万吨，是全球需求量最大的国家，大部分依赖进口。

　　ABS 树脂的发展趋势是向高性能、多功能的专用树脂发展，以期提高产品的附加值和市场竞争力。高性能 ABS 树脂有耐热 ABS、阻燃 ABS、高冲 ABS、透明 ABS、高光泽 ABS、消光 ABS、耐候 ABS、导电 ABS、抗静电 ABS、抗震 ABS、抗蠕变 ABS、高流动 ABS 等。ABS 耐热性的提高，使其使用档次提高，满足了最终用途的高性能化要求，拓宽了应用领域。阻燃 ABS 的发展方向是阻燃的多功能化，如阻燃抗冲、阻燃发泡、阻燃耐候和阻燃耐热等。透明 ABS 的发展方向是综合性能的提高。总之，高性能 ABS 树脂不仅满足了制品的高性能化要求，提高了产品的使用档次和竞争力，而且拓宽了产品的应用领域。

　　然而，要达到高性能化，单靠 ABS 树脂自身的性能难以达到的，只有通过 ABS 的改性如合金化，尤其是 ABS 树脂与聚碳酸酯（PC）、聚对苯二甲酸乙二醇酯（PET）、聚对苯二甲酸丁二醇酯（PBT）、聚氨酯（PU）等工程塑料的合金化才能达到，因而，ABS 树脂的合金化是 ABS 树脂一个重要的发展方向。同时，对 ABS 树脂进行阻燃、增强等改性后其综合性能大幅度提高，不仅满足了终端产品的高性能化要求，提高了产品的竞争力，而且拓宽了 ABS 的应用领域。

5.2.2　ABS 的化学改性

　　ABS 的化学改性主要是与极性单体的接枝，该接枝产物可作为 ABS 与其它聚合物或玻璃纤维、无机填料等的相容剂，具有良好的效果。用反应挤出接枝技术，在 ABS 上接枝 MAH，并用 MAH 接枝 ABS 与 PA6 制成合金，其性能达到国内外同类产品水平。

　　(1) 引发剂品种对 MAH 接枝率的影响　将 4 种半衰期和分解温度较合适的常用引发剂的实验结果列于表 5-3。由表 5-3 可见，使用 DCP、BPO 的接枝效果都较好。但 DCP 由于分解后有难闻气味，影响使用。

表 5-3　引发剂品种对 MAH 接枝率的影响

引发剂	DCP	BPO	过氧化氢异丙苯	偶氮二异丁腈
接枝率/%	1.2	1.3	0.7	0.5

　　(2) MAH 用量对 MAH 接枝率的影响　MAH 用量较小时，接枝率随其用量增加而显著增大；当其用量较大时，增加的趋势很平缓，几乎不变。这可能有 3 方面原因：①在高温挤出时，MAH 用量越多，挥发也越多，导致参加反应的 MAH 量减少；②挤出速度由于工艺条件和原料性能等的限制不能调得很慢，MAH 用量多了以后，可能有部分 MAH 未反应就被挤出；③当 ABS 接枝上一定量的 MAH 后，接枝点趋于饱和，可用接枝点浓度降低，而 MAH 又不易均聚，所以接枝反应速度变慢，接枝上的 MAH 也变得很少。

　　以过氧化二异丙苯（DCP）为引发剂，采用单螺杆挤出方法实现了 ABS 树脂接枝马来酸酐。经红外光谱，以及流变、动态力学和拉伸性能测试等对产物表征表明，马来酸酐接枝到 ABS 树脂上的量可控制在 0.5%～2.5%，产物基本保持了 ABS 的物理力学特性。在 DCP 用量固定下，随着 MAH 用量增加，引入到 ABS 上的 MAH 量也增大。即由 0.5% 增大到 2.3%，然而，接枝率 E_g 在 MAH 用量略高时却有所下降。可见 MAH 的用量并非越多越好，要进行适当地优化。在本实验范围内 MAH 的用量在 1.1%～1.6%（质量分数）比较理想。

　　在 DCP 用量固定的情况下，随着 MAH 用量增加，接枝到 ABS 上的 MAH 量也增大。

然而接枝速率随着 MAH 用量的增加而提高，但 MAH 用量大于 3 份以后却有所减缓。这里除了 MAH 在预混和加工过程中有部分挥发外，另一重要原因就是马来酸酐易于共聚，不易均聚。故 ABS 大分子链上容易接枝上许多 MAH 短支链，在 ABS 大分子链段上接枝活化点有限的情况下，MAH 用量进一步加大时接枝到 ABS 链上的 MAH 接枝速率将会变慢。

（3）引发剂用量对 MAH 接枝率的影响　随着引发剂用量的增加，接枝率先增大，但到达一定值后又趋于下降。这是因为在引发剂用量少时，有利于接枝；但用量增大后，产生的自由基数量也增加，ABS 之间的交联变多，一是消耗了接枝活性点，用于接枝 MAH 的活性点浓度降低，使接枝反应变慢；二是部分接枝上去的 MAH 可能被封闭于交联体内而起不到作用。

保持其它条件不变，随着引发剂用量的增加，接枝产物的接枝率迅速提高，但达到一定值后增加趋势趋于平缓，这是由于引发剂用量的增加，分解产生的自由基数量增加，从而ABS 骨架链上活性点增多，有利于接枝。但后来引发剂用量继续增加时，可能由于 MAH单体用量固定，MAH 接枝率增加到一定值后便趋于缓慢。

（4）共单体苯乙烯（St）对 ABS 接枝 MAH 的影响　通过多单体熔融接枝的方法制备出了具有较高接枝率的 ABS 接枝物［ABS-g-(MAH-co-St)］。将干燥好的 ABS 树脂（或SAN 树脂）、马来酸酐、苯乙烯、DCP 按一定比例混合均匀，用哈克流变仪（或单螺杆挤出机），在 180℃下进行熔融接枝反应，反应产物经纯化后进行分析测试。MAH、St 接枝ABS 时，反应主要发生在 ABS 中聚丁二烯的双键部位，同时，当 MAH 与 St 的用量比约为1：1 时接枝率达到最高。图 5-1 为纯 ABS以及 ABS 接枝物的红外光谱。图中，1781cm^{-1} 和 1859cm^{-1} 两处为酸酐环上的羰基吸收峰；2237cm^{-1} 处为氰基的特征峰，在反应过程中没有发现氰基发生变化，故将它作为定量分析的内标峰。分别将1782cm^{-1} 处的羰基吸收峰和 2237cm^{-1} 处的氰基特征峰进行面积积分，其峰面积之比即为两基团吸光度之比（R_a），反映了 ABS上 MAH 接枝量的相对大小，即 MAH 的相对接枝率，用 R_{MAH} 表示。从图 5-1 中可

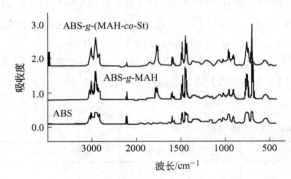

图 5-1　ABS 接枝前后的红外光谱比较

以看出，与纯 ABS 谱图相比，ABS-g-MAH 与 ABS-g-(MAH-co-St) 的谱图中，出现了1782cm^{-1} 和 1859cm^{-1} 处的羰基吸收峰，可以确认 MAH 被接枝到 ABS 上。同时，对比ABS-g-MAH 与 ABS-g-(MAH-co-St) 的谱图可以发现，苯乙烯（St）的添加对马来酸酐（MAH）的接枝有明显的促进作用，加入 St 后羰基吸收峰显著增强。

St 的添加使 MAH 的接枝率有显著的提高。随着 St 用量的不断增加，接枝率先增加，当 MAH 与 St 的用量比为 1：1 左右时，接枝率达到最大；而当 St 的用量超过 MAH 的用量时，MAH 的接枝率又有所下降。MAH、St 多单体熔融接枝体系中，St 是较好的供电单体，能够提高 MAH 的反应活性，反应过程中它们以 1：1 的比例相互作用形成电荷转移络合物（CTC），从而使得 MAH 以 SMA 长链的形式接枝到主链上去。当 St 的用量与 MAH的用量比大约在 1：1 时，接枝产物的相对接枝率就会达到最大。

ABS 树脂是由聚丁二烯（PB）和苯乙烯-丙烯腈共聚物（SAN）两部分组成的。MAH熔融接枝 SAN，当没有添加助单体 St 时，MAH 并没有接到 SAN 上。因此，可以认为MAH 单独接枝 ABS 时，反应发生在 PB 部分。未添加 St，MAH 单独接枝 SAN 时，提纯

后的产物检测不出 MAH，表明 MAH 单独很难接枝到 SAN 上。但随着 St 作为助单体被添加，且随其用量不断增加，MAH 的接枝率也在不断地提高。这个结果大概与 SAN 中参与接枝反应部分为苯乙烯段有关，对于 MAH St 多单体接枝 SAN 或 PS 的接枝机理有待进一步探讨。根据以上结果，对于由 PB 和 SAN 共同组成的 ABS 树脂，如果 MAH、St 接枝 ABS 的反应只发生在 SAN 部分，那么 MAH 的接枝率将随 St 的用量增加而提高。但试验结果是 MAH、St 接枝 ABS 时，MAH 的接枝率随着 St 的用量的增加先提高后降低，并且接枝率在 MAH 与 St 用量比接近 1∶1 时达到最高值。同样接枝单体浓度条件下，ABS 的 MAH 接枝率远高于 SAN。这样的结果表明，多单体熔融接枝 ABS 时，其中的 PB 部分与 SAN 部分有可能同时发生了接枝反应，但从反应活性看，主要的接枝反应还应发生在 PB 部分。ABS 树脂中含有大量的不饱和双键的聚丁二烯，为 ABS 提供了优异的冲击性能。进行熔融接枝时，反应最有可能发生在聚丁二烯中的双键上。ABS 的接枝产物同纯的 ABS 相比，冲击强度上发生了很大的下降，可以推断这是由于使 ABS 具有较高冲击强度的聚丁二烯中的双键被大量破坏所导致。由于反应过程中 PB 中双键数量的减少，使得断面的特征由韧性变成了脆性。可见，在熔融接枝过程中，大部分的反应发生在了双键的部位。

采用溶液法进行 ABS 接枝马来酸酐、苯乙烯双单体的接枝，在 MAH 用量不变的情况下，研究了加入 St 后 MAH 对接枝物的接枝率和接枝效率的影响。由于 St 和 MAH 容易进行交替共聚，生成的共聚物再接枝到 ABS 链段上去。当 St 的用量少于 MAH 时，一部分 MAH 与 St 形成交替共聚物接枝到 ABS 链段上，另一部分 MAH 以短支链的形式接枝到 ABS 上去；当两者用量相等时，大部分形成交替共聚物然后接枝；当 St 过量时，就会出现 MAH 与 St 的交替共聚物与聚苯乙烯相互竞争接枝到 ABS 上的情况。所以随着 St 用量的增加，ABS 链上直接或间接接枝上的 MAH 是先增大后减少。由于 MAH 与 St 有很强的交替共聚的能力，这就使体系中可能出现交替共聚物与接枝物共存的情况，为了证明反应最终得到的接枝物是真正的双单体接枝，我们先将粗品接枝物用甲苯和乙醇的混合溶液精制 8h，然后进行热重分析。接枝物的最终分解温度在 427℃左右，与纯 ABS 的分解温度比较接近；而 MAH 与 St 的交替共聚物的分解温度在 330℃左右，在此处未出现失重峰。

5.2.3　ABS 的共混改性

5.2.3.1　概述

使用场合、条件、环境的不同，都会对材料物理性能、化学性能、加工性能、产品成本等提出不同的要求。尽管 ABS 综合性能优异，但在一些应用领域，它的某些性能还是不能很好地满足要求。例如，一些电子电器配件、壳体燃烧引起的火灾时有发生，许多国家就强制要求这些部件必须由阻燃材料制作。但普通 ABS 的氧指数（OI）仅为 19.0％左右，尽管其它性能均可满足要求，其阻燃性必须进行改进；常温下 ABS 树脂具有足够的刚性，但用于热水器壳体等较高温度的场合，其刚性需进一步增强；制作一般制品时流动性能够满足要求的 ABS 树脂，制作大型薄壁制品时其流动性就需要改进；不受光照的场合使用，ABS 树脂有足够长的寿命，若在户外使用，其耐老化性又存在一定的问题；类似情况还很多。这些问题的解决，不可能完全依赖合成新材料。除技术能力外，生产成本也是一个重要的制约因素。为此，人们就想到把各种不同性质的高分子材料进行共混。共混改性是实现聚合物高性能化、多功能化、精细化、发展新品种的主要途径之一。它的品种千变万化、性能易于调变、生产周期短，特别是对批量不大的品种更具明显的成本优势，已经成为目前材料科学研究和发展的一个重要领域。ABS 树脂与其它聚合物共混实现 ABS 树脂的高性能化和多功能化就是共混改性领域特别活跃的一个分支。

由于 ABS 树脂含有侧苯基、氰基和不饱和双键，这为 ABS 的共混改性创造了有利的条件。通过共混，可提高 ABS 的冲击强度、耐热性、耐化学腐蚀性，赋予阻燃性和抗静电性，或增加流动性、降低成本。因此，ABS 共混物的开发生产是高分子共混物领域非常活跃的一个分支。到目前为止，人们已经开发或者研究了几乎所有品种的热塑性聚合物与 ABS 的共混物，相当多的品种已经被工业化。在美国，ABS 树脂的共混合金材料已形成很大的规模，用于共混合金的 ABS 树脂在 20 世纪 80 年代中期为 1 万余吨，占 ABS 总消耗量的 2.5％。80 年代后期和 90 年代，ABS 共混物发展很快，1995 年和 1996 年用于共混合金的 ABS 树脂分别为 4％左右。最主要的是 ABS/PC 合金，占各类 ABS 共混合金材料的 75％～80％；其次是 ABS/PVC，占大约 15％；其它如 ABS/PA、ABS/PBT、ABS/TPU 等共占 5％～10％。生产 ABS 共混合金材料的另一重点地区是欧洲，特别是德国，Bayer 公司、Basf 公司、DSM 公司都生产几个品种的共混合金材料。亚洲的日本是生产各种 ABS 共混合金材料的主要国家。

5.2.3.2　ABS 与 PVC 的共混

正如前面所述，ABS 的阻燃性能并不好。使用 ABS 制作的一些电子电气配件、壳体燃烧引起的火灾时有发生。早在 20 世纪 70 年代，美国的 UL（Underwriter Laboratory）、加拿大及澳大利亚的 AS-3195 等都对电器外壳提出了阻燃要求，国内电器配件外壳的阻燃问题也逐渐得到了重视。因而赋予 ABS 树脂阻燃性，是扩大其应用的必然要求。

获得阻燃 ABS 最常用的方法是在 ABS 中添加无机阻燃剂。但无机阻燃剂会严重降低 ABS 的力学性能，影响使用。而在 ABS 中添加适量的阻燃型聚合物——PVC，不仅可以降低无机阻燃剂的用量，还可以改善复合体系的力学性能。实验证明，PVC 可将 ABS 的氧指数提高到 28.5％。ABS/PVC 共混物不仅阻燃性能和抗冲击性能优异，而且拉伸性能、弯曲性能和铰接性能、耐化学腐蚀性和抗撕裂性能也比 ABS 有所提高，其性能/成本指标是其它树脂无法比拟的。作为 ABS 系列最主要的共混改性品种之一，其注射成型及挤出成型制品已广泛应用于建筑、汽车、电子、电气和医疗器械等领域。在日本此种合金可取代原料市场 15％的改性聚苯醚和 10％的聚碳酸酯，可替代 ABS 广泛应用于计算机、电话机、电视机等家电的外壳，其应用前景相当广阔。

ABS/PVC 共混合金的性能受多种因素的影响，两种树脂的相容性、组成和制备工艺是关键因素。从 ABS 与 PVC 的相容性来看，ABS 存在两相结构，苯乙烯-丙烯腈共聚物 [SAN，$\delta=19.0\sim20.1$ $(J/cm^3)^{1/2}$] 作为连续相，即树脂相；聚丁二烯 [PB，$\delta=17.3$ $(J/cm^3)^{1/2}$] 作为分散相，即橡胶相。根据溶解度参数判断，PVC [$\delta=19.6$ $(J/cm^3)^{1/2}$] 与 ABS 的树脂相可形成相容性较好的相态，而与橡胶相不相容，ABS/PVC 共混物属"半相容"体系。因而在该体系中，PVC 与 SAN 的界面状况是影响最佳相容性的重要因素。PVC 与 SAN 的界面状况又受到 SAN 中丙烯腈（AN）含量的影响。据报道，SAN 中的 AN 含量在 12％～26％（质量分数）时可与 PVC 达到良好混合，超过这一范围，溶解度参数差异较大，则混合效果不理想。一般认为，ABS/PVC 体系具有"海-岛"结构，PVC 与 SAN 一起构成连续相，而共混过程中 ABS 中的橡胶粒子成为分散相，其粒径基本没有变化。当材料受到外力冲击时，橡胶粒子成为应力集中点，使材料诱发银纹，同时橡胶粒子还可歧化、终止银纹或诱发新的银纹，从而提高了材料的冲击性能。

从 ABS 与 PVC 各自组成情况来看，由于 ABS 生产中使用的原料种类、工艺条件、生产方法的多样化，使 ABS 树脂的实际组成千差万别，变动极大。对 ABS/PVC 共混体系而言，在 ABS 三组分中，丙烯腈含量降低能提高流动性和强度，降低热变形温度和降低断裂伸长率；丁二烯含量的降低则能提高硬度和强度，但冲击韧性和耐低温性能也减弱；苯乙烯含量降低则有利于提高热变形温度、相对断裂伸长率和冲击韧性，但同时也降低其加工性能。

　　PVC 树脂的用量增加可使共混体系的拉伸强度、弯曲强度、伸长率增加，但体系的热稳定性下降。同时 PVC 树脂的分子量分布宽，有利于提高熔体的剪切敏感性，改善加工性能，但又使冲击性能下降。选用不同牌号的 ABS 与 PVC 共混可能得出不同的结果。以冲击强度为例，共混物出现极大值可能在 PVC 含量为 15％～30％ 的范围内或在 PVC 含量 40％～50％ 的范围内，或在 PVC 含量为 70％ 左右时。因此，共混体系与组分的关系有两个特点：①在一定区域内共混体系性能会出现极大值；②极值随 ABS、PVC 类型不同，出现位置亦不同。

　　ABS/PVC 共混体系的流动性较 ABS 差，且 PVC 的热稳定性不好，在加工过程中，受热受剪切力易发生降解，故在共混体系中应加入适量的热稳定剂和润滑剂。常用的热稳定体系为金属皂类和铅盐稳定体系，润滑体系采用石蜡。实验证明采用金属皂与铅盐混合稳定体系，Ba、Cd 皂盐配比为 3∶1 左右，热稳定效果和制品颜色较佳，石蜡与金属皂热稳定体系配合使用的润滑作用远比铅盐系稳定剂配合作用好。同时适当采用低分子量 PVC 树脂可使共混体系稳定性明显提高。因为随 PVC 分子量减小，分子间作用力减弱，熔融黏度下降，从而降低分子间摩擦热，降低摩擦热效应，使体系热稳定性提高。

　　如前所述，ABS/PVC 是半相容体系，而且体系黏度较大，使共混物两相间界面张力大，造成两相间界面黏合力低且接触面积小；又由于 PVC 的熔体黏度高，橡胶相不易达到改性所要求的分散程度，因此，有必要在 ABS/PVC 共混体系加入第三组分，以降低界面张力，增大界面面积，从而提高两相之间黏合力。氯化聚乙烯（CPE）与 PVC 及 ABS 都具有良好的相容性，所以是 ABS 及 PVC 共混合金中最为常用的亲和型相容剂。由 100 份 ABS、2.5 份硫醇烷基锡稳定剂、20 份 PVC 和 1.2 份 CPE 组成的 ABS/PVC 合金冲击强度达 587J/m、断裂伸长率达 159％、热变形温度达 84℃，且外观明显光滑；而不加 CPE 的 ABS/PVC 共混物冲击强度仅 480J/m、断裂伸长率 149％、热变形温度 80℃。MBS 作为另一种常用增容剂加入 ABS/PVC，可以提高共混体系的拉伸强度、静弯曲强度以及冲击强度，加工成型性好，综合性能优良。但使其耐热性及耐候性有所下降。一般以 3～10 份为宜；ABS/PVC 常用的增容剂还有 ACR、PMMA 及 α-SAN 等。对 ACR 而言，在共混体系添加后能较好地改善共混体系的综合性能和加工性。在注射成型过程中，ACR 能消除 PVC 易出现的螺旋状流纹，使制品表面光洁程度得到较大的提高，其用量以 1 份左右为宜。对 CPE 而言，由于其分子量低、用量少，不足以产生足够大的黏合力，其添加量应在 5 份以上。对 PMMA 而言，它可以提高共混体系的冲击强度、拉伸强度及断裂伸长率，而弯曲强度则变化不大。特别值得注意的是，添加了 PMMA 后，共混体系的表观黏度在其注塑成型温度范围内，较未添加 PMMA 小，提高了共混体系的流动性，利于成型加工。此外，添加 PMMA 后，共混物制品的表面光洁程度有了较大的提高，添加量以 1 份左右为宜；对 α-SAN 而言，由于其分子量大而使链段易于缠结，可以导致形成更稳定的银纹屈服区，从而更有效地在 ABS 和 PVC 间分配载荷，可使橡胶粒子均匀分散，并提高共混体系多相界面之间的黏合力，显著改善共混体系物理机械性能，降低了生产成本，其用量在 5 份左右为宜。因为增容剂填充在共混体系多相相界面间，使多相界面大分子链段通过增容剂作用而相互渗透、扩散，当增容剂能充分"饱和"在多相界面间时，即达最佳配比；再加增容剂，则冲击强度基本保持不变，而硬度、弯曲强度下降，此外，氢化丁腈橡胶、苯乙烯/丙烯酸酯共聚物亦可作为第三组分，提高共混体系的耐热性，改善其加工成型性，有效防止 PVC 老化分解。若加入聚四氟乙烯和 SAN 则可改进材料的加工性能和阻燃剂的分散性能。乙烯-醋酸乙烯共聚物（EVA）、醋酸乙烯与 ABS 的接枝共聚物作为相容剂也可提高共混体系的冲击性能。添加聚氨酯弹性体的 ABS/PVC 合金则具有良好的成型性并且可在低温下加工。

5.2.3.3　ABS 与 PA 的共混合金

尼龙（PA）是一种广泛应用于机械、仪器仪表、汽车、电子、包装等领域的工程塑料。具有坚韧、耐磨、耐溶剂、耐油和适用温度范围广（$-40 \sim 100 \, \text{℃}$）、熔体黏度低等优点。但也存在吸水率大、尺寸稳定性差、低温和干态冲击强度低等不足，大大限制了它的应用。将 ABS 和 PA 共混制得的 ABS/PA 合金既具有 ABS 的韧性和刚性，又具有 PA 的耐热和耐化学药品性，因而其应用范围大为扩张。

尼龙和 ABS 树脂共混，20 世纪 60 年代就有专利报道，或许由于目的和用途不明确，未能成功地商品化。直到 20 世纪 80 年代，美国 Borg Warner 公司研究开发的 Elemid 系列合金由于能够耐在线喷涂温度而成功应用于汽车外板，揭开了工业化开发及应用的序幕。该公司研究开发的 Elemid 2730 综合了 ABS 的刚性、韧性和 PA 的耐化学药品、耐热性，干态下的缺口冲击强度大于 960J/m；日本合成橡胶公司开发的"JSRマトロィ"A 系列是 ABS 与 PA6、PA66、PA46 等的合金，耐药品性优良，在较宽的范围内仍具有良好的冲击强度，用于机械工具的外装部件、车辆内外装饰部件等；韩国 Miwon 石化公司开发的 HAN-8654 ABS/PA 合金材料，其 Izod 冲击强度为 961.2J/m，230℃下熔体流动速率为 10g/min；日本孟山都公司与 1992 年研制成功牌号为モンィィ-N 的 ABS/PA 合金系列材料，既综合了 PA 的耐热和耐化学药品性，又综合了 ABS 的刚性、韧性，还具有较好的耐热翘曲性、优良的流动性和外观，在电子电气、汽车、家电、体育用品领域具有极为广阔的市场。

在目前广泛应用的工程材料中，ABS 与 PA 的共混物是具有最高冲击强度的材料之一。这是一种非结晶与结晶聚合物的共混物，由于 PA 的加入，改进了高温下 ABS 的化学稳定性，并具有耐翘曲性，良好的流动性和漂亮外观，但吸水性大，弹性模量下降。PA6 在提高 ABS 树脂抗冲击性方面的效果是非常明显的，但使 ABS 树脂吸水率、吸潮率显著增大，降低了弹性模量。若从 ABS 改性 PA6 的角度来看，ABS 的加入，则显著地降低了 PA6 吸水率、吸潮率，降低了 PA6 性能对环境的敏感性。不过，共混合金材料尽管吸取了两种材料的某些优势，其性能对潮湿环境的敏感度虽然较 PA 小，但仍是十分显著的。特别是拉伸模量、屈服强度等性能，吸潮可以使其性能降低 25%～50%；吸潮还可使成型制品尺寸发生变化。但这些变化又使得材料结构趋于稳定化，并可获得韧性。

ABS 树脂本身是两相体系，由于其组成中丙烯腈与苯乙烯的共聚物 [SAN, $\delta = 19.0 \sim 20.1(\text{J/cm}^3)^{1/2}$] 与 PA 部分相容性都很差，分层严重，无法使用。从溶解度参数的差异很容易解释这一点，在 ABS/PA 合金中使用比较多的 PA6 溶解度参数高 [$26.0(\text{J/cm}^3)^{1/2}$]，PA66 更是高达 $27.8(\text{J/cm}^3)^{1/2}$。与 ABS 溶解度参数 $\delta \approx 20.5(\text{J/cm}^3)^{1/2}$ 差值（$\Delta\delta$）在 5.5 $(\text{J/cm}^3)^{1/2}$ 以上。为了两者的相容性改善，通常采用 ABS 树脂接枝马来酸酐（MAH）的方法，制得带有羧酸官能团的接枝共聚物，然后加入 ABS/PA6 或直接与 PA6 共混，可以得到相容性较好的 ABS/PA6 合金。相容性的改善，被认为是接枝到 ABS 上的 MAH 与 PA6 的氨基发生了化学反应，从而提高了两组分间的亲和性，并且随 MAH 接枝量的增加，共混体系流动性降低，冲击强度提高。但若接枝 ABS 含量超过 30%，冲击强度反而会随接枝物用量增多而下降；进一步添加适宜的橡胶（如 SEBS）则可大大提高合金材料的抗冲击性能，其它力学性能则会有所下降。这是由于在 PA6 基体中加入了模量小于（或远小于）基体模量的 ABS 分散相粒子即橡胶相粒子，从而在垂直于应力方向的球粒赤道面上产生了较大的应力集中，使得此处的实际应力远大于所施加的应力，所以引起体系除冲击韧性以外其它力学性能的下降。

SMA 加入 ABS/PA6 共混物也能起到有效增容作用。加入适量的 SMA（对 25/75 的

ABS/PA6 体系，最佳用量为 3.75%；对 50/50 的 ABS/PA6 体系，最佳用量为 4%），不仅使 ABS/PA6 体系熔融共混时平衡扭矩大幅提高，而且使共混物分散相粒径大幅度减小，断裂伸长率及屈服强度显著提高。其主要原因是 SMA 可与 PA6 之间形成 PA6-SMA/ABS 接枝共聚物。用于 ABS/PA6 共混合金的增容剂还有含丙烯酸的共聚物等。

PA6 与 ABS 二元共混时，力学性能很差；当加入增容剂 ABS-*g*-MAH（20%）时，三元合金的力学性能接近于纯 PA 的力学性能，相态结构分布均匀，同时三元合金的 MFR 比纯 PA6 的 MFR 下降约 3 倍，克服了纯 PA6 的流延现象，热变形温度也比纯 PA 的提高 38℃。采用挤出反应接枝改性技术，在 ABS 上接枝第三组分，以增进 ABS 与 PA 的相容性，从而制备出了高冲击强度的 PA/ABS 合金。PA 是一种结晶性、强极性的聚合物，而 ABS 是一种非结晶性、弱极性的聚合物，二者的溶解度参数相差较大，因此在挤出过程中，加入过氧化物作为反应引发剂，加入顺丁烯二酸酐（以下简称顺酐）作为 PA 和 ABS 的相容性改良剂。由于有过氧化类引发剂的存在，顺酐可以同 ABS 中的不饱和双键在挤出机内反应形成如下的聚合物：

$$\begin{array}{ccc} CH-C & & CH-C \\ \quad \quad \quad O + H_2N- \longrightarrow & \quad \quad \quad N\!\!\sim\!\!\sim + H_2O \\ CH-C & & CH-C \end{array}$$

顺酐也可以在挤出机中形成同 SAN 具有良好亲和作用的噁唑类官能团：

$$\sim\!\!\sim\!CH_2-CH_2\!\sim\!\!\sim$$

由于 ABS/PA 混合物在挤出过程中与顺酐进行上述反应，使 ABS 与 PA 的结合性能得到改善，形成了具有高冲击性能的 ABS/PA 合金。

5.2.3.4 ABS 与 PBT 的共混合金

聚对苯二甲酸丁二醇酯（PBT）是一种线型聚酯，属热塑性工程塑料。它的耐热性能优良，长期使用温度在 110～140℃，短期使用温度可达 200℃。特别适合于玻璃纤维增强，从而得到机械强度超过聚苯醚（PPO）、聚甲醛（POM）和聚碳酸酯（PC）的高强材料。

ABS 树脂与 PBT 共混，是 ABS 树脂高性能化的一个环节。这种共混物中 ABS 树脂的非结晶性与 PBT 的结晶性使其具有优良的成型性、尺寸稳定性、耐药品性和耐油性、耐热性。美国 GE 公司"CycolavG"系列为 ABS/PBT 合金，有四个牌号：GCT1900、GCT2900 应用在汽车方面；GCM1900、GCM2900 应用在电动工具方面。日本大赛璐公司推出的 ABS/PBT 合金系列有 8 个牌号。由于 ABS/PBT 合金材料有优良的表面性能、着色性能和尺寸稳定性能，而且在性能/价格比上占有优势，因而广泛应用于小型、个人用品。ABS/PBT 可成型为具有均匀的低光泽外观，是汽车内饰件的理想材料，比一般共混合金光泽低 60%，部件不需要涂饰亚光涂层，可降低成本 25%；另一个优点是，ABS/PBT 合金有着优良的耐化学药品性，可应用于冰箱的内胆和外壳材料。

在不加第三组分相容剂的情况下，ABS/PBT 合金也能表现出较好的性能，但是其合金性能对加工工艺条件的依赖性较大。影响 ABS/PBT 合金性能的因素较为复杂，如不同牌号 ABS 材料中橡胶的含量、橡胶颗粒的大小、SAN 对橡胶粒子的接枝率、PBT 的加入量，以及加工工艺条件等。ABS 是一类复杂的聚合物共混体系，它是以聚丁二烯为主链，苯乙烯/丙烯腈共聚物为支链的接枝共聚物，苯乙烯/丙烯腈共聚物以及未接枝的游离聚丁二烯三组分构成。并且所用原料的种类和配比，工艺条件以及生产方式的多样化，导致 ABS 实际组成的变化多样，其性能相差很大。一般来说，ABS 的物理、力学性能越好，其合金的性能也越好。表 5-4 列出了不同牌号的 ABS 对 ABS/PBT 合金性能的影响，从表中可以看出，选用 PA757K 所得的 ABS/PBT 合金有较好的性能，其原因在于 PA757K 中丙烯腈的含量高于 301 型和 HI-121H 中丙烯腈的含量，而且因为氰基和 PBT 中的酯基都是极性基团，所以二者的相容性较好，从而使 PA757K 能与 PBT 在共混时形成良好的相容界面，相分散性较好，所以得到的 ABS/PBT 合金的性能较好。

表 5-4 不同牌号的 ABS 对 ABS/PBT 合金性能的影响

ABS 牌号	301 型	HI-121H	PA757K
无缺口冲击强度/(kJ/m²)	18.4	15.0	33.2
缺口冲击强度/(kJ/m²)	4.6	2.6	4.6
拉伸强度/MPa	44.7	44.0	48.4
拉伸模量/MPa	1271	1292	1286
断裂伸长率/%	8.7	4.8	7.3
弯曲强度/MPa	82.2	80.3	87.3

PBT 的加入改善了 ABS 的一些性能，但是由于 ABS 是非结晶型的，PBT 是结晶型的，二者的相容性不是很好，所以随着 PBT 的加入，ABS 的性能有所下降。分子量不同的 PBT 对 ABS/PBT 合金的性能也有不同程度的影响。分子量不同的 PBT 与 ABS 在低温下进行共混加工时，合金的冲击强度相差不大，只是分子量高的 PBT 在共混时韧性要好一点。但是在高温下加工时，分子量低的 PBT 所得的合金的冲击强度显然要低得多，而分子量较高的 PBT 合金的冲击强度基本上不变。由此可见，加工工艺条件对低分子量 PBT 的 ABS/PBT 合金的影响要大得多。表 5-5 所示为不同温度下的 PBT 分子量对 ABS/PBT 合金冲击性能的影响。

表 5-5 不同温度下的 PBT 分子量对 ABS/PBT 合金冲击性能的影响 J/m

ABS/PBT 合金组成/体积比	PBT 的数均分子量			
	3000		3500	
	加工温度 200℃	加工温度 250℃	加工温度 200℃	加工温度 250℃
70/30	773	234	725	746
60/40	849	226	777	777

在没有加相容剂的情况下，ABS/PBT 合金之所以能表现出较好的性能，这是在控制适当的加工工艺条件下得到共混合金相分散良好的情形下达到的。ABS/PBT 合金在共混时设备可选择双螺杆挤出机，使用连续捏合挤出机更为理想。在共混方式上，二阶共混的混炼效果好，但在二阶共混中，部分物料要经过两次高温挤出，能耗高，易使材料降解。成型方式也对 ABS/PBT 合金的形态结构有较大的影响，例如，压塑成型的试样能较好地保持共混物混炼时所形成的亚微观均相分散形态，而注塑成型时，在高剪切速率下，分散状态发生变化，达到过度的均匀分散，所以两种成型方式，试样的冲击强度有较大的差别，且压塑成型试样的冲击强度较高。

ABS 是一种非结晶型聚合物，而 PBT 是结晶型聚酯。ABS 的溶解度参数 40.2～41.9 $(J/cm^3)^{1/2}$，PBT 的溶解度参数为 38.9～40.1 $(J/cm^3)^{1/2}$，两者较为接近，有一定的相容性。但是由于 ABS 具有两相结构，包括分散相 PB 和连续相 SAN，而 PBT 与 PB 的相容性很差，所以当 ABS 中橡胶含量较低时，ABS 与 PBT 相容性较好；当 ABS 中橡胶含量较高时，ABS 与 PBT 相容性较差。通常 PBT 与 ABS 的相容性不是很好，而且受各组分的型号、配比和加工工艺等条件的影响。为了提高二者的相容性，最好的办法就是在共混合金中加入相容剂。用于增容 ABS/PBT 合金体系的相容剂大致有：MGE、ABS 的接枝物，PS 的接枝物，SAG 和 SMA 等。

由于环氧基团可参与 PBT 中的羧端基和羟端基发生反应，所以含氧官能团的聚合物能很好地增容 ABS/PBT 合金体系，使合金的性能显著提高，相分散均匀，形态结构更稳定。MGE 就是其中的一种。所谓 MGE 就是甲基丙烯酸甲酯（MMA）-甲基丙烯酸缩水甘油酯（GMA）-丙烯酸乙酯（EA）三元聚合物（MGE），其中 GMA 是增容的环氧官能团，MMA 与 ABS 中的 SAN 相容，同时在两相的界面上增容剂中的环氧单元与 PBT 中的羧基或羟基发生反应生成 PBT-g-MGE 接枝共聚物，这种共聚物在两组分间增强了其界面，降低了界面张力和起到了空间稳定的作用，从而达到了增容的目的。MGE 的加入能显著地提高 ABS/PBT 合金的室温冲击性能。研究表明，在加入 5% 的 MGE 增容剂于 ABS/PBT 合金体系后，其合金的室温冲击强度提高了 100~200J/m，脆韧转变温度降低了 20~40℃，但是共混体系的黏度也呈现较大幅度的增加，给加工带来了不利因素。增容剂 MGE 的加入对拉伸强度的影响较小。

ABS 树脂的 MAH 接枝共聚物与 ABS 的结构相似，两者有较好的相容性并且此相容剂中含有活性较强的酸酐基团，它能在高温及剪切应力的作用下与 PBT 发生化学反应，从而明显地降低两相界面的张力，使体系中分散相粒子明显细化，提高共混合金的力学性能。但是如果相容剂过量，在高温及剪切应力作用下引起 PBT 的热降解，导致分子链断裂，从而使冲击性能下降，所以相容剂的加入要适量，不能过多。研究表明，相容剂的加入量在 2~4 份时最适宜，其体系的拉伸强度可提高 5%~7%；弯曲强度可提高 10% 左右；但是断裂伸长率和室温冲击强度略有下降。PS/马来酸酐无规共聚物对 ABS/PBT 合金的增容原理与 ABS-g-MAH 的增容大致相似，只是由于二者分子链结构的差异，使之在相界面处的活动能力不同，因而 PS/马来酸酐相容剂对合金体系的力学性能的影响要比相容剂 ABS-g-MAH 的稍小。

在 ABS/PBT 合金体系中加入弹性体对其增韧有较大影响，能显著地改善体系的韧性，提高冲击强度和断裂伸长率，同时其合金的拉伸强度和拉伸模量将有一定的减弱，这就得合理地选择弹性体。弹性体的选择不但要与 ABS/PBT 合金体系有较好的相容性，使之与相容剂组合起协同增韧效果，而且还要减少拉伸强度等性能的损失，从而达到优化材料性能的目的。有文献指出，如果体系中加入低分子增韧剂，虽然能提高材料韧性，但是也过多地降低了材料的其它性能；而体系中加入高分子弹性体，如 NBR、TPU、SEBS、EPDM 等，在保持其维卡软化点达到标准要求时，能提高材料的韧性，又不明显影响材料的其它性能指标。丁腈橡胶（NBR）是由丁二烯与丙烯腈共聚得到的一种极性聚合物，其极性随 NBR 中丙烯腈的含量的增加而加强。NBR 与 PBT 的相容性较好，同时又与 ABS 极性、分子结构、溶解度参数相近，所以 NBR 是 ABS/PBT 合金体系较好的增韧剂。热塑性聚氨酯（TPU）是多嵌段共聚物，硬段由二异氰酸酯与扩链剂反应生成，它提供有效的交联功能；软段由二异氰酸酯与聚乙二醇反应生成，它提供拉伸性和低温韧性。所以 TPU 既有橡胶的高弹性，又有良好的流动性，且 TPU 与 ABS 的相容性很好，因而 TPU 可用于 ABS/PBT 合金体系的增韧。研究表明，NBR、TPU 的加入量为 5~15 份时最佳，对其材料的冲击强度和耐磨性有显著的改进。此外，其它的弹性体，如 SEBS、EPDM 等其增韧机理与 NBR、TPU 基本相似，加入 ABS/PBT 合金体系中，也能起到良好的增韧效果，从而优化材料的性能。

丙烯腈含量的多少是影响 ABS/PBT 界面黏结的关键因素之一。选用高分子量的 ABS

接枝粉，可以开发具有较高熔体强度的吹塑级 ABS/PBT 合金，用于汽车尾翼和保险杠的生产；而提高 ABS 接枝粉中的橡胶粒径，则可以降低 ABS/PBT 合金的光泽，开发亚光牌号。目前，上海锦湖日丽塑料有限公司已研制成功系列 ABS/PBT 合金产品并投放市场，在汽车行业中得到了应用。

ABS/PBT 合金是一类性能优良的工程塑料合金，国外对它的开发颇为活跃，尤其在汽车行业，ABS/PBT 合金优良的加工流动性和极高的冲击强度，对汽车大型注塑件具有重要意义。GE 公司开发的低光泽牌号可以作为 PP、ABS、PC/ABS 的升级替代品，其冲击强度远远高于矿物填充 PP、ABS，流动性优于 ABS、PC/ABS，而 PBT 的耐磨性则贡献了优秀的耐刮伤性能，因而这是一种较为理想的汽车内、外饰材料。ABS/PBT 合金的良好电气性能和耐磨性、耐化学品性，使其在电子消耗品及包装行业也有着广泛的应用。然而，在国内 ABS/PBT 合金尚未见产业化报道。

5.2.3.5　ABS 与 PC 的共混合金

聚碳酸酯（PC）是一种综合性能优良的热塑性工程塑料，具有良好的机械性能、尺寸稳定性、耐热性和耐寒性，抗冲击强度高，广泛应用于电子、电气和汽车制造业。随着应用领域的不断扩大，对材料性能提出了新的要求。尤其是在成型汽车和电子设备适用的大型薄壁制件时，要求材料在具有良好的抗冲击性能和耐热性的同时，更要求其具有良好的流动性能，以降低制件中的残余应力。但由于 PC 熔点高，加工流动性差，制品易应力开裂，对缺口敏感性强，价格也非常高，因而在一定程度上限制了它的应用。

将 ABS 树脂与 PC 树脂共混，一方面提高了 ABS 的耐热性能和力学性能，另一方面降低了 PC 成本和熔体黏度，提高了流动性，制得的共混合金性能介于 ABS 和 PC 之间，既具有较高的冲击强度、挠曲性、刚性和耐热性，同时又具有良好的加工性能，并改善了耐化学品性和低温韧性，热变形温度可以比 ABS 高 10℃ 左右，同时价格适中，因此发展十分迅速。

PC 与 ABS 树脂中 SAN 的溶解度参数之差（$\Delta\delta$）为 $0.88(\text{J/cm}^3)^{1/2}$，与 PB 的（$\Delta\delta$）约为 $7.45(\text{J/cm}^3)^{1/2}$。可以推测，PC 与 SAN 相的相容性尚可，而与橡胶相的相容性就比较差。研究也表明，ABS/PC 共混体系中原料组分的玻璃化温度（T_g）都有一定程度的变化，且两者有相互靠近的趋势。因此，ABS/PC 共混物大体上是两相体系，一个是相容的 PC/SAN 相，另一个为 PB 橡胶相。两相之间的黏合力较强，共混体系具有比较好的工艺相容性。通过性能测试发现，ABS 的收缩率为 0.5%，而 PC 的收缩率为 0.7%，两者非常接近，因此共混物在加工过程中不会由于热胀冷缩不均而增加内应力。所以，共混物能够有效地吸取 ABS 与 PC 的优点，表现出良好的冲击强度、挠曲性、刚性、耐热性和较宽的加工温度范围，尤其能明显改善 ABS 的耐化学品性和低温韧性。由于综合性能优越，ABS/PC 共混物适于制作汽车、卫生及船用设备的零部件、电器连接件、防护用品和泵的叶轮等。

但是应该强调的是，ABS/PC 共混体系的结构及性能受其原料性质、配比和共混条件等因素的影响也比较大。ABS 中丁二烯含量高，ABS/PC 共混体系相分离严重；反之，则可以得到分散较均匀的共混物。当 ABS/PC=25/75 时，ABS 为分散相，PC 为连续相，ABS 在 PC 中的分散状态为纤维状和不连续的层状，且主要为纤维状结构，并沿注射方向取向；当 ABS/PC=50/50 时，ABS 与 PC 主要为不连续的层状结构（使用 Brabender 塑化仪共混时，可以形成双连续相），这些层也基本沿注射方向排列；当 ABS/PC=75/25 时，ABS 为连续相，PC 为分散相，PC 在 ABS 基体上呈粒状分布，并沿注射方向拉长。在样条边缘注射方向上，分散相也会呈现珠线结构。ABS 与 PC 配比接近时，若混炼时间短，由于 PC 的黏度高于 ABS，PC 容易形成分散相。共混物的密度、拉伸屈服强度、拉伸撕裂强度、弯曲

强度、弯曲弹性模量、剪切强度、压缩强度、球压痕硬度、热变形温度、维卡软化点与共混物中的 ABS 含量呈现良好的线性关系，符合共混物组分的叠加效应。但冲击性能变化较为复杂。当 ABS 含量小于 50％时，随 ABS 含量的增加，体系中橡胶粒子增多，不仅有利于产生银纹并吸收冲击能，而且也有利于银纹终止。SAN 混入 PC 中提高了连续相的极性，有利于 PC 连续相中剪切带，这样，银纹和剪切带相互诱发、歧化和终止的协同效应，使缺口冲击强度随 ABS 含量的增加而急剧上升，在 ABS 含量 50％时到达最大值。继续增加 ABS 含量，银纹相应有所增加，但由于 PC 极性低于 SAN，容易在 ABS 连续相中产生剪切带，银纹、剪切带的协同效应有所削弱，缺口冲击强度随 ABS 增加而下降，共混物的伸长率与缺口冲击强度显示出一致性。

提高 ABS 分子量或丙烯腈含量，降低橡胶含量，有助于改善共混物的耐热性，加入苯丙噻唑等化合物或聚酰亚胺也可改善耐热性和稳定性。使用橡胶含量较低的 ABS，共混物的弯曲强度出现协同增强效应，硬度和拉伸强度也有所提高。

为了提高 ABS/PC 共混体系的相容性，经常加入相容剂。相容剂的加入可以明显改善界面的黏合力，因此可提高冲击性能，而对拉伸强度、弯曲强度、弯曲模量的影响不大，同时使体系的断裂伸长率有较大的降低。添加刚性粒子对共混体系也会起到增韧效果。

苯乙烯-马来酸酐共聚物（SMA）被认为是 ABS/PC 共混合金的有效增容剂。加入 0.5％（质量分数）的 SMA，就可使 ABS/PC（85/15）共混物的室温和低温缺口冲击强度提高 1.24 倍和 1.95 倍；将适量的聚乙烯树脂（如 LLDPE DFDA-7068）于极性单体在引发剂、抗氧剂存在下经双螺杆挤出接枝制得的改性 PE 加入其中，也可明显提高共混物性能，见表 5-6。

表 5-6　改性 PE 对 ABS/PC 共混物性能的影响

共混物组成/%			共混物性能						
ABS	PC	改性 PE	拉伸强度/MPa	断裂伸长率/%	弯曲强度/MPa	弯曲模量/MPa	冲击强度/(kJ/m²)	热变形温度/℃	收缩率/%
45.0	55.0	—	43.6	41.0	58.2	2240	43.0	116	0.65
44.0	54.5	1.5	53.1	88.0	105.1	3145	55.5	103	0.65

如在 ABS/PC（70/30）体系中，加入 10 份 ABS-g-MAH（MAH 含量 1.48％）可使冲击强度较 ABS 更高；若在制备接枝物时加上适量的苯乙烯，得到的 g-ABS 中 MAH 含量增加到 2.8％，同样加 10 份到 ABS/PC（70/30）体系中，可使冲击强度提高 1.5 倍。

与 ABS 相比，ABS/PC 共混物的加工流动性较低，PC 含量越高，流动性能越低。因此，在混炼和加工过程中常加入环氧乙烷/环氧丙烷嵌段共聚物、烯烃/丙烯酰胺共聚物、甲基丙烯酸甲酯（MMA）/苯乙烯共聚物等加工改性剂。此外，还可在共混物中加入丁基橡胶提高共混物的低温冲击性；加入苯乙烯/MMA/马来酸酐共聚物提高其冲击强度、热变形温度；加入 α-甲基苯乙烯/丙烯腈/丙烯酸乙酯三元共聚物，提高其热稳定性；加入聚乙烯或改性聚乙烯改进其耐沸水性、加工流动性和降低成本。

ABS/PC 共混物的发展方向是：提高加工流动性，实现吹塑成型，改善制品刚性和开发低光泽品种等。

5.2.4　ABS 的增强改性

5.2.4.1　玻璃纤维增强 ABS 的性能与玻璃纤维含量的关系

（1）力学性能　对于增强聚苯乙烯类塑料（PS、AS、ABS），一般采用 AS 及 ABS 制作增强塑料，其理由是这两种改性共聚物尤其是 AS 增强效果显著。随着玻璃纤维含量的增加，FR-AS 及 FR-ABS 的拉伸强度及弯曲强度显著上升，而其弹性模量也成倍地增大，所以它们可以作为结构件而代替一些有色金属零件。

在冲击强度方面，对于韧性材料 ABS，由于玻璃纤维的添加，其冲击强度明显下降，直至玻璃纤维含量达到 30% 时，下降方趋于稳定；但对脆性材料范畴的 PS 及 AS 而言，FR-AS 及 FR-PS 的冲击强度随玻璃纤维含量的增加而升高，直至玻璃纤维含量达到 30% 左右时，上升曲线趋向平坦。

（2）耐热性　与一般结晶性高聚物相比，增强 ABS 类塑料的热变形温度提高很少。例如玻璃纤维含量为 20% 的 FR-ABS 其热变形温度也仅提高 10～15℃。热变形温度随玻璃纤维含量增加而逐步增高。虽然热变形温度提高不多，但它们在提高温度条件下仍然保持着较高的刚性，因而制品形状保持能力良好，耐热性比纯聚合物优良。

（3）老化性能　通过在老化试验机中对 FR-AS、FR-ABS、AS、ABS 进行加速老化比较（加速老化 200h 相当于 1 年）发现，FR-AS 及 FR-ABS 在老化 500h 后，其强度仍能保持 95% 的初始强度、表面形态良好。到 600h 后，制品方开始出现裂缝、玻璃纤维从制品表面露出。由此可以看到，增强塑料有着远较纯 ABS 塑料优良的耐老化特性、适宜于制作户外制品。

（4）加工性能　苯乙烯类塑料（ABS 等）是非结晶性高聚物，成型收缩率较小。而增强 ABS 塑料，其收缩率更小，一般比纯树脂小 1/2～1/3。它受到料温、模量、注射压力及制品壁厚的影响，需在实际操作中加以控制与调整。

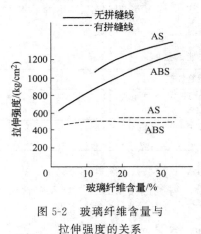

图 5-2　玻璃纤维含量与
拉伸强度的关系

物料温度一般控制为 250～280℃；为保证制品的外观，模温通常保持为 70～90℃；对于制品最终要进行电镀的情况，模温和保压十分重要。注射压力一般为 700～1000kg/cm²。浇口的形状及大小，影响到制品中玻璃纤维的长度及料流在型腔内的流动状态，因而直接关系到制品最终机械强度（特别是拉伸强度及冲击强度），所以不宜采用截面积过小的浇口。

增强 ABS 类塑料的拼缝强度很低，例如，玻璃纤维增强 AS 的拼缝拉伸强度只及纯 AS 拼缝强度的 65%，而冲击强度（抗拉冲击）只及 60%。拼缝强度降低情况如图 5-2 所示。

若拼缝线发生在制品薄壁部分，则制品强度降低更甚，因而浇口位置选择要适当。正如前述，在拼缝线处设置溢流穴能改善制品拼缝强度。物料温度及模具温度对增强聚苯乙烯类塑料的拼缝强度影响较大，而注射压力的影响较小。

5.2.4.2　偶联剂对玻璃纤维增强 ABS 材料性能的影响

（1）偶联剂种类与用量对玻璃纤维增强 ABS 性能的影响

① 偶联剂种类的影响　使用硅烷偶联剂 KH-550（γ-氨基丙基三乙氧基烷）和 KH-560 ［γ-(2,3-环氧丙氧基) 丙基三甲氧基硅烷］对玻璃纤维进行表面处理。在玻璃纤维中，除了 —Si—O— 骨架以外，还分散着大小 1.5～20nm 的碱金属或碱土金属等氧化物微粒，这些水分会降低偶联剂的处理效果，使用前应将玻璃纤维在 120℃烘箱中干燥 2h，以除去吸附的水分。玻璃纤维经偶联剂处理后还应在 80℃下干燥 4h，用来增加玻璃纤维与偶联剂的反应。偶联剂种类对玻璃纤维增强 ABS 的性能影响见表 5-7。

表 5-7　偶联剂种类对 ABS 复合材料性能的影响

偶联剂种类	拉伸强度/MPa	冲击强度/(kJ/m²)	弯曲强度/MPa	断裂伸长率/%
未加偶联剂	61.1	70	95	6.0
KH-550	78.9	75	108	3.5
KH-560	74.7	74	104	3.9

② 偶联剂用量对复合材料性能的影响　在玻璃纤维增强 ABS 复合材料中真正起到偶联剂作用的是偶联剂分子在玻璃纤维表面形成的单分子层，因此过多地添加偶联剂是不必要的。当偶联剂用量少于 1.5％时，随着用量的增加，拉伸强度和冲击强度有大幅度的提高，而断裂伸长率则较大幅度下降；当偶联剂用量超 1.5％后，材料的力学性能能出现了下降趋势。由此得知，偶联剂用量为玻璃纤维用量的 1.5％比较适宜。

（2）玻璃纤维处理方法对复合材料性能的影响　玻璃纤维的表面处理方法有三种：前处理法、后处理法和迁移法。后处理法是首先通过高温除去玻璃纤维表面的浸润剂，然后用偶联剂对玻璃纤维进行处理；迁移法是将偶联剂直接加入到树脂中，在共混过程中，在热的作用下使偶联剂向玻璃纤维表面迁移，从而达到偶联的作用。表 5-8 是玻璃纤维处理方法对 ABS 复合材料性能的影响。由表 5-8 可知，迁移法比后处理法效果差，这是由于迁移法中偶联剂可能没有很好地迁移到玻璃纤维表面上而未将玻璃纤维和 ABS 结合起来。相比之下，后处理法效果较好。

表 5-8　玻璃纤维处理方法对 ABS 复合材料性能的影响

处理方法	拉伸强度/MPa	冲击强度/(kJ/m²)	弯曲强度/MPa	断裂伸长率/%	MFR/(g/10min)
后处理法	82.4	75	108	3.5	10.01
迁移法	64.5	72	100.4	4.2	10.12

注：玻璃纤维已脱过表面浸润剂，含量为 20％。

（3）ABS-*g*-MAH 与偶联剂并用对复合材料性能的影响　玻璃纤维增强 ABS 的力学性能很大程度上取决于 ABS 和玻璃纤维及偶联剂的黏结强度，如果通过反应挤出的方法在 ABS 上接枝极性更强的马来酸酐（MAH），则会大大地增加玻璃纤维与 ABS 的界面黏结强度。在体系中加入 10％的 ABS-*g*-MAH 可使 ABS 复合材料的力学性能大幅度提高，如表 5-9 所示。

表 5-9　ABS-*g*-MAH 与偶联剂并用对复合材料性能的影响

项　　目	1.5％偶联剂＋10％ ABS-*g*-MAH	1.5％偶联剂
冲击强度/(kJ/m²)	85.3	82.3
拉伸强度/MPa	87.1	83.1
断裂伸长率/%	3.2	3.5
弯曲强度/MPa	115	108
弯曲弹性模量/MPa	4974	4801
MFR/(g/10min)	10.45	10.01

注：玻璃纤维含量为 20％。

由表 5-9 可知，加入 10％的 ABS-*g*-MAH 与硅烷偶联剂并用使复合材料的力学性能有一定的提高，对材料的 MFR 影响较小，性能优于只加入偶联剂的材料。

由于玻璃纤维增强而使 ABS 的冲击强度有大幅度的降低，但是在低温条件下 FR-ABS 反而比抗冲击型 ABS 的冲击强度高。利用这个特性，可作低温抗冲击制品。增强 ABS 塑料主要应用于汽车内部部件、家用电器零部件、线圈骨架、矿用蓄电池壳、照相机、放映机、电视机、录音机、空调机的机壳、底盘等。可用挤出法挤出板材和管材。发展可电镀的增强

ABS 材料是一个方向，由于材料的电镀，大大提高了制品的表面美观，因而在汽车工业、管道工程以及其它领域都有广泛的用途。

5.2.4.3　其它偶联剂及新技术对玻璃纤维增强 ABS 性能的影响

（1）动态接枝技术提高玻璃纤维增强 ABS 的性能　用反应加工的方法可在 ABS 分子链上接枝酸酐基团。在 ϕ58mm、长径比为 38 的双螺杆挤出机上游加料口加入 ABS 树脂、MAH、引发剂 DCP，下游加料口加入经硅烷偶联剂 KH550 处理的长玻璃纤维，挤出温度为 180～215℃，加入 MAH 及引发剂 DCP 的 IR 图谱上，在与 C═O 基对应的 1780cm⁻¹ 谱带出现明显吸收峰，表明在 ABS 分子链上已接枝了一定量的酸酐基团，说明动态反应接枝工艺是有效的。

断面微观形态的 SEM 观察和分析表明，接枝改性提高了 ABS 基体与经硅烷偶联剂表面处理的玻璃纤维的界面黏结强度，可较好地发挥玻璃纤维增强效果，使力学性能得到显著改善。MAH、DCP 最佳加入量依赖于具体共混工艺条件。将同样工艺条件下不进行 MAH 接枝的玻璃纤维增强 ABS，与 MAH、DCP 之间比例不变，但不同加入量的两组接枝改性玻璃纤维增强 ABS 进行力学性能对比实验，结果如表 5-10 所示。

表 5-10　力学性能对比

材料编号	ABS/g	MAH/g	DCP/g	拉伸强度/MPa	断裂伸长率/%	缺口冲击强度/(kJ/m²)
1	100	0	0.0	82	3.5	8.3
2	100	1.5	0.3	115	4.0	13.5
3	100	3	0.6	98	2.9	6.6

注：玻璃纤维含量为 30%。

结果表明，适当的 MAH 加入量可使材料拉伸性能及冲击性能得到较大幅度的提高。表 5-10 中 1 号、2 号材料基体与玻璃纤维黏结效果如图 5-3(a)、(b) 所示，图 5-3(a) 显示出

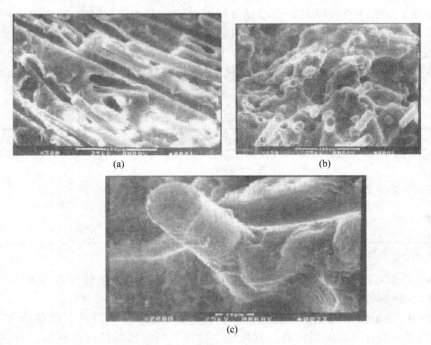

(a)　　　　　　　　　(b)

(c)

图 5-3　试样的拉伸断裂表面形态（电镜照片）

(a) 材料 1（×500）；(b) 材料 2（×450）；(c) 材料 2（×2000）

玻璃纤维被拔出后留下的大量平滑沟槽，表明 1 号材料基体与玻璃纤维黏结不良，玻璃纤维增强作用未能发挥。而图 5-3（b）显示拔断的玻璃纤维较多，照片中的凹坑为玻璃纤维周围基体材料断裂，和玻璃纤维一起被整体拔出所致，与图 5-3（a）相比，基体和玻璃纤维的黏结效果得到显著改善，可较好地发挥玻璃纤维增强作用，这与表 5-10 中的试验结果相一致。图 5-3（c）为与图 5-3（b）相对应的高倍扫描电镜照片，从中可更清晰地体现基体与玻璃纤维良好的黏结效果。这两种结果的差异是由于基体接枝的酸酐基团与硅烷偶联剂 KH-550 的氨基产生化学反应或形成氢键，提高了基体与玻璃纤维界面的结合强度所致。

（2）SMA 对玻璃纤维增强 ABS 的影响　在长玻璃纤维增强 ABS 复合材料中，用 SMA 树脂来提高 GF 和树脂之间的黏合作用，ABS/LGF/SMA 体系的力学性能与 SMA 用量之间的关系详见图 5-4、图 5-5，其中 LGF 的含量为 23%（质量分数）。ABS/LGF/SMA 体系的力学性能包括拉伸强度、模量、断裂伸长率和缺口冲击强度都随着 SMA 用量增大而增大。基体中存在的 GF 会通过改变各种能量吸收途径去影响材料的破坏方式，冲击过程中所吸收的总能量是裂纹引发和

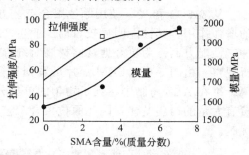

图 5-4　SMA 用量对 ABS/LGF/SMA
拉伸性能的影响

扩展所需的能量之和。当存在缺口的情况下，引发裂纹所需要的能量是很低的，因此缺口冲击强度主要决定于裂纹扩展过程中所需要的能量。对 ABS/LGF/SMA 体系，GF 和基体树脂之间存在较强的界面相互作用，一旦裂纹被引发，由于 GF 的存在可用通过 GF 拨离等多种方式阻止裂纹的扩展。因而，ABS/LGF/SMA 体系表现出更好的缺口冲击强度。

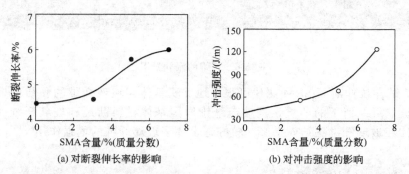

(a) 对断裂伸长率的影响　　　　　　　　(b) 对冲击强度的影响

图 5-5　SMA 用量对 ABS/LGF/SMA 缺口冲击强度和断裂伸长率的影响

5.2.4.4　长玻璃纤维与短玻璃纤维增强 ABS 性能的比较

采用原位聚合方法制备长玻璃纤维增强 ABS 复合材料，并将其与传统工艺的短玻璃纤维增强 ABS 作了比较。结果表明，采用新工艺，可以达到比传统工艺更好的增强效果。用已蒸馏的单体按一定比例溶解未交联的丁二烯橡胶，通过部分聚合来调节所需要的溶液黏度，其工艺路线如下：

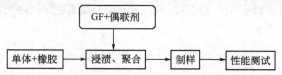

表 5-11 是玻璃纤维含量为 40%，采用原位聚合长纤维增强工艺与熔融浸渍法制备的短纤维增强热塑性材料的力学性能对比。

表 5-11　力学性能对照

类型	增强 ABS 力学性能				
	剪切强度 /MPa	弯曲强度 /MPa	弯曲弹性模量 /GPa	缺口冲击强度 /(J/m²)	拉伸强度/MPa
原位聚合长纤维增强 ABS	35.6	420	9.8	775	150
短纤维增强 ABS	28.8	173.3	7.8	115	107.8

　　从表 5-11 可见，使用原位聚合工艺方法制得的长纤维增强材料可以较充分地发挥纤维的增强作用，其性能明显较目前工业生产中短纤维增强热塑性材料优越，尤其表现在材料抗冲击性能方面。为更好地观察树脂对纤维的浸润情况，采用 SEM 对原位聚合制得的样品进行观察。由图 5-6 的 SEM 照片可看到复合材料中单根玻璃纤维及纤维之间的浸润情况，玻璃纤维在 ABS 树脂中达到了均匀的单丝分散效果，纤维间被树脂紧密包裹，单根纤维上包覆有大量的树脂基体，因此原位聚合工艺具有良好的浸润效果，从宏观上体现出机械性能的优越。

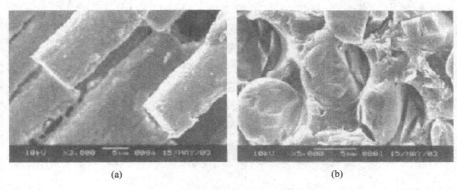

(a)　　　　　　　　　　　　　　　　　　　(b)

图 5-6　纤维的浸润情况

　　由图 5-7 试样拉伸断面 SEM 照片可很好地反映基体与玻璃纤维的黏结效果，图 5-7(b)显示出拔断玻璃纤维留下的凹坑，是玻璃纤维周围基体材料断裂和玻璃纤维一起被拔出所致，因此基体和玻璃纤维黏结效果好，较好地发挥了玻璃纤维的增强作用。

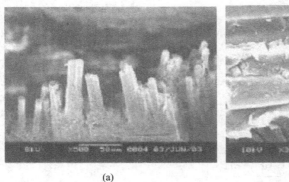

(a)　　　　　　　　　　　　　　　　　　　(b)

图 5-7　试样拉伸断面

　　以 ABS 树脂及其中间体为主要原料，利用短玻璃纤维对其进行增强改性。制备流程及工艺条件如下：

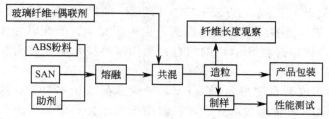

共混条件如下。

各区温度：一区 190℃、二区 200℃、三区 210℃、四区 220℃、五区 220℃、六区 220℃、模头 225℃。转速：150r/min。

注塑成型条件：各区温度分别为一区 220℃、二区 200℃、三区 230℃、四区 225℃。

玻璃纤维长度对短纤维增强塑料的增强效果影响很大。要使纤维充分发挥增强作用，必须使基体树脂与纤维界面的剪切应力大于或等于纤维本身的拉伸屈服应力。为满足这一条件，纤维长度必须大于一临界值。

配方：玻璃纤维直径 13.0μm，含量 20%；ABS 接枝粉料 40 份；SAN 60 份由主加料器加入，玻璃纤维由下游的侧向加料器加入。通过改变挤出机的螺杆组合得到了含不同长度玻璃纤维的复合材料。随纤维长度的增加，材料的拉伸强度和冲击强度增大，弯曲模量先增大后趋平缓，断裂伸长率逐渐减小。玻璃纤维的理论临界长度为 0.915mm，当材料中纤维长度低于临界长度时，短玻璃纤维近乎以填料的形式分散在基体树脂中，纤维几乎没有起到增强作用。复合材料的力学性能接近于基体 ABS。当纤维长度大于临界长度时，纤维可很好地传递应力，增强效果显著。而弯曲模量变化不大是因为弹性模量是由微小形变引起的，当纤维能很好传递应力后，与玻璃纤维长度关系不大。另外，玻璃纤维长度的增加提高了其与基体树脂间的摩擦力，也使复合材料的性能得以提高。

另外，对基体树脂而言，用 ABS 中间体接枝粉料和 SAN 树脂直接用做复合材料的基体，其性能更佳。SAN 组分含量的增加会提高材料的拉伸强度、弯曲模量及熔体流动速率，但冲击强度下降。较高分子量的 SAN 能赋予材料更好的性能。

5.2.5　ABS 的阻燃改性

5.2.5.1　概述

ABS 的氧指数是 18.3%～18.8%，其水平燃烧速度很快，为 2.5～5.1cm/min；燃烧时产生浓厚的黄黑色烟，但无滴落现象，因此 ABS 是一种易燃聚合物。

制备阻燃 ABS 的方法主要有两类：第一类方法是与阻燃聚合物如聚氯乙烯、氯化聚乙烯共混。第二类方法是添加阻燃剂的方法。第一类方法成本低，阻燃效果较好，对 ABS 的原有性能影响较小，所以常被采用。加入 40%～50% 的 PVC，可使 ABS 的阻燃性达到 UL 94 V-0 级。上海高桥石化公司、浙江省化工研究院实验二厂对阻燃 ABS 的工艺进行了许多研究工作，他们主要从提高 ABS 的熔体流动性，加入一定量的润滑剂、热稳定剂、增塑剂，如 MCA、硬质酸盐等降低成型加工温度，控制 ABS 大分子中丁二烯含量，降低 ABS 分子量，以及选用氯化聚乙烯为共混料等方面，作综合配方和工艺的改进，最终获得较好的阻燃性。在实际配方中，添加适量的 Sb_2O_3，会提高阻燃性能，但要权衡阻燃性和抗冲击性能的平衡。

在应用第二类方法阻燃 ABS 时，首先要注意到 ABS 的成型加工温度较高这一特点，要选用那些热稳定性高、阻燃效率高、熔点在成型加工温度以下，分解温度高于成型温度的含溴、含氯有机阻燃剂，如全氯环戊癸烷、双（六氯环戊二烯）环辛烷（即敌可燃，Dechlorane Plus）、十溴二苯醚、十溴二苯基乙烷（即 saytex8010）、八溴二苯醚（OBDPO）、1,2-

双（2,4,6-三溴苯氧基）乙烷（BTBPOE）、1,2-双（四溴邻苯二甲酰亚胺）乙烷（BTB-PIE）、四溴双酚 A 等。这些含溴、氯阻燃剂，也可用无卤、低烟阻燃体系，如以微胶囊化红磷阻燃剂配以水合硼酸锌和 Sb_2O_3 的组合；天津阻燃技术研究院为此做了配方试验，并用于生产阻燃 ABS 电暖器底座。

ABS 树脂的加工成型温度在 200℃ 以上，一般多在 230～260℃，这就使一些简单的磷酸酯、无机含溴阻燃剂如溴化铵，有机含氯阻燃剂如氯化石蜡，无法使用。用反应型阻燃剂，也可使 ABS 阻燃，而且容易得到综合性能好的 ABS。ABS 常用的反应型阻燃剂有双（2,3-二溴丙基）及丁烯二酸酯，即阻燃剂 FR-2。在合成 ABS 的生产工艺中，加入 15％ 的 FR-2 作为第四单体参加共聚，即可得到下式所示的 ABS：

$$\left(CH_2{-}CH\right)_m\left(CH_2{-}CH{=}CH{-}CH_2\right)_m\left(CH_2{-}CH\right)_x\begin{matrix}COOCHBrCH_2Br\\ |\\ CH{-}CH\\ |\\ COOCHBrCH_2Br\end{matrix}_y$$

这种 ABS 树脂，在加工成型时再配以适量的 Sb_2O_3 和其它助剂，就可以得到离火自熄 UL 94 V-0 级产品，而且物理机械性能和不阻燃的 ABS 相差不大。作为 ABS 反应型阻燃剂的还有甲基丙烯酸-2,3-二溴丙基酯，但因价格昂贵，限制了它的应用。

5.2.5.2 ABS 常用的阻燃体系

ABS 的阻燃体系，大致可分为含卤阻燃体系、有机磷、氮、硅阻燃体系、无机阻燃体系等。

（1）含卤阻燃体系 对于 ABS 树脂及其合金的阻燃，卤系阻燃剂是其重要的阻燃剂，且绝大多数阻燃产品都采用这一阻燃体系。特别是对纯 ABS 树脂的阻燃更是如此。卤系阻燃剂主要为含溴阻燃剂和含氯阻燃剂两种，其中溴系阻燃剂的阻燃效率远比氯系阻燃剂的阻燃效率高。有关卤系阻燃剂的阻燃作用机制已有大量的文献报道。为提高卤系阻燃剂的阻燃效果，三氧化二锑是十分重要的协效剂，一般认为，卤素与三氧化二锑反应生成的三卤化锑蒸气密度较大，覆盖在聚合物表面可隔热、隔氧，同时也稀释可燃性气体，三卤化锑分解时还可捕获气相中维持燃烧链式反应的活泼自由基，改变气相中的反应模式，减少反应放热量而减缓或终止反应。在火焰下层的固态或熔融态聚合物中，三卤化锑能促进成炭反应而相对减缓聚合物热分解和氧化分解生成挥发性的可燃物，且生成的炭层将聚合物封闭，阻止可燃性气体的逸出和进入火焰区。卤-锑协同体系阻燃作用主要在气相进行，同时兼具凝聚相阻燃作用。

① 含溴阻燃剂 溴系阻燃剂阻燃 ABS 树脂的研究起步最早，现已开发出多种性能优异的阻燃剂。其中具有代表性的是多溴二苯醚类，例如，八溴二苯醚（OBDPO）和十溴二苯醚（DBDPO）；四溴双酚 A 系，如四溴双酚 A（TBBPA）等；三溴苯酚系，如 1,2-双（2,4,6-三溴苯氧基）乙烷（BTBPOE）；以及一些新型溴阻燃剂也获得了比较满意的 ABS 及其合金的阻燃产品。八溴二苯醚和十溴二苯醚阻燃 ABS 树脂，添加量少、阻燃性能好、价格低廉、所得的 ABS 阻燃产品具有良好的力学性能。但自 1996 年起，溴系阻燃剂受到了二苯并二噁烷和二苯并二呋喃的干扰，目前，OBDPO 和 DBDPO 也正在接受风险评估，然而，欧洲议会已投票通过了禁用这两种风险评估仍悬而未定的化学品的提议，认为它们在电视机和计算机等方面的应用对环境和公众健康有害。四溴双酚 A 是一种脂肪族溴系阻燃剂，所以毒性较低。与十溴二苯醚相比，具有与基材相容性好、熔融指数高、析出性小、对材料的力学性能影响小等优点。以 TBBPA 阻燃的 ABS 抗紫外性能（UV）有限，加入适当的 UV 稳定剂可使 ABS 树脂获得中等强度的抗紫外线能力。BTBPOE 具有良好的热稳定性，可熔

融加工，用于阻燃 ABS 树脂时获得良好的冲击强度，但其缺点是易于从模具中渗出。近年来，为满足 ABS 树脂的阻燃要求，国外又相继开发了几种新型溴阻燃剂，如 BE-2000 溴化环氧阻燃剂和 Saytex 系列产品。BE-2000 是一种溴化环氧高聚物，白色固体粉末。其中 Br 含量 50.5%～52.5%，环氧值 4500～5500，软化点 165～175℃，热分解温度高于 300℃。该物质属添加型阻燃剂，具有热稳定性能好、热老化性能好、加工性能优异、表面不起霜、不腐蚀的优点，对纯 ABS 树脂及其合金均可适用，加入 BE-2000 几乎不降低材料的耐热性能。BE-2000 的另一个显著特点是耐紫外性能优异。Saytex8010（十溴二苯乙烷）是一种新型溴系阻燃剂，它被认为是十溴二苯醚的替代品，该产品熔点高，在 ABS 树脂中基本不熔，所以使树脂具有较高的热变形温度，缺点是很低的熔融指数和较低的冲击强度。可通过复配冲击强度改性剂（如 SBS 和氯化聚乙烯）的方法来提高材料的冲击强度。如三溴苯氧基异氰脲酸酯可用于高抗冲 ABS 树脂阻燃。

② 含氯阻燃剂　含氯阻燃剂也被用于 ABS 及其合金的阻燃，但氯系阻燃剂的阻燃效率远不如溴系阻燃剂高，所以一般单独用氯阻燃剂不能满足 ABS 树脂的阻燃要求。就性价比而言，为了降低阻燃 ABS 树脂的成本，也可采用含氯与含溴阻燃剂混合进行阻燃处理。实验结果发现，氯溴阻燃剂混合后，由于 C—Cl 键和 C—Br 键键能的差异，两者之间表现出一定的协同作用，既可减少阻燃剂用量，降低成本，又能改善 ABS 树脂的力学性能，获得较好的抗紫外稳定性能。

研究了 PVC，PVC/Sb_2O_3，DBDPO/Sb_2O_3 对 ABS 塑料的燃烧性能、力学性能和加工性能的影响规律。DBDPO/Sb_2O_3 复合阻燃剂对 ABS 阻燃效果最佳，PVC/Sb_2O_3 体系次之，PVC 只有在添加量较大时才显示良好的阻燃效果。当 DBDPO/Sb_2O_3 添加量为 5（质量份）时，ABS 的氧指数已达到 29.8%，符合阻燃要求，其添加量比 PVC/Sb_2O_3 要低得多。显然，DBDPO/Sb_2O_3 对 ABS 阻燃效果最好。可以从 H—Br 键能（365.8kJ/mol）比 H—Cl 键能（434.35kJ/mol）低，HBr 热分解产生 Br·游离基的能力比 HCl 强可知，其捕捉活性 H·、O·、HO·、H_3C· 的能力更强，从而抑制火焰作用更大。再则 HBr 的密度（2.2）比 HCl（1.0）大，DBDPO 溴含量高（83.3%），因此，其阻燃效果比 PVC/Sb_2O_3 更好。

采用双螺杆挤出机生产阻燃 ABS 的配方及工艺，ABS 阻燃剂的选择十分重要。首先，用量要少，这样对 ABS 理化性能影响小；二是阻燃效果要好；三是和 ABS 相容性能好；四是发烟量要小。在达到同等阻燃效果时，十溴联苯醚体系的加入量最少，PVC 体系的加入量最大；发烟量 F-2016 体系最小，PVC 体系最大；阻燃 ABS 的流动性以十溴联苯醚体系最好。试验中还发现，阻燃剂在 ABS 中的分散性，对 ABS 阻燃料的阻燃性影响很大。可通过调整生产工艺来改善阻燃剂的分散性。阻燃剂的加入明显地改变了 ABS 树脂力学性能，特别是拉伸强度和冲击强度变化较为明显。当阻燃剂含量达到 20% 时，拉伸强度下降 10%，冲击强度下降 50%。通过用偶联剂对阻燃剂进行活化处理，可改善 ABS 和阻燃剂之间的相容性，提高 ABS 阻燃料的力学性能。

由于阻燃剂的加入，使 ABS 树脂的理化性能受到很大的影响，特别是冲击强度的影响最为明显。因此需要加入冲击改性剂，冲击改性剂的加入可有效地提高阻燃 ABS 地冲击强度，但其它性能又有不同程度的影响。常用的冲击改性剂为 ABS 接枝高胶粉、丙烯酸酯类聚合物等。

（2）有机磷、氮、硅阻燃体系

① 有机磷系阻燃剂　有机磷系阻燃剂是与卤系阻燃剂并重的有机阻燃剂，品种多，用途广，包括磷酸酯、膦酸酯、亚磷酸酯、有机磷盐、氧化膦、含磷多元醇及磷、氮化合物

等。含磷化合物被用做阻燃剂的历史久远，对它的阻燃机理研究得也较早。有机磷阻燃剂可同时在凝聚相和气相起阻燃作用，但以凝聚相阻燃为主。凝聚相阻燃机理：含磷有机化合物受热分解生成磷的含氧酸及其某些聚合物，这类酸能催化含羟基化合物吸热脱水成炭反应，生成水和焦炭，磷大部分残留于炭层中，这种石墨状炭层难燃、隔热、隔氧、使燃烧窒息，同时，焦炭层导热性能差，使传递基材的热量减少，基材的热分解减缓。羟基脱水反应既吸收大量的热，使燃烧物质降温，又稀释了空气中的氧及可燃气体的浓度，也有助于使燃烧中断。气相阻燃机理是：有机磷系阻燃剂热解所形成的气态产物中含有 PO·游离基，它可以捕获 H·游离基及 OH·游离基，致使火焰中的 H·及 OH·浓度大大下降，从而起到抑制燃烧链式反应的作用。可见，有机磷系阻燃剂对含羟基物质（或含氧物质）的阻燃作用较大。然而，由于 ABS 树脂中不含羟基，当用含磷阻燃剂处理时，燃烧时几乎不形成炭化膜，阻燃作用不明显。在 ABS/PC 合金中，间苯二酚二苯基双磷酸酯（RDP）、三苯基磷酸酯（TPP）、三甲基苯基磷酸酯（TCP）等都是 ABS/PC 合金行之有效地含磷阻燃剂，它们能通过磷酸酯键和碳酸酯键的酯基交换作用改变热降解途径，促进 PC 成炭，在合金表面形成炭层起到阻燃作用，提高了阻燃效率。有研究发现，一种含溴磷的 PB-460 阻燃剂比 TPP 更有效，添加 27.1 份的 PB-460 与添加 34.5 份的 TPP 相比，有更好的弯曲强度，而且 PB-460 在较大配比变化范围内的合金中均能使用。为了提高有机磷阻燃剂对纯 ABS 树脂的阻燃效率，可以选用成炭剂与阻燃剂复配进行阻燃处理，使 ABS 树脂燃烧时在成炭剂的作用下生成炭层，保护下层基质不继续燃烧、不产生熔滴、抑制生烟量、减少有毒黑烟的生成。成炭剂的选择是该课题的难点所在，还有待进一步研究。有机磷阻燃剂对纯 ABS 树脂的阻燃作用小还可能是由于其磷含量低，分子量小，在树脂中的分散性差等原因造成的，鉴于此，日本、美国及欧洲部分国家相继研究合成了一种大分子芳香低聚磷酸酯，此类大分子磷阻燃剂与 ABS 树脂基材相容性好，与酚醛树脂复配阻燃 ABS 树脂及其 PC/ABS 合金，获得了较好的阻燃性能、力学性能、耐热性能和耐水解性能，其产品能够满足 ABS 树脂在汽车发动机和打印机热传感器方面的应用。

对聚磷酸蜜胺盐进行包覆改性，将包覆聚磷酸蜜胺盐应用于磷系复配阻燃体系和膨胀阻燃体系，在 ABS 中添加 25% 可获得较好的阻燃效果，极限氧指数可达 26.1%，力学性能和物理机械性能下降约 37%。当添加量增加为 35% 时，氧指数可达 27.0%，具有较好的市场应用前景。聚磷酸蜜胺盐是由磷酸与三聚氰胺成盐反应后的产物在高温条件下聚合而成，为进一步提高该阻燃剂的热稳定性，采用两相溶剂互溶的方法对聚磷酸蜜胺盐进行包覆改性。将包覆剂溶于乙醇中形成均相体系，将聚合产物研磨，颗粒小于 160 目。取适量聚合产物置于三口瓶中，加 3 倍质量的水作溶剂，搅拌恒温至 70℃，以 30~40 滴/min 的速度滴加包覆剂乙醇溶液，滴加完毕后继续搅拌 10min，停止反应，迅速冷却至 40℃，抽滤、烘干，得最终产物。由于包覆剂也是聚合物，根据相似相容原理，推测聚磷酸蜜胺盐与 ABS 之间的相容性得到增强，使阻燃效果更长久。使用包覆后的聚磷酸蜜胺盐与其它无卤阻燃剂按一定比例复配，采用挤出成型加工，测试氧指数和力学性能，分析阻燃效果以及复配阻燃体系对 ABS 力学性能的影响。添加量在 25% 时，聚磷酸蜜胺盐与磷酸三苯酯的阻燃效果不相上下，但聚磷酸蜜胺盐对 ABS 的力学性能影响程度比较小，这可能是聚磷酸蜜胺盐的聚合度越大，在 ABS 中的分散效果越好，对 ABS 分子链间作用力的降低程度较小，因而力学性能降低幅度较小。两者复配使用阻燃效果优于单独使用，且力学性能下降较小，表明两者之间的确存在一定的复配作用。所以选择两者比例在 2:3 引入第 7 组，三者复配阻燃效果最佳，拉伸强度和弯曲强度下降不大，且弯曲模量反而有所增加。由上述实验结果认为，ABS 中添加 25% 的无卤含磷复配阻燃体系后，极限氧指数可达 26.1%，且综合力学性能下降约 37%

左右。

　　② 有机含氮阻燃剂　鉴于环境对阻燃材料的要求日益提高，以三嗪为母体的含氮阻燃剂越来越受到人们的青睐。其产品三聚氰胺、三聚氰胺氰脲酸盐、三聚氰胺焦磷酸盐都可用于阻燃 ABS 树脂。三聚氰胺的阻燃机理比较复杂，目前尚不十分清楚，它被认为在受热时发生逐步消除反应，吸收大量的热，并放出氨，从而达到阻燃效果。近年来，以磷、氮为主要组成的膨胀型阻燃剂成为 ABS 树脂无卤化阻燃研究的新的着眼点。膨胀型阻燃剂一般由三部分组成：a. 酸源（脱水剂），如磷酸、磷酸盐等；b. 炭源（成炭剂），多为含碳量高的多羟基化合物；c. 气源（氮源，发泡源），一般为三聚氰胺、双氰胺、聚磷酸铵等。含有这类阻燃剂的高聚物受热时发生一系列反应，产生的水蒸气和由气源产生的不燃性气体使处于熔融状态的体系膨胀发泡，反应完成时，体系胶化和固化，最后形成多孔炭质泡沫层，此层隔热、隔氧、抑烟，并能防止产生熔滴，膨胀型阻燃剂正是通过形成多孔泡沫层而在凝聚相起到阻燃作用。在探索无卤阻燃 ABS 树脂的道路上，选用综合性能优异的膨胀型阻燃剂有广泛的研究前景，其关键在于优化体系的组成，找到与 ABS 树脂类型相匹配的成炭剂和改性剂，使得 ABS 树脂在燃烧时膨胀成炭，达到阻燃要求。

　　为研究 ABS 的其它无卤复配阻燃体系，将包覆聚磷酸蜜胺盐作为酸源与含氮阻燃剂三聚氰胺共同构成膨胀体系，添加到 ABS 中挤出造粒，阻燃剂配方如表 5-12 所示。

表 5-12　ABS 膨胀阻燃体系配方

序　号	1	2	3	4	5	6	7
聚磷酸蜜胺盐	0	25	0	12.5	16.7	18.7	15
三聚氰胺	0	0	25	12.5	8.3	6.3	5
季戊四醇	0	0	0	0	0	0	5
ABS	100	75	75	75	75	75	75

　　将表 5-12 中配方进行氧指数和力学性能测试，结果如表 5-13 所示。测试结果可知，三聚氰胺单独使用时几乎起不到阻燃作用，与包覆聚磷酸蜜胺盐以一定的比例复配后，可获得一定的阻燃效果，尤其是第 6 组，当两者比例为 3∶1 时，氧指数为 24.1%，且力学性能与第 4、5 组相比最好，这是因为包覆聚磷酸蜜胺盐本身与 ABS 之间有较好的相容性，当添加到 ABS 中时，对 ABS 的力学性能影响相对于低分子阻燃剂要小，随着其所占比例的增加，ABS 的力学性能降低程度不明显。在第 7 组中添加一定比例季戊四醇，发现氧指数和力学性能比第 6 组均有下降，分析可能是 ABS 含碳量已经很高，本身即可充当膨胀阻燃体系中的碳源，季戊四醇这一小分子的添加反而会影响 ABS 分子间的作用力，使其力学性能下降 50% 左右。

表 5-13　ABS 膨胀阻燃体系的性能

项　目	拉伸强度 /MPa	伸长率/%	弯曲强度 /MPa	弯曲模量 /MPa	悬臂梁缺口冲击强度/(kJ/m²)	极限氧指数/%
1	53.59	6.94	75.91	2508	10.25	18.7
2	40.23	4.63	62.40	2220	6.05	22.1
3	31.42	2.62	46.07	2260	3.65	10.1
4	35.03	3.35	43.06	2281	4.40	22.0
5	34.00	3.27	45.02	2304	4.25	23.5
6	36.32	3.37	47.65	2304	4.48	24.1
7	32.11	2.69	46.83	2258	3.43	23.2

　　将 ABS-*g*-AA 接枝物应用于 ABS/膨胀型阻燃剂（IFR）/蒙脱土（MMT）无卤阻燃体系中时发现，复合材料的力学性能得到了有效改善。采用膨胀型阻燃剂与蒙脱土协同阻燃

ABS 时，当 ABS/IFR/MMT 的质量比为 70/30/4 时，ABS 无卤阻燃复合材料具有优良的阻燃性，其氧指数为 28.6%，垂直燃烧达 V-0 级。但复合材料的力学性能下降显著。主要原因是 ABS 树脂与 IFR 和 MMT 无卤阻燃剂的相容性太差。为此，将 ABS-g-AA 接枝物加入到 ABS/IFR/MMT 无卤阻燃体系中，提高 ABS 树脂与 IFR、MMT 间的相容性，从而在提高 ABS 阻燃性的同时，使复合材料拥有较好的力学性能。在 ABS/IFR/MMT 体系中加入 10 份的 ABS-g-AA 接枝物，实现了在提高 ABS 阻燃性的同时，使复合材料拥有较好的力学性能。与未加 ABS-g-AA 接枝物的体系相比，加有 ABS-g-AA 接枝物的体系，不但保持了原有体系的阻燃性能，而且使复合材料的冲击强度提高了 17 倍，拉伸强度也由 26.3MPa 升高到 37.1MPa，尤其是断裂伸长率，提高了近 6 倍，说明 ABS-g-AA 接枝物可显著改善复合材料的力学性能。这点从两体系的微观结构中可以得到进一步的验证。

ABS-g-AA 接枝物有效地改善了 IFR 和 MMT 在 ABS 基体中的分散性，使无卤阻燃剂从原来大颗粒聚集成堆的分散状态转变为均匀细致有序的层状分布，由此大大提高了阻燃剂与 ABS 树脂间的相容性，赋予复合材料较佳的综合性能。

③ 有机含硅阻燃剂　在众多的无卤阻燃元素中，含硅化合物的阻燃性能也备受关注，美国 GE 公司已研制出含硅阻燃剂 SFR-100 树脂用于聚烯烃的阻燃，大大改善了材料的阻燃性能和抑烟性能。将硅油加入 ABS 树脂中，由于硅油中含有大量难燃的硅元素，而且其中的 Si—O 键能要比 C—C 键能大得多，因而具有较好的耐燃性，制成的 ABS/硅油共混物可使耐燃性能达到 UL 94 V-1 级标准。如果配合一些其它的阻燃剂，可满足更高的阻燃要求，能代替过去常用的有机卤化物和三氧化二锑的阻燃体系。

在体系中加入硅油确实使体系在摩擦性、润滑性、耐燃性和力学性能上有较大幅度的提高。在 ABS 体系中起内润滑作用的有聚醚硅油、羟基硅油等，起外润滑作用的有二甲基硅油和甲基苯基硅油。因而在 ABS 体系中选用此两种润滑剂可以节能降耗；在 ABS 体系中加入硅油，使 ABS 体系在力学性能上有很大的改善，表现为加入硅油后体系冲击强度（缺口和无缺口）较未加硅油的 ABS 提高一半以上，加入二甲基硅油或甲基苯基硅油后摩擦系数也较小，表明耐磨性有较大的提高；同时也使 ABS 体系在热性能上有了较大的改善，如燃烧性能有较明显的改善，维卡软化点也有所提高，也可以通过硅油用量的变化来调节 ABS/硅油共混体系熔融流动性。另外选用硅油黏度范围为 $900 \times 10^{-6} \sim 1500 \times 10^{-6} \, \mathrm{m^2/s}$ 较为适宜。首先随着硅油用量的增加，燃烧速度加快，在用量为 2 份时燃烧速度达到最大值，在此之后，燃烧速度又随硅油用量的增加而减小。这表明混合体系中硅油确实可以改善 ABS 树脂的耐燃性能，但必须是硅油在混合体系内含量达到一定程度才能实现。因此，若想改善 ABS/硅油共混体系的燃烧性能，可以通过适当增加硅油用量的方法来实现。

（3）无机阻燃体系

① 红磷阻燃　红磷因为只含有阻燃元素磷，所以它的阻燃效率比其它含磷阻燃剂的阻燃效率高。红磷的阻燃机理与有机磷阻燃剂有相似之处，但也有人提出，红磷在凝聚相与高聚物或高聚物碎片作用，通过减少挥发性可燃物质的生成而阻燃。研究还发现，红磷能降低火焰中氢原子的浓度，从而降低火焰的强度，以致达到阻燃目的。在 ABS 树脂中，单独使用红磷阻燃效果并不明显，一般添加 5%～10% 的红磷或其微胶囊，氧指数仅达到 22%～23%，垂直燃烧不能通过，但与其它阻燃剂混合使用可明显提高阻燃效果，这一方面我们已经进行了大量的研究。

② 其它无机阻燃剂　氢氧化镁和氢氧化铝是两种常见的填料型无机阻燃剂，其特点是无卤、无毒、抑烟、价廉。两者的阻燃作用机理相似，对 ABS 树脂的阻燃作用效果相当，在等份量添加时，添加氢氧化铝的 ABS 树脂的水平燃烧速度略小，然而氢氧化镁在燃烧时

的抑烟效果比氢氧化铝显著。为了达到阻燃要求,两种阻燃剂的添加量都很大,因此对 ABS 树脂固有的力学性能影响较大,故 ABS 树脂一般不采用这两种阻燃剂作为阻燃主剂。无机阻燃 ABS 树脂的发展方向是探索阻燃协效剂和抑烟剂,如 FeOOH 现已作为 ABS 树脂的抑烟剂广泛使用,三氧化钼代替三氧化二锑,材料的氧指数和阻燃级别都有所提高,生烟量也会降低。K_2CO_3 用于 ABS 树脂时,可提高 ABS 树脂的抗热致老化能力,导致表面碱式催化氧化和不饱和橡胶的交联。$CaCO_3$ 也可作为无机填料加入到 ABS 树脂中,它本身虽然不参加反应,但被认为可以改变 ABS 热降解反应动力学,使得树脂表面形成炭层。新型无机阻燃剂硫酸铵在 ABS 树脂中表现了突出的阻燃和抑烟功能,当与卤、锑阻燃剂复配使用时,具有良好的阻燃协同作用。

用 $Mg(OH)_2$、癸酸铝、滑石粉和 $(NH_4)_2SO_4$ 等无机化合物与有机溴系阻燃复合填充于 ABS 中,通过氧指数、垂直燃烧性能及发烟性能的测定,评价了各种复合体系的阻燃和消烟效果。结果表明,$(NH_4)_2SO_4$ 与溴系阻燃剂复合后,对 ABS 具有良好的阻燃和消烟功能。分析 $(NH_4)_2SO_4$ 的阻燃和抑烟机理,可能为:a. $(NH_4)_2SO_4$ 高温分解,吸收热量,降低环境温度,有利于阻燃;b. $(NH_4)_2SO_4$ 高温分解产生的硫酸密度大,在材料表面形成液体覆盖层,可阻止可燃气体的挥发,同时硫酸的分解产物 SO_3 为重质气体,覆盖于火焰区表面,不仅稀释了可燃气体的浓度,而且可阻止氧气的进入;c. $(NH_4)_2SO_4$ 硫酸为强脱水剂,可促进高分子材料的高温脱水炭化,炭化层不但能起到阻隔热源、阻止热量扩散的作用,而且还能起到阻止可燃气体及烟颗粒挥发的作用,从而达到阻燃和抑烟的效果。

在 ABS 中加入无机阻燃剂会使体系的力学性能显著降低。为了获得具有一定强度的阻燃材料,必须进行增韧改性。CPE 是 ABS 良好的阻燃型增韧剂。含有 20 份 $(NH_4)_2SO_4$ 的 ABS 阻燃体系的缺口冲击强度只有 $3.2kJ/m^2$。当加入 10 份 CPE 后体系的缺口冲击强度提高了一倍以上,拉伸强度和氧指数也有所提高。

5.2.6 ABS 的抗老化和抗静电改性

5.2.6.1 ABS 的抗老化

ABS 是工程塑料中产量较大而老化问题又较为突出的一品种。近年来许多国家对于它的老化与防老化进行了大量的研究。ABS 在 60℃下经过 3000h,其冲击强度将为原始值的 10%～70%(视配方和共聚物组成而异)。ABS 在户外暴露情况下更不稳定。例如,乳液共聚的 ABS 在户外暴露不到 1 个月,冲击强度便下降 80%。因此,未经稳定的 ABS 几乎不能在户外使用。

用红外光谱法研究经过大气老化和热空气老化后 ABS 塑料的表层,确定:丁二烯链节变化甚微,苯乙烯链节遭受到氧化,丙烯腈链节变化甚微,苯乙烯链节则基本上保持不变。这表明:ABS 的耐老化性能之所以比较差,主要是由含不饱和双键的丁二烯组分所造成的。为使 ABS 热稳定化和受热不着色,常推荐含金属的化合物与酚类、胺类或亚磷酸酯类抗氧剂并用的稳定体系。含金属的化合物可用第 II 族金属(Zn、Ca、Mg、Cd 等)的脂族卤氧酸盐或硫化物(如 ZnS),以及化合物 $[(CH_3)_2NCS_2]M$,式中,M 为 Mg、Ca、Ba。

此外,还可用烷基硫醇(例如应只限硫醇)加苯乙烯化苯酚加亚磷酸酯组成的并用体系,亚磷酸酯加含硫化合物组成的并用体系,以及亚磷酸的金属(锂、钠、钾、钙、镁)盐。要制耐热的 ABS 制品,可添加季戊四醇衍生物加亚磷酸酯的并用体系。为使 ABS 的颜色稳定化,可添加碱金属的磷酸盐。

聚烯烃热稳定化常用的稳定体系是游离基抑制剂加氢过氧化物分解剂,例如 1010 加 DLTP 等,对 ABS 的热稳定化也有较显著的效果。添加紫外线吸收剂或它与抗氧剂并用,是提高塑料耐候性的有效方法。为使 ABS 热稳定化和光稳定化，可采用含硫的有机锡化合物。例如双（三苯基锡）-3-硫代丙酸酯。若它与亚磷酸酯搭配使用效果更好。如果对制品的颜色不限制，则添加炭黑最好，它能极有效地提高 ABS 耐候性。这是因为炭黑能强烈屏蔽紫外线对材料的破坏作用。若炭黑与抗氧剂并用，效果更佳（见表 5-14）。

表 5-14　在 ABS 中炭黑与抗氧剂并用的稳定效果

配方（按树脂 100 份质量计）	户外暴晒时间/月	冲击强度（保留小试样）/(kJ/m²)
炭黑(2)	36	37.6
炭黑(2)＋2246(2,3)	36	59.3
	58	36.9
不加防老剂	2/3	2.8

ABS 制品在室外长期受阳光、热、氧作用后，出现泛黄、变脆、龟裂，表面失去光泽，力学性能大大下降等现象，最终丧失使用价值。日光的波长从 2×10^{-7} m 一直延续到 1×10^{-7} m 以上，不同波长的光具有不同的能量。一般共价键断裂所需要的能量在 $160 \sim 600$ kJ/mol，紫外线（波长 $3 \times 10^{-7} \sim 4 \times 10^{-7}$ m）的能量为 $290 \sim 400$ kJ/mol，足够引起各种有机物质发生化学键的断裂，说明引起高聚物光老化的主要原因是紫外线。紫外线吸收剂对紫外线具有强烈的吸收作用。它们能溶于高聚物，并选择吸收对高聚物有害的紫外线，将其能量转变成对高聚物无害的振动能、次级辐射（荧光）等，从而使高聚物免于遭受紫外线的破坏而得到保护，为此可在 ABS 中添加适量紫外线吸收剂。

高聚物暴露在空气中会与空气中氧发生反应而老化，这种反应对于含不饱和键的高聚物（ABS 中丁二烯双键）较为显著，可能引起力学性能的完全丧失。高聚物的氧化反应在室温和避光的条件下是十分缓慢的，但受热和光照射后会加速进行，使材料迅速老化，这种反应往往是自加速过程，具有自由基型连锁反应的特征。因此防老化的原则是：一不让连锁反应开始；二是一旦开始应迅速使连锁反应终止。

高分子被氧化以后，生产的过氧化基团，会进一步按自由基型分解并引发一连串的连锁反应，从而使高聚物老化。酚类抗氧剂，如抗氧剂 1076、1010、2264 能吸收自由基，终止已经开始了的氧化连锁反应。含硫或磷的化合物，如辅助抗氧剂 DLTP、DSTP 可以使过氧化基团按自由基型机理破坏掉。

在 ABS 中加入抗氧剂和紫外吸收剂后（表 5-15 中的配方 2～5），ABS 的拉伸强度和断裂伸长率下降速率变慢，也延缓了 ABS 的老化过程。ABS 不但受到紫外线作用而断裂降解，而且还受到氧的作用而老化。从表 5-15 中的数据比较可看出随紫外线吸收剂用量增加，ABS 耐老化性能提高，且紫外线吸收剂 UV-327 的效果比 UV-531 好。

表 5-15　ABS 的自然老化配方

项　　目	配方（质量份）				
	1	2	3	4	5
ABS	100	100	100	100	100
抗氧剂 1010			0.5		0.5
抗氧剂 DLTP			0.3		0.3
紫外线吸收剂 UV-53			0.3		
紫外线吸收剂 UV-327					0.3
紫外线吸收剂母料		0.5		5	
断裂伸长率 50%保持率的时间（户外自然暴露）/天	60	72	74	76	82
拉伸强度保持率 70%的时间（户外自然暴露）/天	90	>120	>120	>120	>120

表 5-16 是 ABS 热氧老化试验配方。从表 5-16 可知，在 ABS 中加入抗氧剂和紫外线吸收剂后，它的耐老化性能显著提高，当添加的抗氧剂和紫外线吸收剂种类不同时，ABS 耐老化性能提高程度不同。从表 5-16 可见，配方 4 的冲击性能与其它相比最佳。而表中配方 4 和配方 2 相比，显然前者耐老化性能优于后者，其不同之处在于配方 4 中添加了抗氧剂 1076，由此可见抗氧剂 1076 发挥了大的作用。分析认为，在抗氧剂 1010、2246 和 1076 之中，抗氧剂 1076 的熔点（50～55℃）最低，是酚类抗氧剂中比较好的品种之一。抽出和挥发是抗氧化剂损失的两个重要途径。而抗氧剂 1076 是高分子量的受阻酚类化合物，挥发性低、热稳定性极好、耐水抽提性能优良，且与 ABS 有良好的相容性。此外它无臭、无毒、无污染。这表明抗氧剂 1076 是 ABS 热氧老化配方中不可缺少的组分。因此在实际中抗氧剂 1076 是 ABS 最广泛应用的抗氧剂。

表 5-16　ABS 的耐热氧老化配方

项　目	配方（质量份）			
	1	2	3	4
ABS	100	100	100	100
抗氧化剂 1010		0.5		
抗氧化剂 2246			0.5	
抗氧化剂 1076				0.5
抗氧化剂 DSTP		0.3	0.3	0.3
紫外线吸收剂 UV-327		0.3	0.3	0.3
冲击强度 50% 保持率的时间/天	6	13	27	30

未稳定和稳定的 ABS 经 1000h 的人工加速老化和 ABS 的自然大气暴露试验，观察其颜色变化。未稳定的 ABS，经加速老化 137h 出现 4 级颜色变化，475h 出现 3 级变色，颜色变化以 121 变黄较快，757 变黄稍慢。经稳定的 ABS 试样，在加速老化 323h 后才出现 4 级变色，612h 出现 3 级变色，说明添加稳定剂能有效地延长 ABS 人工加速老化的变黄和变色时间，降低黄色指数增加值，提高 ABS 的颜色稳定性。在所使用的稳定化体系中，同时使用抗氧剂和紫外线吸收剂与只添加光稳定剂体系的稳定性差别不大，添加剂的使用量增大一倍，颜色稳定效果稍好，但不明显。未稳定和经稳定的 ABS，在自然大气暴露仅 7 天就出现了变白现象，在维持变白约 70 天后，试样才开始出现变黄。经稳定的 ABS 试样，在自然暴露 197 天后颜色变化为 3 级，暴露 227 天仍未出现 2 级颜色变化，说明添加稳定体系可提高 ABS 的颜色稳定性。导致 ABS 光化学变黄的波长在 300～380nm，而其发白是由 380～525nm 波长引起的。同时试验显示在氙弧灯暴露初期，ABS 的变白是由可见的蓝和蓝绿区域的光谱辐照引致，而在连续的暴露中，由紫外辐照引起的光化学变黄起主要作用。在受试 ABS 的颜色稳定性试验中，无论是加速老化试验，还是大气或室内自然暴露试验，其变色均是出现先变白后变黄的现象。在人工加速老化试验中，未稳定和经稳定 ABS 在老化初期的变白比较短暂，经稳定的 ABS 变黄比未稳定的 ABS 慢，说明加入光稳定体系能有效抑制由小于 380nm 的短波辐照导致的 ABS 变黄。自然大气暴露中，ABS 仅 7 天就出现变白，并维持较长时间才变黄，透过室内窗玻璃暴露的 ABS，变白也仅在 7 天就出现，而维持的时间更长。这说明 ABS 变白有可能是由可见光辐照（380～525nm）引起的，同时也表明添加稳定剂对大于 380nm 的长波辐照引起的 ABS 光老化未能提供保护。

从湿度（水分）对 ABS 塑料主要性能的影响来看，ABS 塑料属于"湿度促进老化类型"，即增加湿度是增加它的老化速率，减少其使用寿命的。这与其老化反应机理有关：①由于水分的阻隔作用，氧气较少，ABS 高分子更多地趋于产生断裂，生成极性基团，而较少形成交联结构；②水分可直接与高分子中的双键、氰基等反应，形成极性基团。因而ABS也会受到湿热老化作用，这一点在 ABS 的应用中要引起注意。

5.2.6.2 ABS 的抗静电

塑料制品中的静电现象目前主要靠抗静电剂来消除，抗静电剂绝大多数是表面活性剂，它的分类方法常用的是按化学结构和使用方法分类。按照化学结构可将抗静电剂分为 4 类：阳离子型、阴离子型、两性离子型和非离子型。无论是离子型的或非离子型的，其结构中都含有亲水基团和疏水基团（亲油基团），疏水基团的作用是使抗静电剂与高聚物有一定的相容性，而亲水基团使它有一定的吸水性，从而在塑料表面形成一层含水导电层，起到抗静电作用。抗静电剂按使用方法可分为外涂型和内加型两类。外涂型抗静电剂是通过刷涂、喷涂或浸涂等方法涂覆于制品表面，它们见效快，但容易因摩擦、洗涤而脱失，因此它们只能提供暂时的或短期的抗静电效应。内加型抗静电剂是在配料时加入塑料材料中，成型后慢慢迁移到制品表面起抗静电效果，它们耐摩擦、耐洗涤、效能持久，是塑料中广泛使用的抗静电剂主要类型。抗静电剂的作用是尽量控制电荷发生和使已产生的电荷尽快泄漏，因此，抗静电剂还应具有：①润滑性和吸湿性。润滑性可减弱摩擦，控制电荷发生。吸湿性则吸附空气中的水分迅速在制品表面形成导电膜，使产生的电荷尽快传导消失。②与聚合物有适当的相容性以保证抗静电剂能扩散到制品表面，从而补偿损失的导电膜。③易于与其它助剂混合，有较好的分散性和热稳定性。因此选择合适的抗静电剂是消除静电工作的重要环节。根据上述抗静电剂的作用机理及其所选用的抗静电剂既要具有高效的抗静电性能又不影响阻燃效果的要求，经大量试验，结果见表 5-17。从表 5-17 数据看出，抗静电剂 HKD-230 对 ABS 复合体系效果较好，因此选用 HKD-230 作为抗静电剂。

表 5-17 不同抗静电剂对 ABS 复合体系抗静电性能的影响

材料	ABS＋HZ-1	ABS＋HKD-331	ABS＋HKD-230
表面电阻率 $\rho/\Omega \cdot cm$	1.8×10^{13}	3.1×10^{12}	5.1×10^9

环境温度和湿度对抗静电效果影响较明显。当相对湿度大、温度高时，抗静电效果较好。这是由于制品表面的抗静电剂分子层是依靠吸附空气中水分而显示其作用的。温度高，分子链段运动激烈，有利于抗静电剂的析出；湿度大，抗静电剂分子层吸附水分多，易于形成导电的水膜，所以均可显示较好的抗静电效果。采用杭州化工研究所生产的液体抗静电剂 HKD-510 制备出了抗静电性能优异的 ABS 抗静电母粒。

将抗静电剂、溴化物等添加剂加入 PP、PE、ABS 塑料中聚合，通过挤压而成各种抗静电、阻燃塑料制品。所用原料全部采用国产代替进口，降低了成本。超小微粒添加技术解决了塑料树脂与抗静电剂、阻燃剂的不相容性。用甲基丙烯酸二甲氨基乙酯溴代乙烷季铵盐和苯乙烯的两亲（亲油、亲水）共聚物与 ABS 树脂来制备抗静电合金 ABS。结果表明，两亲共聚物的加入使 ABS 的力学性能略有下降，但其材料具有显著的持久抗静电性（表面电阻率下降 2～4 个数量级），两亲共聚物中的带有离子型的季铵盐链节起电荷传导作用，其传导电荷网络形成临界体积分数为 0.05。加入两亲聚合物后，ABS 的表面电阻率下降 3～5 个数量级，且经过 60 次水洗，表面电阻率没有升高。这说明该 ABS 合金由于两亲共聚物的加入，具有持久性抗静电作用。

进一步的研究表明，当两亲聚合物的添加量达 5％时，表面电阻率下降 4 个数量级；但添加量进一步增加，表面电阻率变化不大。一般高分子材料中导带和价带之间的能隙很大，使其具有电绝缘性，电阻率很高。加工和使用中，电荷易积累而产生静电。所用的两亲聚合物是离子聚合物，具有导电功能，或其分子彼此连接，或紧密靠近，形成一种贯穿整个材料的连续网络。且有一个形成连续网络的临界值，即网络形成临界体积分数 ϕ_c，两亲聚合物添加质量达 5％时（体积分数），体系达到了网络形成临界体积，即 $\phi_c = 0.05$。进一步的实验发现，两亲聚合物中苯乙烯链节的含量在 40％之内，对其抗静电性影响不大。

5.2.7 实例及应用

5.2.7.1 空调电器箱体用阻燃 ABS 的制备

空调控制电器箱体要求阻燃性高，要达到 UL 94 V-0 级（1.6mm），而且 750℃灼热丝实验 30s 不燃。对 ABS 来说，要达到这样高的阻燃性，需要添加大量的阻燃剂，这势必严重影响 ABS 的力学性能，特别是冲击韧性大大下降，因此必须加入增韧剂。对 ABS 而言，采用高胶粉（高丁二烯含量的 ABS 粉）增韧是常用的方法。阻燃 ABS 的配方及工艺如表 5-18 所示。

表 5-18 阻燃 ABS 配方及工艺

名称	阻燃 ABS(黑)			
用途	电器配件、电器仪表外壳			
配方	原料名称	规格型号	生产厂家	用量/份
	ABS 树脂	PA757	台湾奇美	100
	十溴联苯醚	ED83R	美国大湖	12
	三氧化二锑	99.5％	湖南益阳	6
	润滑剂 EBS		吉化	0.5
	抗氧剂	PKB215	北京加成助剂研究所	0.5
	冲击改性剂	1820	美国杜邦	6
	氯化聚乙烯	CPE140B	潍坊亚星	10
	高胶粉	K9077	兰化研究院	5
	ABS 黑色母粒		毅兴行	2
工艺条件	1. 原料干燥：ABS 在 80℃条件下鼓风干燥 2h，十溴、三氧化二锑在 100℃条件下鼓风干燥 2h 2. 混合工艺：ABS、1820、140B、K9077 先低混 3min，加入其它物料再混 5min 出料 3. 挤出工艺：挤出温度 165℃、170℃、190℃、195℃、200℃、195℃			

该阻燃 ABS 采用高效复合阻燃改性，具有阻燃剂添加量少，阻燃性能好等特点，除保持 ABS 高强度、高模量、优异的表面光泽等性能外，还提高了 ABS 的加工流动性，可以满足家电、汽车等对材料阻燃性能的要求，其性能见表 5-19。

表 5-19 阻燃 ABS 的性能

性能	测试方法	典型数值
拉伸强度/MPa	GB 1040—79	41
断裂伸长率/％	GB 1040—79	30
弯曲强度/MPa	GB 9341—88	52
弯曲弹性模量/MPa	GB 9341—88	2156
简支梁缺口冲击强度/(kJ/m²)	GB 1043—79	8.3
悬臂梁缺口冲击强度/(J/m)	GB 1843—80	102
维卡软化点(0.5MPa)/℃	GB 1633—79	108
阻燃性能	UL-94	V-0(1/16in)
MI(210℃,5000g)/(g/10min)	GB 3682—83	6
其它特殊要求		750 灼热丝试验合格

加工方法如下。

① 干燥　70～80℃下干燥 4～6h，热风循环，料层厚度不大于 50mm，干燥后立即使用。若停放半小时以上则应重新干燥。注射时最好采用除湿或保温料斗。干燥也可采用除湿干燥器。

② 注射　温度：210～240℃；压力：50～80MPa；注射速度：中等；背压：0.7～2.0MPa；螺杆转速：20～70r/min；模具温度：40～60℃；排气口深度：0.0038～0.0076mm。

5.2.7.2　空调轴流风扇用玻璃纤维增强 ABS 的制备

采用特种增容体系，使 ABS 与玻璃纤维的界面黏合力大大加强，弯曲模量可以大幅度提高，耐高、低温冲击性能好，具有优秀的耐疲劳强度，同时尺寸稳定性得以改善，特别适合于对动平衡有特殊要求、高速运转耐疲劳、不变形的制品。其配方、工艺及性能见表 5-20。

表 5-20　玻璃纤维 ABS 配方、工艺及性能

项目名称	玻璃纤维增强 ABS			
用途	空调轴流风扇、贯流风扇等			
	原料名称	规格型号	生产厂家	用量/份
配方	ABS 树脂	PA757	台湾奇美	70
	ABS-g-MAH	MPC1555	上海日之升	5
	SMA		上海石化研究院	5
	抗冲改性剂	2602	日本吴羽	5
	硅油	甲基硅油	北京化工二厂	0.4
	抗氧剂	DLTP	北京加成助剂研究所	0.4
	抗氧剂	1010	北京加成助剂研究所	0.2
	玻璃纤维	无碱长纤维	浙江巨石	20
	高分子偶联剂		杜邦公司	2
工艺条件	1. 原料干燥：ABS、ABS-g-MAH、SMA 在 80℃条件下鼓风干燥 2h 以上，玻璃纤维在 120℃条件下鼓风干燥 2～4h 2. 混合工艺：除玻璃纤维外，其它所有物料一次加入高、低混合金，混合 8min 后出料 3. 挤出工艺：φ65mm 双螺杆挤出机，主机转速 320r/min，喂料 15Hz，GF6 根，温度分别为 200℃、200℃、205℃、210℃、205℃			

性能 （典型 性能）	拉伸强度/MPa	73	悬臂梁缺口冲击强度/(J/m)	74
	断裂伸长率/%	2.4	简支梁缺口冲击强度/(kJ/m²)	8.3
	弯曲强度/MPa	116	维卡软化点/℃	114
	弯曲模量/MPa	7250	热变形温度/℃	—
	熔融指数/(g/10min)	2.5	成型收缩率/%	0.16
	硬度	—	玻璃纤维含量/%	20

（1）加工

① 干燥　70～80℃下干燥 4～6h，热风循环，料层厚度不大于 50mm，干燥后立即使用。若停放半小时以上则应重新干燥。注射时最好采用除湿或保温料斗。干燥也可采用除湿干燥器。

② 注射　温度：220～240℃；压力：50～80MPa；注射速度：中等；背压：0.7～2.0MPa；螺杆转速：20～70r/min；模具温度：40～60℃；排气口深度：0.0038～0.0076mm。

（2）用途　用于对耐热性要求较高的场合，如空调器轴流风扇、离心风扇、贯流风扇、

汽车部件、照相器材、运动器材等。

5.2.7.3　洗衣机面板、冰箱面板用耐候 ABS 制备

洗衣机、冰箱面板因为是外观部件，要求要有高光泽和颜色稳定性。而 ABS 是不耐老化的，即使在室内使用，时间长了（3 年）后颜色发黄，严重影响产品的外观。同时用于家电的 ABS 又要要求阻燃，因此用于洗衣机和冰箱面板的 ABS 要求阻燃和抗老化，需要特殊的配方，如表 5-21 所示。

表 5-21　阻燃耐候 ABS 配方、工艺、性能

项目名称	阻燃耐候 ABS（白）			
用途	高韧性，高耐候，适用于洗衣机面板、冰箱面板等要求高的部件			
配方	原料名称	规格型号	生产厂家	用量
	ABS	750	锦湖石油化学株式会社	25.0kg
	四溴双酚 A	BA-59P	美国大湖	3.75kg
	三氧化二锑	H1010-B222		2.5 kg
	增韧剂	EXL-2602	日本吴羽	2.5kg
	增韧剂	CPE140B	潍坊亚星	2.0kg
	EBS	JHE-341	吉化集团公司研究院	0.2kg
	甲基硅油	201	北京化工二厂	0.25kg
	二氧化钛	902	美国杜邦	1.36kg
	酞菁蓝	A3R	瑞士汽巴	0.55g
	荧光增白剂	OB	瑞士汽巴	5.5g
	颜料	2BP(红)	瑞士汽巴	0.23g
	抗氧剂	1076	瑞士汽巴	25g
	抗氧剂	168	瑞士汽巴	25
	紫外线吸收剂	622	瑞士汽巴	5g
工艺条件	1. 原料干燥：Sb_2O_3，120℃×4h；ABS，80℃×4h			
	2. 混合工艺：加入 ABS 和硅油高混 1min，加入其它所有原料及助剂低混 1min，之后高搅 2min			
	3. 挤出工艺：温度分别为 175℃、188℃、195℃、200℃、192℃，主机转速，320r/min，喂料电流：15Hz			
性能（典型性能）	拉伸强度/MPa	33.5	悬臂梁缺口冲击强度/(J/m)	155.4
	断裂伸长率/%	22.5	简支梁缺口冲击强度/(kJ/m²)	17.8
	弯曲强度/MPa	51.4	维卡软化点/℃	91.4
	弯曲模量/MPa	1931	热变形温度/℃	—
	熔融指数/(g/10min)	9.8	成型收缩率/%	0.18

5.3　尼龙的改性

5.3.1　概述

聚酰胺（polyamide，PA）是美国 Du Pont 公司最先开发用于纤维的树脂，于 1939 年实现工业化。它是分子主链上含有重复酰胺基团（NHCO）的热塑性树脂总称，包括脂肪族聚酰胺，脂肪-芳香族聚酰胺和芳香族聚酰胺。其中，脂肪族聚酰胺品种多，产量大，应用广泛。

聚酰胺在用作塑料时常被称为尼龙，尼龙是最重要的工程塑料，产量在五大通用工程塑料中居首位。根据结构中二元胺和二元酸中含有碳原子数的不同，可制得多种不同的尼龙，目前品种多达几十种，其中以 PA6、PA66 和 PA610 的应用最广泛。表 5-22 列出了几种尼龙主要品种的物理性能。

表 5-22 几种尼龙的主要物理性能

尼龙品种	熔点/℃	密度/(g/cm³)	吸水率/%
PA6	215	1.13	3.5
PA66	260	1.16	7
PA610	205	1.05	2.8
PA11	193	1.04	1
PA1010	200	1.05	1.5

尼龙具有优良的力学性能，机械强度高，韧性好；具有良好的自润性，摩擦系数小；具有优异的电绝缘性能，是优良的电气、电器绝缘材料；耐候性佳，耐热性好，耐油。广泛用于机械、汽车、电器、编织器材、化工设备、航空、冶金等领域，适合于制造各种齿轮、轴承、滑轮、输油管、保护罩、支撑架、车轮罩盖、导流板、风扇、发动机部件、车身部件、电气部件、驱动控制部件等。缺点是吸水性大，影响尺寸稳定性和电性能，尼龙容易受潮，含水量对其力学性能有较大的影响，所以，成型前必须充分干燥。

5.3.2 尼龙的共混改性

5.3.2.1 概述

尼龙具有优异的物理机械性能，在实际生产和生活中有广泛的用途。但是尼龙在吸水性、成型加工性和韧性等方面还存在不足。尼龙分子间可形成氢键、分子末端含有氨基与羧基，这些结构特点使其分子间作用力较大，具有一定的反应性，很适合与其它聚合物制备共混合金，取长补短，以改善尼龙的缺点，扩大尼龙的使用范围，使其可以更好地满足特定应用场合。目前，合金化已经成为尼龙高性能化和专用化的主要途径，取得了巨大的成绩。

5.3.2.2 不同品种尼龙的共混合金

尼龙的品种繁多，各品种尼龙的性能、价格等均不相同。不同品种尼龙之间的共混可以获得综合性能、价格低廉的材料。通过共混，尼龙在保有本身优良性能的同时，克服力学性能、加工流变性和成本等方面的缺陷。而且，由于不同品种尼龙的化学结构相似，其工艺学相容性，其至热力学相容性很好，可以不加入增容剂，从而简化了配方设计和加工工艺过程，也降低了产品成本。下面我们以 PA66/PA11 的共混举例说明。

PA66 是大品种的工程塑料，由于其分子具有较强的极性，吸水性较高。水对于链段上带有亲水基团的 PA66 来说可以看做是一种增塑剂。水分子会削弱尼龙高分子链之间的相互作用，使其模量和强度降低，可适当提高材料的韧性。但是，如果吸水过多，材料的强度和模量大幅下降，韧性也会变坏。而且，吸水过多还会导致材料严重变形，影响最终制品的尺寸稳定性。因此，可以将 PA66 与吸水率较低的 PA11 共混，一方面可以改善 PA66 的耐水性，另一方面还可以提高 PA66 的低温韧性。当然，PA11 的价格相对较高，共混改性时多以 PA66 作为基体相。当共混合金中，PA11 的含量超过 20% 以后，合金材料的吸水率可以降低到 3% 以下。

如果在 PA66/PA11 共混合金中加入 PA66 和 PA11 的共聚物作为增容剂，可以降低 PA11 的用量，并进一步提高共混合金的性能。在 PA66/PA11（87/13，质量比）共混合金中，加入 3%（质量分数）的 PA66 和 PA11 的共聚物，不仅合金的吸水率降低，而且常温冲击性能和低温冲击性能都获得了更多的改善。与不加增容剂相比，合金常温冲击性能提高 15%，低温冲击性能提高 32%，吸水率降低到 2.7%。

5.3.2.3 尼龙与聚烯烃的共混合金

尼龙是一种强极性的、分子间能形成氢键且具有一定反应活性的结晶聚合物，其吸水率高、尺寸稳定性差、韧性不佳、价格较高，这些都限制了尼龙在很多领域的应用。而 PE、

PP 等聚烯烃具有优良的耐水性、较高的冲击强度、低廉的价格。将两者共混可以使尼龙具有更为优良的性能。

但是，聚烯烃与尼龙的极性相差很大，属于典型的不相容聚合物。直接共混会导致材料的相分离，力学性能差，不具有使用性。因此，必须通过增容，才能获得具有使用价值的 PA/聚烯烃共混合金。目前最常用的增容剂以苯乙烯接枝马来酸酐无规共聚物（SMA）、甲基丙烯酸缩水甘油酯接枝共聚物（PP-g-GMA、PE-g-GMA）、马来酸酐接枝共聚物（PP-g-MAH、PE-g-MAH）、丁二烯-苯乙烯嵌段共聚物（SBS、SEBS）等为主。这些增容剂的一端可以与 PA 中的氨基或羧基相互作用，增强其与 PA 间的黏合力，而另一端则与聚烯烃结构相近，"相似相容"，具有良好的相容性，因此，可以改善 PA/聚烯烃共混物的冲击性能，提高材料的耐水性。

例如，采用 SMA 作为增容剂，通过熔融共混的方法制备 PA6/PP 共混合金。SMA 对 PA6/PP 共混体系有很好的增容作用，对 PA6/PP（90/10，质量比）共混物，当 SMA 用量为 4%（质量分数）时，合金的综合性能最好，热变形温度和缺口冲击强度均大幅提高，吸水率明显下降。

5.3.2.4 尼龙与 ABS 的共混合金

将尼龙与 ABS 共混可以兼具 PA 和 ABS 的优点，具有良好的耐热弯曲性、加工流动性和外观，是目前应用最广泛的尼龙共混合金品种之一。PA/ABS 共混合金最早由美国 Borg-Warner 化学公司推出，其商品名为 Elemid。该合金热变形温度高于 PA，干态下缺口冲击强度大于 $96kJ/m^2$，且具有较高的维卡软化点，加工流动性好，适用于制造外观质量要求较高的大型塑料制品，在汽车车身材料中有广泛的应用。

增容在 PA/ABS 共混合金中有非常重要的作用，利用尼龙分子链上含有的极性酰胺基，可以在熔融加工过程中对其进行反应性增容。甲基丙烯酸缩水甘油酯/甲基丙烯酸甲酯共聚物（GMA/MMA）、SMA、苯乙烯-丙烯腈-马来酸酐（SAMAH）、苯乙烯-丙烯腈-甲基丙烯酸（SAMAA）等都可以对 PA/ABS 合金起到增容作用，对改善合金的冲击性能均有好处，但各种增容剂对 PA/ABS 合金性能的影响不尽相同。

例如，在 SMA、SAMAH 和 SAMAA 三种增容剂中，SAMAH 对冲击强度的改善效果最好。但并不代表说 SAMAH 就是最好的增容剂。综合考量合金的其它性能发现，SMA 和 SAMAH 会降低合金的热分解温度，而 SAMAA 却会提高合金的热分解温度；SMA 和 SA-MAH 会降低合金的拉伸强度、弯曲强度和弹性模量，而 SAMAA 却可以提高这些参数。因此，在实际生产中，要根据 PA/ABS 的合金用途选择合适的增容剂。

SMA 虽然在各种合金性能测试中不是表现最好的增容剂，但由于其来源丰富、价格低廉、加工过程控制容易等优点，成为 PA/ABS 共混合金中最常用的增容剂品种。在 PA6/ABS（70/30，质量比）共混合金中，SMA 用量在 0.8%～1.2%（质量分数）时，合金的综合力学性能表现良好，拉伸强度 50MPa，悬臂梁缺口冲击强度 $120kJ/m^2$，可以满足普通的工程需要。

5.3.2.5 尼龙与弹性体的共混合金

由于尼龙有强极性的酰胺基团且结晶度高，在低温或干态时冲击强度低，断裂伸长率小，韧性表现不好。吸水后虽然可有限提高其韧性，但是会带来热性能、电性能、加工性能等多方面的问题。而弹性体最突出的特点就是韧性好，将其与尼龙共混可以有效提高尼龙的韧性。橡胶弹性体和热塑性弹性体是最常见的 PA 增韧剂，有非常广泛的用途。

橡胶弹性体具有很高的韧性，玻璃化温度低，可以很好地改善尼龙的低温韧性。但橡胶弹性体属于非极性聚合物，与尼龙之间相容性差，单纯共混时会出现严重的相分离现象，导致合金的韧性反而下降。只有当橡胶弹性体与尼龙具有良好的相容性，共混合金才会获得良好的增韧效果。最常用的方法是先将橡胶弹性体与马来酸酐（MAH）熔融共混，制备橡胶弹性体与 MAH 的接枝共聚物，接枝在橡胶弹性体上的 MAH 带有酸酐基团，可以与尼龙上的氨基反应，提高合金的相容性，进而改善了尼龙的韧性。例如，将乙丙橡胶（EPDM）与 MAH 熔融共混制备 EPDM-g-MAH 接枝共聚物，将其作为增容剂加入到 PA6/EPDM（80/20，质量比）共混物中。EPDM-g-MAH 接枝共聚物的接枝率越高，PA6/EPDM 共混合金的冲击强度越大，从未加增容剂的 $6kJ/m^2$，可以提高到 $16kJ/m^2$。EPDM-g-MAH 接枝共聚物对合金的冲击性能有非常明显的影响，但弹性模量和屈服强度等拉伸性能变化不大，可见，EPDM-g-MAH 接枝共聚物可以在不改变材料刚性的同时改善材料的韧性。

　　热塑性弹性体是高分子共聚物或接枝共聚物，与橡胶弹性体一样具有良好的韧性，而且由于其不需硫化交联，使用起来更为方便。最常用的热塑性弹性体是苯乙烯-丁二烯-苯乙烯嵌段共聚物（SBS），分子中的丁二烯链段赋予其很高的弹性，丁二烯含量越高，SBS 的弹性越大。将 SBS 与 MAH 熔融共混也可获得 SBS-g-MAH 接枝共聚物，作为增容剂可以改善 PA/SBS 共混合金的相容性，进而获得韧性好的合金材料。但是，由于 SBS 中含有双键，耐候性不好，容易热老化、光老化。可以用氢化 SBS（SEBS）代替 SBS 作为增韧剂，氢化处理除去了 SBS 中的双键，SEBS 增韧的 PA 合金耐候性明显优于 SBS。

　　聚烯烃弹性体（POE）是 Dow 化学公司近些年推出的"限制几何构型"催化剂及相关的 Insite 专利技术（CGCT）合成的乙烯-辛烯共聚物，其结构式如下：

$$\text{—}\!\!\left[\!\!\text{(CH}_2\text{—CH}_2)_{\overline{n}}\text{(CH}_2\text{—CH)}_m\!\!\right]_x$$
$$|$$
$$\text{(CH}_2)_5$$
$$|$$
$$\text{CH}_3$$

　　与传统方法制备的聚烯烃弹性体相比，一方面 POE 有很窄的分子量和短链分布，因而具有优异的物理机械性能，高弹性、高强度、高伸长率和良好的低温性能。另一方面，又由于其分子链是饱和的，所含叔碳原子相对较少，因而又具有优异的耐热老化和抗紫外性能，目前主要是用作塑料的抗冲击改性剂。将 POE 与 MAH 或 GMA 熔融共混可以制备 POE-g-MAH 或 POE-g-GMA 接枝共聚物。PA/POE/POE-g-MAH 和 PA/POE/POE-g-GMA 共混合金的冲击强度高，在增韧同时，材料尚可保持较高的屈服强度及良好的加工流动性。因此，作为一种新型的热塑性弹性体材料，POE 在尼龙增韧方面引起了很大的关注。

　　聚氨酯热塑性弹性体（TPU）硬度高且富有弹性，具有良好的机械强度，低温性能优异，但是，表面摩擦系数低、容易打滑，而且成本也较高。因此，TPU 可以改善尼龙的低温韧性，提高其物理机械性能，同时，尼龙也可以改善 TPU 的摩擦性能，降低其成本。从而使尼龙和 TPU 性能互补，获得综合性能良好的 PA/TPU 共混合金。

5.3.2.6　尼龙与 PPO 的共混合金

　　聚苯醚［poly（phenylene oxide），PPO］的机械强度高及尺寸稳定性好，硬而坚韧，硬度比尼龙、聚碳酸酯和聚甲醛高，而蠕变性却比它们小，其耐应力松弛、冲击强度等都居于工程塑料之最。PPO 是非结晶树脂，几乎不发生由于结晶取向而引起的应变和收缩，制品成型收缩率低，其热变形温度达 190℃，与酚醛、聚酯等热固性塑料相接近，优于聚碳酸酯、尼龙等热塑性树脂。

　　虽然 PPO 具有优异的物理机械性能，但是它的耐有机溶剂性差，在酮类、酯类溶剂中制品容易发生应力开裂，抗氧性不好。而且，它有一个致命的弱点，就是熔体黏度高，流动性极差，加工成型性差，需要在 300℃高温加工，这些都限制了 PPO 的应用。

　　PA 的高结晶度使其具有耐溶剂性好、力学强度高、易加工等优点。但其冲击强度低、耐热性较差，因其高的吸水性而造成制品的尺寸稳定性较差，使其在一些特殊场合下的应用受到了限制。采用共混改性的方法可以实现 PA 与 PPO 的性能互补，制备综合性能较好的 PA/PPO 合金材料，使其既具有 PPO 的高玻璃化温度和尺寸稳定性，又具有 PA 的耐溶剂性和良好的成型性，并且兼具刚性高、蠕变小、抗冲击性好等特点。最早商品化的 PPO/PA 合金是 GE 公司于 20 世纪 80 年代中期开发成功的。此后，日本的工程塑料公司、旭化成工业公司、三菱瓦斯化学公司和德国的巴斯夫公司等都竞相进入该领域。

PPO 是非极性的非晶聚合物，PA 是极性的结晶聚合物，将二者简单共混必然导致两相相分离，材料没有实用价值。因此，将 PPO 与 PA 合金化的关键是解决组分间的相容性，常用的方法是向体系中加入合适的增容剂。用作 PA/PPO 合金的增容剂的嵌段或接枝共聚物分子中一般有如下两部分结构特点，一端与 PPO 结构相同或相似，比如 PPO 或 PS 等，而另一端含有与 PA 端基反应的基团，如酸酐、环氧基、羧酸、酰亚胺、酚等。

例如，苯乙烯（St）或其嵌段物与甲基丙烯酸缩水甘油酯（GMA）的共聚物 SG 是 PPO/PA6 合金的有效增容剂。SG 中的环氧集团可以与 PA 上的端氨基或羧基反应，过程中在界面生成 SG-*g*-PA 共聚物可以在 PPO 与 PA 中起到类似"桥梁"的作用。通过熔融共混在 PPO 分子链上接枝活性单体 GMA，接枝物 PPO-*g*-(GMA-St) 能与 PA6 发生反应，原位生成 PPO-*g*-PA6 大分子接枝物。增容剂添加量为 5%（质量分数）时，材料拉伸强度即提高了 42%，缺口冲击强度提高了 80%，吸水性降低了 16.5%。

PA/PPO 共混合金能够结合 PPO 和 PA6 各自的特点，通过性能上的互补，得到综合性能优异的合金材料，在汽车散热器、保险杠、汽车外板等方面有广泛的应用。

5.3.3　尼龙的增强、填充改性

5.3.3.1　概述

如前所述，尼龙在耐水性、尺寸稳定性、韧性等方面的缺陷可以通过与其它聚合物的共混改性获得改善。然而，共混改性的方法大多对改善韧性有益，对提高尼龙的强度和模量没有明显效果，甚至会恶化。因此，通过添加一些有机或无机材料作为增强剂对尼龙进行增强改性，是提高尼龙的力学强度、模量，同时减小尺寸收缩率和降低吸水率的最好方法。

5.3.3.2　硅灰石填充改性尼龙

硅灰石是一种链状偏硅酸盐矿物，化学式为 $CaSiO_3$（其中 SiO 的质量分数为 51.7%，其余为 CaO）。作为填料，硅灰石可以起补强、增强作用，改善尼龙的力学性能和抗老化性能；可以提高尼龙的尺寸稳定性、热稳定性和加工流动性；可以改善尼龙制品的表面光滑性；可以作为纤维的替代品，降低尼龙制品的成本。硅灰石的填充增强改性是充分利用资源的有效途径。

硅灰石对尼龙有明显的增强作用。尼龙 12 烧结材料中填充硅灰石，在硅灰石质量分数为 30% 时，材料的拉伸强度、弯曲强度及模量均显著提高，分别比未添加硅灰石时提高了 35%、75% 和 111%。而且，加入硅灰石后，热变形温度及尺寸精度也有所提高。

硅灰石粉体细度对增强尼龙的性能有明显影响。由于尺寸效应，硅灰石粉体越细，其增强效果越好，但同时也越容易团聚。通常，在低填充量时，可选择硅灰石超细粉体；而高填充量时，则宜选择中等细度的硅灰石粉体。

5.3.3.3　黏土填充改性尼龙

黏土（包括蒙脱土、高岭土、滑石等）是自然界中产量最富饶的矿产之一。大多数的黏土呈层状结构，每层厚度 1nm 左右，又称作层状硅酸盐。它的价格便宜，具有很好的机械强度与耐溶剂性、阻隔性，常常作为高分子的补强或填充料。

PA6/黏土复合材料是最早被制备出来的聚合物基黏土纳米复合材料。黏土作为纳米材

料在改性尼龙方面具有十分突出的特点，只需很少的用量，就能使尼龙性能发生很大的变化。近些年来，随着黏土有机处理技术的发展和工业化，黏土作为一种常见的填充材料在尼龙改性中独树一帜。

与传统的纤维、矿物填充材料相比，黏土只需很少的质量分数就可以使尼龙/黏土复合材料具有很高的强度和韧性。以丙烯酸（AA）作为增容剂，采用熔融插层法制备 PA6/黏土纳米复合材料。当黏土含量为 4%（质量分数）时，复合材料的拉伸强度提高了 34%，热变形温度提高了 18.2℃，吸水率降低了 0.6%。同时材料还具有良好的冲击韧性和气体阻隔性。有研究发现，当黏土被较好的有机化处理后，在尼龙基体中可以达到近似单片层分散，其对尼龙的增强效果甚至可以超过纤维增强尼龙，但目前该技术尚未产业化。

黏土填充尼龙制品具有优异的阻隔性能，有望取代金属箔覆盖的高分子材料，而且易于回收。PA6 的水汽透过率为 203g/m²，而蒙脱土含量 5%（质量分数）的 PA6/蒙脱土复合材料其扩散系数下降 50%，水汽透过率仅为 106g/m²。这是由于水分子不能从在尼龙基体中分散的蒙脱土片层中透过，需要"避开"蒙脱土片层，绕道而行，延长了水分子通过的路径。

黏土的加入还可以改善尼龙的热稳定性、阻燃性、尺寸稳定性、加工流动性等。另外，在玻璃纤维增强尼龙材料中，由于纤维在基体中的取向会导致制品表面粗糙和模缩不均，加入一些黏土可以克服这一现象。

5.3.3.4 纤维增强改性尼龙

纤维增强是利用纤维的高强度，将树脂基体所受的负荷转移到纤维上，并扩大负荷作用的范围来达到增强的目的。根据纤维的不同，纤维增强可以分为无机纤维增强和有机纤维增强。

无机纤维主要包括玻璃纤维和碳纤维。玻璃纤维是最常用也最经济的增强体材料，其拉伸强度（1.05～3.80GPa）大于钢丝，模量相对较低，耐热性好，耐介质性能（特别是耐水性）较差。玻璃纤维在尼龙中的添加量通常为 20%～40%，最高可达 60%。在尼龙中加入玻璃纤维后，尼龙的力学性能、尺寸稳定性、耐热性、耐老化性能、耐疲劳性都有所提高。玻璃纤维增强尼龙的流动性虽然较增强前差一些，但基本的成型工艺与未增强时大致相同，只需将加工温度或压力稍微提高一些即可。例如，长玻璃纤维增强的 PA66，玻璃纤维含量为 40%时，材料的弯曲强度 310MPa，拉伸强度 21MPa、缺口冲击强度 25.4J/m、吸水率 0.9%左右、成型收缩率 0.3%左右，综合性能良好。

碳纤维具有很高的强度和模量，普通商品级碳纤维的强度 3.0GPa，模量 200GPa，而宇航级碳纤维的模量可达 300～1000GPa。而且，碳纤维耐高温、耐低温性能都很优异，耐腐蚀性和耐水性也很突出。因此，碳纤维是理想的增强体材料。在 PA66 中加入 20%的碳纤维，可使材料的拉伸强度提高近 3 倍。碳纤维的加入会导致材料流动性降低，添加量一般都低于 30%。但是，碳纤维价格高，普通商品级碳纤维大概 20 美元/kg，而宇航级碳纤维则高达 50～1050 美元/kg。因此，碳纤维增强尼龙多用于航空航天、军事国防等领域。

纤维增强尼龙的增强效果不仅与纤维的种类和形态有关，更主要的还要依赖于基体树脂与纤维之间的结合力。无机纤维与有机树脂之间的结合力都较差，需要对纤维进行表面处理，处理后的纤维与基体具有良好的相容性，形成一个从无机到有机的界面层。对无机纤维的表面处理通常采用偶联剂。偶联剂是某些具有特定基团的化合物，它能通过化学或物理作用将两种性质差异很大的材料结合起来。例如，玻璃纤维增强尼龙中常采用硅烷偶联剂对玻璃纤维进行表面处理。硅烷偶联剂中的烷氧基通过水解成硅羟基，可与玻璃纤维中的硅羟基发生缩聚，在玻璃纤维与尼龙基体间形成一层结合界面。当材料受到负荷时，基体可以将所受的荷载有效传递给纤维，发挥纤维的增强作用。

有机纤维主要是指芳纶纤维，是芳香族聚酰胺纤维的统称。1972 年美国杜邦公司工业化的芳纶纤维，商品名为 Kevlar（凯芙拉），是一种低密度、高强度、高模量和耐腐的有机纤维。有研究发现，经异氰酸酯化及封端稳定处理芳纶纤维与尼龙的结合力提高，可以改善尼龙的拉伸强度和弯曲强度，但冲击性能会略有下降。芳纶纤维在尼龙增强改性中的应用较少，目前尚无工业化合金品种。

5.3.3.5 碳纳米管增强改性尼龙

作为新型的石墨碳纳米材料，碳纳米管在尼龙增强方面的研究起步比较早。但是由于碳纳米管的管径很小，比表面积大，表面能大，由于范德华力的吸引，使得它们很容易团聚而形成尺寸较大的团聚体，以减小体系总表面能或界面能，达到相对稳定的状态，这是一种热力学上的自发过程。无论碳纳米管应用在哪个领域，形成团聚体都是不利的。尤其对聚合物/碳纳米管复合材料而言，这些团聚的碳纳米管在基体中很难被分散开，那么它们就可能成为潜在的应力集中点，导致材料性能下降；在某些应用中会增大碳纳米管用量，造成不必要的浪费。因此，制备尼龙/碳纳米管复合材料必须先对碳纳米管进行表面处理，以改善碳纳米管的分散能力，增加其与尼龙基体界面的结合力。碳纳米管表面改性的方法大致可分为两类，即共价和非共价功能化。

共价功能化是在碳纳米管的端口、缺陷以及侧壁进行化学修饰，通过酸化、酯化、酰胺化等反应接上功能团促进碳纳米管的分散。通过硝酸处理，可以在碳纳米管表面引入羧基，这些羧基可以与尼龙之间形成牢固界面，使得碳纳米管能够有效地传递载荷，提高复合材料的性能。将酸处理过的碳纳米管与 PA6 采用双螺杆混炼机制备成复合材料，当碳纳米管含量为 1.0%（质量分数）时复合材料的拉伸强度和模量从 18.0MPa 和 396.0MPa 提高到 40.3MPa 和 852.4MPa，分别提高了 124% 和 115%。

非共价功能化是利用表面活性剂、生物大分子及水溶性聚合物包裹在碳纳米管外壁以促进其分散。采用超声波引发原位乳液聚合在碳纳米管表面包裹聚丙烯酸丁酯（PBA）。改性后的碳纳米管与 PA6 进行熔融共混，仅添加 1%（质量分数）改性的碳纳米管就可以使复合材料的屈服强度提高 30%，杨氏模量提高 35%。

碳纳米管在尼龙增强改性中具有非常大的潜力，目前已有大量的研究成果，也有投入产业化的计划，但由于新型加工技术和设备、碳纳米管价格、表面处理方法等方面尚不够成熟，还未见到成品化的尼龙/碳纳米管复合材料制品。

5.3.4 尼龙的阻燃改性

尼龙按照 ASTM 标准属于自熄型聚合物，燃烧性为 UL 94 V-2 级，氧指数为 24%～28%，分解温度大于 299℃，在 449～499℃时会发生自燃。随着尼龙在电子电气以及建筑家装领域的日益广泛使用，对尼龙的阻燃性能提出了更高的要求。尼龙可以用卤系或其协同体系阻燃，也可以用氮磷系或无机填料进行无卤阻燃。

5.3.4.1 尼龙的含卤阻燃改性

从量的角度来说，卤系阻燃仍然是使用最广泛的尼龙阻燃改性方法，其中含溴阻燃剂的阻燃效果最好。目前尼龙常用的含卤阻燃剂包括十溴二苯醚、五溴二苯醚、溴化苯乙烯、聚二溴苯乙烯、溴化环氧树脂等。双（六氯环戊二烯环辛烯）十溴二苯醚（DBDPO）、五溴二苯醚（PBDO）、溴化苯乙烯（BPS）、聚二溴苯乙烯（PDBS）、聚丙烯酸五溴（PPBBA）、溴化环氧树脂（BER）等。

目前 DBDPO 是国内使用最广、产量最大的含卤阻燃剂，它具有优异的热稳定性和较高的阻燃效率，价格相对低廉。但是由于 DBDPO 属于填料型阻燃剂，为改善材料的阻燃性能，需要较大的添加量，严重影响材料的加工流动性和物理机械性能。作为小分子填料，

DBDPO 还容易在尼龙基体中迁移，甚至渗出，导致材料阻燃失效，并降低材料的耐光性、耐热性和冲击强度。

在国外应用最广的是溴化苯乙烯聚合物，由于它的分子量较高，能够解决阻燃剂迁移的问题，具有优越的热稳定性，在加工过程中具有很好的流动性。而且，用其制备的阻燃尼龙还具有优越的电性能和物理机械性能。但是，BPS 制备的阻燃尼龙光稳定性较差，不适于制造曝露在室外的材料。而且，相较 DBDPO，BPS 的成本较高。

十溴二苯氧基乙烷是近年来新出现的一种含溴阻燃剂，它与 DBDPO 具有同样优异的阻燃效率，而且它的热稳定性和光稳定性良好。但它与 DBDPO 一样属于填料型阻燃剂，与聚合物的相容性较差。其成本比 DBDPO 高很多，所以没有在尼龙阻燃中被广泛推广。

上面所说的这些卤系阻燃剂很少单独使用，通常与三氧化二锑配合使用。卤系阻燃剂与三氧化二锑的复合阻燃体系会带来协同作用，大大提高阻燃效率。例如，15％的 DBDPO 与5％的三氧化二锑复合，可以让 PA6 达到 UL 94 V-0 级。

尽管卤系阻燃尼龙已经发展得较为成熟，阻燃剂成本较低、技术难度不大、阻燃效率较高，但是，卤系阻燃尼龙发烟量大，燃烧产物中可能会有腐蚀性、毒性的物质。近些年来随着欧盟 RoHS、WEEE、REACH 等一系列环保指令的颁布，以及火灾给人民生命财产带来的损害，无卤、低烟、低毒阻燃剂的发展成为大势所趋。

5.3.4.2 尼龙的氮磷系无卤阻燃改性

人们正致力于寻找卤系阻燃剂的替代品，其中氮磷系阻燃剂备受关注。尼龙中应用最广泛的是红磷和三聚氰胺盐类阻燃剂。

红磷具有很高的阻燃效率，但红磷在高温或高剪切作用下容易发生自燃，甚至爆炸，而且，红磷在空气中会与水发生反应产生极毒气体，所以通常先将红磷制备成阻燃母料，或微胶囊包覆后才使用。用量 14％（质量分数）的红磷阻燃母料就可以使 PA66 达到 FV-0 级。红磷阻燃尼龙制品在颜色方面有很大局限性，无法生产浅色系的产品，虽然目前正致力于开发白度化的微胶囊化红磷阻燃剂，但尚未取得显著效果。

三聚氰胺盐类阻燃剂主要是三聚氰胺尿酸盐和三聚氰胺磷酸盐，也常用于尼龙的阻燃改性。例如，聚磷酸三聚氰胺（MPP）可以改善 PA6 的热释放速度平均值、总释热量以及质量损失速率。但垂直燃烧测试结果较差，即使当 MPP 添加量 30％（质量分数）时，仍无法达到 UL 94 V-0 级。三聚氰胺盐类阻燃剂在材料燃烧过程中不能形成致密的保护层，阻燃效率有限，热稳定性较差，并容易吸潮，降低材料的电性能。

虽然，氮磷系无卤阻燃剂在储存、颜色、价格等方面的不足限制了其在很多场合的使用，但是氮磷系无卤阻燃剂仍然是尼龙阻燃剂发展的主要方向。

5.3.4.3 尼龙的无机填料无卤阻燃改性

无机填料由于其无卤、低毒、价廉及多功能性，在尼龙阻燃改性中也颇有建树。常用的无机填料主要包括氢氧化铝、氢氧化镁、纳米黏土等。

在尼龙的无机填料阻燃剂中，氢氧化铝和氢氧化镁是用量最多的品种。氢氧化铝的分解温度较低（220℃），单独使用时阻燃效率较差，通常添加量要超过 40％才能表现出较好的阻燃效果。而氢氧化镁的分解温度较高（330℃），尼龙阻燃中一般使用氢氧化镁、或将氢氧化铝和氢氧化镁复配使用。作为无机填料，氢氧化铝和氢氧化镁与尼龙基体的相容性很差，需要加入偶联剂以改善界面性质，并可适当降低无机填料的用量。但是，只有氢氧化铝和氢氧化镁添加量较高时［30％（质量分数）以上］，才能达到较高的阻燃级别，这样会严重恶化尼龙的力学性能，限制其在主承力构件中的使用。

自 1976 年 Unitika 的专利申请首次提到了 PA6/黏土纳米复合材料的潜在阻燃性以来，

纳米黏土被阻燃界认为是聚合物阻燃最有前途的阻燃剂之一，因为它在低的添加量［通常少于 5％（质量分数）］时，不仅提高了聚合物的力学性能，而且可以大幅度降低聚合物燃烧时的热释放速率，从而改善聚合物的阻燃性能。从目前的研究来看，纳米黏土有助于材料的成炭，而致密炭层起到了隔热和阻碍挥发物通过的作用，使得材料具有较低的热释放速率和质量损失。因此，纳米黏土阻燃尼龙在锥形量热测试中表现出较好的阻燃效果，烟密度、发热量、发烟量等均有明显降低，但垂直燃烧和极限氧指数测试却没有较理想的结果。因此，正在开发纳米黏土与其它阻燃剂的复配阻燃体系。虽然，纳米黏土阻燃尼龙的工业应用还需要进一步研究，但是，其它阻燃体系是在牺牲尼龙力学性能的情况下改善阻燃性能，而尼龙/纳米黏土复合材料则有望在不损失力学性能的前提下改善阻燃性能。因此，纳米黏土在尼龙阻燃改性领域具有巨大的潜力。

5.3.5　实例及应用

5.3.5.1　齿轮

　　玻璃纤维增强尼龙具有耐磨、耐疲劳、抗冲击等性能，特别适合于制造齿轮，已成功应用在直齿轮、蜗轮斜齿轮和螺旋齿轮上，不断替代钢材、木材、铜材、铸铁、酚醛树脂等。PA6、PA66、PA11、PA12 都广泛用于齿轮制作，其中以 PA66 应用最多，PA11 和 PA12 还可以做消声齿轮。尼龙齿轮特别适宜浇铸大型制件或用量少，品种多，结构复杂的制件。制造的尼龙齿轮具有噪声低、自润滑、耐磨等特性，避免金属齿轮间的摩擦，可延长金属齿轮的使用寿命，从而可以降低生产成本，在汽车发动机齿轮、蜗轮减速机的蜗轮、摩托车发动机齿轮、电动车电机行星齿轮等领域有广泛用途。图 5-8 为常见尼龙齿轮形状。

图 5-8　尼龙齿轮

5.3.5.2　高玻璃纤维、低黏度尼龙

　　为使尼龙在更多的工程场合得以应用，尼龙中的玻璃纤维用量越来越大，虽然材料的强度和模量提高，制品的收缩及翘曲减少，普通尼龙的玻璃纤维使用上限约为 50％。但大量玻璃纤维导致尼龙熔体流动性变差，成型加工效率降低、成本增加。PA6 或 PA66 与纳米黏土经双螺杆共混混炼造粒，可提高尼龙的熔体流动性，玻璃纤维使用量可以达到60％。制造出的尼龙粒料光泽性好、成型时间短、易于注塑加工，适合于大尺寸和形状复杂的部件，以及带有薄壁和加强筋的部件。对于扎带、连接器、接线端子等薄壁产品的注塑成型非常适用。图 5-9 为尼龙扎带。

图 5-9　尼龙扎带

5.3.5.3　镜片、镜架

　　尼龙通常是结晶性聚合物，而透明尼龙则通过物理和化学改性获得了无定形或微晶态的结构。聚对苯二甲酰三

图 5-10　尼龙太阳镜

甲基己二胺（又称非晶性聚酰胺）是透明尼龙的主要品种，属于几乎不结晶或结晶速率非常低的聚酰胺树脂，由特殊二胺和二元羧酸经系列反应后熔融缩聚或溶液聚合制得。其加工方法与 PA6、PA66 相似。透明尼龙除具备了结晶性尼龙的耐化学性、耐磨性外，其透光率高（85%～95%）、吸水率低，尺寸稳定性好，热膨胀系数、收缩率小。采用透明尼龙作为镜片和镜架材料（图 5-10），可以解决传统采用聚碳酸酯的应力开裂问题。除此以外，由于透明尼龙具有极高的弹性及柔软性，同时具有良好的韧性与刚性，还可以用来制造氧气呼吸罩、滤清器、流量计、医用器件、气压表、灯罩、化妆品容器等。

5.3.5.4　充油管

将尼龙与烯烃弹性体共混，可以保持尼龙优异的阻隔性能、优越的耐化学性、热机械性能和耐油性，同时又提高了加工性，降低了对湿气以及极性溶剂敏感度，并提高了抗冲击性能。可以很好地阻隔氧气、二氧化碳、水、酒精等气体或液体，特别是对碳氢化合物、矿物油等化学物质具有很强的阻隔性，因此被应用于较高要求的工业输油管道、设备充油管等。而且，烯烃弹性体的加入可以使材料具有出色的加工流体性，有利于尼龙在普通吹塑设备上进行成型加工，并提高了吹塑管道的长度和保证了长管的尺寸稳定性。

5.4　聚碳酸酯的改性

5.4.1　概述

聚碳酸酯（polycarbonate，PC）是一种无定形、无臭、无毒、高度透明的无色或微黄色热塑性工程塑料，是分子链中含有碳酸酯基的高分子聚合物的统称。PC 具有优良的物理机械性能，耐热性和抗冲击性能优异，折射率高，本身具有良好的阻燃性能，加工性能良好，尺寸稳定性高，蠕变性低，缺点主要是不耐紫外线，抗溶剂性能差，耐磨性差。其物理性质如表 5-23 所示。

表 5-23　聚碳酸酯的物理性质

密度/(g/cm)	1.20～1.22	玻璃化温度/℃	140～150	熔融温度/℃	220～230
线膨胀率/[cm/(cm·℃)]	3.8×10	热变形温度/℃	132～138	使用温度/℃	−60～120

PC 是一种通用型工程塑料，广泛应用于建材行业、汽车制造、医疗器械、航空航天、电子电气、包装、光学透镜等领域。常见的光盘、眼镜片、车头灯、笔记本电脑外壳等都是以 PC 为主要原材料加工的。例如富士通公司的电脑外壳、苹果公司 iPod 音乐播放器的外壳都是采用 PC 制作的。

但是，由于 PC 的熔体黏度较大，制品容易应力开裂，因此，工业上常常采用各种方法对其进行改性，以提高性能和扩大用途。

5.4.2　聚碳酸酯的共混改性

5.4.2.1　概述

PC 合金种类繁多，它与不同聚合物形成合金或共混物，可以有效利用两种材料的性能优点，达到提高冲击强度、改善缺口敏感性、提高耐溶剂性、降低熔体黏度的目的，并降低材料成本，实现材料的高性能化，并拓宽 PC 的应用领域。通过共混改性，可以常见的有 PC/ABS 合金、PC/ASA 合金、PC/PBT 合金、PC/PET 合金、PC/MBS 共混物、PC/PT-FE 合金、PC/PA 合金等。

5.4.2.2　PC/ABS 合金

　　PC/ABS 合金是 PC 共混合金中应用最广、技术最成熟的品种之一。在 PC/ABS 合金中，PC 主要贡献高机械强度和高耐热性，较好的韧性和冲击强度，以及阻燃性，而 ABS 则可降低熔体黏度和密度，提高加工性能和可成型性，并降低材料成本。但是，由于 PC 和 ABS 属于典型的热力学不相容聚合物，单纯的共混无法得到机械性能良好的合金品种，因此，制备 PC/ABS 合金最关键的就在于选择合适的增容剂。

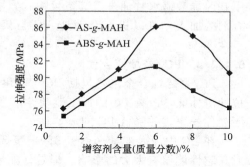

　　苯乙烯-马来酸酐共聚物（SMA）是工业化 PC/ABS 合金品种中常用到的增容剂，其中的马来酸酐功能团可以与极性的 PC 相容，而苯乙烯基团可以与 ABS 中的苯乙烯链段相容，从而改善 PC 与 ABS 之间的工艺学相容性。Idemitsu 石化公司以 SMA 作为增容剂，加入少量玻璃纤维增强制得的 PC/ABS 合金产品具有热稳定性好、易于加工、力学性能优良的特点。其中，质量配比为 PC/ABS/SMA/玻璃纤维＝60/20/20/3 的合金，其弯曲强度为 133MPa，弯曲弹性模量为 6350MPa，悬臂梁缺口冲击强度为 100J/m²，热变形温度为 126℃，熔融指数可达到 12g/10min。该合金可以采用单螺杆挤出机进行加工，其粒料可用作电动工具和耐热台盘的外壳材料。

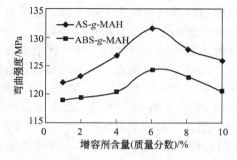

　　各种聚合物与马来酸酐的接枝物也常用来作为 PC/ABS 合金的增容剂，例如，PE-g-MAH、PP-g-MAH、ABS-g-MAH、AS-g-MAH 等。其中，ABS-g-MAH 和 AS-g-MAH 的增容效果最为明显，加入后可以明显降低 PC 和 ABS 两相的界面张力，使两相更加均匀地分散，保持较为稳定的亚微观形态，提高了 PC 和 ABS 的相容性。ABS-g-MAH 和

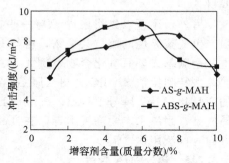

图 5-11　增容剂含量对 PC/ABS 合金冲击性能、拉伸性能和弯曲性能的影响

AS-g-MAH 对 PC/ABS 合金拉伸性能、弯曲性能和冲击性能的影响如图 5-11 所示。

5.4.2.3　PC/聚酯合金

　　PC/聚酯合金也是 PC 共混合金中的大品种。与 PET、PBT 等聚酯的共混，可以克服 PC 的耐环境应力开裂，使 PC 在广泛的温度范围内具有很高的冲击强度，低温至－40℃ 仍有优异的冲击韧性。而且，PC/聚酯合金还具有优异的耐化学腐蚀性，特别是耐油性，适用于制造油性环境下的零部件，从而扩展了 PC 在汽车工业中的应用。目前，GE、Bayer、BASF、Dow 等知名企业都开发有自己的 PC/PET、PC/PBT 合金品种，在汽车保险杠、车底板、缓冲器、车身护板等领域有广泛的用途。

　　PC 与 PET、PBT 同属于酯类聚合物，它们之间的溶解度参数相差不大，通过酯交换反

应在有限范围内具有相容性。但从实用性的角度而言，"有限"的相容性不能使 PC 与 PET、PBT 共混后获得有价值的使用性能。因此，增容仍然是 PC/聚酯共混合金面临的重要问题。早在 20 世纪 70 年代就有采用 MBS（甲基丙烯酸甲酯、丁二烯和苯乙烯的接枝共聚物）对 PC/PET 合金进行增容的专利出现。时至今日，各种各样的增容剂和增容方法层出不穷，其中能与 PET、PBT 和 PC 发生反应并起到增容作用的物质主要有：马来酸酐及其衍生物、甲基丙烯酸缩水甘油酯及其衍生物、异氰酸酯、乙烯-醋酸乙烯共聚物（EVA）等。这些增容剂的加入，可以进一步改善 PC 与聚酯之间的相容性，提高合金的力学性能和成型加工性。

5.4.2.4　PC/聚烯烃合金

PC/聚烯烃合金主要包括 PC/PE 和 PC/PP 合金。在 PC 中加入聚烯烃，可提高 PC 的抗冲击性能，改善 PC 的加工流动性，降低制品的内应力，同时还可提高 PC 的拉伸强度和断裂伸长率，并降低 PC 的成本。

在 PC 中加入少量（小于 5%）聚烯烃，可以起到增加韧性和提高加工流动性的作用，对其它性能没有太大的影响。但是，如果聚烯烃的添加量较高（大于 10%），PC/聚烯烃共混物的物理机械性能大幅下降，出现分层、起泡等现象，不具有使用价值。这是由于 PC 属于极性非晶聚合物，而聚烯烃属于非极性可结晶聚合物，PC/聚烯烃合金属于典型的不相容共混体系，需要对其进行增容才能获得性能优异的合金材料。

乙烯与含羧基或环氧基的极性化合物所形成的二元或三元共聚物是 PC/聚烯烃合金中常用的增容剂，例如 EVA、MBS、SEBS、SBS 等。这些共聚物的一端与 PC 结构相似，或可以与 PC 相互作用，而另一端则与聚烯烃结构相似，从而在 PC 和聚烯烃界面间起到"桥梁"的作用。例如，采用 EVA 作为 PC/PE 合金的增容剂，可以使合金的冲击强度高出纯 PC 的 4 倍，耐沸水性、热老化性、耐候性能大大提高，我国已成功地将其用于制造纬纱管等纺织器材。

另外，还可以先将聚烯烃与一些极性单体反应，在聚烯烃中引入可以与 PC 反应的基团，生成聚烯烃的接枝共聚物，再与 PC 共混，达到"原位"增容的目的。常用的极性单体主要是羧基或环氧基化合物，例如 MAH、GMA 等。

沙特阿拉伯 SABIC 公司（原 GE 塑料集团）、日本帝人化成等生产厂家已有 PC/聚烯烃的商品化产品。牌号 Lexan、PaniliteE 等合金品种，其冲击强度高、耐应力开裂、易加工、易成型、耐沸水、耐高温消毒，在食品餐具、容器、安全帽、电器零件、电动机工具外壳等方面有广泛用途。

5.4.2.5　PC/SMA 合金

苯乙烯-马来酸酐无规共聚物（SMA）是 PC/ABS 合金中常用的增容剂，它具有良好的加工性能，也可以与 PC 共混制备 PC/SMA 合金。PC 中加入 SMA 后，熔体的表观黏度降低，且随 SMA 含量的增加而明显降低。SMA 的加入可以极大改善 PC 的加工流动性，配方中 SMA 含量以 20% 左右为宜。

PC/SMA 合金具有良好的物理和化学性能，其耐热性、刚性、低温抗冲击性等介于 PC 和 ABS 之间，而加工性能优于 PC，价格较低，可以在机械罩壳、仪表板、电气零部件、医疗器件及光盘材料等领域取代 PC，甚至能替代更高级的工程塑料，如改性 PPO、聚砜等应用于电子电气、电动工具、家用电器等行业。商品化的 PC/SMA 合金中最著名的是美国 Acro 公司生产的 Arloy 系列，其耐热性可达 120℃，冲击强度高于 $6.3kJ/m^2$。

5.4.3　聚碳酸酯的增强改性

聚碳酸酯增强改性的主要目的是提高 PC 的耐疲劳强度和硬度，常用的增强改性方法是在 PC 中添加玻璃纤维、碳纤维等增强材料。除了长纤维和短纤维增强的 PC 以外，也可以采用黏土等无机填料来进行增强改性。

5.4.3.1　玻璃纤维增强改性聚碳酸酯

PC 增强改性中所用的增强材料主要以玻璃纤维为主。玻璃纤维增强后 PC 的强度和刚性均有提高，在 PC 中加入 20%～40% 的玻璃纤维后，材料的机械强度和弹性模量能提高 2～3 倍，硬度提高 20%～30%，耐应力开裂性提高 6～8 倍，热膨胀率和蠕变下降到原来的 1/3，其制品可在 130～140℃ 下长期使用。但玻璃纤维的加入会使 PC 的冲击韧性下降，透明度消失。而且，玻璃纤维在基体中的流动取向和拉伸取向会导致性能的各向异性，材料的外观质量变差。为改善外观质量，可以在玻璃纤维增强 PC 中添加 ABS、PP、PE 等玻璃化温度较低的聚合物，从而提高合金的流动性，使材料表面光滑平整。玻璃纤维增强 PC 已成功应用于一些对刚性、耐热性和精度要求较高的场合，例如，照相机外装部件、移动电话机壳、电视机高频头骨架、无线电印刷线路板接插件、电子计算机基座、汽车薄壁制件等。玻璃纤维增强聚碳酸酯在使用前必须干燥至含水量低于 0.03%。

不同玻璃纤维含量的 PC，其力学性能各不相同，应根据实际需要选择合适的玻璃纤维含量，如表 5-24 所示。

表 5-24　玻璃纤维增强 PC 的性能指标

玻璃纤维含量 /%	拉伸强度 /MPa	弯曲强度 /MPa	简支梁缺口冲击强度 /(kJ/m²)	密度 /(g/cm³)	模塑收缩率 /%	热变形温度 /℃
10	75	115	7	1.25	0.3	130
20	105	155	12	1.27	0.2	139
30	130	185	12	1.30	0.1	145

近年来，随着航空、航天技术的迅速发展，对飞机和航天器中各部件的要求不断提高。玻璃纤维增强聚碳酸酯提高了 PC 的力学性能和刚性，线膨胀系数大大减少，尺寸稳定性大大提高，模塑收缩率显著降低，同时克服了聚碳酸酯不耐应力开裂和疲劳强度的缺陷，可以用于替代铝、锌等压铸领域的负荷件及尺寸要求极高的制品。因此，玻璃纤维增强 PC 在航空航天领域的应用也日趋增加。据统计，仅一架波音型飞机上所用聚碳酸酯部件就达 2500 个，单机耗用聚碳酸酯约 2 吨。

5.4.3.2　黏土填充增强改性聚碳酸酯

黏土填充增强 PC 的增强效果与纤维增强相比要低一些，适合于制作各种办公自动化设备的机架。但是，与玻璃纤维增强 PC 相比，黏土填充增强具有许多优点：①黏土填充增强 PC 的密度较小，具有更优良的成型加工性能；②各向异性不明显，材料纵向与横向力学性能差别较小，尺寸稳定性较高；③增强材料用量少，添加量一般不超过 5%；等等。

天然提纯的黏土与 PC 的相容性较差，不容易在基体中分散，通常以团聚体的形式存在，无益于增强改性。因此，先用季铵盐类对黏土进行有机化处理，一方面有机化黏土与 PC 的相容性较好，另一方面也降低了铁元素的含量，防止制品发黄。为进一步提高 PC 与黏土的相容性，通常还会在 PC/黏土复合材料中添加一些苯乙烯-马来酸酐共聚物等作为增容剂。在 PC 中加入 3%～5% 的有机化黏土后，材料的机械强度和弹性模量能提高 30%～60%，硬度提高 10%～15%。而且，作为黏土填充改性材料的重要特征，PC/黏土复合材料的气体阻隔性大幅提高，氧气透过率比纯 PC 降低了 30% 以上。

5.4.4　聚碳酸酯的阻燃改性

聚碳酸酯的热分解温度高（300℃），本身具有一定的阻燃性（极限氧指数 25%，垂直燃烧可达 UL94 V-2 级）。但为了满足某些应用领域，对阻燃性需达到 UL94 V-0 级的要求，仍然需要对 PC 进行阻燃改性。

常用于阻燃聚碳酸酯及其合金材料的阻燃剂仍以卤系阻燃剂为主，例如，含溴芳基磷酸酯、四溴双酚 A、十溴二苯醚、聚二溴苯醚等。由于三氧化二锑对 PC 有明显的催化解聚作用，因此卤系阻燃 PC 中不适用以三氧化二锑作为阻燃剂的协效剂，而多使用锑酸钠。但是，随着人们环保意识的增强，无卤化阻燃正逐渐成为趋势。卤系阻燃 PC 在燃烧时会产生有毒、腐蚀性的气体，危害环境及人体健康，还会导致电子电气、自动化设备中的部件受损，致使设备失灵而造成更大的灾害。

1987 年美国 Dow 化学公司在 PC 聚合过程中通过在聚合物链上引入磷元素的方法提高了 PC 的阻燃性能。随后，人们开始将 PC 无卤阻燃的重点放在了磷系阻燃剂的合成上来，聚磷酸蜜胺（MPP）、季戊四醇（PER）、聚磷酸铵（APP）、三苯基磷酸酯（TPP）、间苯二酚双磷酸酯（RDP）、双（4-羧苯基）苯基氧化膦（BCPPO）等磷系阻燃剂不断涌现出来。目前，磷系阻燃剂已经成为 PC 无卤阻燃中应用最为广泛的一种。而且，磷系阻燃剂也可以用在 PC 合金的阻燃改性中，例如，TPP 和 RDP 就广泛应用于 PC/ABS 和 PC/PET 合金的阻燃改性中。

5.4.5 实例及应用

5.4.5.1 汽车发动机的下护板

对于越野车等常用来在崎岖山路上行驶的汽车，通常都会安装有发动机下护板（图 5-12），用于防止雨雪天气污水进入发动机舱，并防止行驶过程中卷起的细小硬物敲击发动机，从而起到保护发动机的作用。早期的发动机下护板通常是金属护板，现在主要以 PC 合金材料为主。PC 合金下护板是 PC 与炭黑的共混物，通常加入苯乙烯-马来酸酐共聚物（SMA）作为增容和增韧改性剂，采用挤出机制备粒料，再通过注塑、吹塑等方法制备成品。PC 合金下护板具有不会生锈、韧性

图 5-12　汽车发动机的下护板

好、噪声小等特点。而且，相比金属材质的下护板，PC 合金下护板的重量轻，从而降低了前悬挂磨损，减少了油耗，还在一定程度上避免车身前后的重量比失衡，操控性下降。

5.4.5.2 摔不破的调羹和餐具

在 PC/SMA 合金体系中加入碳酸钙，可以提高材料的耐热性，并降低成本。将 PC∶SMA∶$CaCO_3$∶TiO_2＝39.5∶26.3∶32.9∶13 的物料通过熔融挤出制成的粒料，其热变形温度为 132℃，尺寸稳定性好，表面光洁程度高。再通过注塑成型制备出的调羹、保鲜碗等餐具具有较高的硬度和韧性，不像玻璃或陶瓷餐具那样容易破碎。而且，耐热 120℃，耐冷 −20℃，在冷热环境中不变形，可以用于微波加热。而且，由于可经受蒸汽、清洁剂、加热和辐射消毒，不发生变黄和物理机械性能下降，制品还可以在洗碗机、消毒柜中反复操作。

5.4.5.3 聚碳酸酯塑料瓶

聚碳酸酯制品具有质量轻、抗冲击和透明性好，用热水和腐蚀性溶液洗涤处理时不变形且保持透明的优点，可以做成塑料瓶应用在很多领域。图 5-13 为 PC 凉水瓶。聚碳酸酯塑料瓶耐高温性能突出，可以用于加热饮用水，或高温灌装果汁。但是，PC 对二氧化碳和氧气的阻隔性能较差，不适于盛装碳酸饮料和食用油等。可以通过添加 3% 左右的纳米黏土来提高其气体阻隔性能。继第一代聚乙烯（PE）桶和聚氯乙烯（PVC）桶和第二代聚酯（PET）

桶之后，PC 由于其外观、透明度、强度和环保等方面的优势，成为第三代饮用水桶的主要材料。

　　PC 曾经是非玻璃婴儿奶瓶的主要制造原料，但是由于制造聚碳酸酯中需要添加双酚 A，而双酚 A 于 2008 年 4 月 18 日已经被加拿大联邦政府正式认定为有毒物质，并严禁在食品包装中添加。欧盟认为含双酚 A 的奶瓶会诱发性早熟，从 2011 年 3 月 2 日起，禁止生产含化学物质双酚 A 的婴儿奶瓶。

图 5-13　PC 凉水瓶

5.4.5.4　手机外壳、笔记本电脑外壳用 PC/ABS 合金的制备

　　首先对 GE 公司同型号料（C1110HF）进行了测试，结果见表 5-25。试验配方如表 5-26 所示。

表 5-25　GE 公司同型号料（C1110HF）的性能

性　　能	测试值	性　　能	测试值
拉伸强度/MPa	57.8	简支梁缺口冲击强度/(kJ/m²)	97.4
断裂伸长率/%	59	悬臂梁缺口冲击强度/(J/m)	420.5
弯曲强度/MPa	101.8	MI(260℃,3.26kg)/(g/10min)	5
弯曲弹性模量/MPa	2403	MI(260℃,5kg)/(g/10min)	9
简支梁无缺口冲击强度/(kJ/m²)	NB[①]		

①　表示冲不断。

表 5-26　GE 公司同型号料（C1110HF）性能试验配方

材料名称	配方	重复试验
PC,GE144R	70	70
ABS,PA-757	30	30
SMA	5	5
具有核壳结构的丙烯酸酯类弹性体	8	8
氨基硅油	1	1
7910	0.5	0.5

　　(1) 工艺　PC、SMA 在 110℃下鼓风烘箱干燥 6～10h，ABS 在 80℃下鼓风烘箱干燥 6h。上述配方称量后在高速混合机上进行混合 3min，用双螺杆进行造粒，双螺杆型号为 SHJ-30，长径比为 32∶1，同向旋转，所用仪器为南京橡胶机械厂产。造粒工艺如下。

温度(℃)：	前	中	后	机头
	220	230	230	235

　　加料电压：　　　　30V
　　螺杆转速电压：　　110V

造粒后在 95℃下干燥 8h 后进行注射制样，注射工艺如下。

温度(℃)：	前	中	后	喷嘴
	230	235	240	240

　　注射时间：　　　20s
　　注射压力：　　　75MPa
　　保压时间：　　　20s
　　冷却时间：　　　20s
　　模具温度：　　　约 60℃

　　(2) 性能　自制的手机外壳材料 PC/ABS 合金性能见表 5-27。

表 5-27 自制的手机外壳材料 PC/ABS 合金性能

性　　能	配方	重复实验
拉伸强度/MPa	52.8	54.4
断裂伸长率/%	54	95
弯曲强度/MPa	94.4	92.5
弯曲弹性模量/MPa	2406	2395
简支梁无缺口冲击强度/(kJ/m²)	NB	NB①
简支梁缺口冲击强度/(kJ/m²)	88.2	95.3
悬臂梁缺口冲击强度/(J/m)	461.9	420.5
MI(300℃,2.16kg)/(g/10min)	5.89	5.5
MI(300℃,5kg)/(g/10min)	13.1	15.1

① 表示冲不断。

可以看出，研制的 PC/ABS 合金性能已达到 GE 手机料的性能，而且冲击强度还要好于 GEC1110HF 料，经手机外壳实验，满足使用要求。

5.4.5.5　手机充电器座用阻燃 PC/ABS 合金的制备

由于要求阻燃，且要达到 UL94V-0 级，因此需要加入较多的阻燃剂。由于 PC/ABS 合金在造粒和加工时温度均较高（在 230℃以上），所以所采用的阻燃剂首先要满足加工温度的要求，即在加工温度下不分解、不挥发、不变色、不变质、不同其它组分发生有害反应。通常在 PC/ABS 合金中所使用的阻燃剂为含溴阻燃剂以及与锑类并用，因此本项目也以此为基本进行阻燃配方的制定。同时为抑制 PC 和 ABS 在加工过程中的氧化分解，还要考虑加入抗氧剂，配方及性能见表 5-28。

表 5-28 手机充电器座用阻燃 PC/ABS 合金配方及性能

材　料　名　称	配方	性　　能	参数
PC,GE 144R(GE 公司)	70	拉伸强度/MPa	58.4
ABS,PA-757(台湾奇美)	30	断裂伸长率/%	36
SMA	5	弯曲强度/MPa	100.4
BC-58(美国大湖)	3.3	弯曲弹性模量/MPa	2607
Sb₂O₃	2	简支梁无缺口冲击强度/(kJ/m²)	NB①
7910(瑞士汽巴)	0.5	简支梁缺口冲击强度/(kJ/m²)	39.9
高效相容剂 2	8	悬臂梁缺口冲击强度/(J/m)	321.5
硅油	1.2	阻燃性能(UL94)	V-0(4mm)
BA-59P(美国大湖)	3	MI(260℃,3.26kg)/(g/10min)	17.66
		MI(260℃,5kg)/(g/10min)	34.3

① 表示冲不断。

可以看出，高效相容剂对 PC/ABS 的冲击强度有非常显著的贡献，是极好的增容剂。采用表 5-28 配方制备出来的阻燃 PC/ABS 合金完全达到了要求，且加工性能极其优良。

手机充电器座用阻燃 PC/ABS 合金的制备工艺如下。PC、三氧化二锑、SMA 在 110℃下鼓风烘箱干燥 12h，ABS 在 80℃下鼓风烘箱干燥 6h。上述配方称量后在高速混合机上进行混合 3min，用双螺杆进行造粒，双螺杆型号为 SHJ-30，长径比为 32：1，同向旋转，所用仪器为南京橡胶机械厂产。造粒工艺如下。

温度（℃）：　　前　　中　　后　　机头

　　　　　　　　220　230　230　35

加料电压：　　30V

螺杆转速电压：110V

造粒后在 95℃下干燥 12h 后进行注射制样，注射工艺如下。

温度（℃）：　　前　　中　　后　　喷嘴

　　　　　　　　230　235　240　240

注射时间：　　　20s

注射压力：　　　75MPa

保压时间：　　　20s

冷却时间：　　　20s

模具温度：　　　60℃

5.5　聚酯的改性

5.5.1　概述

聚酯是由多元醇和多元酸缩聚而得的聚合物总称。主要指聚对苯二甲酸乙二酯和聚对苯二甲酸丁二酯等线型热塑性树脂，是一类性能优异、用途广泛的工程塑料。

聚对苯二甲酸乙二酯（polyethylene terephthalate，PET）是由对苯二甲酸和乙二醇发生酯化反应而成，其结构单元如下：

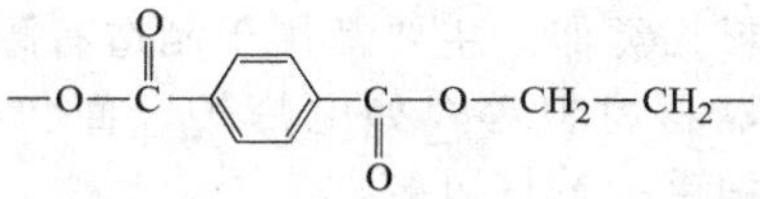

PET 玻璃化温度 69℃，熔点 255～260℃，具有良好的成纤性，其韧性、耐摩擦性、耐疲劳性、抗蠕变性等物理机械性能优良，耐热性和电绝缘性优良，吸水性低，尺寸稳定性好，而且价格便宜，可加工成纤维、薄膜和塑料制品，广泛应用于包装业、电子电气、医疗卫生、建筑、汽车等领域，其中包装是聚酯最大的非纤应用市场。

聚对苯二甲酸丁二酯（polybutylene terephthalate，PBT）是由 1,4-丁二醇与对苯二甲酸或者对苯二甲酸酯聚缩合而成，其结构单元如下：

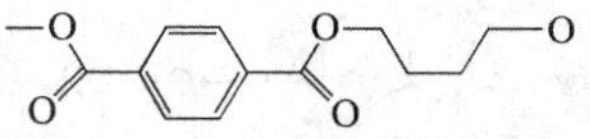

PBT 的玻璃化温度 43℃，熔点 220～225℃，具有优良的综合性能，韧性、耐热性、耐候性、耐疲劳性、耐药品性、耐摩擦性俱佳，而且吸水率低，仅为 0.1%，在潮湿环境中仍可保持较好的电绝缘性。与 PET 相比，PBT 低温下可迅速结晶，成型性能好，光泽良好，广泛应用于电子电气、汽车零件、机械、家用品等领域。

PET 和 PBT 的聚合工艺成熟、成本较低、成型加工容易，但在实际应用中要通过增强、填充、共混等方法对它们进行改性才能获得较好的性能。

5.5.2　聚酯的共混改性

5.5.2.1　概述

PET 和 PBT 都具有良好的物理机械性能，但是在实际工程应用中它们也都显示出各自的不足。PET 结晶速率慢、成型加工困难、生产周期长、冲击性能差，而 PBT 缺口冲击强度低、成型收缩率大。可通过共混的方法，取其它聚合物之"精华"，改善聚酯的加工性和物性。

5.5.2.2　PET/PBT 共混合金

PET 玻璃化温度较高，结晶速率慢，成型周期长；而 PBT 结晶速率快，玻璃化温度低，容易造成冷热不均，引起变形。这些不足使 PET 和 PBT 在实际工程应用中受到了一定的限制。因此，可以采用共混改性的方法，综合 PET 和 PBT 的特点，取长补短，获得综合性能优异的合金材料。而且，由于生产 PET 所用乙二醇比生产 PBT 所用丁二醇的价格几乎便宜一半，所以 PET/PBT 合金具有很高的性价比。

PET 和 PBT 的化学结构相似，均为结晶型聚合物，两者共混体系中无定形态具有良好的相容性。但 PET 和 PBT 的结晶部分都保留着各自的特征，分别结晶而不生成共晶。可通过添加成核剂、结晶促进剂、填料、玻璃纤维等方法，提高 PET/PBT 合金的结晶速率，改善合金的力学性能。

例如，聚乙二醇（PEG）可以作为 PET/PBT 共混体系的结晶促进剂，加快了聚合物分子链的运动，促进晶体生长。而且提高了成核剂的成核效率，体系中晶核数目增多，形成尺寸较小的微晶结构。再比如，采用玻璃纤维增强 PBT/PET 共混合金，玻璃纤维表面的偶联剂与 PBT、PET 相连，基体所受的外来破坏可以通过偶联作用传递到玻璃纤维上，再通过玻璃纤维分散在较大范围内，宏观表现出 PBT/PET 共混合金的冲击强度、拉伸强度、弯曲强度等均获得大幅提高。另外，滑石粉、二苯甲酮、四氯乙烷、聚酰胺等也可以提高材料的热变形温度，降低制品的成型收缩率，在 PET/PBT 共混合金都有应用。

PET/PBT 共混合金成型加工性良好，成型周期短，制品表面光泽度高，尺寸稳定性优良；耐候性、耐热性、耐老化性、耐疲劳性、耐磨性良好；机械强度高，拉伸强度、弹性模量等与聚甲醛、尼龙等工程塑料相类似。主要常用于制造有耐热、尺寸、外观要求的汽车配件材料、电子电气材料、医疗器材材料等，如电烤炉、面包机、取暖器、开关、灯头、耳机、电话机壳、仪表壳、电器把手、车灯罩等。

5.5.2.3 PET/PEN 共混合金

PEN（聚 2,6-萘二甲酸乙二酯）是一种新型热性能聚酯，它的研究始于 20 世纪 40 年代，20 世纪 90 年代 PEN 的研究和开发在全世界范围内得到迅速发展，其产量达到一定的规模。但由于 PEN 单体的成本昂贵、生产工序复杂等原因，长久以来发展受到限制。PEN 的结构单元如下：

从结构式可以看到，PET 中的苯环被 PEN 中的萘环所取代，这种双环结构使 PEN 比 PET 具有更好的性能。它不仅具备 PET 所有的优良性能，而且还具有阻透性好，力学强度高，热稳定性好等特点，可以说它在阻透性方面是一种较为理想的材料。尽管 PEN 有以上优异的性能和广泛的用途，但是由于 PEN 存在价格过高的缺点，致使其发展和应用范围受到了限制，目前主要用于开发高性能的产品。为了降低 PEN 制品的成本，目前主要通过加入 PET、PBT、PC、PA 等与 PEN 进行熔融共混，从而获得结合了 PEN 优良特性，并且价格低廉的共混物。采用 PET 对 PEN 共混改性是其中研究得最为系统的，通过共混改性可以把 PET 的经济性和 PEN 的良好性能相结合。

由于 PET、PEN 均为聚酯类聚合物，因此在熔融共混过程中，分子链会发生酯交换反应。这种反应生成的 PET/PEN 嵌段共聚物，可以在 PET/PEN 共混合金相间充当增容剂，提高共混物的相容性。在 PET/PEN 共混合金制备过程中，控制好共混时间十分重要。共混时间短（<3min），PET 与 PEN 还未发生酯交换反应，体系相容性较差；共混时间长（>30min），酯交换反应进行得较为完整，PET 和 PEN 分子链的规整性基本被完全破坏，成为无规共聚物。因此，共混时间控制在 8～10min 为宜，此时已发生较为明显的酯交换反应，而 PET 和 PEN 还保持一定的结构规整度，具有微晶结构，材料的强度和模量较高。

5.5.2.4　PET/弹性体共混合金

PET 的结晶速率慢、加工困难，无缺口时，冲击韧性较好，但有缺口时，呈脆性断裂。这些缺点限制了 PET 在工程结构材料上的应用。增韧成为 PET 改性中的重要问题之一。

PP 具有很好的韧性，价格相对较低，是常用的 PET 增韧改性剂。通过将 PP 与马来酸酐接枝，可以在 PP 链段上引入强极性的马来酸酐侧基，从而改善 PP 与 PET 之间的相容性，与 PET 共混可以提高其缺口冲击强度。

橡胶弹性体也是 PET 常用的增韧剂。在乙丙橡胶（EPR）、丁苯橡胶（SBR）、三元乙丙橡胶（EPDM）、SEBS 等橡胶弹性体中引入马来酸酐（MAH）、甲基丙烯酸缩水甘油酯（GMA）等极性基团，作为 PET/橡胶弹性体共混合金中的增容剂，可以极大改善合金的冲击强度。例如，在 PET/EPR（100/30）共混物中加入 EPR-GMA 作为增容剂，体系的冲击强度可提高 15 倍。

新型聚烯烃弹性体——乙烯-辛烯共聚物（POE），其韧性较好，强度较低。因此，随着 PET/POE 共混物中 POE 含量的增加，共混物的断裂伸长率也增加，而拉伸强度则有所下降，符合一般弹性体增韧改性脆性塑料的规律。但是，一般橡胶弹性体作为抗冲击改性剂，在提高冲击强度的同时，会使产品屈服强度大幅降低。例如，EPDM 增韧的 PET，其拉伸强度下降 50% 以上。而采用 POE 作为 PET 的增韧改性剂，其拉伸强度降低不超过 5%。可见，POE 的加入在增韧的同时，尚可保持较高的屈服强度及良好的加工流动性。

5.5.2.5　PBT/PPS 共混合金

聚苯硫醚（polyphenylenesulfide，PPS）是一种新型高性能热塑性树脂，其化学结构式如下：

$$\left[\!\!\left\langle \bigcirc \right\rangle\!\!-\!\mathrm{S}\right]_n$$

PPS 是工程塑料中耐热性最好的品种之一，热变形温度一般大于 260℃、耐化学药品腐蚀性仅次于聚四氟乙烯，加工流动性仅次于尼龙。但是，PPS 的脆性大、韧性差、抗冲击强度低。采用 PBT 与 PPS 共混，既可保持 PPS 原有的优异性能，又可达到增韧的目的。同时，PBT 的价格较 PPS 低，因此，PBT/PPS 合金相比 PPS 具有较高的价格优势。

PBT 与 PPS 是不相容的，简单共混后 PET 和 PPS 分别在各自的微区内进行结晶，两相明显分离的，有清晰的界面。添加适当的成核剂和玻璃纤维，可以促进 PBT 与 PPS 结晶发展，提高 PBT/PPS 共混合金的力学性能。改良后的 PBT/PPS 合金，可以获得十分优异的综合性能，可用于生产插座、接线柱、接触开关、电动机的启动线圈、排气调节阀、灯光反射器等产品。

5.5.3　聚酯的增强改性

在聚酯改性的各种方法中，最为有效的是采用玻璃纤维进行增强改性，改性后聚酯的刚性、耐热性、耐药品性、电气性能和耐候性等都会得到改善。因此，用作工程塑料的聚酯中 70% 以上都是玻璃纤维增强改性的品种。

1967 年，日本帝人公司首先开发了玻璃纤维增强的 PET，随后玻璃纤维增强 PET 被广泛用于制造饮料瓶。后来，随着成型加工工艺的发展，玻璃纤维增强的 PET 塑料也有了广泛的应用。例如，汽车中的壳体、保险杠、方向盘，电气产品中的断电器外壳、电子连接器、流量控制阀等。

玻璃纤维增强 PBT 是 1970 年美国 Celanese 公司研发并工业化生产的，以 30% 玻璃纤维作为增强体，商品名 Celanex X-97。随后世界知名厂商德国 BASF、Bayer，美国 GE、

Ticona，日本 Toray、三菱化学等公司都先后投入生产。玻璃纤维增强 PBT 可以代替金属用于制造汽车和电气部件，如电视机用变压器部件等。

玻璃纤维增强的聚酯一般是将聚酯与 20％～40％的短切玻璃纤维通过熔融挤出的方法制备。对于 PET，通常还需加入一些成核剂和结晶促进剂，以提高其结晶速率，缩短成型加工周期。经玻璃纤维增强改性后的聚酯，其拉伸强度、弯曲强度可提高一倍以上，甚至可以超过 POM 和玻璃纤维增强的 PA6，而且热变形温度大幅提高、吸水性极低、制品尺寸稳定性好、价格便宜。但是，由于成型加工过程中，玻璃纤维在聚酯基体中的取向，会导致材料出现各向异性，成型收缩不均匀，生产出来的制品易翘曲变形。

5.5.4 聚酯的填充改性

PET 的最大缺点在于其分子链的刚性较大，加工过程中的结晶速率较慢，成为制约其大规模应用的"瓶颈"。目前，PET 主要用于制造合成纤维（涤纶），小部分用于生产聚酯瓶和工程塑料。加入成核剂有助于提高 PET 的结晶速率，但成核剂大都价格昂贵。通过添加碳酸钙、黏土、橡胶粉末等其它物质的粒子，可以大大改善 PET 的结晶性能，扩大其应用领域。

在众多填料中，有机化蒙脱土在提高 PET 结晶速率，改善 PET 阻燃性能、加工性能、力学性能和耐热性能方面，有不俗的表现。PET/蒙脱土纳米复合材料的结晶速率快、注塑模具温度低、熔体强度好、稳定性高、易于加工和使用，主要用于 PET 工程塑料、高阻隔性包装瓶、功能纤维的制造应用。

例如，加入质量分数 5％左右的有机化蒙脱土，就可以使 PET 的热变形温度达到 164℃，完全可以满足液态茶饮料的热灌装和杀菌工艺。同时，有机化蒙脱土填充的 PET，其对氧气和二氧化碳的阻隔性能也比纯 PET 提高两倍多，可很好地用于承装食用油、碳酸饮料等。

而且，有机化蒙脱土的加入，还可以赋予 PET 阻挡紫外线的作用，可用于生产功能化纤维，制造屏蔽紫外线的织物等。阻挡紫外线的功能也使 PET/蒙脱土纳米复合材料制造的包装材料可以更好地在室外环境使用和存储。

PET/蒙脱土纳米复合材料是一种高附加值、高性能的新型材料，其开发和推广将为聚酯产品提供新的增值技术。目前，通过插层聚合工艺和熔融插层工艺，均已获得成品化的 PET/蒙脱土纳米复合材料。

5.5.5 聚酯的阻燃改性

PBT 和 PET 是热塑性聚酯中两种重要和应用面最广的工程塑料，广泛应用于电子、电气、仪表、交通、建筑工业中。但 PBT 和 PET 自身的可燃性，使其需要通过阻燃改性，才能被用于对阻燃性要求较高的部件中去。

卤系阻燃剂仍然是比较有效的聚酯阻燃体系。十溴二苯醚、五溴二苯醚、聚二溴苯醚、聚二溴苯乙烯、溴代聚苯乙烯、溴化环氧树脂、双（三溴苯氧基）乙烷等，都是 PBT 和 PET 常用的溴系阻燃剂。这些溴系阻燃剂通常都需要与三氧化二锑复配协同使用，制备的阻燃聚酯材料极限氧指数高，垂直燃烧表现优异，但发烟量和发热量较大，烟气有腐蚀性和毒性的潜在危险。

氮磷系阻燃剂也较常用在聚酯的阻燃中，可以单独使用，也可与卤系阻燃剂配合使用。这其中微胶囊红磷（MRP）是一类高效的阻燃抑烟剂，化学稳定性好，安全无毒。据资料报道，对于 PET 的阻燃，任何磷系阻燃剂都不能与红磷匹敌。此外，微胶囊红磷作为阻燃剂在聚合物中的添加量较少，对基材的物理机械性能影响较小。但是，作为材料中的组分之一，N、P 元素都容易发生迁移，从材料中析出，导致材料阻燃失效。特别是在高温和有机溶剂存在的条件下，氮磷阻燃的聚酯材料表面很快会有油状或粉状物质析出，材料的外观、阻燃性能和力学性能都被破坏。

蒙脱土具有纳米尺度的片层结构，燃烧过程中可以在材料表面形成炭层，这种多层的硅酸盐结构可以起到阻止热量和物质传递的作用，降低可挥发性产物的向外扩散。有机插层处理后的蒙脱土与聚合物具有较好的相容性，可以纳米尺度分散在基材中，降低了聚合物的放热量和发烟量。因此，有机化蒙脱土除了可以用于改善聚酯的加工流动性、阻隔性能、耐热性能以外，还可以改善 PET 和 PBT 的阻燃性能。单独使用有机化蒙脱土对聚酯进行阻燃，虽然可以降低材料的烟密度和热释放速率，但是，无法通过传统阻燃测试（极限氧指数和垂直燃烧测试）。因此，有机化蒙脱土一般作为主阻燃剂的协效剂来使用。

5.5.6 实例及应用

5.5.6.1 聚酯瓶

1976 年美国杜邦公司开始用 PET 生产饮料瓶，随后 PET 在矿泉水瓶、碳酸饮料瓶等生产中的用量迅速增加。PET 矿泉水瓶通常以 30% 玻璃纤维增强的 PET 作为原料，采用吹塑成型的方法加工，其质量不足玻璃瓶的十分之一，携带和使用方便，而且力学性能良好，冲击强度比 PE 塑料瓶高 3～5 倍，耐折性好，不易破碎，废旧瓶可再生使用。PET 矿泉水瓶无毒、无味、卫生安全性好，但是在 70℃ 时易变形，还可能释放出致癌物 DEHP。因此，这类瓶子不能在阳光下长期曝晒。

随着对层状硅酸盐纳米复合材料研究的深入开展，有机化蒙脱土出现在聚酯改性中。有机化蒙脱土在添加量低于 5% 的情况下，就可以有效改善 PET 阻隔气、水、油及异味的性能。从而拓展了聚酯瓶的使用范围，可用于制作食品用油、调味品、甜食品、药品、化妆品以及含酒精饮料的包装瓶子。而且，由于有机化蒙脱土改性的聚酯瓶热变形温度较高，耐热性能大大改善，有利于饮料在加工过程中的高温灌装和高温巴氏消毒。

5.5.6.2 汽车保险杠

汽车保险杠是吸收缓和外界冲击力、防护车身前后部的安全装置。顺应汽车轻量化的趋势，汽车保险杠也大量采用高强度、低密度的高分子材料制造。现在绝大多数小型乘用车辆如轿车或者小型面包车上，保险杠的外覆盖件都采用了塑料材料而非金属材料。这样可以减轻整车重量，并且当汽车发生碰撞事故时能起到缓冲作用，保护前后车体和行人的安全。

目前，汽车保险杠使用的塑料以聚酯类和聚丙烯类为主。聚酯类保险杠主要是采用 PBT/PC 共混合金制成，它综合了 PC 和 PBT 二者的特性，既有 PC 的高韧性和尺寸稳定性，又具有 PBT 的高化学稳定性、热稳定性和润滑性。PC/PBT 合金的力学性能好，冲击强度比聚丙烯类保险杠材料高出许多，而且易于焊接、拆装和上漆。可添加适量玻璃纤维进行补强，但添加量不能太多，以免破坏材料的高韧性。Bayer、BASF、SABIC 等国际化大公司都有自己牌号的 PBT/PC 合金材料。例如，东风标致 405 轿车的保险杠就是采用 PBT/PC 合金材料采用注射模塑成型的方法制造。另有用 PC/ABS 合金材料制造的保险杠，如图 5-14 所示。

5.5.6.3 聚酯片基

片基和基带材料包括醋酸纤维、聚酯和聚氯乙烯三种。20 世纪 60 年代，由于 PET 具有较高的强度和很小的变形，开始广泛应用于生产电影胶片、X 射线胶片、录音磁带、录像磁带、电子

图 5-14 汽车的 PC/ABS 合金保险杠

计算机磁带等。目前，除电影胶片和民用胶卷基本仍使用三乙酸纤维片基外，其它如 X 射线胶片、印刷胶片、遥感胶片和缩微胶片等均使用聚酯片基。聚酯片基是 PET 或 PET/PBT 合金采用拉幅法或压延法生产的薄膜，厚度 $1 \sim 20 \mu m$。目前，90% 的带基是用 PET 薄膜制造。

聚酯薄膜在制造过程中免不了要与加工设备的辊、轴等接触摩擦，在使用过程中又要多次收卷，为避免磨损，常用方法是在 PET 中填充一些惰性填料，使薄膜表面有限粗糙化。常用的惰性填料有碳酸钙、二氧化硅、热固性高分子树脂粉末等。这些惰性填料不与聚酯发生反应，加入后降低了体系的摩擦系数，使薄膜与设备、薄膜与薄膜之间不直接接触，从而减少了摩擦和磨损。

但是，这些惰性填料的加入会使音频和视频质量恶化，所以，添加量都很少，通常片基或带基中填料的含量都在 0.1% 以下。要在这么低的添加量下达到较好的效果，对于惰性填料的粒度和分散性都有较高的要求。所以，超微粒子填料和分散剂在片基和带基材料制备中十分重要。例如，采用纳米碳酸钙作为填料制备录像带带基，其收卷效果比普通碳酸钙要好。在其中加入适当的分散剂，如十二烷基苯磺酸、聚乙二醇、水等，可以促进纳米碳酸钙的分散，明显降低带基的表面粗糙度。

而且，由于片基和带基材料中填料种类少、含量低，废旧料在除去表面的感光涂层后比较干净，杂质少，只需适当增强即可回收，用于生产长丝、切片、板材或吹瓶。

5.5.6.4 电脑电源变压器

变压器是利用电磁感应的原理来改变交流电压的装置，在电器设备和无线电路中，常用作升降电压、匹配阻抗、安全隔离等。变压器中很多部件是采用聚酯材料。例如，绕制变压器的材料需要有足够的耐热性能，并且要有一定的耐腐蚀能力，最好采用高强度的聚酯。又如，在绕制变压器中，线圈框架层间的隔离、绕组间的隔离，均要使用的绝缘材料，其层间即可采用聚酯薄膜。图 5-15 所示为 PC 电脑电源变压器。

图 5-15　PC 电脑电源变压器

作为电子电气部件，变压器中的聚酯材料需要经过阻燃处理才能使用，防止在漏电情况下诱发火灾。通常变压器中使用的聚酯材料以填充 10%～40% 玻璃纤维的 PET 作为基材，再根据玻璃纤维用量和实际要求确定适当的阻燃剂用量以满足阻燃要求。以无卤阻燃剂 EPFR-300A 为例，变压器中聚酯材料的配比（质量分数）见表 5-29。

表 5-29　阻燃增强聚酯材料的配比

PET(质量分数)/%	玻璃纤维	EPFR-300A	PET(质量分数)/%	玻璃纤维	EPFR-300A
65	15	20	53	30	17
60	20	20	48	35	17

5.6　聚甲醛的改性

5.6.1　概述

聚甲醛（polyformaldehyde，POM），又称聚氧亚基，是一种没有侧链，高密度、高结晶性的线型聚合物，其化学结构式如下：

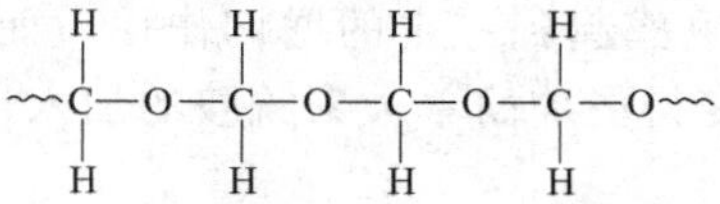

$$\sim C-O-C-O-C-O-C-O\sim$$

聚甲醛分为均聚 POM 和共聚 POM。均聚 POM 成型加工性能很差，所以，工程塑料中以共聚 POM 的使用较多。无论均聚 POM 还是共聚 POM 都是高度结晶性材料，不易吸收水分，综合性能良好；聚甲醛具有高度结晶的结构，是最坚韧的热塑性树脂，具有类似金属的硬度、强度和钢性，被誉为"超钢"或者"赛钢"。聚甲醛可以替代一些锌、黄铜、铝和钢用于汽车、电子电气、仪表、机械部件等领域。聚甲醛具有很低的摩擦系数和很好的几何稳定性，它的耐磨性和自润滑性也比绝大多数工程塑料优越，在对润滑性、耐磨损性、刚性和尺寸稳定性要求比较严格的滑动和滚动的机械部件上，性能尤为优越，特别适合于制作齿轮和轴承。而且，聚甲醛的耐高温、耐氧化、耐油性能也很好，可用于管道阀门、泵壳体等。但是，聚甲醛不耐酸、不耐强碱和紫外线，它的高结晶程度导致相当高的收缩率，可高达到 2%～3.5%。POM 的主要性能参数如表 5-30 所示。

表 5-30　POM 的主要性能参数

密度/(g/cm³)	吸水率/%	摩擦系数	熔点/℃
1.39	0.2	0.35	175
悬臂梁缺口冲击强度/(kJ/m²)	断裂伸长率/%	弹性模量/MPa	热变形温度/℃
6	15	2600	155

5.6.2　聚甲醛的增韧改性

虽然聚甲醛具有优异的物理机械性能，被认为是最理想的金属材料替代品，但聚甲醛的冲击韧性较低、耐热性较差、缺口敏感性较高，这些缺点限制了聚甲醛的应用范围。通过与其它聚合物材料共混，可以提高聚甲醛的冲击韧性，改善聚甲醛的综合性能，使其更广泛地代替金属和合金材料。美国杜邦公司在聚甲醛改性领域处于世界领先地位，旗下主要产品如表 5-31 所示。

表 5-31　美国杜邦公司部分改性聚甲醛系列产品

牌　号	特　点	牌　号	特　点
100P	注塑级、高黏性	500T	超韧级
100T	坚韧级、高黏性	500CL	注塑级、耐磨级
111P	坚韧级、高黏性、抗水解	525GR	增强级、中黏性
100ST	超韧级	527UV	抗紫外线
107UV	抗紫外线	570	玻璃纤维增强级、高刚性、低翘曲
900P	注塑级、高黏性	1700P	低黏度、高尺寸稳定性

5.6.2.1　聚酰胺增韧聚甲醛

在 POM/PA 共混合金的红外谱图中，3300cm⁻¹ 处出现一个红外吸收峰，显示是氢键（N—H…O）的伸缩振动峰（图 5-16）。由此可见，在熔融共混的过程中，聚甲醛与聚酰胺可以形成氢键（N—H…O）的相互作用，而且，随着聚酰胺含量的增加，这种氢键相互作用会增强。

聚甲醛和聚酰胺之间由于形成了较强的氢键作用，因此具有很好的相容性。聚酰胺在聚甲醛中表现出典型的增韧剂特点（图 5-17）：随着聚酰胺含量的增加，POM/PA 共混合金的拉伸强度不断降低，而缺口冲击强度则先提高而后降低，存在一个峰值。聚酰胺作为增韧剂在含量低于10％时，可以对聚甲醛起到一定的增韧作用。而且，聚甲醛和聚酰胺之间的相容性使得它们共混合金的制备变得更加简单，聚酰胺的加入也降低了合金的成本，更好地扩大了聚甲醛的应用领域。

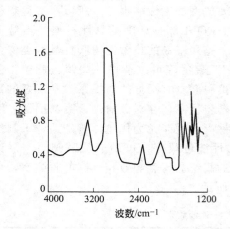

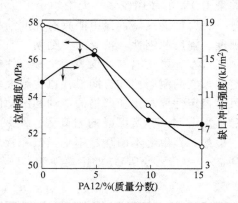

图5-16　POM/PA12共混合金的红外谱图　　　　图5-17　POM/PA12共混合金的力学性能

5.6.2.2　聚氨酯热塑性弹性体增韧聚甲醛

聚氨酯热塑性弹性体（简称TPU）是一种既具有橡胶弹性又具有热塑性塑料加工性能的弹性体，是被公认的聚甲醛最有效的增韧改性剂。POM/TPU合金是聚甲醛共混合金中工业化最早、应用最成功的，同时也是目前增韧改性聚甲醛唯一实现大规模工业化生产的共混体系。

TPU与POM共混时可以形成氢键相互作用，具有一定的相容性，它们直接共混，或加入增容剂都可以取得较好的增韧效果。马来酸酐接枝氢化苯乙烯-丁二烯-苯乙烯三嵌段共聚物（SEBS-g-MAH）、二苯基甲烷二异氰酸酯（MDI）等都可以作为POM/TPU共混合金的增容剂。在没有添加增容剂时，POM/TPU合金的冲击韧性一般随TPU用量的增加而线性增加，而但加入增容剂后，共混体系的冲击韧性会出现跳跃式的增长。例如，POM/TPU（85/15）共混体系的缺口冲击强度为97J/m，在加入3％的MDI作为增容剂后，体系的缺口冲击强度提高到257J/m。

不过TPU的种类繁多，彼此之间的性能差异较大，高含量的TPU会使聚甲醛的刚性恶化。所以，在以TPU作为聚甲醛的增韧改性剂时，要多种TPU进行比较，选择一种以较小的用量达到较大增韧效果的TPU，同时还要保持聚甲醛的刚性或降低幅度最小，从而获得综合力学性能优异的增韧聚甲醛。

目前，美国杜邦公司对POM/TPU合金的开发和生产处于领先地位。商品牌号为Delrin 100ST，500T的超韧性POM/TPU合金，是采用机械共混和接枝共聚的方法，在聚甲醛中混入质量分数15％～20％、粒子尺寸0.01～0.90μm的聚氨酯弹性体，提高了聚甲醛的抗冲击性，其缺口冲击强度为906J/m，比聚甲醛提高了17倍。而且，该合金还保持了聚甲醛的强度和刚性，加工流动性好，成型后的收缩率小，制品尺寸精度高。

5.6.2.3　聚烯烃热塑性弹性体增韧聚甲醛

从分子结构的角度来看，聚甲醛分子主链结构十分规整，没有侧基和功能团，这就使聚甲醛与其它聚合物难以相容，增加了聚甲醛共混增韧改性的困难程度。所以，在聚甲醛的共混改性过程中，除了要根据实际要求选择合适的改性聚合物以外，更为重要的是解决聚甲醛与改性聚合物之间的相容性问题。

聚烯烃热塑性弹性（POE）同聚甲醛一样，不具备"可反应"的侧基或官能团，它与聚甲醛完全不相容，其共混体系必须进行适当的增容改性，才能达到较好的增韧效果。马来酸酐接枝 POE（POE-g-MAH）中的酸酐官能团与聚甲醛分子链中的醚键有较强的相互作用，可以作为 POM/POE 共混合金的增容剂。POE-g-MAH 在低含量时可以提高聚甲醛的冲击强度并无损其拉伸强度和模量。但是，POE-g-MAH 的增容效果有限，对冲击强度的改善不超过 25%。

相比聚氨酯弹性体，聚烯烃弹性体的耐候性和加工流动性较好，而且价格较低，在增韧聚甲醛领域具有很大的潜力。但是，目前还没有找到 POM/POE 合金体系较合适的增容剂或增容方法，因此，POM/POE 共混合金目前还基本处在研究摸索阶段，没有大规模产业化的合金品种。

5.6.2.4　橡胶增韧聚甲醛

说到工程塑料增韧改性，首先想到的自然是橡胶。天然橡胶（NR）、丁苯橡胶（SBR）、丁腈橡胶（NBR）、乙丙橡胶（EPM）、三元乙丙橡胶（EPDM），以及橡胶弹性体（SBS、SEBS）等都是很好的塑料增韧改性剂。但在聚甲醛的增韧改性中，橡胶的表现远不如 TPU，目前国外有小品种的 POM/橡胶合金产品，但应用范围较窄，国内尚未实现工业化生产。

丁腈橡胶（NBR）分子链上的氰基和双键对聚甲醛分解产生的甲醛及大分子自由基有捕捉作用，有利于改善 NBR 和 POM 之间的相容性，因此，NBR 与 POM 可以形成相容性较好的合金体系。随着 NBR 含量的增加，POM/NBR 共混合金的冲击强度提高，而拉伸强度和模量下降，在 NBR 含量 40% 左右时出现脆韧转变。

其它橡胶品种，例如 EPDM 和 SEBS，也被用于聚甲醛的增韧改性中。但 EPDM、SEBS 与 POM 不相容，其共混改性时需要进行适当的增容处理。乙烯丙烯酸（EAA）接枝共聚物（EPDM-g-EAA、SEBS-g-EAA）对改善 POM/EPDM、POM/SEBS 共混合金的相容性有一定的促进作用，但是增容效果有限，而且对合金的刚性无益。

5.6.2.5　刚性粒子增韧聚甲醛

刚性粒子包括碳酸钙、滑石粉、二氧化硅、二氧化钛等，它们的粒径较小，比表面积较大，与聚甲醛基体有较大的接触面积。在材料受到冲击时，可以在刚性粒子周围产生更多的微裂纹，吸收更多的冲击能量，从而对提高聚甲醛的韧性有利。而且，刚性粒子的粒径尺寸越小，在基体中分散越均匀，其增韧效果越好。所以，在刚性粒子填充的聚甲醛体系中，多采用纳米级的粒子以扩大接触面积。此外，刚性粒子在聚甲醛基体中可以起到成核剂的作用，促进聚甲醛的结晶，提高其结晶度，从而提高了聚甲醛的拉伸强度和模量。但是，刚性粒子对聚甲醛的增韧改性作用较弱，单独使用往往达不到理想的效果。大多情况下是利用刚性粒子对聚甲醛的补强作用，与弹性体配合使用。

例如，在 TPU 增韧的聚甲醛体系中，尽管 TPU 可以有效提高聚甲醛的韧性，但作为弹性体不可避免地会使聚甲醛刚性下降。加入适量的纳米碳酸钙可以起到很好的稳定体系刚性的作用。而且，纳米碳酸钙在基体中良好的分散可以吸收更多外界冲击能量，适当降低 TPU 的用量也可获得同样的增韧效果，成本却大大降低。

5.6.3　聚甲醛的增强改性

强度和韧性是衡量结构材料最主要的力学性能指标。增韧改性后的聚甲醛其强度和刚性往往会大幅降低，限制其在更广泛领域中的应用。聚甲醛可以说是综合性能最好的工程塑料，为了使其更多更好地应用于实际工程中，往往采用添加某些无机材料的方式对其进行增强改性。这些无机材料包括玻璃纤维、碳纤维、玻璃微珠、碳酸钙、滑石粉、白炭黑、二氧化钛、氧化铝、碳酸钾等等。适当的无机材料可以在无损其它优良特性的同时，提高聚甲醛的强度、模量、刚性和热变形温度。

5.6.3.1　纤维增强聚甲醛

玻璃纤维在大幅提高聚甲醛的强度、模量和硬度的同时，还可以保持其抗冲击韧性和抗蠕变性能，添加 25% 左右的短切玻璃纤维可以使聚甲醛的拉伸强度提高 2 倍，拉伸模量提高 3 倍，而缺口冲击强度维持不变，从而使聚甲醛可以更好地应用在结构材料方面，例如燃油系统零件、安全控制部件等汽车零部件。采用长纤维增强聚甲醛具有更加突出的增强效果，25% 的长纤维增强的聚甲醛，其强度和模量比同样含量短切纤维增强聚甲醛高 3~8 倍，而且材料的抗蠕变性能、耐低温性能和尺寸稳定性都获得进一步的提高。例如，美国杜邦公司牌号为 Delrin570 的玻璃纤维增强级聚甲醛，与通用级聚甲醛相比，各种力学性能指标均大幅提高，拉伸强度从 60MPa 提高到 135MPa，弹性模量从 2500MPa 提高到 9400MPa，热变形温度从 103℃ 提高到 160℃，缺口冲击强度从 7.0kJ/m 提高到 8.6kJ/m。而且，玻璃纤维的加入可以降低制品的翘曲性，可用于制造高要求的齿轮、滑块、凸轮、支架、把手、泵、阀门等。除了杜邦公司的 Delrin 系列产品以外，宝理公司的 Duracon 系列、三菱公司的 Jupital 系列、旭化成公司的 Tenac 系列、LG 公司的 Lucel 系列等也都是较为成功的玻璃纤维增强聚甲醛品种。

采用碳纤维增强聚甲醛同样可以获得优异的增强效果，并且可以弥补玻璃纤维增强聚甲醛在耐磨性、耐水性、耐化学药品性方面的不足，其成本较高，主要应用于航空航天、国防军事等领域。

5.6.3.2　纳米碳酸钙增强聚甲醛

碳酸钙（$CaCO_3$）在自然界资源丰富、开采容易、价格低廉，是最常见的降低成本的填料之一。而且，纳米级的碳酸钙还具有高刚性、低收缩率等优点，在较低添加量时即可获得很好的增强效果。纳米碳酸钙的大比表面积，使其与聚甲醛之间的接触面积很大，从而提高了相界面的黏结力，所以，在增强的同时还可以获得较高的韧性。

由于纳米碳酸钙的粒径很小，粒子的表面能较高，非常容易发生团聚。为了使纳米碳酸钙更好地分散在聚甲醛基体中，获得较好的界面形态，往往需要对纳米碳酸钙粒子进行有机化处理，以提高它与基体的结合力。有机处理后的纳米碳酸钙粒子可以更好地分散在基体中，分散相尺寸越小，分散得越均匀，材料的力学性能越好。一般随着纳米碳酸钙含量的增加，材料的冲击强度提高，进一步提高用量后，冲击强度反而会降低。

为开发高刚性、高韧性、低成本的结构材料，通常将纳米碳酸钙作为第三相加入到 POM/弹性体的二元体系中。例如，以 TPU 为增韧剂，以纳米碳酸钙为增强剂，对聚甲醛进行强韧化改性。在弹性体用量相同时，加入纳米碳酸钙体系的拉伸强度和弯曲强度比未加入纳米碳酸钙体系要高 35% 和 18%。

5.6.3.3　玻璃微珠增强聚甲醛

玻璃微珠是由硼硅酸盐原料经高科技加工而成，其化学成分以二氧化硅为主，是二氧化硅与氧化钙、氧化镁、氧化钠、氧化铝、氧化铁等的混合物，具有质轻、低导热、较高强度、良好的化学稳定性等优点。

由于玻璃微珠是球体，在聚甲醛基体中比纤维具有更好的流动性，充模性能好。而且不会产生流动取向和拉伸取向，制品各向同性，从而具有更好的尺寸稳定性。玻璃微珠增强聚甲醛的性能取决于玻璃微珠在聚甲醛中的分散状态及其与聚甲醛之间的界面黏结力。所以需要对玻璃微珠进行表面有机化处理，让其在聚甲醛中均匀分散，改善与聚甲醛间的界面黏结状况。

当分散在聚甲醛基体中的玻璃微珠直径为 $10\sim25\mu m$，填充量为 $10\%\sim30\%$ 时，材料具有高刚性和低挠曲的特性，弯曲强度和压缩强度较纯聚甲醛有所提高，尺寸稳定性有所改善。机械强度虽不及玻璃纤维增强聚甲醛，但各向异性小。例如，宝理公司的 GB-25 是填充 25% 玻璃微珠的聚甲醛，其制品的成型收缩率和变形比通用级聚甲醛大大减少，适合用于对形状尺寸要求较为严格的场合。

5.6.4　聚甲醛的耐磨改性

聚甲醛的摩擦系数较低，容易受摩擦力作用而取向硬化，具有很好的耐磨性和自润滑性。但是，在高负荷、高速和高温等场合中作为耐磨件使用时，自润滑性不足导致热量传导不出去，最终致使材料磨损变形。为了扩大聚甲醛在耐磨领域中的应用，需要对其进行改性才能更好地用于制造齿轮、凸轮、轴承、轴套等对摩擦磨损性要求较高的制品。

将聚甲醛与耐磨性更好的聚合物共混是改善其摩擦磨损性能的有效方法之一。聚四氟乙烯（PTFE）、低密度聚乙烯（LDPE）、高密度聚乙烯（HDPE）、丁腈橡胶（NBR）、硅橡胶等聚合物的摩擦系数比聚甲醛低，通过共混可以进一步提高聚甲醛的耐磨性和自润滑性。其中，聚四氟乙烯由于其独特的自润滑性和较宽的使用温度在聚甲醛耐磨改性中独树一帜，杜邦公司的 100AF、500AF 等产品就是聚甲醛/聚四氟乙烯共混物。在聚甲醛中加入 $10\%\sim15\%$ 的聚四氟乙烯就可以使摩擦系数降低 $30\%\sim40\%$，磨损量降至原来的 $25\%\sim35\%$，可用来制造高速传动和高负荷的耐磨零部件。

另外，还可以将聚甲醛与适量油脂（硅油、矿物油等）共混，由于这些油脂与树脂不相容，只是在外界作用下分散在树脂中。因此，当外界作用消失后，会逐渐向树脂表面扩散和迁移，从而在聚甲醛表面形成一层油膜，起到添加润滑油的作用，而又避免了外加润滑油造成的污染问题。

一些无机填料也可以对聚甲醛进行耐磨改性。例如，二氧化钼（MoO_2）虽然与聚甲醛没有任何的结合力，但是却可以在聚甲醛中起到固体润滑剂的作用，降低树脂与金属的摩擦、磨损和噪声。二氧化钼填充的聚甲醛已经在商业上获得了成功，美国杜邦公司的 100KM、500MP 等，波兰 ZAT 公司的 KSI、300SI，美国 LNP 公司的 KL-4510 等都是在聚甲醛中添加了一定量的二氧化钼，适用于制造对耐磨性要求较高的机械部件。同时，二氧化钼、石墨等无机填料还具有导热的作用，可以带走材料摩擦过程中产生的热量，进而避免了材料受热变形。此外，它们对降低制品的成型收缩率，提高制品的尺寸稳定性也大有好处。

5.6.5　实例及应用

5.6.5.1　绣花机轴套

绣花机中的轴套是典型的摩擦件，传统采用青铜等金属材料制造，价格较高且重量大。而且为了延长轴套的使用寿命，保证绣花机的正常工作，需要定时向轴套外加润滑油。这样既费时费力，又容易造成织物的油污染。

采用聚甲醛代替金属材料制作绣花机轴套，其强度和刚性好，耐磨性和耐疲劳性完全可以满足要求。其价格只有青铜的 $30\%\sim40\%$，而使用寿命却是青铜的 $3\sim4$ 倍。而且，聚甲醛轴套重量轻，维修装卸方便，还无需添加润滑油，有效节约了人力和财力，也避免了织物和工作场所的油污。图 5-18 为 POM 耐磨

图 5-18　POM 耐磨轴承

轴承。

　　但是，聚甲醛的成型收缩率较高，容易在制品中产生内应力，造成制品尺寸和性能的不稳定，甚至引起变形和开裂。可以在聚甲醛中添加适量的纤维或二氧化钼等无机填料，在增强的同时还有效改善了收缩率的问题。

5.6.5.2 雾化喷嘴

　　雾化喷嘴可以利用压力将喷淋器中的液体雾化喷出，形成悬浮在空中的均匀液体颗粒。

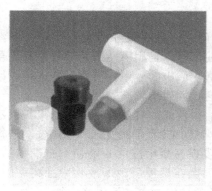

在矿山、矿井等挖掘开采场地，免不了产生大量的粉尘污染，降低施工现场的能见度，损害现场工作人员的身心健康。而且，大量粉尘还会吸附电荷，容易引起火灾和爆炸，造成安全事故。因此，在这些工作现场都装有雾化喷淋器，喷出的水滴与粉尘相互聚集形成大的颗粒沉降，从而达到降尘防污的目的。图 5-19 为 POM 细微雾化喷嘴。

　　喷淋器的雾化喷嘴是其关键部件，传统使用的金属材料容易生锈和阻塞，成本又高，重量又大。因此，换用塑料喷嘴更有利于扩大其适用性。聚甲醛优异的耐磨性和耐疲劳性，使其可以承受雾化喷嘴出口处不断受到

图 5-19　POM 细微雾化喷嘴

液体喷出的巨大压力，而其优良的耐化学腐蚀性则可以应对矿山、矿井现场粉尘复杂的成分，同时聚甲醛的耐热性也完全可以避免过热造成的材料阻塞和损害。

　　不过矿山、矿井等挖掘开采现场的环境复杂，为防止电荷聚集产生各种火灾、电击和爆炸灾害，必须对喷嘴材料进行阻燃和抗静电改性。聚甲醛的极限氧指数为 15%，属于易燃塑料，需要添加阻燃剂加以改善。在聚甲醛中添加 20 份的聚磷酸铵和 10 份的三聚氰胺进行复合阻燃可以使其极限氧指数达到 27%，具有较好阻燃自熄性。同时，为了改善聚甲醛的抗静电性能，可再填充 3～5 份的炭黑，降低材料的电阻率，防止电荷的聚集。

参 考 文 献

[1] 于志省. ABS 树脂研究进展. 高分子通报, 2012, (5)：40-46.

[2] 牛晓旭, 孙伟. ABS 生产技术进展. 河北化工, 2011, 34 (8)：54-56.

[3] 《塑料工业》编辑部. 2010-2011 年世界塑料工业进展. 塑料工业, 2012, 40 (3)：1-39.

[4] 黄立本, 张立基, 赵旭涛. ABS 树脂及其应用, 北京：化学工业出版社, 2001：1-12.

[5] 康永锋. ABS 反应挤出接枝马来酸酐研究. 弹性体, 2001, 11 (4)：24-26.

[6] 董丽松, 马奎荣, 庄宇钢, 冯之榴. ABS 树脂接枝马来酸酐的研究. 高分子材料科学与工程, 1998, 14：91-93.

[7] 陈玉胜, 张祥福, 张勇, 张隐西. 马来酸酐接枝 ABS 及其应用. 中国塑料, 2000, 14 (5)：32-36.

[8] 王璐, 郭宝华, 谢续明. ABS 的 MAH/St 多单体熔融接枝及其对 PA6/ABS 共混体系相态和力学性能的影响. 高分子学报, 2005, (2)：213-218.

[9] 周海骏, 王久芬, 姜丽萍. ABS 接枝马来酸酐, 苯乙烯双单体的研究. 化工新型材料, 2001, 29 (2)：29-31, 13.

[10] 郑宝明, 杨荣杰, ABS 溶液法接枝 α-甲基丙烯酸的研究. 塑料, 2004, 33 (1)：27-29, 40.

[11] 周正发, 黄华, 刘念才. 甲基丙烯酸接枝 ABS 树脂的研究. 高分子材料科学与工程, 2001, 17 (5)：82-85.

[12] 郑宝明, 杨荣杰. α-甲基丙烯酸接枝 ABS 的性能表征及应用. 塑料, 2004, 33 (3)：70-72.

[13] 欧育湘, 吴俊浩, 王建荣. 接枝共聚技术提高 ABS、SBS 聚合物成炭率. 江苏化工, 2002, 30 (1)：28-31.

[14] 黄立本, 张立基, 赵旭涛. ABS 树脂及其应用. 北京：化学工业出版社, 2001：259-263.

[15] 李爱英, 常杰云, 王凯全, 陆路德. PA6/ABS/ABS-g-MAH 合金的研究. 塑料工业. 2005, 33 (增刊)：76-80.

[16] 丁军. 高冲击强度 ABS/PA 合金的制备. 石化技术与应用, 2002, 20 (2)：92-93.

[17] 陈晓浪, 罗筑, 于杰. 贵州工业大学学报：自然科学版, 2004, 33 (2)：76-81.

[18] 辛敏琦. ABS/PBT 合金的研究进展及其在汽车领域的应用. 上海塑料, 2003, 12 (4)：32-37.

[19]　章学平. 热塑性增强塑料. 北京：轻工业出版社，1984：165-180.

[20]　陈桂兰，罗伟东，刘法谦，刘光烨. 偶联剂对玻璃纤维增强 ABS 复合材料性能的影响. 工程塑料应用，2002，30（6）：6-8.

[21]　罗筑，于杰，刘一春，陈兴江. ABS 动态接枝提高玻璃纤维增强性能的研究. 中国塑料，2001，15（3）：54-56.

[22]　赵军峰，吕坤，李齐方. ABS/LGF 和 ABS/LGF/SMA 复合材料的性能研究. 现代塑料加工应用，2004，16（2）：1-5.

[23]　刘明晖，袁象恺，余木火. 长玻璃纤维增强 ABS 复合材料的性能研究. 化工新型材料，2004，32（1）：23-25.

[24]　陈桂兰，罗伟东，陈勇，刘波，刘光烨. 短玻璃纤维增强 ABS 复合材料的性能研究. 中国塑料，2002，16（5）：30-33.

[25]　葛世成. 塑料阻燃实用技术. 北京：化学工业出版社，2004：111-116.

[26]　李晓丽，李斌. 阻燃 ABS 树脂及其合金的研究进展. 高分子材料科学与工程，2005，21（1）：48-51，56.

[27]　钟明强，徐立新，益小苏，张永芬. ABS 塑料阻燃改性研究. 中国塑料，2001，15（5）：30-32.

[28]　赵文聘，徐长旭，黄海清，黄平，徐丽芳. 阻燃 ABS 的配方及工艺研究塑料科技，2002，（6）：11-13.

[29]　李淑娟，刘吉平. ABS 的无卤含磷阻燃复配体系研究. 塑料，2005，34（1）：48-51，89.

[30]　夏英，蹇锡高，王继红，徐龙权，李健丰，王卉. ABS 熔融接枝丙烯酸及在无卤阻燃 ABS 中的应用. 塑料工业，2005，33（4）：57-60.

[31]　朱伟平. 硅油改性 ABS 的研究. 胶体与聚合物，1999，17（3）：7-11.

[32]　崔永言，崔春仙. ABS 的消烟阻燃改性研究. 工程塑料应用，2000，28（9）：10-12.

[33]　夏英，蹇锡高，韩英波，马春，张庆伟，空心玻璃微珠改性 ABS 复合材料的性能研究. 工程塑料应用，2005，33（4）：12-15.

[34]　蔡长庚，郭宝春，贾德民. 蒙脱土填充改性 ABS 塑料的性能研究. 塑料工业，2004，32（2）：15-17.

[35]　蔡长庚，郭宝春，贾德民. 硅酸盐填充 ABS 复合材料的性能研究. 塑料工业，2004，32（5）：39-40，46.

[36]　化学工业部合成材料老化研究所编. 高分子材料的老化与防老化. 北京：化学工业出版社，1979：392-395.

[37]　申屠宝卿，解孝林，蔡启振. ABS 的老化及其防老化. 工程塑料应用，1997，25（1）：53-56.

[38]　陈金爱，李明朗. ABS 颜色稳定性的老化试验. 合成材料老化与应用，2003，（1）：8-11.

[39]　吕争青，卜乐宏. ABS 塑料的湿热老化性能研究. 上海第二工业大学学报，2000，（1）：14-20.

[40]　郑玉婴，. ABS 阻燃抗静电体系的研究. 福州大学学报：自然科学版，2000，28（4）：95-98.

[41]　陈永东，徐青，杨桂生. ABS 系抗静电母粒的开发. 现代塑料加工应用，2001，13（5）：15.

[42]　董秀洁，周光辉. 抗静电阻燃材料 ABS，PP，PE 的研究与开发. 印染助剂，2002，19（1）：48-51.

[43]　陈尔凡，赵常礼，程远杰，周本濂. ABS 持久性抗静电合金. 高分子材料科学与工程，2003，19（3）：137-140.

[44]　宫瑞英，冯莺，赵季若. 新型 ACS 材料老化性能的研究. 工程塑料应用，2004，32（4）：46-48.

[45]　韩业，张会良，张会轩. ASA 工程塑料的合成及结构与力学性能的关系. 吉林工学院学报，1994，15（4）：16-21.

[46]　钟世云. 窗用塑料异型材技术的新发展. 上海塑料，2001，（2）：2-6.

[47]　李松，张学军，张增民，郭宝华，石川达夫，问山吉之. AS 树脂的增韧机理研究. 塑料，1994，23（2）：20-24.

[48]　树脂与塑料：《化工百科全书》专业卷. 北京：化学工业出版社，2003：52-54.

[49]　严纪亨，徐少华. AES 塑料的性能及研制. 中国制笔，1996，（2）：23-24.

[50]　瞿雄伟，商淑瑞，刘国栋，姬荣琴，张留成. 丙烯腈-三元乙丙橡胶-苯乙烯接枝共聚物的合成与表征. 高分子材料科学与工程，2002，18（5）：104-107.

[51]　高超锋，黄瑞民. HDPE，改性 HDPE 与 PA66 共混物的机械性能和结构形态. 应用化工，2008，37（12）：1459-1461.

[52]　郭建兵，朱红，何敏，秦舒浩. PA6/ABS 的结构与力学性能研究. 现代塑料加工应用，2009，21（3）：16-18.

[53]　刘滢，杨娟，王超先. PA6/POE 冲击断裂曲线及断面形貌. 石化技术，2009，16（2）：11-14.

[54]　郭建兵，秦舒浩，罗筑，于杰. SMA 增容 ABS/PA6 共混体系的形态和力学性能. 中北大学学报：自然科学版，2010，31（3）：318-322.

[55]　杨其，匡俊杰，赵亮，刘小林，冯德才，赵红军. PA66 的增韧增强研究. 塑料工业，2005，33（4）：18-20.

[56]　梁全才，吕秀凤，张洪振，邱桂学. POE 接枝 GMA 的制备及其增韧 PA6 的应用研究. 化学推进剂与高分子材料，2010，8（4）：62-67.

[57]　孙莉，钟明强，徐斌. PA6/PP 复合材料吸水性及摩擦磨损性能研究. 材料工程，2006，1（增刊）：95-97，101.

[58]　杨风霞，杜荣昵，罗锋，张新兰，杨静晖，傅强，张琴. PTW 对 PA1010/PP 共混物的增容作用. 高等学校化学学

报，2010，31 (1)：186-192.

[59] 陈少华，熊必金，曹亚. 苯乙烯类热塑性弹性体增韧尼龙 6 的研究. 塑料工业，2009，37 (4)：22-24.

[60] 俞芙芳，邱恒新，林文津. 长玻璃纤维增强尼龙水表外壳注射模设计. 模具工业，2010，36 (2)：55-58.

[61] 李跃文，欧阳育良. 硅灰石对塑料的改性研究进展. 玻璃钢/复合材料，2008，(4)：45-48.

[62] 王彩丽，郑水林，刘桂花，王丽晶，王兆华. 硅酸铝包覆硅灰石复合粉体表面硅烷改性研究. 非金属矿，2009，32 (3)：1-3.

[63] 缪明松，刘艳斌，刘强，劳锡寮. 节能建材用高性能玻璃纤维增强尼龙 66 隔热材料. 广东化工，2010，37 (1)：43-44，52.

[64] 孙保帅，张琳琪. 聚酰胺共混改性研究的进展. 郑州工业高等专科学校学报，2004，20 (3)：26-27.

[65] 杨红钧，宋波. 尼龙 6 超韧化研究进展. 国外塑料，2008，26 (9)：60-63.

[66] 肖德凯，张晓云，孙安垣. 热塑性复合材料研究进展. 山东化工，2007，36 (2)：15-21.

[67] 陈宏伟，仝丹丹，林志勇. 熔融条件对尼龙 612TPU 共混物中尼龙结晶行为的影响. 化学工程与装备，2010，(8)：34-36，39.

[68] 赵伟，时亮，王丽. 相容剂对 PA6/LDPE 合金性能的影响. 塑料制造，2008，(10)：70-71.

[69] 夏秀丽. PET/PC 合金的制备. 聚酯工业，2009，22 (1)：26-28.

[70] 刘士君. PC/饱和聚酯合金的制备及控制因素. 内蒙古石油化工，2010，(9)：93.

[71] 肖勤莎，罗毅. 国内外聚碳酸酯的共混改性. 塑料加工应用，1997，(4)：5-8.

[72] 钱知勉. 聚碳酸酯的改性方向及其应用. 广东塑料，2005，(8)：37-38.

[73] 罗毅，肖勤莎. 聚碳酸酯工程塑料及发展趋势. 塑料，1997，26 (5)：12-15.

[74] 丁涛，田明，刘力，黄宏海，张立群. 聚碳酸酯无卤阻燃剂进展. 现代化工，2004，24 (10)：10-13.

[75] 陈振嘉，吴水珠，卢家荣，赵建青，曾钫，张丽. 耐溶剂 PC/PET 合金的制备及其性能探讨. 塑料工业，2009，37 (8)：18-21.

[76] 李毕忠. 粘土/塑料纳米复合材料的新发展. 化工新型材料，2010，38 (4)：19-22.

[77] 金敏善，张文华，李中宇. ABS/PC 共混合金组成与性能的研究. 塑料科技，2004，(6)：5-8.

[78] 杨明山，李林楷. 高效阻燃 PC/ABS 多元合金的相容性和性能研究. 国外塑料，2006，24 (11)：44-47.

[79] 袁文，李健，隋轶巍，李新宝，王洪雁. PBT/PET 合金研究进展. 塑料工业，2008，36 (增刊)：6-10.

[80] 李晓俊，刘小兰，李铭新. PET/MMT 纳米复合材料的制备及其在液体包装中的应用. 工程塑料应用，200，33 (3)：38-41.

[81] 王晓艳，严海彪，胡小明，刘璐. PET 增韧改性研究进展. 塑料科技，2009，37 (11)：87-91.

[82] 杨慧，丁鹏，施利毅，付继芳，舒畅. PP-*g*-MAH 与 POE-*g*-MAH 增韧 PET. 塑料工业，2008，36 (12)：17-20，27.

[83] 唐琦琦，付强，杨斌，周持兴. SEBS 及增容剂对 PET 的改性研究. 工程塑料应用，2005，33 (10)：12-15.

[84] 刘佑习，武利民. 聚乙二醇改性聚对苯二甲酸乙二酯/聚对苯二甲酸丁二酯共混体系研究——Ⅱ结晶形态和分子量及动态力学性能. 高分子学报，1995，(1)：18-22.

[85] 汪多仁. 纳米聚对苯二甲酸二乙酯的开发与应用进展. 中国包装，2006，(5)：91-94.

[86] 李毕忠. 无机/有机纳米复合聚酯材料. 化工新型材料，2007，35 (3)：7-16.

[87] 张海波. 有机化蒙脱土改性 PET 研究. 塑料工业，2008，36 (增刊)：97-99.

[88] 乐启发，徐下忠，李信. POM/改性 PTFE 合金的研究. 工程塑料应用，2001，29 (7)：6-8.

[89] 朱勇平，王炼石，付锦锋. 弹性体增韧 POM 的研究进展. 塑料，2008，37 (6)：15，73-76.

[90] 程晔华，李云勇，刘莹. 国内外聚甲醛产品的开发及应用. 工程塑料应用，2009，37 (9)：59-64.

[91] 杜荣昵，高小铃，渠成，王跃林. 聚甲醛/纳米 CaCO$_3$ 体系的制备与性能. 工程塑料应用，2004，32 (3)：9-13.

[92] 刘莉，徐开杰. 聚甲醛改性研究现状. 工程塑料应用，2008，36 (2)：71-75.

[93] 罗毅，肖勤莎. 聚甲醛工程塑料及其发展方向. 工程塑料应用，1998，26 (2)：27-30.

[94] 徐卫兵，朱士旺，蔡琼英. 聚甲醛和尼龙 12 共混物的微观结构与力学性能. 应用化学，1995，12 (1)：18-20.

[95] 刘广建，陈颖. 新型聚甲醛喷嘴在煤矿降尘中的应用研究. 工程塑料应用，2008，36 (8)：52-55.

[96] 傅程，张宁波. 自润滑复合材料在绣花机轴套中的应用. 北京工商大学学报：自然科学版，2004，22 (6)：14-17.

第6章 橡胶的改性

6.1 概述

橡胶是玻璃化温度低于室温、在通常条件下处于高弹态的大分子量的聚合物材料。橡胶的产品品种繁多，按其原料来源的不同可以分为天然橡胶和合成橡胶。天然橡胶具有很好的综合性能，无论从产量、用途，还是性能、价格而言，都是橡胶中的佼佼者。随着科学技术水平的不断进步，大量合成橡胶涌现出来，它们特有的物理化学性能更好地满足了现今社会日益多样化的材料需求，也有十分广泛的用途。合成橡胶中使用较为广泛的主要有丁苯橡胶、顺丁橡胶、异戊橡胶、氯丁橡胶、乙丙橡胶、丁基橡胶等，而其中丁苯橡胶、顺丁橡胶和异戊橡胶的产量高、用量大、适用性强，被称为"三大通用合成橡胶"。在合成橡胶中还有一些橡胶品种，它们的产量较低、使用范围不大，主要为了满足特殊的材料需求，用于一些特殊的场合，成为特种合成橡胶。随着化工合成技术的发展进步，越来越多的特种合成橡胶出现，例如，丁腈橡胶、硅橡胶、氟橡胶、聚氨酯橡胶、聚硫橡胶、丙烯酸酯橡胶、氯醇橡胶、丁吡橡胶等等。

橡胶是国民经济的重要基础性材料之一，是医药、采掘、交通、建筑、机械、电子等领域中不可或缺的材料，可以通过化学改性、共混改性、填充改性等方法使其更好地满足现实的使用条件。

下面简单介绍几种常用橡胶的改性方法。

6.2 天然橡胶的改性及应用

6.2.1 天然橡胶的性能特点

天然橡胶（nature rubber，NR）是一种以聚异戊二烯为主要成分的天然高分子化合物，分子式是 $(C_5H_8)_n$。天然橡胶是应用最广的通用橡胶，主要从天然产胶植物中制取，包括野生橡胶（银色橡胶菊、野藤橡胶等）、栽培橡胶（三叶橡胶树等）、橡胶草橡胶（草本根茎植物，将根中的橡胶泡制出来）、杜仲胶（马来胶、古塔波胶、巴拉塔胶等）、天然硬橡胶（从杜仲树的枝叶、根茎中提取）等。市售的天然橡胶主要是由三叶橡胶树的乳胶制得。

天然橡胶的分子量较大（平均分子量 10 万~70 万，甚至可以达到 100 万），分子量分布较宽（分子量分布指数 2.8~10），其中低分子量部分的软化点低，软化状态下塑性高，而高分子量部分具有较高的强度、韧性和弹性。因此，天然橡胶具有较好的物理性能，机械强度高，稍带塑性，受到拉伸作用时可以取向结晶，自补性好，滞后损失小，耐挠曲性很好。而且，天然橡胶是非极性的，电绝缘性能良好。

更为突出的是天然橡胶的弹性。低温下，天然橡胶弹性会降低，−70℃时成为脆性物质。但在常温下是弹性很好的材料，其弹性模量为 3~6MPa，是钢铁的 1/30000，断裂伸长率最高可达 1000%，是钢铁的 300 倍。

天然橡胶的化学结构中含有不饱和双键（图 6-1），是一种化学反应能力较强的物质。

这就使得不耐老化成为天然橡胶的致命弱点，光、热、臭氧、辐射、部分金属等都能促进橡胶的老化。但另一方面，也使天然橡胶容易发生加成、取代、氧化、交联等化学反应，易于化学改性以扩大其用途。

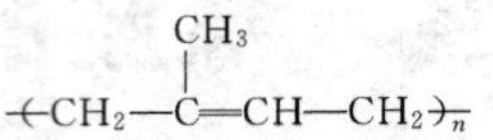

$$\begin{array}{c} CH_3 \\ | \\ +CH_2-C=CH-CH_2\frac{}{n} \end{array}$$

图 6-1 聚异戊二烯的结构式

从综合性能角度来看，天然橡胶是橡胶中最好的，在日常生产生活中有十分广泛的用途。例如，日常生活中使用的雨鞋、暖水袋、胶皮手套、松紧带、避孕套；交通运输行业中的轮胎、传送带、运输带；还有各种减震零件、电工器材绝缘体、密封设备；等等。目前，仍有近一半的橡胶制品采用天然橡胶作为主要原料。

6.2.2 天然橡胶的化学改性

如前所述，天然橡胶中含有大量的 C=C 不饱和双键，使其耐候性和耐老化性能都较差，大大限制了它的应用范围。因此，改变天然橡胶分子结构中的 C=C 双键就成为其改性中最为重要的手段之一。氯化、环氧化、接枝共聚等化学改性方法由此应运而生，带动了天然橡胶在更广泛领域的应用。

6.2.2.1 天然橡胶的氯化

天然橡胶在催化剂作用下经氯化改性后，可以消除其分子结构中的 C=C 双键，从而得到氯化天然橡胶（chlorinated nature rubber，CNR），其化学式为 $(C_{10}H_{11}Cl_{17})_n$，它是最早工业化生产的天然橡胶衍生物。通过固相法、乳液法、溶剂法、水相法、溶剂交换法等方法，在天然橡胶中通入氯气，再经过较为复杂的取代、加成、环化、消除等反应即可得到含氯量在 40%～70% 的氯化天然橡胶。但由于含氯量低于 60% 的氯化天然橡胶不具有使用性能，因此，一般氯化天然橡胶都是含氯量高于 60% 的品种。

氯化天然橡胶中除了有长链结构以外，还有一些环状结构，并且引入了大量的 C—Cl 极性化学键，从而使其物理化学性质与天然橡胶有了本质的区别。由于在分子结构中引入了氯原子，氯化天然橡胶具有优良的黏附性，与金属、玻璃的黏合性能特别好，而且，高含量的氯原子也使得天然橡胶从易燃材料变成了自熄性材料，具有很好的阻燃性能。极性的 C—Cl 键，增强了分子间作用力，分子链间的结合更加紧密，从而使氯化天然橡胶的硬度和刚性都获得了提高，具有较好的耐磨性、抗蠕变性、成膜性。更重要的是，由于消除了天然橡胶中大量的 C=C 不饱和双键，氯化天然橡胶的耐候性得到了改善，具有了优良的耐腐蚀性和防水性。天然橡胶经过氯化以后获得了许多优良性能，从而也扩大了它的应用领域，是制造油墨、涂料、黏合剂等制品的重要原材料，特别适用于生产防火漆、防腐蚀漆、船舶漆、集装箱漆、马路画线漆、汽车底盘涂层、铁路列车底盘涂料等，已成为国民经济和国防建设必不可少的化工材料。

由于氯化天然橡胶分子结构中有较高含量氯，其性能与聚氯乙烯有一些相似。大量 C—Cl 键的存在，使其容易在热、光、氧、酸性介质存在的条件下，发生自动催化脱除 HCl 的反应，导致材料的交联和凝胶化，恶化使用性能。因此，在氯化天然橡胶的加工过程中需要加入稳定剂或抗氧剂等。而且，大量的极性键使氯化天然橡胶的加工性能较差，需要加入增塑剂以提高其加工流动性，随着增塑剂含量的增加，氯化天然橡胶从硬而脆变成软而韧，更适用于生产涂料和胶黏剂。

不过氯化天然橡胶较少作为主要原料使用，而通常作为改性添加剂与其它胶料共混，以获得综合性能更加优异的材料，并扩大材料的适用性。

6.2.2.2 天然橡胶的环氧化

天然橡胶与芳香族或脂肪族过酸反应，可以发生环氧化反应，将非极性的 C—C 键转化为极性的环氧键，不饱和度降低到原来的 50% 左右，获得环氧化天然橡胶（epoxidized natural rubber，ENR）。环氧化天然橡胶的大分子链上引入了极性的 C—O 键，使分子量大大降低，分子链的刚性增强，表现出与天然橡胶完全不同的性能。环氧化天然橡胶不仅保持了天然橡胶的通用性能，同时又显著提高了密度、折射率、抗湿滑性、耐油性、耐气体渗透、黏合性等，可用于制造气密性及耐油性要求较高的制品。

而且，极性基团的引入使得环氧化天然橡胶与其它极性聚合物的相容性增大，易于与 PVC、CPE 等极性材料进行共混，也易于与白炭黑等极性填充剂结合。但是，由于环氧基团和碳氧双键都是化学活性相当大的基团，使 ENR 仍然存在性能不稳定及耐老化性能差等缺点，可通过与一些极性合成胶共混使用。

6.2.2.3 天然橡胶的接枝改性

在天然橡胶分子链上有大量的 C=C 不饱和双键，这些双键可以在一定条件下发生加成反应，接上其它基团。而且主链上的其它 C 原子可以通过脱氢反应生成自由基，进而也接上一些基团。可见，天然橡胶主链上的 C 原子都可以通过加成或脱氢而发生接枝反应，达到对天然橡胶的接枝改性。

接枝改性后的天然橡胶不仅可以保持其原有的通用性能，还具备了接枝基团的特殊性能。理论上，通过引发剂、光、辐射等方法可以引发天然橡胶与各种乙烯基单体的共聚，例如，丙烯腈、顺丁烯二酸酐、甲基丙烯酸甲酯、丙烯酰胺等。但目前只有天然橡胶的甲基丙烯酸甲酯接枝共聚物有大规模生产，用于制造各种胶黏剂和橡胶产品。早在 1970 年就利用天然橡胶的甲基丙烯酸甲酯接枝共聚物来作为乳胶漆中的黏合剂，现在天然橡胶的甲基丙烯酸甲酯接枝共聚物则更多用来作为天然橡胶与 PVC 的黏合剂。

6.2.3 天然橡胶的共混改性

天然橡胶以其优异的物理化学性能被广泛应用于制造各类轮胎、胶管、胶鞋、工业及医疗卫生制品等。但是，天然橡胶的耐油性和耐有机溶剂性较差，而且，分子结构中的不饱和双键使其耐热氧老化、耐臭氧化和抗紫外线性也很差。这些缺点在很大程度上限制了天然橡胶在一些特殊场合的应用。将天然橡胶与其它聚合物共混，是一种经济实惠、操作简便的改性方法，往往可以获得具有某些特殊性能或综合性能良好的新型材料。

6.2.3.1 橡胶/塑料共混

常温下天然橡胶表现出很高的弹性，可以作为增韧剂用于脆性塑料的增韧改性。从最早用于改善 PS 的抗冲击性能，发展到现在天然橡胶已经可以用于 PP、PE、PA、PC、PMMA、PPO、环氧树脂、酚醛树脂等多种塑料的增韧改性中。反过来想，既然天然橡胶可以作为增韧剂用于塑料的改性，那么塑料同样也可以作为增塑剂用于天然橡胶的改性。橡塑共混可以赋予天然橡胶一定的"塑性"，在改善天然橡胶物理机械性能和成型加工性能方面起到很大作用。

前面几章中我们讲到，在共混改性中有一个至关重要的问题是共混组分之间的相容性。在橡胶/塑料共混体系中这也很重要，要选择合适的橡塑品种，并使用适当的增容手段。另外，在橡塑共混中还有一个非常重要的问题就是橡胶的硫化温度和塑料的加工温度上的差异，需要选择加工温度与橡胶硫化温度较为接近的塑料品种进行共混，否则不但达不到共混改性的目的，反而会造成橡胶物理机械性能的损失。

（1）天然橡胶/聚乙烯共混体系 聚乙烯是结构最简单的聚合物，分子链结构规整，力学性能良好，耐磨、耐酸、耐碱性能优异，通过共混可以改善天然橡胶的性能。

虽然聚乙烯与天然橡胶同属非极性物质，溶解度参数相近，但是两者在热力学上不相容，它们的共混物是不相容的多相体系。天然橡胶/聚乙烯共混体系中，聚乙烯的含量低于30%（质量分数）。聚乙烯粒子分散在橡胶无定形连续相中，结晶的聚乙烯可以对橡胶起到一定的物理交联作用，赋予天然橡胶/聚乙烯共混物较好的弹性和较高的模量。在聚乙烯含量为20%～30%（质量分数）时，共混物的综合力学性能最佳。但是，当聚乙烯含量较高时，天然橡胶/聚乙烯共混物的耐挠曲性显著降低，不利于后期的硫化，因此，聚乙烯的含量控制在15%～25%（质量分数）为宜。在其它添加剂完全相同的情况下，加入15%（质量分数）的LDPE后，天然橡胶的硬度从60度提高到85度。而加入25%（质量分数）的HDPE后，天然橡胶的硬度从60度提高到90度，磨耗从1.5cm^3/1.61km降低到0.09cm^3/1.61km。

为提高聚乙烯在天然橡胶中的分散性，可以适当加入一些增容剂，但实际加工过程中通过"两步法"制备共混物：首先将聚乙烯与少量的天然橡胶制备成母胶，然后再将母胶与大部分天然橡胶共混，即可起到较好的效果。分散好的天然橡胶/聚乙烯共混物再与其它加工助剂、填充剂等进行混炼。

聚氯乙烯（CPE）是聚乙烯分子结构中碳原子上的氢原子被氯原子取代的一种聚合物。它的氯含量很高而且具有规整饱和的分子结构，耐热性、耐候性、阻燃性、耐油性等均优于天然橡胶。CPE与天然橡胶的热力学相容性比聚乙烯要好，加工相对容易，可以与天然橡胶共混用于制造工业胶管、传送带、密封圈等，以提高制品性能并降低成本。而且，CPE还常用在天然橡胶/丁苯橡胶、天然橡胶/氯丁橡胶、天然橡胶/氯醚橡胶、天然橡胶/氯醇橡胶等二元橡胶共混体系中作为增容剂。

（2）天然橡胶/聚丙烯共混体系　20世纪70年代马来西亚研制成功了一种天然橡胶与PP或PE（主要是PP）机械共混和动态硫化制备的全新的共混型热塑性天然橡胶（TPNR）。TPNR具有很好的化学惰性、耐候性、耐水性、耐油性优异，并具有很好的电气性能和加工流动性，生产成本较其它热塑性弹性体低，可用于制造汽车零配件、电线电缆、防水材料、密封材料和绝缘材料等，具有广泛的应用前景。从表6-1中可以发现，TPNR与常用的热塑性弹性体SBS、挠性塑料PVC和LDPE相比，硬度和弹性都较好，软化点较高，压缩变形能力好。TPNR的性能与热塑性弹性体TPOE相当，但价格却远远低于TPOE。

表6-1　几种材料的性能比较

项　目	TPNR	TPOE	SBS	PVC	LDPE
硬度（邵尔A型）/度	70	70	65	70	＞90
弹性	优-良	优-良	良	优	差
软化点/℃	＞100	＞100	60～70	50～60	90～100
70℃下的压缩变形	良	良	差	差	差

TPNR的加工制造十分简便，加工设备都是橡塑产品常用的密炼机、挤出机、造粒机等通用设备。配制好的天然橡胶/PP共混物（天然橡胶的含量应大于60%，以利于橡胶的硫化交联）放入密炼机中进行熔融共混，形成较为均匀分散的共混体系后，再加入硫化剂继续混炼，使天然橡胶产生部分交联结构，然后再经由挤出机挤出冷却，造粒机造粒即可。

TPNR的80%都用来生产汽车配件，如保险杆、空气阻流片、门窗密封条、挡泥板等。对于刚性要求较高的场合可以与PP共混，并通过调节PP的用量来调节共混物性能。同时，也可以根据实际应用条件，填充一些其它填料。例如，可以加入炭黑增强并提高耐候性，如果是浅色制品可用钛白粉代替；还可以加入适量的碳酸钙或黏土以改善加工性能并降低成本等等。

（3）天然橡胶/聚氯乙烯共混体系　聚氯乙烯（PVC）作为大品种通用塑料广泛应用于各种领域。PVC 最大的弱点在于它的韧性、加工流动性和耐热性较差，但 PVC 的耐介质腐蚀性、耐油性和耐磨性较好。天然橡胶可以作为 PVC 的共混改性剂，改善 PVC 的韧性和加工性能；同时 PVC 也可以作为天然橡胶的共混改性剂，一定程度上弥补天然橡胶在硬度、耐溶剂等性能上的不足。

天然橡胶与 PVC 在分子结构、极性等方面有很大差别，两者溶解度参数相差很大，简单机械共混时相容性很差。必须加入适当的增容剂改善两者的相容性，才能达到共混改性的目的，获得综合性能良好，具有实用价值的共混硫化胶。天然橡胶/PVC 共混体系中常用的增容剂有氯化聚乙烯（CPE）、氯化橡胶（CNR）、环氧化天然橡胶（ENR）、甲基丙烯酸甲酯接枝天然橡胶（NR-g-MMA）等。

天然橡胶/PVC 共混硫化胶制备时，一般采用开炼机先将 PVC 与增塑剂及其它加工助剂一起塑化，再将塑化好的 PVC 与天然橡胶和增容剂共混获得橡塑合炼胶，最后加入硫化剂进行硫化。通常 PVC 含量 25%～35%，增容剂含量 3%～5% 的天然橡胶/PVC 共混硫化胶具有较好的综合性能，天然橡胶的撕裂强度、硬度、永久变形等增加，耐油性、耐介质腐蚀性和耐磨性等也有很大提高。另外，可以在体系中添加适量的短纤维进一步提高材料的强度、硬度、耐溶胀和耐老化等性能。

天然橡胶经过环氧化处理后，由于引入了环氧基团，使非极性天然橡胶的极性大大增强，环氧化天然橡胶（ENR）与 PVC 的极性和溶解度参数都很相近，具有很好的相容性，环氧程度为 50% 的 ENR 与 PVC 完全热力学相容。因此，在 PVC 共混改性天然橡胶的研究中，ENR 除了可以作为天然橡胶/PVC 共混体系的增容剂以外，很多情况下还可以作为基体橡胶，拓宽了共混改性天然橡胶的品种。

6.2.3.2　橡胶/橡胶共混

随着合成技术的不断进展，人工合成橡胶的品种越来越多。各种橡胶都有其自己的性能特点，也都有不尽如人意之处，通过不同橡胶之间的共混，实现性能互补，是拓宽橡胶使用范围，满足制品多样化需求的重要途径。比如橡胶轮胎，为了达到最佳的使用性能，基本每个部分都是由不同橡胶共混物制造。而且，由于橡胶与橡胶之间在分子结构、物性参数、加工条件等方面的差异性较低，因此，橡胶/橡胶共混比橡胶/塑料共混更加便利，应用也更为广泛。

天然橡胶（NR）可以与多种合成橡胶进行共混，揉和不同橡胶的优点，获得更加优异的使用性能。而且，天然橡胶的黏着性优于合成橡胶，在制造橡胶轮胎时为使组分结合在一起，对于像帘子线、外胎身等部件配方中一般都有 30% 以上的天然橡胶。丁苯橡胶、丁腈橡胶、乙丙橡胶、顺丁橡胶、环氧化天然橡胶等都是常用来与天然橡胶进行共混的橡胶品种。

（1）天然橡胶/丁苯橡胶共混体系　丁苯橡胶（SBR）与天然橡胶相比具有优异的耐磨耗性、抗湿滑性、抗龟裂性和耐候性，NR/SBR 共混物可以结合天然橡胶的耐拉伸疲劳性及丁苯橡胶的耐压缩疲劳性，特别适合用于轮胎制造行业。黑色轮胎的胎侧面用可以采用 NR/SBR 的共混物，白色轮胎的内衬也可以采用 NR/SBR 的共混物。天然橡胶与丁苯橡胶的硫化速率差不多，其共混物较容易进行硫化处理，将共混物直接与硫化剂混合即可。如果需要加入适量填料，就要考虑填料与天然橡胶或丁苯橡胶的亲和力问题，应让亲和力较差的橡胶先与填料和硫化剂混合，再与另一种橡胶共混，才能获得较佳的力学性能。例如，在 NR/SBR 共混物中填充炭黑，由于炭黑与丁苯橡胶的亲和力高于天然橡胶，应将天然橡胶先与炭黑和硫化剂初步混炼，再与丁苯橡胶共混。

（2）天然橡胶/丁腈橡胶共混体系　　丁腈橡胶（NBR）是丙烯腈与丁二烯的共聚物，通过共混可以弥补天然橡胶耐油性、耐烃类液体、抗湿滑性能较差的缺点。天然橡胶与丁腈橡胶并用后可以明显改善轮胎胎面、传送带面等制品的抗湿滑性，减小滚动阻力。但是，丁腈橡胶与天然橡胶不相容，丁腈橡胶在天然橡胶基体中的分散相粒径较大，简单机械混合无法得到性能较好的胶料。为改善这种现象，可以在 NR/NBR 共混物中填充适量的炭黑、蒙脱土等填料。有研究表明，这些填料的加入可以急剧降低分散相的粒子尺寸，起到增容的作用。而且，由于丁腈橡胶的交联活性高于天然橡胶，硫化过程要分步进行，而当加入适量的炭黑或蒙脱土后，这些填料可以参与交联反应，提高天然橡胶的交联活性，实现天然橡胶与丁腈橡胶两相的同步硫化。

（3）天然橡胶/三元乙丙橡胶共混体系　　三元乙丙橡胶（EPDM）具有优异的耐热、耐臭氧、耐老化、耐候性能。为了改善天然橡胶由于大量不饱和双键所导致的较差的耐老化性能，将其与 EPDM 共混是一种简单易行且效果显著的方法。在天然橡胶中加入 35%～40% 的 EPDM 后，可以显著提高材料的抗臭氧性，防止应力存在下发生臭氧开裂。但是，EPDM 的饱和度高、黏合性差、极性低、硫化速率慢，与天然橡胶共混时最大的问题是两者硫化速率差异较大，共交联性较差。为了改善 NR/EPDM 共混物的硫化性能，可以使用高烷基取代的硫化促进剂加速 EPDM 的硫化速率。也可以对 EPDM 进行适当的处理。例如，将 EPDM 溴化处理后，可以提高其与天然橡胶的共交联性，所得硫化胶的力学性能和黏合性优异。还可以利用环氧化天然橡胶与天然橡胶和 EPDM 具有很好相容性的特点，在 NR/EPDM 共混物中加入适量的环氧化天然橡胶干预硫化过程，实现天然橡胶与 EPDM 的共硫化。

（4）天然橡胶/顺丁橡胶共混体系　　顺丁橡胶（BR）的弹性、耐磨性和耐低温性好、形变滞后损失较小、耐挠曲性、抗龟裂性好，在天然橡胶中加入顺丁橡胶可以赋予制品更高的柔顺性、耐寒性、弹性和抗疲劳性等性能，耐磨性突出，但是耐湿滑性略差。NR/BR 共混胶被广泛应用于轮胎领域，例如载重车胎的胎面胶和胎侧胶。就硫化速率和交联反应而言，天然橡胶与顺丁橡胶可谓是相容性最好的共混体系，它们的硫化速率几乎相等，硫化胶的性能基本上是两组分橡胶性能的线性加和。顺丁橡胶与炭黑、白炭黑、蒙脱土等填料的亲和力较强，共混时填料大多分布在顺丁橡胶相中进行补强，而天然橡胶相可以依靠应力结晶来增强。例如，NR/BR 共混胶中，当炭黑用量的 60% 分布在顺丁橡胶相中时，硫化胶的弹性好、永久变形小、耐磨性好、滞后损失最小。

（5）天然橡胶/环氧化天然橡胶共混体系　　环氧化天然橡胶（ENR）是天然橡胶进行环氧化改性处理的品种，它保留了天然橡胶的通用性能，同时由于主链上具有极性的环氧基团，它还具有耐油性、耐透气性、抗湿滑性和低滚动阻力等独特性能。NR/ENR 共混胶的相容性好，硫化速率快，容易实现共硫化，加工操作简便，在天然橡胶中加入适量环氧化天然橡胶，可以减少制品的滚动阻力，提高耐湿滑性能，适用于各种交通运输工具的轮胎制造。例如，汽车轮胎的内衬层、自行车的内胎等。

（6）多元橡胶共混体系　　随着经济社会的发展，对各种橡胶制品的质量、性能和制备工艺等提出了更高的要求。而科学技术的进步也使三元甚至三元以上橡胶共混体系逐步涌现出来。多元橡胶共混体系可以更多地结合各组分的优势，使橡胶制品的综合性能更为优越，朝着多功能化、高性能化的方向发展。例如，NR/BR/SBR 共混胶的焦烧性能、工艺性能及化学纤维黏附强度等方面优于 NR/BR 共混胶，可用于制造轿车的外胎身、三角带、夹布胶管、织物芯输送带等。

当然，多元橡胶共混体系中的相容性、硫化性能、加工性能等变得更加复杂，对各种配合剂的使用、胶料配方设计、预处理工艺、操作流程等各方面都提出了更高的要求。多元橡胶共混体系的组合多种多样，随着科学研究的不断深入，种类和范围不断扩大，我们这里就不再罗列。

6.2.4　天然橡胶的填充改性

天然橡胶具有优异的弹性和韧性，但是强度较低，常温下很"软"，无法起到承力作用，需要进行补强。在天然橡胶中填充一些具有增强效果的无机材料是最常使用的方法，这些无机材料主要包括硅酸盐类（白炭黑、粉煤灰、滑石粉等）、碳酸盐类（碳酸钙、碳酸镁等）、硫酸盐类（硫酸钡、立德粉、重晶石粉等）、金属氧化物类（氧化镁、氧化锌、二氧化钛等）、金属氢氧化物类（氢氧化铝、氢氧化钙等）、其它无机物类（炭黑、硅藻土、磁粉等）。其中以炭黑和硅酸盐类无机填充材料应用最为广泛。

6.2.4.1　炭黑填充改性天然橡胶

在天然橡胶的各种补强方法中，添加炭黑是最早的、最广泛的，也是目前最有效的工业化增强改性天然橡胶的方法。大多数的天然橡胶都是采用炭黑进行增强改性，而炭黑增强改性的天然橡胶绝大多数都用来制作乌黑的橡胶轮胎，致使很多人都以为天然橡胶是黑色的。

炭黑的化学元素组成中，95%以上都是 C，另外还有少量的 H（0.4%～4%）、O（0.2%～1%）、S（<1%）等。其中的 H 与 O 以羧基，或以苯酚、醌基的形式存在。因此，炭黑的表面结合有大量的 H 原子、各种含氧基团、未偶合的 π 电子，从而形成大量的活泼反应区，使炭黑表面具有较强的反应能力。将炭黑填充入天然橡胶后，橡胶分子被吸附在炭黑表面，若干点与炭黑发生化学作用，在橡胶分子与炭黑之间形成一种能够滑动且强度较高的键，使天然橡胶的强度提高，同时又无损于它的弹性。

天然橡胶中炭黑的填充量以 20%～50% 为宜，随着炭黑在天然橡胶中填充量的增加，天然橡胶的强度提高，但当填充量高于 50% 以后，强度开始急剧下降（图 6-2）。未经炭黑补强的天然橡胶的拉伸强度约为 16MPa，而经过炭黑补强后天然橡胶的拉伸强度可以达到 24～35MPa。

炭黑对天然橡胶的增强效果还与炭黑的粒径有很大关系。一般来说，炭黑的粒径越细，补强后天然橡胶的黏度越大，分散能力越差，从而使加工性能变差，加工时间变长，所得制品的拉伸强度、撕裂强度、硬度、耐磨性、耐挠曲性等性能越高，而弹性则有所降低。

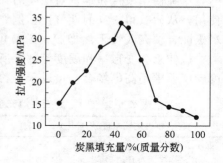

图 6-2　炭黑填充量对天然橡胶拉伸强度的影响

6.2.4.2　白炭黑填充改性天然橡胶

虽然炭黑对天然橡胶具有很好的补强效果，但是只限于黑色制品的加工，不能用在彩色，特别是白色和透明制品的生产中。白炭黑可以替代炭黑满足橡胶制品多样化的需求。白炭黑是白色粉末状无定形硅酸和硅酸盐的总称，其组成可用 $SiO_2 \cdot nH_2O$ 表示，它的表面活性和补强能力在各种浅色无机填料中首屈一指。

白炭黑是一种两亲无机填料，表面存在羟基和硅氧烷基，羟基属于极性基团，具有很好的亲水性，而硅氧烷基属于非极性基团，具有很好的亲油性。这使得白炭黑与橡胶有机相的结合力较弱，而白炭黑自身的凝聚力却较强，很难在橡胶的有机相中很好地分散，与橡胶的相容性较差。因此，白炭黑填充的天然橡胶体系中，需要对填料进行表面改性，以增大界面间的相互作用，改善填料的分散状况。

采用硅烷偶联剂对白炭黑进行表面处理是最常用的表面改性方法。γ-（2,3-环氧丙氧）丙基三甲氧基硅烷（KH-560）、γ-甲基丙烯酰氧基丙基三甲氧基硅烷（KH570）、双（三乙氧基丙基硅烷）四硫化物（TESPT）、双（三乙氧基丙基硅烷）二硫化物（TESPD）、3-丙酰基硫代-1-丙基三甲氧基硅烷（PXT）等都是白炭黑填充天然橡胶体系中常用的偶联剂品种。加入偶联剂后，白炭黑与天然橡胶之间的相容性得以改善，白炭黑在橡胶相分散均匀，可以缩短硫化时间，改善加工性能，提高抗焦烧性能和力学性能。

经表面处理后的白炭黑与天然橡胶具有很好的结合力，材料的抗撕裂性、耐热性、耐候性等都有所改善，可以部分替代炭黑用于生产越野车轮胎、工程车轮胎、子午胎等高性能的橡胶制品。

6.2.4.3 粉煤灰填充改性天然橡胶

粉煤灰是煤在锅炉中燃烧后所收集的细灰，是火电厂排出的主要固体废物。粉煤灰成分十分复杂，主要是 SiO_2、Al_2O_3、FeO、Fe_2O_3、CaO、TiO_2 和残炭。作为火电厂排放的工业废渣，粉煤灰价格便宜，综合利用可以替代炭黑作为橡胶的填充材料，降低橡胶制品生产成本，节约石油资源，保护环境。

采用粉煤灰对天然橡胶进行增强改性，必须首先对其进行表面处理，以提高其与橡胶有机相之间的相容性。钛酸酯、锡酸酯、硅烷、铝酸酯等偶联剂均可用于粉煤灰的表面改性，其中铝酸酯偶联剂价格低廉，改性效果良好，最常使用。相比于碳酸钙、白炭黑等同类型的无机补强填充剂，粉煤灰具有无可比拟的价格优势。粉煤灰经表面处理后，在表面接上了有机活性基团，与橡胶相的黏结力提高，可促进填料的分散，改善材料的成型加工性能。

但是作为一种工业废弃物，粉煤灰的组成波动范围很大，物理性质差异也很大，不利于制品性能的稳定。粉煤灰的细度和粒度直接影响着粉煤灰的活性，也决定了填充橡胶的物理机械性能。随着粉煤灰粒径减小，天然橡胶的强度、硬度和弹性均增大。所以在填充前，最好先将粉煤灰进行细化处理。

单独使用改性粉煤灰对橡胶的补强效果有限，最好与炭黑、白炭黑、碳酸钙等填料配合使用，从而获得较高的性价比。例如，粉煤灰对天然橡胶的补强效果远不如炭黑，粉煤灰与炭黑配合填充改性天然橡胶，随着填料中粉煤灰代用量的增加，材料的拉伸强度、定伸应力、拉伸永久变形率和硬度等都有所下降，而断裂伸长率增大（表 6-2）。在对橡胶制品强度硬度要求不高的场合，可以采用粉煤灰部分替代炭黑，以降低成本并提高弹性。

表 6-2 炭黑/粉煤灰填充量对天然橡胶力学性能的影响 （填充总量为 50%）

炭黑/粉煤灰填充量(质量比)	50/0	35/15	15/35	0/50
拉伸强度/MPa	23.7	19.0	18.5	17.1
300%定伸应力/MPa	11.8	7.4	4.9	3.4
断裂伸长率/%	495	505	576	587
拉伸永久变形/%	35	24	23	20
硬度(邵尔 A 型)/度	58	50	49	48

6.2.4.4 纳米黏土填充改性天然橡胶

层状硅酸盐/聚合物纳米复合材料的设计与制备一直都是高分子材料改性中的重点研究内容。蒙脱土、蒙脱石、凹凸棒土、有机蛭石等各种层状硅酸盐材料都可以用于橡胶的填充改性。其中应用最广泛、研究最成熟的当属蒙脱土，也可称为纳米黏土。纳米黏土作为填充材料引入到天然橡胶中可以显著改善天然橡胶的硫化性能、加工性能、力学性能、耐热性能、阻隔性能和阻燃性能等，是天然橡胶理想的无机填充材料。

硫化是橡胶制品成型加工的最后一步。硫化过程中，橡胶由线型结构的大分子交联成为立体网状结构的大分子，以改善胶料的物理机械性能及其它性能，使橡胶制品能更好地适应和满足使用要求。填充材料的加入对硫化过程的影响直接决定了橡胶的成型周期、制品性能和硫化条件。纳米黏土本身对天然橡胶的硫化过程没有明显的影响，其影响很大程度上取决于它的表面有机化处理工艺。一般来说，有机化处理过的纳米黏土可以降低硫化开始的温度，并能够提高天然橡胶的交联密度，同时减少焦烧时间和正硫化时间，这主要归因于纳米黏土在天然橡胶中形成的插层/剥离结构。例如，在硫黄硫化的天然橡胶体系中，当填充10%的未经有机处理的纳米黏土时，胶料的正硫化时间为 11.32min，焦烧时间为 6.04min。而将纳米黏土用十八烷基铵盐处理后，胶料的正硫化时间减少到 8.34min，焦烧时间减少到 2.34min。明显缩短的硫化过程，加速了橡胶制品的成型周期。

纳米黏土在改善聚合物力学性能方面的表现有目共睹，只需要很少的填充量（3%～5%），就可以获得明显的效果，为天然橡胶的增强改性打开一条新的途径。表 6-3 中所示，以新鲜天然胶乳为基体，采用凝聚共沉法制备天然橡胶/黏土纳米复合材料，加入纳米黏土后复合材料的拉伸强度、定伸应力、硬度等均有所提高，达到了增强改性天然橡胶的目的。

表 6-3　天然橡胶/黏土纳米复合材料的力学性能

样品	未加纳米黏土	加入纳米黏土
拉伸强度/MPa	16.0	27.5
300%定伸应力/MPa	1.51	4.39
断裂伸长率/%	710	662
硬度(邵尔 A 型)/度	34	49

此外，纳米黏土在改善天然橡胶的耐热性能、阻燃性能和阻隔性能方面也有突出表现。由于纳米黏土在天然橡胶基体中形成了插层/剥离结构，纳米黏土片层可以对橡胶分子链起到保护作用，从而减缓了火焰和热量的扩散，降低了生烟速率，有效改善了天然橡胶的耐热性、阻燃性和抑烟性（表 6-4）。而且，纳米黏土在天然橡胶基体中形成的插层/剥离结构还有利于改善天然橡胶的溶剂渗透性和气体阻隔性，使其更好更广地应用于耐油、耐溶剂和气体阻隔材料中。

表 6-4　天然橡胶/黏土纳米复合材料的阻燃性能（锥形量热测试结果）

样品	未加纳米黏土	加入纳米黏土
点燃时间/s	29	26
残炭量/%	6.91	11.6
平均热释放速率/(kW/m²)	630	508
平均质量损失速率/(g/s)	0.32	0.36

6.2.4.5　碳酸钙填充改性天然橡胶

碳酸钙是高分子材料填充改性中最常用的无机填料之一。最初碳酸钙主要是用来减少基材的使用量，降低制品成本，大多不具有改性的作用，有些甚至会恶化材料的物理机械性能。近些年来，随着提纯、改性、超细技术的推广和应用，碳酸钙已经在橡胶工业中获得了较为成功的应用，可以部分代替以石油为原料的炭黑，保护资源，也可以部分代替价格昂贵的白炭黑、立德粉等，降低成本，展示了良好的开发利用前景。

由于碳酸钙表面具有亲水性，与天然橡胶的界面黏结力较弱，主要是作为增容填料，几乎起不到补强的作用，而且大量填充反而会大幅降低天然橡胶的力学性能。但纳米碳酸钙由于具有粒子超微细化导致的表面效应和尺寸效应等独特性质，使其具备了作为补强填料的特性，可以有效改善天然橡胶的力学性能。

然而，纳米碳酸钙推广应用的关键问题之一就是必须克服纳米粒子自身的团聚现象，使其均匀分散在聚合物基体中，提高它与聚合物之间的界面相容性。因此，对纳米碳酸钙的表面处理至关重要。例如，当碳酸钙的填充量为 100 份时，硬脂酸改性碳酸钙硫化胶的拉伸强度为 17.3MPa，撕裂强度为 36.4kN/m，100％定伸应力 3.7MPa，分别比未改性的提高了 94％、70％、127％。

早在 20 世纪 30 年代就开始采用硬脂酸来处理碳酸钙，此后在这方面也开展了大量的工作，脂肪酸、树脂酸、胺类、木质素、偶联剂等改性过的碳酸钙在天然橡胶中都有不同程度的增强效果。其中，硬脂酸处理的碳酸钙出现较早，使用范围较广，但是对天然橡胶的增强效果普通。而硅烷偶联剂、钛偶联剂等处理的纳米碳酸钙有很好的增强作用，但是价格较为昂贵。

6.2.4.6　硅藻土填充改性天然橡胶

硅藻土是古代硅藻遗骸组成的一种硅质岩石，其主要化学成分为 SiO_2，并含有少量 Fe_2O_3、CaO、MgO、Al_2O_3 及有机杂质。硅藻土具有多孔性结构，孔隙度大、吸收性强、化学性质稳定，在涂料、油漆、隔声材料、环保材料等方面有十分广泛的用途。

硅藻土的化学成分与白炭黑相似，而其价格较白炭黑有很大的优势。因此，硅藻土也成为天然橡胶、合成橡胶的增强填充材料之一，用于改善橡胶的物理机械性能。特别是在浅色的橡胶制品中，硅藻土可以替代白炭黑，或与白炭黑并用，起到降低成本，缩短加工周期的作用。

从表 6-5 中可以看出，硅藻土对天然橡胶的增强效果与白炭黑不相上下，而当将硅藻土与白炭黑并用时有一定的协同增强作用，天然橡胶的拉伸强度、断裂伸长率、硬度等力学性能比单纯使用白炭黑或硅藻土都更好。而且，硅藻土表面有较多的羟基，可以与多种表面改性剂反应，适用于各种硅烷偶联剂，相比白炭黑更有利于对其进行表面处理。

表 6-5　白炭黑/硅藻土填充量对天然橡胶力学性能的影响（填充总量为 30％）

白炭黑/硅藻土填充量(质量比)	30/0	15/15	0/30
拉伸强度/MPa	11.8	12.6	10.7
断裂伸长率/％	625	650	610
硬度(邵尔 A 型)/度	54	55	55

6.2.5　实例及应用

6.2.5.1　轿车轮胎胎面胶

轿车轮胎（图 6-3）的胎面胶可以用多种改性橡胶体系进行加工，比如，NR/SBR、SBR/炭黑、NR/NBR、NR/炭黑等等。其中，白炭黑补强天然橡胶作为轿车轮胎胎面胶也是一种常用的技术。为提高白炭黑与天然橡胶的结合力，可以采用 1-(三乙氧基硅烷基)-3-[3-(三乙氧基硅烷基)-丙基四磺胺酰]-丙烷作为偶联剂促进白炭黑与天然橡胶的化学结合。

图 6-3　轿车轮胎

白炭黑用量在 35%～40%（质量分数），也可配合 1%～3%（质量分数）的炭黑共增强，采用硫黄体系进行硫化处理。制造出来的轮胎胎面胶与传统用炭黑补强的天然橡胶体系相比，更能降低轮胎的滚动阻力和耐湿滑性能，从而延长了胎面胶的磨耗寿命，降低了轿车行驶过程中的打滑危险。但是，白炭黑与天然橡胶的偶联效率较低，无法完全取代炭黑填充天然橡胶体系。

6.2.5.2　汽车雨刷片胶

用于汽车挡风玻璃上的雨刷片可清除玻璃上的污渍、水渍等，防止污染物造成驾驶员的视力盲区，对保证汽车行驶途中的安全性能至关重要。汽车雨刷如图 6-4 所示。制造汽车雨刷片的主要原料即天然橡胶，为了改善天然橡胶耐磨性差、耐候性差的缺点，可以采用炭黑/白炭黑作为并用补强体系，与 20%（质量分数）左右的反式聚异戊二烯（TPI）共混，硫黄及其促进剂进行硫化处理，获得的汽车雨刷片胶各项力学性能可满足欧洲标准［硬度（邵尔 A 型）62±5，拉伸强度≥18.3MPa，300% 定伸应力≥8.5MPa，断裂伸长率≥350%］，并且具有很好的耐磨耗性能、热氧老化性能和动态疲劳性能以及回弹性能。

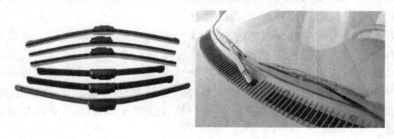

图 6-4　汽车雨刷

6.2.5.3　医用乳胶手套

天然橡胶具有优异的高弹性，很适合作为乳胶手套的主要原料，如图 6-5 所示。像乳胶手套这样特别薄的弹性制品基本上是用沉积法将模型上的胶乳干燥脱型制成。为了保证乳胶手套在加工和使用过程中有足够的硬度和挺度，需要采用一些无机填料对天然橡胶进行补强处理。纳米碳酸钙是常用的补强填料，并可以降低乳胶手套的成本。医用乳胶手套对材料的致密性要求十分严格，需要能够防止病毒的渗透，保护医护人员生命健康。在天然乳胶中加入 15% 以下的纳米碳酸钙能有效增加手套胶膜的模量和强度，而且无损于胶膜的隔离性和隔离完整性，

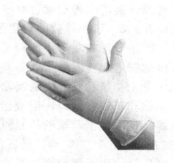

图 6-5　医用乳胶手套

可以防止大多数病毒的渗透，例如，肝炎 B 或 C 病毒、人类免疫缺陷病毒、单一疱疹病毒等等。

6.3　丁苯橡胶的改性

6.3.1　丁苯橡胶的性能特点

丁苯橡胶（styrene-butadiene rubber，SBR）是由 1,3-丁二烯和苯乙烯无规共聚而成，最早是由德国的 I. G. Farben 公司采用乳液聚合的方法合成出来。目前丁苯橡胶的产量和消费量已占合成橡胶总产量和消费量的 50% 以上，是最大的通用合成橡胶品种。根据聚合方法的不同，丁苯橡胶可以分为乳液聚合法丁苯橡胶（简称乳聚丁苯橡胶，ESBR）和溶液聚

合法丁苯橡胶（简称溶聚丁苯橡胶，SSBR）。

丁苯橡胶的物理机械性能及加工性能接近于天然橡胶，是天然橡胶的最好替代品之一。丁苯橡胶的耐磨性、耐自然老化性、耐水性、气密性、介电性能、硫化速率等优于天然橡胶，而黏合性、弹性和耐油性等则不如天然橡胶。通过填充、共混等方法改性后可以克服其不足，扩大其应用领域。目前，丁苯橡胶主要用于汽车工业中的轮胎生产，在汽车零部件、胶管、胶带、电线电缆、胶鞋、医疗器具等橡胶制品的生产中也有广泛应用。

6.3.2 丁苯橡胶的化学改性

在丁苯橡胶的化学结构中存在大量的不饱和双键和烯丙基氢，从而具有很高的化学活性，可以通过接枝、氢化、卤化、环氧化等方法对其进行化学改性，优化丁苯橡胶胶料及其制品的性能。

6.3.2.1 丁苯橡胶的接枝改性

接枝改性是丁苯橡胶各种化学改性方法中操作简便、灵活、经济的一种。丁苯橡胶结构中不饱和的双键和烯丙基氢可以作为接枝点，与其它基团或链段发生接枝聚合反应，从而改善丁苯橡胶的物理化学性能，并赋予其新的特性。

在丁苯橡胶聚合的过程中将需要接枝的单体、引发剂等直接加入到丁苯橡胶乳液或溶液中，引发接枝共聚反应，获得所需的改性丁苯橡胶是最行之有效的接枝改性方法。例如，在丁二烯与苯乙烯乳液聚合时，加入适量的苯乙烯、硅氧烷、酸酐、甲基丙烯酸甲酯、异丙烯基-2-噁唑啉、甲基丙烯酸羟乙酯等作为接枝单体，以过氧化物或氧化-还原体系作为引发剂，可获得接上不同基团或链段的接枝共聚物，从而显著改善丁苯橡胶的耐老化性、耐磨性、弹性、滚动阻力等。

另外，也可以将丁苯橡胶胶料与接枝单体、引发剂共同在混炼机中进行混炼，从而引发接枝共聚。不过与聚合过程中引入接枝单体的方法相比，这种方法的接枝效率较低，对丁苯橡胶性能的改善程度也有限。

6.3.2.2 丁苯橡胶的氢化改性

丁苯橡胶属于不饱和聚合物，在光、热、氧和臭氧的作用下，可以发生物理化学变化，因此抗老化性能较差。为解决这一问题，最有效的方法之一就是对丁苯橡胶进行氢化，溶液中催化加氢和乳液中的偶氮还原都是简单易行的氢化反应工艺。通过氢化反应，丁苯橡胶中不饱和双键被打开，形成饱和的聚乙烯链段，不仅结构的饱和度提高，而且还可以发生结晶，从而使丁苯橡胶的屈服强度、模量和耐老化性能都获得了很大的提高。例如，我们熟知的苯乙烯-丁二烯-苯乙烯嵌段共聚物（SBS）就是典型的丁苯橡胶类弹性体，它被作为增容剂广泛应用于聚合物共混改性中。但是，由于 SBS 中含有大量不饱和双键，经其增容的共混物往往不耐氧、光、臭氧等。而将 SBS 氢化后得到的 SEBS，不仅具有同 SBS 一样的增容效果，而且耐环境老化的性能有很大提高。

6.3.2.3 丁苯橡胶的卤化改性

经氯化、溴化等卤化反应后，可以消除掉丁苯橡胶分子结构中部分的不饱和双键，从而提高了丁苯橡胶的黏合性、耐磨性、耐老化性、耐腐蚀性、防水性、阻燃性等。例如，氯含量 15%～30%的氯化丁苯橡胶，其耐热氧老化性和耐油性都优于氯丁橡胶，很适合作为油封材料。但卤化丁苯橡胶较少作为主要的胶料成分使用，一般作为汽车轮胎、胶带、胶管等的黏合剂及其共混胶料的增容改性。

6.3.2.4 丁苯橡胶的环氧化改性

环氧化天然橡胶已经成为改性天然橡胶中一个重要的品种，在许多场合得以应用。而对环氧化丁苯橡胶的研究和开发都相对较少。但其实环氧化丁苯橡胶由于在化学结构中引入了环氧基团，从而具有了很多新的特性。丁苯橡胶的环氧化一般在相转移催化剂和有机酸存在的条件下，在其溶液中通入过氧化氢原位生成过酸，再在环己烷中进行环氧化反应。环氧化工艺相对成熟有效，经改性后的丁苯橡胶的耐油性、抗湿滑性、耐热氧老化性等均有提高。同时，环氧基团的引入也为丁苯橡胶采用共混、填充等方法进一步改性提供了方便。

6.3.3　丁苯橡胶的增强改性

纤维增强的橡胶复合材料具有高强度、高模量、尺寸稳定性好等优良特性，使其在结构材料中有广泛用途。玻璃纤维、聚酯纤维、尼龙纤维、芳纶纤维等均可与丁苯橡胶复合，融和橡胶的柔性和纤维的刚性，在保持橡胶本身弹性的基础上，对其进行增强改性。而且，由于纤维增强的橡胶复合材料的比强度和比模量较高，使得其自振频率（自振频率与比模量的平方根成正比）较高，不易发生共振。纤维和橡胶形成的非均质多相体系，含有大量界面，可以反射和吸收大部分的振动能量。因此，纤维增强橡胶复合材料具有优异的阻尼减震性能，在减震垫片、密封条等对阻尼性能要求较高的制品领域有特殊用途。

6.3.3.1　玻璃纤维增强丁苯橡胶

玻璃纤维是最价廉易得的增强材料，由于其补强效果良好、加工便利，在增强丁苯橡胶方面受到越来越多的重视，特别是短切玻璃纤维增强的丁苯橡胶已经实现了商品化。

玻璃纤维的脆性较高，与橡胶之间弹性模量相差很大，从而导致纤维与橡胶基体不能很好地黏结，大大限制了其补强效果的发挥。可以对玻璃纤维表面进行有机化处理，来改善玻璃纤维与橡胶基体之间的黏结性能。但由于玻璃纤维增强复合材料的研发重点集中在塑料领域，因此，针对聚乙烯、聚丙烯等塑料制品有专门的商品化玻璃纤维，却还没有针对橡胶的专用玻璃纤维。

为了改善玻璃纤维与橡胶之间的界面性质，更好起到补强作用，也可以在玻璃纤维增强的丁苯橡胶复合材料中加入适量的塑料，作为橡胶与玻璃纤维的过渡层，起到类似于添加型增容剂的作用。以适用于聚丙烯的无碱玻璃纤维作为丁苯橡胶的增强材料，加入适量的聚丙烯作为"增容剂"后，不仅可以减少玻璃纤维的用量，而且，复合材料的力学性能明显提高。如表 6-6 所示，在玻璃纤维增强丁苯橡胶复合材料中，用 12 份的聚丙烯替换等量的玻璃纤维后，复合材料的硫化时间和磨耗降低，拉伸强度、断裂伸长率等得以提高。

表 6-6　丁苯橡胶/玻璃纤维复合材料与丁苯橡胶/玻璃纤维/聚丙烯复合材料的性能对比

复合材料	丁苯橡胶/玻璃纤维（100/30）	丁苯橡胶/玻璃纤维/聚丙烯（100/18/12）
正硫化时间/min	36	35
拉伸强度/MPa	15.5	26.7
撕裂强度/（kN/m）	36	36
100%定伸应力/MPa	6.2	3.9
300%定伸应力/MPa	11.5	12.3
硬度（邵尔 A 型）/度	70	69
断裂伸长率/%	385	511
磨耗/（cm^3/1.61km）	1.12	0.82

6.3.3.2　尼龙纤维、聚酯纤维增强丁苯橡胶

丁苯橡胶是制造汽车轮胎胎面胶的理想材料，但是其硫化胶在动态环境中使用时的拉伸强度和撕裂强度较低，必须经增强后才能使用。尼龙纤维和聚酯纤维属于有机纤维，与丁苯橡胶的界面黏结性能优于玻璃纤维，即使不经过表面处理也可以显著提高丁苯橡胶的力学性能。尼龙纤维、聚酯纤维增强的丁苯橡胶具有密度低、强度高、模量高的特点，除了汽车轮胎胎面胶外，还可以用于生产胶带、胶管、密封件等橡胶制品。

表 6-7 是尼龙纤维和聚酯纤维增强丁苯橡胶的拉伸强度和模量对比，从中我们可以看出，填充尼龙纤维或聚酯纤维后丁苯橡胶的拉伸强度、撕裂强度和硬度等都大幅提高，尼龙纤维的增强效果略优于聚酯纤维。而且，对于纤维增强复合材料而言，在平行于纤维方向和垂直于纤维方向有不同的性能。纤维在聚合物基体中取向排列而形成的各向异性是纤维增强复合材料的独特之处，从表 6-7 中可见，平行于纤维方向上复合材料的拉伸强度、撕裂强度和硬度等都优于垂直方向。

表 6-7 丁苯橡胶/尼龙纤维复合材料与丁苯橡胶/聚酯纤维的性能对比

纤维含量/%（质量分数）	0	尼龙纤维		聚酯纤维	
		20	40	20	40
拉伸强度/MPa					
平行	12.84	15.62	17.36	10.44	14.93
垂直	12.84	8.58	8.43	7.34	6.07
撕裂强度/MPa					
平行	38.95	58.57	85.17	54.64	74.53
垂直	38.95	55.36	64.84	49.01	59.97
硬度（邵尔 A 型）/度					
平行	63	84	88	87	91
垂直	63	83	86	85	88
断裂伸长率/%					
平行	594	63	44	41	30
垂直	594	132	114	377	222

6.3.3.3 芳纶纤维增强丁苯橡胶

芳纶纤维既具有无机纤维较高的物理机械性能，又具有有机纤维良好的加工性能，是丁苯橡胶理想的增强材料之一。但是，芳纶纤维的化学惰性很强，未经表面处理的芳纶纤维与丁苯橡胶的界面黏结力较弱。可以通过化学试剂、辐射、等离子体等方法对其先进行表面预处理，在表面形成一些活性基团，如羧基、羟基、羰基、氨基等。经表面处理后的芳纶纤维具有很好的补强效果，与丁苯橡胶复合后可获得具有优异耐热性、耐腐蚀性、耐疲劳性、尺寸稳定性的材料。而且，芳纶纤维可以降低丁苯橡胶的损耗因子，减少材料在动态环境中产生大量的热，从而在很大程度上阻止了材料在使用过程中性能下降甚至破坏。

6.3.4 丁苯橡胶的填充改性

丁苯橡胶制品配方中往往有大量的填充材料，有些填充材料对丁苯橡胶有提高力学性能、改善加工性能等改性作用，也有些填充材料在丁苯橡胶胶料中仅起到增加体积、降低成本的作用。

6.3.4.1 丁苯橡胶充油

丁苯橡胶的主要用途是用于生产汽车轮胎，随着汽车工业的发展，对高性能轮胎的需求日益扩大。因此，在丁苯橡胶原有较好的物理机械性能和耐磨性能的基础上，对其低温性能、动态力学性能、抗湿滑性能等都提出了更高的要求，充油丁苯橡胶也就应运而生。充油丁苯橡胶最早是 1951 年在美国实现工业化生产，目前已占到乳聚丁苯橡胶总产量的 60% 以上，成为丁苯橡胶最主要的商业化品种。

用于丁苯橡胶的填充油主要有高芳香烃油和环烷烃油两大类。高芳香烃油填充的丁苯橡胶具有较好的加工性能，生产成本较低，并且在耐磨、热老化、压缩生热性能方面还表现出一定的优势，但是高芳香烃油填充的丁苯橡胶胶料颜色较深，只适宜制造黑色橡胶制品，而且普通的高芳香烃油含有致癌性的蒽、菲等稠环芳烃化合物，在很多国家和地区被禁止使用，目前丁苯橡胶生产厂家纷纷采取各种方式对高芳香烃油进行环保处理。环烷烃油填充的丁苯橡胶相容性较好，弹性较高，而且可以用于制造浅色橡胶制品。油品的组成对充油丁苯橡胶的性能有很大影响，要根据实际需要选择适当的填充油。

充油丁苯橡胶一般是在 100 份丁苯橡胶基体中填充 15～50 份（多为 37.5 份）的填充油，再经过凝聚、干燥等工艺制成。充油后的丁苯橡胶耐磨性、耐低温性等都获得了提高，而且，可塑性增强，便于加工。目前，充油丁苯橡胶的 90% 以上用于轮胎行业，用于制造轻型客车、轿车的轮胎胎面和轮胎侧面等，此外，还可以用于制造鞋类、输送带、胶管、电线电缆等橡胶制品。

6.3.4.2　炭黑填充改性丁苯橡胶

丁苯橡胶广泛应用于制造汽车轮胎，除了安全性的考虑以外，好的汽车轮胎还应该具有噪声低、振动小、磨耗少的特点，炭黑填充的丁苯橡胶完全可以满足上述要求。炭黑是橡胶工业中最重要的补强剂，作为传统的纳米填料，炭黑在橡胶增强领域的地位是难以被取代的。在丁苯橡胶中加入炭黑会大大增加丁苯橡胶的模量、拉伸强度、撕裂强度、抗疲劳性及耐磨性等物理机械性能，而且，炭黑本身具有屏蔽光的作用，还能够改善丁苯橡胶的耐紫外线辐射性能。

如表 6-8 和图 6-6 所示，随着炭黑用量的增加，丁苯橡胶的拉伸强度、硬度逐渐增加，而磨耗逐渐减少。炭黑在对丁苯橡胶增强的同时还提高了它的耐磨性能。

表 6-8　炭黑用量对丁苯橡胶硫化胶拉伸强度和硬度的影响

炭黑用量/份	10	20	30	40	50	60	70
拉伸强度/MPa							
溶聚丁苯橡胶	3.7	9.7	16.4	22.1	23.1	23.8	25.0
乳聚丁苯橡胶	6.6	16.9	24.2	24.3	24.6	24.6	25.3
硬度（邵尔 A 型）/度							
溶聚丁苯橡胶	51	57	61	67	71	76	81
乳聚丁苯橡胶	52	57	62	68	73	76	83

6.3.4.3　白炭黑填充改性丁苯橡胶

白炭黑也是橡胶工业中一种重要的补强填充材料，在生产浅色橡胶制品中有重要应用。然而，白炭黑表面有很多的硅羟基，属极性无机填料，很难在丁苯橡胶中较好地分散。而且，与炭黑相比，白炭黑的加工性能较差，还会影响橡胶的硫化速率。将未经处理的白炭黑直接填充入丁苯橡胶中容易发生团聚，降低其补强效果。因此，必须选择合适的工艺技术，才能充分发挥白炭黑的优势。

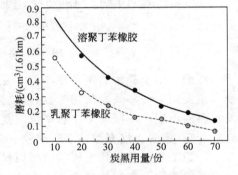

图 6-6　炭黑用量对丁苯橡胶磨耗的影响

通常采用硅烷偶联剂（硫基硅烷、四硫硅烷和偶氮硅烷等）与白炭黑共同使用，最有效的是硫基丙基三甲氧基硅烷类偶联剂。例如，双（3-三乙氧甲硅基丙基）四硫化物（TESPT）可以很好地提高白炭黑在丁苯橡胶中的的分散程度及白炭黑与丁苯橡胶间的界面结合能力。

与传统炭黑增强的丁苯橡胶相比，硅烷偶联剂处理过的白炭黑增强的丁苯橡胶具有良好的抗湿滑性、优异的耐磨性和较低的滚动阻力，同时耐撕裂性、耐老化性和黏合性等综合性能突出，从而使白炭黑增强的丁苯橡胶轮胎安全性高，使用寿命长，并且兼具环保性和舒适性。

6.3.4.4 晶须填充改性丁苯橡胶

晶须是在人工控制条件下以高纯度单晶形式生长成的一种短纤维，其长径比大于 10，具有高度取向结构，晶格缺陷很少。最早发现的是碳化硅晶须，现在金属、氧化物、碳化物、卤化物、氮化物、石墨和高分子化合物等都可以用来制造晶须。晶须具有很高的强度和模量，可作为聚合物的增强体，其增强效果远高于其它的短切纤维和粉体增强材料。将硅镁钙晶须填充丁苯橡胶，与白炭黑、纳米碳酸钙填充的丁苯橡胶进行比较（图 6-7）发现，硅镁钙晶须填充丁苯橡胶的硬度、拉伸强度、断裂伸长率、定伸应力等力学性能明显优于碳酸钙，低于白炭黑，对丁苯橡胶有较好的增强效果。

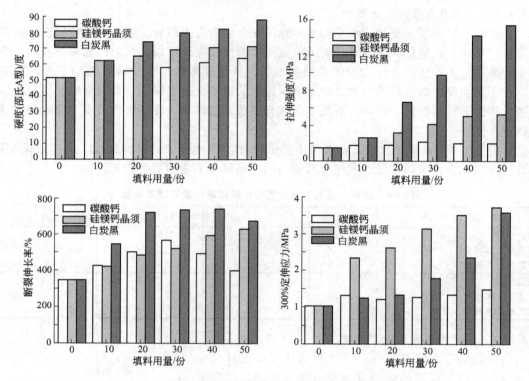

图 6-7 填料用量对丁苯橡胶性能的影响

然而，由于晶须的生产成本高、制造工艺复杂，大大限制了其推广应用，目前尚未普及，主要用于一些高端的功能复合材料。但随着晶须制造工艺的不断成熟，硅灰石等低价晶须材料的出现，使得晶须增强聚合物复合材料受到了很大的关注。

6.3.4.5 蒙脱土填充改性丁苯橡胶

作为丁苯橡胶制品主要的增强填料，炭黑和白炭黑具有无可比拟的优势。但是，炭黑的加工污染严重，来源依赖于石油工业，制品的颜色单一；而白炭黑填充胶料的加工性能较差，混炼时间长，加工能耗高。这些缺点使得炭黑和白炭黑在一些应用领域有所限制，而且，炭黑和白炭黑填充的丁苯橡胶在阻燃性、耐气体和溶剂渗透性等方面有欠缺。因此，寻找一种资源丰富、加工处理简便、增强效果良好的新型增强材料变得十分重要，蒙脱土由于其优异的综合性能进入人们的视野。

例如，以十八烷基三甲基溴化铵为插层处理剂改性的有机化蒙脱土与丁苯橡胶在开炼机上经熔融共混制得的丁苯橡胶/蒙脱土复合材料，其硬度、拉伸强度和 300% 定伸应力与相同含量的炭黑填充丁苯橡胶相当，而断裂伸长率则比炭黑填充丁苯橡胶高得多（表 6-9）。

有机化处理后的蒙脱土以剥离片层的形式均匀地分散在丁苯橡胶基体中，由于其显著的纳米效应，大大增强了无机蒙脱土与橡胶之间的界面，将蒙脱土的刚性、耐热性、尺寸稳定性与丁苯橡胶的弹性、耐磨性、耐老化性相结合，还可以在一定程度上起到催化硫化反应的作用，加快了硫化过程。

表 6-9　蒙脱土填充丁苯橡胶与炭黑填充丁苯橡胶力学性能对比

填充材料 （填充量均为 20%）	硬度 （邵尔 A 型）/度	300% 定伸应力 /MPa	拉伸强度 /MPa	断裂伸长率 /%
有机化蒙脱土	57	2.60	10.12	667
炭黑	56	2.66	10.34	500

6.3.4.6　淀粉填充改性丁苯橡胶

淀粉是一种植物中广泛存在的葡萄糖高聚体，可以从玉米、甘薯、野生橡子和葛根等植物中提取。淀粉不仅是重要的食品工业原料，在替代炭黑和白炭黑作为橡胶制品填充剂方面也有很大的作用。与传统橡胶制品的补强剂相比，淀粉资源丰富、成本低廉、简单易得，生产过程摒弃了繁杂的工艺，节约了大量的能源和资源，而且还有无污染及可生物降解的突出优点，是理想的绿色环保填充材料。

但是，淀粉是多羟基聚合物，具有很强的亲水性，其分子间又有很强的氢键作用，使得淀粉在橡胶中很难分散，界面结合力较低。为使淀粉可以均匀地分散在橡胶基体中，并形成较强的黏着力，需要对淀粉进行改性处理。处理方法主要有两种，一种方法是在淀粉填充的橡胶体系中加入偶联剂或交联剂，另一种则是在引发剂作用下，将一些有机单体（例如，甲基丙烯酸甲酯、马来酸酐、苯乙烯等）接枝到淀粉分子链上。

改性淀粉的质量轻，分散性好，与橡胶的结合力好，填充到橡胶中使胶料具有低的滚动阻力和生热，作为轮胎材料可以很好地改善黏弹滞后效果、降低驱动能量和提高抗湿滑性。例如采用固相法在淀粉分子上接枝上马来酸酐、甲基丙烯酸甲酯和丙烯酸丁酯三种单体，然后将改性淀粉与丁苯橡胶进行混炼，通过动态力学测试（DMA）发现（表 6-10），丁苯橡胶/改性淀粉复合材料的动态损耗正切（$\tan\delta$）较高。0℃的 $\tan\delta$ 反映了橡胶材料在滚动过程中的湿抓着性能，而 60℃的 $\tan\delta$ 则反映了橡胶材料滚动过程中的损耗，这说明接枝改性后，淀粉与丁苯橡胶的界面增强，抗湿滑性得到改善，摩擦损耗有所增加。而且，改性淀粉的加入还可以提高丁苯橡胶的硫化速率，加之生产和使用过程中二氧化碳排放量低、能耗少，改性淀粉填充的橡胶是制备绿色轮胎的理想材料。

表 6-10　丁苯橡胶/改性淀粉复合材料的 DMA 测试结果

样品	0℃ 的 $\tan\delta$	60℃ 的 $\tan\delta$
丁苯橡胶	0.196	0.054
丁苯橡胶/淀粉（100/20）	0.194	0.048
丁苯橡胶/改性淀粉（100/20）	0.213	0.076

6.3.5　丁苯橡胶的共混改性

作为重要的通用合成橡胶，人们一方面寄希望于改性丁苯橡胶缓解天然橡胶的不足，另一方面也希望发挥丁苯橡胶产量大、技术成熟、成本低的特点，通过改性技术使其部分替代乙丙橡胶、丁基橡胶等。通过与各种塑料、橡胶的共混，可以较好地实现性能互补，达到上述目的。

6.3.5.1　丁苯橡胶与聚乙烯、聚丙烯的共混

采用机械共混和动态硫化技术制备的丁苯橡胶与 PP（或 PE）的共混物，是 20 世纪 90

年代开发出的一种全新的热塑性弹性体（TPSBR）。TPSBR 的制备简单、成本较低，可以部分取代热塑性乙丙橡胶弹性体，广泛用于生产汽车配件、电线电缆护套及铁道轨枕等制品。例如，美国 Monsanto 公司生产的商品名为 Unyran 的热塑性弹性体即为丁苯橡胶与 PP 的共混物，其成本比热塑性乙丙橡胶弹性体降低 20%～25%。

6.3.5.2 丁苯橡胶与聚氯乙烯的共混

丁苯橡胶与 PVC 的溶解度参数和极性相差悬殊，二者简单共混后热力学和工艺学都不能相容，缺乏实用意义，也无法实现共硫化。通常在丁苯橡胶/PVC 共混体系中适当加入一些增容剂来改善这种情况。丁腈橡胶、乙烯-醋酸乙烯共聚物、氯化聚乙烯等都可以用于增容丁苯橡胶/PVC 共混体系。表 6-11 列出了一些增容剂对丁苯橡胶/PVC 共混物性能的影响。从中可以看出，加入增容剂后丁苯橡胶/PVC 共混物的硬度基本不变，但拉伸强度、断裂伸长率、撕裂强度、永久变形等性能参数都大大改善，显示出了不同程度的增容作用。而且，增容剂在丁苯橡胶与 PVC 之间起到连接作用，增强了两相界面，改善了丁苯橡胶/PVC 共混物的共硫化性能。

表 6-11　各种增容剂对丁苯橡胶/PVC 共混物性能的影响

增容剂	硬度 （邵尔 A 型）/度	拉伸强度 /MPa	断裂伸长率 /%	撕裂强度 /(kN/m)	永久变形率 /%
无	75	7.7	170	21.9	7
氯化聚乙烯	75	10.2	240	32.9	24
粉末丁腈橡胶	75	11.9	275	44.1	30
丁腈橡胶	75	12.0	260	25.9	23
乙烯-醋酸乙烯共聚物	70	8.7	240	29.8	24

注：丁苯橡胶/PVC/增容剂为 100/15/5（质量比）。

6.3.5.3 丁苯橡胶与天然橡胶的共混

丁苯橡胶与天然橡胶的共混胶主要用于生产轮胎的胎面胶，与纯天然橡胶制备的胎面胶相比，丁苯橡胶/天然橡胶共混胶的耐磨性能、抗湿滑性能更好。而与纯丁苯橡胶制备的胎面胶相比，它又具有更好的加工性和回弹性。因此，实际生活中使用的汽车轮胎原料多为丁苯橡胶与天然橡胶两两共混。

表 6-12 列出了乳聚丁苯橡胶和溶聚丁苯橡胶与天然橡胶共混胶的动态力学性能。从中可看出，溶聚丁苯橡胶在 0℃和 60℃的 tanδ 比乳聚丁苯橡胶要低，说明溶聚丁苯橡胶/天然橡胶共混胶的抗湿滑性不如乳聚丁苯橡胶/天然橡胶共混胶，但溶聚丁苯橡胶/天然橡胶共混胶在滚动过程中的生热低于乳聚丁苯橡胶/天然橡胶共混胶，摩擦损耗较低，耐磨性较好，可用于制造节能轮胎。

表 6-12　丁苯橡胶/天然橡胶复合材料的 DMA 测试结果

样　　品	0℃的 tanδ	60℃的 tanδ
乳聚丁苯橡胶/天然橡胶共混胶	0.2639	0.2378
溶聚丁苯橡胶/天然橡胶共混胶	0.2142	0.2162

6.3.5.4 丁苯橡胶与硅橡胶的共混

硅橡胶作为高性能和多功能的特种合成橡胶，可以赋予丁苯橡胶更优异的性能，扩大其在高端橡胶制品行业的应用。但是，丁苯橡胶属于不饱和橡胶，硅橡胶则属于饱和橡胶，两者共混胶的硫化性能不佳，在低含量硅橡胶的共混体系中可以使用硫黄作为硫化剂，但是如果硅橡胶的含量较高，单纯使用硫黄其焦烧时间和正硫化时间都较长，采用过氧化物或硫黄与过氧化物并用体系更为合适。硅橡胶的大分子主链是由硅、氧原子交替形成的，丁苯橡胶/硅橡胶共混胶适合采用白炭黑作为补强材料。

　　硅橡胶可以改善丁苯橡胶的弹性、耐低温性、耐水性、耐候性和耐磨性，并能延长丁苯橡胶制品的使用寿命，扩大其使用温度和湿度范围。但是丁苯橡胶/硅橡胶共混胶中硅橡胶的使用量不能过多，否则两相体系均匀性太差，反而会造成力学性能和硫化性能的恶化，同时也增加了共混胶的成本。通常丁苯橡胶/硅橡胶（80/20）的共混胶具有最好的机械性能和耐磨性。

6.3.5.5　丁苯橡胶与丁腈橡胶的共混

　　丁腈橡胶与丁苯橡胶热力学不相容，但是共混过程中的相容程度很高，两者并用对胶料的力学性能、硫化性能、加工性能等没有不利影响。丁腈橡胶作为特种合成橡胶，耐油性、耐磨性和耐热性极好，黏合力较强，通过共混可以改善丁苯橡胶的物理机械性能和抗腐蚀性等，可以将丁苯橡胶的应用领域扩大到部分耐油和耐腐蚀性场合。不过，丁腈橡胶在丁苯橡胶改性中较多的是作为增容剂使用，例如，丁腈橡胶是丁苯橡胶与 PVC 制备热塑性弹性体时非常合适的增容剂。

　　丁腈橡胶的价格较贵，与适量丁苯橡胶共混可以降低胶料成本，所以，更多的是将丁苯橡胶用于丁腈橡胶的共混改性，平衡价格的同时，还可以适当改善丁腈橡胶的弹性与耐低温性能。

6.3.6　应用举例

6.3.6.1　建筑防水片材

　　建筑物的防水处理直接关系其安全性和使用寿命，在防水处理时需要使用大量的防水片材。高分子聚合物被广泛用来制作建筑防水片材，三元乙丙橡胶、聚氯乙烯、氯磺化聚乙烯等都是常用的聚合物。图 6-8 为建筑用防水片材。

图 6-8　建筑用防水片材

　　丁苯橡胶/氯化聚乙烯共混物具有丁苯橡胶较好的弹性和较高的延展性，还具有氯化聚乙烯优良的耐候性、耐热性、耐油性和高强度，采用丁苯橡胶与氯化聚乙烯共混制备的新型防水片材综合性能优异。而且，聚氯乙烯较高的极性使丁苯橡胶/氯化聚乙烯共混物与各种无机填料具有很好的黏结性，通过填充轻质碳酸钙和滑石粉等可以保证片材的尺寸稳定性，延长使用寿命，特别适用于地下和厨卫的防水处理。

6.3.6.2　橡胶鞋底

　　热塑性丁苯橡胶，即苯乙烯-丁二烯-苯乙烯嵌段共聚物（SBS），作为丁苯橡胶中的特殊品种兼具塑料和橡胶的优点，不需要经过硫化处理，成型加工简单，已被大量应用于日常用品的制作中，如橡胶鞋底（图 6-9）。SBS 并不是制作橡胶鞋底的理想材料，但是通过与增

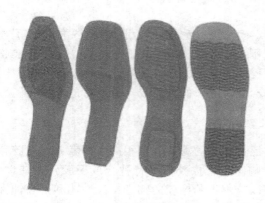
图 6-9　橡胶鞋底

图 6-10　橡胶钢板衬套

强材料、增量材料和共混材料的配合，可以用于制作美观舒适的橡胶鞋底，已经应用于高档鞋底材料的生产。

SBS 分子结构中的不饱和双键使其耐油和耐溶剂性能不佳，采用它做的鞋底不能达到劳动防护的作用。而且，SBS 的耐高温性和耐候性也不好，采用它做的鞋底不宜在阳光下暴晒，也不宜用于剧烈运动中。通过氢化 SBS 可以使其分子链饱和，或与 PE、PP 等饱和聚烯烃弹性体共混，可以克服上述缺点。另外，SBS 中可以大量填充无机矿物进行增强和改善耐磨性，还可以填充大量有机油，在降低其生产成本的同时，软化胶料，提高其舒适度。与传统的软质 PVC 和天然橡胶鞋底相比，SBS 的质量更轻，脚感、防滑性和耐低温性能更好，而且可以制成各种颜色、甚至半透明的鞋底。

6.3.6.3　橡胶钢板衬套

钢板衬套是装配于汽车底座钢板与钢板轴之间的部件，可以起到缓冲、减震的作用，对于延长汽车大梁和钢板的寿命、减少汽车行驶过程中的冲击破坏至关重要。钢板衬套的基体材料要求具有较好的疲劳强度和承载能力、较高抗冲击能力、优异的耐腐蚀性，以前大多数橡胶钢板衬套是以天然橡胶作为主要胶料，现在已部分由丁苯橡胶/天然橡胶共混物替代（图 6-10）。

在丁苯橡胶/天然橡胶（70/30）共混物中填充 50% 以上炭黑和碳酸钙作为增强材料，以硫黄作为硫化剂，通过塑炼、开炼、硫化等工艺过程可以制得性能优异的橡胶钢板衬套，其硬度大于 65 度，断裂伸长率大于 350%，断裂永久变形小于 30%，完全符合汽车橡胶配件的相关标准。

6.4　顺丁橡胶的改性

6.4.1　顺丁橡胶的性能特点

顺丁橡胶（*cis*-1,4-polybutadiene rubber，BR）是顺式 1,4-聚丁二烯橡胶的简称，是以溶液聚合法或乳液聚合法制得的结构规整的丁二烯单体聚合物。顺丁橡胶是分子式为 $(C_4H_6)_n$ 的多组分混合物，通常顺式 1,4-聚丁二烯含量大于 96% 的称为高顺式结构顺丁橡胶，含量在 90% 左右的称为中顺式结构顺丁橡胶，含量在 35% 左右的称为低顺式结构顺丁橡胶。

顺丁橡胶的弹性优异，是通用橡胶中弹性最好的胶种，它的玻璃化温度较低，耐寒性突出，而且摩擦生热量低，损耗小，耐磨性远优于天然橡胶和丁苯橡胶。因此，顺丁橡胶特别适于制造汽车轮胎、各种缓冲材料及低温环境使用的橡胶制品。但是，顺丁橡胶的机械性能一般，撕裂强度较低，容易发生折裂和破碎，它的加工性能较差，塑炼效果不佳，黏合性较差。

20 世纪 80 年代意大利 Enichem 公司和德国 Bayer 公司先后推出了新型的钕系顺丁橡胶，它具有更高的顺式 1,4-聚丁二烯结构和更低的支化度，因此，物理机械性能、耐油性、耐磨性等都优于传统锂系、钴系、镍系催化的顺丁橡胶。但在我国国产的镍系顺丁橡胶产量高、成本低，钕系顺丁橡胶技术又不成熟，短时间内难以实现钕系顺丁橡胶的大范围推广应用。因此，针对顺丁橡胶低成本、高性能、多功能的研发工作仍很热门，通过各种改性方法改变顺丁橡胶的相态、结构、组成，进而影响其宏观性能的研究不断深入。

6.4.2　顺丁橡胶的化学改性

对顺丁橡胶的化学改性远不如对天然橡胶和丁苯橡胶那么深入，而且，对顺丁橡胶催化体系的研究也比采用化学改性法调整顺丁橡胶结构和组成更热门。类似环氧化、卤化、端基改性等技术更多的还是在实验研究中，应用推广较少。

6.4.2.1　顺丁橡胶的环氧化改性

环氧化顺丁橡胶（EBR）分子结构中带有极性很强的环氧基团，它的强极性增加了分子间作用力，导致分子刚性提高，热运动减缓，从而降低了油、溶剂、气体等的扩散速率，从而提高了顺丁橡胶的耐油性、耐非极性溶剂性和耐气体渗透性，扩大了顺丁橡胶在密封材料中的应用。从表 6-13 可以看出，环氧化顺丁橡胶在各种油中都表现出较好的耐油性，明显优于顺丁橡胶，而且，随着环氧化程度的增加，耐油性越来越好。环氧化改性同时也大大改善了顺丁橡胶的气密性（表 6-14），随环氧化程度的提高，透气性下降，环氧值为 28% 的顺丁橡胶其气密性接近丁基橡胶（IIR）。

表 6-13　顺丁橡胶耐油性比较

样　　品	加氢汽油	航空煤油	润滑油
BR	100	100	100
EBR(环氧值 11%)	37.2	48.1	24.3
EBR(环氧值 20%)	0.14	16.4	0.035
EBR(环氧值 28%)	−0.01	0.04	−0.017
EBR(环氧值 32%)	−0.002	0.003	−0.02

注：耐油性为不同环氧值的 EBR 与 BR 在不同油中浸泡后体积变化之比。

表 6-14　不同橡胶透气性比较

样　　品	BR	EBR 环氧值 22%	EBR 环氧值 28%	IIR
透气系数/[m²/(s·Pa)]	8.53×10^{-17}	6.30×10^{-18}	2.06×10^{-18}	1.18×10^{-18}

6.4.2.2　顺丁橡胶的氯化改性

氯化顺丁橡胶（CBR）是一种新型的改性橡胶，在日本和俄罗斯等地已投入使用，而在我国应用较少。顺丁橡胶的氯化可以用氯气直接与聚丁二烯反应，在碳-碳双键上进行加成，或采用亲电-亲核氯化体系，在聚丁二烯的分子链上导入氯原子。

氯化后顺丁橡胶中不饱和双键减少，氯含量增加，因此耐热性、耐老化性、耐油性等都有了较大改善。氯化顺丁橡胶的极限氧指数高于 27%，自熄性较好，属于难燃聚合物。其拉伸强度、撕裂强度、断裂伸长率、硬度等都比顺丁橡胶有了大幅提高，而且氯含量越高，这些性能也越好。但是，氯化顺丁橡胶的硫化速率慢、焦烧时间长，不太适宜采用硫黄进行硫化，可用 Mg、Zn 等的金属氧化物进行硫化交联。氯化顺丁橡胶可用于连续高温或高速的工作环境，特别适合制作赛车、跑车等的高速轮胎胎面胶。

6.4.2.3 顺丁橡胶的端基改性

端基改性技术与我们常说的接枝改性技术相似，进行端基改性的聚合物则带有活性端基，通过在活性端基接上具有特定作用的官能团或链段。钴系、镍系顺丁橡胶的大分子链不具有活性端基，而锂系、钕系顺丁橡胶则具有活性端基，可以再次加入单体进行聚合，从而在大分子链端接上需要的基团或链段，实现对其化学改性。

例如，在钕系顺丁橡胶端基接上二苯基甲烷二异氰酸酯、氯代三氮杂苯、苯基酰氯等多官能团化合物，可以显著改善其耐磨性能，拉伸性能也有所提高；在钕系顺丁橡胶端基接上N-取代氨基类化合物，可以有效对其增强，并改善回弹性、耐疲劳性及耐寒性；钕系顺丁橡胶端基接上羧酸酯、碳酸酯等酯类化合物，则可以改善其加工性能，提高顺丁橡胶与其它橡胶或填料的混容性；等等。

6.4.3 顺丁橡胶的共混改性

顺丁橡胶本身较差的物理机械性能使其难以承受外界的应力作用，因此，顺丁橡胶很少单独使用，多作为共混材料中的分散相或含量不高的基体相。顺丁橡胶优异的弹性和耐寒性使其成为许多聚合物（氯丁橡胶、异戊橡胶、硅橡胶等）的改性剂，以提高共混胶的柔韧性和回弹性，并扩大其在低温场合的应用。目前，顺丁橡胶与聚烯烃共混得到的热塑性弹性体，顺丁橡胶与天然橡胶或丁苯橡胶制得的掺混胶都以其优异的性能已被广泛接受，应用于汽车轮胎胎面胶、胎侧胶、垫带、胶管、运输带等领域，可以节约天然橡胶，改善橡胶制品的性能和外观。

6.4.3.1 顺丁橡胶与聚乙烯的共混体系

顺丁橡胶的撕裂强度较低、加工性能不佳，通过与聚乙烯的共混可以改善加工性能，提高力学性能，降低生产成本，并具有较好的外观手感。在前面我们已经介绍过，动态硫化技术的出现，使得橡塑共混材料的性能有了明显提高，加工及硫化工艺也变得简单。最早是A. Y. Coran 等人以间亚苯基双马来酸亚胺为交联剂，制备了顺丁橡胶与聚乙烯的热塑性弹性体。后来采用动态硫化工艺，以硫黄（用量 1.2～1.6 份）为硫化交联剂，也可以制备顺丁橡胶与聚乙烯的热塑性弹性体，其中 BR/HDPE 为 60/40 和 70/30 是最常用的原料配比。HDPE 的加入不仅提高了顺丁橡胶的撕裂强度和硬度，还可以延长硫化胶的使用寿命。

同时，在聚乙烯共混改性中加入适量的顺丁橡胶可以提高聚乙烯耐环境应力开裂的性能，用于管材、中空容器等的生产。

6.4.3.2 顺丁橡胶与天然橡胶的共混体系

顺丁橡胶的弹性好、滞后损失小、摩擦生热低、填充性好、成本低，适用于生产汽车轮胎。但顺丁橡胶在撕裂强度、加工性能和抗湿滑性上的不足，使其不能单独用于轮胎的制造，必须与其它橡胶共混，并填充适量补强剂。顺丁橡胶与天然橡胶或丁苯橡胶共混，用炭黑进行补强，硫黄进行硫化制得的共混硫化胶已在轮胎胎面胶、胎侧胶材料中有广泛应用。目前，对顺丁橡胶/天然橡胶共混胶的研究主要集中在增强材料和硫化方法的选择。

除了传统的炭黑、白炭黑增强外，为使顺丁橡胶/天然橡胶共混胶料可以有更为广泛的应用，蒙脱土（MMT）成为生产高性能、绿色环保共混胶料的重要增强材料。有研究发现，采用机械混炼法可以制备出剥离型的 BR/NR/MMT 纳米复合材料。纳米复合使 BR/NR 共混胶的力学性能、耐溶剂性、耐磨性等都有了显著改善（表 6-15）。

另外，作为新兴的交联方法，辐射交联在电线电缆的交联中已有工业化应用。辐射交联不必使用硫黄和过氧化物，也避免了选择硫化促进剂的麻烦，而且，对实现橡胶制品生产的自动化、机械化、连续化具有重要意义。经辐射交联的 BR/NR 共混胶其力学性能优于硫黄

表 6-15 蒙脱土改性 BR/NR(50/50) 共混胶的力学性能和耐磨性

MMT 含量 /%(质量分数)	拉伸强度 /MPa	撕裂强度 /(kN/m)	断裂伸长率 /%	磨耗体积 /(cm³/1.61km)
0	6.02	17.55	706	0.72
2	7.89	20.13	559	0.55
4	9.87	26.34	553	0.20
6	11.72	26.75	579	0.34
8	14.07	28.79	602	0.39

硫化体系，特别是撕裂强度可提高 1.8 倍以上。而且，辐射交联 BR/NR 共混胶的耐老化性能优异，经 168h 的老化处理后，各项物理机械性能都没有较大波动。

6.4.3.3 顺丁橡胶与丁苯橡胶的共混体系

顺丁橡胶与丁苯橡胶共混，可以保持顺丁橡胶优异的弹性、耐寒性和耐磨性，同时又改善了顺丁橡胶较差的机械性能、耐老化性和气密性等。顺丁橡胶和丁苯橡胶都是通用合成橡胶，聚合工艺成熟，产品供应充足，材料价格低廉，很适合作为普通橡胶制品的原材料。而且，两者都可以大量充油，充油后材料物理性能变化不大，却可以大大改善共混胶的加工工艺和降低生产成本。顺丁橡胶与丁苯橡胶（多按照 60/40 或 50/50 的共混质量比）填充 60～75 份炭黑，以硫黄/促进剂进行硫化后的硫化胶很适合作为轿车的车胎材料。

如果采用充油顺丁橡胶，则可以将共混比提高到 40/60，甚至 30/70，大大减少了顺丁橡胶的使用量，同时仍可保持较好的物理机械性能和优异的加工硫化性能。而且，由于顺丁橡胶较低机械强度造成的花纹沟龟裂、刀槽花纹崩花、胎面崩花等现象基本消失，轮胎使用寿命大大延长。

6.4.4 应用举例

6.4.4.1 汽车轮胎帘布层胶料

图 6-11 是汽车轮胎结构。我们通常看到的汽车轮胎上的其它橡胶部件主要都是起到组合、密封、缓冲、防磨等作用，真正承受车辆荷载的是帘布层。帘布层是充气汽车轮胎的骨架结构，是轮胎的主要受力部件，其各层边缘都包在钢丝圈上，用于承受了作用于轮胎上的充气压力和大部分负荷。

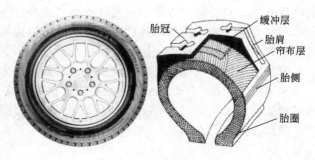

图 6-11 汽车轮胎结构

用于帘布层的胶料应该具有耐疲劳性好、与橡胶的黏着力强、摩擦损耗小、耐热老化性优的特点。顺丁橡胶与天然橡胶、丁苯橡胶的三元共混胶经炭黑填充，硫黄硫化后很适合作为汽车轮胎帘布层的胶料，其耐疲劳性能好，拉伸 200% 的疲劳寿命最高可达 5000 次，回弹值达到 50%，永久变形小，可较好地防止汽车轮胎充气后的膨胀变形，保护轮胎免受机械损伤。如果将传统的镍系催化顺丁橡胶替换为新型的钕系顺丁橡胶，拉伸 200% 的疲劳寿命可达 8000 多次，回弹值也可达到 60% 以上，可以更好地减少摩擦损耗和耐疲劳性。

6.4.4.2 普通橡胶运输带

普通的橡胶运输带多采用天然橡胶为主要原料，随着天然橡胶资源日益紧张，采用合成橡胶替代或部分替代天然橡胶成为不可避免的趋势。BR/NR/LDPE（40/35/25）共混胶经密炼机或挤出机塑炼，热贴合法成型，再以硫黄作为硫化剂进行硫化交联即可获得外观质量良好的橡胶运输带。与天然橡胶为主料的运输带相比，BR/NR/LDPE 共混胶节约了天然橡胶资源，含胶量降低 10％左右。共混胶保持了顺丁橡胶优异的弹性、耐磨性和耐寒性，又克服了顺丁橡胶加工性能差、黏合力低的缺点，使用寿命提高了 30％，运输带尺寸稳定性较高，不容易发生脱胶、掉边和破碎现象。低成本聚乙烯的加入在改善共混胶力学性能和加工性能的同时，还可降低 5％～10％的生产成本。

6.4.4.3　铁路轨枕橡胶垫

铁路轨枕橡胶垫是钢轨和轨枕（枕木）之间的橡胶垫板，在列车经过时可以适当变形以缓冲高速振动和冲击，保护路基和轨枕。特别是在我国，由于木材资源较缺乏，价格贵，主要的铁路干线上的轨枕都不是木材而是混凝土。相较于木材，混凝土轨枕的弹性较差，下面的轨枕垫需要起到更好的缓冲作用。因此，要求轨枕垫所使用的材料必须具有优异的柔韧性和回弹性来缓冲压力，并在列车过去后尽快恢复原状。顺丁橡胶作为通用橡胶中弹性最好的胶种，当然成为制作轨枕垫最理想的材料之一。图 6-12 为橡胶轨枕垫。

图 6-12　橡胶轨枕垫

但是，顺丁橡胶的撕裂强度较低，容易发生折裂和破碎，需与其它橡胶材料共混以改善其机械性能，延长使用寿命。橡胶轨枕垫长期暴露于大气中，对其耐寒性和耐自然老化性等也有严格要求。顺丁橡胶卓越的耐寒性完全可以应用于寒冷地区或低温季节。而丁苯橡胶则具有很好的耐自然老化性，同时可以提高顺丁橡胶的撕裂强度，并且材料成本不高。而且，丁苯橡胶突出的介电性能可以使轨枕垫具有较好的电绝缘性，从而保护了信号系统。

采用顺丁橡胶/丁苯橡胶共混胶制备的铁路轨枕橡胶垫能有效提高钢轨的平稳性，减少路基承受的动态负荷与振动，受使用环境温度变化影响小。而且还具有绝缘性好、易于加工、使用方便等优点。

6.5　异戊橡胶的改性

6.5.1　异戊橡胶的性能特点

异戊橡胶（polyisoprene rubber，IR）是由异戊二烯聚合而成的一种橡胶，可以分为顺式 1,4-聚异戊二烯、反式 1,4-聚异戊二烯和 3,4-聚异戊二烯三大类，它们在化学结构上基本相同，但分子排列的空间结构不同。通常所说的异戊橡胶主要是指顺式 1,4-聚异戊二烯，它是异戊橡胶中的应用最广泛的一个胶种。

1954 年美国 Goodrich 化学公司采用齐格勒型催化剂，将异戊二烯立体定向聚合得到异戊橡胶（顺式 1,4-聚异戊二烯结构含量为 92％～97％）。目前，异戊橡胶顺式定向聚合催化体系主要包括钛系、稀土和锂系。异戊橡胶的分子结构和性能与天然橡胶十分相近，又被称为"合成天然橡胶"。与天然橡胶（顺式 1,4-聚异戊二烯结构含量大于 98％）相比，异戊橡胶中顺式 1,4-聚异戊二烯结构含量较低,其耐水性、电绝缘性优于天然橡胶,加工流动性好、塑炼工艺简便、尺寸稳定性好。但由于异戊橡胶的结晶性能和分子量低于天然橡胶,其生胶强度、黏合性、加工性能以及硫化胶的撕裂强度、耐疲劳性等低于天然橡胶。

近些年来,天然橡胶资源的不足给予异戊橡胶广阔的研发和应用空间。异戊橡胶主要代替天然橡胶用于汽车轮胎的生产,现在大多数农用机械、卡车、工程车等的轮胎都是采用异戊橡胶或其共混胶制造。异戊橡胶还可以部分代替天然橡胶用于生产胶管、胶带、黏合剂、胶鞋、医疗器械和电线电缆等。

为使异戊橡胶的性能全面赶上或超过天然橡胶,缓解天然橡胶资源紧张的问题,对异戊橡胶进行物理化学改性十分重要。

6.5.2　异戊橡胶的化学改性

采用化学的方法在异戊橡胶分子链上引入一些基团或链段,可以使异戊橡胶的结构和性能更接近甚至超越天然橡胶。当然最直接的是在异戊橡胶聚合的过程中通过共聚或催化等方法引入基团或链段,但是这种方法流程复杂、费用昂贵,目前还主要处于研究阶段。而在异戊橡胶加工混炼过程中加入一些具有特定基团的化合物、聚合物或改性剂则方便得多,是最常使用的化学改性法。

6.5.2.1　异戊橡胶的环氧化改性

异戊橡胶与天然橡胶一样含有很多的不饱和双键,以有机酸作为催化剂,过氧甲酸、过氧乙酸、过氧化氢等过氧化物作为环氧化试剂,可以发生环氧化反应,合成出环氧化程度不同的环氧化异戊橡胶。在异戊橡胶的大分子链接上环氧基团后,仍然保留了异戊橡胶本身优良的特性,并提高了它的抗湿滑性能、耐油性、气密性等,与丁腈橡胶和丁基橡胶接近,是制造汽车橡胶内胎、外胎的理想材料。而且,由于引入了极性的环氧基团,异戊橡胶与其它极性橡胶的相容性提高,共硫化性能也得以改善,有利于采用共混、填充等方法进一步对异戊橡胶进行改性。

6.5.2.2　异戊橡胶的氯化改性

氯化天然橡胶在黏合剂、涂料、油墨等行业中有广泛用途,但是,氯化天然橡胶是天然橡胶进行化学降解处理后,再经液相催化氯化,需要消耗大量的溶剂,从而提高了成本并造成严重的污染。

以异戊二烯为原料,聚合成低分子量的液态异戊橡胶,再经过精制、氯化、溶剂回收等过程可以生产氯化异戊橡胶。经聚合得到的液态异戊橡胶可以代替化学降解后的天然橡胶,也可以直接作为商品进行销售。这样有利于节约天然橡胶,简化操作工艺,减少溶剂使用量,大大降低了生产成本,具有更高的社会经济效益和发展潜力。

采用这种方法制备的氯化异戊橡胶的氯含量、水分含量、灰分含量、溶解性及黏度等性能参数均可与氯化天然橡胶相媲美。从氯化异戊橡胶的制漆性能(表 6-16)可以看出,其物理机械性能完全可以满足防腐及耐候性涂料的技术要求,可以在一定程度上取代氯化天然橡胶。

表 6-16　氯化异戊橡胶的制漆性能

性能指标	表干	实干	柔韧性	附着力	冲击强度	硬度	外观
测试结果	<0.5h	<24h	1mm	≤2 级	50kg	≥0.4	光亮平整

6.5.2.3　异戊橡胶的共聚改性

将异戊二烯与第二单体、第三单体共聚,可制备出不同大分子链结构的共聚物。根据第二单体和第三单体的不同，共聚弹性体表现出不同的宏观性能。

烯烃类单体，如苯乙烯、丁二烯等，可以与异戊二烯共聚形成嵌段或无规共聚物。例如，异戊二烯与苯乙烯嵌段共聚物的耐磨性和抓地性优异；异戊二烯与苯乙烯、丁二烯的三元共聚物其耐磨性、抗湿滑性等进一步提高，可用于制造高性能轮胎胎面胶。

不饱和羧酸也可以和异戊二烯共聚得到羧基异戊橡胶，例如，顺丁烯二酸酐与异戊二烯的共聚物生胶强度较高，硫化胶耐热性、耐磨性和撕裂强度优异。

丙烯腈可以与异戊二烯共聚，丙烯氰基团赋予胶料较好的阻燃性、耐油性和加工性。共聚过程中加入第三单体，如丙烯酸、马来酸酐等，胶料的弹性、耐老化性提高，可用于制造耐热的油封材料。

6.5.2.4 异戊橡胶的化学改性剂

为使异戊橡胶的性能与天然橡胶更加接近，更大范围地取代天然橡胶，除了常见的环氧化、卤化、氢化以外，人们不断尝试各种方法。大量化合物被作为改性剂，通过接枝、共聚、混炼等方法达到对异戊橡胶化学改性的目的。

亚硝基苯胺类化合物在改性异戊橡胶方面颇有效果。例如，在 130℃ 密炼机中，异戊橡胶中依次加入 N-4-二亚硝基-N-甲基苯胺（DMNA）、炭黑、硫黄进行混炼，得到的氨基异戊橡胶硫化胶强度提高，摩擦损耗降低。但是，亚硝基苯胺类化合物的毒性较大，工业化应用难度较大。此外，间氨基酚类、丙烯酰胺类等化合物也可用于改性异戊橡胶。例如，六亚甲基四胺与苯酚的缩合物与异戊橡胶混炼获得胶料的黏结性能得到很大改善，硫化胶的热稳定性提高。

需要说明的是，相关工作进行了很多，但大多还是停留在科学研究阶段，离工业化还有很大距离。

6.5.3 异戊橡胶的共混改性

作为天然橡胶最好的替代品，异戊橡胶受到了越来越多的注意。人们希望通过简单的方法，改善异戊橡胶的宏观性能，使其接近甚至超越天然橡胶。共混改性在工艺和成本上无疑具有很大优势，通过与合适的其它聚合物的并用，高性能异戊橡胶的研究越来越深入，其使用性能也得到了充分的肯定，应用范围不断扩大，产量和消费量居合成橡胶第三位。

6.5.3.1 异戊橡胶/天然橡胶共混体系

异戊橡胶与天然橡胶从结构和性能上都非常相近，彼此之间具有很好的相容性，很适合采用共混的方法实现性能上的互补。异戊橡胶的耐水性、耐寒性和电绝缘性等优于天然橡胶，但是其生胶的拉伸强度及硫化胶的撕裂强度不如天然橡胶，黏合性也不佳。天然橡胶的加入可以弥补异戊橡胶在拉伸强度和撕裂强度上的不足，改善异戊橡胶室温下的黏结性能，满足了其作为橡胶弹性体的使用要求。异戊橡胶/天然橡胶共混胶的结构规整度没有天然橡胶那么高，与天然橡胶相比不那么容易在低温下结晶，从而使其在低温下尚可保持部分弹性，可以应用于一些要求不太严格的低温制品中。表 6-17 列出了异戊橡胶/天然橡胶共混胶的一些物理机械性能，从中可以看出，共混胶仍具有较高的弹性，拉伸性能和撕裂性能优异，完全可以与天然橡胶相媲美。

表 6-17 异戊橡胶/天然橡胶共混胶的物理机械性能

异戊橡胶/天然橡胶（质量比）	0/100	20/80	30/70	40/60	100/0
拉伸强度/MPa	29.1	26.8	26.9	26.9	26.2
撕裂强度/(kN/m)	91.6	67.7	1.9	93.7	83.3
断裂伸长率/%	411.7	397.2	391.1	418.9	476

　　而且，硫化过程中异戊橡胶的焦烧时间较长，天然橡胶的焦烧时间较短，两者以合适的配比共混后，共混胶的焦烧时间适中，既可以加快异戊橡胶的硫化速率，又可以保持硫化反应的平稳性。另外，异戊橡胶与天然橡胶良好的相容性，使其共混胶与炭黑有较好的结合力，不会出现炭黑团聚和相分离的现象，可以大量填充炭黑进行补强。

6.5.3.2　异戊橡胶/顺丁橡胶共混体系

　　异戊橡胶可以说是合成橡胶中综合性能最好的品种，它的溶解度参数为 8.09，顺丁橡胶的溶解度参数为 8.10，两者溶解度参数相近，混炼时可以较好地均匀分散和共硫化。异戊橡胶可以完全或部分代替天然橡胶与顺丁橡胶共混，这样不仅可以提高轮胎的抗湿滑性和动态耐疲劳性，还可以降低材料成本，提高经济效益。

　　传统载重汽车轮胎的胎面胶、胎侧胶主要是以天然橡胶/丁苯橡胶/顺丁橡胶共混胶为主要胶料。我们以异戊橡胶完全取代天然橡胶，与丁苯橡胶和顺丁橡胶并用，从表 6-18 中可以发现，IR/SBR/BR 共混胶的物理机械性能水平完全可以达到 NR/SBR/BR 共混胶的水平。

表 6-18　NR/SBR/BR 与 IR/SBR/BR 共混胶性能对比

共混胶(质量比)	NR/SBR/BR(40/40/20)	IR/SBR/BR(40/40/20)
密度/(mg/m³)	1.115	1.115
拉伸强度/MPa	18.5	18.0
断裂伸长率/%	500	505
断裂永久变形率/%	14	14
硬度(邵尔 A 型)/度	62	62
300%定伸应力/MPa	7.8	7.9

6.5.3.3　异戊橡胶/三元乙丙橡胶共混体系

　　异戊橡胶由于高度的不饱和结构，和天然橡胶一样对外界环境中光、热、紫外线、臭氧等的耐受力不强。而三元乙丙橡胶（EPDM）具有优异的耐光性、耐臭氧性、耐高低温性，通过共混可以大大改善异戊橡胶的耐候性和制品表面的光洁、平整度。

　　但是，异戊橡胶与三元乙丙橡胶共混有一个最大的问题就是，低饱和度的异戊橡胶和高饱和度的乙丙橡胶的硫化速率相差较大，150℃下异戊橡胶的硫化时间仅需 10min，而乙丙橡胶则需要 50min 以上，两者共硫化性能较差，共混硫化胶的物理机械性能较低。人们试用了各种非硫黄的硫化体系，但是效果都不尽理想，而且，摒弃硫黄硫化，在目前的生产技术水平下势必造成成本的大幅攀升。

　　为了解决这个问题，以下两种方法可供选择：一种是在异戊橡胶/三元乙丙橡胶共混体系中加入一些可以改善两相界面的改性剂或增容剂。例如，N-1-羟基-2,2,2-三氯乙基甲基丙烯酰胺可以提高两种胶料之间的黏合强度，有效改善共混胶的共硫化性能；另一种则是选择更为合适的共混组分胶料或对某组分胶料进行改性。例如，我们可以用 3,4-聚异戊二烯代替 1,4-聚异戊二烯，它的饱和度较高，与三元乙丙橡胶有较好的共硫化性；或者我们也可以将三元乙丙橡胶氯化改性，这样可以提高它与异戊橡胶的相容性，进而改善硫化性能。这两种方法都不需改变硫化体系，仍可采用硫黄与硫化促进剂（次磺酰胺类/胍类并用）进行硫化。

6.5.3.4　异戊橡胶/氯丁橡胶共混体系

　　与异戊橡胶相比，氯丁橡胶（CR）具有很好的抗氧化性，耐油、耐臭氧、耐紫外线，以及很好的阻燃性能。异戊橡胶/氯丁橡胶共混体系可以保留异戊橡胶的高弹性和高强度，同时又可以改善异戊橡胶的耐候性。

但是，异戊橡胶和氯丁橡胶属于热力学不相容聚合物，其共混胶的相形态不佳，混炼后无法获得令人满意的效果。为使两者可以更好的混合，提高硫化胶的物理机械性能，需要在异戊橡胶/氯丁橡胶共混胶中加入一些增容剂，促进相分散，改善其相容性。苯乙烯异戊二烯热塑性弹性体（SIS）、SBS、α-甲基苯乙烯和丁二烯的三嵌段共聚物（MSBMS）等苯乙烯类弹性体都可以作为相容剂，适量（3%～10%）加入到异戊橡胶/氯丁橡胶共混胶中可以促进分散性粒子的细化和分布，从而改善生胶的相形态，进而提高硫化胶的力学性能。

另外，异戊橡胶和氯丁橡胶的硫化体系不相同，前者以硫黄/促进剂作为硫化体系，而后者则以 ZnO/MgO/促进剂作为硫化体系，所以在异戊橡胶/氯丁橡胶共混胶的混炼过程中需要加入两种硫化体系，其硫化过程呈现两段硫化的现象（表 6-19）。

表 6-19　异戊橡胶/氯丁橡胶共混胶的硫化性能 （振动圆盘式硫化仪试验，150℃）

异戊橡胶/氯丁橡胶	100/0	40/60		20/80		0/100
t_5/min	2.5	3.2	3.1	3.4	3.2	2.7
t_{95}/min	10.0	32.2	31.0	34	36.5	32.7
最大扭矩 /kgf·cm	40.2	26.5	23,2	35.9	35.6	41.0

注：1kgf=9.8N。

6.5.3.5 异戊橡胶/氟橡胶共混体系

将通用橡胶与特种橡胶共混，可以既具通用性、经济性，又有高效性、功能性，是制备高性能复合材料的重要方法。异戊橡胶是耐寒性优的通用合成橡胶，但是，其耐油性不佳。而作为特种合成橡胶的氟橡胶，具有十分优异的耐油性和耐腐蚀性，但其玻璃化温度较高，耐寒性较差。因此，二者共混有望制备出兼具耐寒性与耐油性的胶料，在寒冷地区用作生产电缆护套、密封件等橡胶制品。

当然，异戊橡胶和氟橡胶也存在极性相差较大、相容性和共硫化性不好的问题。在共混胶中加入一些改性剂或增容剂，例如含硫氨基硅烷树脂和环氧丙烯酸树脂等，可以很好地改善异戊橡胶/氟橡胶共混胶的微观相形态和宏观力学性能。

另外，我们知道硫化交联可以起到固定相结构的作用。因此，我们可以采用动态硫化的方法，使异戊橡胶和氟橡胶在剪切作用下进行硫化，强迫氟橡胶分散并通过交联防止其再次聚集，从而强制减小分散相粒子尺寸，获得规整细致的相态结构以及由此带来的优良物理机械性能。而为了使两者动态硫化工艺顺畅，最好使用让异戊橡胶和氟橡胶交联速度相近的硫化体系（例如，异戊橡胶和氟橡胶分别采用硫黄/促进剂和水杨醛亚胺铜作硫化体系），或使用两者共同的硫化体系（例如异戊橡胶和氟橡胶都采用过氧化物进行硫化）。

6.5.4 应用举例

异戊橡胶性能和应用研发的大方向就是全面代替天然橡胶，解决天然橡胶资源不足的问题。因此，天然橡胶制作的日常生活用品（雨鞋、暖水袋等）、交通运输用品（轮胎、传送带、运输带等）、电子电气用品（胶管、护套等）等等都可以使用异戊橡胶。

6.5.4.1 彩色自行车轮胎

随着社会文化精神生活的不断丰富，人们不在仅仅局限于对产品基本性能的满足，而在此基础上开始对产品的外观、舒适性等提出了更高的要求。传统自行车的黑色轮胎显然已经不能满足现在青少年追求个性化的需求，各种颜色的彩色自行车轮胎不断涌现出来。图6-13为彩色（浅色）自行车轮胎。

彩色橡胶轮胎不能使用传统的炭黑作为补强剂，而采用白炭黑进行补强。为降低成本，也可以将部分白炭黑替换为陶土或黏土。另外，为了材料具有较白的底色，易于配色，需要

图 6-13　彩色自行车轮胎

图 6-14　绝缘橡胶鞋

加入适量的钛白粉，同时还可以起到防紫外线的作用。

作为长期室外使用的产品，要求彩色自行车轮胎具有较好的耐候性，在光、热、氧、臭氧的环境中不易发生性能老化和颜色变化。但异戊橡胶的耐候性较差，制造轮胎胶料时需要加入一些防老剂。而非污染性化学稳定剂的价格都较昂贵，因此可以将乙丙橡胶作为耐候性改性剂与异戊橡胶共混。例如，异戊橡胶/乙丙橡胶/钛白粉/白炭黑/陶土＝80/20/20/10/15的胶料，可采用硫黄作为硫化剂，制备出的硫化胶夏天在室外暴晒 140 天后，性能及颜色均无变化。

6.5.4.2　绝缘橡胶鞋

绝缘橡胶鞋（图 6-14）是劳保鞋的一种，供电工带电作业时穿用的防护鞋。普通绝缘鞋以橡胶为鞋底，以布或橡胶为鞋帮，例如，我们熟悉的"解放牌"胶鞋就属于这种。对于有特殊绝缘要求的胶鞋，可在鞋底的内底和外底之间放置一绝缘层，以耐规定电压。

异戊橡胶可以替代天然橡胶用于绝缘橡胶鞋的生产，为更好地满足使用要求，可以将异戊橡胶与适当的其它橡胶品种共混，这种制作方法简单，制品价格便宜。加入适量丁苯橡胶可以改善其耐磨性和抗自然老化性，延长胶鞋的使用寿命；加入适量顺丁橡胶可以提高其弹性和耐寒性，保证穿着的舒适和低温作业不龟裂；加入适量氯丁橡胶或丁基橡胶可以提高其耐油性和耐化学药品性，扩大了劳动作用的范围。

6.6　氯丁橡胶的改性

6.6.1　氯丁橡胶的性能特点

氯丁橡胶（chloroprene rubber，CR）是以 2-氯-1,3-丁二烯为单体聚合而成的弹性体。20 世纪 30 年代杜邦公司采用乳液聚合法首次聚合得到氯丁橡胶并率先将其工业化，氯丁橡胶也是最早实现工业化的合成橡胶品种。

氯丁橡胶并没有某一项或某几项性能特别突出，其重要性主要体现在它优异的综合性能和良好的性价比，在机械性能、耐老化、耐光照、耐臭氧、耐热、耐酸碱、耐油、耐挠屈、阻燃、耐磨等方面都有不错的表现，可满足多种用途要求。作为橡胶弹性体，氯丁橡胶广泛用于生产胶管胶带、汽车轮胎及配件、运输带、电线电缆、抗风化产品、粘胶鞋底、农用胶囊气垫、救生艇等。而且，氯丁橡胶分子结构上的氯原子使其具有较高的极性，可以用于与多种材料的黏合，同时，氯丁橡胶还有较高的结晶性，可以提高黏合界面的强度，是一种较为通用的黏合剂。

氯丁橡胶以其优异的综合性能受到越来越多的关注，以其为基体的新材料前途十分光明，可通过各种改性方法不断开发出新的氯丁橡胶品种，扩大应用范围。

6.6.2 氯丁橡胶的化学改性

氯丁橡胶黏合剂具有很好的黏合效果，广泛用于黏结各种塑料、橡胶、金属及其它非金属材料。但是，氯丁橡胶与聚氯乙烯、聚氨酯、弹性体 SBS 等的黏结效果不佳。为了扩大氯丁橡胶黏合剂的使用范围，使其具有更好的通用性，可以将氯丁二烯单体与其它单体共聚，或将其它单体接枝在氯丁橡胶上，以提高氯丁橡胶的黏结性能。苯乙烯、卤化苯乙烯、氯乙烯、丙烯酸、甲基丙烯酸酯、丙烯腈、异丁烯等多种单体都可以与氯丁二烯单体共聚，也可以与氯丁橡胶发生接枝反应，将官能团接在大分子主链或支链上。

氯丁二烯单体与上述单体共聚可以获得兼具弹性和可塑性的热塑性弹性体，根据共聚单体的不同，热塑性弹性体还可以具有一些特殊的性能。例如，氯丁二烯与丙烯腈共聚得到的热塑性弹性体除改善了氯丁橡胶的黏结性能外，还提高了氯丁橡胶的抗化学溶剂性。但是，这种共聚的方法对催化体系、反应介质和聚合工艺的设计与控制较为复杂，灵活性低，目前还主要集中在科研领域，产业化难度较高。

相比之下，通过接枝反应将上述单体接在氯丁橡胶大分子链上就简单灵活得多，最常见的是氯丁橡胶与甲基丙烯酸酯类单体的接枝。以过氧化苯甲酰为引发剂，在氯丁橡胶溶液中引发甲基丙烯酸甲酯（MMA）的接枝共聚，在氯丁橡胶分子链接上聚甲基丙烯酸甲酯短支链。接枝率越高，接枝共聚物的剥离强度越大，黏结效果越好。

在氯丁橡胶与甲基丙烯酸甲酯二元接枝共聚的基础上，还可以再与丙烯酸（AA）、马来酸酐（MAH）等第三单体进行三元接枝共聚，更好地提高黏结强度，加快固化反应。例如，CR/MMA-AA 三元接枝共聚物中，丙烯酸的加入有利于提高黏合剂的晾干时间、黏结强度、固化速度和耐热性（表 6-20），与聚酯、聚氯乙烯和橡胶等有足够的黏结强度。在CR/MMA-AA 三元接枝共聚物的基础上还可以再引入苯乙烯单体进行四元接枝共聚。

表 6-20　CR/MMA 与 CR/MMA-AA 黏合剂的性能对比

性能	接枝率/%	晾干时间/min	固化时间/h	T-剥离强度/(N/2.5cm)	耐温指数
CR/MMA	13.0	25～30	48	40～70	32.4
CR/MMA-AA	13.1	10～15	36	70～100	56.1

6.6.3 氯丁橡胶的共混改性

6.6.3.1 氯丁橡胶/聚氯乙烯共混体系

氯丁橡胶与聚氯乙烯都具有优良的耐候性、耐油性、耐化学药品性和阻燃自熄性。两者以不同比例共混，可以制备以聚氯乙烯为主的半硬质塑料，以氯丁橡胶为主的橡胶弹性体，以及等量共混制造的硬质橡胶，因此在耐油密封圈、人造革基底材料、阻燃橡胶制品等方面有广泛用途。

氯丁橡胶与聚氯乙烯的溶解度参数相近，$\delta_{氯丁橡胶} = 9.3$（cal/cm³）$^{1/2}$，$\delta_{聚氯乙烯} = 9.5$（cal/cm³）$^{1/2}$，两者的分子链上都带有极性较强的氯原子。溶解度和极性的相似，使氯丁橡胶与聚氯乙烯的相容性较好。当然，氯丁橡胶与聚氯乙烯并不是热力学上完全相容的聚合物，但在混炼过程的高温和高剪切作用下，断链会引发接枝反应，形成 CR-g-PVC 接枝共聚物，可作为两相间的增容剂。而且，氯丁橡胶/聚氯乙烯共混物加工时需要加入适量的增塑剂改善强极性带来的加工困难等问题。氯丁橡胶和聚氯乙烯都可以与增塑剂形成各自的均相体系，增塑剂在加工过程中也可以起到增容两相的作用。所以，氯丁橡胶和聚氯乙烯具有良好的工艺学相容性，这是其它共混体系所无法比拟的。

以聚氯乙烯对氯丁橡胶进行共混改性，可以提高氯丁橡胶的力学性能，降低其材料成本。而且，在硫化体系作用下聚氯乙烯可以与氯丁橡胶实现共硫化，形成两相共交联体系。两者共混硫化胶的性能比生胶有了更大的改善，特别适用于生产一些高硬度、耐油、耐老化、低溶胀的产品。

6.6.3.2　氯丁橡胶/天然橡胶共混体系

采用天然橡胶共混改性氯丁橡胶，可以保持氯丁橡胶原本优异的综合性能，同时改善氯丁橡胶在成型加工性能上的不足。通过与天然橡胶共混，氯丁橡胶的抗焦烧性和附着力提高，收缩率和膨胀率降低，同时弹性、低温柔顺性、抗撕裂性也有所改善。氯丁橡胶/天然橡胶共混胶在各行各业都有重要应用，可用于生产夹布胶管、三角带、齿形风扇带、耐燃运输带的贴胶、电视机荧光屏研磨板、飞机油压刹车胎、橡胶水坝等等。

天然橡胶与氯丁橡胶在分子链饱和度和极性上的差别，使它们的相容性较差，使用的硫化体系也有所不同。天然橡胶主要是以硫黄或二硫化四甲基秋兰姆（TMTD）等含硫化合物作为硫化剂，而氯丁橡胶则以金属氧化物，如氧化锌与氧化镁并用作为硫化剂。因此，氯丁橡胶/天然橡胶共混胶的共硫化性能不好，硫化过程中焦烧时间短，容易硫化不均和过硫化，制得的硫化胶物理机械性能也难以满足应用要求。

在天然橡胶含量较低时（＜20%），可以不必过多考虑天然橡胶，直接采用氯丁橡胶的硫化配方即可，对硫化过程和硫化胶性能的影响不大。如果天然橡胶的含量较高，则必须改进硫化配方，除了氯丁橡胶硫化用的氧化锌和氧化镁以外，还应适量加入硫黄与硫化促进剂（例如促进剂 DM、TT 等）。氧化锌对硫化促进剂有活化作用，其用量可不变，而氧化镁会促进天然橡胶的焦烧，应适量减少其用量。另外，还可以在共混胶中加入适量增容剂，例如，苯乙烯-丁二烯-苯乙烯嵌段共聚物（SBS）、苯乙烯-异戊二烯-苯乙烯嵌段共聚物（SIS）等，提高氯丁橡胶与天然橡胶的相容性，改善共硫化性能。

6.6.3.3　氯丁橡胶/顺丁橡胶共混体系

顺丁橡胶可以明显降低氯丁橡胶的玻璃化温度和脆性温度，填充 20 份顺丁橡胶后氯丁橡胶的脆化温度降低了 20℃，改善了它的耐寒性。而且，顺丁橡胶可以降低氯丁橡胶的黏度，少量（5～10 份）加入对改善氯丁橡胶加工性能，降低胶料的粘辊性颇为有效，但是如果加入量大（15～20 份）就会导致黏度过低，有损胶料的成型黏性。此外，顺丁橡胶还能提高氯丁橡胶的弹性、耐磨性和压缩形变等性能。氯丁橡胶/顺丁橡胶硫化胶可制作成黑色或彩色的阻燃胶板或胶片，用于运输带覆盖胶、三角带压缩层胶、家具贴面、胶管外胶等制品中。

与天然橡胶一样，氯丁橡胶与顺丁橡胶的相容性较差，溶解度参数和极性相差较大，所使用的硫化体系也不相同。因此，两者共混时需要充分考虑它们的相容性和共硫化性。为改善相容性，同样可以加入一些弹性体作为增容剂，例如，在氯丁橡胶/顺丁橡胶共混胶中加入 5 份 SBS，就可以明显改善其机械性能，300% 的定伸应力提高 2 倍多。顺丁橡胶也是以硫黄/促进剂作为主要的硫化体系，在其含量较高（＞20 份）的氯丁橡胶/顺丁橡胶共混胶中需适量加入一些硫黄和硫化促进剂。顺丁橡胶有增加氯丁橡胶焦烧的倾向，需适当调整氯丁橡胶的硫化体系，降低氧化锌的使用量，并可适量增加防焦剂。

6.6.3.4　氯丁橡胶/丁苯橡胶共混体系

丁苯橡胶的低温性能优于氯丁橡胶，两者共混后，可改善氯丁橡胶的低温特性和耐结晶性。但是，由于丁苯橡胶的综合性能远不如氯丁橡胶，它的加入会造成共混胶的耐候性、耐油性、耐水性、耐化学腐蚀性、阻燃性和耐磨性等均有所下降。采用丁苯橡胶对氯丁橡胶进行共混改性，其主要目的是降低材料成本。

　　氯丁橡胶与丁苯橡胶具有很好的相容性，可以按照任意比例混合，其共混胶的物理机械性能基本上是两组分的加和。丁苯橡胶对氯丁橡胶的共硫化性也较好，低含量丁苯橡胶体系可采用氧化锌与氧化镁并用的硫化体系，高含量丁苯橡胶体系可再少量加入一些硫黄或硫化促进剂。

　　丁苯橡胶对氯丁橡胶硫化过程的影响不大，主要体现在延长正硫化时间上。但是，由于丁苯橡胶会使氯丁橡胶的拉伸强度、定伸应力、压缩模量等物理机械性能降低，因此混炼硫化过程中共混胶的黏度降低。丁苯橡胶含量过高时容易造成混炼困难，压延、压出时易粘辊，使成品胶的机械性能变差。

6.6.3.5　氯丁橡胶/三元乙丙橡胶共混体系

　　如前所述，氯丁橡胶的加工性能不佳，容易发生粘辊，可以与适量天然橡胶、顺丁橡胶、三元乙丙橡胶（EPDM）等共混，从而保证胶料加工顺利，薄通容易，填料也易于分散。

　　从表 6-21 可以看到，氯丁橡胶在 75℃ 时即表现出较大的黏性，开始粘辊，薄通困难。而 EPDM 的自黏性和互黏性差，使其在 60～90℃ 的温度范围内都处于较好的弹性状态，出片容易，不会粘辊。将 EPDM 加入到氯丁橡胶中会发现，随着 EPDM 含量的增加，胶料的粘辊现象得以缓解，当 EPDM 用量达到 30 份时，CR/EPDM 共混胶也可以在 60～90℃ 温度范围内顺利进行薄通和出片，加工性能大大改善。

表 6-21　CR/EPDM 共混胶的粘辊性能

CR/EPDM(质量比)	100/0	90/10	80/20	70/30	0/100
60℃±3℃辊温	正常	正常	正常	正常	正常
75℃±3℃辊温	粘辊	难加工	正常	正常	正常
90℃±3℃辊温	粘辊	粘辊	难加工	正常	正常

　　但天然橡胶和顺丁橡胶的耐热、耐臭氧老化性能较差，共混后会降低 CR 的耐老化性能，使其制品难以在要求严苛的条件下使用。EPDM 自身具有胜过氯丁橡胶的耐热性、耐候性、耐臭氧性、耐日光老化性等，与氯丁橡胶共混后不但可以改善氯丁橡胶的加工工艺性，还可以保持二者的性能优势。而且，EPDM 可以填充大量的填料，还有利于降低材料成本。表 6-22 可以看出，加入 EPDM 后，氯丁橡胶的物理机械性能可以保持原来的水平，而耐臭氧性则有了大幅改善。

表 6-22　CR/EPDM 共混胶的物理性能

CR/EPDM(质量比)	100/0	75/25	0/100
硬度(邵尔 A 型)/度	66	66	61
拉伸强度/MPa	23.24	21.67	22.26
断裂伸长率/%	368	373	622
压缩永久变形率/%	18	24	68
耐臭氧性龟裂产生时间/h	25	>215	25

6.6.4　氯丁橡胶的增强改性

6.6.4.1　无机填料增强氯丁橡胶

　　氯丁橡胶具有不错的力学性能，但在实际应用过程中，仍然需要进行增强改性。炭黑无疑是最常用的增强材料，炭黑填充后氯丁橡胶的拉伸强度和拉伸应力都有所提高，阻燃性能略受影响。胶料硫化速率快，硫化程度高，制备出的硫化胶强度高、形变特性好，在黑色氯丁橡胶制品中有广泛用途。

除了炭黑，前面我们提过的白炭黑、陶土、碳酸钙等无机填料也可用于氯丁橡胶的填充增强，为改善无机填料与氯丁橡胶的相容性，可适量加入一些偶联剂或对填料进行表面有机化改性，在制造浅色橡胶制品中都有不错的表现。

6.6.4.2　纳米粒子增强氯丁橡胶

纳米材料由于其许多优异的性能备受人们的青睐，各种纳米粒子对橡胶基体的增强作用也被深入研究。研究发现，在解决纳米粒子分散性及其与橡胶基体相容性的前提下，纳米粒子对橡胶的增强改性是其它尺度粒子所无法比拟的。正是由于如此，人们对纳米二氧化硅、纳米碳酸钙、纳米氧化锌、蒙脱土、凹凸棒等等各种纳米粒子都投入了大量热情。

纳米二氧化硅或纳米白炭黑与氯丁橡胶的相容性较差，通过对其进行表面有机化处理后对氯丁橡胶具有显著的补强效果。硅烷偶联剂 Si-75、WD-40 等都可用于对纳米二氧化硅进行表面改性，改性后偶联剂吸附在纳米二氧化硅表面，提高了它与氯丁橡胶的结合力。表6-23 中列出了 WD-40 改性纳米二氧化硅的对氯丁橡胶性能的影响。从中可以看出，改性纳米二氧化硅加入到氯丁橡胶中，胶料的各项物理机械性能都得到了大幅提高。

表 6-23　硅烷偶联剂改性纳米二氧化硅对氯丁橡胶性能的影响

纳米二氧化硅用量/份	0	10	20	30
硬度(邵尔 A 型)/度	45	52	60	67
拉伸强度/MPa	20.71	23.84	24.89	25.73
断裂伸长率/%	700	860	800	770
撕裂强度/(kN/m)	23.84	35.75	50.23	70.36
100%定伸强度/MPa	1.10	1.26	1.98	2.49
300%定伸强度/MPa	1.72	2.68	4.90	8.26

大家都知道，氧化锌与氧化镁并用是最适合氯丁橡胶的硫化体系，氧化锌在硫化过程中起到活化或硫化作用。如果将氧化锌粒子细化到纳米尺度，虽然对氯丁橡胶的生胶没有增强作用，但其较高的比表面积和小尺寸效应，可以缩短硫化周期，完善硫化过程，进而赋予硫化胶更好的力学性能。在白炭黑填充的氯丁橡胶中加入纳米氧化锌后，硫化胶的定伸强度、拉伸强度、撕裂强度、硬度等性能都获得了明显的改善（表 6-24）。

表 6-24　纳米氧化锌对氯丁橡胶（填充 20 份白炭黑）性能的影响

硫化剂	氧化锌	纳米氧化锌	硫化剂	氧化锌	纳米氧化锌
100%定伸强度/MPa	1.98	2.13	断裂伸长率/%	800	770
300%定伸强度/MPa	4.90	6.05	撕裂强度/(kN/m)	50.23	59.42
拉伸强度/MPa	24.89	27.45	硬度(邵尔 A 型)/度	60	63

蒙脱土是聚合物填充改性中的明星填料，可以提高基体的强度和模量，并对改善耐低温性、阻燃性、阻隔性、抗静电性等都有好处。而且，蒙脱土相比传统的炭黑、白炭黑等填料，其用量很少，一般只需不到 5% 即可。氯丁橡胶综合性能优异，有十分广泛的用途，但其强度、耐低温性、耐老化性等性能方面的不足，限制了应用领域的进一步扩大。用蒙脱土与氯丁橡胶制备层状硅酸盐复合材料，基体中以片层结构分散的蒙脱土与橡胶大分子链相互缠绕，起到类似硫化过程中"交联中心"的作用，降低了分子间的相对滑动，从而提高了它的力学性能。例如，以四氢呋喃为溶剂，采用聚合物溶剂插层法制备的剥离型氯丁橡胶/蒙脱土复合材料，当蒙脱土用量为 4% 时，硬度、拉伸强度、300% 定伸应力、500% 定伸应力分别提高了 43%、15%、93%、107%。

6.6.4.3　聚酯短纤维增强氯丁橡胶

纤维增强的橡胶复合材料既表现出橡胶的弹性又具有纤维的刚硬性，纤维在橡胶基材中的单轴定向排列，又赋予复合材料各向异性和可设计性，是一种很有发展前途的复合材料，对于定向受力的高性能胶带、胶管等产品有特殊意义。

相对于玻璃纤维、碳纤维等无机纤维，有机纤维质量轻、韧性好，与橡胶基材的黏合性也较好，制备的复合材料既具有橡胶的高弹性，又显著改善了橡胶的强度和模量。聚酯纤维、尼龙纤维、芳纶纤维、超高分子量聚乙烯纤维等都可用在氯丁橡胶的增强改性，其中最常见的是聚酯纤维和尼龙纤维。

氯丁橡胶是最适宜作为聚酯、尼龙等有机纤维增强复合材料的橡胶基材。它与纤维有较好的黏着力，氯丁橡胶/纤维复合材料具有优于其它基材的机械性能，即使纤维未经表面处理直接与氯丁橡胶复合，仍然可以制备出性能相对良好的增强复合材料。如表 6-25 所示，在同样填充未经处理的聚酯短纤维的复合体系中，氯丁橡胶复合材料的定伸强度分别是三元乙丙橡胶、聚氨酯橡胶的 2.0 倍和 1.8 倍，拉伸强度分别是三元乙丙橡胶、聚氨酯橡胶的 1.7 倍和 1.1 倍，氯丁橡胶比三元乙丙橡胶、聚氨酯橡胶更适合作为基体材料。

表 6-25 聚酯短纤维增强复合材料的力学性能

基体材料	氯丁橡胶	三元乙丙橡胶	聚氨酯橡胶
10%定伸强度/MPa	11.0	5.6	6.3
拉伸强度/MPa	13.1	7.6	12.3

当然，未经处理的聚酯纤维在橡胶基材中分散较差，界面结合力较低，如果以异氰酸酯、间苯二酚等进行处理后，复合材料的机械性能会进一步提高。而且，复合材料的耐热性、耐老化性、耐溶胀性等也有较大改善。

6.6.5 应用举例

6.6.5.1 汽车异型管材

汽车发动机系统中的异型管所处的工作环境较为复杂。作为零部件的连接和导向结构，需要具有较高的强度，能够起到承压作用；发动机系统中的机油、润滑剂等油性介质又要求

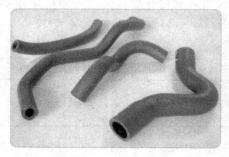

图 6-15 汽车发动机胶管

这些异型管材有优良的耐油性；汽车发动机工作时，发动机罩下最高温度可达 150℃，因此耐热性和阻燃性要好；而且，汽车发动机经常性的发动和熄火，使这些异型管材处在应力和温度不断变化的环境中，对耐动态疲劳的性能也要求较高。总之，用于制造这些异型管的材料需要具有较好的综合性能。图 6-15 为汽车发动机胶管。

丁腈橡胶以其突出的耐油性和气密性长期以来在汽车工业中有重要应用，但是它只能耐受 120℃ 的高温，而且耐臭氧、耐候和耐辐射性能较差，满足不了汽车发动机的密封要求。而氯丁橡胶在耐热、耐老化、耐天候、阻燃等方面都表现不俗，成为汽车异型管材基体材料的理想选择。以氯丁橡胶为主体，与 20~30 份的丁腈橡胶共混，既保留了氯丁橡胶优异的综合性能，又具有突出的耐油性和耐动态疲劳性；以 20~60 份的聚酯短纤维进行增强，纤维的高强度和取向结构，使复合材料可以承受较大的应力。

氯丁橡胶/丁腈橡胶/聚酯短纤维复合材料制造的汽车异型管材在耐热性、耐压性、耐动态疲劳性等方面均优于传统汽车异型管主要采用的橡胶夹布的层压复合材料。而且，使用寿命较长，是夹布层压复合材料的 2 倍以上。

6.6.5.2　同步齿形带

同步齿形带是一种传动带，它综合了皮带、链条、齿轮三种机械传动方式的特点和长处，具有结构简单而紧凑、传动同步平稳、传动效率高、不发生滑动、重量轻、噪声小等优点，在纺织、机械、汽车、电信、仪器仪表等领域得到广泛应用。图 6-16 列出了几种氯丁橡胶同步带。

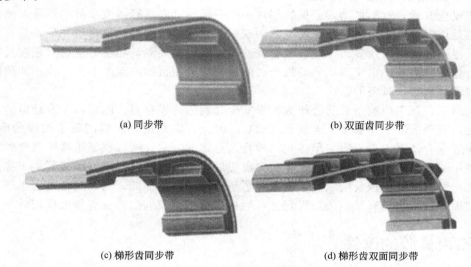

(a) 同步带　　　　　　　　　　　　　　(b) 双面齿同步带

(c) 梯形齿同步带　　　　　　　　　　(d) 梯形齿双面同步带

图 6-16　氯丁橡胶同步带

同步齿形带是由橡胶伸张层、骨架层、橡胶齿形层和织物保护层构成。过去常用的聚氨酯同步带，其伸张层和齿形层均采用聚氨酯，骨架层则使用钢丝。这种同步带易老化，使用寿命较短，而且，高速传动时钢丝容易扎出，对维修和生产都有不安全性。

新型同步齿形带则以氯丁橡胶代替聚氨酯，玻璃纤维代替钢丝。与聚氨酯相比，氯丁橡胶的耐热、耐老化、耐磨损、耐油等性能更优，而且与玻璃纤维具有很好的黏结性，可以与玻璃纤维构成一个整体，起到保护骨架的作用。玻璃纤维的强度已经超过钢丝，作为骨架材料能够很好地承力。氯丁橡胶/玻璃纤维层压复合材料制造的同步齿形带使用寿命长，维修方便，可进行高速传动，传动比准确。

6.6.5.3　电线电缆阻燃橡胶护套

随着人们在环境及公共安全方面的意识越来越强，对电线电缆的要求已经不仅仅限于提高传输性能，还要兼具环保和安全性。据统计，我们发生的火灾中，电气引起的火灾占50%左右。因此，电线电缆橡胶护套材料要求具有足够的阻燃性。

氯丁橡胶离火即自行熄灭，阻燃性很好，极限氧指数可达 30%，是制造阻燃线缆护套的优选材料，为提高其电绝缘性，可加入少量 EPDM 共混。在实际加工过程中，氯丁橡胶通常与三氧化二锑配合使用，只需添加 10~20 份即可具有很高的阻燃效果，同时不会影响到材料的性能。硼酸锌对氯丁橡胶也有很好的阻燃效果，可以单独使用或与三氧化二锑并用。图 6-17 列出了电力船用电缆。

作为线缆护套材料，不仅要满足阻燃要求，还要具有一定的机械性能及可以接受的材料成本。

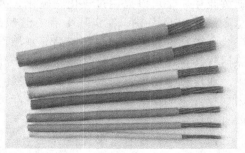

图 6-17　电力船用电缆

因此，需要对氯丁橡胶进行填充改性。但填充剂的种类和用量对氯丁橡胶阻燃性能影响很大，需要慎重选择。炭黑会降低氯丁橡胶的阻燃性，添加要适量，填充量低于 20 份时影响不大。无机填料，如白炭黑、陶土、氢氧化镁、氢氧化铝、碳酸钙、二氧化钛等可以提高氯丁橡胶的阻燃性能，但是大量加入会影响到外观质量、机械性能和工艺性能。

6.6.5.4　汽车安全气囊的橡胶衬里

汽车安全气囊是汽车被动安全保护部件中的一项，可以减轻碰撞事故中驾乘人员的伤害程度。它是用带橡胶衬里的特种织物尼龙制成，要求其中的橡胶衬里材料与尼龙具有较好的黏结性。考虑到汽车内众多的电线、油管及使用过程中的高温，橡胶衬里材料还应具有很好的阻燃自熄性。另外，由于汽车发动机长时间工作后会使机罩内温度上升，优异的耐热性也是橡胶衬里材料必须具备的。

综上所述，氯丁橡胶十分适合作为汽车安全气囊的衬里材料。随着汽车发动机的小型化和高效化，机罩内的工作温度甚至达到 150℃，因此，需要进一步提高氯丁橡胶的耐热性。在氯丁橡胶聚合体系中引入第二单体是一种行之有效的方法。例如在氯丁橡胶聚合时加入甲基丙烯酸甲酯作为第二单体，两者发生共聚反应后，甲基丙烯酸甲酯基团接到氯丁橡胶大分子主链上，降低了氯丁橡胶的结晶性，改善了耐寒性和加工性能。同时聚合过程中产生的甲基丙烯酸甲酯均聚物具有较高的热稳定性，对提高氯丁橡胶的耐热性有很大作用。

6.7　乙丙橡胶的改性

6.7.1　乙丙橡胶的性能特点

乙丙橡胶（ethylene-propylene rubber，EPR）是 20 世纪 80 年代以来合成橡胶中发展最快的品种，它是由乙烯和丙烯为主要单体共聚得的聚合物，分为二元乙丙橡胶（EPM）和三元乙丙橡胶（EPDM）两大类。前者是乙烯和丙烯的共聚物，后者则是由乙烯、丙烯与少量非共轭二烯烃单体共聚而得到的三元共聚物。目前，乙丙橡胶的工业生产工艺路线有溶液聚合法、悬浮聚合法和气相聚合法三种。

乙丙橡胶分子链具有高度的饱和性，这使其具有许多其它通用合成橡胶所不具备的优异性能，耐臭氧性、耐老化性、耐化学品腐蚀性、耐蒸汽性等突出，而且，还具有优异的电绝缘性能和耐电晕性，低温弹性也很好。并且，乙丙橡胶制备的单体简单易得，而且还可以大量充油和加入填充剂而不显著损失力学性能，可大大降低乙丙橡胶制品的成本。不过由于乙丙橡胶分子链高度的饱和性，缺少活性基团，使得它的自黏性和互黏性很差，而且乙丙橡胶的硫化速率非常慢，比其它橡胶慢 3～4 倍。

二元乙丙橡胶分子链中不含有双键，不能采用硫黄硫化，只能用过氧化物进行硫化，导致硫化成本高、工艺复杂，在很大程度上限制了它的推广应用。而三元乙丙橡胶既可以采用硫黄硫化，又可以采用过氧化物硫化，因此成为乙丙橡胶的主要品种，其产量约占乙丙橡胶总产量的 85% 左右，在实际生活中也有更为广泛的用途。乙丙橡胶在汽车工业、建筑行业、电线电缆、密封材料和耐热制品等领域都有重要应用。例如，可以用于制造汽车密封条和散热器软管，还可以用于制造塑胶运动场和防水卷材等等。

通过化学改性、与其它聚合物共混、填充改性等各种改性方法，可以扩大乙丙橡胶的应用领域，因此成为改善乙丙橡胶的生产工艺、硫化过程和物理机械性能，或者降低制品成本的重要途径。

6.7.2　乙丙橡胶的化学改性

通过接枝、共聚等手段对乙丙橡胶的分子结构进行化学改性，可以大大改善其物理化学性能，使其获得更多优异的性质，制造更多综合性能良好的高分子材料。虽然相较物理改性法而言，化学改性法的工艺复杂、灵活性差、成本较高，因此应用较少，但是采用化学改性法制备出的改性乙丙橡胶不会出现添加剂渗出、混合不均匀、填料团聚等现象，性能十分稳定，持续度较高。

乙丙橡胶常用的化学改性方法主要有卤化改性、磺化改性、接枝改性等。

6.7.2.1　乙丙橡胶的卤化改性

卤化改性是在乙丙橡胶的分子结构中引入卤素，可以提高乙丙橡胶的自黏性和互黏性，改善其硫化性能，并提高乙丙橡胶与其它高分子材料的相容性。卤化乙丙橡胶包括氯化乙丙橡胶和溴化乙丙橡胶。氯化乙丙橡胶是将氯气通入乙丙橡胶溶液中制成，而溴化乙丙橡胶是将乙丙橡胶在开炼机上经溴化剂处理制成。例如，氯化改性后的三元乙丙橡胶在分子链上引入了极性的氯原子，从而在保留三元乙丙橡胶原本性能的基础上，又增添了许多新的特性，适宜的氯含量为 $10\%\sim20\%$。氯化后三元乙丙橡胶具有很好的黏合性，是一种用途很广泛的黏合剂，而且其阻燃性、耐油性、耐臭氧性、耐化学腐蚀性等获得了进一步提高，但耐热性有所降低。

6.7.2.2　乙丙橡胶的磺化改性

磺化改性是将乙丙橡胶溶于溶剂中，经磺化剂及中和剂处理而成。磺化处理后的乙丙橡胶是一种新型的热塑性弹性体，它在低温下仍可保持较好的韧性，耐候性及耐臭氧性优良，对各种橡胶、纤维织物和金属等具有良好的黏着性能。磺化乙丙橡胶的物理机械性能接近于聚氨酯，生产加工时需加入适量增塑剂，成型性良好。磺化乙丙橡胶在胶黏剂、涂覆织物、建筑防水材料、防腐衬里等方面有广泛的应用。而且，作为热塑性弹性体，磺化乙丙橡胶不需经过硫化，就可以制成充气制品、防水制品等。

6.7.2.3　乙丙橡胶的接枝改性

接枝改性是在乙丙橡胶的分子主链上接枝上一些特殊的官能团，例如环氧基、酸酐、酯基、羧基等。通过接枝改性，乙丙橡胶被赋予了极性和反应活性，这些官能团可以改善乙丙橡胶的自黏性和互黏性，并提高乙丙橡胶与其他材料的结合力，改善共混胶的相容性。乙丙橡胶的接枝改性技术主要包括溶液接枝法、熔融接枝法、辐射接枝法、溶胀接枝法、热炼接枝法等。接枝改性技术使乙丙橡胶在石油化工、建筑、交通等领域得到更广泛的应用，并且使其可以用于更多共混材料的增容和增韧。例如，丙烯腈接枝三元乙丙橡胶不仅保留了三元乙丙橡胶优异的耐腐蚀性，而且在高温、低温场合均可保持较好的物理机械性能，具有良好的加工性能，耐酸碱性和耐油性都大大优于天然橡胶和通用合成橡胶。

6.7.3　乙丙橡胶的共混改性

乙丙橡胶可以作为许多聚合物的改性剂，例如，EPDM 可以作为 PP 的低温增韧剂，通过 PP 与适量 EPDM 的熔融共混，可以明显改善 PP 在低温下的脆性。同样，在乙丙橡胶为基体的体系中，也可以通过共混实现乙丙橡胶与其它聚合物性能上的互补并改善工艺条件或降低生产成本。共混改性已经成为乙丙橡胶，特别是三元乙丙橡胶方便、灵活、价廉的重要改性方法。

常见的与乙丙橡胶共混改性的聚合物主要包括聚丙烯、聚乙烯、聚氯乙烯、聚酰胺、天然橡胶、丁基橡胶、丁腈橡胶、硅橡胶等。

6.7.3.1　乙丙橡胶与聚丙烯的共混

在各种通用聚合物中，EPDM 与 PP 的相容性最好。1972 年美国 Uniroyal 化学公司按 60∶40 质量比的 EPDM 与 PP 进行机械共混和动态硫化，制备了一种全新的热塑性弹性体，牌号为 TPR。随后美国 Monsanto 公司利用全硫化技术开发出了商品名为 Santoprene 的 EP-

DM/PP 共混合金，其中 EPDM 与 PP 的共混比可达到 70/30～30/70，更有利于灵活进行产品的性能调节。EPDM/PP 共混合金不但在性能上仍保留了 EPDM 所固有的特性，而且其工艺性能得到了很大改善，可适用于热塑性塑料常用的注射、挤出、吹塑和压延等成型加工方法。EPDM/PP 共混合金强度高、耐老化、耐油性和耐热性好，而且具有优良的电气性能和加工性能，取得了迅速发展，广泛用于汽车、电线、电缆、机械等的制造。另外，通过添加炭黑增强或进行阻燃改性，可以使 EPDM/PP 共混合金更好地应用于汽车零配件、电器制品和建筑材料方面。

6.7.3.2　乙丙橡胶与聚乙烯的共混

聚乙烯（PE）是一种通用的热塑性塑料，它的成本低廉、强度较高、耐老化和耐腐蚀性良好，而且与乙丙橡胶具有很好的相容性，与 PP 一样可以通过机械共混和动态硫化的方法获得 PE 与乙丙橡胶共混的热塑性弹性体。当 EPDM/PE 共混比约为 60/40 时，该热塑性弹性体的强度较高且两相之间结合较好，制品的综合性能最好，可用于制造汽车密封条。高密度聚乙烯（HDPE）与 EPDM 的共混合金具有较高的拉伸强度和硬度，但耐热老化性不佳，而低密度聚乙烯（LDPE）与 EPDM 的共混合金拉伸强度和硬度略差，但耐热性和耐老化性有所改善。虽然加入 PE 后乙丙橡胶的强度获得了一定的提高，但是从实用性角度来讲，还是需要对其进行填充增强。通常选用一些非黑色的补强剂，例如，滑石粉、陶土和碳酸钙等。另外，氯化聚乙烯、氯磺化聚乙烯等也常用来与乙丙橡胶共混，它们与乙丙橡胶的共硫化性很好，能以任何比例共混，共混材料的性能是两组分性能的加和。例如，橡胶电缆线芯材料就采用 EPDM/CPE 共混合金。

6.7.3.3　乙丙橡胶与聚氯乙烯的共混

聚氯乙烯（PVC）具有本质阻燃、耐溶剂和臭氧、化学稳定性好等一系列优点，而且价格低廉、产量高。EPDM/PVC 共混合金可以保持 EPDM 的抗疲劳性、抗撕裂性及耐酸碱性，又可以具有耐油、耐磨、耐燃等优异性能。但是，非极性的 EPDM 与极性的 PVC 相容性较差，简单共混所得到共混物是没有实用价值的，需要适量加入一些增容剂或偶联剂来改善两者的界面相容性。例如，在 EPDM/PVC 共混物中加入适量硫醇类化合物作为偶联剂，获得材料的低温冲击强度是简单共混物的 10 倍以上。EPDM/PVC 共混合金可以采用硫黄进行动态硫化处理，硫黄使用量为 0.4% 左右，硫化温度为 170℃，硫化时间 5～7min。由于 EPDM 和 PVC 的加工性能都不佳，所以 EPDM/PVC 共混合金中一般都需要加入一定量的增塑剂，如 DOP、DBP 等，既可改善合金的加工性能，又可在较大范围内调节合金的强度和韧性。

6.7.3.4　乙丙橡胶与聚酰胺的共混

聚酰胺（PA）具有优良的机械强度、耐磨性、耐油性和耐热性，与乙丙橡胶共混可以提高自身的韧性，也可以对乙丙橡胶达到补强的作用，提高乙丙橡胶制品的撕裂强度和拉伸强度，减小摩擦损耗。但是由于乙丙橡胶与 PA 之间相容性较差，通过在共混体系中加入一些增容剂可以大大改善两者的相容性，获得综合性能良好的材料。氯化聚乙烯（CPE）是 EPDM/PA 共混物常用的增容剂之一，在 EPDM/PA=65/35 中加入 13 份的 CPE，增容效果很好，再加入 2 份左右的硫黄进行静态硫化或动态硫化，即可获得具有良好的力学性能、耐溶剂性能和耐老化性能的硫化胶。此外，EPDM 接枝马来酸酐、环氧化 EPDM 等也是 EPDM/PA 共混体系中有效的增容改性剂。

6.7.3.5　乙丙橡胶与天然橡胶的共混

天然橡胶（NR）具有优异的弹性，但较高的不饱和度使其耐老化和耐候性能很差。而乙丙橡胶与天然橡胶并用既可以很好地改善乙丙橡胶的弹性，又弥补了天然橡胶耐老化和耐候性差的缺陷，用于传送带、轮胎胎侧胶、电缆护套等胶料的制造。但是，天然橡胶的硫化速率大于乙丙橡胶，造成两者共混合金的共硫化性能较差，导致最终硫化胶的物理机械性能不佳。可以通过一些方法加以改善。①采用复合硫化体系：不单纯使用硫黄作为硫化剂，可将硫黄与一些硫化促进剂配合使用，加快硫化速率，实现共硫化；②乙丙橡胶改性：乙丙橡胶进行接枝改性，将甲基丙烯酸缩水甘油酯（GMA）、马来酸酐（MAH）等基团接枝在乙丙橡胶主链上，加快乙丙橡胶的硫化交联；③加入增容剂：采用环氧化天然橡胶、丁基橡胶、氯化天然橡胶、氯化聚乙烯、聚氯乙烯等作为增容剂，可大大改善天然橡胶与乙丙橡胶的相容性，促进两者共硫化。

6.7.3.6　乙丙橡胶与聚氯乙烯的共混

丁基橡胶（IIR）具有优良的气密性、耐候性和耐臭氧性，与乙丙橡胶共混可以改善乙丙橡胶气密性，提高撕裂性和隔音性。而且，丁基橡胶与乙丙橡胶具有良好的工艺相容性和共硫化性，采用硫黄、醌类等硫化后的硫化胶物理机械性能呈加和性，综合性能良好。EPDM/IIR 共混胶在实际生产生活中有广泛的用途，例如，防水卷材、电线电缆、门窗密封、内胎、耐热运输带等。而其中最突出的是利用 EPDM/IIR 中丁基橡胶优良的气密性和乙丙橡胶优良的耐腐蚀性制造的罩体材料，EPDM/IIR＝60/40 的共混合金具有良好的耐化学腐蚀性和力学性能，并且具有优异的抗芥子气性能，可用于制造防毒面具。

6.7.3.7　乙丙橡胶与丁腈橡胶的共混

丁腈橡胶（NBR）具有良好的耐油性、耐磨性、黏结强度高、压缩变形小，而乙丙橡胶则具有良好的耐热老化性，两者共混可以在保持良好的机械性能和加工性能的同时，具有耐油、耐臭氧性和低温柔顺性。但是乙丙橡胶与丁腈橡胶的相容性很差，简单共混只会导致相分离。而且，乙丙橡胶与丁腈橡胶的硫化速率有差异，加工性能不好。因此，必须通过一些物理化学手段来促进相分散，提高相容性。通常可以加入一些带官能团的添加剂，例如氯化聚乙烯、氯磺化聚乙烯、氢化丁腈橡胶、聚丁二烯橡胶等。这些添加剂的结构和性能介于乙丙橡胶和丁腈橡胶之间，与两者都有很好的相容性，可以作为"桥梁"，使两者性能实现互补，并改善硫化和加工性能。EPDM/NBR 共混胶在汽车零部件、仪表制造和电子技术零件生产领域有广泛应用。配比适当的 EPDM/NBR 共混胶可以代替氯丁橡胶用于胶布、电线电缆、压延胶片、胶管等橡胶制品的生产。

6.7.3.8　乙丙橡胶与硅橡胶的共混

硅橡胶作为特种合成橡胶具有很多优良特性，但其价格昂贵，加工工艺也较为复杂，乙丙橡胶被大量用于降低硅橡胶的成本。硅橡胶与乙丙橡胶共混后，可以显著提高乙丙橡胶的连续使用温度，改善乙丙橡胶的耐候性、低温柔顺性和电性能。而且，乙丙橡胶与硅橡胶的共混胶加工简单，可以使用传统胶料加工工艺，只需适当提高温度即可。EPDM 与硅橡胶具有一定的相容性，可以适量加入一些硅烷化合物改善两者的界面分散性和黏合力。EPDM 与硅橡胶的共混胶高温下仍具有较好的撕裂强度，相当于高强度硅橡胶，可适用于各种高温场合，且耐蒸汽、耐热水、耐酸碱等性能也都优于一般的硅橡胶。EPDM 与硅橡胶的共混胶现已用于制造降噪密封条、固体火箭发动机耐热部件、汽车硅油风扇离合器和板式换热器等橡胶制品。EPDM 与硅橡胶的共混胶在我国尚处于推广应用阶段，虽然目前的用量不是很大，但其应用前景十分广阔。

此外，乙丙橡胶还可以与 PET、PBT、氯丁橡胶、氟橡胶、丁苯橡胶等共混，充分发挥共混组分各自的优点，制备出各种具有高性能、低成本、易加工、针对性强的共混胶料，进一步扩大乙丙橡胶的应用领域。

6.7.4 乙丙橡胶的填充改性

在乙丙橡胶中添加无机或有机填料来改善其性能或降低其成本早在乙丙橡胶工业化发展初期就得到了广泛而蓬勃的发展。随着近年来聚合物复合材料的兴起,及人们对橡胶制品颜色、性能、花色品种的不断需求,填充改性的乙丙橡胶的市场份额不断扩大。科学家和技术人员尝试用各种材料对乙丙橡胶进行填充,也有越来越多的填充改性乙丙橡胶品种不断实现产业化。

6.7.4.1 炭黑填充乙丙橡胶体系

炭黑可以说是橡胶工业中最常用的填充改性剂了,它既可以提高材料强度,又可以降低成本。只要对橡胶制品颜色没有要求,炭黑十有八九就会出现在产品配方中。乙丙橡胶属于低不饱和橡胶,可以大量填充炭黑,直接加入炭黑即可起到一定的补强效果,经硫黄或过氧化物硫化后可用于制造大灯内衬垫等汽车用橡胶配件。不过要想大幅提高乙丙橡胶的性能,就必须对炭黑进行处理,解决炭黑粒子间的自聚作用大、在橡胶基体中分散不均匀的问题。采用甲基丙烯酸缩水甘油酯(GMA)、甲基丙烯酸-2-羟乙酯(HEMA)等对炭黑进行表面处理后再填充到乙丙橡胶中,可以更好地改善乙丙橡胶的定伸应力、拉伸强度和撕裂强度。例如,在三元乙丙橡胶中加入 3.75% 的 GMA 改性炭黑后,变形 300% 的定伸应力8.25MPa,拉伸强度 18.37MPa,撕裂强度 44.01kN/m,是未改性炭黑填充的乙丙橡胶的2.1 倍、1.7 倍和 1.8 倍。而且,加入炭黑后还可以改善乙丙橡胶的加工性能、耐湿热老化和耐热空气老化的性能。

6.7.4.2 白炭黑填充乙丙橡胶体系

白炭黑是制造浅色橡胶制品中最常用的填充材料,其表面活性和补强性能比其它无机浅色填料更好。而且,白炭黑对乙丙橡胶的补强效果比天然橡胶、丁苯橡胶、硅橡胶等要好。白炭黑的主要成分是二氧化硅,其表面附有许多硅烷醇和游离水,比表面积大,表面能高,非常容易附着硫化促进剂,降低了乙丙橡胶的硫化速率,导致补强效果变差,硫化胶弹性差、变形大。为解决这一问题,可以加入一些活性剂,来避免硫化促进剂等被白炭黑所吸附。例如,硅烷偶联剂就是不错的选择,它可以活化白炭黑的表面,提高白炭黑的分散性,减少促进剂的吸附,从而改善了白炭黑填充乙丙橡胶硫化性能、加工性能和机械性能。

6.7.4.3 滑石粉填充乙丙橡胶体系

滑石粉的主要成分是含水的硅酸镁,分子式为 $Mg_3(Si_4O_{10})(OH)_2$。作为常见的无机填料,滑石粉可以起到对橡胶补强的作用,还具有很好的润滑性,可改善未硫化橡胶胶料的加工性能。滑石粉光泽好、价格较低,可部分替代白炭黑用于制造浅色橡胶制品。而且,滑石粉对于乙丙橡胶的硫化过程有一定的促进作用,可与硫化促进剂配合提高乙丙橡胶的硫化速率。滑石粉粒径的大小与补强效果有直接关系,通常粒径越小,补强效果也越好。但是,粒径越小就越容易出现团聚现象,适得其反,造成补强效果不佳,需要加入一些助剂来解决。硅烷偶联剂、钛酸酯偶联剂等可以增进滑石粉与乙丙橡胶分子的结合,适量使用可以改善胶料的物理机械性能。其中,硅烷偶联剂中的烷氧基可以与滑石粉表面的羟基缩合,而其中的S 又可以与乙丙橡胶分子中不饱和双键反应,从而使滑石粉和乙丙橡胶之间形成化学键合,其偶联效果更佳,胶料的补强效果也较好。

6.7.4.4 碳酸钙填充乙丙橡胶体系

碳酸钙在橡胶填充改性中也扮演着重要角色,它价廉易得,可以对橡胶起到一定的增强作用。但是普通的碳酸钙其主要作用就是降低成本,增强效果不明显。纳米碳酸钙如果可以在橡胶基体中很好地分散,可大大改善橡胶的力学性能,替代或部分替代白炭黑。通过对纳米碳酸钙的表面改性可以改善其在橡胶中的分散状况,例如,加入一些偶联剂、表面活性剂等。硬脂酸是纳米碳酸钙最常用的表面改性剂，市售的有机改性纳米碳酸钙大多是用硬脂酸进行表面处理的。不过，由于硬脂酸与碳酸钙和橡胶都不能发生较强的反应，因此，虽然可以改善填料的分散情况，但补强效果不佳。采用一些既可以与碳酸钙反应，又可以与乙丙橡胶基体反应的表面活性剂，可以起到更好的分散和补强作用。例如，甲基丙烯酸（MAA）可以与碳酸钙表面的钙离子等化学键合，又可以在引发剂作用下与 EPDM 反应，从而实现碳酸钙与橡胶之间较强的结合。在 EPDM 中填充 60 份的纳米碳酸钙，其硫化胶的拉伸强度为 16.9MPa，而加入经甲基丙烯酸表面处理后等量的纳米碳酸钙，硫化胶的拉伸强度为 25.6MPa，提高了 51%。

此外，硫酸钙、氧化铁、蒙脱土、木质素等也可用于乙丙橡胶的填充改性。随着提纯、细化和表面处理技术的不断进步，越来越丰富的填料进入到乙丙橡胶改性领域。而且，为满足乙丙橡胶多样化的用途，复合填充材料的应用范围不断扩大，每种组分分别满足制品不同的应用要求，配合在一起使用还可以达到一定的协同效应。例如，白炭黑与硫酸钙晶须复合的填充体系对 EPDM 的补强效果优于单一填料，而且价格低于白炭黑。又如，蒙脱土与氧化铁复合的填充体系除了对 EPDM 有很好的增强效果以外，还提高了胶料的吸油速率和吸油量，可用于生产吸油材料。

6.7.5 应用举例

6.7.5.1 塑胶运动场铺面

在 1961 年第一条塑胶赛马跑道出现之前，赛跑、赛车、赛马等运动场地多用煤渣、沥青等铺设。塑胶运动场（图 6-18）场地平坦、防滑、有弹性，有利于运动员速度和技术的发挥，可提高竞技水平，降低摔伤危险。目前，大多数的塑胶运动场的铺面材料是以聚氨酯（PU）作为主要原料，添加适量 EPDM 颗粒制成，短跑要比在煤渣跑道上快 0.2～0.3s。而采用 EPDM 作为基体，相比 PU 基体的材料而言，弹性更好，平整度更高，运动员在上面奔跑时舒适感更强，耐紫外线、臭氧、酸雨的能力也更好，从而使塑胶运动场的品种档次得

图 6-18 塑胶运动场

以提高。EPDM 塑胶运动场铺面使用的材料是 80% 以上的 EPDM，适量废旧轮胎橡胶、黏合剂、防老剂等混合制成，目前已经获得了认可，成为国际、国内大型比赛的标准场地用材料，正在部分替代 PU 基体的铺面材料。

6.7.5.2 汽车保险杠

EPDM/PP 共混物中加入适量碳酸钙或滑石粉增强、以过氧化物作为硫化交联剂可获得具有优异性能和较高的性价比的材料，在汽车产业中有十分广泛的应用，可用于制造保险杠、护栅、导流板、加油踏板、散热器隔栅、冷却风扇等等，其中最具有代表性的当属保险杠。保险杠由于其在保护车辆和驾驶员安全方面特殊的作用，要求其应当具有很好的抗冲击韧性，EPDM 就很好地改善了 PP 的耐低温韧性，防止汽车保险杠在冬天或低温地区脆化，无法实现缓解碰撞的作用。目前，五十铃轻型汽车、奥迪轿车、红旗轿车、夏利轿车等均采用 EPDM/PP 共混材料制造保险杠。

6.7.5.3 防水卷材

防水卷材是一种可卷曲的片状防水材料，用在建筑墙体、屋面、隧道、公路、垃圾填埋

场等场所，起到抵御雨水、地下水渗漏的作用。防水卷材要求具有较高的物理机械性能，可以抵御外力作用，耐集中应力。EPDM 防水卷材是一种高档防水材料，是 EPDM 与丁基橡胶混炼、硫化得到的，可加入炭黑进行补强，如果制造彩色防水卷材最好使用白炭黑补强。EPDM 防水卷材弹性好，抗变形和应力开裂性能优异，经久耐用，据测算其耐用年限可达54 年。而且，EPDM 防水卷材中不含氯，具有很高的环保性能，加工过程中产生的废料可再生使用。

6.7.5.4　火箭发动机内绝热层

火箭发动机的内绝热层是介于发动机与推进剂之间的热防护材料，具有绝热保护的作用，通过自身的不断分解、烧蚀带走大部分热量以减缓燃气的高温迁移，保证发动机的正常工作。因此，要求制造材料耐烧蚀性和耐腐蚀性优异，而且还要与发动机罩体及推进剂有很好的黏结性能，同时密度尽可能低。EPDM 是橡胶中密度最低的，耐腐蚀性和耐热氧老化性优异，与大多数推进剂和发动机罩体材料都具有很好的相容性。但 EPDM 本身耐烧蚀性能有限，早期火箭发动机的内绝热层的材料主要是石棉纤维增强的 EPDM。后来考虑到石棉纤维在环保上的问题，以芳纶纤维代替。配方中可以加入一些天然橡胶或丁腈橡胶，以提高芳纶纤维在胶料中的添加量，也可以加入一些增黏树脂（热塑性烷基酚醛树脂、松香、古马隆树脂等），以进一步改善 EPDM 的自黏性和互黏性。

6.8　丁基橡胶的改性

6.8.1　丁基橡胶的性能特点

丁基橡胶（butyl rubber，IIR）是异丁烯与少量异戊二烯（1%～3%）的共聚物，其结构以异丁烯为主，分子结构呈长链状，分子链两侧分布有侧甲基（结构式如图 6-19 所示）。1941 年美国美孚标准石油公司以三氯化铝为催化剂，氯甲烷为稀释剂首先实现了丁基橡胶的工业化生产。

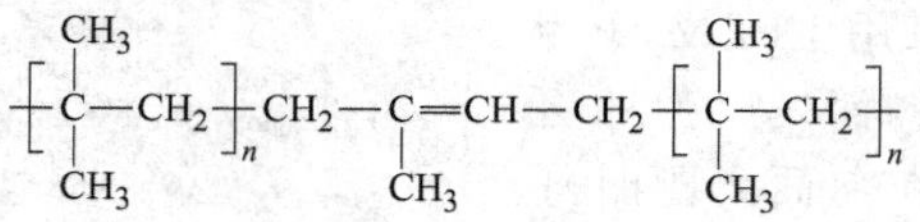

图 6-19　丁基橡胶分子结构式

丁基橡胶分子链两侧密集的侧甲基，使其具有优良的气密性和水密性，主链上低的饱和度则赋予它良好的耐热、耐老化、耐酸碱、耐臭氧、耐溶剂等性能。此外，丁基橡胶还具有不错的电绝缘性、减震阻尼性等。丁基橡胶以其优异的性能已广泛应用在轮胎工业，用于加工内胎、水胎、子午胎气密层、硫化胶囊、胎侧、内胎气门芯等，另外还可以用于生产电线电缆绝缘层、密封垫圈、减震制品、腐蚀性液体容器衬里、防水建材、耐热运输带、胶黏剂等等。

但是，丁基橡胶的工艺性能不佳，低的不饱和度导致其在加工过程中不易断链，混炼过程中需要加入适量的塑化剂。而且，丁基橡胶的硫化速率慢，用硫黄硫化比较困难，需要与高效促进剂并用，或提高硫化温度和延长硫化时间。丁基橡胶的自黏性和互黏性都较差，难以与其它胶料共混和共硫化。

6.8.2　丁基橡胶的卤化改性

丁基橡胶较差的工艺性能及黏结性大大限制了它的推广应用，解决这一问题最好的方法就是对其进行卤化改性。丁基橡胶在脂肪烃溶剂中与氯或溴进行反应，将氯原子或溴原子接到丁基橡胶分子链上，制出氯化丁基橡胶（CIIR）或溴化丁基橡胶（BIIR）。卤素原子的存在，使丁基橡胶中的双键被活化，极性有了很大的提高，从而使卤化丁基橡胶克服了丁基橡胶硫化速率慢、与其它橡胶难于共硫化、黏结性能差的问题，同时还具有优异的耐热性、耐老化性、耐化学品性和气密性。正因为如此，卤化丁基橡胶的消费量超过丁基橡胶中消费的50％，已经成为改性丁基橡胶中最大的品种，大有后来居上、取而代之之势。

氯化丁基橡胶是将丁基橡胶溶于四氯化碳、氯甲烷或己烷等溶液中，然后氯气进行氯化得到的高饱和橡胶，分子结构中含有 $1.1\%\sim1.3\%$ 的氯和 $1.0\%\sim1.7\%$ 的双键。氯化丁基橡胶具有与丁基橡胶相似的气密性、抗臭氧性和阻尼减震性，其耐热性和工艺性优于丁基橡胶，生物安全性好，吸水性低，易于与其它橡胶共混、共硫化和黏合。氯化丁基橡胶广泛应用于轮胎气密层、药品封装材料、化工设备衬里、空调器胶管、缓冲胶垫等方面。

溴化丁基橡胶是将丁基橡胶溶解于氯化烃溶剂，再加入溴化改性剂制得，其分子结构中含有不饱和双键和烯丙基溴。溴化丁基橡胶具有丁基橡胶本身固有的耐热、耐候、耐臭氧、耐酸碱、耐老化、不透气、高衰减等优良特性，又与氯化丁基橡胶一样具有硫化速率快、交联密度高、黏结性能好、共硫化性好、耐热温度高等优点。而且，由于 C—Br 键的键能小于 C—Cl 的键能，溴化丁基橡胶的硫化反应活性比氯化丁基橡胶要高，硫化速率更快，硫化剂用量少，硫化方式多样化。但过高的硫化活性，使溴化丁基橡胶硫化时焦烧时间短，操作的安全性不佳，需要通过调节硫化配方来改善。在子午线轮胎、斜交轮胎、耐热内胎、药品瓶塞、机械衬垫等制品的生产中，溴化丁基橡胶已逐渐取代了丁基橡胶。

6.8.3　丁基橡胶的共混改性

丁基橡胶的耐油性较差，硫化速率慢，黏结性能不佳。这些缺点限制了丁基橡胶的应用范围，通过与其它材料共混改性，可以从性能、工艺等各方面加以改善。但是，丁基橡胶与其它材料的共混相容性和共硫化性都较差，为了改善这种情况，可以对共混体系进行增容，对硫化体系进行调整。当然，更快速而有效的方法就是以卤化丁基橡胶代替或部分代替丁基橡胶，提高与共混材料的黏结性能，加快硫化反应。

6.8.3.1　丁基橡胶与卤化丁基橡胶的共混体系

卤化丁基橡胶虽然出现得比丁基橡胶晚，目前价格也比丁基橡胶略贵，但由于它与丁基橡胶相比，性能上差别不大，而硫化速率更快，硫化体系的选择更灵活。而且，卤化丁基橡胶与丁基橡胶具有很好的相容性，理论上可以以任何比例共混，两者共混不必考虑大多数共混体系面临的增容问题。因此，以部分卤化丁基橡胶与丁基橡胶共混，是在保持丁基橡胶优异特性的基础上，改善其硫化性能的最佳途径。

例如，我们将丁基橡胶与溴化丁基橡胶以 60 : 40 的质量比共混，共混胶的物理机械性能和硫化特性如表 6-26 所示。加入溴化丁基橡胶后丁基橡胶的拉伸强度、断裂伸长率、永久变形和硬度等物理机械性能没有太大的变化，而硫化时间却明显缩短。而且，由于溴化丁

表 6-26　IIR、IIR/BIIR、BIIR 的物理机械性能与硫化特性对比

性能	IIR	IIR/BIIR	BIIR
拉伸强度/MPa	12.4	11.4	11.8
断裂伸长率/％	580	630	700
永久变形率/％	24	30	28
硬度(邵尔 A 型)/度	58	53	53
t_{10}/min	1.6	1.5	1.4
t_{90}/min	10.1	8.1	5.9

注：t_{10} 为交联度＝10％时的硫化时间；t_{90} 为交联度＝90％时的硫化时间。

基橡胶可以采用金属氧化物（氧化锌）、二硫代氨基甲酸盐、秋兰姆类化合物、硫脲化合物、芳香族胺化合物、二马来酰亚胺、硫黄、烷基苯酚甲醛树脂、醌二肟化合物、有机过氧化物等多种硫化体系进行硫化。因此，溴化丁基橡胶的加入丰富了丁基橡胶的硫化体系，使其可以根据最终橡胶制品的物性灵活地选择。

6.8.3.2　丁基橡胶与天然橡胶的共混体系

丁基橡胶与天然橡胶的相容性较差，两者共混胶难以形成共硫化，胶料的性能较差。而卤化丁基橡胶中的卤素原子增加了与硫化剂交联的反应中心，硫化速率较快，硫化体系也多样化，可以与天然橡胶用氧化锌-硫黄-二硫化四甲基秋兰姆（TMTD）硫化体系进行硫化。卤化丁基橡胶与天然橡胶共混可以在保持优异气密性的同时，提高其耐曲挠、防滑、挺度等物理机械性能，并改善了工艺性能和黏合性能。卤化丁基橡胶与天然橡胶的共混胶已广泛应用于生产对密封性要求较高的无内胎轮胎。

表 6-27 和表 6-28 对氯化丁基橡胶与天然橡胶共混胶的透气性进行了表征。从中可以看出，氯化丁基橡胶/天然橡胶共混胶的气密性远优于天然橡胶。天然橡胶的加入会影响到氯化丁基橡胶对气体的阻隔，因此在制造密封性材料时要注意控制天然橡胶的用量，通常以不高于30%为宜。

表 6-27　天然橡胶与氯化丁基橡胶/天然橡胶（70/30）气密层的水汽渗透量对比

胶种	水汽渗透量/[g/(100in² · 24h)]
天然橡胶	1.00
氯化丁基橡胶/天然橡胶	0.10

注：试片厚度 0.02in（1in=2.54cm），试验温度 38℃。

表 6-28　氯化丁基橡胶/天然橡胶共混胶的透气性能

氯化丁基橡胶/天然橡胶（质量比）	空气透过量/[ft³/(ft² · 24h)]
100/0	0.000200
70/30	0.000814
60/40	0.001070

注：试片厚度 0.001in，面积 1ft²（1ft=0.3m），试验温度 21℃，压差 1lb/ft²（1lb=0.45kg）。

6.8.3.3　丁基橡胶与乙丙橡胶的共混体系

丁基橡胶的溶解度参数为 7.8 $(cal/cm^3)^{1/2}$（1cal=4.1868J），三元乙丙橡胶的溶解度参数为 7.9 $(cal/cm^3)^{1/2}$，两者具有较好的热力学相容性，可以以任意比例混容，且极性和饱和度相差较小。丁基橡胶与三元乙丙橡胶的硫化体系相似，硫化起步时间、硫化速率和正硫化时间基本相同（丁基橡胶略慢），硫化交联过程基本同步，具有较好的共硫化性。

丁基橡胶/三元乙丙橡胶共混胶可以使用硫黄/低硫高促进剂或者烷基苯酚甲醛树脂进行硫化。与三元乙丙橡胶共混后，丁基橡胶的耐老化性能和耐候性大大改善，硫化时焦烧时间延长且硫化速率提高，有利于保证工艺操作的安全性和生产效率。三元乙丙橡胶用量为20～25份时，丁基橡胶/三元乙丙橡胶共混胶的综合性能最好。

卤化丁基橡胶与三元乙丙橡胶的溶解度参数也很接近，同样具有很好的热力学相容性，虽然在饱和度和极性方面有所差异，但是以硫黄/TMTD硫化体系硫化时仍可达到同步硫化，两相间形成体型网络结构，共混硫化胶的机械性能和使用性能良好。

6.8.3.4　丁基橡胶与丙烯酸酯橡胶的共混体系

丙烯酸酯橡胶（ACM）是以丙烯酸酯为主单体，与低温耐油单体和硫化单体共聚而得到的弹性体材料，其大分子主链是完全饱和的碳链，侧基为高极性的酯基。丙烯酸酯橡胶的耐油性、耐热性、耐氧化性、黏结性、阻尼减震性等都十分优越。将丙烯酸酯橡胶引入到丁基橡胶（或卤化丁基橡胶）中，可以大大改善它的机械性能。例如，在丁基橡胶中加入 30 份丙烯酸酯橡胶共混后，拉伸强度从 4.55MPa 提高到 7.90MPa，硬度从 45 度提高到 55 度。

丁基橡胶与丙烯酸酯橡胶共混最大的好处是提高了丁基橡胶的黏结性能。丁基橡胶分子链不带有极性侧基，其表面能仅为 27.0mJ/m^2。氯化改性后，极性氯原子的存在使氯化丁基橡胶的表面能提高到 28.2mJ/m^2。而丙烯酸酯橡胶带有强极性的酯基，表面能有 41.0mJ/m^2。因此，在丁基橡胶中加入适量丙烯酸酯橡胶可以提高其界面黏附作用，与其它材料有较好的润湿性，黏结性能突出。例如，丁基橡胶与钢片的黏合性较差，剥离强度仅为 0.73kN/m，换为氯化丁基橡胶后剥离强度提高到 2.67kN/m。而如果在丁基橡胶和氯化丁基橡胶中各添加 30 份的丙烯酸酯橡胶后，它们与钢片的剥离强度分别提高到了 1.61kN/m 和 3.78kN/m。

6.8.4　丁基橡胶的阻尼改性

我们都知道，聚合物从玻璃态向高弹态转变的过渡区称为"玻璃化温度（T_g）"。T_g 并不是一个特定的温度，而是一个温度区间。聚合物在这个温度区间内，链段运动具有明显的滞后效应，受到振动后产生的应变不能完全跟上应力的变化，吸收一部分振动能量再以热的形式耗散出去。利用这一现象，可以制备高分子阻尼材料，利用其玻璃化转变区作为功能区，达到一定的阻尼减震、降噪吸声等功能。

但是，一般聚合物的玻璃化温度范围较窄，可以体现出这种阻尼性能的有效温度区间只有 10～30℃，难以作为阻尼材料使用。而丁基橡胶作为合成橡胶工业发展史上第一个高饱和的橡胶品种，其分子结构的特殊性决定了它是制备高分子阻尼材料的理想聚合物。

丁基橡胶分子链密集分布着许多侧甲基，链段松弛阻力大，内耗较高。而且，它的玻璃化温度附近存在次级转变，其内耗峰又高又宽又平，从 −70℃ 一直持续到 20℃。因此，丁基橡胶在低温区具有优异的阻尼性能。

为了使其在军事领域和民用产品上得以广泛应用，需要进一步改善丁基橡胶的阻尼性能，主要包括改进低温区的综合性能和将阻尼功能区向高温扩展。为达到改性目的，可以将丁基橡胶与其它弹性体（硅橡胶、丙烯酸酯橡胶等）共硫化或与树脂（氯化聚乙烯、酚醛树脂等）共混。

例如，硅橡胶的大分子主链是由硅、氧原子交替形成，具有优异的耐高低温性和耐老化性，在 −50℃ 到 200℃ 的温度范围内力学性能都很稳定。将硅橡胶用于丁基橡胶的阻尼改性中，可以提高丁基橡胶的阻尼因子，有效拓宽阻尼温度范围。表 6-29 列出了甲基乙烯基硅橡胶与丁基橡胶共硫化胶料的力学性能和阻尼性能。虽然硅橡胶与丁基橡胶热力学不相容，$\delta_{\text{甲基乙烯基硅橡胶}} = 15.6$（J/cm^3）$^{1/2}$，$\delta_{\text{丁基橡胶}} = 16.5$（J/cm^3）$^{1/2}$，但可以通过动态共硫化的方法制备两者共混的高分子阻尼材料，其力学性能较佳，而且，硅橡胶的加入没有显著影响到丁基橡胶的损耗因子（tanδ），减震性能变化不大，但却将丁基橡胶的阻尼温度拓展到了高温区，使其可以在室温和高温的工作环境中作为阻尼材料使用。

表 6-29　丁基橡胶、丁基橡胶/硅橡胶（50/50）、硅橡胶硫化胶的性能比较

胶种	硬度 （邵尔 A 型）/度	拉伸强度 /MPa	断裂伸长率 /%	tanδ 最大值	tanδ>0.3 的温度范围
丁基橡胶	32	13.0	758	0.73	−71～10℃
丁基橡胶/硅橡胶	28	6.3	610	0.69	−50～100℃
硅橡胶	5	5.2	213	0.12	—

图 6-20　防毒面具

6.8.5　应用举例

6.8.5.1　防毒面具罩体材料

防毒面具（图 6-20）是一种个人防护器材，用于在军事、化工、存储、科研等有毒害环境中保护工作人员的呼吸器官、面部皮肤和眼睛等免受伤害。防毒面具主要由罩体、导气管和过滤器三部分组成。其中罩体用于使工作人员与有毒害环境隔绝，因此防毒面具的罩体材料需要具有很好的气密性、抗毒剂渗透性、耐候性和耐老化性。考虑到防毒面具佩戴的舒适性和普遍适应性，还需要具有一定的机械强度和柔软性。

丁基橡胶的气体透过率低、耐天候老化性好、不引起面部过敏，但它的硫化速率慢、有喷霜（硫化配合剂等迁移到胶料表面形成霜状）现象、柔软性和耐寒性不足，需要通过一定的物理化学改性才能满足防毒面具罩体材料的要求。

为克服其硫化加工方面的问题，采用氯化丁基橡胶作为防毒面具罩体的基体材料，不仅提高了硫化速率，还可以进一步改善耐热和耐臭氧性能。为了使防毒面具适合多种头型的人佩戴，不给使用者造成面部挤压的不舒适感，可以将氯化丁基橡胶与弹性优异的天然橡胶共混，还可以降低材料成本。但天然橡胶用量需要严格，不超过 20 份，以免损失气密性。而加入适量（5 份左右）增塑剂，如邻苯二甲酸二辛脂（DOP）、癸二甲酸二辛脂（DOS）等，可以提高材料的耐寒性能，使其可以在 $-40℃$ 的低温环境中使用。另外再加入 $30 \sim 35$ 份的炭黑作为补强材料，保证防毒面具使用过程中对强度和刚性的要求。

6.8.5.2　汽车内胎

内胎是汽车中的辅助承气容器，用于保持轮胎的内压，减少震动。丁基橡胶、三元乙丙橡胶及氯化（或溴化）丁基橡胶三元共混胶的透气性小，耐热性、耐寒性、耐老化性好，具有较高的弹性和较小的永久变形，同时还具有很好的阻尼减震性，很适合用作汽车内胎胶料。图 6-21 所示为氯化丁基橡胶卡车的内胎。

作为主体的丁基橡胶具有优异的气密性，自闭性好，能够可靠地保持住轮胎内压，行驶中气体自然渗漏少，减少油耗，也降低了轮胎的充气频率，打足气可以长期使用，深受汽车司机喜爱。

三元乙丙橡胶可以提高丁基橡胶的弹性和耐热、耐寒性，减少了永久变形，从而防止了汽车高速行驶时高温造成的橡胶快速自硫化，延长了使用寿命。配合增塑剂使用，

图 6-21　氯化丁基橡胶卡车内胎

可以有效提高耐用温度极限，耐热极限可达 200℃以上，耐寒温度极限可达 $-80℃$，完全可以满足我国各地区气温的巨大差异。

而少量（$1.5 \sim 2.5$ 份）卤化丁基橡胶的加入，可以改善胶料的共硫化性和黏合性。再配以 60 份左右的补强炭黑和 20 份左右的增塑烷烃油，经混炼、密炼、出型，再采用硫黄/硫化促进剂/氧化锌进行硫化定型后即可获得综合性能优异的汽车内胎产品。

6.8.5.3　输液用胶塞

医药卫生领域使用的注射剂瓶和输液瓶的橡胶瓶塞需要具有很高的洁净度、密封度、耐老化性和耐灭菌性等，要能符合人体健康标准。早期使用的天然橡胶塞子由于蛋白质含量

高、性能差异大、容易引起乳胶过敏等缺
点，已于 2005 年 1 月 1 日起停止在我国医
药用品领域使用。目前国内输液用胶塞已采
用性能更好的药用丁基橡胶塞。丁基橡胶具
有很好的隔离性，对水、空气及其它气体的
透过率都很低，但是丁基橡胶硫化困难，硫
化剂使用量较高，常使用的硫黄/促进剂或
氧化锌等硫化体系容易被抽出，污染输液
胶塞。

图 6-22　注射液用氯化丁基橡胶塞

　　因此，现在使用的输液用胶塞主要是经
化学改性的丁基橡胶——氯化丁基橡胶和溴
化丁基橡胶。氯化丁基橡胶的硫化性能好，
可以使用少量"洁净"硫化剂进行硫化，1961 年采用氯化丁基橡胶生产出了第一个无硫药
用胶塞。图 6-22 所示为注射液用氯化丁基橡胶塞。溴化丁基橡胶的活性更高，硫化剂使用
量更少，1973 年采用溴化丁基橡胶生产出了第一个无锌药用胶塞。输液用卤化丁基橡胶塞
子的配方十分简单，除硫化剂外，主要的填充材料就是煅烧高岭土（用量 50～60 份）。煅烧
高岭土可以减少不溶性微粒，提高耐穿刺落屑性能和注射剂的澄明度，改善胶塞灭菌后的发
黏现象和乳光现象。综合考虑适用性、成本和物化性能，卤化丁基橡胶是目前生产输液用胶
塞的第一选择。

6.9　丁腈橡胶的改性

6.9.1　丁腈橡胶的性能特点

　　丁腈橡胶（nitrile butadiene rubber，NBR）是以丁二烯和丙烯腈为基本单元，经乳液
聚合而得到耐油性优异的弹性体材料，最早在 1973 年由 I. G. Farben 公司以碱金属为催化剂
实现工业化生产，其分子结构式如图 6-23 所示。

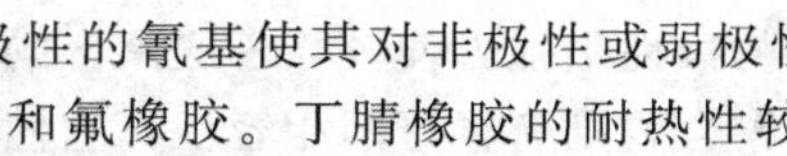

$$\left[CH_2-CH=CH-CH_2\right]_m\left[CH_2-CH\atop CN\right]_n$$

图 6-23　丁腈橡胶的分子结构式

　　按照丙烯腈含量的高低，可将丁腈橡胶分为超高腈（丙烯腈含量≥43％）、高腈（丙烯
腈含量 36％～42％）、中高腈（丙烯腈含量 31％～35％）、中腈（丙烯腈含量 25％～30％）、
低腈（丙烯腈含量≤24％）。

　　丁腈橡胶分子结构中高极性的氰基使其对非极性或弱极性的油和溶剂具有优异的耐油
性，其耐油性仅次于聚硫橡胶和氟橡胶。丁腈橡胶的耐热性较好，可在 120℃下长期使用，
耐磨性、气密性、黏结力和耐水性良好。但是，氰基的存在使丁腈橡胶的耐候性不佳，耐寒
性、耐氧化性和抗老化性较差。而且，丁腈橡胶的介电性能不好，属于半导体橡胶，不宜做
绝缘材料。丁腈橡胶分子结构中丙烯腈含量越高，其耐油性、耐磨性、强度、硫化速率等均
有提高，而耐寒性和弹性等变差。

　　作为特种合成橡胶，丁腈橡胶主要用于制造耐油的橡胶制品，如耐油胶管、阻燃输送
带、油封、垫圈等。通过物理化学改性，可以进一步优化丁腈橡胶的耐油性和耐磨性，同时
改善其耐候性和机械性能。

6.9.2 丁腈橡胶的化学改性

6.9.2.1 丁腈橡胶的氢化改性

橡胶分子中的不饱和双键使其耐候性变差，在热、光、氧等作用下性能容易恶化，失去使用价值，提高橡胶饱和度最直接的方法就是对其进行氢化改性。丁腈橡胶的耐寒性、耐臭氧性等不佳，通过氢化，既可以保持其结构上高极性的氰基，又可以使其大分子主链饱和。

氢化丁腈橡胶（HNBR）最早是由日本 Zeon 公司在 20 世纪 70 年代将乳聚丁腈橡胶粉碎溶于适当溶剂后，以贵金属钯、铑等为催化剂，高压下用氢气进行加氢还原反应制得，并在 20 世纪 80 年代中期实现工业化生产。

氢化丁腈橡胶具有优异的耐油性和耐磨性，其耐酸性汽油性和耐润滑油性优于丁腈橡胶，耐磨指数也远高于丁腈橡胶（氢化丁腈橡胶耐磨指数为 180，丁腈橡胶耐磨指数为 100）。而且，氢化丁腈橡胶还具有较好的耐低温性能和耐臭氧性能，其硫化胶的拉伸强度高、永久变形性好。因此，氢化丁腈橡胶被广泛用于石油、汽车、化工、建筑等领域，例如加工同步带、空调密封 O 形圈、U 形衬垫、燃油胶管、膜片、轧钢胶辊和液压转向器用胶管等。

6.9.2.2 丁腈橡胶的羧化改性

羧化丁腈橡胶（XNBR）可以由丁二烯、丙烯腈和丙烯酸（或甲基丙烯酸）共聚获得（或由含羧基的引发剂引发丙烯腈和丁二烯的共聚），也可以在普通的丁腈橡胶的分子链上引入少量丙烯酸或甲基丙烯酸单体得到。前一种方法制备工艺复杂、生产成本较高，使用较少。

在分子链中引入极性的羧基，羧化丁腈橡胶的极性更加高，从而获得更加优异的耐油性、黏结强度和耐磨性，同时还具有较高的强度和模量，耐臭氧龟裂和耐热老化性等也都优于丁腈橡胶。但羧化丁腈橡胶的耐低温性能较差，压缩永久变形较大，而且羧基的高反应活性，使羧化丁腈橡胶的硫化交联反应活跃，硫化速率快、焦烧时间短、硫化操作安全性差。但羧化丁腈橡胶硫化剂的选择很灵活，既可使用传统的硫黄/硫化促进剂，还可使用过氧化物、二价金属氧化物、二价金属盐等硫化体系。

羧化丁腈橡胶主要用于制备耐油性和耐磨性要求较高的橡胶制品，例如，飞机油箱的高压密封件、汽车耐磨油封膜片等。此外，羧化丁腈橡胶还可以作为环氧树脂、氰酸酯树脂、双马来酰亚胺树脂等热固性树脂的增塑改性剂，例如，羧化丁腈橡胶对于改善酚醛树脂的弹性、耐油性、耐老化性等非常有效，可用于生产汽车高速刹车片。羧化丁腈橡胶还可以与丁腈橡胶、氯丁橡胶、聚氯乙烯、聚甲醛等橡塑材料共混，从而提高这些材料的耐磨、耐油、耐老化等性能。

6.9.3 丁腈橡胶的共混改性

丁腈橡胶分子结构中氰基的极性很强，使其与一般聚合物的相容性不好，但是与氯丁橡胶、聚氯乙烯等含氯的高极性聚合物则有很好的相容性，它们的共混物已在电线电缆行业有广泛的用途。同时，丁腈橡胶也可以与天然橡胶、丁苯橡胶等非极性聚合物共混，用以改善其加工性能、使用性能和降低成本，不过与这些聚合物共混往往都会牺牲部分丁腈橡胶的耐油性。

6.9.3.1 丁腈橡胶与聚乙烯的共混体系

通过动态硫化的方法可以制备丁腈橡胶与聚乙烯的共混硫化胶。聚乙烯的加入使丁腈橡胶的耐油性降低，但强度和硬度有所改善，同时具有了较好的塑性和加工性能，是综合性能良好的热塑性弹性体。但是，丁腈橡胶与聚乙烯之间结构和极性差异很大，完全不相容，从而限制了两者共混材料性能的提高。采用氯化聚乙烯或氯磺化聚乙烯则可以克服这个问题。

氯化聚乙烯与丁腈橡胶的溶解度参数相差不大，极性接近，具有较好的相容性，通过共混可以性能互补。氯化聚乙烯可以改善丁腈橡胶的耐候性和抗臭氧性，提高抗冲击韧性和阻燃性。但氯化聚乙烯的加入同样会降低丁腈橡胶的耐油性，同时，氯化聚乙烯的硫化速率较慢，与丁腈橡胶共混时对硫化体系有较高要求，一般采用过氧化物进行硫化。氯磺化聚乙烯与丁腈橡胶也有很好的相容性，而且与氯化聚乙烯相比，氯磺化聚乙烯的耐油性、加工性能和硫化性能更好。与丁腈橡胶相比具有较好的共硫化性和加工流动性，硫化剂选择灵活，硫化工艺安全性高。

6.9.3.2　丁腈橡胶与聚氯乙烯的共混体系

丁腈橡胶与聚氯乙烯都带有强极性基团，内聚能密度和溶解度参数都相近，具有很好的相容性，可以以任意比例互溶，它们的共混胶是改性丁腈橡胶的重要品种，广泛用于电线电缆制品的生产，例如电缆护套、发泡绝热层、耐油外层胶等。

聚氯乙烯可以改善丁腈橡胶的耐候性、耐臭氧性，并赋予其较高的拉伸强度、定伸应力和阻燃性，而且大大降低了丁腈橡胶的材料成本。NBR/PVC 质量比在 80/20～60/40 范围内，共混胶的综合性能最好。

但是，丁腈橡胶与聚氯乙烯不具有共硫化性，它们没有通用的硫化剂。当聚氯乙烯含量较低（<20%）时，只需使用丁腈橡胶的硫化体系即可。聚氯乙烯的加入会降低丁腈橡胶的硫化速率，通过增加适量硫化促进剂可以解决。但当聚氯乙烯含量较高时，则需要使用硫黄/硫化促进剂和氧化锌/氧化镁两种硫化体系。

另外，聚氯乙烯的热稳定性差，丁腈橡胶高温下也容易老化，因此，两者共混时必须加入适量的热稳定剂或抗氧剂，例如，硬脂酸盐类、氧化锌、氧化镁等。

6.9.3.3　丁腈橡胶与聚酰胺的共混体系

丁腈橡胶与聚酰胺的溶解度参数相近，两者具有很好的相容性。在丁腈橡胶中加入适量的聚酰胺可以有效改善其力学性能（拉伸强度、硬度、撕裂强度等），起到明显的增强作用。聚酰胺树脂的加入会提高硫化胶的门尼黏度，添加量太高会影响胶料的加工性能，以 15～20 份为宜，最好不要超过 30 份。

丁腈橡胶/聚酰胺共混物既具有丁基橡胶优异的耐油性，又具有聚酰胺树脂的高强度，从而使其可以长期承受油类的侵蚀，延长制品的使用寿命，是制造耐油密封件的理想材料。例如，三元尼龙（尼龙 6/尼龙 66/尼龙 1010＝10/20/70）与丁腈橡胶共混制备的 Y 形密封圈，其使用寿命比单纯使用丁基橡胶要高 1.6 倍。

6.9.3.4　丁腈橡胶与聚甲醛的共混体系

丁腈橡胶是耐油性优异的特种合成橡胶，聚甲醛是耐磨性和电绝缘性突出的工程塑料，如能将两者合理共混，可获得综合性能优良的共混胶料，适用于对耐油性和耐磨性有特殊要求的电绝缘材料。

丁腈橡胶与聚甲醛是不相容聚合物，在聚甲醛添加量较低（<40 份）时，采用过氧化物或低硫高促的硫化体系，通过动态硫化的方法可以制备丁腈橡胶/聚甲醛共混胶。聚甲醛的加入不会破坏丁腈橡胶的耐油性和耐磨性，还可以改善它的硬度和撕裂强度。如果聚甲醛的添加量较高，那就需要加入适当的增容剂，否则共混胶的脆性过高，容易发生低温破坏。

有报道介绍，热塑性酚醛树脂特别适合作为增容剂用于丁腈橡胶与聚甲醛共混体系。热塑性酚醛树脂上的羟基可以分别与丁腈橡胶和聚甲醛形成氢键，从而通过这种强烈的相互作用将丁腈橡胶与聚甲醛两相界面黏结在一起，起到有效的增容作用。

6.9.3.5 丁腈橡胶与天然橡胶的共混体系

丁腈橡胶是强极性橡胶，而天然橡胶是非极性橡胶，两者热力学完全不相容，简单共混无法实现性能互补，制品的机械性能很差，不具使用价值。如果使用环氧化天然橡胶与丁腈橡胶共混，那情况就不同了。环氧化处理后，天然橡胶从非极性变为极性，与丁腈橡胶具有一定的相容性。研究结果表明，当环氧率高于 28% 后，环氧天然橡胶与丁腈橡胶共混物呈现一个玻璃化温度，相界面模糊，黏结力增强，机械强度明显提高。

虽然环氧化天然橡胶的加入会使丁腈橡胶损失部分的耐油性，但丁腈橡胶的弹性、强度和加工性能等都获得了提高，材料成本也有所降低。因此，在对耐油性要求不太严格的领域，丁腈橡胶/环氧化天然橡胶共混胶具有很高的经济效益和使用价值。

6.9.3.6 丁腈橡胶与丁苯橡胶的共混体系

丁苯橡胶和天然橡胶一样，加入到丁腈橡胶中进行共混，很大程度上是为了改善力学性能并降低成本，但这会牺牲丁腈橡胶耐油性。虽然丁苯橡胶与丁腈橡胶也热力学不相容，但是它们具有很好的工艺学相容性。而且，丁苯橡胶的加入对胶料性能的影响不会太大，工艺性能、机械性能和在腐蚀性液体中的溶胀度等都没有什么变化，抗蠕变性能有所下降，但耐老化性能和回弹性有所提高。因此，在丁腈橡胶中少量加入丁苯橡胶可以在不影响耐油性的基础上，提高丁腈橡胶的综合性能。当然，在不需过多考虑耐油性的场合，可大量添加丁苯橡胶以降低共混胶的成本。

6.9.3.7 丁腈橡胶与乙丙橡胶的共混体系

丁腈橡胶的耐油性优异，而耐臭氧性较差，三元乙丙橡胶则具有优异的耐臭氧性和耐热性，但不耐矿物油。丁腈橡胶/三元乙丙橡胶共混胶能够实现性能互补，将耐油性、耐热性和耐臭氧性结合起来，可用于制造汽车零部件、仪器仪表和电子零件等

但是，丁腈橡胶和三元乙丙橡胶的溶解度参数相差较大，$\delta_{丁腈橡胶} = 9.5 (J/cm^3)^{1/2}$，$\delta_{EPDM} = 7.9 (J/cm^3)^{1/2}$，热力学相容性不佳，共混胶的硫化工艺性较差。硫化过程中，两者在极性和硫化速率上的差异，使硫化剂及促进剂向极性高、硫化快的丁腈橡胶迁移，从而导致极性低、硫化慢的三元乙丙橡胶欠硫化。

为了改善丁腈橡胶/三元乙丙橡胶共混胶的硫化性能，可以在共混胶中引入少量极性和结构介于两共混组分之间的聚合物，作为增容剂改善三元乙丙橡胶在丁腈橡胶中的分散性和硫化工艺性。例如，氯化聚乙烯、氯磺化聚乙烯、氢化丁腈橡胶等都可以作为丁腈橡胶/三元乙丙橡胶共混胶的增容剂。

另外，加工工艺的调整也可以实现丁腈橡胶与三元乙丙橡胶的共硫化。首先将硫化剂、促进剂等硫化体系与三元乙丙橡胶进行塑炼，再加入炭黑或白炭黑等填料制备出母炼胶，然后再将母炼胶与丁腈橡胶混炼。这样就可以保证三元乙丙橡胶得到充分的硫化。

6.9.3.8 丁腈橡胶与氯化丁基橡胶的共混体系

丁腈橡胶的玻璃化温度较高，耐低温性能较差，同时不饱和的分子结构使其耐高温性能也较差，从而很大程度上限制了它的使用范围。而丁基橡胶的耐高温和耐低温性能都较好，可用于丁腈橡胶的共混改性。

丁腈橡胶与丁基橡胶极性相差较大，相容性不好，难以制备性能良好的硫化胶。采用氯化丁基橡胶代替丁基橡胶，氯原子的引入可以提高丁基橡胶的极性，与丁腈橡胶共混时两者的相容性很好，容易实现共硫化，可以获得耐高、低温性能都良好的耐油材料。在丁腈橡胶中添加 30% 的氯化丁基橡胶，可将丁腈橡胶的玻璃化温度降低 5.5℃，初始热分解温度提高 38.4℃，大大改善了丁腈橡胶的耐低温和耐高温性能。

氯丁橡胶与氯化丁基橡胶的硫化性能相似，也可以采用氯化丁基橡胶对丁腈橡胶进行改

性。获得的共混胶综合性能良好，虽然耐油性略有损失，但阻燃性和耐候性得以提高，而且成本较氯化丁基橡胶要低。

6.9.4　丁腈橡胶的增强改性

6.9.4.1　芳纶纤维填充增强丁腈橡胶

炭黑填充仍然是丁腈橡胶最主要的补强方式，而在浅色橡胶制品中，白炭黑、陶土、碳酸钙等无机填料有广泛的应用。但就增强效果而言，纤维增强复合材料具有无可比拟的优势。无机纤维（玻璃纤维、碳纤维）和有机纤维（尼龙纤维、聚酯纤维、芳纶纤维）经预处理后也都可以与丁腈橡胶有很好的掺混性，起到良好的增强作用。下面我们以高强、耐磨、耐热的芳纶纤维为例。

在丁腈橡胶包裹中的芳纶短纤维，起到主要的承力作用，并通过橡胶基体将荷载分布开，特别是经过预处理的芳纶纤维可以与丁腈橡胶有很好的黏结性，彼此相互缠结，改善了纤维与基体的拔脱力，可以有效提高丁腈橡胶的拉伸强度、撕裂强度和耐溶剂性能等。同时，芳纶纤维的存在降低了丁腈橡胶的摩擦系数，可阻止丁腈橡胶基体的大面积破坏，延缓其磨损。而且，芳纶纤维的加入可以赋予丁腈橡胶明显的各向异性，研究发现，当沿垂直于纤维方向摩擦时，材料的磨损最小，而当平行于纤维方向摩擦时，磨损最大。

6.9.4.2　（甲基）丙烯酸盐填充增强丁腈橡胶

新型的增强填料，例如凹凸棒、蒙脱土、碳纳米管等一直都备受研究者的关注，用它们来取代传统炭黑的研究十分热门。其中（甲基）丙烯酸金属盐（锌盐、镁盐、铝盐等）在提高丁腈橡胶强度和黏合性方面独树一帜。

这些（甲基）丙烯酸盐与丁腈橡胶混合后，在过氧化物的硫化作用下可以形成过氧化物交联键、金属离子交联键、交联键离子簇、橡胶-金属接枝或交联产物等复杂结构，最终硫化胶中含有大量的纳米粒子和少量微米粒子，从而在丁腈橡胶基体中形成纳米-微米网络结构，这种结构使（甲基）丙烯酸盐对丁腈橡胶有很好的补强作用。

例如，采用炭黑、丙烯酸锌、甲基丙烯酸锌、甲基丙烯酸镁对丁腈橡胶进行补强改性（表6-30）发现，（甲基）丙烯酸盐与丁腈橡胶形成的橡胶-金属离子键可以使其具有更好的增强效果，硬度、定伸应力、拉伸强度、断裂伸长率、撕裂强度等均高于炭黑增强的丁腈橡胶体系。

表 6-30　不同增强填料对丁腈橡胶力学性能的影响

填料	硬度 （邵尔 A 型）/度	100%定伸应力 /MPa	拉伸强度 /MPa	断裂伸长率 /%	撕裂强度 /(kN/m)
无	60	2.3	3.2	180	7.3
炭黑	68	3.2	14.7	220	27.8
丙烯酸锌	84	11.2	16.2	240	39.1
甲基丙烯酸锌	82	8.4	18.7	280	48.3
甲基丙烯酸镁	78	7.3	20.1	290	50.1

6.9.5　丁腈橡胶的耐磨改性

丁腈橡胶广泛用于生产橡胶金属制品和硬质橡胶制品，这些制品大多需要在动态环境下工作，例如船用轴承、汽车轮胎、传送带等。当它们处于转动或滑动状态时，如果没有足够的耐磨性和自润滑性，就容易产生磨损和噪声，长时间使用后甚至会由于摩擦生热而导致材料烧焦破坏，丧失使用价值。为提高动态环境下使用的丁腈橡胶制品的使用寿命，需要对其进行耐磨改性，减小摩擦系数，降低磨损率，提高自润滑性。

与颗粒、纤维等填料构成丁腈橡胶复合材料是一种有效的方法，碳纳米管、聚四氟乙烯、二硫化钼、石墨、氧化铁、高铬铸铁、纤维等材料都可以有效改善丁腈橡胶的摩擦性能。这些材料中，有的材料具有自润滑性，例如，聚四氟乙烯可以在丁腈橡胶硫化交联时被网格束缚在基体中，使基体获得优异的耐摩擦性能和自润滑性。而有的材料具有很高的强度，例如，芳纶纤维的高强度使其填充的丁腈橡胶复合材料具有很好的耐撕裂性和刚硬性，不容易发生摩擦破坏。还有些材料具有一定的磁性，例如，纳米 Fe_3O_4 作为磁性粒子对金属表面有吸附作用，当填充的纳米 Fe_3O_4 丁腈橡胶与金属材料接触摩擦时，表面的附着力较大，犹如覆盖了一层吸附薄膜，从而改善了耐磨性能。

当然，这些作用并不是孤立的，往往一种耐磨填料可以同时起到多种改性作用。例如，碳纳米管可以将材料的滑动摩擦转变为滚动摩擦，具有较好的自润滑性，同时它还可以起到优良的增强作用，从而提高了丁腈橡胶制品耐磨性和使用寿命，有效防止了制品使用过程由于磨损失效而产生的安全隐患。

6.9.6　应用举例

6.9.6.1　罐头密封胶

罐头是将食品经消毒杀菌后放入容器中密封，具有方便、易储存的优点，适应人们对减少油烟污染、减轻家务劳动的需求。要保证罐头制品的新鲜、储存期长和食用安全性，密封材料的选择至关重要。

我们可以看到的罐头密封材料包括最早使用的蜡，以及后期的密封胶，包括天然橡胶、丁苯橡胶、丁腈橡胶等。但是，天然橡胶和丁苯橡胶的耐油性不好，承装含油的食品时一方面无法起到密封作用，导致罐头变质，另一方面也容易发生溢胶而污染食品。而且，很多人对天然橡胶乳胶过敏，而丁苯橡胶中残留的甲苯有毒，这都限制了它们在罐头密封中的使用。

丁腈橡胶的耐油性能优异，在120℃的热猪油中煮1h都无溶胀现象，很适宜作为油性食品罐头的密封材料。但是，丁腈橡胶对气温较敏感，夏季不耐储藏。为了延长罐头的保质期，需要改善丁腈橡胶的耐热性。可以将丁腈橡胶与少量的三元乙丙橡胶共混，制备出的共混胶具有很好的耐油性和耐热性，以此作为罐头的密封材料，在炎热的夏天可以将储藏时间从一周提高到一个月。而且，丁腈橡胶/三元乙丙橡胶共混胶良好的抗臭氧性和耐热性完全可以承受食品工业中臭氧消毒和高温灌装等工艺。

6.9.6.2　汽车同步带

汽车同步带中橡胶层对提高同步带的传动效率和传送平稳性，降低噪声、节约能源、方便维修等各方面都有直接的影响。因此，对其材料的选择至关重要，目前国产小型车的同步带多采用综合性能良好的氯丁橡胶。但随着同步带耐高温、耐油、耐老化等技术要求的日益严苛，以及人们在节能环保、舒适安全等方面的需求不断增长，需要寻找新的材料来替代氯丁橡胶。

氢化丁腈橡胶具有优异的耐油性，完全可以抵御汽车中机油和润滑油等油品的侵蚀。它的动态机械性能优异，耐磨性良好，不打滑，传动过程中噪声低，运转寿命长。它的耐热氧化性良好，能够长期耐140℃左右的高温，可以靠近发动机耐受汽车运转时机罩下的高温。氢化丁腈橡胶不含卤素和重金属的氧化物，对环境无害，可靠性和安全性高。而且，氢化丁腈橡胶制备的汽车同步带传动效率高、运转平稳紧凑、维修养护也很方便，是高档汽车同步带的理想材料。目前，欧洲和美国的汽车（包括柴油车）绝大多数都采用氢化丁腈橡胶制作同步带。日本的丰田、日产、三菱、马自达等车型中也以氢化丁腈橡胶取代了氯丁橡胶。

6.10　硅橡胶的改性

6.10.1　硅橡胶的性能特点

硅橡胶（silicone rubber）是硅的高分子有机化合物，其大分子主链由硅、氧原子交替形成，是兼具无机和有机性质的一种高分子弹性材料。根据硫化温度的不同，硅橡胶可分为热硫化型（HTV）和室温硫化型（RTV），热硫化型硅橡胶主要用于制造各种硅橡胶制品，而室温硫化型硅橡胶则主要是作为黏结剂、灌封材料或模具使用。

硅橡胶具有优异的热稳定性、耐高低温性、耐臭氧老化性、耐候性、电绝缘性能等，在航天、化工、农业及医疗卫生等方面有十分广泛的用途。而且，硅橡胶特殊的生理惰性，使其成为医用高分子材料中特别重要的一类。它无毒无味、无腐蚀、不易与其它材料粘连、与机体的相容性好、能经受多次蒸煮消毒。同时，硅橡胶较好的加工流动性，使其可根据实际需要加工成各种形状，用于制造医疗器械、人工脏器等。

但是，硅橡胶的拉伸强度和抗撕裂强度等机械性能较差，耐油、耐溶剂、耐酸、耐碱和耐蒸汽等方面存在一定的不足，硫化较难，价格较贵，也限制了它的推广使用。

6.10.2　硅橡胶的化学改性

化学改性是指通过接枝、加成、交联等方法对硅橡胶进行表面处理，可以在最大限度保持硅橡胶的优异性能的同时改善其性能上的缺陷或提高与其它材料的相容性。但是，硅橡胶的化学改性操作复杂，成本高昂，无论是实验研究，还是工业开发都较少，主要的研究开发集中在生物医药领域，以提高硅橡胶与生物体的相容性。

在高分子材料领域，硅橡胶化学改性应用最成功的就是以含氟基团替代通常有机硅材料硅-氧主链上的甲基侧链，制备氟硅橡胶。氟硅橡胶是兼具硅橡胶和氟橡胶优异性能的弹性体，既保持了硅橡胶耐高低温、耐候及臭氧老化、电气绝缘、无毒无腐蚀、生理惰性等性能，又具有其优异的热稳定性、低温柔顺性、耐油、耐溶剂、耐化学药品性等特殊性能，是目前唯一能在 $-68 \sim 230\text{℃}$ 的润滑油和燃油介质中使用的橡胶材料。氟硅橡胶一般用于制备航空航天器和石油化工上耐燃油和耐溶剂的密封件、导管、膜片和垫片等，以及重要电力部件的表面涂覆，在国防军事、航空航天、石油化工等领域有重要应用。但氟硅橡胶的价格较高，目前还难以在民用工业上推广。

6.10.3　硅橡胶的共混改性

硅橡胶是特种合成橡胶中的重要品种之一，需求量日益增长，人们对硅橡胶的要求也越来越高，传统硅橡胶制品已难以满足要求。通过与其它材料的共混，可在不大幅改变加工方式和不显著提高生产成本的基础上，赋予硅橡胶以更好的综合性能或更突出的特殊功能，扩大硅橡胶的应用范围。

6.10.3.1　硅橡胶与三元乙丙橡胶的共混

三元乙丙橡胶（EPDM）共混改性硅橡胶的复合材料是硅橡胶共混改性中最常见的，也是开发最成功的品种。EPDM 的加入可以改善硅橡胶的耐候性和耐臭氧性，扩大材料的使用温度，并降低生产成本。最早对 EPDM 改性硅橡胶进行规模化生产的是日本信越化学公司，商品名为 5EP。发展至今，已有多个品种的 EPDM 改性硅橡胶商品，例如，东连有机硅公司商品名为 SE 的系列产品、东芝有机硅公司商品名为 TEQ 的系列产品、日本合成橡胶公司商品名为 JENIX 的系列产品等。EPDM 改性的硅橡胶其机械强度接近于 EPDM，耐热性达 140℃，还具有不污染模具、压缩永久变形小、加工性和耐热性均衡等优点，主要用于汽车上的散热器管、加热器管、插头软线、火花塞保护罩等制品，以及住宅相关的高端管材等。

6.10.3.2　硅橡胶与氟橡胶的共混

氟橡胶具有优异的耐热性和耐化学药品性能，与硅橡胶共混可以改善硅橡胶的耐溶剂、耐酸碱性能和耐油性，并可克服氟橡胶耐低温性能和加工性能不佳的缺点。氟橡胶和硅橡胶热力学不相容，但是工艺学相容。氟橡胶/硅橡胶共混胶的性能与氟硅橡胶相近，而加工成本却远低于采用化学改性法制备的氟硅橡胶，在很多场合都可作为氟硅橡胶的替代品。例如，日本 JSR 公司和 Grafrene 公司制备的性能和价格介于硅橡胶和氟橡胶之间的氟橡胶/硅橡胶共混胶可作为绝缘材料用于高温电线电缆。

6.10.3.3　硅橡胶与聚氨酯的共混

聚氨酯是主链上含有重复氨基甲酸酯基团的大分子化合物的统称。聚氨酯大分子中除了氨基甲酸酯外，还可含有醚、酯、脲、缩二脲、脲基甲酸酯等基团，这些强极性基团使聚氨酯表面能较大、摩擦系数高、耐热性差、使用寿命短，与表面能较低、耐热性优良的硅橡胶共混可显著改善。聚氨酯是强极性橡胶，而硅橡胶是非极性橡胶，两者的相容性较差，可以在硅橡胶/聚氨酯共混胶中加入适量交联剂，制备成互穿网络结构来达到增容的目的。互穿网络结构较高的交联密度可以提高共混胶的物理机械性能和耐热性。

此外，硅橡胶可以与丁基橡胶共混，利用丁基橡胶阻尼大、弹性低的特点，制备阻尼减震材料。硅橡胶也可以与乙烯-乙酸乙烯酯橡胶共混，提高硅橡胶的耐臭氧和耐候性，用于制备电线电缆和汽车配件。硅橡胶还可以与乙烯-乙酸乙烯酯共聚物共混，在更大范围内具有良好的柔韧性、耐候性、耐低温性等。总而言之，共混改性是硅橡胶改性中的重要方法，其操作简单灵活、加工成本低廉的特点是其它改性方法无法比拟的。

6.10.4　硅橡胶的增强改性

硅橡胶作为特种合成橡胶，在国防军事、航空航天等高端领域有广泛的应用，也对硅橡胶的力学性能提出了更高的要求。纤维增强和无机填充增强都是硅橡胶改性中的热点研究方向，也都取得了一定的进展。

6.10.4.1　纤维增强改性硅橡胶

玻璃纤维、碳纤维、芳纶纤维等都可用于硅橡胶的增强改性。短切玻璃纤维、聚四氟乙烯与硅橡胶经过混炼和硫化后，材料的硬度可达 89 度，撕裂强度可达 294kN/m，且具有优良的成型加工性能和良好的耐热和电绝缘性，可用于航空接插件的制造。采用短切碳纤维增强硅橡胶除了可以提高硅橡胶的耐磨性和撕裂强度外，还可以显著提高材料的耐寒性和抗腐蚀性，适用于海底和高山等环境恶劣的地区。而耐高温的芳纶纤维在增强硅橡胶的同时，还可赋予硅橡胶以优良的耐烧蚀性，使其可抵御高温长时间的侵蚀，特别适用于制造热防护材料。

6.10.4.2　无机填充增强改性硅橡胶

无机填充是增强改性硅橡胶又一种有效的方法。普通的矿物微粉（滑石粉、石英粉、石墨、云母粉等）通过一些物理化学方法进行表面处理，提高其与硅橡胶的结合力，就可以改善硅橡胶的强度和模量，既可降低硅橡胶制品的加工成本，又可提高矿物资源的综合利用价值。而经过纳米化处理的无机粒子（纳米二氧化硅、纳米碳酸钙、纳米碳管、纳米黏土、纳米氧化物等）也可用于硅橡胶的增强改性，并取得了更好的效果。例如，采用硅烷偶联剂对纳米黏土进行有机化改性后与硅橡胶熔融共混，可显著提高硅橡胶的力学性能，当纳米黏土含量为 6%（质量分数）时，拉伸强度和断裂伸长率分别比为添加纳米黏土的硅橡胶提高了17.5%和19.9%。纳米无机粒子所具有的量子尺寸效应、小尺寸效应、表面效应等特点，使其在硅橡胶增强改性领域中受到了特别的关注，具有巨大的发展空间。

6.10.5　硅橡胶的阻燃改性

虽然硅橡胶与其它橡胶相比具有较好的耐热性和阻燃性，但是硅橡胶的氧指数仍然不高，一旦着火就会持续燃烧。因此，需要对硅橡胶进行阻燃改性以更好地保障人民生命财产的安全。早期用于硅橡胶阻燃的主要是一些卤系阻燃剂，例如十溴二苯醚、四溴双酚 A、氯化石蜡等等。但由于卤系阻燃硅橡胶在燃烧时可能会释放出有害气体，对环境的危害较大，其应用受到各种环保指令的限制。现在，氢氧化镁、氢氧化铝等作为环保阻燃剂日益广泛应用在硅橡胶的阻燃中。

氢氧化镁和氢氧化铝虽然在燃烧时不会释放出有毒气体，危害人身安全，但要使其达到明显的阻燃效果必须大量添加，对硅橡胶的机械性能、电气性能等有较大损害，可通过表面改性处理加以改善。例如，采用钛酸酯偶联剂对氢氧化铝进行表面改性可以明显提高其在硅橡胶中的分散程度，改善氢氧化铝与硅橡胶之间的界面相容性，使复合材料在具有阻燃性能的同时，尚可保持较理想的力学性能和电气性能。另外，将氢氧化铝或氢氧化镁与其它阻燃材料复配可产生协同效应，更好地达到阻燃效果。例如，采用氢氧化镁、红磷及蒙脱土协同阻燃硅橡胶。蒙脱土可以在燃烧过程中能形成致密而连续的保护层，阻隔了燃烧过程中气体挥发物的扩散和能量的交换。而氢氧化镁则在高温下脱水，使红磷充分转化为磷酸和聚偏磷酸，而聚偏磷酸的强烈脱水作用又会反过来促进氢氧化镁的脱水作用，增强了体系的脱水吸热、成炭作用。整个体系表现出优异的协同阻燃效果。当氢氧化镁/红磷/蒙脱土＝20/5/1 时，硅橡胶复合材料的氧指数可以达到 31.1%，达到 UL94 V-0 级，燃烧时不产生浓烟和有毒气体，而且电气性能好，是家用电器、电子产品的理想材料。

6.10.6　硅橡胶的功能化改性

硅橡胶作为重要的特种合成橡胶主要用于一些特殊场合，除了需要具备足够的物理机械性能以外，往往要求还要具有特殊的功能性。通过共混、填充、接枝等各种物理化学方法可以对硅橡胶进行功能化改性，使其在阻尼减震、导电绝缘、生物医用等领域有更好的应用。

阻尼减震材料是一种能吸收震动机械能并将它转化为热能的新型功能材料。通过这种转化，将震动产生的能量消耗掉，达到减震降噪的目的。以硅橡胶为基体高分子材料在阻尼减震方面有突出表现，在航空航天领域的阻尼减震器上有广泛用途。但由于硅橡胶的阻尼系数较小，需要通过一定方式的改性才能使其在相当宽的温度区域内表现出良好的阻尼性能。改善硅橡胶阻燃性能的方法主要有三种：①在硅橡胶中填充一些具有阻尼效应的填料，例如云母、石墨、蛭石等，这是制备硅橡胶阻尼材料最主要的方法；②将硅橡胶与阻尼性能较好的聚合物共混，例如丁基橡胶、三元乙丙橡胶、丙烯酸酯、聚氨酯等；③对硅橡胶主链结构进行共聚改性。

在导电材料和绝缘材料领域中，硅橡胶及其改性材料也占据了一席之地，其应用范围已遍布航空航天、电子电气、化工建筑、食品医疗等行业。通过在硅橡胶中填充炭黑、石墨、碳纤维、金属粉末（铝粉、铜粉、镍粉、铁粉、银粉、金粉等）等导电填料，可以制备具有良好导电性能、抗静电性能、电磁屏蔽性能的硅橡胶复合材料。另外，通过在硅橡胶中填充 Sb_2O_3、氢氧化铝、石英等无机填料，可以改善硅橡胶附着力差、强度弱等缺陷，更好地利用其独特的憎水性和憎水迁移性制备耐漏电起痕、防污染、高阻燃性的绝缘材料。

硅橡胶以其优异的耐热、耐寒、无毒、耐生物老化以及良好的生理惰性等特征成为重要的生物医用材料，经过改性的各种功能化硅橡胶制品已投入了临床应用，可用于制造短期或长期留置于人体内的器官或组织代用品。通过与丁基橡胶、三元乙丙橡胶、丙烯酸酯、聚氨酯等聚合物共混可以改善硅橡胶耐溶剂性、耐酸碱性和耐油性较差等缺点，通过填充滑石、石英和硅灰石等矿物微粉可以提高硅橡胶强度并降低成本，通过等离子表面改性、表面接枝改性、表面涂层改性等方法可以提高硅橡胶的亲水性和生物相容性，解决医学植入物与受体亲和力差、容易变形移位、材料外露等问题。

6.10.7 应用举例

6.10.7.1 硅胶手机套

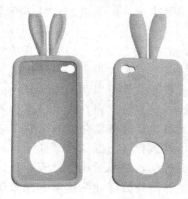

图6-24 硅胶手机保护套

有机硅橡胶是常见的手机保护套材料（图6-24），它的质地柔软，手感很好，可以有效防止对手机的碰撞损伤。同时，硅橡胶优良的耐热性、抗紫外线性和抗臭氧性使其不容易老化，十分耐用。而硅橡胶的生物相容性，很大程度上保证了手机套的使用安全性。特别的，硅橡胶具有优异的电绝缘性，用它做手机护套还可以防止外界对手机信号的干扰，起到增强信号的作用。

但是，硅橡胶的透气性差，无益于手机散热，特别是对于一些发热量较高的智能手机。在硅橡胶中添加一些无机粒子，如二氧化硅、金属氧化物等可以改善它的透气性，并同时能提高它的热导率，有效防止了热量耗散不出去导致的手机机身发热现象。而且，硅橡胶本身略微发黏的特性使其容易吸附灰尘又不易清洁，如果与少量天然橡胶、丁苯橡胶等共混，可以改善发黏的现象，并使手感更佳。

6.10.7.2 航天器密封材料

航天器在太空中特殊的工作环境，要求其制造材料必须具有优异的耐高低温性能、抗辐射性能和绝缘性能。硅橡胶以其突出的电绝缘性和耐紫外线、臭氧老化性进入到可供选择的航天器密封材料之列。但是，普通硅橡胶的最低使用温度在－60～－80℃。而航天器在太空中背阳面的最低温度则可达到－100℃以下，无法满足密封的可靠性。

为提高硅橡胶的耐低温性能，最有效的方法是破坏硅橡胶规整的分子结构，抑制其结晶过程，从而改善其耐寒性。为了达到这个目的，可在硅橡胶的分子链中引入一些体积较大的基团，如乙基、甲基丙基、苯基、氰基等均有改善硅橡胶耐低温性能的作用。例如，乙基硅橡胶的玻璃化温度为－147℃，可在－120℃的低温下长期使用，且具有较高的压缩弹性，是理想的航天器密封材料。

参 考 文 献

[1] 黄茂芳，李普旺，高天明，吕明哲. 凝聚共沉法制备的蒙脱土/天然橡胶纳米复合材料及其性能研究. 世界橡胶工业，2008，35（2）：1-3.

[2] 姚岐轩. 用熔融插层法提高层状硅酸盐/天然橡胶纳米复合材料的工艺和加工性能. 世界橡胶工业，2008，35（1）：1-6.

[3] 符新. 改性碳酸钙对天然橡胶的补强效果. 热带作物学报，1998，19（1）：13-17.

[4] 吕飞杰，黄龙芳，梅同现，梁森源，刘惠伦. 共混型热塑天然橡胶研究. Ⅰ天然橡胶/聚乙烯共混物的伸张性能、形态与结构. 热带作物学报，1986，7（2）：13-23.

[5] 邓本诚. 共混型热塑性弹性体的新进展. 合成橡胶工业，1988，11（2）：130-141.

[6] 付万森，刘占龙，李红星，曲成东，刘子俞，董淑清. 硅藻土在橡胶制品中的应用. 橡塑技术与装备，2002，28（2）：29-30.

[7] 彭华龙，刘岚，罗远芳，傅伟文，贾德民. 含硫硅烷偶联剂对天然橡胶/白炭黑复合材料力学性能及动态力学性能

的影响. 高分子材料科学与工程, 2009, 25 (6): 88-91.

[8] 陈炳泉, 刘军, 白乃斌, 刘贵永, 江碗兰. 环氧化天然橡胶与聚丙烯共混的研究. 橡胶工业, 1995, 42 (4): 202-206.

[9] 洪旭东, 苏宗纯. 聚氯乙烯与天然橡胶共混改性的研究. 塑料工业, 1989, (1): 25-27.

[10] 龚键. 氯化聚乙烯的性能及在橡胶制品中的应用. 特种橡胶制品, 1993, 14 (1): 12-15.

[11] 覃小伦, 石金秀. 纳米级碳酸钙在天然橡胶乳胶手套中的应用研究. 世界橡胶工业, 2008, 35 (5): 19-21.

[12] 吴荣懿, 施利毅, 朱惟德, 芦火根. 偶联剂/白炭黑补强体系对天然橡胶硫化和力学性能的影响. 上海大学学报: 自然科学版, 2010, 16 (4): 423-428.

[13] 张远喜, 付丙秀, 周丽玲. 汽车雨刷片胶料配方的优化. 世界橡胶工业, 2010, 37 (9): 18-24.

[14] 宇星. 适用于载重轮胎天然橡胶配方的新硅烷偶联剂. 现代橡胶技术, 2010, 36 (4): 7-12.

[15] 胡庆华, 毛金彪, 李青山, 李海燕, 李志科. 天然橡胶的改性与功能化研究. 化工纵横, 2002, (7): 13-16.

[16] 赵艳芳, 廖建和, 廖双泉. 天然橡胶共混改性的研究概况. 特种橡胶制品, 2006, 27 (1): 55-62.

[17] 谢洪泉, 谢东. 橡胶在高分子共混中的应用. 湖北化工, 1988, (1): 28-33.

[18] 武卫莉, 孙佳俊. 新型白炭黑改性橡胶研究. 弹性体, 2009, 19 (4): 44-47.

[19] 魏伯荣, 肖琰, 陈青, 包德君. 新型橡胶填料粉煤灰的应用研究. 橡胶科技市场, 1998, (14): 11-13.

[20] 李博, 刘岚, 罗鸿鑫, 罗远芳, 贾德民. 有机蒙脱土/天然橡胶纳米复合材料的阻燃性能研究. 高分子学报, 2007, (5): 456-461.

[21] 宋国君, 高利, 李培耀, 王立, 单春鹏, 李汉华. 有机蒙脱土对天然橡胶-丁腈橡胶的补强及增容作用. 石油化工, 2010, 39 (4): 435-439.

[22] 高利, 宋国君. 有机蒙脱土在冬季轮胎胎冠胶中的应用研究. 特种橡胶制品, 2011, 32 (2): 49-51.

[23] 武卫莉, 冯云生. 再生胶/粉煤灰路面材料. 合成橡胶工业, 2006, 29 (1): 51-53.

[24] 刘琼琼, 姚亮, 丛后罗, 柳峰, 徐冬梅. SMC 晶须在丁苯橡胶中的应用. 弹性体, 2009, 19 (5): 48-51.

[25] 黄祖长. 白炭黑对丁苯橡胶的补强作用. 橡胶参考资料, 2001, 31 (10): 43-46.

[26] 白玉光, 王玉瑛, 李树丰. 充油丁苯橡胶生产及研发现状. 弹性体, 2011, 21 (1): 104-108.

[27] 徐文总, 郝文涛, 马德柱, 梁俐. 丁苯橡胶/天然橡胶复合体系动态力学性能. 应用化学, 2001, 18 (1): 44-47.

[28] 赵兴波, 张秋禹, 尹常杰, 尹德忠, 郑聚成. 丁苯橡胶接枝改性的研究进展及应用. 现代化工, 2011, 31 (1): 24-29.

[29] 赵红磊, 李志君, 郑辉林. 丁苯橡胶类热塑性弹性体的研究进展. 热带农业科学, 2007, 27 (6): 54-58.

[30] 叶林忠, 赵同习, 于光仟, 潘炯玺, 李德和. 短玻璃纤维补强丁苯橡胶的性能研究. 特种橡胶制品, 1992, (1): 6-9.

[31] 武卫莉. 硅橡胶/丁苯橡胶并用胶的制备及表征. 弹性体, 2010, 20 (4): 50-54.

[32] 谢东, 古菊, 贾德民. 接枝改性淀粉/丁苯橡胶复合材料的制备与性能研究. 弹性体, 2010, 20 (5): 1-5.

[33] 严志云, 石虹桥, 刘安华, 贾德民. 空气等离子体处理芳纶纤维及其与天然橡胶/乳聚丁苯橡胶的黏合性能. 合成橡胶工业, 2007, 30 (3): 200-204.

[34] 郑国钧, 郑玉杰. 氯化聚乙烯-丁苯橡胶共混防水片材的研制与应用. 吉林建材, 1996, (2): 33-36.

[35] 杨晋涛, 范宏, 卜志扬, 李伯耿. 蒙脱土填充补强丁苯橡胶及对橡胶硫化特性的影响. 复合材料学报, 2005, 22 (2): 38-45.

[36] 程俊梅, 于广水, 赵树高, 张萍. 溶聚丁苯橡胶/炭黑/短纤维复合材料的取向结构与力学性能. 合成橡胶工业, 2005, 28 (4): 300-305.

[37] 周明, 武爱军, 孙步均, 贾刚治. 乳聚丁苯橡胶改性技术研究进展. 石油化工应用, 2008, 27 (4): 1-4, 8.

[38] 胡波, 孙举涛, 张萍, 赵树高. 炭黑对丁苯橡胶磨耗性能的影响. 特种橡胶制品, 2009, 30 (2): 20-23.

[39] 洪旭东, 赵葆卫, 吴向东, 贾德民. 提高聚氯乙烯与丁苯橡胶共混相容性的研究. 华南理工大学学报: 自然科学版, 1995, 23 (10): 130-137.

[40] 陈勇, 谢洪泉. 用甲酸-过氧化氢法制备环氧化丁苯橡胶. 合成橡胶工业, 2006, 29 (1): 48-50.

[41] 范汝良, 翁玉凤, 徐志和, 仲崇祺, 唐学明. BR9075/SBR 共混胶的性能研究. 橡胶工业, 1993, 40 (11): 680-684.

[42] 闫傲霜, 郭振涛, 翟颖. 辐射硫化天然橡胶/顺丁橡胶体系的物性研究. 中国橡胶, 2000, (23): 23-24.

[43] 陈占勋, 孔祥民, 许淑贞. 共混型热塑性弹性体的研究. Ⅰ 顺丁橡胶与聚烯树脂的共混型热塑性弹性体的研制及性能. 高分子材料科学与工程, 1987, (1): 49-53.

[44] 张允武, 丛悦鑫, 李迎. 环氧化镍系顺丁橡胶的结构与性能. 齐鲁石油化工, 2005, 33 (2): 77-79.

[45] 邓涛, 张萍, 赵树高. 氯化顺丁橡胶基本性能的研究. 橡胶工业, 2004, 51 (7)：403-406.

[46] 杨树田. 钕系顺丁橡胶在 9.00-20 轮胎中的应用. 弹性体, 1999, 9 (1)：33-35.

[47] 谷正, 宋国君, 王宝金, 王海龙, 王树龙. 顺丁橡胶/天然橡胶/有机蒙脱土纳米复合材料的研究. 特种橡胶制品, 2008, 29 (2)：13-16.

[48] 姜连升. 顺丁橡胶的高性能化. 合成橡胶工业, 1997, 20 (4)：253-256.

[49] 王作龄. 顺丁橡胶配方技术. 世界橡胶工业, 1999, 26 (4)：46-56.

[50] 毛华英. 顺丁橡胶与高压聚乙烯挤出共混料在普通运输带中的应用. 合成橡胶工业, 1984, 7 (6)：453-456.

[51] 赵瑞明. 用 3, 4-异戊橡胶改善乙丙橡胶胶料的工艺性能. 世界橡胶工业, 1998, 25 (2)：1-3, 32.

[52] 叶春葆. 异戊橡胶与氟橡胶的并用. 橡胶译丛, 1994, (2)：1, 34.

[53] 牟延亭, 张大山. 异戊橡胶 СКИ-3 代替天然橡胶用于胎面. 轮胎工业, 1994, (12)：3-5.

[54] Н. Н. Пеrpona, С. К. Курлян, И. Д. Хэджсва. 异戊橡胶 СКИ-3 与氟橡胶 СКФ-32 并用胶料的结构及其硫化胶的性能. 橡胶参考资料, 1995, 25 (8)：10-13.

[55] 王作龄. 橡胶并用及其硫化体系. 世界橡胶工业, 1999, 26 (3)：2-8.

[56] 于琦周, 李柏林, 张新惠, 张学全, 白晨曦. 稀土异戊橡胶与天然橡胶共混胶性能的研究. 特种橡胶制品, 2011, 32 (2)：36-39, 68.

[57] 沈潮松, 王平. 氯化聚异戊二烯的研制及与氯化天然橡胶的比较. 江苏石油化工学院学报, 1996, 8 (4)：63-68.

[58] 叶辉. 聚异戊二烯系橡胶及其用途. 原材料, 1999, (2)：9-13.

[59] 王佛松. 合成异戊橡胶和天然橡胶的差异及其改性. 合成橡胶工业, 1979, 3 (1)：34-40.

[60] 廖明义, Shershnev V A. 苯乙烯类热塑性弹性体对 IR/CR 的增容作用. 合成橡胶工业, 1997, 20 (3)：162-165.

[61] 张卫昌. 改善氯丁橡胶的耐动态臭氧性能. 橡胶科技市场, 2007, (5)：22-23.

[62] 马培瑜, 孟宪德. 聚酯短纤维/氯丁橡胶/丁腈橡胶复合汽车异型管. 橡胶工业, 1995, 42 (6)：351-352.

[63] 徐仲宝, 罗权. 氯丁橡胶/丁苯橡胶共混物的研究. 特种橡胶制品, 2005, 26 (5)：1-3, 8.

[64] 肖诚斌, 张泽朋, 刘建辉, 张治平. 氯丁橡胶/蒙脱石纳米复合材料的研制. 材料导报, 2006, 20：208-210.

[65] 陈福林, 岑兰, 周彦豪. 氯丁橡胶/三元乙丙橡胶共混胶的混炼工艺性能. 合成橡胶工业, 2007, 30 (3)：196-199.

[66] 郭文. 氯丁橡胶的并用. 原材料, 1993, (1)：7-12.

[67] 陈建福. 氯丁橡胶和聚氯乙烯并用试验. 特种橡胶制品, 1987, (1)：7-12.

[68] 戴李宗, 潘容华. 氯丁橡胶接枝改性胶黏剂. 化工进展, 1993, (4)：38-42.

[69] 张泗文. 氯丁橡胶在向高性能发展. 合成橡胶工业, 1992, 15 (3)：131-134.

[70] 魏元生, 汪艳, 戚欢. 纳米粒子在氯丁橡胶中的作用. 弹性体, 2009, 19 (1)：26-28.

[71] 张泗文. 浅谈我国氯丁橡胶的开发、应用及前景. 合成橡胶工业, 1991, 14 (6)：387-390.

[72] 许文娟, 高祯瑞, 韩伟健, 宗成中. 黏合性能对短纤维-氯丁橡胶复合材料耐热性的影响. 世界橡胶工业, 2007, 34 (12)：26-30.

[73] 齐嘉豪, 常慧芳, 王雅晴, 王京. EPDM/IIR 并用胶用于罩体材料的研究. 特种橡胶制品, 2009, 30 (6)：43-44.

[74] 王福成, 白鸿博. 动态硫化 EPDM/高聚合度 PVC 热塑性弹性体力学性能的研究. 当代化工, 2010, 39 (2)：138-140.

[75] 谢志贇, 郜奇, 刘欣, 黄华, 张隐西. 动态硫化法制备三元乙丙橡胶/聚酰胺热塑性弹性体. 合成橡胶工业, 2004, 27 (2)：82-86.

[76] 张中岳, 乔金樑. 动态全硫化乙丙橡胶/聚烯烃共混热塑性弹性体. 合成橡胶工业, 1986, 9 (5)：361-365.

[77] 徐丽, 游长江, 莫海林, 杨军, 贾德民. 改性炭黑增强三元乙丙橡胶的力学性能与加工性能. 合成橡胶工业, 2007, 30 (3)：215-218.

[78] 高福年. 硅烷偶联剂在橡胶密封制品和减震制品中的应用. 橡胶科技市场, 2009, (23)：11-12.

[79] 齐兴国, 王进, 刘光烨, 杨军. 化学改性三元乙丙橡胶在聚合物中的应用研究概况. 弹性体, 2006, 16 (6)：69-73.

[80] 赵孝伟, 夏斌, 孙巍, 龚丽晶, 王金宏. 磺化乙丙橡胶离聚物的研究进展. 弹性体, 2006, 16 (5)：75-78.

[81] 秦霞, 陈朝晖, 王迪珍. 活性助剂在超细滑石粉填充三元乙丙橡胶中的应用研究. 合成材料老化与应用, 2004, 33 (1)：16-18, 48.

[82] 娄成玉. 氯化三元乙丙橡胶. 弹性体, 1995, 5 (2)：44-48.

[83] 赵延斌, 吴靖. 偶联剂对 PVC/EPDM 共混体系的力学性能作用研究. 吉林化工学院学报, 1990, 7 (1)：34-43.

[84] 汪多仁. 三元乙丙橡胶防水卷材的开发与应用. 世界橡胶工业, 2011, 38 (2)：42-43.

[85]　贾芳，陈福林，张兴华，周彦豪. 三元乙丙橡胶共混改性的研究进展. 特种橡胶制品，2008，29（2）：46-51.
[86]　汪建丽，王红丽，熊治荣，张崇耿. 三元乙丙橡胶绝热层在固体火箭发动机中的应用. 宇航材料工艺，2009，（2）：12-14，24.
[87]　范忠庆. 三元乙丙橡胶在汽车工业中的应用. 江苏化工，2001，29（1）：36-38.
[88]　关颖. 塑胶运动场地及其相应的塑胶材料. 化工新型材料，2011，39（1）：36-39，41.
[89]　李宝莲. 乙丙橡胶的应用技术进展. 合成橡胶工业，1996，19（6）：378-382.
[90]　李金玲，赵孝伟，关颖. 乙丙橡胶接枝改性技术. 弹性体，2006，16（3）：61-64.
[91]　周亚斌，王仕峰，张勇，张隐西. 用甲基丙烯酸原位改性纳米 $CaCO_3$ 填充三元乙丙橡胶 II 纳米 $CaCO_3$ 用量的影响. 合成橡胶工业，2007，30（2）：133-137.
[92]　王备战. 药用瓶塞和密封件用卤化丁基橡胶. 世界橡胶工业，2007，34（9）：6-9.
[93]　徐政，钱寒东. 溴化丁基橡胶与普通丁基橡胶并用性能之研究. 世界橡胶工业，2005，32（4）：3-6，10.
[94]　李玉山. 溴化丁基橡胶工艺的应用与前景. 石油化工设计，2010，27（3）：29-30.
[95]　崔小明. 溴化丁基橡胶的加工应用研究进展. 世界橡胶工业，2010，37（6）：30-38.
[96]　肖建斌. 橡胶配合加工技术讲座：第5讲 丁基橡胶（IIR）（续二）. 橡胶工业，1998，45（5）：315-319.
[97]　金淑芳，周建兴. 三元乙丙橡胶与丁基橡胶并用制造内胎. 轮胎工业，1994，（4）：14-16.
[98]　代高峰. 纳米高岭土在药用卤化丁基橡胶瓶塞中的应用. 世界橡胶工业，2011，38（3）：1-4.
[99]　柳学义，常慧芳，蔡晓光，高巍. 氯化丁基橡胶罩体材料的研究. 弹性体，2003，13（1）：23-25.
[100]　牟延亭. 氯化丁基橡胶和天然橡胶并用作密封层胶. 特种橡胶制品，1988，（5）：9-10.
[101]　王作龄. 卤化丁基橡胶的硫化体系. 世界橡胶工业，1999，26（3）：50-62.
[102]　王雁冰，黄志雄，张联盟. 甲基乙烯基硅橡胶/丁基橡胶硫化性能和耐热性能研究. 粘接，2007，28（2）：18-20.
[103]　孙工，何威. 改性丁基橡胶. 橡胶科技市场，2009，（19）：19-22.
[104]　赵银梅，赵艳芳，唐瀚钦. 丁基橡胶共混改性研究概况. 热带农业科学，2008，28（3）：60-63.
[105]　韩秀山. 丁基橡胶功能化品种. 四川化工与腐蚀控制，2002，5（3）：49，53-55.
[106]　何显儒，张俊，黄光速，李强. 丁基橡胶的阻尼性能及其应用. 合成橡胶工业，2003，26（3）：181-184.
[107]　潘启英，吴锦荣，黄光速，何显儒. 丁基橡胶/丙烯酸酯橡胶共混物-钢片复合制件的黏结性能. 合成橡胶工业，2007，30（1）：35-38.
[108]　何世权，安晓英，刘潇，杨逢瑜. Fe_3O_4 复合丁腈橡胶的力学和摩擦学性能. 兰州大学学报：自然科学版，2008，44（2）：132-136.
[109]　刘莉，辛振祥，桂亮，高立君. 丙烯酸锌在丁腈橡胶中的应用. 弹性体，2003，13（6）：51-53.
[110]　吴新国，解晓花，刘承刚. 低摩擦丁腈橡胶复合材料配合及摩擦性能研究. 特种橡胶制品，2011，32（1）：40-47.
[111]　姜蔚，赵崇洲，马琳，张赵忠. 丁腈橡胶/聚甲醛（POM）共混物的研究. 特种橡胶制品，2004，25（3）：11-13.
[112]　李俊，黄丽杰，舒本勤，潘民选，刘景涛，李蕊. 丁腈橡胶/氯化丁基橡胶共混物的性能研究. 弹性体，2008，18（6）：28-30.
[113]　徐兆瑜. 丁腈橡胶的改性研究进展. 化工文摘，2006，（2）：54-56.
[114]　廖俊杰，陈福林，岑兰，陈广汉. 丁腈橡胶的应用研究进展. 特种橡胶制品，2007，28（5）：41-46.
[115]　杨耀祖. 丁腈橡胶和乙丙橡胶并用. 橡胶译丛，1993：62.
[116]　宋智彬，王庆富，刘冬，宗成中. 丁腈橡胶与丁苯橡胶共混胶的性能研究. 世界橡胶工业，2009 36（3）：5-7.
[117]　刘玉强. 丁腈橡胶与聚氯乙烯的并用. 原材料，1999，（4）：7-8.
[118]　江畹兰. 丁腈橡胶与聚乙烯并用的热塑性橡胶的研究. 世界橡胶工业，2000，27（2）：50-51.
[119]　杜莲珍，耿克新，范晓燕. 丁腈橡胶与氯磺化聚乙烯共混的研究. 特种橡胶制品，1994，（1）：1-6.
[120]　宋智彬，刘冬，宗成中. 丁腈橡胶与三元乙丙橡胶共混研究. 世界橡胶工业，2009，36（7）：7-10.
[121]　郑元锁，宋月贤，黄振东，王有道. 芳纶短纤维对丁腈橡胶的增强作用. 西安交通大学学报，1998，32（8）：81-84.
[122]　黄新武，王廷梅，田农，王坤，薛群基. 芳纶纤维增强丁腈橡胶的摩擦性能. 合成橡胶工业，2006，29（6）：451-453.
[123]　汪晓东，励杭泉. 酚醛树脂增容聚甲醛/丁腈橡胶共混物的力学性能与结晶形态. 高分子材料科学与工程，2001，17（2）：39-44.
[124]　廖建和，吕飞杰. 环氧化改性天然橡胶/丁腈橡胶共混物研究. 热带作物学报，1990，11（1）：1-9.

[125] 赵阳，卢咏来，刘力，冯予星，张立群. 甲基丙烯酸锌/丁腈橡胶纳米-微米混杂复合材料. I 微观结构与力学性能. 合成橡胶工业，2001，24（6）：350-353.

[126] 高新文，陈春花，曹江勇，辛振祥. 氯化聚乙烯/丁腈橡胶共混胶的过氧化物硫化. 青岛科技大学学报：自然科学版，2009，30（4）：337-340.

[127] 李贺. 氢化丁腈橡胶技术概况. 吉化科技，1993，1（4）：20-25.

[128] 周波，吴东锦. 氢化丁腈橡胶汽车同步带的研制及其产业化. 橡胶科技市场，2009，（16）：18-20.

[129] 陈红，杜爱华，宋成芝，苏长艳. 三元尼龙对丁腈橡胶力学性能及耐介质性的影响. 弹性体，2008，18（2）：51-53.

[130] 李晓强，唐斌，成奖国. 羧基丁腈橡胶的性能研究 [D]. 上海：中国科学院上海冶金研究所，2004，51（2）：69-73.

[131] 赵志正. 制造传动带用的氢化丁腈橡胶. 世界橡胶工业，2002，29（2）：5，13-16.

[132] 朱淮军，李凤仪，廖洪流. 氟硅橡胶制品的生产及应用概况. 橡胶工业，2005，52（11）：694-697.

[133] 涂婷，陈福林，岑兰，周彦豪. 硅橡胶的物理改性研究进展. 弹性体，2010，20（2）：77-82.

[134] 王雁冰，黄志雄，张联盟. 硅橡胶阻尼材料的研究进展. 材料导报，2004，18（10）：50-53.

[135] 许妃娟，邱祖民. 国内外特种硅橡胶材料的研究进展. 弹性体，2009，19（3）：60-64.

[136] 张继华，任灵，赵云峰，王立峰. 空间环境用耐低温硅橡胶密封材料研究. 航天器环境工程，2011，28（2）：161-166.

[137] 赖亮庆，钱黄海，苏正涛，王景鹤. 蒙脱土/硅橡胶复合材料的力学和阻燃性能研究. 有机硅材料，2008，22（1）：24-27.

[138] 杨玲，王勇毅. 氢氧化镁/红磷对硅橡胶/黏土纳米复合物阻燃性能的研究. 中国安全科学学报，2009，19（11）：83-88.

[139] 石锐，丁涛，刘全勇，刘力，张立群，陈大福，田伟. 生物弹性体的研究进展. 硅橡胶. 合成橡胶工业，2006，29（3）：165-169.

第 7 章　合成纤维的改性

7.1　概述

　　合成纤维（以下简称纤维）是具有成纤能力的聚合物通过熔法纺丝、湿法纺丝、干法纺丝等方法所形成的细而长的材料。一些没有较长支链或较大基团的线型结构聚合物可用于纤维纺丝，例如，聚丙烯腈、聚丙烯、聚氯乙烯、聚四氟乙烯、聚乙烯醇、聚己内酰胺、聚对苯二甲酸乙二酯、聚芳酰胺等等。

　　纤维通常都呈高度结晶和取向结构，具有较高的强度、模量、热稳定性和吸附能力。根据不同的使用要求，往往还希望纤维能够具有较强的染色能力和较好的抗静电性、抗腐蚀性、抗菌性、阻燃性、吸水性等等。为了更好地满足这些要求，就需要对纤维进行改性，从而扩大纤维材料的使用范围，制备出性能更加优异的纤维制品。

　　对纤维的改性主要包括化学改性、物理改性和工艺改性等。化学改性主要包括共聚（与其它功能性单体共聚）、共混（与添加剂共同纺丝）、表面处理（接枝、涂层）等；物理改性主要包括微孔化（形成中空、多孔的结构）、超细化、异形化（改变横截面形状）、碱处理（形成表面凹凸结构）等；工艺改性则包括复合共纺（不同种类纤维混合纺丝）、超高速纺丝、低温纺丝等。

　　下面我们简单介绍几种常见纤维材料的改性方法。

7.2　聚酯纤维的改性

7.2.1　聚酯纤维的性能特点

　　聚酯纤维（polyester fibre）是由有机二元酸和二元醇缩聚而成的聚酯经纺丝所得的有机合成纤维。1941 年以对苯二甲酸和乙二醇为原料经聚合纺丝在实验室首次获得了聚酯纤维，1953 年美国出现了第一个商品化聚酯纤维品种，1965 年以聚对苯二甲酸乙二酯为主体的聚酯纤维问世，并以其绝对的优势取得了快速的发展，标志着纺织界已进入了合成纤维的时代。到 20 世纪 70 年代聚酯纤维开始了大规模的工业化生产，其发展速度远远大于其它合成纤维，成为目前世界上产量最大、用途最广的合成纤维，是合成纤维中的佼佼者。

　　聚酯纤维是一种综合性能很好的合成纤维，其分子结构中的脂肪族链段使其具有很好的弹性和加工性能，可熔融加工并纺丝，而苯环的存在有使其具有足够的刚硬性，纤维的强度和模量较高，其成纤性能、力学性能、耐磨性能、抗蠕变性、低吸水性、电绝缘性都很好。而且，目前聚酯纤维大规模生产技术成熟，资源的可开发性好，生产成本较低，其价格只有棉花的一半左右，因此作为相对价廉物美的产品，已经部分取代了棉、麻、丝等天然纤维和锦纶、腈纶等合成纤维。

　　聚酯纤维的强度高、尺寸稳定性好、悬垂性好、面料挺括而不易变形、洗后不用熨烫，广泛应用于服装、家用纺织品、装饰织物、缆绳、渔网、地毯等领域。但是，聚酯纤维的亲水性、透气性和染色性等均不佳，需要通过适当的改性手段提高其性能，扩大其应用范围。

7.2.2 聚酯纤维的染色改性

聚酯纤维的大分子链结构规整，容易取向和结晶，吸水性弱，大大限制了染料分子的扩散，染色能力较差。通常需要高温高压的染色条件，能源消耗大，而且往往还需要苯酚、氯苯、联苯、胺类等作为染色载体，提高了生产成本，还易污染环境。可采取各种物理、化学、工艺等改性手段，改善聚酯纤维的染色性，降低成本，节约能耗，实现染色过程绿色化。图 7-1 为不同颜色的聚酯纤维吸音板。

图 7-1 不同颜色的聚酯纤维吸音板

7.2.2.1 分散染料染色

分散染料染色法是传统的共聚可染改性方法，也是目前聚酯纤维主要的染色方法，它是共聚改性法的一种。早在 20 世纪 50 年代美国杜邦公司就以间苯二甲酸二甲酯磺酸钠（SIPM）作为第三单体用于聚酯纤维的染色改性。分散染料染色法通过在体系中引入第三组分，甚至第四、第五组分来破坏聚酯纤维分子的规整性，扩大分子中的空隙，加速染料的扩散，提高纤维吸收染料的能力。常用的第三组分包括聚乙二醇、癸二酸、间苯二甲酸、聚对苯二甲酸丁二酯、聚间苯二甲酸二乙二酯、聚硅氧烷和己二酸丁二酯等。这些组分或它们的组合与聚酯纤维共聚后可以破坏聚酯纤维分子的高度规整性，降低玻璃化温度，增大分子结构中的无定形区域，提高分子链的活动能力，实现了常压沸染，加快了染色速率，缩短了上染平衡时间，使改性后的聚酯纤维获得较高的上染率，颜色不容易脱落。

但是，由于聚酯纤维的分子排列十分紧密规整，而且染料在水的溶解度较低，即使引入第三组分，也仍然需要借助载体、分散剂和匀染剂等来增大分子链的活动能力和染料的分散性，才能达到快速、均匀染色的目的。

染色载体通常是一些偶氮类、苯酚、氯苯、联苯、胺类等化合物，它们对聚酯纤维可以起到类似增塑剂的作用，改善染料在纤维中的迁移和扩散，对深色染料特别有效。但是通过载体染色在初期上染率过高，容易导致染色不均。而且，染色载体大多都有毒害性，染色后又不容易去除，从而造成对使用者和环境的伤害。因此，现在已经很少使用载体染色了。

分散剂大多是阴离子型的表面活性剂，例如萘磺酸、甲酚与甲醛的缩聚物、木质素磺酸盐等等。分散剂可以使染料粒子表面带上阴离子，从而使染料粒子之间相互排斥，在水中形成分散均匀、稳定的悬浮液状态，其最大的作用是防止染料在染色过程中凝聚，提高染料在水中的溶解度，对提高染色速率和匀染性等没有太大帮助。

匀染剂则属于非离子型表面改性剂，大多是乙氧基化产物，具有亲油亲水的两亲性。它既可以起到分散剂的作用，提高染料粒子在水中的溶解性，又可以与聚酯纤维很好地结合，有效防止了染色初期上染率过高，从而改善了匀染能力。但是匀染剂的给色量较低，上染深色染料难度较大，而且耐高温性能通常较差，通常与分散剂复配使用。

7.2.2.2 阳离子染料染色

分散染料染色法通常都是在高温下进行，对染色设备和工艺要求严格，能耗和成本较高，且无法与不耐高温的羊毛等纤维共染。阳离子染料染色则可在常温常压下进行，很大程度上节约了能源，减少了污染性染料的使用，而且阳离子染色色泽更鲜艳，色谱更广泛，因此一直都是聚酯纤维染色改性中重要的研究方向，美国杜邦、日本帝人等已有成熟的工业化产品问世。

为使聚酯纤维可以采用阳离子染料进行染色，需要对其进行共聚改性，通过在聚酯聚合过程中引入带阴离子基团的第三组分（苯磺酸盐化合物、磷化物和稠环磺化物等），可在聚酯大分子链中接上酸性基团，使其与阳离子染料具有亲和能力。例如，将对苯二甲酸、乙二醇和间苯二甲酸二甲酯磺酸钠共聚，即可在聚酯分子链中引入带负电的磺酸基团。染色时钠离子可以与阳离子染料中的阳离子交换，从而将阳离子染料接在聚酯纤维分子链上，达到染色的目的。这种方法的染色速率快、匀染性好、上色牢度高，相对于分散染料染色来说，具有更大的优势。

但是，仅仅在聚酯纤维分子结构中引入第三组分，仍然不能很好地解决其分子结构紧密的问题，为了更好地上色，必须在高压下进行。如果在此基础上再引入第四组分，以增加分子链柔性，改善分子链活动能力，从而进一步破坏了原来分子的规整度，纤维结构变得更加"松散"，这样聚酯纤维的染色能力更强，可以实现常压染色，同时染色效果也更好。常用的第四组分主要包括脂肪族二羧酸及其衍生物、脂肪族二元醇及其衍生物、脂肪族羟基酸类化合物和脂肪族聚醚类化合物等。不过，第四组分的加入降低了聚酯纤维原本较高的强度和模量，热稳定性变差，造成喷丝、缠绕、织造等工艺难度增加。

7.2.2.3 纺前着色

前面讲到的分散染料染色和阳离子燃料染色都是"先纺后染"，先将聚酯纺成纤维，再对纤维进行染色，而纺前着色则是"先染后纺"，将聚酯染色后再纺丝，属于聚酯纤维的工艺改性。

对聚酯纤维进行纺前着色主要有三种方法：①原液着色，就是在二元酸和二元醇缩聚反应过程中加入染料，聚合成有色聚酯，然后再纺丝；②母粒着色，与热塑性塑料制备色母料的过程相似，将聚合好的聚酯与染料共混造粒，再将色母粒用来纺丝；③直接着色，将染料与聚酯按一定的比例直接放入纺丝机中直接纺丝。这三种方法各有优缺点，可根据实际需要进行选择。原液着色法染色基团通过聚合反应接在聚酯大分子链上，上色均匀，不容易掉色，但是由于染料是在聚合过程中加入的，所以后期调整色泽、色调等难度较大。母粒着色法比原液着色简单方便，只需调整色母粒即可更换色谱，是最常用的纺前着色法。但一定要注意染料在聚酯中的分散情况，如果分散不好，会造成上色不均和色差的问题。直接着色法最为简单，但是色牢度和均匀性等均不佳，只适用于染色要求较低的情况。

纺前着色法的上色工艺是在聚合或共混等过程中进行的，不需要印染处理，在节约能源和减少工业废水方面有积极作用。而且，纺前着色法不需要对聚酯纤维进行共聚改性就可以获得较高的色牢度和均匀性，简化了纤维的染色工序，减少了纤维的老化和损伤。不过与"先纺后染"的工艺相比，纺前着色法调节色谱较复杂，废弃聚酯的回收也较难。

7.2.2.4 混合纺丝

混合纺丝是将聚酯（或聚酯切片）与适量的填充剂或改性剂等共混，然后将混合好的材料进行纺丝和染色。早在 20 世纪 80 年代，美国就将聚酯与增白剂进行混合，可以大大提高染色速率，降低加工成本，并改善了纤维的白度和色泽鲜艳度。目前，50% 以上的聚酯纤维中都含有增白剂。

在聚酯中填充一些无机粒子，例如，二氧化硅、二氧化钛、炭黑、纳米黏土、高岭土等，在改善纤维加工工艺和染色能力方面有很大的帮助。例如，在聚酯中填充适量高岭土，可以降低纤维的上染温度，并降低了纤维表面的反射率，使聚酯纤维的光泽度接近于真丝，还有利于减少纤维的摩擦系数，保证后续工序的顺利进行。如果将高岭土与二氧化钛并用，含高岭土的纤维反射率较低，而含二氧化钛的纤维反射率较高，纤维织物可以呈现出雪花般的显色效果。也可以将其它聚合物，例如，聚酰胺、聚丙烯、聚对苯二甲酸丁二酯等，作为改性剂加入到聚酯中进行共混，这些聚合物的加入降低了聚酯的分子结构紧密性和规整度，使其分子结构变得松散，结晶度降低，这样染料粒子容易进入到聚酯纤维内部，提高了纤维的染色能力。

7.2.3 聚酯纤维的吸湿改性

图 7-2　聚酯纤维运动衣裤

聚酯纤维大分子链段中不含有亲水基团，纤维表面光滑，与棉、丝、麻等天然纤维相比，吸湿排汗功能较差，穿着时（特别是夏季）有闷热感。而且，纤维的吸水性是和防污性、抗静电性联系在一起的，改善吸湿性的同时还可以减少电荷和灰尘的聚集，缓解干燥季节织物摩擦引起的"电火花"现象，从而提高织物穿着使用时的舒适感，因此，改善聚酯纤维的吸湿率至关重要。图 7-2 所示为聚酯纤维制成的运动衣裤。

7.2.3.1 接枝共聚

天然动植物纤维的分子结构中带有较多的亲水基团，所以与水有较好的亲和力。为提高聚酯纤维的吸湿率，可通过接枝共聚的方法在其分子链中引入一些亲水基团。常见的亲水基团有羟基、氨基、酰胺基、羧基等，这些基团的引入可以使聚酯纤维中游离的亲水基团增加，增加纤维的导湿排汗功能，使其成为"会呼吸的纤维"。其中，最常用的是丙烯酸与甲基丙烯酸类单体，聚酯纤维与这些单体共聚改性后，可在分子结构中接上亲水性较好的羧基、羟基等，吸水率可以提高 $100\% \sim 300\%$。表 7-1 列出了一些常用的接枝共聚单体，及其与聚酯共聚纤维的亲水效果对比。

表 7-1　改善聚酯纤维亲水性的共聚单体比较

单体	化学结构式	吸湿性	染色性	抗静电性
丙烯酸	$CH_2=CH-COOH$	小	大	小
丙烯酸钠	$CH_2=CH-COONa$	大	大	大
甲基丙烯酸	$CH_2=C(CH_3)COOH$	小	中	小
甲基丙烯酸羟乙酯	$CH_2=C(CH_3)COOCH_2CH_2OH$	小	小	大

7.2.3.2 亲水涂层整理

聚酯纤维表面光滑，具有较强的疏水性，采用适当亲水性聚合物（例如聚丙烯酸、聚甲基丙烯酸、聚乙烯醇、纤维素、淀粉等）对纤维进行后整理可以在表面覆盖上一层亲水层，使其表面的疏水性得以改善，获得较好的吸湿性。

亲水涂层的方法生产工艺简单，但亲水聚合物多与聚酯纤维之间结合不牢，吸湿耐久性差，洗涤时容易脱落。为解决这个问题可采用两种方法，即交联和共结晶。如果亲水聚合物能够与聚酯纤维表面发生一定程度的交联或共结晶，就可以提高亲水层与聚酯纤维之间的结合力，从而使聚酯纤维获得较好的吸湿性和耐久性。例如，聚乙二醇中的羟基具有很好的亲水性，将其涂覆在聚酯纤维表面可以提高其吸湿率。但是聚乙二醇与聚酯纤维黏结力较差，简单涂层耐久性较差，为提高它们之间的结合力，可将聚乙二醇溶解在苯二甲酸中，然后再涂覆在聚酯纤维表面。苯二甲酸中的苯环与聚酯纤维中的苯环结构完全相同，加热时可以共同熔融，经冷却共结晶后可以与聚酯纤维稳定结合，从而聚酯纤维的吸湿性得以改善，并可以耐受洗涤和摩擦。

7.2.3.3　异形化

常规的聚酯纤维的横截面呈圆形，通过改变其横截面形状就可以获得较好的吸水性。纤维异形化制造方法简单，只需将纺丝机的喷丝微孔改造成异形截面即可。异形截面可以提高纤维的吸附效果，扩大纤维的表面积，加快水分的吸收和蒸发过程。而且，不同截面的纤维还具有不同的特性，例如，三角形截面的聚酯纤维的光泽度和亮度很好，正方形截面的聚酯纤维的防风效果较好，而十字形截面的聚酯纤维具有明显的降温效果，等等。图 7-3 列出了不同形状的聚酯纤维横截面。

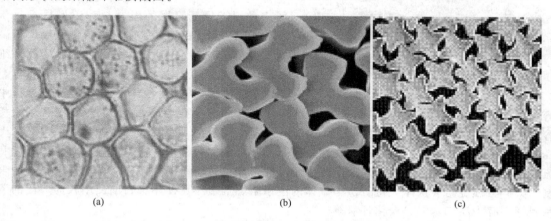

(a)　　　　　　　　　　　(b)　　　　　　　　　　　(c)

图 7-3　不同形状的聚酯纤维横截面

1998 年美国杜邦公司推出的 Coolmax 聚酯纤维其圆形表面有四道凹槽，这样的不规则截面结构改变了聚酯纤维光滑完整的表面形状，不仅增加了纤维的比表面积，而且其中的微凹槽还可以毛细吸水，很好地提高了聚酯纤维的吸水性。该纤维织成的衣物可以使穿着者有凉爽感，相比棉纤维衣物可降低 2～5℃。

7.2.3.4　微孔化

早期人们发现，如果将纤维制成中空结构，可减轻织物重量，增加保暖性，并且由于比表面积增加和毛细效应，纤维的吸湿性也获得了改善。现在中空纤维已经由早期的单孔结构发展到微孔化，空隙率达到 40% 以上。

中空微孔纤维是先将微孔形成剂与聚酯共混纺丝，然后再将微孔形成剂溶出后形成。这样制得的纤维既有芯部的中空结构，又有皮层的微孔结构，同时微孔和中空孔之间还相互贯通，如此结构使聚酯纤维的吸湿排汗功能极佳，并有仿麻的粗糙手感，具有广阔的消费市场。

7.2.3.5　细旦化

细旦化是通过高速纺丝等工艺降低纤维的纤度，根据小尺寸效应，这样制得的纤维比表面积更大，从而扩大了纤维表面与水分子的接触面。同时，细旦化使单束纤维中纤维根数增加，纤维与纤维之间间隙小，这些小的间隙像大量的毛细管起到传递水分子的作用，从而增加了纤维与纤维之间的导湿、导气通道，使纤维的透气吸湿性得到改善。

7.2.4　聚酯纤维的阻燃改性

聚酯纤维以其优异的性能在服装织物领域有十分广泛的用途，而且还可以作为结构材料的增强体和纺织工业原料，在各种有机合成纤维中使用范围最广。但是，聚酯纤维属于可燃性纤维，无法满足现代社会对材料阻燃性能的要求。为使聚酯纤维可以更好地达到地毯、窗

图 7-4　填充 100％阻燃仿蚕丝
（聚酯纤维）的床垫

帘、汽车、船舶、轮胎、床垫、玩具等使用织物的阻燃标准，必须对其进行阻燃改性。图 7-4 为填充 100％阻燃仿蚕丝（聚酯纤维）的床垫。

7.2.4.1　共混阻燃

共混阻燃是将聚酯与适当的阻燃剂共混造粒后，再将阻燃聚酯进行纺丝。共混阻燃法操作简单，灵活方便，不涉及聚合及纺丝生产工艺的改变，改性成本较低。而且，目前开发出了多种用于聚酯阻燃的阻燃剂和阻燃体系（例如十溴联苯醚/三氧化二锑、微胶囊红磷、氮磷膨胀型阻燃剂等），为共混法阻燃改性聚酯纤维提供了参考。不过共混阻燃制备的纤维的阻燃耐久性不如共聚阻燃，在高温熔融纺丝过程中容易阻燃失效或减效。因此，要求阻燃剂要有较高的热稳定性，并且与聚酯有很好的相容性。

溴系阻燃剂的耐热性较好、挥发性较低，与聚酯的相容性也不错，高温下对熔体黏度和流动性没有不良影响，共混后对聚酯的力学性能影响也较小。不过目前受各种环保指令的限制，大部分燃烧时会产生大量有毒害气体的溴系阻燃剂被禁止使用，目前使用较为广泛的溴系阻燃剂有十溴二苯醚、溴化环氧等。

磷系添加型阻燃剂中以红磷对聚酯的阻燃效果最好，但是由于颜色太深无法应用于纤维生产。大多数磷系添加型阻燃剂在高温下较易挥发，虽然相关的专利文献很多，但是商品化的品种很少。一些分子量较高的膦酸酯低聚物，例如，亚苯基膦酸酯、聚对二苯砜苯基膦酸酯等，其耐高温性好、挥发性低，在聚酯纤维的共混阻燃中有不错的表现。其中，聚对二苯砜苯基膦酸酯低聚物已成功用于阻燃聚酯纤维的工业化纺织，只需添加 4％即可有较好的阻燃效果。

7.2.4.2　共聚阻燃

共聚阻燃是在聚酯的合成过程中，将含有卤素、磷、硫等阻燃元素的小分子阻燃剂与二元酸和二元醇共聚，在聚酯大分子链中引入适当的阻燃结构，然后将制得的共聚阻燃聚酯进行纺丝。与共混阻燃法相比，共聚阻燃法虽然工艺较为复杂，生产成本较高，但是稳定性好，阻燃效果长久，纤维耐高温、耐洗涤的能力强。因此目前已工业化的阻燃聚酯纤维品种，例如美国杜邦公司的 Dacro-900F、德国 Hoechest 公司的 Trevira CS、意大利 Snia 公司的 Wistel FR 等，大多都是采用共聚阻燃改性的方法。根据共聚小分子阻燃剂种类的不同，可将共聚阻燃分为卤系共聚阻燃和磷系共聚阻燃。

卤系共聚阻燃是以卤素化合物作为共聚单体，只需较少的添加量就可获得优异的阻燃效果。例如，美国杜邦公司牌号为 Dacro-900F 的阻燃聚酯纤维就是以四溴双酚 A 双羟乙基醚作为阻燃共聚单体，其中溴含量 6％左右，纤维极限氧指数达到 27％以上。但是，卤系共聚阻燃在聚酯分子链上引入了氯、溴等原子，对纺丝设备有腐蚀作用，制得的纤维容易发黄，染色性和耐光性较差，加之高温裂解或燃烧时可能会放出腐蚀性、刺激性的有毒气体，目前无卤化正逐渐成为发展趋势。

磷系共聚阻燃是以膦酸酯、膦酸衍生物、膦酸酯类或氧化磷类化合物作为聚酯的共聚单体。这种方法制备的阻燃聚酯纤维燃烧时低烟、低毒，符合环保要求，而且纤维的染色性能好，色谱范围广，色牢度高，耐紫外线和耐热性优异，是聚酯纤维阻燃改性的重要发展方向。例如，日本东洋纺织公司牌号为 Heim 的阻燃聚酯纤维是以聚对二苯砜苯基膦酸酯低聚物与聚酯共聚而成，含磷量 0.4%，极限氧指数 28%～33%，阻燃性能、加工性能和机械性能等均与普通聚酯类似。

7.2.4.3　织物阻燃整理

织物阻燃整理是将聚酯纤维或其纺织品浸渍或浸轧在溶有阻燃剂的水或其它溶剂的溶液中，经压榨、烘干等处理工艺后制得阻燃聚酯纤维或织物。这种方法可以让溶液中的阻燃剂被吸入织物结构中，但阻燃的耐久性较差，对染色和手感的影响也较大。为解决这一问题，可加入适量黏合剂将阻燃剂较稳定地固定在纤维表面，或者通过交联、共结晶等方法在纤维表面形成一层阻燃层。

织物阻燃整理法是对聚酯纤维进行表面改性，不影响聚合、纺丝、编织等工艺，染色处理灵活。但是，这种方法对纤维及其织物原本的性能影响较大，与共混阻燃法和共聚阻燃法相比，阻燃耐久性差，耐洗牢度低，染色后容易发生渗色，手感较差。

7.2.5　聚酯纤维的功能化改性

7.2.5.1　抗菌聚酯纤维

随着社会生产和人民生活水平的不断提高，人们对卫生保健情况有了更为严格的要求，抗菌聚酯纤维应运而生，在衣物、食品包装、医药纺织品等领域有重要应用。将抗菌剂与聚酯共混后纺丝即可获得具有良好抗菌性能的聚酯纤维，通过纤维使用过程中抗菌剂的持久性释放可有效抑制细菌菌群的繁殖和传播。重金属盐、杂环或季铵类有机化合物等抗菌物质具有良好的耐高温性能和抗菌耐久性，与聚酯纤维的相容性较好，不损伤人体安全，将其与聚酯共混后纺丝制备成抗菌聚酯纤维，对大肠杆菌、黄色葡萄球菌、白色念珠菌等均有较高的抑菌能力，可用于食品保鲜包装织物的制造。图 7-5 所示为医用聚酯纤维绷带。

图 7-5　医用聚酯纤维绷带

7.2.5.2　防紫外聚酯纤维

将聚酯与适当的紫外吸收剂（例如二苯甲酮化合物、连三氮杂茚化合物等）共混后纺丝可使其制品能够吸收部分紫外线，提高聚酯纤维的抗紫外能力。另外，也可以将聚酯与散射能力较强的无机粒子共混制备抗紫外聚酯纤维，这些无机粒子简单易得、成本低廉，所以利用散射技术开发的抗紫外聚酯纤维在运动服、太阳伞（图 7-6）等户外用品中得到了广泛的应用。

二氧化钛是最常用的抗紫外无机改性剂，其对紫外线的防护效果是与其粒径和用量有直接关系的。通常来说，二氧化钛的粒径越小，在聚酯中的分散性越好，其散射能力越强，因此，偶联剂表面处理后的纳米二氧化钛可显著提高聚酯纤维的抗紫外性能。另外，由于二氧化钛用量越大，紫外防护效果越好，可对聚酯纤维机械性能的破坏也越大，为此开发了皮芯

图 7-6　100％抗紫外线聚酯纤维的天堂伞

复合结构的聚酯纤维，其芯材是混有大量二氧化钛的聚酯，而皮材则是普通聚酯，通过皮芯复合共纺技术加工而成，可有效防止紫外辐射，同时不改变聚酯纤维的性能。

7.2.5.3　抗起球聚酯纤维

采用聚酯纤维制备的织物常会遇到起球起毛的问题，大大降低了织物的美观性和使用寿命。为解决这一问题，人们采取了很多方法，也都取得了一定成绩。常用的方法有：①通过物理改性的方法，增加聚酯纤维的纤度，或对其进行异形化处理，可适当改善起球现象；②通过化学改性的方法在聚酯缩聚过程中引入第三、第四单体，例如，商品化的 Trevira 350、Dacron 65 等聚酯纤维就是采用这种方法来防止起球；③还可以采用低黏度聚酯来进行纺丝，可以有效提高其抗起球能力。例如，以醋酸钙作为酯交换反应催化剂，亚磷酸作为稳定剂，可以制得低聚合度的聚酯，纺出的纤维抗起球能力佳。

7.3　聚酰胺纤维的改性

7.3.1　聚酰胺纤维的性能特点

聚酰胺纤维（polyamide fiber）包括脂肪族聚酰胺纤维和芳香族聚酰胺纤维，它们都是由分子结构中含有酰胺基团的聚合物纺丝而得。

脂肪族聚酰胺纤维主要是指尼龙纤维，其中尼龙 6 和尼龙 66 占了尼龙纤维总量的 95％以上。尼龙纤维最早由美国杜邦公司在 1935 年发明，是世界上最早实现工业化生产的合成纤维。尼龙纤维的大分子主链上有亲水的酰胺链段，能够吸附水分子，吸湿性和染色性都比涤纶好，可以形成结晶结构，强度和耐磨性优良，耐用性极佳，被广泛应用于服装、室内装饰、地毯和工业用纱领域。但是，尼龙纤维的模量低、耐光性、耐热性、吸湿性、抗静电性差，许多传统市场都被后来的聚酯纤维、聚烯烃纤维所占据。

芳香族聚酰胺纤维，在我国又被称为"芳纶"，泛指至少有 85％的酰胺键直接连接在两个芳香环上的长链合成聚酰胺。按照芳香族聚酰胺纤维其分子主链上酰胺键和亚酰胺键位置的不同，可将其分为间位芳香族聚酰胺纤维（主要是聚间苯二甲酰间苯二胺纤维，简称 PMIA 纤维，在我国又称为芳纶 1313）、对位芳香族聚酰胺纤维（主要是指聚对苯二甲酰对苯二胺纤维，简称 PPTA 纤维，在我国又称为芳纶 1414）和含芳香族杂环类的共聚芳酰胺纤维。其中，PMLA 纤维和 PPTA 纤维占芳香族聚酰胺纤维总量的 90％以上，两者的重复化学结构单元如图 7-7 所示。

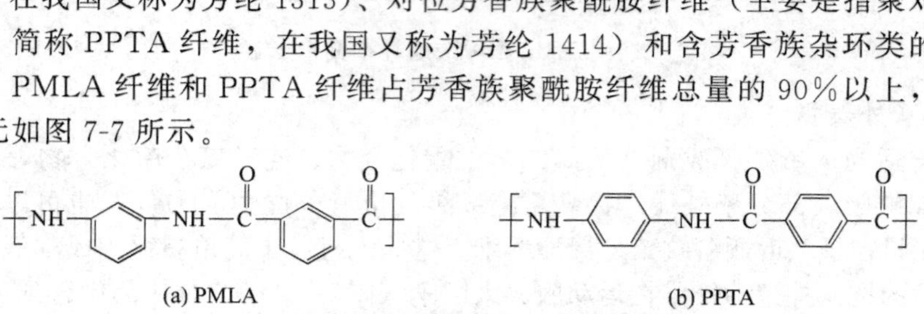

(a) PMLA　　　　　　　　　　　　(b) PPTA

图 7-7　PMLA 与 PPTA 的结构单元

对位芳香族聚酰胺纤维的开发及工业化是合成纤维向高强、高模、耐高温、高性能方向发展的里程碑。对位芳香族聚酰胺纤维的刚性大分子链呈高度规整性排列，较强的共价键、氢键和共轭效应使其具有突出的高强度和高模量，氧化稳定性、耐化学腐蚀性、绝热性、尺寸稳定性、抗静电性、难燃自熄性等也很好，被广泛用于生产防弹衣、摩托车头盔、防刺手套、绝缘防护布、编织带等产品，也是重要的高分子复合材料增强体，用于管道、电缆、通信、建筑等领域的结构材料增强。但是，对位芳香族聚酰胺纤维的耐水性差，饱和吸湿率高，吸湿后水分子会破坏氢键作用，使纤维性能下降，其耐紫外线性也较差。而且，作为高分子复合材料的增强体，对位芳香族聚酰胺纤维表面光滑，不含有效的反应性官能团，无法与常用的环氧树脂、酚醛树脂等复合材料基体形成共价连接，黏结能力较弱。

间位芳香族聚酰胺纤维在强度、模量等方面虽不如对位芳香族聚酰胺纤维，但它的耐热性、阻燃性和耐化学腐蚀性十分优异，可用于阻燃纺织品的生产，例如，消防服、阻燃地毯等，还可作为耐高温器件的增强材料。但是，间位芳香族聚酰胺纤维的分子结构紧密，不利于染色处理，色牢度较差，耐氧稳定性和耐紫外线性不佳。

7.3.2 尼龙纤维的改性

7.3.2.1 尼龙纤维的染色改性

尼龙纤维的分子结构中有大量极性的酰胺键和非极性的亚甲基，链端有氨基和羧基，是合成纤维中染色性能最好的一种。由于尼龙纤维中端氨基的电负性较强，容易与酸性染料形成稳定的配位结构，具有均匀的亲和力，显示较好的匀染性，可采用常规技术进行成批染色，是目前我国最常使用的尼龙纤维染色方法。然而，在尼龙生产过程中会有部分端氨基封闭，在一定程度上影响了尼龙纤维的染色性能。这不仅减少了尼龙纤维的染色中心，造成其着色性能不佳，而且染色后的尼龙纤维色牢度较差，皂洗、耐晒、耐氯、耐摩擦、耐汗渍等能力较差。图 7-8 所示为不同颜色的尼龙袋和尼龙拉链。

(a)　　　　　　　　　　　　　　　　　　(b)

图 7-8　各种颜色的尼龙袋和尼龙拉链

为改善尼龙纤维酸性染料染色后色牢度的问题，最直接的方法就是对染色后的尼龙纤维织物进行固色处理。常用的固色剂主要有单宁酸-吐酒石和酚磺酸甲醛缩合物两大类，单宁酸-吐酒石固色体系的固色效果较好，但是固色工艺较为复杂，固色处理后会影响尼龙纤维织物的手感；酚磺酸甲醛缩合物类固色剂的固色牢度不如前一种，但固色工艺简单，对纤维织物的手感、柔软度等没有影响。例如，工业上常用的单宁酸固色剂，其分子结构中的羟基可以与尼龙纤维的端氨基相结合，在酒石酸锑钾中形成单宁酸锑盐，从而将酸性染料牢牢地固定在尼龙纤维上。

但是，酸性染料的染色效率较低，染色后废水较难处理，对环境有较大危害。人们不断研究开发各种取代酸性染料染色的环保染色方法，采用金属络合染料对尼龙纤维进行染色处理是其中之一。金属络合染料具有很高的耐洗、耐光、耐摩擦牢度，经其染色后的织物颜色光亮鲜艳。但金属络合染料较少直接使用在尼龙纤维的染色工艺中,可以采用含有金属络合位置的不溶性偶氮染料为母体,经络合后进行分散染料染色。例如,将邻氨基苯甲酸经重氮化、偶合、甲酸铬络合处理后即可得分散性铬络合染料。但使用金属络合染料染色的覆盖性较差、颜色饱和度较低,只适合深暗色的染制。

活性染料染色对纤维的损伤较小,染色性和色牢度都不错,配合匀染剂使用覆盖性好、匀染性佳,而且对人体和环境的压力较小,染色效率较高,生产工艺简单、成本较低,是尼龙纤维理想的染色方法。但目前国内活性染料品种较少,色谱范围较窄。活性染料可以与尼龙纤维发生化学反应形成共价键,例如,α-溴丙烯酰胺基活性染料上的溴原子很容易与尼龙分子中的端氨基发生亲核取代反应,从而将染料分子接在尼龙大分子上,具有较高的色牢度,耐光、耐洗性较好,而且不需要进行固色处理。BASF 公司的 Telon RN、Telon M、Isolan NHF-S 系列即为活性染料,用于尼龙纤维染色中可提高染料的吸附能力,与尼龙的相容性好,耐湿、耐摩擦、耐日晒的色牢度较强。

除了选择不同种类的染料外,对尼龙纤维本身的接枝改性也是提高其染色性能的重要方法。据报道,当尼龙纤维接枝率达到 12%～15%时,纤维的吸水率可达 10%～12%,可适用于多种染色方法,染色性能获得综合提高。例如,尼龙纤维与丙烯酸单体接枝,可提高其亲水性,化学吸附能力提高,有益于均染性和色牢度;尼龙纤维与甲基丙烯酸羟乙基单体接枝后,吸湿性和染色效率提高,耐光色牢度改善,可用活性染料染色;β-环糊精-2-磺酰酯接枝改性后的尼龙纤维吸水性较好,与染料的亲和力增强,干、湿摩擦牢度均得到改善,还可以络合许多活性生物分子,提高纤维的释菌能力。

7.3.2.2 尼龙纤维的抗静电改性

尼龙纤维的分子结构中都是化学共价键,难以发生电离,不能传递电子或离子,具有很大的电阻,其表面比电阻可高达 $10^{13}\Omega$,在使用中极易因摩擦而产生静电,并且难以消除。带静电的尼龙纤维织物容易吸附灰尘和污垢,影响穿着的舒适性,可能造成皮肤过敏,危害人体健康。更为严重的是,抗静电性能差使尼龙纤维织物使用过程中的安全性降低,大量静电产生的火花放电可能会引发火灾和爆炸,大大限制了其在多粉尘、易燃、易爆、带电作业、高精密度等场合的应用。同时,较高的静电荷还会使尼龙纤维难以集束。目前,制备抗静电尼龙纤维的方法很多,主要包括表面整理法、接枝共聚法、纺前处理法和复合纺丝法等。

表面整理法是在尼龙纤维表面涂覆表面活性剂或亲水性聚合物作为抗静电剂,从而在纤维表面形成亲水层,降低纤维的表面电阻,提高导电能力,60%以上的尼龙纤维采用这种方法进行抗静电处理。表面活性剂包括阴离子型、阳离子型、两亲型和非离子型,一般将这些表面活性剂配制成适当的溶液涂覆在尼龙纤维表面,可以起到吸湿导电的作用,操作工艺简单,抗静电效果良好,不影响纤维的手感和风格,但抗静电的持久性较差,经洗涤、干燥等容易失效。亲水性聚合物则主要是指与尼龙纤维结构相似、又带有亲水基团的聚合物,例如,含聚乙二醇单元的聚合物与己内酰胺形成的嵌段共聚物等。这些亲水性聚合物与尼龙纤维具有较好的相容性,固定在纤维表面通过吸湿形成高导电层,抗静电效果持久,但工艺成本较高,而且会使尼龙纤维发硬,影响织物穿着的舒适性。

接枝共聚法是通过化学引发或辐射引发的方法将亲水性单体(例如,顺丁烯二酸、丙烯酸及其衍生物、含乙烯基吡咯烷酮和磺酸钠基的单体、含季胺单体等)与尼龙纤维接枝共聚,从而在尼龙纤维分子结构中形成亲水性基团。这样获得的尼龙纤维的抗静电性持久,导电效率高,但是工艺技术较为复杂,目前商品化程度较低。

纺前处理法是在尼龙中添加适当的抗静电剂,制备出的抗静电尼龙再进行纺丝。常用的抗静电剂有砜类、磷酸酯类、磺酸盐类、聚醚类等。这种方法简单易行，抗静电性持久，具有很高的实用性，但制备出的抗静电尼龙纤维耐水洗性较差，使用环境的温湿度对抗静电效果影响较大。

复合纺丝法是将尼龙纤维与其他导电纤维复合共纺或交织，利用导电纤维在空气中的电离消除静电荷。该法中使用的导电纤维通常是将碳粉、金属粉末、金属氧化物粉末、金属丝等导电性微粉加入到尼龙纤维中制成，这些导电微粉的用量极低，通常只需0.01%～0.1%即可，不会影响纤维的其它性能。复合纺丝法制备的尼龙纤维的抗静电效

图 7-9　宝马 X3 的抗静电聚酯纤维脚垫

果不受环境温湿度影响，耐水洗性能优异，抗静电效果持久，是理想的消除纤维静电的方法。

图 7-9 所示为宝马 X3 的抗静电聚酯纤维脚垫。

7.3.2.3　尼龙纤维的功能改性

（1）卷曲改性　很多天然纤维（例如羊毛）具有螺旋状的立体卷曲感，用手摸上去手感柔软、蓬松、富有弹性。为使尼龙纤维织物可以有类似天然纤维的丰富手感，可通过并列复

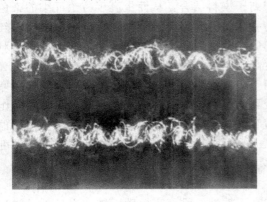

图 7-10　立体螺旋状卷曲的尼龙纤维

合的方法对其进行卷曲改性。将收缩率不同的两种纤维复合即可得螺旋状卷曲纤维，收缩率较高的组分在螺旋内侧，收缩率较低的组分在螺旋外侧。例如，将尼龙与共聚尼龙进行并列复合纺丝，两组分内在结构的不对称分布，使复合纤维两侧产生了收缩差异，从而形成类似羊毛的纤维结构。图 7-10 所示为立体螺旋状卷曲的尼龙纤维。

（2）阻燃改性　尼龙纤维的极限氧指数为24%左右，不属于易燃材料，但远远不能满足防火消烟织物的阻燃要求。而且，尼龙纤维燃烧时容易产生滴落现象，会加速火势的蔓延。

因此，在一些特殊领域（消防服、防火毯等）使用的尼龙纤维需要进行阻燃改性。尼龙纤维的阻燃改性方法主要包括两大类：一是纺前阻燃，即将尼龙进行阻燃处理后再进行纺丝，这样得到的尼龙纤维具有较为持久的阻燃性；二是织物阻燃整理，即通过涂覆、喷雾、烘焙、倾轧等方法让阻燃剂与织物相结合，这种方法操作简单、生产成本较低，但是获得的尼龙纤维的阻燃耐久性较差，在洗涤、摩擦、辐照等条件下非常容易阻燃失效。

（3）抗菌改性　尼龙纤维在内衣、袜子等与人体直接接触的织物中有广泛应用，这就要求它必须具有较好的吸湿性、透气性、抗菌性和除臭性。目前市面上十分流行抗癣袜、防臭袜、抗菌内衣、抗菌毛巾等，就是将纤维或其织物进行一定的抗菌改性后所得。尼龙纤维常用的抗菌剂主要包括有机硅季铵盐类化合物、芳香族卤素类化合物、有机硅烷类化合物等。对尼龙纤维进行抗菌改性的方法很多，主要包括以下几种。①物理吸附：这是最传统的抗菌改性方法，将抗菌剂或微孔材料（例如竹炭）吸附在纤维或织物表面，其耐水洗、耐摩擦的能力较差，抗菌持久性不佳。②化学改性：采用抗菌剂封闭尼龙纤维中的端氨基可以使其获

得永久抗菌性，但成品价格过高。③织物整理：通过浸渍、涂覆、干燥、热处理等工艺过程，将抗菌剂固着在尼龙纤维或织物表面达到抗菌效果，这种方法简单易行，只是抗菌效果不持久。④纺前处理：将尼龙与抗菌剂共混后再进行纺丝，从而获得具有抑菌功效的尼龙纤维，这种方法可以让抗菌剂均匀分布在纤维中，抗菌功能稳定持久。

7.3.3　芳纶纤维的改性

7.3.3.1　芳纶纤维的染色改性

芳纶纤维呈现出淡淡的黄色，这不是染色染成的，而是纤维本身的颜色。芳纶纤维的玻璃化温度较高，耐热性和耐化学试剂性优异，又具有很高的结晶度，因此染色难度相当大。芳纶短切纤维的染色相对容易，而连续长纤维的染色困难重重，必须采用一些特殊的染色方法才能实现。

目前常用的芳纶纤维染色改性方法主要有以下几种。①接枝共聚：在芳香族聚酰胺聚合过程中引入其它单体共聚合成利于染色的分子结构（例如，含有磺酸基团的单体、烷基苯磺酸鏻盐、非卤化芳族磷酸酯等），或者在芳纶纤维分子链接上易于染色的其它基团（例如含有羧基的化合物、胺类化合物等），都可以使芳纶的染色能力得以改善。这种方法制备的芳纶纤维可被染制成各种色彩艳丽的织物，而且耐日晒、耐水洗、耐摩擦，色牢度较高。②表面处理：紫外线辐射预处理、等离子体预处理、液氨预处理、溶液预处理等方法都可以改变芳纶纤维的表面状况，提高其与染料分子结合的能力及强度。例如，芳纶纤维经紫外线辐照预处理后，纤维表面出现大量自由基，可以与阳离子染料结合，从而提高了芳纶纤维的染色能力，并具有较高的色牢度。③原液染色：在芳香族聚酰胺聚合过程中加入染料，再经纺丝工艺后即可获得染色纤维。这种方法不经过专门的染色过程，节约能源，减少了染色工艺对纤维性能的损伤，制得的纤维色泽均匀，色牢度高。④载体染色：这是芳纶纤维使用最为普遍的一种染色方法，早就有以苯甲醇作为载体用于芳纶纤维染色的报道，使用苯甲醇作为染色载体可以使纤维获得令人满意的色泽。芳基羧酸酯及其衍生物、杂环化合物等都常用来作为芳纶纤维的染色载体。但是，染色载体对环境和人体的危害使其应用受到了限制。目前也有不少环保染色载体出现，例如，意大利 Bozzetto 公司开发的 Cindye DNK 新型染色载体可以与阳离子染料作用，有助于提高得色量、湿牢度以及颜色再现性。

7.3.3.2　芳纶纤维的增强改性

芳纶纤维具有很高的强度和模量，其强度与高强玻璃纤维、高模碳纤维相当，模量约为玻璃纤维的 2 倍，比碳纤维略低，且还具有优异的抗蠕变性能和抗疲劳性能。因此，与尼龙纤维相比，芳纶纤维更多的应用在增强复合材料领域，此外在功能性防护织物（防刺服、防弹服、防刺手套等）中也有重要用途。但是，芳纶纤维的实际强度、实际模量与理论强度、理论模量相距甚远，例如，聚对苯二甲酰对苯二胺（PPTA）的理论强度为 207cN/dtex，理论模量为 1320cN/dtex，而经过近 40 年的发展，目前 PPTA 的实际强度只达到 26cN/dtex 左右，实际模量也只达到 960cN/dtex 左右。研究学者一直都致力于如何提高芳纶纤维的强度，使其全面取代玻璃纤维和钢丝。

在芳香族聚酰胺聚合过程中引入第三、第四甚至第五单体，探索最佳的共聚组分是芳纶纤维增强改性的热门方向。日本帝人公司将 3,4-二氨基二苯醚作为第三单体，德

图 7-11　芳纶纤维盘根

国的赫斯特公司则在此基础上又引入了1,4-双（4-氨基亚苯基）苯作为第四单体，制造出的增强芳纶纤维的耐疲劳性改善，剪切强度、扭转强度和压缩强度都有所改善，但拉伸强度和模量没有明显进展。

采用高速卷绕的成纤工艺也是芳纶纤维增强改性的重要途径。美国杜邦公司高速纺丝的专利技术已经可以达到 2000m/min 的超高速卷绕，目前工业化实际采用的纺丝速度也可以达到 800m/min 以上。实验研究表明，通常情况下加快纺丝速度可以提高纤维在成纤过程中的取向和结晶，减少微纤片晶表面和结构上的缺陷，从而有利于纤维强度的提高。

此外，选用高分子量的芳香族聚酰胺树脂用于纤维纺丝，或采用先进的成纤工艺减少芳纶纤维在成纤过程中的降解，又或制备液晶态的芳香族聚酰胺树脂进行纺丝等方法也都有利于芳纶纤维的增强改性。图 7-11 所示为芳纶纤维盘根。

7.3.3.3　芳纶纤维的黏结改性

芳纶纤维在高性能复合材料中有广泛的用途，例如火箭固体发动机壳体材料、汽车橡胶轮胎、增强混凝土材料、防弹运钞车装甲等等。对于复合材料而言，基体与增强体之间的界面黏结性能至关重要，直接决定了复合材料最终的力学性能和功能性。芳纶纤维与大多数树脂基体（例如环氧树脂、酚醛树脂等）无法形成"牢固的界面层"，需要通过适当的表面改性以提高其界面黏结能力。

改善芳纶纤维复合材料界面黏结性常用的方法包括以下几种。①表面刻蚀：这种方法是使用某种刻蚀剂来处理芳纶纤维表面，从而改变其表面形貌、极性或结构，增大它与基体树脂之间的结合力。例如，水就是芳纶纤维最好的刻蚀剂，由于芳纶纤维的耐水性较差，水分子侵入可以破坏纤维表面的氢键，并通过水解反应在表面形成羧基、羟基等极性基团，一方面形成了粗糙的表面，另一方面也促使基体与纤维之间的共价连接，从而促进基体与纤维的浸润和黏合。但是，无论采用什么刻蚀剂对纤维表面进行刻蚀都要掌握好"度"的问题，如果刻蚀量过大，反而会破坏纤维主体结构，导致增强体失效。②偶联处理：将芳纶纤维在适当的偶联剂中进行表面预处理后再与基体材料进行复合，可以很大程度上改善纤维与基体的界面状态。偶联剂是具有两种不同性质官能团的物质，既具有"亲纤维性"又具有"亲基体性"，从而可以作为界面间的"桥梁"，提高基体与纤维之间的黏结力。常用的偶联剂有硅烷偶联剂、钛酸酯偶联剂等。③接枝改性：利用芳纶纤维分子结构中苯环的化学活性，可以发生一些化学反应，接枝上与基体有较好相容性的基团，可以有效提高复合材料的界面黏结性。例如，以氯磺酸对芳纶纤维进行表面预处理，通过氯磺化反应在纤维的苯环结构中引入了氯磺酸基团。氯磺酸基团还可以进一步转化成羧基、羟基、氨基等基团，这些基团与有机聚合物基体通常都有较好的相容性，从而达到提高界面黏结力的目的。④等离子体处理：采用等离子体对芳纶纤维进行预处理，可以在其表面形成活性基团。这些活性基团的存在大大改善了纤维的润湿性，有利于提高纤维与基团间的界面强度。⑤辐照处理：采用紫外线辐照、γ 射线辐照等方法可以引发芳纶纤维表面的自由基反应，以及纤维内部的微交联现象，这样可以提高纤维的粗糙度和润湿性。如果配以适当的接枝改性剂，还可以诱发纤维表面的接枝反应。

7.3.3.4　芳纶纤维的阻燃改性

芳纶纤维具有良好的阻燃自熄性，例如，杜邦公司开发的牌号为"Kevla"的芳纶纤维极限氧指数为 29%，法国隆玻利公司开发的牌号为"Kerlnel"的芳纶纤维极限氧指数为 32%，这些纤维无需进行任何阻燃处理即可有较好的阻燃性能。但是，作为一种高性能纤维，芳纶纤维较多的应用在国防军事、航空航天等重要领域，因此，对其阻燃性能也提出了更为严苛的要求。图 7-12 所示为阻燃芳纶纤维套管。

图 7-12　阻燃芳纶纤维套管

　　芳纶纤维的阻燃改性方法主要包括以下两大类。①共聚阻燃：在芳纶纤维聚合过程中，控制聚合单体的种类可以达到阻燃改性的目的。通常来说，芳香族聚酰胺分子结构中苯环结构比例越高，阻燃性和耐热性越好，所以全芳族聚酰胺纤维的阻燃性十分优异。如果能够在芳香族聚酰胺分子结构中引入一些阻燃元素，例如卤素、磷、硫等，对提高芳纶纤维的阻燃性能更加有效。例如可以采用氯代芳香族二酰氯与芳香族二胺进行缩聚，也可以用氯代试剂与芳香族聚酰胺共聚，这些方法都能将氯原子引入到芳纶纤维的结构中达到阻燃改性的目的。②共混阻燃：这是一种更加简单方便的阻燃改性方法，是将芳香族聚酰胺与适当的阻燃剂（溴系阻燃剂、磷系阻燃剂、膨胀阻燃剂等）进行共混制备成阻燃树脂，然后再进行纺丝，就可以获得阻燃改性的芳纶纤维。

7.4　聚乙烯醇纤维的改性

7.4.1　聚乙烯醇纤维的性能特点

　　聚乙烯醇纤维［poly（vinyl alcohol）fiber］是以聚乙烯醇（PVA）作为主要原料经湿法纺丝或干法纺丝制得的合成纤维。1924 年，德国瓦克化学公司研究开发了聚乙烯醇纤维，但是，由于其在耐热耐水、耐蠕变、染色性能等方面的缺点，无法用作纤维材料。1950 年，日本仓敷人造丝公司用甲醛处理热处理后的聚乙烯醇纤维，得到可以耐热水的聚乙烯醇缩甲醛纤维，简称维尼纶，我国称为"维纶"。图 7-13 所示为维纶网眼布。

　　维纶纤维的韧性和生物相容性好，手感柔软，导热性差，具有很好的保暖性能，有"合成棉花"之称，其力学性能、耐磨性、耐紫外线性、耐化学腐蚀性等均优于棉花，而密度比棉花小，又具有与棉花相当的吸湿率，因此，维纶纤维最初在服用领域得到了充分发展，可用于制作防水布、工作服、鞋衬里、帆布、针织品等。但是，维纶纤维的染色性能很差，抗皱性、耐热水性、尺寸稳定性不佳，市场逐渐被后来居上的涤纶、腈纶、锦纶等合成纤维所占据，以至于目前聚乙烯醇的主要用途集中在非纤领域。图 7-14 所示为维纶水泥电缆管。

　　随着改性技术和纺丝工艺的进步，各种具有高附加值的改性聚乙烯醇纤维不断涌现来，从而使其在服装、床上用品、医药卫生、离子交换吸附、渔业、建材等领域都有重要用途。

7.4.2　聚乙烯醇纤维的接枝改性

　　接枝共聚是聚合物化学改性中的重要手段。通过在聚合物大分子链接上不同结构、极性的官能团，可以赋予聚合物新的性能，达到改性目的。对于聚乙烯醇纤维，通过接枝改性可

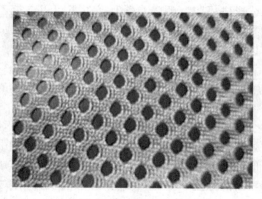

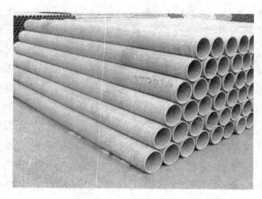

图 7-13　维纶网眼布　　　　　　　　　　　图 7-14　维纶水泥电缆管

以改善其耐热性、耐水性、染色性等，扩大其使用范围。例如，在催化剂作用下，聚乙烯醇可以在水溶液中与氯乙烯单体发生接枝共聚，获得接枝氯乙烯的聚乙烯醇乳液，然后进行乳液纺丝和一系列后处理工序，即可获得氯乙烯-聚乙烯醇接枝共聚纤维，简称维氯纶。维氯纶保持了聚乙烯醇纤维柔软的手感和保温性能，同时还具有较高的耐热性和染色能力。

　　近些年来，电子束辐照技术在聚合物接枝改性中获得了巨大进展。采用电子束辐照技术，可以不必使用催化剂，具有洁净卫生、准确度高、工艺操作简单、节约能源、无污染等优点，十分适合大规模的工业化生产。聚乙烯醇纤维经高能电子辐照后，可以在纤维表面形成大量的活性点（主要是与羟基相连的 α 碳），利用这些活性点可以将其它单体（丙烯酸、丙烯腈、丙烯酰胺等）接枝在聚乙烯醇纤维上。

　　例如，以聚乙烯醇纤维为接枝基体，丙烯腈为接枝单体，采用 ^{60}Co-γ 射线预辐照接枝技术，在水溶液中将丙烯腈接枝到聚乙烯醇纤维上。结果发现，经预辐照接枝上丙烯腈单体后，聚乙烯醇纤维的耐水性、染色性、回弹性显著提高，优于甲醛处理后的聚乙烯醇缩甲醛纤维。由于接枝改性后聚乙烯醇纤维的耐水性、耐热性都得以改善，氮气氛下的热分解温度高于 200℃，从而使其可以进行沸染，得色率较高。而且，接枝上丙烯腈单体后，聚乙烯醇纤维的耐磨性也有所提高，同时还具有抗菌功能。

7.4.3　聚乙烯醇纤维的增强改性

　　有机纤维的高强度、高模量和低密度使其在复合材料的增强、减重方面有十分重要的作用。其中，刚性分子链的有机纤维以对位芳香族聚酰胺纤维、芳香族聚酯纤维、聚苯并噁唑纤维等为代表，柔性分子链的有机纤维则以超高分子量聚乙烯纤维和高强聚乙烯醇纤维为代表。随着聚乙烯醇纤维逐渐退出服用领域，对其进行增强改性以扩大在产业方面的用途成为了主要的发展方向之一。聚乙烯醇理论强度可达 32GPa，理论模量为 240GPa，而目前实际可达的最大强度仅为 2.5GPa，模量仅为 115GPa，因此对增强改性的聚乙烯醇纤维的开发具有很大潜力。

　　从微观角度考虑，要想提高聚乙烯醇纤维的强度和模量主要是从提高聚乙烯醇的分子量、结晶度和立构规整度三个方面着手。从实际生产角度考虑，改进聚乙烯醇纤维的纺丝工艺是比较切实可行的方法。目前，高强高模聚乙烯醇纤维可以采用加硼湿法纺丝、冻胶纺丝等工艺进行生产。

　　加硼湿法纺丝工艺最早由日本仓敷人造丝公司于 1950 年开发，是制备高强度聚乙烯醇纤维较早期的技术。该技术是在制备聚乙烯醇的纺丝液中加入廉价而又性能优良的交联剂——硼酸（含量控制在不超过 20％为宜）。由于聚乙烯醇极易溶于水，在水溶液中可以形成大量的分子间和分子内氢键，使分子链相互缠结形成凝胶。硼酸在适当条件下可以与聚乙烯醇发生交联反应，形成化学交联冻胶，从而抑制了聚乙烯醇分子间和分子内氢键的形成，进而缓解了分子链缠结的程度，使纤维的强度得以提高。例如，采用普通聚合度聚乙烯醇，以水作为溶剂，添加 16% 左右的硼酸制成纺丝原液，然后以氢氧化钠作为凝固剂湿法成形，再经中和、水洗、拉伸及热处理后，可制得强度 $10 \sim 13cN/dtex$，模量 $300 \sim 400cN/dtex$ 的增强聚乙烯醇纤维。

　　冻胶纺丝工艺是 20 世纪 70 年代荷兰 DSM 公司开发成功的一种用于生产高强度聚烯烃纤维的方法。冻胶纺丝工艺与加硼湿法纺丝工艺相似，都是通过在溶液中交联来降低纤维中大分子的缠结程度，不过加硼湿法纺丝工艺中是形成化学交联，而冻胶纺丝工艺中则是形成物理交联，不需要使用化学交联剂，也更易获得更高的强度，是制备高强度聚乙烯醇纤维较为理想又易于实现工业化生产的好方法。在冻胶纺丝工艺中所采用的溶剂包括乙二醇、甘油、二乙二醇、三乙二醇、丙三醇等，将聚乙烯醇溶于这些溶剂中，制成纺丝原液。在纺丝原液中加入一些凝固剂，例如三氯乙烯、四氯化碳、石蜡、甲醇、丙酮、十氢化萘等，上述溶剂在遇到凝固剂后可以发生凝胶化。然后经萃取、拉伸等工序即可得到具有伸直链结构的高性能纤维。在冻胶纺丝工艺中多采用高聚合度的聚乙烯醇作为原料，这样获得的纤维中因大分子本身端头造成的缺陷大量减少，具有更为完善的微观结构，强度和模量也越高。例如，日本东丽公司以聚合度为 3900 的聚乙烯醇经过冻胶纺丝获得的高强度聚乙烯醇纤维的强度和模量可达 2.3GPa 和 49.2GPa。

7.4.4　聚乙烯醇纤维的共混改性

　　聚乙烯醇是水溶性高分子，具有良好的生物降解性和生物相容性，无毒性，化学稳定性好。将聚乙烯醇与其它生物材料共混后纺丝，所得的共混纤维可以兼具两种材料的特点，在药物、医学、食品、封装等行业有广泛的应用。

7.4.4.1　壳聚糖/聚乙烯醇共混纤维

　　壳聚糖（CS）是天然多糖中唯一的碱性多糖，具有优良的保湿功能、生物相容性、可降解性以及广谱抗菌性，作为性能最为优异的天然可降解高分子材料之一，在医学、药学、农业、食品、环境等领域有广泛应用。但是，壳聚糖纤维的力学性能较差，加之生产成本较高，难以在实际中单独应用。

　　壳聚糖与聚乙烯醇共混，可形成分子间的氢键，两者具有良好的相容性。壳聚糖/聚乙烯醇共混纤维在保持壳聚糖原本天然可降解性和抗菌性的同时，还具有聚乙烯醇较好的成纤能力，可以在拉伸作用下形成取向结构，提高了纤维的取向度和结晶度，从而具有较高的断裂强度。而且，聚乙烯醇的价格较低，我国有很高的产能和产量，通过共混可以降低壳聚糖纤维的材料成本。

　　如表 7-2 所示，壳聚糖/聚乙烯醇共混纤维在干、湿状态下的拉伸强度、断裂伸长率都高于纯的壳聚糖纤维。而且，由于聚乙烯醇比壳聚糖具有更高的亲水性，所以加入聚乙烯醇

表 7-2　壳聚糖/聚乙烯醇共混纤维的性能

聚乙烯醇含量/%（质量分数）	拉伸强度/（cN/dtex）		断裂伸长率/%		保水值/%
	干态	湿态	干态	湿态	
0	1.50	0.71	12.0	23.2	120
10	1.65	0.73	13.8	24.2	170
20	1.82	0.81	15.4	31.9	191
30	1.72	0.74	14.2	26.6	215
40	1.61	0.70	13.3	25.2	231

后，纤维的保水值显著提高。因此，壳聚糖/聚乙烯醇共混纤维特别适用于制造医用包扎材料，其中的壳聚糖有抗菌抑菌的作用，聚乙烯醇又可以吸收伤口积液，同时保证材料具有适当的力学强度，不易损坏。

7.4.4.2 丝素蛋白/聚乙烯醇共混纤维

丝素蛋白是从天然蚕丝中提取出来的天然高分子纤维蛋白，是蚕丝的主要成分（含量大于 70%）。由于丝素蛋白中 80% 以上都是各种与人体相似的氨基酸，因此具有良好的生物相容性和安全性，对氧气和水分有很好的渗透能力。而且，丝素蛋白的资源丰富，制备简单，可制成粉末、凝胶、薄膜、再生纤维等各种形式。作为一种天然的蛋白质纤维，丝素蛋白可以采用静电纺丝法制备成丝素蛋白再生纤维，具有优异的生物相容性、渗透性和吸附性，近些年来在细胞培养支架材料、伤口包敷材料、人工皮肤、生物渗透膜等方面取得了极大的成绩。图 7-15 所示为机器人植入丝素蛋白/聚乙烯醇共混纤维制备的人工皮肤。

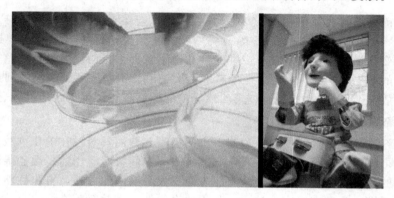

图 7-15　机器人植入丝素蛋白/聚乙烯醇共混纤维制备的人工皮肤

但是，丝素蛋白的力学性能不佳，制品干态下极易脆化断裂，宏观表现为硬而脆。聚乙烯醇的生物相容性劣于丝素蛋白，但韧性、成膜性、亲水性等却很好，是丝素蛋白共混改性的首选聚合物材料之一。丝素蛋白与聚乙烯醇相容性较差，共混后会发生相分离，可以适量添加丙三醇、三氟乙酸等作为增容剂。丝素蛋白/聚乙烯醇共混纤维充分发挥了两者的优势，既具有丝素蛋白优异的生物相容性、渗透性和吸附性，又具有聚乙烯醇良好的柔韧性，很适用于制备生物医用材料。同时，丝素蛋白/聚乙烯醇共混纤维兼具了蚕丝平滑丰满的手感、轻盈光泽的外观，以及维纶良好的耐磨性、耐紫外线性和吸湿性，也是制作高档次服用材料的首选。

7.4.4.3 大豆蛋白/聚乙烯醇共混纤维

大豆蛋白是从大豆中提取出来的蛋白，工业上多用榨油后的大豆粕浸泡后提取分离出其中的球蛋白。国产的大豆蛋白/聚乙烯醇共混纤维是由 20% 的大豆蛋白和 80% 的聚乙烯醇共混纺丝后，经甲醛缩醛化处理而成。大豆蛋白与聚乙烯醇共混纺丝后制得的纤维呈"大豆色"，吸湿透气性好，手感柔软似羊绒，光泽柔和如蚕丝，耐日晒能力强，耐酸耐碱性和耐霉菌性好，有"人造羊绒"之称，是制造高档服装、寝具的理想材料。图 7-16 所示为大豆蛋白/聚乙烯醇共混纤维织造的高档人造羊绒大衣和寝具。

大豆蛋白是由多种氨基酸组成，在酸性条件下的染色效果较好，而聚乙烯醇带有羟基，在碱性条件下的染色效果较好。由于大豆蛋白/聚乙烯醇共混纤维中聚乙烯醇的含量较高，所以一般在碱性条件下采用活性染料进行染色。但是，大豆蛋白在碱性溶液中容易水解而流失，严重影响共混纤维的性能。近些年来，研究开发出了一类特殊的活性染料，可实现在不

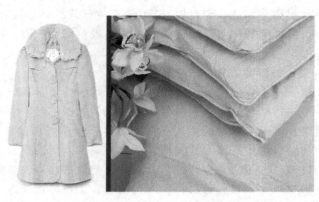

图 7-16   大豆蛋白/聚乙烯醇共混纤维织造的高档人造羊绒大衣和寝具

损失大豆蛋白前提下对大豆蛋白/聚乙烯醇共混纤维进行染色。这些活性染料（例如汽巴精化公司的 Cibacron FN、Cibacron LS 等染料）可先在碱性条件下对聚乙烯醇进行染色，然后碱性水解改变化学结构，接着又可以在酸性条件下对大豆蛋白进行染色。整个染色过程中通过改变染浴的 pH 值就可以实现活性染料的两次染色，从而提高了染料的利用率，减少了染色污水的排放，上染后的大豆蛋白/聚乙烯醇共混纤维颜色鲜艳、色牢度佳、色泽柔和。

7.4.5   聚乙烯醇离子交换纤维

离子交换纤维是根据离子交换原理制备出的吸附与分离材料，在催化剂载体、贵金属回收、药物分离提纯、污水净化处理、有毒气体吸附等方面有广泛用途。聚乙烯醇离子交换纤维是发展较早的一种离子交换纤维，具有比表面积大、吸附能力强、再生性能好等优点。但是，聚乙烯醇纤维的离子交换容量较小、利用效率较低，需要对其进行适当改性处理才能更好地用于实际环境中的吸附与分离。制备聚乙烯醇离子交换纤维主要采用直接功能化和接枝共聚功能化两种方式。

直接功能化是利用聚乙烯醇纤维分子链上的羟基，直接或间接与具有离子交换功能团的小分子进行反应，从而获得离子交换能力。例如，将聚乙烯醇纤维进行缩醛化处理，封闭分子链上的羟基，再进行磺化处理得到带有磺酸基的聚乙烯醇离子交换纤维。该纤维对阳离子有较好的吸附能力，可用于水处理中的钠离子、钙离子等的吸附分离。

接枝共聚功能化是采用物理或化学方法引发聚乙烯醇纤维形成大分子自由基，然后与具有离子交换功能团的单体进行接枝共聚。例如，将巯基接枝在聚乙烯醇纤维上获得的巯基聚乙烯醇螯合纤维对铅离子具有很强的吸附作用，对溶液中铅离子的分离、富集、检测等颇为有利。

7.5   聚丙烯腈纤维的改性

7.5.1   聚丙烯腈纤维的性能特点

聚丙烯腈纤维（polyacrylonitrile fiber）又称"奥纶"或"开司米纶"，我国的商品名为"腈纶"，与涤纶、锦纶并称为三大合成纤维。1949 年由美国杜邦公司以二甲基甲酰胺为溶剂开始了工业化生产。丙烯腈一种单体聚合而成的聚丙烯腈均聚物，其分子结构中大量强极性的氰基使其纤维制品的脆性很大，弹性较差，手感不佳，染色和纺丝困难。因此，目前生产的聚丙烯腈纤维都是用 85% 以上的丙烯腈与第二单体和少量的第三单体共聚，经湿法纺丝或干法纺丝制得的合成纤维。第二单体主要是用来改善纤维的可纺性以及手感和弹性，最常用是丙烯酸甲酯，也可用甲基丙烯酸甲酯。第三单体主要是用来改进纤维的染色性，一般为含磺酸基或羧酸基的乙烯基单体，例如衣康酸钠、丙烯磺酸钠、甲基丙烯磺酸钠、对甲基丙烯酰胺苯磺酸钠、甲基乙烯吡啶等。图 7-17 为电纺丝聚丙烯腈纤维电镜图片。图 7-18 为电纺丝聚丙烯腈纤维单丝的电镜图片。

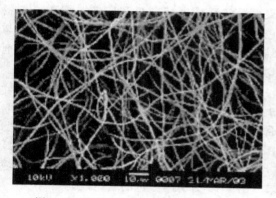 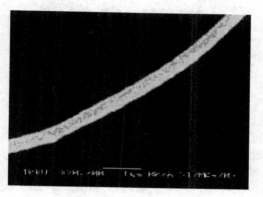

图 7-17　电纺丝聚丙烯腈纤维电镜图片　　　　　图 7-18　电纺丝聚丙烯腈纤维单丝的电镜图片

聚丙烯腈纤维蓬松柔软，有较好的弹性和保暖性，服用性能极似羊毛，素有"合成羊毛"之称。而且，聚丙烯腈纤维的强度较高，制品结实耐用，耐日晒性、耐酸性、耐氧化性等优异，尺寸稳定性好，不易收缩，便于保管和维护。并可在织造过程中进行染色，染色成本低，色牢度好，色泽鲜艳，在服装和装饰领域有广泛用途。

聚丙烯腈纤维的主要缺点在于它的耐碱性和耐磨性较差、吸湿性小、易起静电，因此在工业领域应用较少，很多非纺织用途还在实验研究中。但是，聚丙烯腈纤维是生产碳纤维的重要原料。以聚丙烯腈作为先驱纤维，碳化收率可达 40%～60%，获得的高性能碳纤维密度小、强度高、耐高低温和耐腐蚀性能好，工艺方法较其它方法简单，是目前产量最高、品种最多、发展最快、技术最成熟的制造方法。

7.5.2　聚丙烯腈纤维的染色改性

通过接枝共聚的方法在聚丙烯腈纤维分子结构中引入一些亲水或可染基团，可以在维持纤维原有耐光性和高强度的前提下，使其染色性能获得改善。1954 年，德国法本拜耳公司就研发出了丙烯腈与丙烯酸甲酯共聚纤维，亲水性、染色性、抗静电性有了全面提高。实际生产生活中使用的聚丙烯腈纤维也都是丙烯腈与其它单体共聚纺丝得到的。

将丙烯腈与一些空间体积较大的化学惰性或中性单体，例如甲基丙烯酸甲酯（MMA）、丙烯酸甲酯（MA）、醋酸乙烯（VA）等共聚，可以破坏聚丙烯腈致密的分子结构，降低分子间作用力，改善纤维的加工性、降解性和溶解性，从而易于染料分子的渗透，提高了上染率。

为了进一步提高聚丙烯腈纤维的染色性能，可以再加入一些含有能与染料分子结合的基团的化合物作为第三单体，建立纤维与染料分子之间的"链接"，从而提高纤维的上染率和色牢度。例如，以丙烯酸钠、衣康酸钠、苯乙烯磺酸钠、丙烯磺酸钠等离子型化合物作为第三单体，可以改善聚丙烯腈纤维在碱性染料中的染色性能；而以乙烯基吡啶、亚乙基亚胺、丙烯胺等作为第三单体，则可以改善聚丙烯腈纤维在酸性染料中的染色性能。

聚丙烯腈纤维染色可采用分散染料染色、还原染料染色、阳离子染料（碱性染料）染色和阴离子染料（酸性染料）染色等方法。其中，分散染料染色只适用于上染浅色，而还原染料染色色牢度较差，实用价值较低。目前，我国国产聚丙烯腈纤维多使用丙烯酸甲酯作为第

图 7-19　不同颜色的腈纶线

二单体，以丙烯酸钠、衣康酸钠等含有磺酸基或羧酸基的乙烯基单体作为第三单体。共聚单体都是阳离子染料可染的，对阴离子染料没有可染性。因此，主要是采用阳离子染料染色法对聚丙烯腈纤维进行染色和印花，阳离子染料的色泽鲜艳、色谱齐全，在适当染浴中可以与纤维上的酸性共聚单体相结合，多辅以缓染剂和均染剂等共同使用。

阴离子染料染色法多用在聚丙烯腈特种纤维上，特别是在与天然纤维混纺中使用。例如，将含有碱性基团的丙烯酸氨基酯与丙烯腈共聚，经湿法纺丝后即可获得阴离子可染纤维。该纤维在阴离子染料中染色均匀，上染率大于 80%，而且染色工艺简洁，染整成本较低，环境污染较小，与羊毛混纺后可形成独特的双色效果。图 7-19 为不同颜色的腈纶线。

7.5.3　聚丙烯腈纤维的吸湿改性

聚丙烯腈中的氰基基团电负性很大，吸水性能很差。为改善聚丙烯腈纤维的吸湿性，制备高吸水性的聚丙烯腈纤维，扩大其在个人用品（例如卫生巾、餐巾纸、尿布等）方面的应用，需要采用各种方法对其进行吸湿改性。目前，已经有大量关于聚丙烯腈纤维吸湿改性的研究报道，可采用的方法主要有：在纤维分子结构中引入亲水基团、对纤维进行表面亲水处理、纤维表面的微孔化和异形化、与亲水性物质共混纺丝、与亲水性聚合物复合纺丝等等。下面我们简单介绍其中几种常用的吸湿改性方法。

7.5.3.1　共聚改性

在聚丙烯腈聚合过程中引入亲水的第二单体或第三单体，再将共聚物进行纺丝即可获得亲水的聚丙烯腈纤维。将丙烯腈与含有羟基（—OH）、羧基（—COOH）、酰胺基（—CONH$_2$）、取代酰胺基（—CONHR）等亲水基团的乙烯基化合物进行共聚，就可以在聚丙烯腈分子中引入亲水性基团。常用的共聚单体主要有乙烯基吡啶、二羰基吡咯、甲基丙烯酸-2-羟乙酯、甲基丙烯酸-2-羟丙酯、丙烯酰胺-N,N 二取代衍生物、甲基丙烯酰胺-N,N 二取代衍生物等等。

另外，由于聚丙烯腈中的氰基（—CN）具有很强的电负性，反应活性很强，因此丙烯腈与其它单体的共聚物在适当条件下进行水解，可以将不吸水的氰基转变为亲水的醛、酸、硫酸胺等。例如，将丙烯腈与丙烯酰胺共聚物在硫酸溶液中进行水解后纺丝，可获得吸水率大于 5% 的聚丙烯腈纤维。

相较于大分子结构的亲水化，将聚丙烯腈与亲水性材料接枝共聚的方法更加简单易行。将聚丙烯腈与甲基丙烯酸、聚乙烯醇、蛋白质、淀粉、纤维素等接枝共聚，可以在聚丙烯腈分子接枝上亲水性基团，从而达到吸湿改性的目的。例如，日本东洋纺织公司牌号为 Chion 的聚丙烯腈纤维就是在 ZnCl$_2$ 溶液中，用聚丙烯腈与酪素蛋白接枝共聚，再湿法纺丝而成。

7.5.3.2　共混改性

将聚丙烯腈与亲水性物质共混后纺丝也可以获得吸水性聚丙烯腈纤维。根据与聚丙烯腈共混物质的不同，可以分为与低分子化合物共混改性和与聚合物共混改性两种。常见的低分子化合物主要有甘油、丙三醇、四甘醇、1,6-己二醇、聚四氢呋喃以及含氨基甲酸酯、纤维素的聚亚甲基氧化醚等。一般将这些低分子化合物加入到聚丙烯腈的纺丝原液中，与聚丙烯腈共混进行干法纺丝。例如，在聚丙烯腈纺丝原液中加入 5%～10% 的四甘醇，可生产出吸水率大于 10％的吸水性聚丙烯腈纤维。另外，将聚丙烯腈与聚乙烯醇、聚醋酸乙烯、芳纶14、聚碳酸酯、聚亚乙基亚胺、聚乙二醇衍生物、聚亚丙基酰胺等亲水性聚合物共混纺丝，也可以大大改善聚丙烯腈纤维的吸湿性能。

7.5.3.3　纤维表面处理

聚丙烯腈分子中的氰基在碱性条件下可以发生水解反应，不亲水的—CN 可以转变成亲水的—CONH、—COOH、—COOM（M 为 Na、Ca 等碱金属离子）。采用碱减量法对聚丙烯腈纤维进行表面处理，一方面可以在碱溶液中形成部分亲水基团，另一方面还可以使纤维表面粗糙化，扩大了比表面积，增强了纤维的吸水效果。

其中，将聚丙烯腈与其它聚合物共混纺丝后水解，形成表面粗糙、内部微孔、表面亲水的结构，是获得吸水性聚丙烯腈纤维最好的方法。例如，将聚丙烯腈与水溶性聚氧化乙烯共混后进行湿法纺丝，共混纤维在 NaOH 溶液中水解处理，即可制成亲水性微孔结构的聚丙烯腈纤维。改性后的聚丙烯腈纤维表面带有水解引入的亲水基团，加上粗糙的表面和内部的微孔，大大改善了纤维的吸水、导水和保水功能。

7.5.4　聚丙烯腈纤维的抗静电改性

聚丙烯腈分子中大量的氰基具有很强的电负性，不吸水，极易产生静电现象，后加工困难，容易吸尘沾污、造成纤维在加工和使用过程中的安全隐患。本章 7.5.3 中介绍的亲水性聚丙烯腈纤维都有不错的抗静电性，为了更好地改善其导电性能，还可以采用专用的抗静电剂通过共聚、共混、复合、后整理法等方法制备导电聚丙烯腈纤维。

7.5.4.1　共聚改性

丙烯腈与具有抗静电性的功能单体共聚，可在聚丙烯腈分子结构中引入可电离基团，获得的抗静电聚丙烯腈纤维抗静电性稳定而持久。用于改善聚丙烯腈纤维吸水性的各种单体，例如，含有羟基、羧基、酰胺基、取代酰胺基等亲水基团的乙烯基化合物都可以一定程度上改善其抗静电性。另外，采用接枝共聚的方法，将聚丙烯腈与聚氧化乙烯、聚亚烷基衍生物、甲基丙烯酸缩水甘油酯等共聚，也可显著改善聚丙烯腈纤维的吸湿性和抗静电性。例如，在聚丙烯腈中加入 5％～10％的甲基丙烯酸缩水甘油酯进行接枝共聚，通过湿法纺丝获得的纤维，可将聚丙烯腈纤维的体积比电阻降低 20％以上。

7.5.4.2　共混改性

在聚丙烯腈纺丝原液中加入适量抗静电物质进行共混，是生产抗静电聚丙烯腈纤维的重要方法。该法操作较共聚改性简单方便，而抗静电性及其持久性又优于后整理法。可用于聚丙烯腈纤维抗静电改性的共混材料有很多种，主要包括低分子化合物和高分子聚合物两大类。

低分子抗静电剂主要包括钛酸钾、炭黑、金属和金属氧化物等无机化合物和二烷基磷酸、三乙醇胺等有机化合物。这些低分子抗静电剂可通过扩散、迁移等方式进入纤维或吸附于纤维表层，从而形成导电通道，赋予聚丙烯腈纤维抗静电性能。例如，在聚丙烯腈纺丝原液中加入适量钛酸钾，可将聚丙烯腈纤维的体积比电阻从 $10^{13}\,\Omega$ 降低到 $10^2\sim10^4\,\Omega$；若将 5％左右的铜硫化合物与聚丙烯腈共混纺丝，可将体积比电阻降低至 $10^0\sim10^2\,\Omega$。近些来各种新兴化合物（晶须、碳纳米管、导电陶瓷粒子、半导体粉末等）在聚丙烯腈纤维抗静电改性中也有不错的表现。例如，采用四针状的氧化锌晶须与聚丙烯腈共混，可将体积比电阻控制在 $10^4\sim10^9\,\Omega$，具有较高的抗静电性及持久性，同时还对纤维的可纺性、染色性和强度等有益。

高分子抗静电剂则主要是亲水性或导电性的聚合物，嵌段共聚醚酯、含磺酸基的聚氧乙烯化合物、含硫的聚醚、聚乙烯吡咯烷酮等对聚丙烯腈都具有静电改性效果。例如，将聚丙烯腈与聚苯胺共混后采用静电纺丝法进行纺丝，获得的改性纤维既具有聚苯胺强大的电荷储存能力和较高的电导率，又克服了聚苯胺强度差、脆性高、难以纺丝的缺点。将 5% 的十二烷基苯磺酸掺杂的聚苯胺与聚丙烯腈通过常规腈纶湿法纺丝技术制备出的纤维，其电导率从 $10^{-13}\,\mathrm{S/cm}$ 增加到 $10^{-6}\,\mathrm{S/cm}$，是名副其实的导电纤维。另外，淀粉、蛋白质、纤维素等天然高分子材料具有良好的吸水性，与聚丙烯腈共混纺丝后可以提高其吸水率，从而改善它的吸湿性、抗静电性和抗污性。

7.5.4.3　后整理法

后整理法是采用含抗静电剂的溶液对聚丙烯腈纤维或其织物进行浸渍或涂覆处理，从而赋予纤维及其织物抗静电能力。后整理法中使用的抗静电剂多数为具有亲水基团的表面活性剂，包括阴离子表面活性剂（例如烷基磺酸盐）、阳离子表面活性剂（例如季铵盐）和非离子表面活性剂（例如聚乙二醇）。这些表面活性剂的疏水基团可以与聚丙烯腈纤维结合，亲水基团则向着空气定向排列，从而吸收空气中的水分电离。将这些抗静电剂的水溶液采用喷洒、浸润、涂布等工艺对聚丙烯腈纤维及其织物进行后整理，可以消除纤维成型、后处理和加工过程中的静电现象。

7.5.5　聚丙烯腈纤维的功能改性

7.5.5.1　聚丙烯腈纤维的阻燃改性

聚丙烯腈纤维的阻燃性能是合成纤维中最差的，其极限氧指数只有 18% 左右，燃烧速度很快，而且会释放出有毒的氰化物和氨气等，因此对聚丙烯腈纤维的阻燃改性尤为重要。目前，在聚丙烯腈纤维阻燃改性方面已有大量的研究成果，主要集中在四个方面：①聚丙烯腈分子链的阻燃改性。采用共聚、交联、环化等方法将阻燃元素引入大分子链中实现阻燃改性。目前世界上已工业化的阻燃聚丙烯腈纤维主要是将含卤素或磷的乙烯基化合物（例如氯乙烯、溴乙烯、氯甲基丙烯腈等）与丙烯腈共聚后纺丝。其中最为突出的是丙烯腈与氯乙烯的共聚纤维，这是将 50%～60% 的氯乙烯与丙烯腈共聚后在丙酮溶液中纺丝而得，该纤维具有很好的阻燃自熄性。②聚丙烯腈与阻燃物质共混改性。将聚丙烯腈与适量的低分子阻燃剂或阻燃聚合物共混后纺丝也可以获得阻燃性能良好的聚丙烯腈纤维。常用的低分子阻燃剂有含卤化合物、氧化锑、磷酸酯等，阻燃聚合物有聚氯乙烯、偏氯乙烯等。③聚丙烯腈纤维及织物的后整理。这种方法是用含有阻燃剂的溶液对聚丙烯腈纤维及其织物进行表面处理。这种方法制备工艺较为简单，但是阻燃持久性较差，不耐水洗。④聚丙烯腈的预氧化。将聚丙烯腈纤维在高温和氧的作用下，通过氧化反应在纤维分子中形成羟基、羰基等，从而构成分子间和分子内氢键，提高纤维的热稳定性。聚丙烯腈预氧化纤维是近些年来发展起来的一种新型阻燃纤维，具有耐燃、自熄、耐腐蚀的特点，极限氧指数高达 60%，可用来制作化工劳保用品。

7.5.5.2　聚丙烯腈纤维的抗菌改性

由于聚丙烯腈纤维织物大多与人体直接或间接接触，因此要求其具有一定的耐细菌、耐霉菌、耐微生物的性能。聚丙烯腈纤维抗菌改性主要是通过聚合、接枝、共混及后整理等方法，将具有抗菌功能的物质引入到聚丙烯腈纤维中，达到抗菌改性的目的。共聚改性的方法可获得具有永久抗菌性能的纤维，例如，具有生物活性官能团的物质（以端基或侧链基团形式存在的阳离子铵或季铵盐、具有能与抗菌素反应的硅碳基团的聚合物等）与丙烯腈共聚可制得抗菌性持久的聚丙烯腈纤维，但是这种方法的工艺流程复杂、生产成本较高。

在聚丙烯腈纤维中引入适当的无机抗菌剂是制备高性能抗菌纤维的简便方法，其中最为热门的是纳米抗菌材料。纳米抗菌材料特有的表面效应、小尺寸效应等使其具有比普通无机抗菌剂更大的比表面积和更强的吸附活性。例如，银可以与聚丙烯腈纤维结合形成配位键，在溶液中释放出微量的银离子，对大肠杆菌、金黄色葡萄球菌、枯草芽孢杆菌等细菌的抑菌率可达 99.96％以上，在空气净化器、净水器的滤芯、抗菌内衣等方面有广泛应用前景。

7.5.5.3 聚丙烯腈纤维的吸附改性

聚丙烯腈纤维中的氰基具有很强的化学活性，可以与多种试剂作用制备聚丙烯腈类螯合纤维、离子交换纤维，这些吸附性纤维可用于污水处理、贵金属回收、有害气体吸附等方面。

聚丙烯腈类螯合纤维中研究最多的是含偕胺肟基团的吸附功能化纤维，将聚丙烯腈纤维与羟胺试剂进行化学反应，可将部分氰基转化为偕胺肟基团，对 Au^{3+}、Cu^{2+}、Zn^{2+}、Cr^{3+}、Pb^{2+}、Cd^{2+}、Hg^{2+} 等金属离子具有很强的吸附能力。此外，引入多氨基、双酰胺、硫脲等功能基团也可以制备出聚丙烯腈的螯合纤维。

聚丙烯腈中的氰基虽然不吸水，却具有水解性，可通过碱性条件下水解制备弱酸性离子交换纤维，能够快速吸附溶液中的金属离子。而对氰基进行胺化、咪化等可以获得聚丙烯腈的弱碱性离子交换纤维，可吸附酸性杂质和气体。图 7-20 中为净水器滤芯内的中空聚丙烯腈纤维。

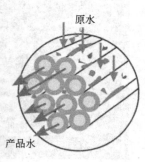

图 7-20 净水器滤芯内的中空聚丙烯腈纤维

7.6 聚丙烯纤维的改性

7.6.1 聚丙烯纤维的性能特点

聚丙烯纤维（polypropylene fiber）是以等规聚丙烯为原料制得的合成纤维，通常采用熔体纺丝法进行生产，其产品包括长丝、短切纤维、切割丝、异形丝、喷射丝等，是聚烯烃纤维中最大的品种，在我国的商品名为"丙纶"。

聚丙烯纤维比其它大品种合成纤维投入工业化生产的时间晚，是合成纤维中较年轻的品种。20 世纪 50 年代，利用 Ziegler 催化剂实现了聚丙烯纤维的加工，并由意大利 Montecatini 公司在 1960 年首先实现了工业化生产，商标名为 Meraklon。到 20 世纪 90 年代，聚丙烯纤维异军突起，保持超过 12％的年均增长率，成为推动合成纤维发展的主力军，应用于各种领域的差别化和功能化聚丙烯纤维不断涌现，目前其规模已跃居第二，仅次于聚酯纤维。图 7-21～图 7-24

图 7-21 聚丙烯纤维无纺布收纳箱

图 7-22　聚丙烯纤维防水卷材

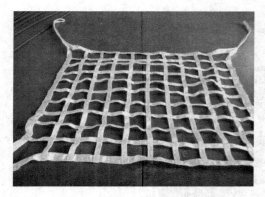

图 7-23　高强度聚丙烯纤维吊货网

图 7-24　聚丙烯纤维拖车绳（承载力 5 吨）

分别用聚丙烯纤维制备的无纺布收纳箱、防水卷材、吊货网和拖车绳。

聚丙烯纤维具有许多优良性能：密度仅为 $0.9g/cm^3$，是合成纤维中最轻的品种，与其它纤维相比，重量轻且蓬松，其覆盖性比聚酰胺纤维大 20%，比聚酯大 30%；强度可达 35～62cN/dtex，可视为高强度纤维，同时还具有低的扭矩和高的抗起球性；耐磨性能好，具有相当高的摩擦系数，仅次于聚酰胺纤维，适合与各种纤维混纺，制品均匀而坚牢；耐腐蚀性和耐化学药品性优异，除了强氧化性的过氧化氢、硝酸、氰化物、浓硫酸、氯磺酸以外，聚丙烯纤维在无机酸、碱、无机盐溶液、溶剂油和润滑油脂中都具有高度的稳定性；不易发霉、腐烂、虫蛀，不需要辅助整理即可具有抗菌防蛀功能；聚丙烯纤维具有较好的绝热性能，热传导率和回潮率（仅为 0.05%）低于其它纤维，是"最保暖的合成纤维"；聚丙烯纤维分子由饱和的脂肪族碳氢化合物组成，吸水性很低，但是却具有良好的毛细管效应，能使水分子沿纤维轴向传递到外表面，使与皮肤接触的里层保持干燥，具有很好的穿着舒适性；聚丙烯结构中没有活性基团，产生静电负荷的倾向比其它纤维低，吸尘性小，耐脏又易洗等等，而且，与其它纤维相比，聚丙烯纤维是由单体制备，原料丰富、成本低廉、加工简单、无污染、能耗和原材料消耗最少，是最为生态所接受的合成纤维。

但是，聚丙烯纤维自身结构特点也使其具有一些性能上的缺陷，它的染色性不好，耐日晒色牢度较差；在所有纺织纤维中，聚丙烯纤维的熔点和黏合点最低，虽可满足一般的加工和使用要求，但难以进行热处理或熨烫；拉伸强度不高，容易发生塑性形变，抗回弹性和抗皱性不佳；阻燃性差，极限氧指数只有 17% 左右；耐有机溶剂性较差，高温下可溶解或溶胀于大部分脂肪族、芳香族和卤化的碳氢化合物中；耐紫外线稳定性差；静电效应大；

等等。

　　针对聚丙烯纤维的特点和不同用途，各种克服其性能缺点的科研成果和工艺技术相继问世，各种改性方法的进步及成果转化，进一步扩大了聚丙烯纤维的市场。聚丙烯纤维可用于制造外衣、内衣、游泳衣、运动衫等服用纤维，但由于其染色性和耐光性上的不足，使其在纺织服用领域发展受限。但聚丙烯纤维在非织造领域却有十分广泛的用途，它与黏胶纤维在非织造产业中占据了主导地位，例如婴儿尿布、妇女卫生巾、成人失禁垫褥、手术衣帽、医用口罩、绷带、包扎布、创可贴等。另外，聚丙烯纤维还大量使用在各种产业用的土工布、吸油毡、运输带绳、过滤材料、建筑增强材料等，以及装饰用的各种家具布、充填料、地毯等。

7.6.2　聚丙烯纤维的染色改性

　　聚丙烯纤维的大分子结构中不含极性或离子性基团，缺少可以染色的染座，加上高等规度、高结晶度所造成的紧密结构，没有可以容纳染料分子的位置，因此，对聚丙烯纤维的染色十分困难，特别是难以染制深重色。而且，由于聚丙烯与染料分子间仅可能存在的相互作用就是较弱的范德华力，染色后纤维的色牢度很差，不耐水洗、皂洗、光照、熨烫等。考虑到聚丙烯纤维的应用范围和消费量正在逐年增加，对其染色改性的研发也如火如荼地开展起来。图 7-25 为色彩丰富的聚丙烯纤维毛毛球。

图 7-25　色彩丰富的聚丙烯纤维毛毛球

7.6.2.1　原液着色

　　原液着色又叫母粒着色，是将颜料与聚丙烯粒子或切片共混制成染色母粒，再将染色母粒纺丝，从而获得各种颜色的染色聚丙烯纤维，这是目前聚丙烯纤维最主要的染色方式。原液着色法是聚丙烯纤维最早使用的染色技术，工艺成熟、操作简便、经济合理，而且色差较小、色牢度较高。但是这种方法对颜料要求较为严格，色谱范围较窄，只适用于大批量有色纤维的生产。聚丙烯纤维原液着色常用的颜料包括钛白粉、锌白粉、氧化铁、硫化镉、炭黑等无机颜料，以及偶氮类、酞菁类、噁嗪类等有机颜料。

7.6.2.2　结构改性

　　结构改性是在聚丙烯纤维分子结构中引入能够接受染料的"染座"，从而使纤维可以接受染料分子，或具有可与染料分子相结合的活性基团。结构改性主要包括共聚改性、接枝改性和表面处理。

　　共聚改性是在聚丙烯聚合过程中加入某些带有特殊基团的极性单体进行共聚合，从而将"染座"引入到聚丙烯大分子主链上。由于共聚改性可以从本质上改善聚丙烯纤维的染色能力，研究学者对此进行了广泛而深入的研究，但是到目前为止，还没有商业化产品问世，还停留在实验室研究阶段。这主要是由于聚丙烯聚合采用的 Ziegler-Natta 催化剂会被极性单体钝化，共聚效率非常低，并严重影响聚丙烯的结晶能力，导致熔点和物理机械性能降低，无法进行纤维纺丝。

　　接枝改性是利用聚丙烯分子结构中叔碳原子上的活泼氢原子在化学、加热、辐射等作用下容易分解产生自由基的特性，将可染基团接在其侧基上，改善聚丙烯纤维的染色性能。用于聚丙烯纤维接枝改性的单体多为含不饱和双键的化合物，例如乙烯类单体、丙烯酸类单体、磺酸化合物、环氧化合物、不饱和的含氮化合物、不饱和的过氧化合物、酰胺类化合物等。接枝改性后的聚丙烯纤维可用阳离子染料进行染色，上色率高，色牢度好，目前该技术已基本成熟，实现了半工业化生产，但是由于成本过高还无法大规模商业化。

表面处理是通过物理或化学方法改变聚丙烯纤维的表面性质，提高对染料分子的接受能力，进而改善其染色性能。物理方法主要有等离子体法、电晕放电法、浸渍法等，这些方法可以使纤维表面活化，形成能够使染料分子附着的位置，目前主要用做改性辅助手段。化学方法则是通过卤化、磺化、磷化、氯磺化、氧化等化学反应在聚丙烯分子链中引入"染座"。其中，卤化改性（特别是氯化改性）最具应用价值，使用次氯酸钠在酸性条件下处理聚丙烯纤维，可使其表面氯化，从而实现在弱碱性条件下的阳离子染料染色。但是，表面处理往往会恶化纤维的物理机械性能，化学反应过程还容易造成环境污染，大大限制了市场推广。

7.6.2.3　共混改性

共混改性是将聚丙烯与含有"染座"的添加剂机械共混后再经挤出机熔融纺丝，这是最早的可染聚丙烯纤维工业化生产方法，而且，通过改变添加剂的种类可以实现聚丙烯纤维的分散媒介染料染色、分散染料染色、阳离子染料染色、酸性染料染色等各种染色方法。

金属化合物（镍、铝、锌等金属的有机盐）和低分子有机共聚物（共聚酯、共聚酰胺、乙烯基吡啶与苯乙烯共聚物、乙烯与烷基丙烯酸酯的共聚物等）添加到聚丙烯中可以使用分散媒介染料或分散染料进行染色，染色速度快，综合染色性能较好，但均染性差、成本高、色谱窄、色泽暗淡。

含磺酸盐、磺酸酯、羧酸盐及其酯、酸、酸酐等基团的聚合物添加到聚丙烯中可以使用阳离子染料进行染色，染色均匀性和透染性好，染料使用量少，成品色泽鲜艳，并可与聚丙烯腈纤维等混纺后同浴染色。但是，这些添加剂的热稳定性较差，纺丝过程中容易分解。

聚酰胺、聚酰亚胺、聚胺、聚丙烯酰胺、聚氨基甲酸酯、含有重复吡啶环的聚合物、多元脂肪胺与苯乙烯-马来酸酐的共聚物、3-氯-1,2-环氧丙烷与胺的缩聚物等碱性添加剂加入到聚丙烯中可以采用酸性染料染色。酸性染料染色的色谱宽广，色泽鲜艳，色牢度也较佳。但染制深色纤维或织物时往往需要加入乙烯酸盐和乙烯共聚物、乙烯吡啶和丙烯酸甲酯共聚物等第三组分协同作用。

7.6.3　聚丙烯纤维的抗静电改性

聚丙烯纤维分子结构中缺少亲水性基团，回潮率几乎为零，没有自由电子，不发生电离，极易产生静电累积，纤维的体积电阻率高达 $10^{15} \sim 10^{18} \Omega \cdot cm$。静电问题给聚丙烯纤维的纺丝和织物加工带来了一定困难，降低了织物的使用性能，甚至可能造成电击、火灾等危害，限制了聚丙烯纤维在精密仪表、电子电气、石油化工、矿山挖掘等领域的使用。

为解决聚丙烯纤维抗静电性差的问题，需要对其进行改性以抑制静电荷的产生，并有效泄漏静电荷，已经开发的聚丙烯纤维抗静电改性方法主要包括四大类。①填充改性：在聚丙烯中加入具有导电性能的填料，例如炭黑、金属粉末、金属氧化物粉末、晶须等制成导电纤维，再与普通纤维混纺。②共混改性：将聚丙烯与抗静电剂机械共混后造粒，再用其切片进行纺丝。③接枝共聚：将聚丙烯与含亲水基团的单体进行共聚，使其分子链带上亲水的基团或链段，在纤维内部形成漏电通路。④表面整理：将成形后的聚丙烯纤维或织物在抗静电剂中进行表面整理，使其表面具有一定的抗静电能力。

目前，最常使用的抗静电改性方法主要是第二种，在聚丙烯中加入抗静电剂制成抗静电母料，再共混纺丝获得抗静电聚丙烯纤维。这种方法具有工艺简单，成本较低，抗静电性持久，不容易受环境湿度影响的特点，近些年来发展很快。采用共混改性法制备抗静电聚丙烯纤维最重要的是选用合适的抗静电剂，最常用的有脂肪酸多元醇酯类抗静电剂和环氧乙烷缩合物类抗静电剂。

7.6.4 聚丙烯纤维的阻燃改性

聚丙烯纤维以其优异的性能从 20 世纪 90 年代开始飞速发展，在装饰、工业、服装等领域有广阔前景，尤其是在土工织物、工作服、滤布等方面占有重要地位。但是，聚丙烯纤维是合成纤维中最易燃的，240℃ 左右即可引燃，极限氧指数仅为 17%～19%，无法满足交通、装饰、电气、化工等领域的耐火阻燃要求。因此，研究开发阻燃聚丙烯纤维对推动其发展起到很大的促进作用。

7.6.4.1 共聚阻燃

共聚阻燃是采用共聚方法将阻燃元素（氯、溴、磷、硫等）引入到聚丙烯分子结构中，以改善其阻燃性能。采用这种方法制备材料的阻燃效果持久，但主要适用于带有极性基团的聚合物，聚丙烯非极性且结构规整不易进行共聚改性，特别是等规聚丙烯。

不过，聚丙烯分子结构中的叔碳原子，可以与适当的单体发生接枝反应，得到的聚丙烯接枝共聚物经纺丝后可获得阻燃纤维。例如，丙烯酰胺、丙烯酸、甲基丙烯酸等单体与聚丙烯形成的接枝共聚物经皂化后可促进聚丙烯的碳化，从而改善了阻燃性能。

7.6.4.2 共混阻燃

共混阻燃是将聚丙烯与阻燃剂共混后造粒，再使用阻燃粒料进行纺丝，或者将聚丙烯与阻燃剂共混制成阻燃母粒，再将一定配比的阻燃母粒与聚丙烯切片混合后纺丝。这种方法工艺操作简单、生产成本较低、对纤维的物理机械性能影响较小，是制造阻燃聚丙烯纤维的主要方法。

共混阻燃对阻燃剂的要求较高，需要与聚丙烯基体具有良好的相容性，可以经受纺丝过程中的高温和高速拉伸，不能显著影响聚丙烯的可纺性以及后期织造加工。由于卤系阻燃剂（例如溴化环氧树脂、十溴联苯醚、十溴二苯乙烷等）完全可以满足上述要求，而且添加量小，阻燃效率高，对聚丙烯力学性能影响小，因此成为聚丙烯纤维阻燃改性中最常使用的阻燃剂。但是，卤系阻燃剂的发烟量较大，燃烧时可能释放出毒性、腐蚀性的气体，对人身安全和生态环境有潜在危害。

无机磷系阻燃剂（磷化氢、红磷等）、有机磷系阻燃剂（聚磷嗪、芳香环磷嗪等）、膨胀型阻燃剂（多聚磷酸铵等）、硅系阻燃剂（有机硅树脂等）、金属氧化物及氢氧化物（氧化锡、三氧化二锑、氢氧化镁、氢氧化铝等）等具有良好的热稳定性，燃烧时不会产生大量有毒和腐蚀性气体，可以满足日益严格的环保要求，成为阻燃剂的主要研究开发方向。目前，多聚磷酸铵阻燃的聚丙烯纤维、氢氧化铝阻燃的聚丙烯纤维已经有商品化产品问世，而有机硅树脂、三氧化二锑、氢氧化镁等多用来作为阻燃协效剂。

7.6.4.3 阻燃整理

共聚阻燃和共混阻燃都属于纺前阻燃，是将阻燃处理后的聚丙烯进行纺丝和织造，而阻燃整理则属于纺后阻燃，是将纺丝后的纤维或织物进行阻燃处理。阻燃整理通过涂覆、浸渍、喷雾等手段，将含有 C=C 双键或羟甲基等反应基团的阻燃剂与交联剂在聚丙烯纤维或织物上共聚，从而将阻燃剂固着在纤维上。

阻燃整理的工艺操作简单，但是用这种方法处理过的阻燃聚丙烯纤维或织物强度低、手感硬、增重大、气味重，而且阻燃剂使用量较大，阻燃耐久性较差，对环境还会造成一定的污染。因此，在产业用布和装饰服装领域基本没有使用阻燃整理的方法对聚丙烯纤维进行阻燃改性，一般只能适用于对性能和美观度要求不高的地毯、篷布等制品。

7.6.5 聚丙烯纤维的抗老化改性

由于聚丙烯结构中叔碳上的氢原子较为活泼，容易在温度、光照等作用下发生氧化，产生过氧化自由基后逐步降解，因此聚丙烯纤维的抗老化性能较差，不耐高温和紫外线，在其合成、造粒、纺丝、储存等阶段都有可能发生老化而变质，从而导致纤维力学性能降低，表面光滑度和色泽变差，甚至丧失使用价值。

目前，改善聚丙烯纤维抗老化性能主要是采用共混改性的方法，一种是在聚丙烯的纺丝原液中添加热稳定剂、抗氧剂、紫外吸收剂、光屏蔽剂等抗老化试剂或填料，混合后进行纺丝；另一种则是将各种抗老化试剂或填料与聚丙烯机械共混制备出抗老化母粒，再将聚丙烯与适量抗老化母粒共混后纺丝，从而具有抗热氧化、抗紫外线等性能，延长聚丙烯纤维的使用寿命。

常用的热稳定剂包括有机锡化合物、螯合剂、硫醇等，抗氧剂包括化合酚类、芳基仲胺、正磷酸酯、含硫化合物等，紫外吸收剂包括水杨酸酯类化合物、苯并三唑类化合物、羟基二苯甲酮衍生物等，光屏蔽剂包括炭黑、二氧化钛、氧化锌、受阻胺类等。目前，聚丙烯纤维抗老化改性使用最多的是二氧化钛和受阻胺类等抗老化剂。

不过由于现有抗老化剂基本都属于低分子量化合物或无机物，在聚丙烯中存在耐久性、迁移性、稳定性等方面的缺陷，因此，目前正朝着开发高效、高分子量、多功能、高耐久性、无毒性的抗老化剂方向发展。目前，已有部分新型抗老化剂出现，例如，美国氰胺公司生产的 Cyasorb UV3346 属于高分子量的光稳定剂，在聚丙烯纤维中迁移性很低，耐久性优异。

7.6.6　聚丙烯纤维的功能化改性

7.6.6.1　细旦化

细旦化是指采用各种技术手段降低纤维的细度，普通纤维的直径约 $20\mu m$，单丝纤度 $1.5 \sim 6D$；细旦纤维的直径约 $10\mu m$，单丝纤度 $1.0 \sim 2.4D$；超细纤维的直径约为 $5\mu m$，单丝纤度 $0.3 \sim 1.0D$；而超极细纤维的直径约为 $1\mu m$，单丝纤度 $0 \sim 0.3D$。

目前，细旦化的聚丙烯纤维多采用高速纺丝技术制造，具有普通聚丙烯纤维不具备的多种性能，在针织服装、运动衣、游泳衣、纺纱原料、无纺布、装饰织物等方面都有广泛应用。细旦化聚丙烯纤维的光泽和手感极佳，与真丝一样，而且更加耐磨，抗起球，耐水洗、耐光、耐氯化等性能优异。细旦及超细聚丙烯纤维，以及随之出现的纺丝成网非织造技术的出现，进一步扩大了聚丙烯纤维的使用范围，确立了聚丙烯纤维在一次性尿片和妇女卫生用品市场的绝对份额。图 7-26 为聚丙烯纤维制成的婴儿纸尿裤和妇女卫生巾。

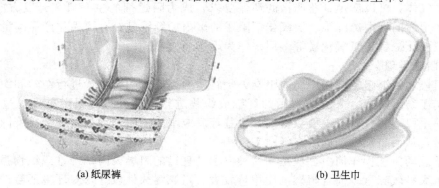

(a) 纸尿裤　　　　　　　　　　　　　　(b) 卫生巾

图 7-26　聚丙烯纤维制成的婴儿纸尿裤和妇女卫生巾

7.6.6.2　远红外线

远红外线是远程红外线的简称，是指波长在 $6 \sim 15\mu m$ 的电磁波，属于不可见光。远红外线具有很深的透射力，被任何物质吸收都会发生热作用，基于此，将能够发射远红外线的物质与聚丙烯通过混合、熔融共混、纺丝，即可获得具有远红外性能的新型功能化聚丙烯纤维。远红外聚丙烯纤维制造的织物可以提高体表温度，促进血液循环，具有良好的保温、保健、抗菌、防蛀的效果。而且，由于聚丙烯纤维的密度较低，可以一改传统保暖材料臃肿的外观，穿着美观轻便。

　　能够发射远红外线的物质有很多，包括生物碳、碳纤维、电气石、麦饭石、火山岩、玉石等。例如，将纳米陶瓷粉添加到聚丙烯中进行熔融纺丝，获得远红外纤维具有较高远红外发射率，当纳米陶瓷粉含量为 6％时，其远红外发射率已达到 80％，而且透气性、吸湿性、抗菌性都得以改善。

7.6.6.3　吸附过滤

　　聚丙烯是很好的制造离子交换纤维的骨架材料，原料价格低廉、供应充足，生产过程无污染，同时耐酸碱腐蚀、弹性回复性好，在吸附、过滤方面有重要应用。但由于聚丙烯分子链上缺少可反应性基团，选择性吸附能力较弱，综合性能不够理想，需要对其进行改性，用得最多的方法就是接枝改性。通过化学接枝或辐照接枝，在聚丙烯分子链上引入可反应性基团，制备成吸附、过滤能力优异的离子交换纤维。化学接枝方面目前已有很多成功的例子，例如，苯乙烯接枝、丙烯酸接枝、丙烯腈接枝等等。辐照接枝方面也有紫外辐照、电子束辐照、γ射线辐照等。图 7-27 为聚丙烯纤维固液分离袋。

图 7-27　聚丙烯纤维固液分离袋

　　香烟过滤嘴用纤维是吸附过滤功能化聚丙烯纤维的典型应用之一。烟用过滤嘴纤维材料目前主要包括醋酸纤维和聚丙烯纤维两种，相比之下，聚丙烯纤维在来源、价格、工艺等方面更具优势。图 7-28 为香烟过滤嘴中聚丙烯纤维表面的烟雾粒子。此外，聚丙烯纤维在污水处理、贵金属回收、烟气限排等方面应用也较广泛。而且，由于聚丙烯纤维无毒、物理机械性能良好、加工简单，在生物医用材料方面也颇受重视。例如，聚丙烯中空纤维膜孔径在盐水介质中不变，激活血液中补体的作用小，经等离子技术改性后，表面羟基、烷氧基、羰基等极性基团明显增加，亲水性提高，可用于分离血液中的有害成分，是制作血液透析净化膜的优选材料。

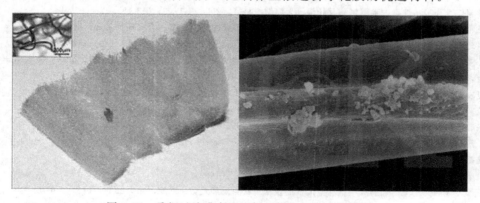

图 7-28　香烟过滤嘴中聚丙烯纤维表面的烟雾粒子

参 考 文 献

[1]　刘桂春，王文科，孙淑华. 聚酯纤维的表面改性与染色. 聚酯工业，1998，11（3）：17-21，25.
[2]　倪天民. 聚酯纤维的改性. 合成纤维工业，1994，17（6）：37-42.

[3] 孙钦军，纪全，孔庆山，夏延致．聚酯纤维功能化改性的研究．材料导报，2004，18（4）：43-45．

[4] 武荣瑞．我国聚酯纤维改性的技术进展．高分子通报，2008，(8)：101-108．

[5] 王玉忠．阻燃剂的发展史及聚酯纤维的阻燃改性．青岛大学学报，1997，12（1）：43-52．

[6] 杨华，赵曙辉，罗世春，李兰．β-环糊精磺化及改性聚酰胺纤维研究．印染助剂，2006，23（6）：38-40．

[7] 向红兵，胡祖明，陈蕾．芳香族聚酰胺纤维改性技术进展．高分子通报，2008，(9)：47-54．

[8] 彭锦荣，谭英伟，严玉蓉，朱锐钿．芳香族聚酰胺纤维功能化改性．合成材料老化与应用，2007，36（2）：40-43．

[9] 唐志勇．芳族聚酰胺纤维的染色方法．纺织导报，1997，(5)：44-46．

[10] 张嫒靖，刘立起，陈蕾，于俊荣，胡祖明．间位芳香族聚酰胺有色纤维研究进展．高科技纤维与应用，2009，34（6）：45-51，58．

[11] 郭曼丽，金惠芬，黄素萍．聚酰胺系纤维及其并列型复合纤维结构与性能的研究．中国纺织大学学报，1987，13（1）：79-86．

[12] 张家涛，贾爱平，李中全，王家丰．聚酰胺纤维的染料固色剂研制与测试．印染助剂，2003，20（3）：48-50．

[13] 吴毓秀．聚酰胺纤维用金属络合分散性染料．辽宁化工，1989，(2)：8，25-28．

[14] 张爱英．聚酰胺纤维织物的阻燃研究进展．化工进展，2001，(4)：25-28．

[15] 白桂捷．抗静电聚酰胺纤维开发动向．合成纤维工业，1986，(5)：54-60．

[16] 刘美华，张正华，郭灿城．抗静电聚酰胺纤维制备方法．合成纤维工业，2005，25（2）：49-51，61．

[17] 白桂捷，游新民．抗菌聚酰胺纤维简介．湖南化工，1990，(1)：62-63．

[18] 高亚宁，史志杰，薛智刚．超高强度聚乙烯醇纤维的生产工艺研究．合成纤维，2006，(6)：36-38．

[19] 姜岩，隋淑英，姜丽．大豆蛋白/聚乙烯醇共混纤维活性染料变性与染色．纺织学报，2006，27（1）：78-79，82．

[20] 秦步祥，徐步荣，成中平．大豆蛋白/聚乙烯醇纤维的性能与开发．中国纤检，2006，(9)：33-34．

[21] 肖长发．高强度聚乙烯醇纤维结构与性能研究．高科技纤维与应用，2005，30（2）：11-17．

[22] 张华，逯阳．高强聚乙烯醇螯合纤维去除铅离子的研究．水处理技术，2008，34（6）：40-42．

[23] 逯阳，张华．高强聚乙烯醇离子交换纤维的制备和应用．天津工业大学学报，2004，23（6）：5-8．

[24] 应丽娜，戴礼兴．聚乙烯醇共混及共混纤维的研究进展．合成技术及应用，2003，18（3）：15-19．

[25] 逯阳，张华．聚乙烯醇离子交换纤维的制备和发展．天津工业大学学报，2005，24（3）：20-23．

[26] 姚占海，饶蕾，杨慧丽，徐俊．聚乙烯醇纤维辐射接枝丙烯腈的研究．高分子材料科学与工程，1998，14（4）：43-45．

[27] 郑化，杜予民，余家会．壳聚糖/聚乙烯醇共混纤维的结构与性能．武汉大学学报：自然科学版，2000，46（2）：187-190．

[28] 薛华育，顾卓，戴礼兴，白伦．再生丝素/聚乙烯醇共混纳米纤维的制备及表征．高分子材料科学与工程，2007，23（6）：240-243．

[29] 王艳芝．差别化聚丙烯腈纤维改性．金山油化工，2000，(3)：39-43．

[30] 彭美桂．高吸水性聚丙烯腈树脂及纤维．天津纺织科技，2003，41（3）：13-18．

[31] 王雅珍，杜淑平，祖立武，宋武．共混法制备酸性可染聚丙烯腈纤维．合成纤维工业，2007，30（3）：42-44．

[32] 潘玮，赵金安．聚苯胺/聚丙烯腈导电纤维的结构与性能．纺织学报，2006，27（10）：32-34．

[33] 陈亚东，孔祖萍，吴国华，许锁坤．聚丙烯腈-铜硫化物导电纤维的影响因素及性能的评价．宁波大学学报：理工版，2001，14（3）：42-46．

[34] 夏友谊．聚丙烯氰基螯合纤维的研究进展．高科技纤维与应用，2006，31（4）：34-38，44．

[35] T. Grie．聚丙烯腈纤维的发展、特性与应用．国外纺织技术，2004，(1)：9-18．

[36] 张旺玺．聚丙烯腈纤维的改性．合成技术及应用，1999，15（1）：27-30，56．

[37] 朱锐钿，严玉蓉，詹怀宇，彭锦荣．聚丙烯腈纤维的化学改性．化纤与纺织技术，2007，(1)：16-20．

[38] 施祖培．聚丙烯腈纤维的聚合．合成纤维工业，1986，(1)：56-62．

[39] 章杰．聚丙烯腈纤维和阳离子染料市场近况．上海化工，1999，24（19）：26-28．

[40] 车耀，沈新元．聚丙烯腈纤维抗静电改性的技术现状与发展趋势．纺织导报，2006，(11)：76-78．

[41] 刁彩虹，肖长发，胡晓宇．亲水性多孔聚丙烯腈纤维的研究．合成纤维工业，2010，33（4）：28-31．

[42] 吴景哲，杨国兴．酸性可染聚丙烯腈纤维的开发．纺织导报，2008，(4)：58-59．

[43] 张海波，吴承训，曹新鑫，秦刚．添加氧化锌晶须的聚丙烯腈纤维抗静电性研究．合成纤维，2005，(6)：25-26．

[44] 郭裂，谷瑞．偕胺肟改性聚丙烯腈纤维的研究进展．河南科技，2010，(1)：28-30．

[45] R. Stevanato, R. Tedeseo．新型抗菌聚丙烯腈纤维．国际纺织导报，1999，(1)：4-8．

[46] 张沛人．阳离子染料染聚丙烯腈纤维的工艺措施．染整技术，2010，32（2）：17-19．

[47] 管迎梅，陈兆文，范海明，张琴，周钧. 银改性聚丙烯腈纤维的抗菌性能研究. 舰船科学技术，2010，32（12）：91-94.

[48] 刘越，王安平. 非织造布用聚丙烯纤维的进展. 非织造布，2003，11（3）：30-33.

[49] 游革新，赵耀明，严玉蓉，郭熙桃. 改善聚丙烯纤维染色性的聚酯共混添加剂. 国际纺织导报，2001，（4）：11-13.

[50] 刘俊龙，张淑芬，杨锦宗. 改性聚丙烯纤维染色技术进展. 染料工业，1998，35（4）：42-45，13.

[51] 陈林. 聚丙烯纤维的氯化改性及其阳离子染色工艺的探讨. 印染助剂，1999，16（4）：23-24.

[52] 王延春. 聚丙烯纤维母粒着色生产技术. 合成纤维工业，1993，16（5）：15-18.

[53] 顾丹凤，马正升，董红霞. 聚丙烯纤维染色改性进展. 金山油化纤，2002，21（2）：39-42.

[54] 张淑琴. 聚丙烯纤维用抗静电剂开发简介. 山西化工，1989，（4）：56-57.

[55] 许赤峰，郑利民. 浅析酸性可染聚丙烯纤维的研究状况. 纺织科学研究，1999，（1）：53-55.

[56] 姚雪丽，马晓燕，朱雅红，王金花. 聚丙烯纤维阻燃剂应用研究进展. 合成纤维工业，2005，38（5）：39-42.

[57] 陈铁楼，郭德凡，曾红霞. 聚丙烯纤维阻燃技术的开发与应用. 合成纤维工业，1997，20（6）：41-44.

[58] 金鹏，夏志政，王道航，袁洪刚. 环保可降解聚丙烯纤维及制品. 现代纺织技术，2007，（2）：43-44.

[59] 王彪，王华平，张玉梅. 聚丙烯纤维用稳定剂的研究. 金山油化纤，2000，（1）：29-32.

[60] J. M. Eng, S. B. Samuels, I. Vulic. 聚丙烯纤维紫外线稳定性的研究. 纤维生产，1999，（2）：60-64.

[61] 陈彦模，朱美芳，张瑜. 聚丙烯纤维改性新进展. 合成纤维工业，2000，23（1）：22-27.

[62] 陈文，王平华. 聚丙烯纤维物理改性的研究进展. 安徽化工，2009，35（6）：3-6.

[63] 陈枫. 聚丙烯在功能纤维领域中的发展. 现代塑料加工应用，2003，15（3）：62-64.

[64] 康卫民，程博闻，焦晓宁，裘康，张伟力，邢克琪，刘瑞霞. 远红外聚丙烯熔喷超细纤维非织造布的研究. 产业用纺织品，2006，（2）：19-22，35.

[65] 杨明京，周成飞，乐以伦. 低温等离子体改善血液透析中空纤维膜（Ⅰ）氧等离子体对聚丙烯中空纤维膜的表面改性. 生物医学工程学杂质，1989，6（4）：266-273.

[66] 冯长根，周从章，曾庆轩，周绍箕. 聚丙烯基离子交换纤维的研究进展. 化工进展，2003，22（6）：568-572.